Hans-Joachim Polte · Hubschrauber

Hans-Joachim Polte

Hubschrauber

Geschichte, Technik und Einsatz

3., überarbeitete und ergänzte Auflage

Seit 1789

VERLAG E.S. MITTLER & SOHN GMBH · HAMBURG · BERLIN · BONN

Bildnachweis:

ADAC-Luftrettung GmbH, München 6
AEG-Telefunken, Ulm 1
Aerotec GmbH, Rothenburg/Old. 1
Bendix Flight Systems Devision Teterboro, New Jersey, USA 1
Bergwacht im Bayerischen Roten Kreuz, Weilheim 1
Bosch, Tom, Marbella 1
Boston, Roy, Marbella 1
CAE Elektronik GmbH, Stolberg 2
Deutsches Museum, München 4
Deutsche Forschungs- und Versuchsanstalt für Luft- und Raumfahrt, Braunschweig 11
Deutsche Rettungsflugwacht e.V., Filderstadt 2
Dornier, München 6
Eurocopter Deutschland, München 13 und Schutzumschlagvorderseite
Feiner, Günter, Illertissen 2
Foto Bauer, Weilheim 1
Heeresfliegerwaffenschule, Bückeburg 4
Helicopter Club Deutschland e.V., Hohenpeißenberg 4
HELOG, Küssnacht, Schweiz 2
Hubschrauberzentrum e.V., Bückeburg 24

Hughes Helicopter Inc., Bonn 2
Institut für Mikrotechnik Mainz GmbH, Mainz 1
Kazan Helicopter Plant, Kazan, Rußland 1
Messe Berlin 1
Messerschmitt-Bölkow-Blohm GmbH, München 32
Motoren und Turbinen-Union, München 7
Neukum, Joachim, Peißenberg 3
NH Industries 2
Polizeihubschrauberstaffel Bayern, Neubiberg 13
Polizeihubschrauberstaffel Hamburg, Hamburg 1
Pratt & Whitney Canada Inc. Quebec, Canada 1
PZL, Swidnik, Polen 2
Rietdorf, Otto, Koblenz 2
Schulte-Bisping, Ludger, Wabern 3
Sikorsky, USA 1
Stephan, August, Dipl.-Ing., Neubiberg 1
Turbomeca, Bordes, Frankreich 3
VDO-Luftfahrtgerätewerk Adolf Schindling GmbH, Frankfurt 1
Vereinigte Flugtechnische Werke Fokker, Bremen 4
Verfasser 60 und Schutzumschlagrückseite
Wurmb, Werner, Bad Tölz 1
WTD 61, Manching 1
Zimmermann, Karl, Wienhausen 1

Schutzumschlag:
Fotomontage mit Hubschrauber »Tiger«, unten (Foto: Eurocopter).
Hubschrauber Sikorski S-76, oben (Foto: PIKTOR INTERNATIONAL).

Ein Gesamtverzeichnis der lieferbaren Titel der Verlagsgruppe Koehler/Mittler schicken wir Ihnen gern zu.
Sie finden es aber auch im Internet unter:
www.koehler-mittler.de

Die Deutsche Bibliothek – CIP-Einheitsaufnahme

Hubschrauber : Geschichte, Technik und Einsatz / Hans-Joachim Polte. –
3. Aufl. – Hamburg : Mittler, 2001
ISBN 3-8132-0744-7

ISBN 3 8132 0744 7; Warengruppe 41

© 2001 Verlag E. S. Mittler & Sohn GmbH, Hamburg, Berlin, Bonn
Alle Rechte vorbehalten
Layout und Produktion: WA-Druckberatung, München
Schutzumschlaggestaltung: Hans-Peter Herfs-George
Lithographie: Repro GmbH, Essenbach
Belichtung, Druck und Bindung: Druckerei zu Altenburg, Altenburg
Printed in Germany

Inhaltsverzeichnis

Dank

Für die freundliche Unterstützung bei der Erstellung dieses Buches danke ich allen Beteiligten, insbesondere folgenden Personen:

Herrn Dipl.-Ing. K. Busch, Vorsitzender der Geschäftsführung der VDO-Luftfahrtgeräte Werk, Adolf Schindling GmbH; Herrn OTL Konrad Geißler, stellv. Commodore Luft-Transport-Geschwader 61, Landsberg; Herrn B. Gmelin, Deutsche Forschungs- und Versuchsanstalt für Luft- und Raumfahrt e.V., Braunschweig; Frau Chr. Gotzhein, Eurocopter Deutschland GmbH, München; Herrn Prof. Dr.-Ing. P. Hamel, Deutsche Forschungs- und Versuchsanstalt für Luft- und Raumfahrt e.V., Braunschweig; Herrn Heinrich, Aerotec GmbH, Rothenburg; Herrn OTL Dipl.-Ing. Jürgen Janke; Hern J. Kaletka, Deutsche Forschungs- und Versuchsanstalt für Luft- und Raumfahrt e. V., Braunschweig; Herrn Gerhard Kugler, ADAC-Luftrettung GmbH, München; Herrn Dr. Frank Liemandt, Eurocopter Deutschland GmbH, Donauwörth; Herrn Werner Noltemeyer, Kurator des Hubschraubermuseums Bückeburg; Herrn Dipl.-Ing. Günther Och, AEG/Telefunken, Ulm; Herrn Otto Rietdorf, Koblenz; Herrn Bruno Schönenberger, HELOG AG, Küssnacht (Schweiz); Herrn Ludger Schulte-Bisping, Angehöriger der deutschen WM-Mannschaft und mehrfacher Teilnehmer an den offenen Deutschen Hubschrauber-Meisterschaften; Herrn Hans Sonderer, stellv. Vorsitzender der Bergwacht im BRK; Herrn Dipl.-Ing. August Stepan, Neubiberg; Herrn Heiko Teegen, Herausgeber »Pilot und Flugzeug«, Königstein; Herrn Polizeioberrat Dieter Thienel, Leiter der Polizeihubschrauberstaffel Bayern; Herrn Brigadegeneral a. D. Dr. Harro Tiedgen, General der Heeresfliegertruppe; Herrn W. Wurmb, Mitglied der Bergwacht im BRK; Herrn Hauptmann Karl Zimmermann, zweifacher Weltmeister im Free Style, Wienhausen.

Zum weiteren folgende Firmen und Institutionen:
ADAC-Luftrettung GmbH, München; Bendix Corporation, USA; CAE Elektronik GmbH, Stolberg; Deutsche Rettungsflugwacht e.V., Filderstadt; Deutsches Museum, München; Dornier Werke GmbH, München und Friedrichshafen; Deutsche Forschungs- und Versuchsanstalt für Luft- und Raumfahrt e.V., Braunschweig; DLR, Institut für Strukturmechanik, Braunschweig; Eurocopter Deutschland GmbH, München; Heeresfliegerwaffenschule, Bückeburg; Hubschrauberzentrum e.V., Bückeburg; Hughes Helicopters Inc., Bonn; Institut für Mikrotechnik Mainz GmbH, Mainz; Luftfahrt-Bundesamt, Braunschweig; Messerschmitt-Bölkow-Blohm GmbH, München; Motoren und Turbinen-Union, München und Friedrichshafen; Tourboméca, Bordes, Frankreich.

Hohenpeißenberg, im Frühjahr 2001   *Hans-Joachim Polte*

Vorwort

Im gesamten Bereich des Wehrwesens gibt es wohl kaum ein Einsatzmittel, welches sich jedenfalls in der Neuzeit so rasant wie der Drehflügler aus kleinen, weitgehend unbeachteten Anfängen für begrenzte Zwecke zu einem komplexen Waffensystem mit fast unübersehbaren Einsatzmöglichkeiten entwickelt hat.

Im Hinblick auf die besonderen Flugeigenschaften der Drehflügler, vor allem der Hubschrauber, und in Hinsicht auf ihre Eignung als fliegende Plattformen für Beobachtung und Verbindung, für Transport und Waffeneinsatz sowie für Such- und Rettungsaufgaben kann heute kein modernes Heer, keine Luftwaffe und keine Marine mehr auf ihren Dienst verzichten. Besonders für die Landstreitkräfte gewinnen Hubschrauber zunehmende Bedeutung, da sie diesen Luftbeweglichkeit ermöglichen und die dritte Dimension für schnelle und weiträumige Operationsführung erschließen. Für das deutsche Heer sind Hubschrauber unverzichtbar geworden. Dessen Verteidigungsauftrag verlangt, quantitative Unterlegenheit durch größtmögliche Beweglichkeit auszugleichen. Das kann nur durch den Einsatz zahlreicher Hubschrauber – vor allem zur luftbeweglichen Panzerabwehr in Schwerpunkten – gelingen.

Angesichts dieser Entwicklung und dieser Rolle von Hubschraubern auch und gerade für militärische Zwecke – besonders für unsere Landesverteidigung – begrüße ich das Buch »Hubschrauber« aus der Feder meines Heeresfliegerkameraden Hans-Joachim Polte außerordentlich. Über Geschichte, Technik und Entwicklungen sowie Einsatzmöglichkeiten hinweg wird hier vom Fachmann verdeutlicht, wie Drehflügler entstanden sind, was sie können und wozu sie taugen. Damit leistet der Verfasser nicht nur einen wertvollen Beitrag zur Historie unserer Luftfahrt auf speziellem Gebiet; er trägt auch dazu bei, dem Drehflügler das Tor in die weitere Zukunft zu öffnen.

Mit besten Wünschen für weite Verbreitung dieses Buches!

Dr. Harro Tiedgen
Brigadegeneral a. D.
General der Heeresfliegertruppe
1979–1985

Geleitwort

Der Hubschrauber
ist erwachsen geworden

Der Hubschrauber ist im Vergleich zu Flächenflugzeugen ein junges Gerät. Brachten die Wright Brothers ihr erstes Motor-Flugzeug 1903 in die Luft, entwickelte Focke-Wulf den ersten serientauglichen Hubschrauber erst 1936. Lange galt der Hubschrauber als etwas zurückgebliebener kleiner Bruder des Flugzeugs, dem man nicht allzuviel zutraute, auch nicht ganz traute. Ein geflügeltes Wort besagte, daß der Hubschrauber aus zehntausend Einzelteilen bestehe, die lediglich in enger Formation fliegen.

Heute haben Hubschrauber die gleiche Reife erreicht wie Flugzeuge. Sie sind sicher, zuverlässig, ergonomisch perfekt, komfortabel und vielseitig. Sie fliegen mit den gleichen Bildschirm-Cockpits, IFR, GPS und Systemen wie Linienflugzeuge. Aus Polizei-, Luftrettung-, Grenz- und Küstenschutzdiensten sind sie nicht mehr wegzudenken. Andere Einsatzbereiche wie das Militär, der Offshore-Dienst, Personen- und Materialbeförderung auf kurzen Strecken, die Überwachung von Pipelines oder Überlandstromleitungen, ja selbst Viehtriebe in Argentinien kommen nicht mehr ohne Hubschrauber aus – ganz zu schweigen von der Kalkung regensaurer Wälder oder den Diensten, die Hubschrauber in der Landwirtschaft leisten.

Da Flugsicherheit, Reduzierung der Arbeitsbelastung des Piloten, Zuverlässigkeit und Verfügbarkeit längst nicht mehr die primären Themen der Hubschrauberentwicklung sind, widmen sich Hersteller wie Eurocopter seit etlichen Jahren anderen Prioritäten bei der Optimierung ihrer Produkte.

An erster Stelle steht dabei der Umweltschutz. Kein anderer Hersteller hat soviel Entwicklungskapazität in die Reduzierung von Lärm- und Schadstoff-Emission – letzteres in enger Zusammenarbeit mit den Triebwerksherstellern – investiert wie Eurocopter. Gemeinsam mit der Ausrüstungsindustrie wurde in den letzten Jahren auch viel erreicht, um die Nacht- und Schlechtwetter-Einsatzfähigkeit von Hubschraubern zu verbessern. Betriebs- und Wartungskosten wurden gesenkt. Etliches an komfortfördernder Ausrüstung, die früher als Option gesondert erworben werden mußte, gehört heute zur Standardausrüstung eines jeden neuen Hubschraubers.

Anders als bei den Flächenflugzeugen wird die längst bestandene »Reifeprüfung« der modernen Hubschrauber bis heute von der breiten Öffentlichkeit noch nicht recht wahrgenommen oder anerkannt. Zu sehr haben sich Bild und Klang der aus Zeiten der Korea- und Vietnam-Kriege stammenden alten, nur dürftig an den zivilen Betrieb angepaßten Maschinen in den Köpfen festgesetzt, um jetzt zu registrieren, daß deren extreme Lärm- und Schadstoffbelastung bei Hubschraubern der neuesten Generation gar nicht mehr gegeben sind. Nicht nur werden nutzbringende und ökonomische Hubschrauber-Services wie zum Beispiel im Zubringerdienst oftmals schon im Vorfeld verhindert. Bedauerlicherweise werden auch Krankenhauslandeplätze von Nachbarschaftsinitiativen angefochten, obwohl im Falle einer plötzlichen schweren Erkrankung oder eines Unfalls jeder gern einen Rettungshubschrauber möglichst in der Nähe hätte.

Ich wünsche mir, daß dieses schöne Buch ein möglichst großes Publikum erreicht und das Interesse an unserer Industrie sowie das Verständnis für die zahlreichen Betreiber, die täglich mit ihren Hubschraubern nützliche Dienste leisten, fördern wird.

Jean-François Bigay
Präsident
Eurocopter S.A.S.

»... Die erste Bedingung für die Luftfahrt ist also die, daß
wir uns jeglicher Art von Ballon entledigen.
Es ist die Schraube, die uns durch die Luft tragen wird.
Wir können, so glaube ich, annehmen, daß das Schwerste
überstanden ist, sobald die Schraube uns die vertikale
Steigkraft gibt.«

Felix Tournachon »NADAR«
am 28. 6. 1863 in seinem Manifest
»Das Recht zum Fliegen«

Einteilung der Luftfahrzeuge

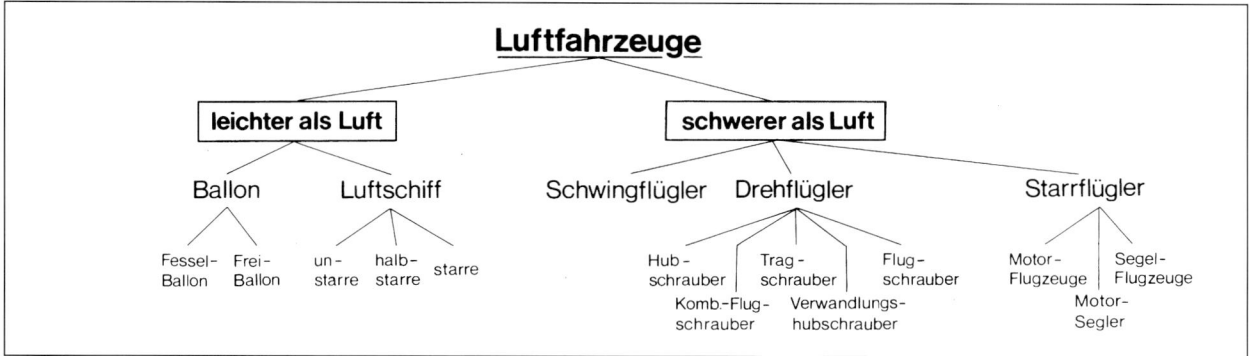

Die Luftfahrzeuge werden unterteilt in:

a) leichter als Luft,
b) schwerer als Luft.

Mit »leichter als Luft« werden alle diejenigen Luftfahrzeuge bezeichnet, deren (statischer) Auftrieb durch mitgeführte Gase (Wasserstoff, Leuchtgas, Helium usw.) verursacht wird, also spezifisch leichter als die atmosphärische Luft sind. Hierzu gehören der Ballon und das Luftschiff. Diese Luftfahrzeuge fliegen auch nicht, sondern sie fahren.

Mit »schwerer als Luft« werden alle Luftfahrzeuge mit dynamischem Auftrieb bezeichnet. Sie benötigen zum Fliegen eine gewisse Mindestleistung, die beim Gleitflug durch Umsetzen potentieller Energie, beim Segelflug durch Ausnutzen von Luftströmungen und beim Motorflug durch ein Triebwerk aufgebracht wird. Hierzu gehören Schwingflügler, Drehflügler und Starrflügler, wobei die Schwingflügler über das Versuchsstadium nicht hinauskamen.

Bei den Drehflüglern unterscheidet man weiter in:

1. Hubschrauber

Hubschrauber besitzen einen oder mehrere Rotoren, die von einem Kolbenmotor oder einer Gasturbine über Wellen und Getriebe angetrieben werden. Der Antrieb der Rotoren kann jedoch auch durch Strahlantrieb an den Blattspitzen erfolgen. Der oder die Rotoren erzeugen den Auf- und Vortrieb. Der Hubschrauber ist durch vertikale oder horizontale Flugmanöver in jede Richtung hin beweglich. Der Drehmomentenausgleich erfolgt entweder durch Gegenläufigkeit bei mehreren Rotoren, durch den Heckrotor, oder aber er entfällt ganz bei Blattspitzenantrieb.

2. Tragschrauber

Tragschrauber, auch Autogiro oder Windmühlenflugzeug genannt, haben ihr Triebwerk nur für den Vortrieb. Der Rotor wird vom Fahrtwind durch die Anströmung der Luft in Umdrehung (Autorotation) gehalten. Es gibt auch Tragschrauber, bei denen nur für den Zeitraum von Start und Landung die Rotoren durch ein Triebwerk angetrieben werden. Im Gegensatz zu konventionellen Hubschraubern wird dann im Vorwärtsflug der Rotor ausgekuppelt, der dann als Tragschraube selbst dreht und Auftrieb erzeugt. Der Vortrieb wird dann durch Propeller oder Strahlturbinen erzeugt. Der Rotor ersetzt die Tragfläche, hat jedoch gegenüber ihr den Vorteil, daß er auch bei geringer Fluggeschwindigkeit, infolge der Eigendrehung, noch Auftrieb erzeugt. Ein Drehmomentenausgleich entfällt, da der Rotor frei dreht.

3. Flugschrauber

Der Flugschrauber ist ein Hubschrauber mit zusätzlichem Vortrieb durch eine oder mehrere Luftschrauben. Im Gegensatz zum Tragschrauber wird der Rotor beim Flugschrauber während des Vorwärtsfluges nicht vom Antrieb getrennt. Die Triebwerksleistung wird zum Antrieb von Rotor und für der Vortrieb geteilt. Es können auch für Vortrieb und Rotorantrieb gesonderte Triebwerke genutzt werden. Durch die Entlastung des Rotors, der trotz Antrieb nur den Auftrieb erzeugt, können gegenüber dem Hubschrauber etwas höhere Geschwindigkeiten erreicht werden. Da der Rotor über Wellen angetrieben wird, muß ein Drehmomentenausgleich erfolgen.

4. Verbundhubschrauber

Verbundhubschrauber sind Hubschrauber, die mit zusätzlichen festen Tragflügeln versehen wurden. Diese erzeugen im Reiseflug einen Teil des Auftriebs.

5. Kombinationsflug-
schrauber

Kombinationsflugschrauber sind mit zusätzlich ange-
brachten Tragflächen ausgerüstete Flugschrauber.
Bei senkrechtem Start und bei der Landung liegt die
gesamte Motorleistung auf dem Rotor. Die Auf-
triebserzeugung wird im Reiseflug zum größten Teil
auf die Tragflächen und in geringem Maße auf den Rotor verteilt. Dieser kann im Reiseflug ausgekuppelt
werden. Durch die somit erfolgte Entlastung des Rotors und durch starke Zug- oder Schubtriebwerke
können im Reiseflug höhere Geschwindigkeiten (ca.
400 km/h) als mit dem Hubschrauber erreicht werden.

6. Wandelflugzeuge oder
Verwandlungshubschrauber

Wandelflugzeuge sind Fluggeräte, bei denen versucht
wurde, die besonderen Eigenschaften des Hubschraubers mit denen des Flächenflugzeugs zu ver-
binden. Ihr Merkmal ist es, wie ein Hubschrauber zu
starten und zu landen und sich beim Übergang in den
Reiseflug in ein Flächenflugzeug zu verwandeln, indem die Rotoren nach vorne geschwenkt werden.

Dazu gehören Kippflügel-, Kipprotor-, Schwenkro-
tor-, Einziehrotor- und Stopprotorflugzeuge. Das Ziel
dieser Konstruktionen war es, die Nachteile des Hubschraubers – seine geringe Geschwindigkeit – auszuschalten, indem sich der Hubschrauber in ein
Flächenflugzeug verwandelt.

BO 105 CBS, IFR-Cockpit.

Einteilung der Hubschrauber

Auch die Hubschrauber können nochmals nach Rotoranordnung und Antriebsart unterteilt werden; wobei innerhalb dieser Gruppen eine weitere Klassifizierung stattfindet.

Hubschrauber mit Wellenantrieb

1. Einrotorige Hubschrauber mit Drehmomentenausgleich

a) Hubschrauber mit Haupt- und Heckrotor
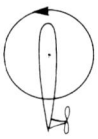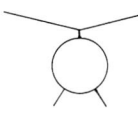
Der größte Teil aller Hubschrauber wird heute nach diesem Prinzip gebaut. Der über Wellen angetriebene Hauptrotor erzeugt den Auf- und Vortrieb. Um eine entgegengesetzte Drehung des Rumpfes bzw. der Zelle um die Hochachse zu vermeiden, muß mit einem kleineren Rotor der Drehmomentenausgleich erfolgen. In der Regel befindet sich dieser Rotor am Heck des Hubschraubers. Zusätzlich dient dieser Heckrotor auch der Steuerung um die Hochachse.

Vorteil: Handlicher Hubschrauber mit großer Wendigkeit.
Nachteil: Reagiert stark auf Rückenwind im Schwebeflug und bei der Landung.

Bereits 1874 wurde in Deutschland der Entwurf eines mit Dampf angetriebenen Drehflüglers der Brüder Fritz und Wilhelm Achenbach mit Haupt- und Heckrotor vorgestellt.

b) Hubschrauber mit Hauptrotor und Seitenrotor
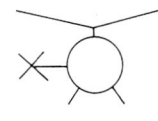
Seitlich am Rumpf angebrachte Luftschrauben dienen hier zum Drehmomentenausgleich. Beim Reiseflug erhöhen sie zusätzlich den Vortrieb. Anton Flettner nutzte 1936 als erster dieses Prinzip bei seinem Hubschrauber FL 185.

c) Hubschrauber mit Hauptrotor und Seitenstrahl
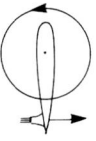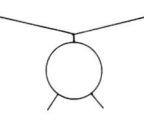
Hierbei wird das Drehmoment durch das Anblasen schräggestellter Leitwerke ausgeglichen.

2. Drehmomentenfreie mehrrotorige Hubschrauber

a) Hubschrauber mit Koaxial-Rotor
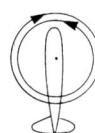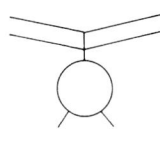
In der Entwicklungsgeschichte des Hubschraubers wurde dieses Prinzip am häufigsten verwandt. Hierbei liegen zwei gegenläufige Rotoren in Achsrichtung übereinander. Durch das gegenläufige Rotieren erfolgt der Drehmomentenausgleich. Durch Vergrößern des Anstellwinkels der Blätter des einen Rotors und gleichzeitiger Verringerung am anderen Rotor erfolgt die Steuerung um die Hochachse.

Vorteil: Kurzer Weg für die Kraftübertragung.
Nachteil: Hohes Rotorsystem mit komplizierter Steuermechanik.

1859 wurde in England das erste Koaxial-Rotor-Konzept von Henry Bright vorgestellt.

b) Hubschrauber mit zwei auf Auslegern nebeneinanderliegenden Rotoren – Side by Side
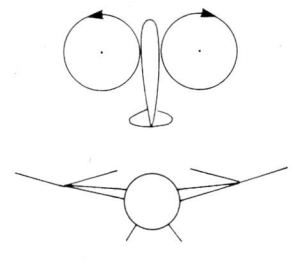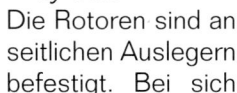
Die Rotoren sind an seitlichen Auslegern befestigt. Bei sich überschneidenden Rotorkreisen wird der Umlauf über ein Getriebe synchronisiert, um eine Blattberührung zu vermeiden. Da die beiden Rotoren einen entgegengesetzten Drehsinn haben, ist das Drehmoment ausgeglichen. Drehungen um die Hochachse werden erreicht, indem eine Rotorebene nach vorne, die andere nach hinten geneigt wird.

Vorteil: Stabiles Flugverhalten.
Nachteil: Großer Platzbedarf, durch die langen Antriebswellen kann es zu Schwingungen kommen.

Nach diesem Prinzip wurde von Professor Focke die Fw 61 ab 1932 in Bremen entwickelt und als erster brauchbarer Hubschrauber der Welt am 26. Juni 1936 vorgestellt.

c) Hubschrauber mit nebeneinander ineinanderkämmenden Rotoren

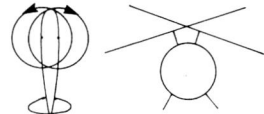

Bei diesem Prinzip sind die beiden Rotoren seitlich angeordnet, mit V-Stellung der Rotorachsen, wodurch eine gegenseitige Berührung vermieden wird. Dazu verhilft zusätzlich ein gemeinsames Getriebe. Durch die Gegenläufigkeit der Rotoren erfolgt der Drehmomentenausgleich.

Vorteil: Die Form entspricht einer einrotorigen Maschine, vereinigt mit der Stabilität einer zweirotorigen.

Nachteil: Leichte gegenseitige aerodynamische Beeinflussung beider Rotoren.

Dieses Prinzip wurde von Anton Flettner erstmals im Jahre 1938 bei seinem Muster FL 265 angewandt.

d) Tandem-Hubschrauber

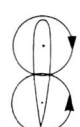 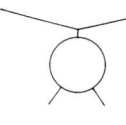

Diese Hubschrauber besitzen zwei hintereinander angeordnete, gegenläufige Rotoren, wodurch das Drehmoment ausgeglichen wird. Auch hier wird bei sich überschneidenden Rotorkreisen der Umlauf über ein Getriebe synchronisiert, so daß eine gegenseitige Berührung der Blätter vermieden wird. Die Steuerung um die Hochachse erfolgt durch seitliches Neigen der Rotorkreisflächen. Heute wird dieses Prinzip bei mehrrotorigen Hubschraubern am meisten verwendet und bietet Transporthubschraubern den größten Vorteil.

Vorteil: Großer Bereich zur Verschiebung des Schwerpunktes, nicht empfindlich gegen Seiten- und Rückenwind im Schwebeflug und bei Landungen.

Nachteil: Größerer Platzbedarf.

Erstmals im Freiflug vorgestellt wurde die Tandem-Rotoranordnung in Belgien im Jahre 1927 von Nicholas Florine. Bekannt wurden diese Hubschrauber durch die erste »Fliegende Banane«, PV-3, von Frank N. Piasecki, deren Erstflug 1945 in Amerika stattfand.

e) Hubschrauber mit mehr als zwei Rotoren

Es wurden Hubschrauber gebaut, die mehr als 20 Rotoren besaßen. Es ist jedoch nicht bekannt, ob

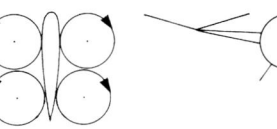

diese jemals vom Boden abgehoben haben. Hubschrauber mit drei und vier Rotoren haben dagegen Versuchsflüge durchgeführt.

Hubschrauber mit Blattantrieb

Bei dem Blattantrieb wird der Rotor nicht über eine Welle, sondern direkt angetrieben, wodurch kein Drehmomentenausgleich erfolgen braucht. Es ist zu unterscheiden zwischen:

1. Blattpropellerantrieb

Kleine, am Rotorblatt befestigte und von Kolbenmotoren angetriebene Propeller setzen den Rotor in Bewegung. Erstmals 1903 in England angewandt.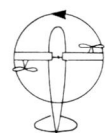

2. Blattstrahlantrieb

Hierbei handelt es sich um Hubschrauber mit einem drehmomentenfreien Reaktionsrotor (Blattspitzenantrieb). Die Drehung des Rotors erfolgt durch den Austritt von Gasen oder heißer Luft durch sich an den Blattenden befindlichen Düsen.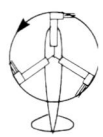

Die Druckluft, ein Kraftstoff-Luftgemisch, strömt vom Triebwerk durch die hohlen Rotorblätter und wird an den Blattspitzen gezündet.

Bereits 1842 hatte der Engländer Philips diese Antriebsart nach dem »Rasensprengerprinzip« erkannt. Es beruht auf dem physikalischen Gesetz Wirkung = Gegenwirkung von Newton aus dem Jahre 1687 (Rückstoßprinzip). Nach diesem Prinzip entwickelte Baron Friedrich von Doblhoff in den Wiener Neustädter Flugzeugwerken den ersten Hubschrauber mit Blattspitzenantrieb. Dieser WNF 342 V-1 startete im Herbst 1943 zu seinem ersten Freiflug. Der erste in Serie gebaute Hubschrauber mit Blattspitzenantrieb war der SO 1220 »Djinn«.

Vom Anfang der Fliegerei bis zur Entwicklung des Drehflüglers

»Das Luftfahrzeug wird zu nichts nützen, bis eine Maschine geschaffen ist, welche die Fähigkeit des Kolibri besitzt – senkrecht aufzusteigen, vor- und rückwärts zu fliegen, senkrecht herabzukommen und zu landen wie ein Kolibri. Es ist nicht einfach, eine solche Maschine zu bauen, aber irgendwer wird es tun ...«

Thomas Alva Edison (um 1900)

Der Traum vom Fliegen

Die Menschheit des Altertums traute nur ihren Göttern und den Kreaturen ihrer Fantasie die Fähigkeit zu, sich im freien Flug vom Boden zu erheben. Lange Zeit waren ihre Religionen und ihre Träume reich an unglaublichen Geschichten von fliegenden Löwen und Drachen, beflügelten Götterboten und Männern, welche den Fesseln der Erde entflogen. Bekannt sind der mit Schwingen ausgestattete Götterbote Hermes und Pegasus, das geflügelte Pferd.

Jahrhundertelang war es ein Traum des Menschen, sich wie ein Vogel mühelos in die Luft zu erheben. Alle Versuche, dieses Ziel zu erreichen, gingen davon aus, den Schwingenflug des Vogels nachzuahmen. Diese jedoch sind bis zum heutigen Tage fehlgeschlagen.

750 v. Chr. berichtet die griechische Mythe von Dädalus und seinem Sohn Ikarus, der mit Hilfe selbstgefertigter Flügel aus der Gefangenschaft des Minos zu fliehen versuchte. Dabei kam er jedoch den heißen Sonnenstrahlen zu nah, die das Wachs seiner Flügel schmolzen, so daß er ins Meer stürzte. Die Siegelabrollung mit der Darstellung der »Himmelfahrt Etanas«, ca. 2300 v. Chr., stellt das älteste erhalten gebliebene Dokument des menschlichen Fluggedankens dar.

König Etana (Mesopotamien) wollte auf dem Rücken eines Adlers den Himmel der Göttin Ischtar erreichen, um dort ein Heilkraut zu holen. Da Etana jedoch Furcht und Schwindel befällt, stürzt er ab, ohne sein Ziel zu erreichen.

Um 1500 v. Chr. soll der Sage nach König Kei Ka-us versucht haben, mit einem fliegenden Thron zum Himmel aufzusteigen. Die Adler, die den Thron emporhoben, ermüdeten jedoch, und das Vorhaben mißlang.

Viel später, 300 v. Chr., hatte auch Alexander der Große davon geträumt, in einem Käfig, den Greife tragen sollten, senkrecht aufzusteigen und durch die Luft zu fliegen. Durch über den Köpfen unerreichbar angebrachte Fleischstücke sollten die geflügelten Drachen zum Flug angeregt werden. 400 v. Chr. wird erstmalig ein Drachenflug erwähnt, obwohl der Ursprung in China fast 3000 Jahre zurückliegt. Dort erzählen Sagen und Legenden von Drachen, die die himmlischen Wohnsitze der Götter bewachen, das Wetter beschwören, aber auch zweckbestimmt militärisch eingesetzt wurden. Erst 1630 erfolgte der erste bemannte Drachenaufstieg in Deutschland.

Die ersten Versuche des Menschen, sich den Traum vom Fliegen zu erfüllen, gingen davon aus, den Schwingenflug des Vogels nachzuahmen.

Siegelabrollung »Himmelfahrt Etanas«, ca. 2300 v. Chr.

So versuchte schon 850 v. Chr. der englische König Bladud mit selbstkonstruierten Flügeln vom Tempel des Apoll in Trinavantum (London) aus zu fliegen, wobei er abstürzte und den Tod fand.
Im alten Rom mißlang z. Z. Kaiser Neros ein weiterer Versuch, mit Flügeln zu fliegen, und im 9. Jahrhundert wird in der nordischen Sage von Wieland dem Schmied von einem Menschen berichtet, der vergebens mit Hilfe selbstgefertigter Flügel zu fliegen versuchte.

Der Mönch Kaspar Mohr (1575–1625) des Klosters Schussenried fertigte um 1600 ein paar Flügel aus Gänsefedern und Schnüren, um einen Absprung vom Schlafsaal des Klosters auszuführen. Mit Hinweis auf seinen Gehorsam als Mönch wurde ihm dieses jedoch verboten und das Fluggerät eingezogen.

In dem Gedicht »Der Schneider von Ulm« läßt Bertolt Brecht (1898–1956) den Bischof über den Schneider sagen:

»Der Mensch ist kein Vogel.
Es wird nie ein Mensch fliegen.«

Dieser Schneider war Albrecht Ludwig Berblinger (1770–1829). Er wollte im Jahre 1811 mit Schwingen wie ein Vogel von einem Turm fliegen, was ihm jedoch nicht gelang. So erging es noch vielen, die den Schwingenflug nachahmen wollten, und wenn sie Glück hatten, brachen sie sich nur die Knochen.

Viele dieser Turmspringer hatten zwar erkannt, daß diese Schwingen ähnlich den Flügeln der Vögel den Auftrieb erzeugen müßten und die flatternden Bewegungen die Quelle der vorwärtstreibenden Kraft seien.

Es war ihnen allen jedoch nicht bekannt, welche Größe des Auftriebs überhaupt notwendig ist, um einen Körper zu heben.

In seinem Buch »De motu animalium« (Von der Bewegung der Tiere) kommt der Italiener Giovanni Alfonso Borelli (1608–1679) nach genauen Untersuchungen der Flugvoraussetzungen zu dem Schluß, daß der Mensch mit eigener Kraft niemals werde fliegen können. Berechnungen und Messungen über Kraftaufwand beim Fliegen, Muskelgewicht und Körpergewicht des Vogels im Vergleich zum Menschen hatten ihn zu dieser Einsicht geführt.

Der Gedanke, Hubschrauber zu bauen, mit denen es möglich ist, senkrecht zu starten, zu landen und in der Luft zu schweben, ist sehr alt. Die Vorbilder sind schon aus dem Altertum in der Form des Spielzeugkreisels der Chinesen bekannt. 400 Jahre v. Chr. besaßen sie einen »Spielzeughubschrauber« oder Flugpropeller; einen runden Stab, in den kreuzförmig Vogelfedern eingesteckt waren. Durch Drehen des Stabes zwischen den Handflächen brachte man dieses Spielzeug zum »Rotieren«, wobei die Federn einen Auftrieb erzeugten und sich dadurch der Stab fast senkrecht in die Luft erhob. Ein weiteres Vorbild war die Schraube des griechischen Physikers und Mathematikers Archimedes (287–212 v. Chr.), mit der es gelang, durch drehende Bewegung tiefer in eine Materie einzudringen, und die als Wasserpumpe im Altertum bereits Verwendung fand. Sollte es nicht möglich sein, dieses Prinzip auch auf die Flugforschung anzuwenden?

1483, also bereits vor 500 Jahren, zeichnete Leonardo da Vinci (1452–1519) als erster einen Flugapparat nach diesem Prinzip und nannte ihn »Helix«.

»Helix«

Er ging von folgender Theorie aus: Die Luft hat Substanz (heute sagen wir Dichte). Wenn man also einen Flügel spiralartig um einen senkrechten Schaft montiert und diesen mit ziemlich hoher Geschwindigkeit dreht, erhebt er sich in die Luft. – Auf dieser Idee basiert heute noch die Hubschrauberkonstruktion! – Ihm fehlte nur noch die genügend starke Antriebsquelle, um die hohe Drehgeschwindigkeit zu erreichen.

In dieser Zeit treffen wir bereits auf die Entstehung des Wortes Helicopter (in der Verdeutschung »Hubschrauber«

Madonna mit Kind.

genannt), aus den griechischen Wörtern »helix« gleich Spirale und »pteron« gleich Flügel.

Leonardo da Vincis Entwurf wurde jedoch erst 400 Jahre später bekannt, als seine Aufzeichnungen in Florenz wiederentdeckt wurden. Somit blieb seine Idee ohne Einfluß auf die spätere Entwicklung des Drehflüglers.

Auch war es nicht möglich, nach einem flügelartigen Spielzeug, wie es mitunter auf mittelalterlichen Zeichnungen dargestellt wird, ein Fluggerät mit Drehflügeln zu konstruieren. Als Beispiel sei das Altarbild eines unbekannten Meisters aus dem Jahre 1460 »Madonna mit Kind« genannt, welches den Jesusknaben mit einem rotorähnlichen Spielzeug darstellt. Es ist im Museum von Le Mans (Frankreich) ausgestellt.

In einem flämischen Manuskript aus dem Jahre 1325 ist ebenfalls die Darstellung eines Spielzeughubschraubers zu sehen. Unter dem Namen »Molinet« waren diese Spielzeuge damals weit verbreitet.

Zwischen Leonardo da Vinci und der weiteren Entwicklung im Flugwesen vergingen mehr als 200 Jahre, in denen keine nennenswerte Entwicklung auf diesem Gebiet gemacht wurde.

Die Idee, den Vogelflug zu imitieren, hatte man vorläufig aufgegeben, und man beschäftigte sich statt dessen mit dem Bau von Auftriebskörpern nach dem Prinzip »leichter als Luft«. Die Brüder Joseph Michel (1740–1810) und Etienne Jacques (1745–1799) Montgolfier nutzten die Auftriebskraft erwärmter Luft und bauten nach diesem Prinzip den ersten Heißluftballon, den sie am 5. Juni 1783 in Annonay öffentlich vorführten. Am 17. September desselben Jahres ließen sie mit solch einem Ballon in einem Korb einen Hammel, eine Ente und ein Huhn von Versailles aus in die Lüfte aufsteigen. Am 15. Oktober 1783 erhob sich als erster Mensch der Franzose Pilatre de Rozier in die Luft. Bis dahin war der Ballon noch durch Seile am Boden gefesselt, jedoch eine Woche später, am 21. Oktober 1783, erfolgte durch die Franzosen Pilatre de Rozier und Marquis d'Arlandes in einem von den Brüdern Montgolfier konstruierten Heißluftballon die erste Freiballonfahrt; sie dauerte 25 Minuten und führte über Paris hinweg nach La Butte-au-Cailler. Dies war der Beginn der Luftfahrt und des Luftsports.

Die Brüder Montgolfier gingen von der physikalischen Tatsache aus, daß heiße Luft infolge ihres geringeren spezifischen Gewichtes nach oben steigt und bei einer genügend großen Menge auch einen Gegenstand, wie eben ihren Ballon, heben kann. Durch diese Versuche angeregt, kam der französische Physiker Professor Jacques Alexandre Charles (1746–1823) auf den Gedanken, daß Wasserstoffgas noch besser als heiße Luft tragen müsse, und nach diesem Prinzip gelang ihm und seinem Mechaniker

Noel Robert am 3. Dezember 1783 ebenfalls eine Freiballonfahrt. Nach fast zwei Stunden landeten sie ca. 43 km von Paris entfernt. Zur Unterscheidung nannte man Heißluftballone Montgolfieren und die mit Wasserstoff gefüllten Aerostaten Charlieren nach Prof. Charles. Diese Fluggeräte wurden später als Beobachtungsballone für militärische Zwecke eingesetzt, waren jedoch, da sie nicht steuerbar waren, sondern in den Luftströmungen trieben, als Flugzeuge im heutigen Sinne nicht anerkannt.

Als Kriegsgerät wurde der Ballon 1794 von Frankreich zum ersten Mal eingesetzt. Im Zweiten Weltkrieg wurden wichtige Objekte mit »Sperrballons« geschützt, indem sie mit ihren langen Halteseilen Flugzeuge am Anflug hinderten. Heute werden Ballone im Luftsport und zur Erforschung der Lufthülle verwendet. Es wurde durch sie dem Menschen ermöglicht, in die Lüfte aufzusteigen, doch von der Erfüllung des Traums vom vogelähnlichen Flug war man noch weit entfernt.

Paris 1783, erste Freiballonfahrt.

An der Realisierung des wirklichen und durch Kraft getriebenen Fluges waren vor allem vier Männer beteiligt. Der erste von ihnen war ein Adliger aus Yorkshire (England), Sir George Cayley (1773–1857). Er erkannte das Prinzip, nach dem später der größte Teil aller Flugzeuge fliegen sollte. Er sagte:

»Um ein Gewicht mittels einer Fläche tragen zu können, müssen wir den Widerstand der Luft durch Anwendung einer Kraft überwinden.«

Cayley, als Junge von den Ballonflügen beeindruckt, entschied sich lieber, »... eine geneigte Fläche, die durch einen leichten Erstantrieb bewegt wird«, auszunutzen, als an Auftriebskörpern zu arbeiten. Er begann, wie viele vor ihm auch, mit Studien des Vogelfluges und erforschte parallel dazu das Verhalten von Luftströmungen, die er auf bestimmte Objekte richtete, indem er Modellflügel baute, um Luftwiderstand und Druckverlauf zu untersuchen.

1804 baute Cayley sein erstes Flugzeug, ein Gleitmodell, und fünf Jahre später ein größeres Modell mit ca. 18,5 qm Flügelfläche. Er versuchte, seinem Gleiter durch die zu dieser Zeit schon recht weit verbreitete Dampfmaschine einen Antrieb zu geben. Diese war jedoch für ein Flugzeug viel zu schwer, und da es ihm nicht gelang, ein Kraftsystem, welches für ein Flugzeug leicht genug war, zu entwickeln, wandte er sich wieder der Aerodynamik und dem Bau von Koaxial-Hubschrauber-Modellen zu.

Im Laufe des 19. Jahrhunderts entwickelte sich das Interesse an der Luftfahrt mehr und mehr, und es kam zu vielen sensationellen Experimenten, die vielfach unglücklich endeten. Manch brauchbare Idee scheiterte jedoch an dem zu großen Gewicht der Kraftquelle für den Antrieb. Verschiedene Modelle mit kleinen Dampfmaschinen als Antrieb wurden sogar zu kurzen Flügen gebracht, reichten jedoch nicht aus, um einen Menschen vom Boden aufwärts zu tragen. Für diese Versuche stehen die Namen:

Du Temple, Henson, Stringfellow und Penaud.

Alphonse Penaud (1850–1880) entwarf das erste Flugzeug mit Eigenstabilität. Er nannte sein gummibandgetriebenes Druckpropellermodell »Planophore« und stellte es 1871 der Öffentlichkeit erfolgreich vor.

Ein weiterer bedeutender Beitrag zur Flugtechnik kam von dem deutschen Ingenieur Otto Lilienthal (1848–1896) aus Anklam. Auch er erstellte ausführliche Vogelstudien und veröffentlichte seine Erkenntnisse 1889 in dem Buch: »Der Vogelflug als Grundlage der Fliegekunst«. Er kam zu der Einsicht, daß die menschlichen Muskelkräfte nicht ausreichen würden, das eigene Körpergewicht in die Luft zu erheben.

»Der Vogelflug als Grundlage der Fliegekunst«, dem Buch von Otto Lilienthal.

So widmete er sich in erster Linie den Fragen des Auftriebs und der Flugstabilität. Mit einem sogenannten Rundlaufapparat untersuchte er eine Vielzahl von Tragflügelmodellen und stellte meßtechnisch deren Auftriebs- und Stabilitätseigenschaften fest.

Er entschied sich 1890 auf Grund seiner bisherigen Versuche, seine weitere Arbeit auf die Gewinnung echter Flugerfahrung zu konzentrieren.

Mit seinem Bruder Gustav entwickelte er mehrere Gleiter, die er selbst im Garten ausprobierte, indem er sich von einem Schuppen schwang. Es folgten Flugübungen in den Rhinower Bergen. Später lief er von der Spitze des eigens für diese Zwecke kegelförmig aufgeschütteten 15 Meter hohen Fliegeberges in Lichterfelde gegen den anströmenden Wind, um sich vom Erdboden abheben zu können. Seine damaligen Versuche ähnelten dem Drachenfliegen unserer Zeit, denn auch er konnte bereits durch Verlagerung seines Körpergewichts dem Gleiter Stabilität und Richtung geben. Innerhalb von sechs Jahren unternahm Lilienthal mit seinen Gleitern mehr als 2000 Flüge, wobei er bei einigen bis zu 350 m im freien Gleitflug zurücklegte. Er erbrachte den Nachweis, daß der Auftrieb eines richtig konstruierten Flügels das Gewicht eines Menschen in die Luft heben kann.

1896 begann Lilienthal mit der Arbeit an einem angetriebenen Gleiter. Ein Kohlensäure-Gasmotor sollte die Flügelenden bewegen und eine vogelflugähnliche, flatternde Bewegung bewirken. Er konnte diesen

Plan jedoch nicht mehr vollenden, denn am 9. August 1896, bei einem Routineflug am Gollenberg in Stölln mit einem seiner älteren Gleiter, wurde er von einer Windbö erfaßt und stürzte aus einer Höhe von 15 m ab. Einen Tag später erlag Lilienthal in Berlin seinen Verletzungen.

Parallel zu diesen Entwicklungen hatte man auch eine Abwandlung der Ballone konstruiert. Antriebsmaschinen wurden in die Ballongondel eingebaut, um eine Vortriebskraft zu erzielen, und man entwickelte Ruder, um Richtungsänderungen zu ermöglichen.

Diese Fluggeräte nannte man Luftschiffe, und über die halbstarren Luftschiffe von Renard und Lebaudy führte die Entwicklung im Juli 1900 zur ersten Fahrt eines starren, lenkbaren Luftschiffes des Grafen Ferdinand von Zeppelin (1838–1917).

Starre Luftschiffe, nach ihrem Erfinder auch Zeppeline genannt, gehören ebenfalls zu den Luftfahrzeugen »leichter als Luft«. Wie beim Ballon trifft auch auf das Luftschiff das physikalische Gesetz des Auftriebs zu, wonach ein in Luft getauchter Körper so viel an Gewicht verliert, wie die von ihm verdrängte Luftmenge wiegt. Der Auftrieb ist dabei um so größer, je größer das Volumen des vom Ballon oder Luftschiff eingeschlossenen Gases (Traggas) und je leichter das Gas ist. Starre Luftschiffe bestehen aus einem Gerippe aus Leichtmetall und behalten dadurch auch bei ungefüllten Gaszellen ihre Form. Das unstarre Luftschiff erhält seine Form nicht durch ein Gerippe, sondern durch besondere, unter Druck stehende

Luftkammern. Beim halbstarren Luftschiff wird die Form auch bei unprallen Gaszellen durch ein Kielgerüst gehalten.

Im Oktober 1901 umkreiste der Brasilianer Alberto Santos Dumont (1873–1932) mit einem motorgetriebenen Luftschiff den Eiffelturm. Zeppeline, lenkbare Varianten der Ballone, wurden im Ersten Weltkrieg militärisch genutzt, um Städte im feindlichen Hinterland mit Bomben zu bewerfen. Das englische Marineluftschiff »R 34« fuhr 1919 als erstes Luftfahrzeug über den Atlantik. Der Flug von East Fortune nach Mineola (bei New York) dauerte 108 Stunden. Die Konstruktion des R 34 basiert auf dem deutschen Zeppelin L 33 (LZ 76), der 1916 in England zur Landung gezwungen wurde. Das Luftschiff LZ 127 »Graf Zeppelin« brachte als erstes Luftfahrzeug Fluggäste planmäßig über die Weltmeere. Der Transatlantische Linienverkehr nach Südamerika startete 1932 über New York nach Rio de Janeiro. Von September 1928 bis Juni 1937 wurden 590 Fahrten, davon 144 Ozean-Überquerungen, durchgeführt. Noch heute, wenn auch selten, sind kleinere Ableger dieser stillen Giganten am Himmel zu sehen.

Das Unglück des Zeppelins LZ 129 »Hindenburg« in Lakehurst leitete nämlich das Ende der Luftschiff-Ära ein.

Mehr als ein halbes Jahrhundert danach entstand in Friedrichshafen der Prototyp eines neuen Starrluftschiffs. Die Entscheidung zum Bau eines Zeppelins neuer Technologie wurde 1992 ge-

Aufbau eines starren Luftschiffes.

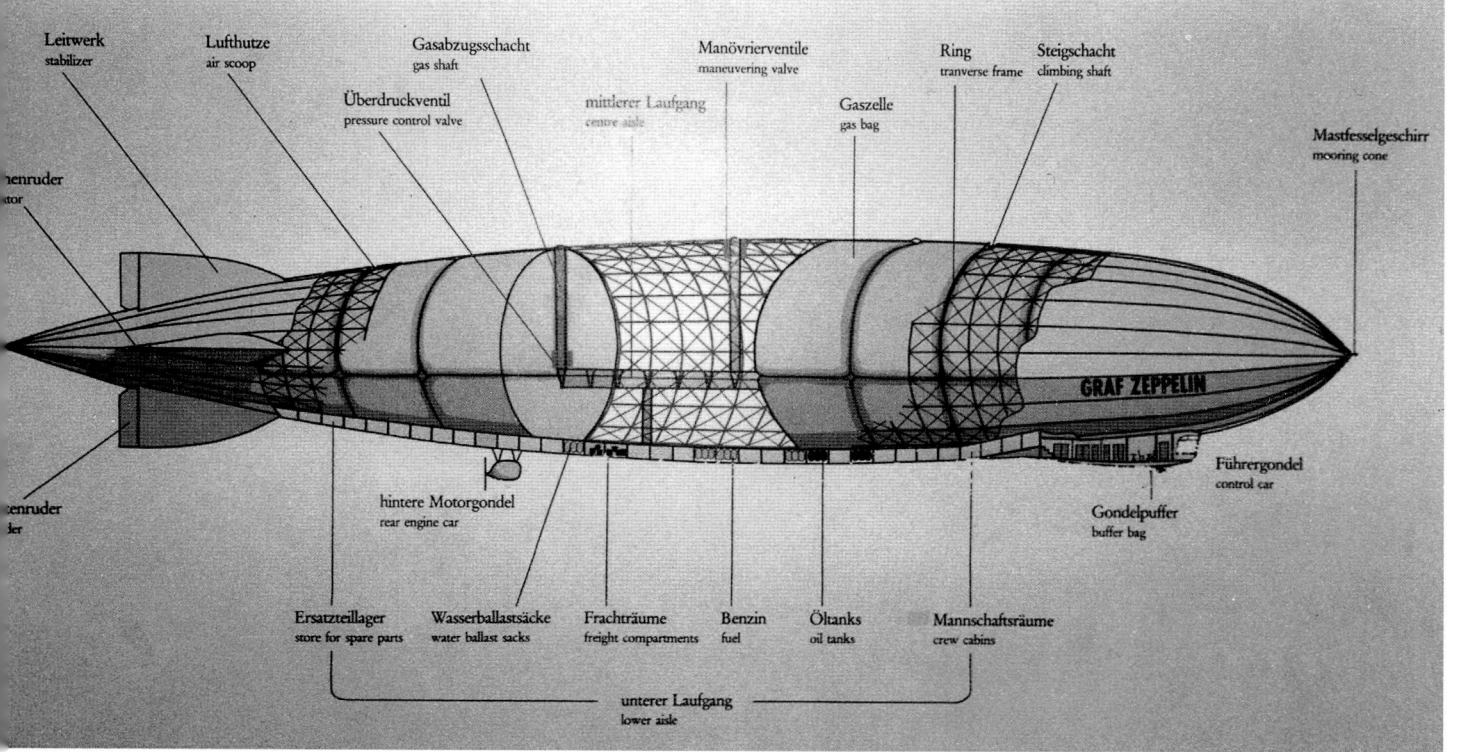

19

fällt, um die Nische zwischen Flugzeug und Hubschrauber zu nutzen. Der Haupteinsatzzweck heute: Umweltüberwachung im Dauereinsatz, Werbung und Touristikflüge.

Für den Transport großvolumiger und schwerer Frachtstücke wurde ein spezielles Fracht-Luftschiff CL 160, »Cargolifter«, bei der CargoLifter AG in Brand, südlich von Berlin, entwickelt. Die Flugtests, die 2001 beginnen sollen, werden zeigen, ob der »Cargolifter« in dieser Form einsatztauglich sein wird. Er soll über einen noch größeren Frachtraum als die Airbus A300-600ST »Beluga« verfügen.

Samuel Pierpont Langley baute erstmals einen Benzinmotor mit 52 PS in eine Flugmaschine ein. Sein Flugzeug »Aerodrome« mit einer Spannweite von 14,5 m sollte durch ein Katapult von einem Hausboot gestartet werden. Der erste Versuch am 7. Oktober 1903 scheiterte, und auch der zweite Versuch, zwei Monate später, scheiterte erneut wegen Versagens der Startvorrichtung.

Den beiden Brüdern Orville (1871–1948) und Wilbur (1867–1912) Wright, Fahrrad-Fabrikanten aus Dayton in Ohio und Söhne eines amerikanischen Bischofs, war es vorbehalten, das Problem der Flugkunst wissenschaftlich zu lösen.

In ihrem selbstkonstruierten Windkanal machten sie Versuche mit Modellflugzeugen, wobei sie Erfahrungen über Tragflächenformen, Auftriebskräfte und die Strömungslehre oder Aerodynamik sammelten. So bauten sie im Jahre 1900 einen Gleiter, einen schwanzlosen Doppeldecker mit einem horizontalen Höhenruder vor den Tragflächen. Bisher wurde durch Verlagern des Körpergewichts gesteuert, die Gebrüder Wright konnten bei ihrem Fluggerät die Flügelspitzen mit Hilfe von Drahtzügen verstellen. An einem Küstenstreifen bei Kitty Hawk (North Carolina) führten sie kurze bemannte Flüge durch.

Nach weiteren Auswertungen dieser und folgender Versuche machten sie sich an die Aufgabe, einen Antrieb zu konstruieren. Zu ihrem selbstentwickelten Motor, der nur ca. 80 kg wog und 13 PS erzeugte, bauten sie im Sommer 1903 einen Doppeldecker mit einer Spannweite von 12,5 m und 275 kg Gewicht. Mit ihrem Flugzeug, später »Flyer« genannt, startete Wilbur am 14. Dezember 1903 zu einem ersten Versuch, der jedoch nicht glückte. Drei Tage später, am 17. Dezember 1903, gelang Orville ein Flug von 37 Metern in 12 Sekunden. Es war »... das erste Mal in der Weltgeschichte, daß eine Maschine, die einen Menschen trug, sich selbst mit eigener Kraft zum Fluge in die Luft erhoben hatte und, ohne die Geschwindigkeit zu vermindern, dahin schwebte und schließlich an einer Stelle landete, die ebenso hoch lag wie die, von der aus sie gestartet war«, berichtete Orville Wright.

Obwohl in verschiedenen anderen Ländern einige Flugpioniere ebenfalls ihre ersten Luftsprünge mit Motorantrieb durchführen konnten, waren die Brüder Wright doch die einzigen, die ihr Fluggerät und ihre Fähigkeiten so weiterentwickeln konnten, daß sich ihre Flugleistungen ständig verbesserten. Zwei Jahre nach ihrem ersten Flug flogen sie bereits Kurven und geschlossene Kreise, und ihre Flugzeiten zählten nach Minuten und ihre Strecken nach Kilometern. Wie ihre Einstellung dem Hubschrauber gegenüber war, gibt folgende Feststellung wieder:

Dayton, Ohio
15. Januar 1909

»Wie alle Neulinge, begannen wir mit dem Hubschrauber (in unserer Jugend), sahen aber bald ein, daß Hubschrauber einfach keine Zukunft haben und ließen daher das Projekt fallen. Der Hubschrauber vermag nur mit größter Anstrengung das zu tun, was ein Ballon ohne Mühe schafft, und er ist keinesfalls besser als der Ballon zum schnellen horizontalen Flug geeignet. Wenn sein Triebwerk ausfällt, stürzt er mit tödlicher Wucht ab, denn er kann weder schweben, wie ein Ballon, noch wie ein Flugzeug gleiten. Hubschrauber sind viel leichter zu konstruieren als Flugzeuge, ist die Konstruktion jedoch gelungen, ist sie nutzlos.«

Wilbur Wright

Von nun an verlief die Entwicklung im Flugzeugbau mit Riesenschritten vorwärts. Keine technische Evolution hat sich so schnell, mit so weittragenden Konsequenzen entwickelt wie die Luftfahrt. Ende 1907 wurde der Deutsche Aero Club gegründet, und die Internationale Luftschiffahrt-Ausstellung im Jahre 1909 in Frankfurt am Main war der erste internationale Aerosalon der Welt.

Hans Grade (1879–1946) und Henri Farman (1874–1958) veranstalteten 1908 die ersten öffentlichen Motorflüge in Deutschland, und im selben Jahr gelingt Wilbur Wright ein Langstreckenflug von 99 km in einer Stunde und 53 Minuten. Mit dem Eindecker »Typ XI« gelingt im Juli 1909 der Sprung über den Ärmelkanal. Louis Bleriot flog in 32 Minuten von Calais nach Dover, und 1910 stellt Henri Farman einen Weltrekord im Dauerflug über acht Stunden und fast 600 Flugkilometern auf.

1913 lag der Geschwindigkeitsrekord bereits bei 200 km/h. Eine weitere stürmische Entwicklung der Fluggeräte brachte der Erste Weltkrieg. Aus den experimentellen Anfängen trat die Luftfahrt in ein Stadium der praktischen Verwendung. Bereits ein Jahr nach Ende des Ersten Weltkriegs begann der kommerzielle Luftverkehr durch die Aufnahme öffentlicher Streckendienste zwischen Berlin und Weimar sowie zwischen London und Paris.

Dornier-Wal beim Katapult-start.

Das kommende Verkehrsflugzeug war der Typ Junkers F 13, ein freitragender Ganzmetalltiefdecker und damit das erste Ganzmetall-Verkehrsflugzeug, 1915 aus Wellblech (Duraluminium) von Hugo Junkers (1859–1935) konstruiert. Diese Maschine, deren Passagierkabine schon beheizbar war, hat Generationen von Junkers-Flugzeugen bis zur Ju 52 (Erstflug 1930) ihr Aussehen geprägt, und heute noch ähneln alle großen und kleinen Verkehrsflugzeuge im Prinzip der F 13.

Mit sechs Insassen stellte die Ju 52 einen Höhenweltrekord und einen Dauerflugrekord von 26 Stunden auf. Die Ju 52 wurde ab 1944 bis Ende der 50er Jahre bei der spanischen CASA in mehreren hundert Exemplaren als C-352 produziert. Mit der G 38 kreierte Junkers das größte Landverkehrsflugzeug seiner Zeit. Es war ein »Nurflügel-Flugzeug«, dessen Erstflug am 6. November 1929 in Dessau stattfand. Ab 1. Juli 1930 setzte die Deutsche Luft-Hansa dieses Flugzeug im Liniendienst Berlin–London ein.

Mit dem serienmäßigen Einsatz der Junkers Ju 52 wurde der Flugzeugpark der Lufthansa stark verein- heitlicht und die Reisegeschwindigkeit von 180 auf 240 km/h gesteigert. Mit dem Einsatz der Typen Heinkel He 70 und Junkers Ju 60 (später Ju 160) als Schnellflugzeuge konnte die Fluggeschwindigkeit auf über 300 km/h gesteigert werden. Aus den beiden genannten Flugzeugmustern entstanden später die zweimotorigen Muster der Heinkel He 111 und der Junkers Ju 86. Ein Vertrag zum Nachbau des Bombers He 111 wurde bereits 1938 mit der Casa geschlossen, die Produktion erfolgte aber erst nach Ende des Zweiten Weltkriegs unter der Bezeichnung C-2111. Von Junkers wurde in Weiterentwicklung der Ju 52 und der G 38 das viermotorige Flugzeug Ju 90 gebaut, das neben der Besatzung bis zu 40 Fluggästen Platz bot. Auch Focke-Wulf hat mit der Fw 200 »Condor« den Weg der Großflugzeuge beschritten. Der »Condor« erwarb sich durch seinen Nonstop-Rekordflug über den Atlantik Weltruhm.

Im selben Jahr wurde der Ozean mit einem viermotorigen Flugboot von Neufundland aus, mit Zwischenlandung auf den Azoren, nach Plymouth von dem Amerikaner Read und zwei Mann Besatzung überquert. Wenige Wochen später stiftete die Daily Mail einen Preis für den ersten Flug ohne Zwischenlandung von Amerika nach England, den die beiden englischen Flieger Alcock und Whitten Brown für ihren Flug von Neufundland nach Irland gewannen.

Berühmt wurde der Flug von Charles Lindbergh mit seiner »Spirit of St. Louis«. Am 20./21. Mai 1927 überquerte er im Alleinflug den Nordatlantik auf der Strecke von New York nach Paris. Ein Jahr später überflogen die Deutschen Hermann Köhl (1888–1938), Ehrenfried Günther Frhr. von Hünefeld (1892–1929) und der Ire James Fitzmaurice (1899–1965) mit einer Junkers W 33 »Bremen« den Atlantik in der schwierigen Ost-West-Richtung von Baldonnel (Irland) nach Neufundland.

Nachdem amerikanischen Piloten der erste Flug in Etappen rund um die Erde gelungen war, überflog am 9. Mai 1926 der Amerikaner E. Byrd mit seiner Besatzung als erster den Nordpol, dem nur zwei Tage später Amundsen mit dem Luftschiff »Norge« folgte.

Am 12. Juli 1929 startete das Flugschiff Do X von Altenrhein am Bodensee zu seinem Jungfernflug. Zwölf Motoren, in Tandemkonfiguration als Zug- und Druckpropeller ausgelegt, gaben dem Riesenflugboot die nötige Leistung. Es war 40 Meter lang, zehn Meter hoch und hatte eine Spannweite von 48 Metern. Die Reisegeschwindigkeit des 48 Tonnen schweren Flugbootes betrug 175 Kilometer in der Stunde, und mit 23.300 Litern Kraftstoff an Bord konnte es eine Strecke von 2200 km ohne Zwischenlandung zurücklegen. Der Jungfernflug, mit 169 Menschen an Bord, hielt 30 Jahre lang im Guinness-Buch der Rekorde stand. Im Februar 1931 überquerte die Do X von Lissabon aus den Atlantik Richtung Nord- und Südamerika. Höhepunkt dieser Reise war die Landung auf dem Hudson River vor der Skyline von New York. Die Do X landete im Luftfahrtmuseum von Berlin, wo sie 1944 durch alliierte Bomben zerstört wurde.

In den Jahren 1932–1934 kamen die Schnellverkehrsflugzeuge Lockheed »Orion«, Heinkel He 70 und Douglas DC 2 als neuer Typ des Verkehrsflugzeugs zum Einsatz. Als Tiefdecker mit Einziehfahrwerk und glatter Außenhaut erbrachten sie eine deutliche Steigerung der Fluggeschwindigkeit, und mit den Dornier-»Wal«-Flugbooten, die mit Hilfe von Katapulten von schwimmenden Flugstützpunkten aus gestartet wurden, baute die Deutsche Lufthansa einen regelmäßigen Südatlantik-Postdienst auf.

Das Jahr 1933 war das Geburtsjahr des deutschen Transozeanluftverkehrs. In diesem Jahr wurde von der Lufthansa der umgebaute Dampfer »Westfalen« als erster schwimmender Flugstützpunkt in Dienst gestellt. Die ersten Versuchsflüge über den Südatlantik waren erfolgreich, und Anfang Februar 1934 nahm die

Hansa mit der »Westfalen« den Verkehr über den Südatlantik planmäßig auf.

Die Streckenführung über Bathurst an der westafrikanischen Küste nach Natal (Brasilien) wurde mit der Zeit über Rio de Janeiro hinaus nach Buenos Aires und durch den Flug über die Anden nach Santiago de Chile verlängert. Die Flugzeit Deutschland–Südamerika betrug damals zwei Tage. In Sicherheit und Zuverlässigkeit stand mit den bewährten Flugbooten Do 10-t-»Wal« und Do 18 der Südatlantik-Flugdienst dem europäischen Verkehr in keiner Weise nach.

Auf Grund der Erfolge im Südatlantik konnte sich die Lufthansa 1936 auch der Erschließung des Luftraumes über dem Nordatlantik widmen. Dazu wurde ein neues Hochseeflugzeug in Gestalt der viermotorigen Ha 139 A des Hamburger Flugzeugbaus, später Blohm & Voß, Hamburg, geschaffen, das ebenso wie die Dornier Do 18 mit Junkers-Schwerölmotoren ausgerüstet war. Mit diesem Flugzeug wurden bereits 1937 22 planmäßige Flüge in beiden Richtungen über den Nordatlantik erfolgreich unternommen. Der Start erfolgte dabei von den Katapulten der an den beiden Endpunkten der Strecke stationierten Hilfsschiffe »Friesenland« und »Schwabenland«.

Die Zahl der Fluggäste auf deutschen Luftverkehrslinien wuchs von 70.000 im Jahre 1932 auf rund 300.000 im Jahre 1937.

Der Geschwindigkeits-Weltrekord lag 1939 bei 755 km/h, aufgestellt mit einer Messerschmitt Me 209. Mit einer sechsmotorigen Ju 390, jedes Triebwerk leistete 1800 PS, gelang der deutschen Luftwaffe gegen Ende des Zweiten Weltkrieges ein Nonstopflug über den Pol nach Japan. Die Tanks faßten 30.000 Liter Treibstoff und gaben dem Flugzeug eine Reichweite von 18.000 Kilometern. Die Maschine war eine der bemerkenswertesten Neuentwicklungen der deutschen Luftfahrtindustrie während des Krieges.

Mit Beginn des Zweiten Weltkriegs wurde das Düsen- und Raketenzeitalter der Luftfahrt geboren. Mit dem Start der Heinkel He 178 am 27. August 1939 in Rostock-Marienehe – geflogen von Erich Warsitz – wurde ein weiterer neuer Abschnitt der Luftfahrttechnik eingeleitet, der dem Strahltriebwerk als Antriebsmaschine einen erfolgreichen Weg bis in unsere Zeit ebnete. Doch bevor das erste Flugzeug mit Turbinenstrahlantrieb abhob, ging es erst einmal mit Raketenstrahlantrieb in die Luft. Das war am 20. Juni 1939, als die Heinkel He 176 – ein einsitziges Flugzeug, von Testpilot Erich Warsitz geflogen – mit 600 km/Stunde in den Himmel über Warnemünde aufstieg. Ein neues Zeitalter in der Luftfahrt hatte begonnen! Das erste Düsenflugzeug He 178, dessen Rumpf aus Duraluminium in Schalenbauweise gefertigt war, wurde von dem ersten einsatzfähigen Strahltriebwerk He S 3B, das 411 Kilopond Schub lieferte, angetrieben. Mit dem verbesserten Triebwerk He SRA war die He 280 bereits 1941 das erste zweistrahlige, als Jagdflugzeug konzipierte Flugzeug der Welt. Am 2. Oktober 1941 erreichte Heini Dittmar mit einem Raketenflugzeug Me 163 A eine Geschwindigkeit von 1004 km/h, und mit der Messerschmitt 262 baute Deutschland das erste einsatzfähige Düsenflugzeug der Welt. Der Erstflug mit dem Versuchsmuster 3 erfolgte am 18. Juli 1942 mit zwei Jumo 004 B-Triebwerken auf dem Flugplatz Leipheim. Pilot war Fritz Wendel, Chefpilot der Messerschmitt-Werke. Ebenfalls von Messerschmitt war der erste Strahljäger mit verstellbarer Flügelpfeilung (P 1101), den im April 1945 die Amerikaner mit umfangreichem Material erbeutet und in die USA verbracht haben.

Die raketengetriebene Heinkel He 176 landete im Berliner Luftfahrtmuseum, wo sie 1944 bei einem Luftangriff zerstört wurde. Der welterste Jet, die He 178, befand sich bis Kriegsende im Heinkel-Werk in Rostock-Marienehe. Sein weiterer Verbleib ist bis heute unbekannt.

Nach dem Ende des Zweiten Weltkriegs ging Prof. Willy Messerschmitt im Rahmen eines Beratervertrages nach Spanien und entwickelte bei der Hasa (Hispano Aviaciòn S.A.) den Propellertrainer HA 100.

Zwei Jahre später folgte der Jet-Trainer HA 200 »Saeta«, der als erstes spanisches Strahlflugzeug in die Geschichte einging und einschließlich der verbesserten Version HA 220 in einer Stückzahl von über 125 Flugzeugen produziert wurde. Messerschmitt entwickelte bei der Hasa noch einen Mach-2-Jäger HA 300, dessen Lizenzrechte aus Kostengründen später an Ägypten verkauft wurden. Trotz einer erfolgreichen Erprobungsphase – Erstflug des Jägers HA 300 am 7. März 1964 – ging der Delta-Jäger nicht in den Serienbau.

Nach nur knapp fünf Jahren Entwicklungszeit startete Deutschlands erstes strahlgetriebenes Passagierflugzeug, die »152«, am 4. Dezember 1958 in Dresden zu ihrem Jungfernflug. Es war das erste und wahrscheinlich einzige Flugzeug der Welt, das zweimal entworfen wurde, nachdem die ersten Konstruktionspläne in der Sowjetunion zurückbehalten wurden. Die Gruppe um Brunolf Baade, der bis Ende des Zweiten Weltkrieges Leiter des Konstruktionsbereiches bei Junkers war, hatte diesen Entwurf für die Sowjetunion ausgearbeitet.

Manches, was seit den 50er Jahren als Neuentwicklung aus den USA kam, hatten die Deutschen im Zweiten Weltkrieg bereits entwickelt, jedoch auf Grund der Kriegslage nicht mehr in Serie fertigen oder zum Einsatz bringen können.

Von den ersten Drehflügelversuchen zur Fw 61

Zu diesem Zeitpunkt flog auch schon der erste wirklich brauchbare Hubschrauber der Welt, die Fw 61, entwickelt und gebaut in Bremen von Professor Henrich Focke. Bis dieses Ziel jedoch erreicht wurde, verging eine lange Zeit, ebenfalls angefüllt mit vielen Enttäuschungen und Fehlschlägen. So konnte der Russe Michail Lomonossow (1711–1765), Gründer der ersten russischen Universität, mit seinen Auftriebsmessungen erstmals das Konzept eines Koaxial-Rotors praktisch demonstrieren. Er beabsichtigte, Luft-

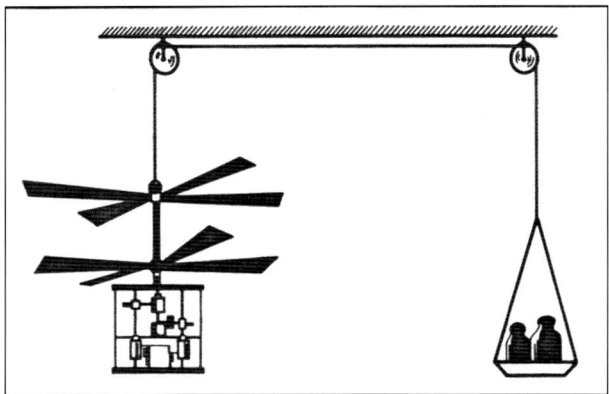

Lomonossow: Auftriebsmessungen um 1750.

dichte und Temperaturen in verschiedenen Höhen zu messen. Die dazu notwendigen Meßgeräte wollte er mit von Federn angetriebenen Hubschrauben in die Höhe befördern. Über einen Waagebalken führte er Belastungsversuche zur Ermittlung der Tragkraft seiner Konstruktion durch.

1768 gelang dem französischen Mathematiker J. P. Paucton der Entwurf eines Muskelkraft-Fluggerätes. Sein Modell besaß zwei Luftschrauben, eine für den Auftrieb und eine für den Vortrieb. Er nannte es »Pterophore«. Soweit bekannt, wurde dieses Projekt nur auf Zeichnungen dargestellt.

1784 stieg in Frankreich bei Vorführungen in einem Saal ein Koaxial-Schraubenfliegermodell von Launoy und Bienvenue mehrfach bis zur Decke auf. Es beruhte auf dem Prinzip zweier Luftschrauben, hergestellt aus 2 mal 4 kreuzweise zusammengebundenen Puterfedern, die sich an den beiden Enden eines Stabes gegenläufig drehten. Dieses Modell wurde mit Hilfe eines gespannten Bogens abgeschnellt.

Auch der bereits erwähnte Engländer Sir George Cayley hatte ein ähnliches Modell, ohne Kenntnis

dessen von Launoy und Bienvenue, im Jahre 1796 hergestellt. Es diente später noch vielen Flugpionieren und Konstrukteuren als Anregung.

Der aus der Schweiz stammende Uhrmacher Jacob Degen baute 1817 in Wien ein Koaxial-Hubschrauber-Modell mit zwei gegenläufigen, zweiflügeligen Luftschrauben und Uhrfederantrieb. Wenn das Uhrwerk abgelaufen war, kam sein Modell an einem Fallschirm hängend langsam zur Erde zurück. Im Wiener Prater soll dieses Modell 160 m hoch geflogen sein.

Das Problem war bei allen Konstruktionen dieser Art die Erzeugung von Kraft zum Antrieb der Luftschrauben.

Weitere Konstruktionen aus der Frühzeit der Drehflügler sind das »Aero Veliero« des Italieners Vittorio Sarti aus dem Jahre 1828. Es hatte ebenfalls einen Koaxial-Rotor, jedes Paar aus drei Segelflächen bestehend und angetrieben durch Luft, welche aus dem hohlen Rotormast austreten sollte.

Nach dem »Rasensprengerprinzip« wurde 1842 von dem Engländer W. H. Philips das erste Modell eines Hubschraubers mit Blattspitzenantrieb entworfen. Etwa 100 Jahre später, nämlich 1943, entwickelte Friedrich von Doblhoff einen erfolgreichen Hubschrauber (WNF 342) nach diesem Prinzip. Bei dem Modell von Philips wurden die Rotorblätter (wie wir die sich horizontal drehenden oder rotierenden Luftschrauben im Gegensatz zu den vertikal angeordneten Propellern jetzt nennen) durch den Rückstoß von Dampfstrahlen, welche aus den Blattspitzen austraten, angetrieben.

Der Dampf wurde durch Verbrennen von Holzkohle, Salpeter und Gips erzeugt. Das ca. 20 kg schwere Modell war zwar flugfähig, aber nicht steuerbar.

Der Amerikaner Robert W. Taylor, Sohn eines 1819 nach Amerika ausgewanderten Engländers, entwarf die erste bekanntgewordene Hubschrauberkonstruktion mit kollektiver Blattverstellung*, die es ermöglichen sollte, die für den Auftrieb schräg gestellten Luftschrauben in eine Null-Grad-Stellung für den Vorwärtsflug zu bringen. Er unterbreitete sein Konzept dem bekannten englischen Flugwissenschaftler Sir

---

* Bei der kollektiven Blattverstellung (das Rotorblatt wird um seine Holmachse gedreht) werden mit Hilfe des Blattverstellhebels (Pitch) die Einstellwinkel aller Blätter in gleichem Maße verändert.

George Cayley, der 1843 im Alter von fast 70 Jahren dieses Konzept weiterentwickelte. Sein Fluggerät hatte seitlich jeweils einen Koaxialrotor und zwei Luftschrauben für den Horizontalflug. Als Antrieb diente eine Dampfmaschine. Dieses Experiment scheiterte auch hier an dem viel zu hohen Gewicht der Dampfmaschine.

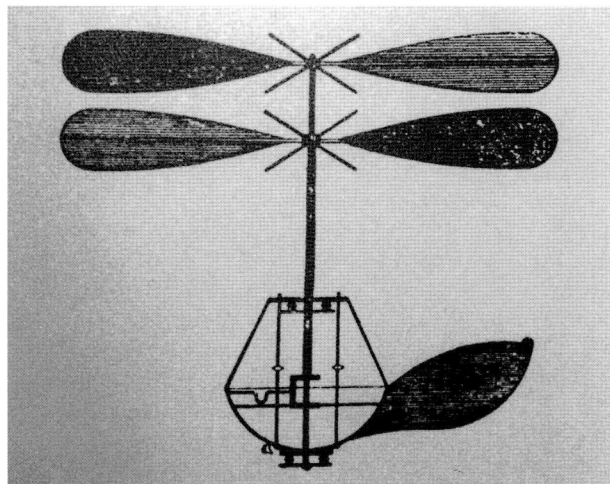

1859, koaxiale Rotoranordnung durch H. Bright.

Trotzdem war die Idee von motorgetriebenen Rotoren ein bedeutender Beitrag in der Hubschrauberentwicklung.

In Frankreich entwickelte 1845 Cossus ein Schraubenfliegermodell, bei dem zum ersten Mal das Prinzip des Kipprotors zur Geltung kam. Der Hauptrotor, als Tragschrauber konstruiert, befand sich fest montiert in der Mitte seines Modells, während die beiden seitlichen kleineren Rotoren kippbar befestigt waren.

Auch für unsere heutigen Wandelhubschrauber oder Wandelflugzeuge sind Kipprotoren das besondere Merkmal eines jeden Konzepts. Als Antrieb für sein Schraubenfliegermodell benutzte Cossus ein Uhrwerk.

Das erste Kipprotor-Patent erhielt jedoch Luther C. Crowell 1862 in Amerika; US-Patent Nr. 35347.

Bereits vorher, im Jahre 1859, wurde in England das erste Patent für eine koaxiale Rotoranordnung an Henry Bright erteilt. Sein Konzept diente als Vorbild für spätere Koaxial-Hubschrauber, mit denen sich z. B. Sikorsky (1911) in Amerika, von Asboth (1928) in Ungarn und de Ascanio (1930) in Italien beschäftigten.

Der Vicomte Ponton d'Amecourt entwarf 1861 in Frankreich einen Hubschrauber mit Koaxial-Rotor. Sein nach diesem Entwurf gebautes Modell aus dem Jahre 1863 sollte von einer Dampfmaschine, die jedoch auch zu schwer war, angetrieben werden. Ein kleineres Modell mit Uhrfederantrieb flog dagegen recht gut, jedoch nur so lange, bis die Spannung der

Uhrfeder nachgelassen hatte. In seiner Denkschrift »Die Eroberung der Luft mit der Spiralschraube« aus demselben Jahr, schreibt er folgende Feststellung nieder: »Der Motor ist die Voraussetzung für den Erfolg, bisher hat es ihn noch nicht gegeben, es gibt ihn heute noch nicht, aber morgen wird er zur Verfügung stehen.«

Der Franzose Alphonse Penaud (1850–1880) baute 1870 ein Hubschraubermodell, dessen Koaxial-Rotor mit Gummischnüren angetrieben wurde. Seine Modelle sollen bis zu 20 Sekunden in der Luft gewesen sein und dabei eine Höhe von ca. 20 m erreicht haben.

Zwei weitere Franzosen, Pomes und de la Pauze, erfanden 1871 eine weitere Möglichkeit der Krafterzeugung, indem sie ihr Modell mit Schwarzpulver antreiben wollten. Ergebnisse darüber liegen jedoch nicht vor.

1878 hatte der italienische Ingenieur Enrico Forlanini mit seinem ersten flugfähigen Dampfmaschinen-Hubschrauber-Modell mehr Glück.

Sein Modell, 3,5 kg schwer, besaß einen Koaxial-Rotor, jedoch ließ er einen größeren Abstand zwischen den beiden Zweiblatt-Rotoren, so daß beide einen ungestörten Luftzustrom bekamen. Nur der obere Rotor wurde durch Dampf angetrieben. Es stieg 13 Meter hoch und flog 20 Sekunden lang. Die Feuerung zur Dampferzeugung blieb nach dem Start am Boden, der Dampf wurde in einer Hohlkugel gespeichert.

In Deutschland erfolgte 1874 die erste Vorstellung eines dampfbetriebenen Hubschraubers mit Haupt- und Heckrotor durch Fritz und Wilhelm Achenbach aus Weidenau an der Sieg. Im Dezember 1879 wurde das erste deutsche Reichspatent für eine Hubschrauberkonstruktion an Julius Griese aus Kolberg erteilt. Die Patentschrift mit der Nummer 10842, Klasse 77 Sport, und ein Modell seines Hubschraubers sind im Hubschraubermuseum Bückeburg zu besichtigen.

Auch in der Literatur beschäftigte man sich mit dem Problem des Hubschrauberfluges. Jules Verne ließ vor seinem geistigen Auge und dem seiner Leser in seinem 1886 erschienenen Buch »Clipper of the clouds« bereits gewaltige Luftschiffe (Albatros), angetrieben von Rotoren und Schubschrauben, entstehen.

Als Vorbild diente ihm der Entwurf von Gabriel de la Landelle aus dem Jahre 1862, dessen Dampfmaschinen-Luftschiff-Hubschrauber auch als Emblem für die Internationale Luftfahrtschau 1974 in Tokio ausgewählt wurde.

Mangelhafte Kenntnisse in der komplizierten Technik der Hubschrauber und das Fehlen eines geeigneten Antriebes bzw. zu schwache und viel zu schwere

Kraftquellen bewirkten allerdings, daß sich erst am Anfang unseres Jahrhunderts die ersten Maschinen mühsam vom Boden abhoben und unbeholfen für wenige Minuten in der Luft blieben.

Der Amerikaner Thomas Alva Edison (1847–1931) versuchte mehrfach, die Muskelkraft durch einen Elektromotor zu ersetzen. Er stellte jedoch die Versuche ein, da er meinte, für erfolgreiche Flugversuche einen Motor mit 50 PS und nur 18 kg Gewicht zu benötigen. Solch eine Leistung war jedoch zu dieser Zeit noch nicht realisierbar. Später, als bereits die ersten Flächenflugzeuge flogen, äußerte er seine am Anfang dieses Kapitels niedergeschriebene Meinung über die Drehflügler.

In Österreich konstruierte bereits vorher Wilhelm Kreß die »Captivschraube«, einen Fessel-Hubschrauber mit Elektromotorantrieb, der über ein Kabel von einer Bodenstation aus versorgt wurde.

In Monaco baute 1905 der Ingenieur Maurice Leger eine Koaxial-Rotor-Plattform, mit der es gelang, einen Menschen einige Sekunden vom Erdboden hochzuheben. Angetrieben wurde dieser Fesselhubschrauber über eine flexible Welle von einem 15 PS starken Elektromotor, welcher am Boden blieb.

Gelöst wurde das Problem durch den Bau eines genügend starken und dazu leichten Explosionsmotors. Nach der Erfindung des Ottomotors im Jahre 1876 und der Entwicklung eines leichten Benzinmotors durch Gottlieb Daimler und Wilhelm Maybach stand 1883 eine geeignete Antriebsmaschine zur Verfügung, deren Verhältnis Leistung/Gewicht für die Luftfahrzeugentwicklung bestens geeignet war.

1907, also fast vier Jahre nach dem ersten Flug eines Flächenflugzeugs der Brüder Wright, gab es in Frankreich gleich zwei erfolgreiche Versuche: am 29. September durch die Konstrukteure Louis und Jacques Breguet zusammen mit Charles Richet.

Ihr selbstgebauter 620 kg schwerer Hubschrauber, ausgerüstet mit vier Doppelrotoren, je zwei Rotorpaare liefen gegenläufig, und einem Antoinette-50-PS-Kolbenmotor, konnte wegen mangelnder Stabilität, vier Helfer mußten die Maschine an den Auslegern festhalten, nur gefesselt auf 1,5 m Höhe aufsteigen. Pilot war hier der Ingenieur M. Volumard und am 13. November bei Lisieux Paul Cornu. Er baute über dem vorderen und hinteren Teil eines vierrädrigen Gestells, versehen mit einem Antoinette-Benzinmotor von 24 PS, je einen Rotor (Tandemanordnung) und konnte sich damit innerhalb 30 Sekunden knapp 30 cm vom Erdboden abheben.

Dies war der erste bemannte Freiflug mit einem Hubschrauber. Vorausgegangen waren ein Jahr zuvor Versuche mit einem verkleinerten, maßstabsgetreuen Modell, 13 kg schwer und angetrieben von einem 2-PS-Motor.

Diese Maschinen waren jedoch nicht steuerbar, und auch ein Vorwärtsflug war mit ihnen noch nicht möglich.

Der Anfang jedoch war gemacht! – 30 Jahre aber, angefüllt mit Versuchen in Ost und West, mußten freilich noch vergehen, bis der erste wirklich brauchbare Hubschrauber der Welt, die Focke Fw 61, flog und die Lösung des Problems vollbracht war.

So bauten die Brüder Breguet und Richet nach ihrem, durch seine Instabilität nicht befriedigenden ersten einen weiteren, besser entwickelten Hubschrauber.

Ihr Breguet-Richet Nr. 2 flog im Juli 1908 in einer Höhe von etwa 4,5 Metern ca. 20 Meter weit, war jedoch ebenfalls nicht stabil.

1909 bauten in Deutschland F. Sternemann und der Ingenieur W. Siebert einen Koaxialhubschrauber mit einem 50-PS-Motor.

Die ersten Flugversuche führten sie auf dem Wandsbeker Exerzierplatz bei Hamburg durch.

Folgender Satz von Professor Prandtl gab auch den vielen, hier ungenannten Konstrukteuren von Drehflüglern Ansporn:

> »Die erhebliche Überlegenheit des Aeroplans in Beziehung auf die Flugfähigkeit schließt allerdings nicht aus, daß mit dem Fortschreiten der Technik einst noch die ersehnte, vom Platz aufsteigende Flugmaschine kommen wird.«
>
> (Aus der Zeitschrift des Vereins Deutscher Ingenieure vom 30. 4. 1910)

Im Jahre 1909 baute der damals gerade 21jährige Igor Sikorsky in Kiew seinen ersten Koaxialhubschrauber, der jedoch nicht vom Boden abhob. Auch mit seinem zweiten Versuch ein Jahr später hatte er keinen Erfolg. Angetrieben durch einen 25-PS-Anzani-Motor konnte sein Fluggerät unbemannt und gefesselt nur einige Sprünge ausführen. So wandte er sich dem Bau von Flächenflugzeugen zu, was er später auch noch in Amerika fortsetzte, bis er sich 1939 wieder ganz der Konstruktion von Hubschraubern zuwandte.

Sein Landsmann Boris Nikolajewitsch Jurjew begann ebenfalls mit einem Koaxialhubschrauber, stellte jedoch auf der Automobil- und Flugzeugausstellung in Moskau 1912 einen Hubschrauber mit Haupt- und Heckrotor vor, für den er eine Goldmedaille erhielt. Bei einem später durchgeführten Bodenlauf brach die Hauptrotorwelle, und mangels finanzieller Mittel mußte er das Projekt aufgeben. Später wurde er Mitglied der sowjetischen Akademie der Wissenschaften und von 1927 bis 1962 Konstruktionsleiter am Zentralinstitut für Aero- und Hydrodynamik (ZAGI, Zentralnyj Aerogidrodinamitscheskij Institut).

Der Däne Jacob Christian Ellehammer (1871–1946) baute 1911, nachdem er bereits Flächenflugzeuge und Motoren konstruiert hatte, einen Koaxialhubschrauber mit einem Vortriebspropeller. Auch den 39-PS-Sternmotor baute er selbst. Die Rotoren bestanden aus zwei gegenläufig übereinanderliegenden Ringen, an denen jeweils sechs Flügel angebracht waren. Der Anstellwinkel der Flügel konnte bereits während des Fluges geändert werden (erstmalige Anwendung der kollektiven und zyklischen Blattverstellung). Der untere Ring war zur Erhöhung des Auftriebs mit Tuch bespannt. Im September 1912 hob sein Fluggerät mit einem Piloten vom Boden ab. Die Versuche endeten, als 1916 der Hubschrauber nach einem Start in Schwingungen geriet, überkippte und sich total zerlegte.

Die Gebrüder Emil und Rudolf Rüb aus Stuttgart bauten 1917 einen Koaxialhubschrauber. Ihr Versuchsmodell »Rotoplan«, ausgerüstet mit einem 10-PS-Motor und einem Rotor von vier Meter Durchmesser, zeigte im März 1917 auf dem Prüfstand eine Tragfähigkeit für eine Last von maximal 105 kg. Mit dem Ergebnis nicht zufrieden, bauten sie einen Hubschrauber mit 10 m Rotordurchmesser. Die zwei 12-PS-NSU-Motoren reichten jedoch als Antriebskraft nicht aus. Weitere Versuche konnten sie nach Ende des Ersten Weltkriegs nicht durchführen, da alle fliegerischen Aktivitäten in Deutschland verboten wurden. Die Konstruktionsunterlagen ihres Hubschraubers wurden von Rudolf Rüb 1955 an die Deutsche Arbeitsgemeinschaft für Hubschrauber in Stuttgart übersandt.

So kam es, daß vorerst im Ausland neue Konstruktionen entworfen bzw. eingestellte Entwicklungen neu aufgegriffen wurden. Auch in Österreich-Ungarn waren Arbeiten im Bereich der Luftfahrt verboten worden. Die Doppelmonarchie hatte im Ersten Weltkrieg die militärischen Möglichkeiten der Hubschrauber erkannt und ein Entwicklungsprogramm unterhalten. Der Versuch von Oskar v. Asboth, seine im Krieg begonnenen Entwicklungen – PKZ-Fesselhubschrauber mit Koaxial-Rotoren – im Jahre 1920 in Budapest fortzusetzen, wurden durch die Anordnung des Alliierten Kontrollrats vereitelt. Sein Fluggerät wurde zerstört. Erst 1928 konnte er einen neuen Hubschrauber bauen und seine Arbeiten fortsetzen.

Der spanische Marquis Pablo Pateras Pescara baute 1919 in Barcelona seinen ersten Hubschrauber mit Koaxialrotoren. Jeder Rotor hatte jeweils sechs in doppeldeckerart übereinander angeordnete Blattpaare. Für das 600 kg schwere Fluggerät war der 45-PS-Hispano-Suiza-Motor jedoch zu schwach. So wurde er 1921 gegen einen 170-PS-Le-Rhône-Umlaufmotor ausgetauscht, was den Hubschrauber vom Boden abheben ließ, er jedoch kaum steuerbar war.

Sein zweiter Hubschrauber aus dem Jahre 1922, beim Service Technique de l'Aeronautique in Frankreich gebaut, erreichte Schwebeflughöhen von 1,5 m, jedoch ließ sich die Steuerung nicht wesentlich verbessern.

Bei seinem dritten Hubschrauber ersetzte er den Umlaufmotor durch einen 180-PS-Hispano-Suiza-V-Motor. Auch ließ sich jetzt der Einstellwinkel aller 16 Rotorblätter sowie die Neigung der Rotorköpfe während des Fluges verändern. Bei Triebwerksausfall konnte der Rotor vom Motor ausgekuppelt werden, was bewirkte, daß der im Luftstrom sich frei drehende Rotor die Maschine langsam zur Erde sinken ließ (Autorotation). Diese Erfindung sowie die genannte kollektive und zyklische Blattverstellmöglichkeit gehören seitdem zu den grundlegenden Konstruktionsmerkmalen im Hubschrauberbau.

Ende 1923 blieb diese Maschine über eine Strecke von 500 m in der Luft, machte kehrt und flog an den Ausgangspunkt zurück.

Pescara hielt ein Jahr später den Geschwindigkeitsweltrekord im Helikopterfliegen mit 12,5 km/h; erflogen auf einer Strecke von 800 Metern. Er ging 1925 wieder nach Spanien zurück, um sich in der Automobilindustrie zu betätigen.

Der französische Automobilingenieur Etienne Oehmichen baute 1922 ein Fluggerät, das mit zwei Rotoren und acht Propellern ausgerüstet war. Zwei davon lieferten den Antrieb, einer hatte Steuerfunktion und die restlichen fünf bewirkten die Seitenstabilität. Nach weiteren Verbesserungen wurde mit diesem Fluggerät im Mai 1924 der erste Kreisflug der Helikoptergeschichte auf einer Strecke von 1690 m und einer Flughöhe von 15 m zustande gebracht. Im selben Jahr noch stellte Oehmichen mit seinem Hubschrauber die ersten beiden Rekorde im Gewichtheben auf. Er hob 100 kg bzw. 200 kg auf eine Höhe von 1 m. Oehmichen setzte seine Hubschrauberversuche bis 1938 fort.

Zur gleichen Zeit gelingen die ersten Hubschrauberflüge in den USA. Der russische Emigrant George de Bothezat konstruierte im Auftrag der US-Armee einen Hubschrauber mit vier 6-Blatt-Rotoren auf Auslegern und je zwei kleinen Propellern für die Stabilisierung und Steuerung. Durch einen 220-PS-Motor erreichten die Rotoren 90 U/min. Im Januar 1923 startete er zum erstenmal mit zwei Personen an Bord.

Der Weg zur Fw 61 führte über den Tragschrauber, einer Erfindung des Spaniers Juan de la Cierva (geb. 21. September 1895 in Murcia – tödlich verunglückt am 9. Dezember 1936 in England beim Absturz eines Verkehrsflugzeugs). Seit 1919 beschäftigte er sich mit der Entwicklung von Tragschraubern. Im Rahmen der weiteren Entwicklung machte der Spanier zwei wichtige Entdeckungen. Er erkannte als erster die

Möglichkeit der Autorotation. Des weiteren bemerkte er bei seinem Autogyro die Tendenz, beim Abheben nach einer Seite umzukippen. Er fand heraus, daß sein Tragschrauber ungleichen Hubkräften unterlag, hervorgerufen durch ungleiche Auftriebskräfte am Rotor. Auf der Seite, wo sich die Rotorblätter in den Luftstrom hineindrehten, hob sich die Maschine hoch, wo hingegen sie auf der entgegengesetzten Seite, wo sich die Rotorblätter mit dem Luftstrom bewegten, nach unten kippte. Er begegnete diesem unsymmetrischen Auftrieb durch Befestigung der Rotorblätter mittels Schlaggelenken. Ciervas Tragschrauber mit 5-Blatt-Rotor, den er »L'Autogiro« (C 3) nannte, flog erstmals im Jahre 1922. Der nachfolgende C 4 hatte einen 4-Blatt-Rotor mit 9,75 Meter Durchmesser und einen seitlich kippbaren Rotorkopf. Dieser Tragschrauber flog erstmals im Januar 1923. Von ihm in der Folgezeit zu großer Betriebsreife entwickelt, wurde er auf der Berliner Turn- und Sportwoche 1926 vorgeführt und danach in vielen Ländern mit großem Erfolg in Lizenz gebaut. 1928 verlegte Cierva seinen Geschäftssitz nach England. Am 18. September 1928 überflog Cierva als erster Pilot mit einem Drehflügler, dem Tragschrauber C.8 L, den Ärmelkanal von London nach Paris. Im selben Jahr kaufte Harold Frank Pitcairn ein C 8-Modell, erwarb die Fertigungslizenz für die USA von Cierva und gründete damit die Autogyro Company of Amerika. Der C-30 war die letzte und erfolgreichste Konstruktion Ciervas.

Als Vorgänger der Piasecki-Hubschrauber, bekannt als »fliegende Banane« und »Chinook« von Boeing Vertol, sind die Konstruktionen eines Tandemhubschraubers von Edouard Perrin in Frankreich (im Jahre 1920) und Nicolas Floriné aus Belgien zu betrachten. Der 1891 in Rußland geborene Floriné begann 1927 die ersten Versuche im flugtechnischen Laboratorium in Rhode-Saint Genèse bei Brüssel mit einem Tandem-Hubschrauber-Modell im Maßstab 1:10. Danach baute er einen Tandemhubschrauber (fliegendes Bettgestell) mit zwei 4-Blatt-Rotoren, die im gleichen Drehsinn rotierten. Das Drehmoment wurde durch Neigen der Rotoren nach der Seite ausgeglichen. 1930 flog der von der Sociètè Belgique Constructiones Aèronautiques gebaute Floriné-Hubschrauber erstmals mit einem 180-PS-Hispano-Suiza-Motor.

Der Italiener Corradino d'Ascanio, am 6. August 1981 im Alter von 90 Jahren in Pisa verstorben, konstruierte den bekannten Motorroller »Vespa«. Um 1930 baute er einen Koaxialhubschrauber, dessen Blätter bereits mit denen des Spaniers Juan de la Cierva erfundenen Schlaggelenken am Rotorkopf befestigt waren. Im Oktober 1930 hatte sein Hubschrauber mehrere von der FAI anerkannte Weltrekorde erflogen.

In Österreich bauten im Jahre 1930 Raoul Hafner und Bruno Nagler den Hubschrauber R 1, dessen Blätter mit Hilfe einer Taumelscheibe zyklisch und kollektiv verstellt werden konnten. Mit ihm ließen sich jedoch nur kurze Flüge durchführen, da Probleme mit der Steuerung auftraten. Hafner ging 1932 nach England und arbeitete an der Entwicklung von Tragschraubern. Erfolg hatte er dort 1937 mit seinem AR III.

Louis Breguet und Rene Dorand gründeten in Frankreich 1931 das Syndicat d'Etudes du Gyroplane. Dort wurde der Koaxial-Versuchshubschrauber »Gyroplane Laboratoire« entwickelt. Die vielen grundsätzlichen Erkenntnisse, die bei der Entwicklung des Tragschraubers gewonnen wurden, machten es möglich, auch den Hubschrauber so weit zu vervollkommnen, daß im Jahre 1936 Breguet und Dorant mit ihrer Konstruktion Erfolg hatten. Am 24. November 1936 flog ihr Modell 44 Kilometer weit mit einer Geschwindigkeit von 44,69 km/h und einer absoluten Flugzeit von 62 Minuten und fünf Sekunden. Sie setzten den neuen Höhenrekord auf 158 Meter.

Doch schon ein Jahr später baute Professor Henrich Focke (1890–1979) seine bereits genannte Fw 61 mit so überragenden Leistungen, daß es sogar möglich war, diesen Hubschrauber in einer geschlossenen Halle im Fluge vorzuführen. Das geschah 1938 anläßlich einer internationalen Ausstellung in der Berliner Deutschlandhalle.

Flugkapitän Hanna Reitsch und ihr Kollege Carl Bode demonstrierten vom 19. Februar bis 6. März 1938 in jeweils gut zehn Minuten sämtliche Flugmanöver, die uns heute von einem Hubschrauber bekannt sind. Es war eine Weltsensation vor internationalem Publikum. Dabei wäre die Maschine einmal beinahe abgestürzt. Der Motor bekam nämlich plötzlich nicht mehr genügend Sauerstoff und begann zu stottern. Man erkannte jedoch sofort die Lage und riß sämtliche Türen der Halle auf, damit der verbrauchte Sauerstoff ersetzt werden konnte.

Die Fw 61 wurde ab 1932 von Professor Henrich Focke in Bremen entwickelt und in zwei Exemplaren als einsitziges Versuchsgerät gebaut. Der Erstflug erfolgte am 26. Juni 1936, Pilot war Ewald Rohlfs. Bei diesem Hubschrauber war auf jeder Seite vom Flugzeugrumpf, den Prof. Focke vom Focke-Wulf Fw 44 »Stieglitz« übernommen hatte, ein 3-Blatt-Rotor auf schräg nach oben gerichteten, unverkleideten Gestängen gegenläufig befestigt, um den Ungleichheiten des Auftriebs entgegenzuwirken und das Drehmoment auszugleichen. Der Rotordurchmesser betrug jeweils sieben Meter. Als Antrieb diente ein 150-PS-Sternmotor (Siemens Sh 14 B), der durch einen Propeller gekühlt wurde. Die Leistung wurde über eine Reibungskupplung und ein Winkelgetriebe auf die Rotoren übertragen.

Von den vielen ersten Flugrekorden, die 1937 mit der Fw 61 aufgestellt wurden, seien unter anderem erwähnt die für:

Flugdauer:	1 Stunde und 20 Minuten
Entfernung:	50 Meilen
Flughöhe:	8000 ft (2700 m)
	1939: Rekordhöhe von 3427 m
Geschwindigkeit:	76 MpH oder 121 km/h

Während Deutschland mit der Fw 61 den ersten voll betriebsfähigen und auch praktisch verwendbaren Hubschrauber der Welt – mit amtlicher Musterprüfung – besaß, erhob sich in Amerika im Jahre 1939 die »VS-300«, gebaut von Igor Iwanowitsch Sikorsky, die im Jahre 1941 die Dauerleistung des Focke-Hubschraubers um rund zwölf Minuten überbot.

Nachdem 1909 in Kiew (Rußland) Sikorskys erster Versuch mit zwei gegenläufigen Rotoren, die auf derselben Achse liefen, mangels ausreichender Motorkraft fehlgeschlagen war, verwirklichte er später in Amerika die neue Idee des Haupt- und Heckrotors. Der Hauptrotor sorgte für den Auftrieb, der kleine Heckrotor wirkte dem Drehmoment entgegen und je ein kleiner Rotor rechts und links vom Heckrotor, auf Gitterstäben montiert, sorgten für bessere Lenkbarkeit. Erst ab Juni 1941 besaß sein Fluggerät, wie heute üblich, nur einen Heckrotor.

Anfangs war das Stahlrohrgerüst des VS-300 noch unverkleidet. Als Antrieb diente ein 100-PS-Franklin-Motor.

Als der VS-300 im September 1939 erstmals vom Boden abhob, war er aus Sicherheitsgründen noch mit Halteseilen gefesselt. Erst im Mai 1940 erfolgte der erste freie Flug. Die Erfahrungen aus dem immer wieder verbesserten Versuchsträger VS-300 wurden in den Prototyp XR-4 eingebracht, der am 14. Januar 1942 erstmals flog. Während der weiteren Entwicklung wurden mehrere Vorserienmuster gebaut.

Alle diese Maschinen waren jedoch nur Versuchsmuster. Erst im Zweiten Weltkrieg wurde der erste Serienbau in Deutschland durch den Bau des ersten Transporthubschraubers der Welt, der FA 223 »Hornisse«, von Professor Focke ausgeführt.

Auch der während des Krieges von Anton Flettner (1885–1961) entwickelte Hubschrauber »FL 185« und der leichte Beobachtungshubschrauber FL 282 »Kolibri« gingen noch in den Serienbau. Materialknappheit und Bombenangriffe hatten aber zur Folge, daß von den beiden erstgenannten Typen nur je 20 Stück die Montagehallen verlassen konnten.

In Amerika entwickelte I. Sikorsky sein Versuchsmuster VS-300 in kürzester Zeit zu den Einsatzmustern H-4, H-5 und H-6. Die H-5 bot neben dem Piloten noch zwei Passagieren Platz und war in der Lage, zusätzlich zwei außen befestigte Krankentragen mitzunehmen. Ihre Flugzeit betrug drei Stunden. Sie und die kleinere H-6 führten später im Koreakrieg noch viele Rettungsflüge durch. Die zweisitzige R 4 wurde 1943 unter der Bezeichnung YR 4 bei der US Coast Guard für den Rettungsdienst eingesetzt. In England flog die R 4 B als »Hoverfly I«, ausgestattet mit einem Warner-Sternmotor mit 185 PS. Sikorsky lieferte bis Kriegsende über 400 Stück aus.

Die VS-300, die während ihrer Entwicklung und Erprobung 18 größere Umbauten erlebte, zwei Abstürze zu verzeichnen hatte und mehrere hundert kleinere Veränderungen über sich ergehen lassen mußte, steht heute im Ford Museum in Dearborn, Michigan. Die Firma Bell Aircraft brachte ihren ersten Hubschrauber, das Modell 30, im Juni 1943 zum Erstflug. Als Antrieb diente ein 165-PS-Franklin-Motor. Über einem bespannten Rumpf mit offenem Führersitz drehte bereits bei diesem ersten Typ der Firma Bell der noch heute bekannte Zweiblatt-Rotor mit darunter angeordnetem Stabilisierungsbalken.

Mit der Entwicklung der Focke-Wulf Fw 61, dem ersten wirklich brauchbaren Hubschrauber der Welt, erlebte die Hubschrauberfliegerei in den folgenden 50 Jahren solche Fortschritte, von denen die Pioniere der Luftfahrt nicht einmal zu träumen gewagt hätten. Die deutschen Konstrukteure mußten 1945 nach England, Frankreich und in die USA gehen, wo sie maßgeblich an der weiteren Entwicklung und Vervollkommnung der verschiedenen Hubschrauber mitwirken konnten.

Hubschrauber haben sich in dieser Zeit für spezielle Aufgaben – von den deutschen Entwicklungen ausgehend – herauskristallisiert, die mit Flächenflugzeugen nicht ausführbar sind, und nehmen auf Grund ihrer Unabhängigkeit von Flugplätzen eine Sonderstellung ein, die in den heutigen Luftverkehrsordnungen immer noch nicht die erforderliche Beachtung finden.

Hubschrauberentwicklung in Deutschland 1933 bis 1945

Das »Dritte Reich« befaßte sich gleich zu Beginn mit dem Aufbau einer Luftfahrtindustrie, was den Flugzeugkonstrukteuren die Möglichkeit einräumte, mit staatlicher Unterstützung weiterzuarbeiten. Hauptinteressenten waren das Reichsluftfahrtministerium (RLM) und die militärischen Dienststellen.

Im Jahre 1936 zeigt der Science-fiction-Film »Was kommen wird«, nach dem Roman von H. G. Wells, eine phantastische Flugmaschine mit großen Rotoren. Die Utopie wurde Wirklichkeit.

Unter den Drehflüglern waren zu dieser Zeit die Cierva-Tragschrauber führend, da sie die Möglichkeit besaßen, mit geringer Geschwindigkeit zu fliegen und fast senkrecht landen zu können, bei einem hohen Maß an Flugsicherheit.

Focke-Wulf AG

Die Firma Focke-Wulf AG in Bremen hatte die Lizenz zum Nachbau dieser Tragschrauber von der Cierva Autogiro Company Ltd. erworben. Henrich Focke und sein Freund Georg Wulf gründeten im Januar 1924, nachdem sie vorher bereits einige Flächenflugzeuge gebaut hatten, die Focke-Wulf Flugzeugbau GmbH. Sie bauten unter anderem die Flächenflugzeuge vom Typ A 16, »Möwe«, »Bussard« und »Ente«, mit der Wulf am 29. September 1927 tödlich abstürzte. 1931 wurde Focke durch den Senat der Stadt Bremen zum Professor ernannt.

Im Juni 1932 flog der erste in Deutschland gebaute Tragschrauber C 19, genannt »Don Quichote«, ein Nachbau des englischen Originaltyps Cierva C 19 MK IV. Neben dem dreiblättrigen Drehflügel besaß dieser Tragschrauber noch einen Tiefdeckerflügel zur Ergänzung des Auftriebs.

Der zweite von Focke-Wulf in Lizenz gebaute Tragschrauber C 30 »Heuschrecke«, flog im April 1933 und hatte im Vergleich zum C 19 bereits keine Tragflügel mehr. Als Antrieb diente ein Siemens Sh 14 A-Flugmotor mit 150 PS. Focke-Wulf baute von der C 30 insgesamt 40 Stück.

Als ein Verbindungsflugzeug, geeignet für extra kurze Start- und Landebahnen, gesucht wurde, entwarfen 1936 die Focke-Wulf-Werke auf Grund ihrer gemachten Erfahrungen beim Nachbau der Cierva-Tragschrauber den Fw 186. Zugunsten des Fieseler »Storch« blieb es jedoch nur bei diesem Versuchsmuster, welches im Jahre 1938 zum ersten Mal flog. Mit der bereits erwähnten Fw 61 baute Professor Focke den ersten einsatzfähigen Hubschrauber der Welt, der mit Ewald Rohlfs am 26. Juni 1936 zum ersten Freiflug startete.

Focke, Achgelis & Co. GmbH

Um sich ganz auf Drehflügler konzentrieren zu können, löste sich Prof. Focke von der Focke-Wulf GmbH und gründete im Frühjahr 1937 seine eigene Firma, die Focke, Achgelis & Co. GmbH in der Nähe von Delmenhorst. Mitbegründer war der deutsche Kunstflugmeister des Jahres 1931 Gerd Achgelis, neuer Werkpilot wurde Carl Bode.

Prof. Focke sah in der Fw 61 lediglich ein Versuchsgerät, so daß er Vorschläge des Reichsluftfahrtministeriums für eine Serienfertigung ablehnte. Unter Anwendung des gleichen Konzepts wollte er einen zweisitzigen Hubschrauber als Sport- und Schulhubschrauber (Fa 224) bauen. Wegen des Kriegsbeginns wurde dieses Projekt eingestellt.

1938 begannen die Entwicklungsarbeiten für den Hubschrauber Fa 266, auch »Hornisse« genannt. Es war eine sechssitzige Version, vorgesehen mit einer Höchstgeschwindigkeit von 190 km/h und einem Abfluggewicht von etwa 3500 kg, was eine Zuladung von knapp 1000 kg bedeutete. Die Fa 266 sollte sowohl zivil wie auch militärisch genutzt werden können, weshalb auch Vorstellungen und Wünsche der Deutschen Lufthansa berücksichtigt wurden.

Im August 1939 war der erste Prototyp fertiggestellt, doch durch den Beginn des Zweiten Weltkrieges wurde die zivile Version der Fa 266 fallengelassen. Es wurde verstärkt an der militärischen Version der Fa 266 weitergearbeitet, die jetzt die Typenbezeichnung Fa 223 »Drache« erhielt. Als Verwendungszweck war hauptsächlich der Lastentransport vorgesehen, jedoch auch die U-Boot-Abwehr unter Mitführung von zwei Wasserbomben von je 250 kg, Aufklärung, Rettungsdienst und Schulung. Außer bei der Schulversion war in allen Fa 223 vorne in der Vollsichtkanzel in einer Linsenlafette ein MG 15 eingebaut.

Flugkapitän Bode führte am 8. März 1940 den ersten Schwebeflug mit der Fa 223 durch, und am 18. Juni 1940 fand ein Flug von elf Minuten Dauer statt. Ausgerüstet mit einem BMW-Bramo Fafnir 323 Q3-301, 9-Zylinder-Sternmotor mit 1000 PS, erhöhte sich das Abfluggewicht auf 4300 kg, und die max. Geschwindigkeit lag bei über 200 km/h. Flugkapitän Carl Bode erreichte bei einem Testflug mit der Fa 223-V 1 im Oktober 1940, bei vollem Abfluggewicht, eine Rekordhöhe von 7782 m. Auch Versuche mit Lastentransport am Seil, u.a. ein Geschütz von 700 kg im Karwendelgebirge, verliefen erfolgreich.

Von einem im Jahre 1941 erteilten Serienauftrag über 100 Fa 223 wurden bis Mitte 1942 drei Maschinen fertiggestellt. Anfang Juli 1942 wurde das Werk Hoykenkamp bei Delmenhorst bei einem Bombenangriff so stark zerstört, daß die Produktion nach Laupheim verlegt wurde. Auch ein im Herbst 1944 erteilter Auftrag höchster Dringlichkeit über 400 Fa 223-Hubschrauber konnte nicht mehr ausgeführt werden, da auch dieses Werk durch Bombenangriffe 1944 zerstört wurde. Es erfolgte eine Verlagerung nach Ochsenhausen, u. a. in den leerstehenden Getreidespeicher des dortigen Klostergutes. Die Großserienfertigung sollte in Berlin-Tempelhof anlaufen.

Insgesamt waren bis Kriegsende nur ca. 20 Hubschrauber vom Typ Fa 223 zum fliegerischen Einsatz gekommen, wovon sich drei 1945 bei der Truppe befanden. Nur eine der drei Fa 223 wurde durch die befohlene Selbstzerstörung vernichtet, zwei wurden auf dem Flugplatz Ainring den Amerikanern zugeführt.

Am 6. September 1945 erfolgte die erste Kanalüberquerung mit einem Hubschrauber von Le Havre nach Folkstone. Es war eine der drei geretteten Fa 223 (V 14, aus dem Werk Laupheim), die als Beutemaschine von einer deutschen Besatzung (Werkpilot H. Gerstenhauer, H. Zelewsky, F. Will) nach England überführt werden mußte. Bei der Royal Air Force ging diese Fa 223 beim ersten Probeflug zu Bruch.

Die zweite erbeutete Fa 223 (S 51) kam nach Kriegsende in die USA. Wegen Rotorgetriebeschaden erfolgte jedoch kein Wiederaufbau. Bei der Firma Zavody in der Tschechoslowakei wurden zwei Fa 223 aus erbeuteten und nachgefertigten Teilen nachgebaut und bis zu ihren Abstürzen 1949 geflogen. In Frankreich erfolgte der Nachbau der Fa 223 bei der SNCA als SE 3100.

Der Fa 223 war jahrelang der größte, tragfähigste und schnellste Hubschrauber weltweit.

Die begrenzte Sichtweite von Unterseebooten führte zum Einsatz von Hubschraubern bei der Kriegsmarine. Der dort bewährte Hubschrauber FL 265 erwies

sich jedoch für U-Boote als zu groß. Carl Bode, Testpilot der Firma Focke-Achgelis, gab 1941 anläßlich einer Besprechung, an der auch Prof. Focke beteiligt war, die Anregung zum Bau eines zerlegbaren Kleinsthubschraubers. Nach dem Entschluß, den Motor wegzulassen und einen Tragschrauber, welcher durch ein Schleppseil gezogen werden sollte, zu bauen, erhielt die Firma Focke-Achgelis im Herbst 1941 vom RLM einen Entwicklungsauftrag. Als fliegende Beobachtungsplattform wurden mehr als 200 Schlepp-Tragschrauber vom Typ Fa 330 »Bachstelze« in Delmenhorst gebaut.

Die »Bachstelze« wog 75 kg, hatte einen Dreiblattrotor von 6 m Durchmesser und war so zusammenlegbar, daß sie in zwei Torpedobehältern mit einem Gesamtvolumen von 2 m³ unterzubringen war. Die Flugerprobung erfolgte ab Frühjahr 1942 im großen Windkanal von Chalais-Meudon bei Paris, wo auch die Ausbildung der Fluglehrer und Piloten erfolgte. Die weitere Erprobung wurde in der Ostsee durchgeführt.

Ab Sommer 1942 wurde die Fa 330 »Bachstelze« von U-Booten aus im Südatlantik eingesetzt. Der Pilot hatte während des Fluges Telefonkontakt mit dem U-Boot und konnte bei Gefahr, nach Kappen des max. 300 m langen Schleppseils, an einem Fallschirm herabschweben. Für die Blätter bzw. den Rotorkopf war eine Notabwurfvorrichtung vorhanden. Die Flughöhe betrug in der Regel 200 m und erlaubte dabei eine Sichtweite von 50 km.

1942 erhielt Professor Focke den Auftrag zum Bau eines Schlepp-Tragschraubers, einer verbesserten Version von Lastenseglern. Sein Schlepp-Tragschrauber Fa 225 bestand im wesentlichen aus dem Rumpf des Lastenseglers DFS 230 und einem aufgesetzten Rotor des Hubschraubers Fa 223. 1943 wurden die Flugerprobungen durchgeführt, jedoch kam es aus militärischen Gründen zu keiner Serienproduktion.

Weitere Projekte von Professor Focke kamen nicht mehr zur Fertigstellung. Dazu zählte das Verwandlungsflugzeug Fa 269, ab 1941 im Auftrag des Reichsluftfahrt-Ministeriums unter hoher Geheimhaltungsstufe in Delmenhorst erarbeitet. Es kam durch die Kriegsentwicklung nicht zur Fertigstellung. Seine Projektierung war jedoch eine weitere Grundlage für die amerikanischen Entwicklungen nach dem Krieg bis hin in unsere heutige Zeit (XV-15, V-22 »Osprey«). Auch das von Dornier entwickelte Versuchsflugzeug Do 29 wies zahlreiche konstruktive Parallelen zur Fa 269 auf. Ein Focke-Entwurf war ein Hubschrauber mit einem Hauptrotor und zwei schräg gestellten Heckrotoren (Fa 283). Diese Idee kam erst nach 1945, unter anderem in Frankreich, wo Prof. Focke bis 1947 bei der SNCASE tätig war, beim SE 3101-Hubschrauber, aus dem später die »Alouette« hervorgegangen ist, beim »Beijaflor« in Brasilien und beim Borgward-»Kolibri« in Deutschland 1956 zur Verwirklichung.

Mit Kriegsende war auch die Realisierung des Projekts »Fliegender Kran« Fa 284 aus dem Jahr 1943 beendet. Mit zwei Rotoren von je 18 Meter Durchmesser und zwei BMW 801-Doppelsternmotoren hätte eine Last von 6,5 t transportiert werden können. Mit einer Abflugmasse von 12.000 kg wäre er der größte Hubschrauber seiner Zeit geworden. Mit der dafür vorgesehenen Rotoranordnung baute 1972 die Sowjetunion die Mil Mi-12, den bisher größten Hubschrauber der Welt – bereits vor 1945 von Prof. Focke in den wichtigsten Teilen projektiert.

Rieseler

Neben den Tragschraubern von Focke-Wulf entwickelte Walter Rieseler einen Koaxialhubschrauber. Bereits 1920 baute er mit seinem Bruder beim Stahlwerk Mark-Flugzeugbau in Breslau ein Kleinflugzeug, den »Mark-Eindecker«, mit dem er »Unter den Linden« in Berlin landete. 1927 baute er seinen ersten Tragschrauber, der jedoch solch starke Schwingungen aufwies, daß er mangels finanzieller Mittel für weitere Versuche sein Projekt aufgab und 1930 nach Amerika ging. 1934 aus Amerika zurückgekehrt, meldete Rieseler sein Koaxial-Rotor-System zum Patent an, welches er im Februar 1935 erhielt. Mit Unterstützung des Reichsluftfahrtministeriums baute er zusammen mit Ingenieur Otto Steue in Berlin-Johannisthal sein Versuchsgerät R I. Die beiden Koaxialrotoren wurden von einem 60-PS-Hirth-Motor angetrieben, dessen mangelhafte Kühlung ein Problem war.

Bei einer Vorführung des Prototyps R I am 3. September 1936 vor einer Kommission des Reichsluftfahrtministeriums, mit Ernst Udet als neuen Chef des Techn. Amtes an der Spitze, versagte der überhitzte Motor im zweiten Teil der Vorführungen, und es kam zu einer Bruchlandung. Der Pilot, Flugkapitän Mohn, kam mit angebrochenen Rippen davon.

Aufbauend auf den Erfahrungen des R I wurde sofort mit dem Bau des zweisitzigen Rieseler R II begonnen. Hierbei wurden zum ersten Mal bei einem Hubschrauber zwei Triebwerke aus Sicherheitsgründen eingebaut. Die beiden Siemens Sh-14-Motoren mit je 150 PS trieben über eine gemeinsame

Welle und eine hydraulische Kupplung die beiden gegenläufigen Rotoren an. Der untere Rotor hatte einen größeren Durchmesser als der obere und beide rotierten mit verschiedenen Drehzahlen. Die ersten Probeflüge im Herbst 1937 waren sehr zufriedenstellend, und als Flugkapitän Mohn am 18. Dezember 1937 den Hubschrauber abfangen wollte, nachdem er ihn aus größerer Höhe hat durchfallen lassen, brachen die Verbindungsstreben und Bolzen zwischen Rotorkopf und Rumpf infolge Überlastung. Bei dieser Bruchlandung kam der Pilot glücklicherweise wieder mit geringen Verletzungen davon, jedoch kam es durch den Tod von Hans Rieseler im Jahre 1938 nicht mehr dazu, einen dritten Hubschrauber zu bauen.

Anton Flettner GmbH

Anton Flettner, ursprünglich Lehrer für Mathematik und Physik, wurde bereits bekannt, als er während des Ersten Weltkriegs sein später weltweit verwendetes Flettner-Hilfsruder erfand. Nach dem Krieg baute er Rotoren als Schiffsantrieb, mit denen auch zwei Versuchsschiffe ausgerüstet wurden. Sein Ziel war es jedoch, Drehflügler mit drehmomentfreiem Antrieb zu bauen.

Auf seine Arbeiten in bezug auf Drehflügler wurde Anfang der 30er Jahre das Oberkommando der Kriegsmarine (OKM) aufmerksam, und mit dem Ziel, einen Bord-Hubschrauber zu bauen, der auf Schiffen der Kriegsmarine starten und landen sollte, unterstützte und förderte man ihn. 1935 gründete Anton Flettner seine Firma Anton Flettner

Flettner FL 185.

FL 265, mit ineinander- kämmenden Rotoren.

GmbH und errichtete sein Werk in Berlin-Johannisthal, wo er ab 1938 Aufträge vom RLM erhielt.

Sein erster Drehflügler war der Tragschrauber FL 184, der dem von Focke-Wulf in Lizenz gebauten Tragschrauber C 30 sehr ähnlich war. Das Versuchsmuster verbrannte jedoch 1937 nach einer harten Landung.

Ab 1936 entwickelte Flettner seinen Hubschrauber FL 185. Er ähnelte seinem Tragschrauber FL 184, jedoch erfolgte die Übertragung der Motorleistung über ein Getriebe auf den Dreiblattrotor und über Verbindungswellen zu den auf seitlichen Auslegern montierten Seitenpropellern für den Drehmomentenausgleich und zur Vortriebserzeugung. Der rechte Seitenpropeller war als Zug- der linke als Druckpropeller konstruiert. Der im Bug eingebaute 150-PS-Motor wurde von einer Luftschraube gekühlt. Die Entwicklung wurde jedoch eingestellt.

1938, zur gleichen Zeit als die Erprobungen für den Hubschrauber FL 185 liefen, begann Flettner mit der Konstruktion des Hubschraubers FL 265, bei dem er sein neues Konzept mit ineinanderkämmenden Rotoren ohne zusätzlichen Drehmomentausgleich, Flettner-Prinzip, anwandte.

Der Flettner-Doppelrotor bestand aus zwei dicht nebeneinanderliegenden entgegengesetzt umlaufenden Rotoren, deren Ineinanderschlagen durch ein entsprechendes Getriebe verhindert wurde. Die Rotorachsen waren jeweils zwölf Grad nach außen und sechs Grad nach vorn geneigt.

Es wurden sechs Prototypen gebaut, die fast die gleiche Rumpfform wie seine Drehflügler FL 184 und FL 185 aufwiesen. Der erste Prototyp FL 265 V1 (Kennzeichen D-EFLY) flog das erste Mal im Mai

1939. Pilot war Flugkapitän Perlia.

Die Horizontalgeschwindigkeit betrug 160 km/h, und Flughöhen von über 3000 m wurden während der Erprobung erreicht. Diese wurde bei der Marine und den Gebirgsjägern durchgeführt.

Die Prototypen V1 bis V3 konnten durch Handumschaltung auf Autorotation bei einem Motorausfall einen Tragschrauberflug mit anschließender Gleitlandung ausführen. Bei den anderen drei Prototypen erfolgte eine automatische Umschaltung auf Autorotation mit Hilfe eines Drehzahlreglers, der bei Unterschreitung von 150 U/min die Blätter in die Autorotationsstellung brachte. Die Erprobungsflüge dieser Prototypen (Sommer 1941) verliefen einwandfrei.

Die Einsatzerprobungen wurden seit Herbst 1939 auf der Ostsee durchgeführt. Dabei wurde auf dem hinteren Geschützturm des Leichten Kreuzers »Karlsruhe« eine 5 mal 5 Meter große Plattform errichtet, auf der erfolgreiche Schiffslandungen durchgeführt wurden.

Von Anfang 1939 bis März 1942 absolvierten die sechs Flettner Hubschrauber FL 265 insgesamt 126 Flugstunden mit 1180 Starts und Landungen. Drei der Prototypen gingen durch Unfälle verloren.

Noch während der Erprobung des FL 265 arbeitete Anton Flettner an dem verbesserten Nachfolgemuster, dem Hubschrauber FL 282 »Kolibri«. Das Reichsluftfahrtministerium (RLM) verlangte 1940 einen zweisitzigen Beobachtungshubschrauber, dessen Motor in der Mitte des Rumpfes liegen sollte, um dadurch eine bessere Sicht nach vorne zu ermöglichen. Am 30. Oktober 1941 konnte der Prototyp V2 mit dem Werkpilot Ludwig Hofmann zum Erstflug starten. Der Prototyp V1 diente als Bodenprüfstandgerät.

Die FL 282 war für Aufklärungsflüge von Kriegsschiffen und größeren U-Booten aus vorgesehen. Der Siemens Sh 14 A-Motor war unter dem Rotorgetriebe eingebaut, was somit Platz für ein vorne liegendes Cockpit ergab. Einige Typen hatten eine Plexi-Verglasung, andere waren teilweise oder ganz offen. Bei der zweisitzigen Version war der Sitz für den Beobachter hinter dem Motor angebracht. Das neu entwickelte Dreiradfahrwerk hatte ein steuerbares Bugrad.

Die Flettner-Werke bauten insgesamt 24 FL 282, die bei der Kriegsmarine in der Ostsee und im Mittelmeer erfolgreich eingesetzt wurden. Im September 1942 wurden die ersten Bordlandeversuche vom Flugzeugbergungsschiff M.S. »Greif« aus durchgeführt. Dabei wurde ein neuartiges Start- und Landeverfahren entwickelt. Mit Hilfe eines 10 m langen Seils, das an einem in Schwerpunktnähe befestigten Bügel angebracht war, wurde der Hubschrauber bei schwerem Seegang auf die Plattform heruntergezogen. Beim Start wurde er durch das Seil festgehalten und bei genügender Drehzahl mit Hilfe einer Sprengkupplung mittels Sprungstart freigelassen. Für Nachteinsätze war der FL 282 mit einem Landescheinwerfer ausgerüstet. Ein großer Teil dieser Erprobung wurde vom Werkpiloten Hans Fuisting geflogen.

Von einer 4 x 4-Meter-Hubschrauberlande-Plattform aus, installiert auf einem Geschützturm des Kreuzers »Köln«, wurde mit der FL 282 Geleitschutz geflogen. Besonders beim Aufspüren von U-Booten erwiesen sich die »Kolibri«-Hubschrauber sehr erfolgreich. Auch war es bei einem 20-Minuten-Test nicht möglich, durch eine Messerschmitt Me 109 und einer Focke-Wulf Fw 190 mit Zielkameras Treffer auf den Hubschrauber FL 282 zu erzielen.

Der FL 282 »Kolibri« war der erste Hubschrauber der Welt, der aktiv zum militärischen Einsatz kam. So gab es eine provisorisch gebildete Bordfliegerstaffel in Kiel-Holtenau, eine Artillerie-Beobachterstaffel verfügte über drei FL 282, und bei der Verteidigung von Berlin kamen von Berlin-Rangsdorf aus ein oder zwei »Kolibris« zum Einsatz.

Der Anlauf einer Großserie von 1000 Stück konnte im BMW-Werk Eisenach nicht mehr gestartet werden, da das Werk durch alliierte Bombenangriffe zerstört wurde. Auch weitere Aufträge, die Flettner 1944 vom Reichsluftfahrtministerium erhielt, wozu unter anderem auch der Transporthubschrauber FL 339 gehörte, konnten nicht mehr ausgeführt werden. Ab August 1943 wurden die Flettner-Werke von Berlin-Johannisthal mehrmals verlegt, u. a. auch nach Schweidnitz. Im Januar 1945 erfolgte eine Rückverlegung nach Berlin-Tempelhof. Die Abteilungen »Entwicklung« und »Flugerprobung« wurden im März 1945 nach Bad Tölz verlegt.

Ein geretteter FL 282 (V 23, mit der Werknummer A-019) wurde im Auftrag der Amerikaner von dem Werkpiloten Fuisting von Bad Tölz nach Cherbourg geflogen, von wo aus er nach den USA verladen wurde. Mit dem Kennzeichen FE 4613 (FE = Foreign Equipment) wurde diese FL 282 bei der US Air Force und US Navy einer intensiven Erprobung unterzogen. Eine zweite Maschine FL 282 B mit der Werknummer 280368 wurde nach England (Beaulieu) gebracht und befindet sich in Coventry bei der Midland Aircraft Preservation Society.

Mit dem FL 339 hatte Flettner im Herbst 1944 ein leichtes, zweisitziges Fluggerät entwickelt, von dem im Dezember 1944 30 Stück in Auftrag gegeben wurden. Es war eine verbesserte FL 282 mit einem BMW 132-Sternmotor, die als Verbindungs- und Schulungshubschrauber Verwendung finden sollte. Bei Kriegsende wurde ein fast fertiggestellter Prototyp von den Alliierten erbeutet.

Anton Flettner bot den Alliierten am 29. Juni 1945 an, unter Einbeziehung der VDM-Werke in Frankfurt, diesen Hubschrauber fortzuentwickeln, zumal die Konstruktionsunterlagen vollständig vorlagen. Jeweils zwei Maschinen sollten dann in England und den USA erprobt werden. Nachdem dieser Vorschlag abgelehnt wurde, ging ein Teil des Flettner-Entwicklungsteams nach Frankreich.

Das Flettner-Rotorsystem wurde in den USA von der Firma Kaman nachgebaut und ist dort heute noch erfolgreich (K-Max).

Nagler-Rolz und Baumgartl

Nach seiner Rückkehr aus England gründete im Jahre 1935 Bruno Nagler, zusammen mit Franz Rolz, den Nagler-Rolz Flugzeugbau in Österreich. Ihr erstes Fluggerät aus dem Jahre 1940 be-

Heliofly I von Paul Baumgartl.

saß einen Einblattrotor, wobei der 40-PS-Motor auf einem Ausleger das Gegengewicht bildete.

Das anschließend von ihnen gebaute Modell NR 54 V-2 besaß einen Zweiblattrotor von acht Meter Durchmesser, der von zwei an den Rotorblattarmen befestigten 8-PS-Argus-Motoren angetrieben wurde. Mit diesem Rucksackhubschrauber ließen sich nur Schwebeflüge durchführen. Der Pilot saß dabei auf einem Sitz zwischen dem Dreibein-Landegestell.

Der Heliofly I wurde 1941 von Paul Baumgartl in Wien entwickelt. Der Zweiblattrotor war mit einem Tragegestell auf dem Rücken des Piloten so befestigt, daß der Rotor über dessen Kopf drehen konnte. Fliegen sollte man mit dem Gerät ähnlich wie unsere heutigen Drachenflieger: bergab anlaufen und nach dem Abheben talwärts autorotieren.

WNF/Doblhoff

Bereits seit 1937 befaßte sich Baron Friedrich L. von Doblhoff mit einem drehmomentfreien Hubschrauber, dessen Rotorblätter durch Strahlantrieb bewegt werden sollten. Seit 1939 war er als Diplom-Ingenieur bei den Wiener Neustädter Flugzeugwerken (WNF) tätig, und mit fünf weiteren Diplom-Ingenieuren bildeten sie die gesamte technische Entwicklungsgruppe für Strahlschrauber bis 1945. Ihm und seinem Team gelang es erstmals in der Welt, einen Hubschrauber mit Reaktionsantrieb zum Fliegen zu bringen.

Mit Genehmigung und Unterstützung des RLM bauten sie den Prototyp WNF 342-V 1, der im September 1943 in einer Halle gefesselt vom Boden abhob. Pilot war der Ingenieur August Stepan, der zwar keinen Flugschein besaß, im Gegensatz zu den anderen aber immerhin über Segelflugerfahrung verfügte. Bereits im Herbst 1943 wagte er den ersten Freiflug, wobei er einen Schwebeflug von acht Minuten Dauer zwischen 1 und 3 Meter Höhe stabil durchführte.

Das Leergewicht betrug 250 kg. Hinter dem Piloten befand sich der Treibstoffbehälter und dahinter der 60-PS-Motor als Antriebsaggregat für den Kompressor. Ein Kraftstoff-Luftgemisch wurde durch die hohlen, 15 cm breiten Rotorblätter gepreßt und in der Brennkammer an den Blattenden gezündet. Wenige Tage nach dem Erstflug wurde das Werk durch einen alliierten Luftangriff völlig zerstört, und auch von dem Prototyp WNF 342-V 1 blieb nicht viel übrig. So verlegte man das Team nach Ober-Grafendorf in Niederösterreich.

Hier baute das Doblhoff-Team die WNF 342-V 2 als Versuchsträger. Statt des 60-PS-Walter-Mikron-Motors der V 1 wurde ein 90-PS-Walter-Minor zum Antrieb des Argus 411-Gebläses herangezogen. Trotz der höheren Motorleistung warf die V 2 mehr Probleme auf. So gab es Schwierigkeiten mit der Steuerung und auch im Schwebeflug.

Auch war der Treibstoffverbrauch gegenüber einem Wellenantrieb viel höher, so daß man später den Verdichtermotor im Reiseflug zum Antrieb einer Luftschraube nutzen wollte und der Rotor, ähnlich den Tragschraubern, im Luftstrom rotieren sollte.

So konstruierte man die V 3 mit einer einkuppelbaren Druckschraube für den Reiseflug. Zur Richtungssteuerung im Schwebeflug verwendete man eine kleinere Druckschraube. Der Pilot saß bei dieser Ausführung bereits in einer geschlossenen Kanzel. Aber auch hier traten Probleme, unter anderem in Form von Schwingungen, auf, was zu einer Bruchlandung durch Luftresonanz führte.

Durch Dr. Kurt Hohenemser, Spezialist für Aerodynamik bei Flettner, wurde dieses Problem gelöst, und gegen Ende des Jahres 1944 wurde die V 3 in die zweisitzige V 4 umgebaut. Noch ehe der erste Schwebeflug mit der V 4 durchgeführt werden konnte, mußte wegen des Vormarsches der Russen nach Zell am See verlegt werden. Dort fiel der Hubschrauber den Amerikanern in die Hände und wurde in die USA gebracht. Die Unterlagen über die WNF 342 wurden im Reichsluftfahrtministerium von den Alliierten vorgefunden.

Baron Doblhoff setzte seine Arbeiten in Amerika mit dem Compound-Hubschrauberprojekt XV-1 fort,

1945, WNF 342-V 4.

und in Frankreich wurde nach seiner Vorarbeit und unter Mitarbeit eines Ingenieurs seines Entwicklungsteams der erste in Serie gebaute strahlgetriebene Hubschrauber SNCASO »Djinn« entworfen, allerdings ohne Treibstoffverbrennung in den Blattspitzendüsen, sondern nur mit Druckluftrückstoß.

AEG-Fesselplattform

Nach dem Vorbild der Fesselballone im Ersten Weltkrieg wollte man jetzt für die gleichen Aufgaben gefesselte Hubschrauber entwickeln. Nach Plänen von Ing. R. Schmidt entstand 1933 bei der Allgemeinen Elektrizitäts Gesellschaft (AEG) in Berlin eine Versuchsausführung einer gefesselten Hubschrauberplattform. Der Antrieb der beiden koaxial angetriebenen Rotoren erfolgte durch einen AEG-Elektromotor von 50 PS. Die bis 1939 durchgeführten Versuche wurden wegen Stabilitätsschwierigkeiten eingestellt.

Unter Mitarbeit des Heeres-Waffenamtes und nach Ideen von Prof. Dr.-Ing. Kirchberg wurde bei AEG im Jahre 1940 erneut mit der Entwicklung einer Hubschrauber-Fesselplattform begonnen. Die beiden koaxial angeordneten Rotoren mit einem Durchmesser von 7,93 m wurden durch einen 50-PS-Elektromotor, der später durch einen 200-PS-Elektromotor ersetzt wurde, angetrieben. Die Rotordrehzahl betrug 450 U/min, und Flüge über mehrere Stunden bis zu einer Höhe von 750 m wurden durchgeführt. Die Fesselkabel dienten gleichzeitig zur Übertragung des Dreiphasen-Wechselstroms von 2000 Volt. Bei Ausfall der Stromversorgung wäre die Plattform durch Absturz verlorengegangen, der Beobachter konnte sich in diesem Fall per Fallschirm retten. Obwohl die AEG-Hubschrauberplattform betriebstüchtig war, kam sie nicht zum Einsatz.

Während des Zweiten Weltkrieges erreichten die großen deutschen Hubschrauberfirmen einen hohen Stand an Entwicklungstechnologie und den Beginn einer Serienproduktion. Die Hubschrauber-Muster Fa 223, FL 228 hatten u.a. automatische Umschaltung in Autorotation bei Triebwerksausfall. Es dauerte 15 Jahre, bis die Flugleistungen dieser Hubschrauber überboten wurden.

Bei Kriegsende waren die beiden Focke Fa 223 sowie die beiden Flettner FL 282 die einzigen deutschen Hubschrauber, die unbeschädigt den Amerikanern in die Hände fielen. Sie wurden von Ainring und Bad Tölz über München-Riem nach Stuttgart-Nellingen zur Beutesammelstelle der USSTAF überführt. Hinzu kamen zum Teil fertiggestellte oder teilweise zerstörte Fluggeräte und Konstruktionsunterlagen.

Die deutschen und amerikanischen Konstruktionen waren die Voraussetzung für die großangelegte Hubschrauberentwicklung, die nach dem Krieg in den USA, England, Frankreich und in der Sowjetunion begann. Nach dem Vorbild der Focke- und Flettner-Hubschrauber und nach den Ideen von Sikorsky entstanden neue Teilkonstruktionen. Viele der Produktionsstätten schlossen jedoch wieder ihre Tore, weil die erhofften Bestellungen ausblieben, denn der Hubschrauber war noch zu kompliziert, der Preis war im Vergleich zur Leistung viel zu hoch. Die unbefriedigende Leistung war auf mangelhafte Gesamtauslegung u. a. der Rotoren, wegen fehlender aerodynamischer Kenntnisse für Rotoren, zurückzuführen. Die Produktionsstätten aber, die sich mühsam am Leben erhielten, trieben die Verbesserung des Drehflüglers weiter voran.

Deutsche Hubschrauber-Konstrukteure arbeiten nach 1945 im Ausland weiter

Focke

Nachdem sich Prof. Focke mit einigen seiner Mitarbeiter bei Kriegsende in Obermaiselstein bei Fischen im Allgäu in der französischen Besatzungszone befand, blieb es nicht aus, daß er für die Franzosen tätig wurde. Ein Nachbau seiner Fa 223 kam im Oktober 1948 mit der Bezeichnung SE 3000 zur Flugerprobung. Dabei fanden noch einige Originalteile, u. a. der Bramo 323-Motor, Verwendung. Es kam jedoch zu keiner Serienfertigung.

Aus seinem Entwurf für einen Hubschrauber mit einem Hauptrotor und zwei schräg gestellten Heckrotoren (Fa 283) wurde in Frankreich das Modell SE 3100. Die SE 3100 wurde unter seiner Leitung bei der SNCASE zu einem einsitzigen Versuchshubschrauber mit der Bezeichnung SE 3101 weiterentwickelt. Die beiden Heckrotoren waren an V-förmig angeordneten Leitwerksflossen befestigt. Der Erstflug dieses Vorläufers der »Alouette«-Hubschrauber fand am 15. Juni 1948 statt. Die SE 3101 wurde mit einem Salmson-Motor und einem normalen Heckrotor zur SE 3120 weiterentwickelt, die nachträglich den Namen »Alouette I« erhielt.

Charles Marchetti veranlaßte eine Neukonstruktion der »Alouette I« unter Verwendung einer Tourboméca-Gasturbine Artouste. Die Grundkonstruktion und der rechtsdrehende Dreiblattrotor blieben erhalten; es entstand die »Alouette II«.

Im Frühjahr 1952 kam Prof. Focke nach Sao Paulo zum Centro Technico de Aeronàutico. Die Brasilianer boten ihm mehrjährige Verträge an und erklärten sich bereit, den »Heliconair« fertig zu entwickeln. Hierbei handelte es sich um Fockes ausgearbeiteten Entwurf eines senkrecht startenden Verwandlungsflugzeuges, für das sich der holländische Textilkaufmann Keyzer interessiert hatte, jedoch für die eigentliche Entwicklung noch Geldgeber fehlten. Die Zelle des »Heliconair« wurde in Sao Paulo fertiggestellt, der Wright-Turbocompound-Motor kam jedoch aus unerklärlichen Gründen nach einer Reparatur im Herstellerwerk nicht mehr zurück, wodurch das Projekt eingestellt wurde.

Das brasilianische Luftfahrtministerium erteilte 1954 der Focke-Gruppe den Auftrag zur Entwicklung eines leichten zweisitzigen Verbindungs- und Schulungshubschraubers. Der Prototyp des »Beijaflor« (Kolibri) kam Anfang 1959 zum Erstflug. Auch beim »Beijaflor« waren die beiden Heckrotoren an V-förmig angeordneten Leitwerksflossen befestigt. Eine Serienfertigung lief mit kleiner Stückzahl über mehrere Jahre.

Doblhoff

Hubschrauber mit Strahlantrieb an den Blattspitzen stellten für die Alliierten eine absolute Neuigkeit dar. Mitarbeiter aus dem Doblhoff-Team entwickelten gleichzeitig in USA, England und Frankreich Hubschrauber mit Blattspitzenantrieb. Eine Serienfertigung erfolgte jedoch nur mit dem Leichthubschrauber »Djinn« in Frankreich.

August Stepan und Czernin entwickelten in England bei Fairey Aviation den Verbundhubschrauber Fairey Rotodyne. Fairey erhielt den Auftrag für einen Transporthubschrauber für 40 Personen und einer Abflugmasse von 15.000 kg im Jahre 1953. Im November 1957 erfolgten die ersten Flüge als Hubschrauber, und nach 20 Stunden Gesamtflugzeit erfolgte am 10. April 1958 die erste volle Transition vom Hubschrauberflug zum Tragschrauberflug und umgekehrt. Zur weiteren Finanzierung mußte Fairey mit Westland fusionieren. Die BEA hatte Interesse an 20 Maschinen, und auch die amerikanische Armee wollte diesen Verbundhubschrauber haben, jedoch keiner wollte die Entwicklungskosten tragen. Auch die Regierung beschloß jede weitere Entwicklungsfinanzierung zu streichen, so daß das Projekt 1962 eingestellt wurde.

Parallel zur Rotodyne-Entwicklung entstand durch dasselbe Team bei Fairey ein blattspitzengetriebener Ultra-Light-Hubschrauber für die englische Armee. Dieser zweisitzige Hubschrauber war als Beobachtungs- und Verbindungshubschrauber vorgesehen. Er wurde in den 50er Jahren in Farnborough und Paris auf Flugschauen vorgeführt. Die Forderung der Armee wurde jedoch gestrichen, und dieser Hubschrauber fand keine weiteren Absatzchancen.

Dipl.-Ing. Theodor Laufer ging mit zwei weiteren Doblhoff-Mitarbeitern im Mai 1946 nach Frankreich. Die französischen Luftfahrtunternehmen hatten einen enormen Nachholbedarf und suchten im besetzten Deutschland entsprechende Spezialisten. Bei der SNCASO entstand eine Entwicklungsabteilung für Hubschrauber, in der unter Mitarbeit von Dr. Laufer die Experimentalhubschrauber »Ariel I, II und III« (SO 1100, 1110 und 1120) gebaut wurden. Der Erstflug von »Ariel I« fand am 7. März 1949 statt. Es handelte sich um die Fortsetzung der in Deutschland begonnenen Reaktionsantriebs-Hubschrauber. Eine Serienfertigung dieser Hubschrauber scheiterte am hohen Verbrauch und an dem erzeugten starken Lärm.

Unter Verwendung einer leichten Gasturbine und Übergang zum Kaltstrahlantrieb, der das System erheblich vereinfachte, entstand aus den Experimentalhubschraubern der SO 1221 »Djinn«. Es war der einzige Hubschrauber dieser Bauart, der in Serie gefertigt wurde; Erstflug 1953. Er kam in 20 anderen Ländern u. a. als Militärhubschrauber und in der Land- und Forstwirtschaft zum Einsatz.

Friedrich von Doblhoff setzte seine Entwicklungsarbeiten in den USA fort. Er kam im Rahmen der »Operation Paperclip« 1946 nach Dayton, wo er mit einer großen Anzahl deutscher Experten im USAF-Center Wright Field an Studien arbeitete und als Berater für verschiedene Unternehmen tätig wurde. 1950 arbeitete er für McDonnell, dessen Leiter Unternehmensbereich Hubschrauber er 1955 wurde. Dr. K. Hohenemser, von 1934 bis 1939 Wissenschaftler bei Flettner, wurde Leiter der Abteilungen Dynamik und Aerodynamik. Aufbauend auf der WNF 342 entstand bei McDonnell der Verbundhubschrauber XV-1 sowie der Kranhubschrauber »Model 120«.

Flettner

Anton Flettner ging 1947 in die USA, wo er anfangs an Studien für die US Navy, u. a. für Kombinationshubschrauber, arbeitete. 1949 gründete er zusammen mit Admiral C. Rosendahl in Kew Gardens (New York) ein Ingenieurbüro, die Firma Flettner Aircraft Corporation. Neben einer Vielzahl von Einzelaufträgen für Navy-Programme beschäftigte er sich bis zu seinem Tod mit dem Projekt eines Großhubschraubers für 40 Passagiere, eines speziellen Kombinationshubschraubers, der für den Reiseflug einen Propellerantrieb verwenden sollte. Flettner starb mit 76 Jahren in New York.

Während des Krieges war Dr. G. Sissingh in der Forschung bei Flettner und bei der Aerodynamischen Versuchsanstalt (AVA) in Göttingen tätig. Nach einer mehrjährigen Tätigkeit bei der RAE-Forschungsanstalt in Farnborough ging Sissingh 1951 zur Firma Kellett Aircraft Corporation in Camden (New York). Er wurde Leiter der Forschung und Entwicklung. Durch seine Erfahrung auf dem Gebiet des Schwingungsverhaltens von Rotoren und der Steuerbarkeit und Stabilisierung von Drehflüglern bekamen einige Hubschrauber erst gute Flugeigenschaften.

Der Versuchshubschrauber Kellet KH 15 mit Reaktionsrotor startete 1954 zu seinem Erstflug. Die Forschungsabteilung unter Dr. Sissingh war auch am Steuerungs- und Stabilisierungssystem des Hauptrotors des Verbundhubschraubers Lockheed AH 56A »Cheyenne« maßgeblich beteiligt.

Dipl.-Ing. Otto Reder, während des Krieges bei Flettner tätig, mußte nach Kriegsende zuerst nach England. Danach arbeitete er von 1950 bis 1955 bei der Firma Aeronautica Industrial S.A. (AISA) in Madrid. Später wieder in Deutschland (Merckle, VFW) tätig, blieb er bis 1973 als Berater mit der AISA in Verbindung.

Bruno Nagler

Bruno Nagler begann in den USA in einer eigenen Firma – der späteren Nagler Helicopter Company Inc. in White Plains (New York) – mit der Entwicklung ein- und zweisitziger Leichthubschrauber. Es entstanden die Typen NH 120, NH 160 und der zweisitzige Experimentalhubschrauber NH 200 mit Kaltgas-Reaktionsantrieb.

Baumgartl

Der Österreicher Paul Baumgartl begann nach dem Krieg in Brasilien wieder mit eigenen Entwicklungen. Die ersten Projekte waren ein einfacher Schlepptragschrauber (PB 60) und ein Einmann-Hubschrauber (PB 63), der 1954 erstmals flog. Sein Versuchshubschrauber PB 64 mit Strahlantrieb (zwei Pulsostrahltriebwerke) hob 1957 zum Erstflug ab. Es kam jedoch zu keiner industriellen Fertigung dieser Hubschrauber.

Die Hubschrauberentwicklung in Deutschland nach 1945

Am 5. Mai 1955 gaben die Alliierten der Bundesrepublik Deutschland die Lufthoheit zurück. Der deutsche Flugzeugbau mußte sich bei der Wiederaufnahme der Fertigung von zivilen Fluggeräten gewisse Beschränkungen auferlegen. Immerhin verlangte die Durchführung derartiger Aufgaben den umfangreichen Einsatz von Kapital, technischem Wissen und Können sowie die Erfahrung im Hinblick auf die Errichtung eines Vertriebs-, Kundendienst- und Ersatzteilnetzes. Demgegenüber hatten die ausländischen Wettbewerber nicht nur den zeitlichen und dadurch bedingten technischen Vorsprung, sondern konnten weit über die 50er Jahre hinaus politisch und wirtschaftlich ihre aus der ununterbrochenen Luftfahrttradition resultierenden Marktvorteile ausspielen.

Die während des Zweiten Weltkriegs in Deutschland entwickelten Hubschrauberprojekte waren inzwischen im Ausland weiterentwickelt worden oder dienten dort als Grundlage für neue Entwicklungen, z. B. in den USA Nachbau des Flettner-Rotorsystems (K-Max), in Frankreich wurde aus der Fa 283 von Prof. Focke die »Alouette« entwickelt.
 Für den Neubeginn in Deutschland gab es nur im geringfügigen Maße Unterstützung von ausländischen Firmen. Wenige der Konstrukteure aus den früheren deutschen Entwicklungsmannschaften kamen in die neu gegründete Bundesrepublik Deutschland zurück, einige unterstützten vom Ausland aus den Wiederaufbau der deutschen Hubschrauberindustrie.

Bereits 1953 wurde die Deutsche Studiengemeinschaft Hubschrauber (DSH) in Stuttgart gegründet. Dr. Just und Prof. Focke hielten im Wintersemester 1954/55 Vorlesungen an der Technischen Hochschule in Stuttgart. Es wurde die Gesellschaft für Hubschrauberverwendung und Luftrettung e.V. in Bonn gegründet, und um in Deutschland wieder Hubschrauber für die verschiedensten Aufgaben einsetzen zu können, bemühte sich das Ausbildungs- und Schulungszentrum der Rietdorf KG auf dem Hummerich bei Koblenz.

Der Deutsche Luftfahrt-Beratungsdienst (DLB) in Wiesbaden – Geschäftsführer Wilhelm Sachsenberg – führte schon im Sommer 1953 Werbeflüge mit gecharterten Sikorsky-Hubschraubern durch, die von englischen Piloten geflogen wurden, und bei der Hannover-Messe 1955 wurde erstmals ein Hubschrauber zur Verkehrsüberwachung eingesetzt.

Die bei den genannten Institutionen durchgeführten jährlichen Seminare führten später zum Internationalen Hubschrauberforum in Bückeburg. Zu den Initiatoren der damaligen Zeit gehören u. a. Otto Rietdorf, Carl Bode und Graf Hardenberg.

Das Bundesverteidigungsministerium benötigte Ende der 50er Jahre einen Einmann-Hubschrauber für den militärischen Einsatz. Mit der Entwicklung befaßten sich die Firmen Bölkow (BO 103), VFW (H-2), Dornier (Do 32 E) und Wagner (Sky Trac). Noch während der Entwicklungsphase war man von diesem Konzept abgekommen, und die Firmen wurden gefordert, ein neues Entwicklungsprogramm für Polizei, Rettungsdienst, Nachfolgemuster »Alouette II« und Kampfhubschrauber zu erarbeiten. Durch verschiedene Umstände gelang es nur der Firma Bölkow mit der BO 105, einen Hubschrauber, der allen Anforderungen gerecht wurde, rechtzeitig auf den Markt zu bringen.
Als erster deutscher Nachkriegshubschrauber flog 1958 der Focke »Kolibri I« von der Firma Borgward.

Carl F. W. Borgward GmbH

Dr.-Ing. E. h. Carl Borgward, Alleininhaber der Borgward Automobil- und Motorenwerke in Bremen, ließ in seinen Werken einen kleinen Reisehubschrauber entwickeln. Er konnte dafür Prof. Focke gewinnen, und seit 1956 liefen die Entwicklungsarbeiten für den zweisitzigen Prototyp »Kolibri V-I«. Borgward erhielt für dieses Projekt keinerlei Unterstützung und mußte es aus dem Automobilbau finanzieren, so daß die Herstellung der insgesamt beiden Prototypen nicht so schnell voranging. Prof. Focke schrieb dazu in seinen Lebenserinnerungen:

»Die von Borgward gestellte Aufgabe war ein mittlerer Hubschrauber für drei Personen, er ›sollte den Verkehr von der Straße wegnehmen und schneller sein als ein Auto‹. Und er sollte für den Privatkäufer erschwinglich und anreizend sein. Borgwards Forderung war technisch der des ›Beijaflor‹ sehr ähnlich, aber ich konnte die brasilianischen Patente nicht einfach für den geplanten ›Kolibri‹ übernehmen. Ich brauchte erhebliche Zeit, das an sich Gleiche auf andere Art konstruktiv zu verwirklichen, aber es gelang. Dabei konnte ich Borgwards Wunsch, für den Hubschrauber von seinem Werk zu bauende Motoren zu verwenden – es wurden solche von 260 PS gebraucht – nicht erfüllen, denn die Anforderungen an die Leistung bei trotzdem geringem Gewicht fielen völlig aus dem Rahmen des Autobaues heraus. Auch war Borgward oft unglücklich, daß ich die üblichen Zahnräder und ähnliche Konstruktionsteile vom Auto nicht für den Hubschrauber übernehmen konnte. Ein Fluggerät verlangt eine weit größere Präzision der Ausführung.«

Aus DLR-Mitteilungen 1977

Prof. Focke, der nach dem Krieg in Sao Paulo im Auftrag der dortigen Regierung den Hubschrauber »Beijaflor« gebaut hatte, verwandte für den »Kolibri« ein ähnliches Konstruktionsprinzip (ein Hauptrotor und zwei Steuerpropeller am Heck). Der Focke-Borgward-Hubschrauber »Kolibri« besaß zwei Heckrotoren, befestigt an zwei V-förmig angeordneten Leitwerkflossen. Flugkapitän Rohlfs, der 1936 schon die Fw 61 geflogen hatte, führte im März 1958 die ersten Fesselflüge mit dem 1200 kg schweren, dreisitzigen Hubschrauber durch, und am 1. Juli 1958 gelang ihm der erste Freiflug. Mit einem 190-kW-Lycoming-Motor wurden 140 km/h und 4500 m Gipfelhöhe erreicht. Der Aktionsradius betrug 350 km. Zwei Jahre später war der Hubschrauber so weit verbessert, daß im Februar 1961 die Musterprüfung durchgeführt werden sollte. Da unter anderem die alten deutschen Prüfbestimmungen für Hubschrauber nicht mehr gültig waren und die neuen amerikanischen Vorschriften berücksichtigt werden mußten, kam es zu Verzögerungen. In dieser Zeit kam der Borgward-Automobilbau in Schwierigkeiten, und als im September 1961 für den Borgward-Konzern der Konkurs kam, wurde die letzte Abnahme durch die Prüfungskommission abgesetzt.

Zwei Maschinen hatten 1961 die Musterprüfung erfolgreich absolviert und standen 1961 startbereit auf dem Werksgelände in Sebaldsbrück. Die letzte Absegnung durch das Luftfahrt-Bundesamt fehlte noch, doch die dazu notwendigen DM 38.000,– konnte der finanziell angeschlagene Konzern nicht mehr

aufbringen. Die Nachfolge-AG wollte den Flugzeugbau nicht weiterführen, und die beiden »Kolibri«-Hubschrauber, eine zehn Millionen teure Entwicklung, wurden somit nach 370 geleisteten Flugstunden verschrottet. Ein Hauptgetriebe, drei Rotorblätter und eine Heckrotorgruppe des »Kolibri« gelangten später noch in das Hubschraubermuseum Bückeburg.

Später wurden auf dem Gelände in Bremen-Sebaldsbrück wieder Autos gebaut; das T-Modell und der 190 E von Daimler-Benz.

Merckle Flugzeugwerke GmbH

Der luftfahrtbegeisterte Fabrikant Karl Erwin Merckle gründete 1956 die Süddeutschen Flugzeugwerke K. E. Merckle KG in Stuttgart-Echterdingen. Zu den ersten Mitarbeitern gehörten Otto Reder, Kurt Pfleiderer und Emil Weiland. Die Merckle KG erhielt 1957 vom Bundesverteidigungsministerium den Auftrag, einen fünfsitzigen Hubschrauber, abgestimmt auf die Belange der Bundeswehr, zu entwickeln. Als Antrieb sollte ein Gasturbinentriebwerk verwendet werden. Das Entwicklungsvorhaben erhielt die Bezeichnung SM 67 (S = Süddeutsche Flugzeugwerke, M = Merckle, 67 = laufende Nummer).

Anfang 1958 verlegte die Firma Merckle KG ihre Geschäftsräume von Stuttgart, wo auch die Bölkow Entwicklungen KG und die Deutsche Studiengemeinschaft Hubschrauber untergebracht waren, nach Ödheim, Kreis Heilbronn. Die Firma erhielt die neue Bezeichnung Merckle Flugzeugwerke GmbH. Neben der Entwicklung eines eigenen Hubschraubertyps beschäftigte man sich auch mit der Montage und dem Einfliegen des Hubschraubertyps Bell 47 G2 für die Bundeswehr. Die dritte Aktivität auf dem Hubschraubersektor war die Gründung der Meravo-Luftreederei Fluggesellschaft mbH für Vercharterungs- und Dienstleistungsaufgaben, hauptsächlich im Bereich Flüge für Land- und Forstwirtschaft.

Aus der Diplomarbeit von Kurt Pfleiderer und Emil Weiland entstand die SM 67. Joachim Senftleben, kaufmännischer Leiter der Firma Merckle, schrieb dazu:

»Schwierigkeiten machte zu dieser Zeit die Beschaffung des für den Flugzeugbau erforderlichen Spezialmaterials, so daß teilweise nach alten Beständen aus der Zeit vor 1945 geforscht werden mußte. ... Auch die Zulieferung von geeigneten Meßgeräten für die Besonderheiten des Flugzeugbaues stießen auf Liefer- und Terminschwierigkeiten.«

Der Erstflug des ersten deutschen Hubschraubers mit Turbinenantrieb erfolgte am 7. Juni 1959; Pilot war

D-9506

Merckle SM 67 mit angeklappten Rotorblättern.

Flugkapitän Carl Bode. Als Triebwerk war das französische Tourboméca-Triebwerk Artouste II B mit 360 PS Startleistung eingebaut. Nach einer erfolgreichen Flugerprobung kam es beim ersten Absetzen auf Beton-Untergrund zu solch starken Schwingungen, daß der Prototyp zerstört wurde.

Der zweite Prototyp wurde als Bodenprüfstand verwendet, und der dritte Prototyp, ausgerüstet mit einer Tourboméca Artouste II C-Turbine von 405 PS, absolvierte mit Flugkapitän Krüger am 12. April 1961 seinen Erstflug. Große Ähnlichkeit bestand zwischen dem Hubschrauber SM 67 und der »Alouette II«, die das gleiche Triebwerk besaß und bereits 1957 ihre Musterprüfung erhalten hatte.

Da deren Produktion schon seit 1959 in relativ hoher Stückzahl lief, die Bundeswehr dringend einen Turbinenhubschrauber benötigte und die Produktion der Merckle SM 67 erst einige Jahre später hätte aufgenommen werden können, entschied man sich im Bundesamt für Wehrtechnik und Beschaffung für die »Alouette II«. Die Entwicklungsaufträge für die SM 67 wurden nicht mehr verlängert, das Programm lief daher aus.

Ein Merckle-Hubschrauber SM 67, aus Teilen der V2 und V3 zusammengebaut, steht heute im Hubschraubermuseum Bückeburg.

Bei Merckle wurde an verschiedenen Projekten weitergearbeitet. Dazu zählte auch das Projekt eines Kombinations-Flugschraubers Merckle E-130 im Rahmen einer 1966 vom Verteidigungsministerium vergebenen Systemstudie über die Möglichkeiten zur Steigerung der Fluggeschwindigkeit von Drehflüg-

lern. Trotz guter Ergebnisse kam es nicht zu einer Realisierung, da Ende 1967 alle Vorhaben für schnellfliegende Hubschrauber aufgegeben wurden.

Die Firma Merckle schloß im Juli 1968 einen Veräußerungsvertrag mit der Firma Dornier, was jedoch nicht zu einer Wiederbelebung von Hubschrauberaktivitäten führte. Ende Dezember 1973 wurde die Merckle Flugzeugwerke GmbH im Handelsregister gelöscht. Die Meravo-Fluggesellschaft ist noch heute ein erfolgreiches Hubschrauberbetriebsunternehmen und kann als Nachfolger der Merckle Flugzeugwerke betrachtet werden.

Wagner-Helicopter-Technik

Josef Wagner, während des Krieges bei Messerschmitt beschäftigt, gründete nach dem Zweiten Weltkrieg in Friedrichshafen am Bodensee eine Firma, die sich ab 1946 mit der Produktion von Werkzeugmaschinen befaßte. In der Tochterfirma »Wagner Helicopter Technik« begann er 1962 mit der Entwicklung von Leichthubschraubern ohne Drehmomentenausgleich. Mit der Bezeichnung »Rotorcar« baute er einen zweisitzigen Kleinhubschrauber mit Koaxialrotor und umlaufendem Sternmotor, der jedoch nicht genügend Leistung lieferte, sowie einen zweiten Versuchsträger. Mit einem Vierzylinder-Umlaufmotor (Eigenbau) baute er »Rotorcar III«. Dieser Kabinenhubschrauber war, mit in Fahrtrichtung arretierten Rotorblättern, auch als Auto auf der Straße einzusetzen.

Der zweite Motor im Heck (250-ccm-Goggo-Motor) übertrug den Antrieb auf ein Fahrwerk, und der »Rotorcar III« erreichte so eine Fahrgeschwindigkeit von 60 km/h. Diese Konstruktion wurde mangels Interesse von seiten der Industrie und fehlender Geldgeber eingestellt. Das »Rotorcar« gilt weltweit als einziges Fahrzeug, das sowohl die Luftfahrt-, als auch die Straßenverkehrszulassung hatte.

Hiernach entstand der Neuentwurf eines Leichthubschraubers mit der Bezeichnung »Sky-Trac«. Der Koaxialrotor wurde beibehalten, und ein Franklin-Motor mit 260 PS diente als Antrieb. Die einsitzige Versuchsausführung flog im Juli 1965, die dreisitzige Version »Sky-Trac III« wurde 1966 auf der Luftfahrtschau in Hannover vorgeführt.

Mit gleichem Rotorsystem wurde der viersitzige »Aerocar«-Prototyp gebaut, der 1965 zum Erstflug kam. Auch hierbei handelte es sich um einen fahrfähigen Reisehubschrauber. Die Zelle bestand aus Polyesterkunststoff. Durch den zweiten Antrieb für das autoähnliche Fahrwerk traten jedoch Gewichtsprobleme auf, die man durch den Einbau einer leichten Gasturbine lösen wollte. Diese Umrüstung wurde jedoch nicht mehr durchgeführt.

Der Wagner-Mehrzweckhubschrauber »Sky-Trac« dagegen erhielt am 29. September 1969 die Musterzulassung vom Luftfahrtbundesamt und im Oktober 1972 auch die amerikanische Zulassung.

Die Firma Franklin stellte danach überraschend den Bau ihrer Flugmotoren ein, und die Firma Wagner mußte auf den Lycoming-Motor HIO-540 ausweichen. Durch die dadurch erforderlichen Änderungen wurde eine erneute Musterzulassung, die auch eine erhebliche Zeitverzögerung mit sich brachte, notwendig.

Für die Serienfertigung wurde 1971 die Firma Helicopter Technik München GmbH (HTM) in Feldkirchen bei München gegründet. Das erste Vorserienmuster der HTM »Skyrider« mit Lycoming-Motor flog im Februar 1974. Die Triebwerksumrüstung und der damit verbundene Zeitverlust wirkten sich allerdings nachteilig aus. Die Firma verlor in der Zwischenzeit ihre Kunden, und Josef Wagner konnte die Kosten für den Serienanlauf und Vertrieb nicht mehr aufbringen. So mußte die Firma HTM im Frühjahr 1974 den Konkurs anmelden.

Sieben Prototypen waren insgesamt gebaut worden, über 2000 Flugerprobungsstunden geflogen, und eine Musterprüfung lag für die Franklin-Version vor. Zu einer Serienfertigung kam es jedoch nicht, gescheitert ist es an dem Fehlen eines geeigneten Motors zur rechten Zeit.

Wagner-Helicopter-Technik »Rotorcar«.

Dornier Werke GmbH

Claude Dornier, geboren am 14. Mai 1884 in Kempten/Allgäu, begann 1910 als Dipl.-Ing. beim Luftschiffbau des Grafen Zeppelin. Drei Jahre später leitete er eine eigene Abteilung, und 1922 wurden die Zeppelin-Werke Lindau GmbH in Dornier-Metallbauten GmbH umbenannt, deren letzte Anteile er 1932 übernahm. Einige seiner Entwicklungen waren bereits 1918 ein einsitziges Jagdflugzeug, die D-1, die Flugboote »Wal« (1925 stellte ein »Wal« gleich 20 Weltrekorde auf), das 12motorige Flugschiff Do X (1929) und das schnellste – von Kolbenmotoren angetriebene – serienmäßig gebaute Propellerflugzeug der Welt, der Jäger Do 335 (1943), am Bug ein Zugpropeller, am Heck ein Druckpropeller.

Nach dem Zweiten Weltkrieg gründete Claude Dornier im Jahre 1950 die Lindauer Dornier GmbH und begann mit dem Bau von Webmaschinen, denn wieder einmal war der Flugzeugbau in Deutschland verboten. Parallel dazu begann er im Schweizer Rorschach, auf der anderen Seite des Bodensees, und im Februar 1951 in Spanien mit der Entwicklung neuer Flugzeuge. Dazu gründete er in Madrid das Konstruktionsbüro »Oficinas Technicas Dornier«. Der Prototypenbau der Do 25 erfolgte bei den spanischen Casa-Werken in Sevilla und Cadiz.

Mit dem Wiedererhalt der Lufthoheit und der Aufhebung des Verbots des Flugzeugbaues in Deutschland kehrten die meisten Dornier-Mitarbeiter aus Spanien zurück, um am Bau der Do 27 – einem Kurzstartflugzeug –, die direkt auf der Do 25 P2C basierte, mitzuwirken. Fertigungsbeginn für die Do 27 war der 1. Januar 1956. Am 17. Oktober 1956 startete die erste Do 27A (Heeresaufklärer) auf dem wiedereröffneten Werksflugplatz in Oberpfaffenhofen zum Erstflug. Am 19. Januar 1957 übergab Claude Dornier das erste von 428 Flugzeugen an die Bundeswehr. Auch die Streitkräfte Belgiens, Portugals, Spaniens, Schwedens, Südafrikas und der Schweiz erteilten Lieferaufträge. Die Do 27 wurde anschließend in Spanien bei der Casa als C-127 in Lizenz gefertigt.

Wie bereits erwähnt, suchte die Bundeswehr mit Beginn der 60er Jahre einen einsitzigen Kleinhubschrauber, und die Firma Dornier begann mit den Entwicklungsarbeiten. Dr. Theodor Laufer, ehemaliger Mitarbeiter des Doblhoff-Teams, hatte in Frankreich bei der SNCASE den zweisitzigen Leichthubschrauber »Djinn« mit Kaltstrahl-Blattspitzenantrieb entwickelt, dessen Serie mit Ende des Jahres 1960 auslief. Da in Frankreich an diesem Antriebssystem kein weiteres Interesse bestand, kam Dr. Laufer zu Dornier, wo der einsitzige Hubschrauber Do 32 E (E = Einmann) mit faltbarem Reaktionsrotor konstruiert wur-

de. Als Triebwerk für den Do 32 E diente eine Gasturbine BMW 6012 L mit 90 PS Startleistung. Der Anlaßvorgang erfolgte mit einer Handkurbel. Die ver-

Gefesselte Rotorplattform Dornier »Kiebitz«. Experimentalgerät beim Start von fahrbarer Bodenstation.

Do 32 E.

dichtete Luft trat an den Blattspitzen aus und trieb so den Zweiblattrotor an. Die Steuerung um die Hochachse erfolgte im Schwebeflug durch die auf das

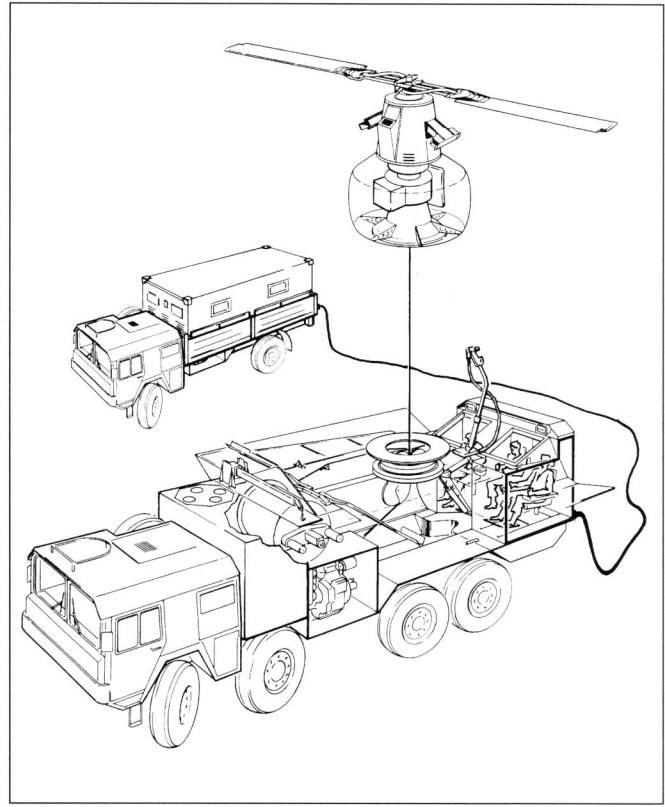

Operationeller ARGUS.

Seitenleitwerk gerichteten austretenden Turbinengase. Der Hubschrauber, dessen Erstflug am 11. September 1962 stattfand, ließ sich zusammengeklappt auf einem Einachshänger transportieren. Gebaut und erprobt wurden drei Prototypen. An dem Kleinhubschrauber, zu einem Stückpreis von DM 36.000,- bei einer Fertigung von 1000 Stück, war auch der zivile Bereich interessiert. Mit der Auslieferung hätte im Herbst 1964 begonnen werden können, doch die Bundeswehr hatte das Anforderungsprofil inzwischen geändert und verlangte jetzt größere, mehrsitzige Hubschrauber. Da sich bei einer verringerten Produktion – durch Wegfall der Militärversion –

auch der Kaufpreis erhöhte, kam es auch zu keiner Fertigung für den Zivilbereich.

Zum Bau der zweisitzigen Version Do 32 Z (Z = Zweimann), dessen Modell in der Grundstruktur der Do 32 E entsprach und das 1964 auf der Luftfahrtschau Hannover gezeigt wurde, kam es jedoch ebenfalls nicht.

1964 wurde im Auftrag des Verteidigungsministeriums eine der drei Do 32 E-Prototypen in einen unbemannten ferngesteuerten Hubschrauber mit der Bezeichnung Do 32 U (U = unbemannt) umgebaut und im Juni 1966 im Flug den Auftraggebern vorgeführt. Die Steuerkommandos gab der am Boden stehende Pilot über ein Kabel an den Hubschrauber. Die Lageregelung erfolgte über einen Dreiachsen-Flugregler des Fluggerätewerk Bodensee. Vorgesehen war die Mitnahme optischer Geräte und die Weiterentwicklung mit Funkfernsteuerung. Das Entwicklungsprogramm ist jedoch in dieser Form nicht weitergeführt worden.

Seit 1966 arbeitete man bei Dornier an einem neuartigen Heißgas-Reaktionsantrieb. Dazu wurde der fünfsitzige Mehrzweckhubschrauber Do 132 mit einem 12-Meter-Reaktionsrotor projektiert, der 1969 mit einem stärkeren Triebwerk der Firma Pratt & Whitney (Sonderausführung des PT6) versehen wurde. Probleme gab es bei der Wärmeisolierung der Rotorblätter. Das Bundesverteidigungsministerium erteilte der Firma Dornier 1969 einen Entwicklungsauftrag für drei Prototypen, von denen jedoch nicht einer fertiggestellt wurde. Der knappe Entwicklungsauftrag von neun Millionen DM reichte nicht aus.

Die Firma Dornier beteiligte sich in den 60er Jahren auch, wie andere deutsche Hub-

Spähplattform der Firma Dornier.

45

schrauberunternehmen, an mehreren militärischen Ausschreibungen. So erfolgte der Projektvorschlag P 406 für einen Kranhubschrauber für Außenlasten bis zu 40 Tonnen. Als die militärischen Forderungen dafür nicht mehr gegeben waren, wurde dieses Projekt aufgegeben.

Ein weiteres Projekt war ein Kombinationshubschrauber als Kampfhubschrauber mit der Bezeichnung P 410. Da das Bundesverteidigungsministerium zeitgleich einen speziellen Kampfhubschrauber haben wollte, wurde das Projekt P 410 nicht weiter verfolgt.

Im Jahr 1967 folgte die Entwicklung der Fesselplattform Do 32 K »Kiebitz« (K = kabelverbunden). Von einer fahrbaren Bodenstation aus konnte der »Kiebitz« senkrecht an einem Kabel bis auf ca. 200 m hochgelassen werden. Der Reaktionsrotor der Do 32 E mit 7,50 Meter Durchmesser erzeugte auch hier den Auftrieb. In das zur Fesselung benötigte Kabel waren Datenübertragungsleitungen und Brennstoffleitungen integriert. 60 Liter Kerosin mußten pro Stunde zum Triebwerk hochgepumpt werden. Die Abgase wurden zu zwei Steuerdüsen geleitet, die Rotorblattsteuerung erfolgte über einen Dreiachsenflugregler. Es entstand noch eine weitere, mit stärkerem Triebwerk versehene Experimental-»Kiebitz«-Ausführung sowie eine weitere Konzeptstudie mit der Bezeichnung Do 232.

Aus diesem Experimental-»Kiebitz« wurde ab 1973 die Fesselplattform Do 34 »Kiebitz« für den Einsatz mit Gefechtsfeldradar – mit ca. 60 km Reichweite – als Aufklärungssystem ARGUS (Autonomes Radar-Gefechtsfeld-Überwachungssystem) entwickelt. Das Radargerät ORPHEE kam von der französischen Firma LCT. Die Rotorplattform war als Sensorenträger für 140 kp Nutzlast ausgelegt. Auch für den zivilen Einsatz, z. B. als Relaisstation, war diese Entwicklung gedacht. Als Triebwerk diente eine von MTU gelieferte Allison 250-C 20 B-Turbine. Die Turbinenabgase wurden zu zwei Giersteuerdüsen geleitet, die zur Stabilisierung um die Hochachse dienten. Verwendet wurde ein Zweiblatt-Reaktionsrotor von acht Meter Durchmesser mit Kaltstrahlantrieb. Die Steigzeit auf 300 m Höhe betrug ca. fünf Minuten, daß Einziehen konnte in zwei Minuten erfolgen. Im Erprobungsprogramm wurden bis Ende September 1981 mehr als 550 Flüge, davon 47 Flüge in mehr als 300 m Höhe, mit ca. 166 Flugstunden erreicht.

Seit 1979/80 hat Dornier eine kleine Spähplattform für optische und elektronische Aufklärung in einem Umkreis von etwa 3000 m Sichtweite, als Ergänzung zu den bisher entwickelten fliegenden Aufklärungssystemen, gebaut. Ein Drallring, der als Schwungmasse auf eine Drehzahl von 4000 U/min gebracht wird, ermöglicht ein Aufsteigen der Spähplattform auf eine Höhe von 50 m, wo sie etwa eine Minute in stabiler

Fluglage verbleibt. Für die Landung besitzt sie ein gefedertes Landegestell.

Mit eigenen finanziellen Mitteln begann Dornier mit der Entwicklung eines ferngesteuerten Kleinhubschraubers mit gegenläufigen mechanisch angetriebenen Rotoren als weiteres Aufklärungssystem. Mit dem Versuchsgerät MTC II (Minitelecopter) begann im Frühjahr 1981 in Friedrichshafen die Flugerprobung, wobei die Kommandoübertragung noch über ein Kabel erfolgte, welches später durch Funkfernsteuerung ersetzt werden sollte. Als Antrieb diente ein mit Doppelzündung ausgerüsteter Hirth-Zweitaktmotor von 40 PS, der eine Nutzlast von 60 kg – bei einem Abfluggewicht von 190 kg – und eine Flugdauer von zwei Stunden ermöglichte.

Die deutsche Marine ist der erste Auftraggeber, der ein Drohnensystem für maritime Aufklärung entwickeln ließ, um auch über den Meereshorizont (Kimm) schauen zu können. Dazu wurde der Geschäftsbereich Verteidigung und Zivile Systeme bei Dornier in Friedrichshafen mit der Entwicklung der Marinedrohne »Seamos« (See-Aufklärungsmittel und Ortungssystem) beauftragt, einen mit zwei gegenläufigen Rotoren ausgestatteten unbemannten Kleinhubschrauber zu entwickeln. Die Grundanforderungen für das Drohnen-Aufklärungssystem »Seamos« wurden von der NATO-Naval Armament Group 35 und der Deutschen Bundesmarine aufgestellt. Bereits 1989 hatte Dornier die Gefechtsfeld-Hubschrau-

Dornier MTC II.

Dornier Do 29.

berdrohne »Geamos« auf der Basis des amerikanischen Hubschraubers Gyrodyne QH-50D entwickelt und im Flug erprobt. Bei »Seamos« kommt der gleiche Koaxialrotor von 6,10 Meter Durchmesser, angetrieben von einer Boing T-50-Turbine, zum Einsatz. Die operationelle Serienausführung soll ein leistungsfähiges Radar von 110 kg installiert haben und eine Gipfelhöhe von 4000 Metern erreichen. Geplant ist, »Seamos« im Jahr 2005 in Dienst zu stellen; der Einsatz ist auf der neuen Korvette K 130 vorgesehen.

Neben diesen verschiedenen Entwicklungen war die Firma Dornier auch am Lizenzbau des Transporthubschraubers Bell 205 UH-1D von 1965 bis 1971 beteiligt. Es wurden insgesamt 352 Hubschrauber dieses Typs für die Bundeswehr und den Bundesgrenzschutz gebaut.

Als Erprobungsträger für das Daimler-Benz-Triebwerk DB 720 wurde 1970 eine Bell UH-1D bei Dornier umgerüstet. Es handelte sich um eine Weiterentwicklung des ersten Flugtriebwerks der Daimler-Benz AG nach 1955.

Dieses, im Auftrag des Bundesverteidigungsministeriums entwickelte Triebwerk war als Ersatz des Triebwerks Lycoming T-53-L-11 vorgesehen. Dadurch, daß die Getriebeanschlüsse auf der Abgasaustrittsseite des DB 720 F lagen, wurden erhebliche Umbauten notwendig. Beim T-53 liegen die Getriebeanschlüsse auf der Lufteintrittsseite. Daher wurde eine Drehung des DB 720 F um 180° notwendig, wodurch die Lufteintrittsseite nach hinten, die Abgasaustrittsseite nach vorne wies. Ein spezieller Lufteinlauf lenkte die Ansaugluft um 180° um, ebenso wurden die Abgase durch gehobene Hutzen umgelenkt. Eine strömungsgünstige Verkleidung schloß den Triebwerkaufsatz zum Heck hin ab. Ziel dieses Versuchsprojekts war die Flug- und Höhenerprobung dieses Turbinentriebwerks sowie die Überprüfung der Funktionstüchtigkeit der von Daimler-Benz entwickelten Triebwerksregelung.

Der Erprobungsträger absolvierte insgesamt 57 Flugstunden. Während der Höhenerprobung wurden Gipfelhöhen von 5000 m erreicht. Auch bei Außentemperaturen über 30° C konnte die UH-1D mit max. zulässigem Gesamtgewicht starten. Das Triebwerk DB 720 F erbrachte eine Startleistung von 1255 PS (Wellenleistung) bei einem spezifischen Kraftstoffverbrauch von knapp 300 g pro PS und Betriebsstunde und einem Luftdurchsatz von 6 kg/sec.

Um diese Flugversuche durchführen zu können, erhielt das Triebwerk DB 720 F eine vorläufige Musterzulassung nach den Vorschriften der Musterprüfstelle der Bundeswehr für Luftfahrtgerät.

Abschließend sei noch erwähnt, daß Prof. Dornier bereits 1920 die ersten Patente auf schwenkbare Luftschraubenanordnung und Steilschrauber erhalten hatte. Um die technischen Möglichkeiten des Kurzstarts bis an die Schwelle des Senkrechtstarts auszuloten, entstand 1958 die Do 29 (STOL), ein Versuchsflugzeug mit zwei schwenkbaren Propellern, die direkt zum Auftrieb beitrugen und Start- und Landestrecken von nur wenigen Metern ermöglichten.

Im Jahr 1962 beauftragte das Bundesministerium der Verteidigung die Firma Dornier mit der Entwicklung des V/STOL Transportflugzeugs Do 31. Die beiden Versuchsflugzeuge Do 31 E-1 (ohne Hubtriebwerke) und E-3 wurden von 1967 bis 1971 erfolgreich erprobt. Die Do 31 E-3 war mit zwei Hub-/Schubtriebwerken des Typs Rolls-Royce Pegasus 5-2 mit einer Schubleistung von je 7000 kg ausgerüstet, die den Vortrieb im Reiseflug und über schwenkbare Antriebsdüsen auch Auftrieb bei Start und Landung lieferten. Zur Unterstützung der Marschtriebwerke wurden im Schwebeflug die insgesamt acht in Gondeln an den Tragflächenenden installierten Hubtriebwerke des Rolls-Royce RB-162-4D (je 2000 kg Schub) genutzt. Durch Schwenken der Marschtriebwerksdüsen wurde die Do 31 auf die für den aerodynamischen Horizontalflug erforderliche Geschwindigkeit von etwa 250 km/h gebracht, worauf nach 20 Sekunden die acht Hubtriebwerke wieder gestoppt wurden.

Die Do 31, die anläßlich ihrer Überführung zum Pariser Aero Salon 1969 mehrere (5) FAI-Weltrekorde aufstellte, war das erste und bisher einzige senkrechtstartende Strahltransportflugzeug der Welt. Aufgrund der Änderungen im militärischen Konzept mußte die Weiterverfolgung der Senkrechtstarttechnik im allgemeinen jedoch Anfang der 70er Jahre aufgegeben werden.

Vereinigte Flugtechnische Werke GmbH

Anfang der 60er Jahre bildeten die Firmen Focke-Wulf, Weserflug und Heinkel zusammen die Vereinigten Flugtechnischen Werke (VFW).

Im Jahr 1963 begann man auch bei den Vereinigten Flugtechnischen Werken in Bremen mit der Entwicklung von kleinen Leichthubschraubern. Das Projekt H 1, noch bei der Weser Flugzeugbau GmbH entwickelt, war ein fertiger Konstruktionsentwurf eines einsitzigen Hubschraubers, wie ihn das Bundesverteidigungsministerium einst gefordert hatte, später jedoch in dieser Version nicht mehr benötigte.

Das Versuchsgerät H 2 führte im April 1965 auf dem Flugplatz Lemwerder seinen Erstflug als Tragschrauber durch. Ein 72-PS-McCulloch-Zweitaktmotor trieb einen Drehkolbenkompressor, der Luft für den Zweiblatt-Reaktionsrotor lieferte, und zusätzlich einen Druckpropeller an. Später flog der H 2 als Flugschrauber. Zu einer geplanten Umrüstung auf Brennkammern an den Blattspitzen zur Leistungssteigerung kam es wegen einer zu starken Lärmentwicklung nicht.

Mit den beim Versuchsgerät H 2 gemachten Erfahrungen wurde ab 1968 der dreisitzige Versuchs-Flugschrauber VFW H 3 »Sprinter« entwickelt, dessen Erstflug im Mai 1970 stattfand. Der dreiblättrige Reaktionsrotor wurde von einem 400-PS-Turbinentriebwerk über einen Radialverdichter angetrieben. Zwei seitlich angebrachte Mantelschrauben waren nur für den Vortrieb vorgesehen. Von diesem Projekt wurden drei Prototypen gebaut. Das Projekt wurde jedoch eingestellt.

Um eine größere Nutzlast, eine höhere Geschwindigkeit und die Zweimotorigkeit zu erreichen, wurde als Verbund- bzw. Compound-Hubschrauber der H 5 entworfen und als Attrappe in Zivilversion gebaut. Weitere in der Entwicklung befindliche Projekte waren der dem H 5 im Grundaufbau entsprechende Hubschrauber H 7, als siebensitzige Version, und der bewaffnete Begleithubschrauber H 9.

Entsprechend den Vorstellungen der Heeresflieger wurde der Entwurf eines vier- bis fünfsitzigen Verbindungs- und Beobachtungshubschraubers H 4 mit Kaltstrahl-Reaktionsantrieb während des 9. Hubschrauberforums in Bückeburg 1971 vorgetragen. Dieses für die Heeresflieger vorgesehene Hubschrauberprojekt wurde jedoch nicht weiter bearbeitet.

Von 1968 bis 1980 waren die Vereinigten Flugtechnischen Werke eine Ehe mit dem holländischen Flugzeugbauer Fokker eingegangen. Als Ergebnis gemeinsamer Projektarbeiten der Firmen VFW-Fokker (neue Bezeichnung seit Mai 1969) und Westland Helicopter Ltd., seit 1973, war die Vorstellung einer 1:1-Attrappe des Panzerabwehrhubschraubers P 277 beim Hubschrauberforum Bückeburg 1978.

Das Projekt P 277 basierte auf der Verwendung der Antriebs- und Versorgungssysteme des Westland-Hubschraubers »Lynx«, bestehend aus einem gelenklosen Rotor und zwei Rolls-Royce GEM 4-Triebwerken.

VFW H-2.

VFW H-3.

Die primäre Aufgabe dieses PAH-II sollte in der Gefechtsfeldunterstützung bei massiven Panzerdurchbrüchen liegen. Darüber hinaus sollte der P 277 in der Lage sein, andere gepanzerte Bodenziele zu bekämpfen, gegnerische Bodenfeuer zu unterdrücken und bei Bedarf schwere Hubschraubertransporte abzusichern. Neben ausreichender Feuerkraft sollte dieser PAH-II Schlechtwetter- und Nachtflugfähigkeit, Schnelligkeit, Tiefstflug-Beweglichkeit, hohe Einsatzbereitschaft und geringen Wartungsbedarf aufweisen.

Mit einem 1:5-Modell wurde ein Programm über 75 Stunden im Windkanal und 700 Konfigurationen zur Absicherung der Leistungsdaten absolviert. Neben den Rumpfbasisdaten wurden der Einfluß der Cockpitform, des Visiereinbaus, der Kanone, der FK-Installation und die Druckverteilung um den vorderen und mitteren Rumpf untersucht. Bei einem Abfluggewicht von 4763 kp sollte die Höchstgeschwindigkeit bei 280 km/h liegen.

In Aussicht genommen war der Lizenznachbau des

P 277, VFW-Fokker-Westland.

Kranhubschraubers Sikorsky S-64 (Abb. siehe Seite 51). Dieser Hubschrauber wurde jedoch bei der Bundeswehr nicht eingeführt. Dafür erhielt VFW-Fokker im November 1969 den Vertrag zur Lizenz-Serienfertigung des mittleren Transporthubschraubers Sikorsky CH-53 G. Die Firma übernahm die Projektleitung, die Endmontage und den Einflug. Damit lag ihr Fertigungsanteil an dieser Serie bei 30 %. Die ersten Hubschrauber konnten im Dezember 1971 ausgeliefert werden. Die Betreuung erfolgte, wie auch Endmontage und Einflug, im VFW-Werk Speyer, das jetzt zum Unternehmensbereich Drehflügler und Verkehr von MBB (heute Eurocopter Deutschland) gehört. Die Betreuung des Marine-Hubschraubers »Sea King« hatte das VFW-Werk Lemwerder übernommen.

1978 begann die Endphase der Verhandlungen über einen Zusammenschluß von MBB mit der Vereinigte Flugtechnische Werke GmbH (nachdem Fokker aufgelöst worden war) mit der Integration am 1. Juli 1983.

Messerschmitt-Bölkow-Blohm GmbH

Gegründet wurde MBB von Ludwig Bölkow, gelernter Flugzeugbauer, der als gestaltender und konstruierender Ingenieur bis Ende des Zweiten Weltkriegs bei Messerschmitt war. Nach dem Krieg lehn-

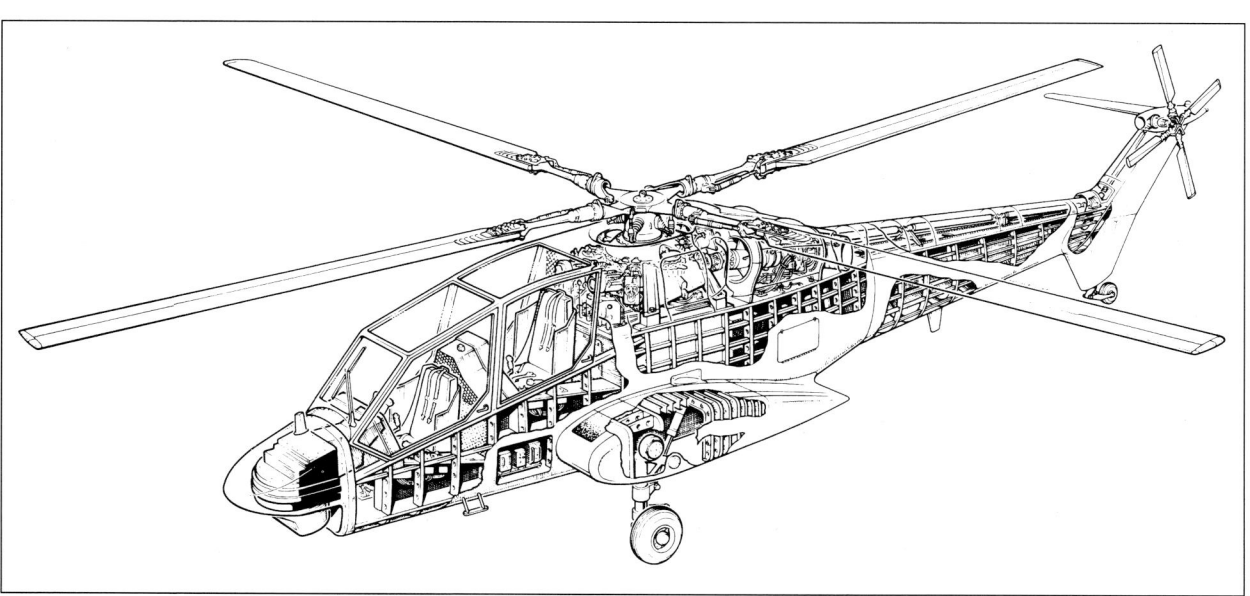

te er es ab, im Ausland weiterzuarbeiten und gründete 1948 das Ingenieurbüro Bölkow (IBB) in Stuttgart, in dem er zunächst Großautomaten für Tonrohrherstellung und Verfahren zur industriellen Gebäudefertigung entwickelte. 1955 erfolgte die Übersiedlung auf den Flughafen Stuttgart-Echterdingen, und nach der Freigabe der Lufthoheit begannen erste Studien und Arbeiten für Sportflugzeuge, Drehflügler und Flugkörper.

Das erste Produkt war die von der »Arbeitsgemeinschaft Hans Klemm-Flugzeugbau und Ingenieurbüro Bölkow« entwickelte Klemm Kl 107, die am 4. September 1956 ihren Erstflug hatte. Der Lenkflugkörper »Cobra« mit Hohlladungs-Sprengkopf zur Panzerabwehr war dann das erste Serienprodukt der Bölkow Entwicklungen KG.

Aus Platzgründen erfolgte am 28. November 1958 der Umzug der Bölkow Entwicklungen KG in die unvollendeten Anlagen der Luftfahrtforschungsanstalt München (LFM) nach Ottobrunn, womit das Zentrum der deutschen Luft- und Raumfahrtindustrie in Ottobrunn begründet wurde. Man entschied sich, nicht auf Basis fortgeschrittener Techniken aus dem Ausland weiterzumachen, sondern mit eigenen Ideen und Programmen die verlorenen zehn Jahre wieder wettzumachen und damit ein hohes Risiko einzugehen.

Der frühere Testpilot der Flettner-Werke, Flugkapitän Ludwig Hofmann, gab die Anregung zum Bau eines bodengebundenen Ausbildungsgerätes für Hubschrauberpiloten. Der Prototyp dieses Hubschrauber-Übungsgerätes, später »Heli-Trainer« genannt, wurde 1957 bei der Bölkow Entwicklungen KG gebaut. 1958 erhielt der Deutsche Helicopter-Dienst, Rietdorf KG, den Prototyp P 102 für eine gefahrlose Pilotenschulung. Der Prototyp besaß einen Einblattrotor von 5,5 m Durchmesser, versehen mit einem Gegengewicht, und wurde von einem 18-PS-Heinkel-Zweizylinder-Zweitakt-Motor angetrieben. Durch Zusammenarbeit mit der Firma Glasflügel (Eugen Hänle) wurde erstmals ein Rotorblatt aus glasfaserverstärktem Kunststoff (GfK) verwendet.

Auf Grund der Erfahrungen mit dem Prototyp entstand die Serienausführung des »Heli-Trainers« BO 102 mit einem ILO-Dreizylinder-Zweitaktmotor (40 PS). Der Trainer war mit einem am Boden montierten Drehgestell verbunden. Preisgünstig waren Start und Landung, Blattverstellung, Schwebeflug und Drehbewegung auf ihm erlernbar. Im zweiten Ausbildungsabschnitt, bei dem der Trainer im Wasser auf Schwimmern befestigt war, wurden Bewegungen in verschiedene Richtungen geübt.

1959 wurden knapp 20 »Heli-Trainer« BO 102 an die Bundeswehr, nach England, Frankreich, Spanien, Italien und Jugoslawien geliefert. Die verbesserte Version BO 102 B konnte auch auf dem Bodengestell begrenzte Bewegungen um Längs- und Hochachse ausführen.

Der Heli-Trainer war jedoch für die Pilotenausbildung nur bedingt geeignet, außerdem bevorzugten die Fluglehrer den Platz am Doppelsteuer und nicht auf einem Sitz am Bodengerät. Die Produktion wurde 1962 eingestellt. Der Urtrainer aus dem Jahre 1957 befindet sich noch in Firmenbesitz, ein »Heli-Trainer« BO 102 B steht im Hubschraubermuseum in Bückeburg.

Aus dem Heli-Trainer BO 102 entwickelte man im Auftrag des Verteidigungsministeriums den Einmann-Hubschrauber BO 103, dem ersten fliegenden Hubschrauber der Bölkow Entwicklungen KG. Der Erstflug erfolgte am 14. September 1961 auf dem Flugplatz Neubiberg. Pilot war Werner Kunz vom Deutschen Helikopterdienst.

Ausgerüstet war der Hubschrauber mit einem italienischen Vierzylinder-Boxermotor Agusta, der mit 82 PS eine Geschwindigkeit von 90 km/h ermöglichte. 1962 wurde die BO 103 auf der Luftfahrtschau in Hannover und in Bückeburg vorgeflogen. Die Heeresflieger hatten jedoch kein Interesse mehr an einem Einmannhubschrauber. Da auch auf dem zivilen Markt keine Verkaufsaussichten bestanden, wurden die Arbeiten an der BO 103 Mitte 1962 eingestellt. Die BO 103, von der nur ein Prototyp gebaut wurde, steht heute im Hubschraubermuseum in Bückeburg.

BO 102 »Heli-Trainer«.

Sikorsky S-64 beim Transport einer VAK 191 B.

Dipl.-Ing. Hans Derschmidt befaßte sich bereits seit 1946 mit dem Gedanken, einen Rotor mit schwenkbaren Rotorblättern zu verwenden. Als er 1954 zu Bölkow gekommen war, konstruierte er einen einfachen Zweiblatt-Schwenkrotor mit Gegengewichten, den er im Wind autorotieren ließ. Die Bölkow Entwicklungen KG arbeitete seit 1956 an mehreren neuartigen Rotorsystemen für Hubschrauber. In der Hauptsache konzentrierte sie ihre Entwicklungsarbeit auf den Hochgeschwindigkeitsrotor mit gesteuerter Schwenkbewegung (System Derschmidt), dessen Erprobung auf dem Experimentalhubschrauber Bölkow BO 46 durchgeführt wurde. Windkanalversuche an Modellrotoren zeigten, daß dieses Rotorsystem Fluggeschwindigkeiten von über 500 km/h ermöglicht, ohne die besonderen Eigenschaften des Hub-schraubers (den Schwebeflug und hohe Wendigkeit) zu beeinträchtigen.

Bei dem Derschmidt-Hochgeschwindigkeitsrotor schwenken im Schnellflug die vorlaufenden Blätter um 40° kontrolliert zurück und die rücklaufenden Blätter vor, um die bei hohen Geschwindigkeiten auftretende aerodynamische Dissymmetrie zu kompensieren. Durch diese gesteuerte Schwenkbewegung reduziert sich am vorlaufenden Blatt die Anströmgeschwindigkeit, die sich aus Flug- und Umfangsgeschwindigkeit zusammensetzt. Am rücklaufenden Blatt wird durch diese Schwenkbewegung die Rückanströmung vermieden und ein höherer Auftrieb erzielt. Beide Schwenkbewegungen ergeben eine Verringerung des Mach-Einflusses an den Blattspitzen und eine Ver-

BO 103.

die Zerstörung des auf dem Prüfstand im Dauerbetrieb laufenden Rotors führten dazu, daß die Entwicklung gestoppt und ein Prototyp dem Hubschraubermuseum übergeben wurde.

Dipl.-Phys. Götz Heidelberg kam 1959, nachdem er vorher Assistent am Lehrstuhl für Flugtechnik an der TH Stuttgart bei Prof. Focke war, zur Firma Bölkow Entwicklungen KG. Er begann seine Versuche mit einem Zweiblatt-Niederdruckreaktionsrotor von 4 m Durchmesser. Niederdruck-Reaktionsrotoren sind Hub-Propeller und Hubschrauberrotoren mit Blattspitzenantrieb für verschiedene Anwendungszwecke, insbesondere jedoch für schwere Kranhubschrauber mit Nutzlasten bis zu 40 Tonnen.

Als Vorstufe für größere Rotoren wurde ein gefesseltes Versuchsgerät mit der Bezeichnung »Fliegender Jeep« gebaut, was zu dem Entwurf eines freifliegenden Hubstrahlers mit eingebauter Druckluftturbine führte.

Nach weiteren Versuchen wurde 1964 der sogenannte Heidelberg-Prüfstand im Werksteil Ottobrunn-West in Betrieb genommen. Die drei hohlen Rotorblätter mit Anschlußteilen von je 15 Meter Länge und einer Profiltiefe von 2,40 Meter wurden bei den Siebel-Werken in Donauwörth aus vielen Blechbahnen im Metallklebeverfahren mit Heißhärtung hergestellt. Die Drehebene des Rotors lag in 11,5 Meter Höhe, eine Arbeitsbühne war unterhalb des Rotorkopfes angebracht. Mit der Aufnahme der Versuchsstandläufe im Jahre 1965 hat MBB eine bedeutsame Phase des Forschungsauftrages zur Entwicklung eines Niederdruckreaktionsrotors für Großhubschrauber erreicht. Ausgangspunkt der seit 1959 laufenden Forschungsarbeiten war die Tatsache, daß der bei konventionellen Hubschraubern übliche mechanische Antrieb für Zuladungen der Größenordnung von 20 bis 50 Tonnen mit erheblichen technischen Problemen verbunden ist und nur mit großem Gewichts- und Entwicklungsaufwand verwirklicht werden kann. Ein Niederdruckreaktionsrotor bot dagegen Anwendungsmöglichkeiten, die weit über den Stand der damaligen Hubschraubertechnik hinausgingen. Die neue Konstruktion benötigte im Vergleich zu mechanisch angetriebenen Rotorsystemen kein Getriebe, keine

minderung der Unsymmetrie der Anströmung in Richtung auf höhere Fluggeschwindigkeiten. Im Windkanal von Daimler-Benz, Untertürkheim, wurden mehrere Versuche mit Schwenkrotoren durchgeführt.

Im März 1961 erteilte das Bundesverteidigungsministerium der Firma Bölkow Entwicklungen KG den Auftrag, zwei Versuchshubschrauber mit schwenkbaren Rotoren zu bauen. Vor dem Erstflug mußte eine Mindestlaufzeit des Rotorsystems auf dem Prüfstand erfolgen. Der erste Experimentalhubschrauber BO 46 V1 mit dem Kennzeichen D-9514 ging im Januar 1964 in die Flugerprobung. Als Haupttriebwerk diente eine Wellenturbine Tourboméca Turmo III b mit 800 PS Startleistung. Die Getriebe für Haupt- und Heckrotor wurden von der Zahnradfabrik Friedrichshafen AG entwickelt, während die Rümpfe mit Kabine und Triebwerksverkleidung bei den Siebelwerken ATG in Donauwörth entstanden.

Die BO 46 hatte ein Fluggewicht von etwas über 2000 kg und sollte mit zwei zusätzlichen Schubtriebwerken Geschwindigkeiten von über 400 km/h erreichen. Der Durchmesser des fünfblättrigen Hauptrotors betrug 10 m, der des sechsblättrigen Heckrotors 1,80 m. Alle Blätter bestanden aus glasfaserverstärktem Kunststoff.

Der Erstflug der BO 46 V 1 erfolgte mit Testpilot Wilfried von Engelhardt am Steuer im Januar 1964 auf dem Flugplatz Neubiberg. Es war jedoch nicht möglich, den zweisitzigen Versuchshubschrauber in eine stabile Fluglage zu bringen. Es folgten noch weitere Schwebeflüge auf dem Hubschrauberlandeplatz in Ottobrunn.

Technische Schwierigkeiten bei der Überwindung von störenden Schwingungen im Rotorsystem und

Wellen und keine Kupplung mehr. Auch der Drehmomentenausgleich durch den Heckrotor entfiel. Als Triebwerk diente auf dem Prüfstand in Ottobrunn eine General-Elektric-CJ-85023 b-Zweikreisturbine, ähnlich den Triebwerken der Convair 990 A »Coronado«, mit max. 18.000 PS. Das verdichtete heiße Mischgas, aus Turbinengas und komprimierter Kaltluft des zweiten Kreises von ca. 250° C und 1,65 atü, wird über den Rotorkopf durch die hohlen Rotorblätter zu deren Spitzen geleitet, wo es nach Umlenkung durch Schaufelgitter wieder austritt und den Rotor mit einer Umfangsgeschwindigkeit von bis zu 190 m/sec antreibt. Die Ausströmgeschwindigkeit erreichte dabei Werte von etwa 360 m/sec. Der auf dem Prüfstand laufende Rotor war für einen Schub von 36.000 kg ausgelegt und hatte damit die doppelte Schubkraft des größten im Westen bekannten Rotors.

Wegen der zu erwartenden geringen Stückzahl fliegender Lastenträger mit 40 bis 50 Tonnen Nutzlast wurde das Programm Ende 1964 eingestellt.

Nachdem man das Projekt BO 103 aufgegeben hatte, dachte man 1961 daran, einen zweisitzigen Kleinhubschrauber mit GfK-Rotorblättern und gelenklosem Rotorsystem auf den Markt zu bringen. Die Grundidee des gelenklosen Rotors – System Bölkow – besteht im Ersatz der Schlag- und Schwenkgelenke durch biegeweiche Teile der GFK-Rotorblätter. Als Antrieb waren zwei NSU-Wankel-Kreiskolbenmotoren vorgesehen. Die Planungen für diesen Hubschrauber, BO 104, wurden jedoch zugunsten des größeren und leistungsfähigeren Hubschraubers BO 105 aufgegeben.

Eine Kooperation mit der französischen Firma Aerospatiale (1964–1968) ermöglichte es, einen gelenklosen Dreiblattrotor »System Bölkow« 1966 auf einer »Alouette II« in Marignane/Südfrankreich zu erproben. Der Prototyp BO 105 V-I mit zwei Allison T 63-Turbinen und Fremdrotor ging infolge Bodenresonanz verloren.

Der Erstflug der BO 105 V-2 mit gelenklosem Rotor wurde von Testpilot v. Engelhardt am 16. Februar 1967 in Ottobrunn erfolgreich durchgeführt. Der fünfsitzige Mehrzweckhubschrauber mit gelenklosem Rotorsystem, Titanrotorkopf und Blättern aus glasfa-

serverstärktem Kunststoff war der erste Hubschrauber in der Zwei-Tonnen-Klasse mit zwei Turbinentriebwerken. Der gelenklose Rotor ohne Schlag- und Schwenkgelenke ermöglicht infolge seiner viel höheren Steuerfolgsamkeit eine Manövrierbarkeit des Hubschraubers gleich der eines Flächenflugzeuges. Das heißt, er reagiert sofort, während andere noch eine Nachlaufzeit haben. Ein wichtiger Schritt war der Übergang zu Titan als Rotorkopfwerkstoff und die Verwendung wartungsfreier Zugelemente, die das Mittelstück frei von Zentrifugalkräften halten. Beim Titankopf sind die Nabe und die Arme aus einem Stück gefertigt. Die Masse des Titankopfes ist rund 40 kg geringer als die des Stahlkopfes. Dieses BO 105-Rotorsystem ist seit 1967 unverändert geblieben und wird auch bei der rund 500 kg schwereren BK 117 verwendet.

Der Prototyp V-3, ausgerüstet mit zwei BMW 6022-A-3-Turbinen, flog am 20. Dezember 1967. Nach weiteren Prototypen wurden fünf Vorserienmaschinen gebaut, ehe die BO 105 dann in Serie ging. Aus der anlaufenden Serie erhielt der ADAC die S 5 und die bayerische Polizei die S 6. Die Musterzulassung der Ausführung BO 105 A mit zwei Allison-Wellenturbinen 250-C 18 wurde durch das LBA am 13. Oktober 1970 erteilt, die US-Musterzulassung (FAA-Zulassung) im April 1972.

Das Konzept der BO 105 erwies sich als bahnbrechend. Jahre später begannen auch die ausländischen Konkurrenzunternehmen ihre Leichthubschrauber mit redundanten Systemen auszurüsten und an der Entwicklung gelenkloser Rotoren unter Verwendung von Faserverbundwerkstoffen zu arbeiten.

BO 46, neben dem Piloten W. v. Engelhardt Dipl.-Ing. Hans Derschmidt.

BO 105 V-2.

BO 105 in Rückenlage.

Zum 31. Oktober 1968 wurden die Messerschmitt AG und die Bölkow GmbH zur Messerschmitt-Bölkow GmbH fusioniert. Zum 1. Januar 1970 kam die Hamburger Flugzeugbau GmbH (HFB) hinzu, und es entstand das Unternehmen Messerschmitt-Bölkow-Blohm (MBB). Aus dem Bölkow BO 105 wurde der MBB BO 105-Hubschrauber.

Die Fertigung erfolgte zuerst für den zivilen Markt (Polizei- und Rettungshubschrauber), und erst sechs Jahre nach dem Erstflug wurde der Auftrag einer militärischen Version für die Bundeswehr erteilt. Bis November 1981 waren 450 BO 105 aus der zivilen Serie ausgeliefert, wovon der Exportanteil 87 % betrug. In den USA übernahm Boeing Vertol anfangs die Vertriebs- und Nachbaurechte der BO 105, bis die MBB Helicopter Corporation mit Sitz in West Chester im Bundesstaat Pennsylvania als Tochterfirma von MBB den Amerika-Vertrieb selbst übernommen hatte. Diese Tochterfirma ist verantwortlich für den Verkauf, Marketing und After-Sales-Service der BO 105- und BK 117-Hubschrauber in Nord- und Lateinamerika.

Der MBB-Unternehmensbereich Drehflügler wurde als erstes deutsches Luftfahrtunternehmen vom LBA als Hubschrauber-Entwicklungsbetrieb anerkannt und ermächtigt, die zivile Musterzulassung für die BO 105 eigenverantwortlich vorzunehmen.

Mit der BO 105 HGH, einer Hochgeschwindigkeitsversion, überbot Testpilot Willi Sommer 1975 die 400-km/h-Marke. Die BO 105 CB war ab 1976 mit den Allison 250-C 20 B-Turbinen mit je 425 PS zu bekommen, was das max. Abfluggewicht auf 2400 kg erhöhte. Sie erhielt Ende März 1984 die LBA-Zulassung und Ende Mai 1984 die FAA-Zulassung zur Erhöhung ihres max. Abfluggewichtes auf 2500 kg. Die Erhöhung hat relativ geringe Einschränkungen bezüglich Dienstgipfelhöhe und Geschwin-

digkeit zur Folge, bedeutet jedoch eine direkte Erhöhung der Nutzlastkapazität um 100 kg beziehungsweise eine entsprechende Verbesserung der Reichweite.

Nach der Erprobung einer um 50 cm verbreiterten Version (BO 106), die sich nicht durchsetzte, wurde seit 1980 die verlängerte Ausführung BO 105 CBS serienmäßig geliefert.

Es wurde auch eine spezielle Version als Lastenhubschrauber – BO 105 L – entwickelt und als Versuchsmuster mit stärkeren Allison-Triebwerken ab März 1979 erprobt. Für die Serienversion der Lastentransportausführung BO 105 LS (L = Lift, S = Stretch) ist ein maximales Abfluggewicht mit Außenlasten von 2600 kg zulässig. Die maximale Höhe über Meer für Starts und Landungen liegt bei 20.000 ft (6096 m). Sie unterscheidet sich durch zwei Allison-250-C 28 C-Triebwerke mit je 410 kW (550 shp),

BO 105-Triebwerke Allison 250-C 20 B.

BK 117, Flughöhe ca. 1600 ft. Fluggewicht 2350 kg und Banklage 60 Grad entsprechen 2 g.

verstärktes Hauptrotorgetriebe, geändertes Elektriksystem und entsprechende Komponentenmodifikationen.

An die Bundeswehr wurden 1982 24 Verbindungs- und Beobachtungshubschrauber sowie 48 PAH-1 ausgeliefert. Am 7. September 1984 wurde der Heeresfliegertruppe der 212. und letzte PAH-1 übergeben.

Im Dezember 1983 wurde in Ottawa (Kanada) bekanntgegeben, daß MBB und die kanadische Firma Fleet Industries in einer bestehenden Industrieanlage in Fort Erie, Provinz Ontario, gemeinsam die Produktion, Ausrüstung und Weiterentwicklung der BO 105 LS betreiben wollen. Zu diesem Zweck hat MBB im April 1984 dort eine Tochterfirma, MBB Helicopter Canada Limited, gegründet. Die Firma Fleet Aerospace Corporation ist mit fünf Prozent der Anteile an dem Unternehmen beteiligt.

Die BO 105 LS ist vor allem für Einsätze in großen Höhen und heißen Regionen entwickelt worden. Sie wurde im Juli 1984 vom LBA zugelassen. Die am 7. Juli 1986 vom LBA und am 1. Oktober 1986 von der FAA zugelassene BO 105 LSA-3, ebenfalls für heiße und hoch gelegene Gebiete konzipiert, wird von Kunden in den USA, Mexico, Chile und Peru eingesetzt.

Die Entwicklungsverantwortung für die BO 105 LS wurde von MBB Deutschland auf MBB Helicopter Canada Limited übertragen, dem ersten MBB-Hubschrauberfertigungswerk auf dem amerikanischen Kontinent. Seit dem 25. Februar 1991 werden daher alle Entwicklungen am Hubschrauber, einschließlich Einbau von Sonderausrüstungen und Änderungen des Basishubschraubers, die vom Kunden gewünscht werden, in Kanada eingeleitet, vollständig durch-

geführt und zugelassen.

Die jüngste Variante der erfolgreichen BO 105-Serie ist die BO 105 EC »Super Five«.

Neben den bewährten ausgereiften Eigenschaften dieses Hubschrauberprogramms bietet die EC »Super Five« eine verbesserte Einmotorenleistung, verbessertes maximales Abfluggewicht in Kategorie A, gesteigerte Höhenleistung im Schwebeflug, erhöhte Nutzlastkapazität im Schwebeflug in großen Höhen sowie unter extremen Klimabedingungen. Die Leistungsdaten der EC Super Five entsprechen den inzwischen erhöhten Anforderungen nach JAR-OPS 3 (seit April 1998).

Rund 1550 BO 105 in über 50 Versionen wurden in über 40 Länder verkauft (Stand Ende 1997).

Das Vorserienmuster V-3 steht heute im Hubschraubermuseum Bückeburg.

Der 2,85-Tonnen-Hubschrauber BK 117 wurde in deutsch-japanischer Partnerschaft entwickelt und gebaut. Um das technische und wirtschaftliche Entwicklungsrisiko zu verringern, wurden wesentliche Teile des bewährten dynamischen Systems der MBB BO 105 übernommen. MBB trug die Verantwortung für das Konfigurations- und Programm-Management, die Entwicklung und die Integration der Systeme wie den gelenklosen Rotor »System Bölkow«, Heckrotor und Heckrotorantriebssystem, den kompletten Heckausleger, das Hydrauliksystem, die mechanische Steuerung sowie Teile des Landewerkes. Kawasaki Heavy Industries Ltd. (KHI) entwickelte und baut das Hauptrotorgetriebe, die Zelle, mechanische Steuerungsteile, Kraftstoff- und Schmierstoffsystem, elektrisches System, Landewerk, Kabinen-Innenausstattung einschließlich Cockpit und Instrumenteninstallation sowie allgemeine Ausrüstung. Die BK117 wird im Single-Source-Verfahren hergestellt, das heißt, beide Firmen produzieren die von ihnen entwickelten Komponenten und Baugruppen selbst und tauschen diese dann aus. Endmontiert werden die Hubschrauber in zwei Montage-Straßen, einer im MBB-Werk Donauwörth und einer im KHI-Werk Gifu.

Die BK 117 wurde von vornherein als Mehrzweckhubschrauber konzipiert. Die Zellenkonfiguration ist derjenigen der BO 105 ähnlich. Trotz ihrer kompak-

BO 105 EC Super Five.

ten Außenabmessungen bietet die BK 117 einen ungewöhnlich großen Innenraum, der auf Grund eines vom Cockpit bis zum Frachtraum durchgehend ebenen Bodens voll und vielseitig nutzbar ist. So können z. B. Sitze für bis zu elf Personen installiert werden. MBB bietet ferner rund 50 Sonderausrüstungen an, darunter Notschwimmer, Rettungswinde, Außenlasthaken, Außenlautsprecher, Suchscheinwerfer und Schneekufen. Das max. Abfluggewicht der BK 117 beträgt 2850 kg. Sie ist mit zwei Lycoming LTS 101-650-B1-Triebwerken ausgerüstet. Der Erstflug der BK 117 erfolgte am 13. Juni 1979, Pilot war Siegfried Hoffmann.

Die BK 117 wurde am 9. Dezember 1982 vom Luftfahrt-Bundesamt nach den Vorschriften FAR Part 29, Category A, einschließlich Amendment 16, für VFR zugelassen. Die Vorschriften FAR Part 29 sind die in der westlichen Welt überwiegend angewandten Bauvorschriften zur Musterzulassung von zivilen Transporthubschraubern mit einem max. Abfluggewicht von mehr als 2700 kg. Die Zulassung nach Cat. A verlangt unter anderem verschärfend, daß in keiner Pha-se des Starts nach Ausfall eines lebenswichtigen Systems eine Notlandung vorgenommen werden muß, sondern auf Grund vorgeschriebener Redundanz wesentlicher Systeme und gegebenenfalls realisierter Steigflugreserven der Flug fortgesetzt werden kann.

Am 29. März 1983 erhielt die BK 117 die amerikanische FAA-Zulassung. Bis Ende 1983 wurden bereits 15 Hubschrauber des Typs BK 117 in den USA verkauft, wo sie »Spaceship« genannt wird. Dieser Name sollte auf die geräumige Kabine für acht bis elf Passagiere und auf das inzwischen auf 3200 kg erhöhte Abfluggewicht hinweisen. Star-Designer Luigi Colani interpretierte ihn 1985 auf seine Weise, indem er Kometen, Mond und Sterne für die farbenprächtige Außenlackierung der VIP-Konfiguration wählte.

Auf der Expo '86 in Vancouver (Kanada) war der Typ BK 117 von Mai bis Oktober 1986 als »offizieller Hubschrauber« eingesetzt.

Um aus der A1-Version (2850 kg Abfluggewicht) eine BK 117 A3 zu machen, war nur die Umrüstung auf einen neuen Heckrotor nötig. Zelle, Hauptrotor

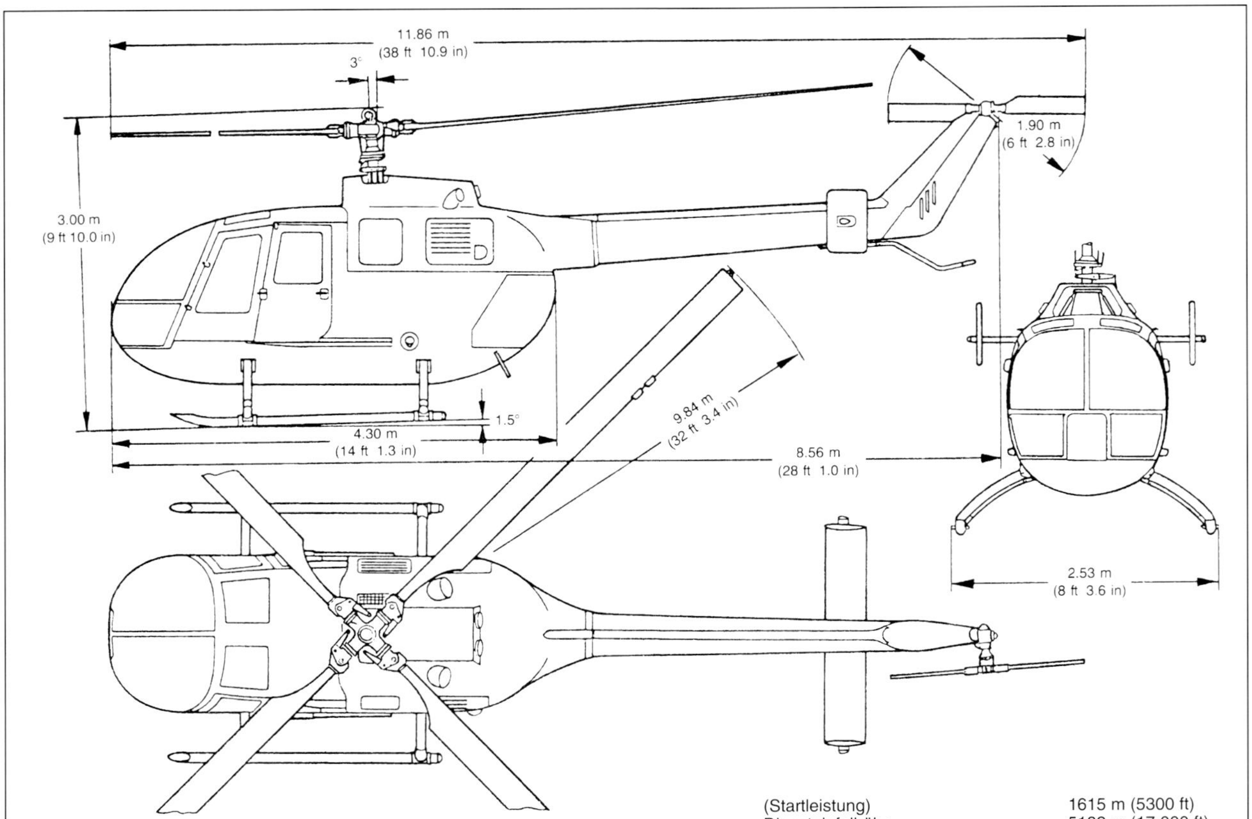

11.86 m
(38 ft 10.9 in)

3°

3.00 m
(9 ft 10.0 in)

1.90 m
(6 ft 2.8 in)

4.30 m
(14 ft 1.3 in)

1.5°

9.84 m
(32 ft 3.4 in)

8.56 m
(28 ft 1.0 in)

2.53 m
(8 ft 3.6 in)

Triebwerke (INA, NN)	Zwei Allison 250-C20 B	
	Startleistung (5 min)	313 kW (420 shp)
	Maximale Dauerleistung	298 kW (400 shp)
	Hauptgetriebe	FS 72 B
	Startleistung/max. Dauerleistung	2 x 257 kW (2 x 345 shp)
	Einmotorbetrieb	1 x 283 kW (1 x 380 shp)
Leistung bei max. Abfluggewicht (INA)	Höchstzulässige Geschwindigkeit V_{NE} (NN)	270 km/h (145 kts)
	Max. Reisegeschwindigkeit (NN)	242 km/h (131 kts)
	Steiggeschwindigkeit (NN) (max. Dauerleistung)	8,0 m/s (1575 ft/min)
	Vertikale Steiggeschwindigkeit (NN) (Startleistung)	3,05 m/s (600 ft/min)
	Schwebeflughöhe mit Bodeneffekt (Startleistung)	2650 m (8400 ft)
	Schwebeflughöhe ohne Bodeneffekt	

	(Startleistung)	1615 m (5300 ft)
	Dienstgipfelhöhe	5182 m (17.000 ft)
	Dienstgipfelhöhe bei Einmotorenbetrieb mit 100 ft/min Steigreserve (Startleistung)	890 m (2920 ft)
	Reichweite bei max. Nutzlast und Standardkraftstoffmenge (NN), keine Reserve	575 km (310 nm)
	Überführungsreichweite mit zwei Zusatztanks je 200 l (NN), keine Reserve	1000 km (540 nm)
	Max. Flugdauer bei max. Nutzlast und Standardkraftstoffmenge (NN), keine Reserve	3,5 Std.
Gewichte	Max. Abfluggewicht	2400 kg (5291 lb)
	Leergewicht mit Standardausrüstung	1256 kg (2769 lb)
	Nutzbare Zuladung	1144 kg (2522 lb)
	Standardkraftstoffmenge	466 kg (1005 lb)
	Kraftstoffmenge mit zwei Zusatztanks	776 kg (1711 lb)

Technische Daten der BO 105 CB. und Triebwerk blieben unverändert. Im Juli 1986 erhielt die BK 117 A 4 die Zulassung vom LBA.

Hauptunterschied war die erhöhte mitzuführende Kraftstoffmenge von 558 kg und eine erhöhte zulässige Getriebe-Startleistung. Das ab 1988 von Honeywell angebotene Digital Automatic Flight Con-

BK 117-Fertigung im MBB-Werk Donauwörth.

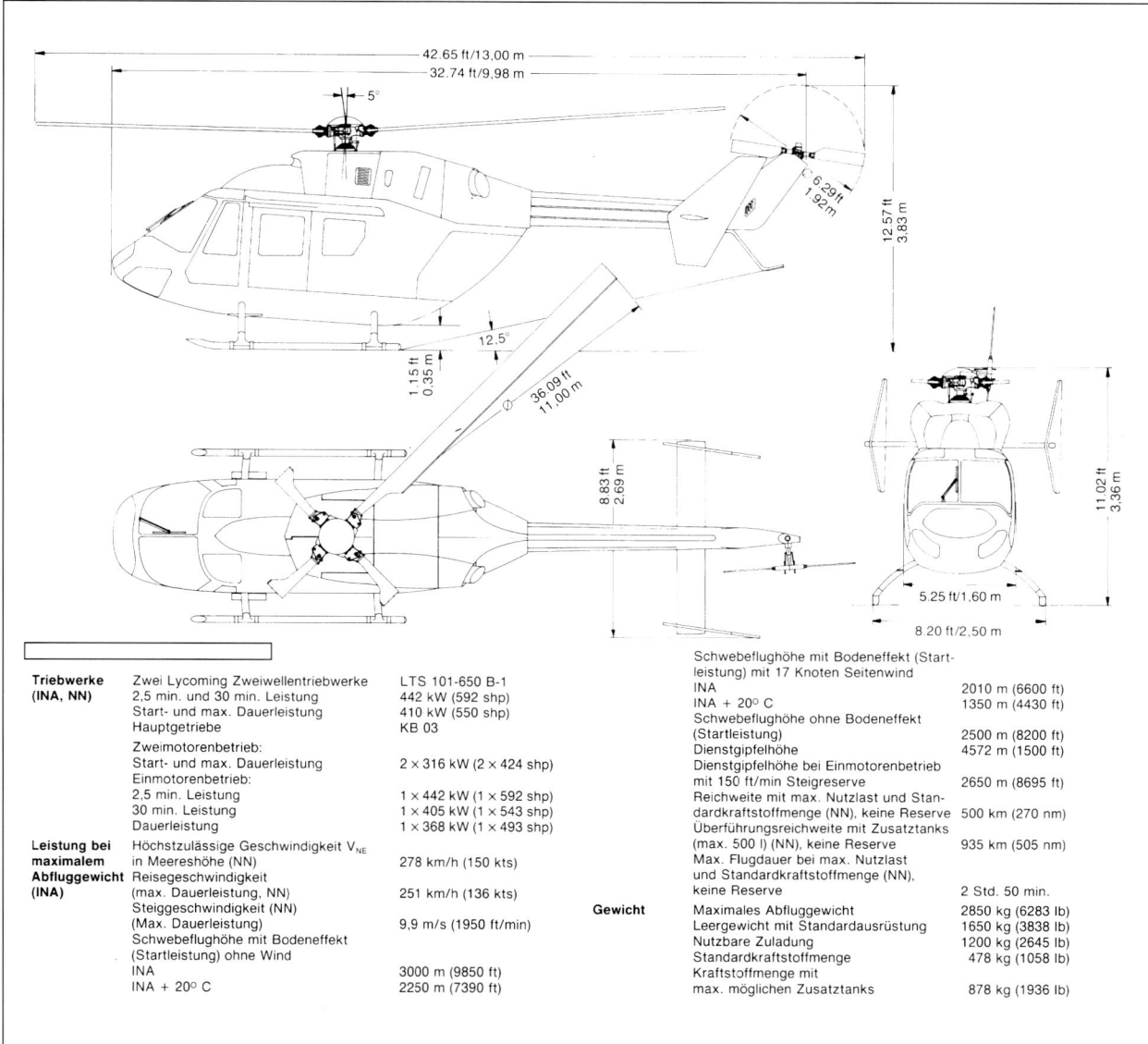

Triebwerke (INA, NN)	Zwei Lycoming Zweiwellentriebwerke	LTS 101-650 B-1
	2,5 min. und 30 min. Leistung	442 kW (592 shp)
	Start- und max. Dauerleistung	410 kW (550 shp)
	Hauptgetriebe	KB 03
	Zweimotorenbetrieb:	
	Start- und max. Dauerleistung	2 × 316 kW (2 × 424 shp)
	Einmotorenbetrieb:	
	2,5 min. Leistung	1 × 442 kW (1 × 592 shp)
	30 min. Leistung	1 × 405 kW (1 × 543 shp)
	Dauerleistung	1 × 368 kW (1 × 493 shp)
Leistung bei maximalem Abfluggewicht (INA)	Höchstzulässige Geschwindigkeit V_{NE} in Meereshöhe (NN)	278 km/h (150 kts)
	Reisegeschwindigkeit (max. Dauerleistung, NN)	251 km/h (136 kts)
	Steiggeschwindigkeit (NN) (Max. Dauerleistung)	9,9 m/s (1950 ft/min)
	Schwebeflughöhe mit Bodeneffekt (Startleistung) ohne Wind	
	INA	3000 m (9850 ft)
	INA + 20° C	2250 m (7390 ft)

	Schwebeflughöhe mit Bodeneffekt (Startleistung) mit 17 Knoten Seitenwind	
	INA	2010 m (6600 ft)
	INA + 20° C	1350 m (4430 ft)
	Schwebeflughöhe ohne Bodeneffekt (Startleistung)	2500 m (8200 ft)
	Dienstgipfelhöhe	4572 m (1500 ft)
	Dienstgipfelhöhe bei Einmotorenbetrieb mit 150 ft/min Steigreserve	2650 m (8695 ft)
	Reichweite mit max. Nutzlast und Standardkraftstoffmenge (NN), keine Reserve	500 km (270 nm)
	Überführungsreichweite mit Zusatztanks (max. 500 l) (NN), keine Reserve	935 km (505 nm)
	Max. Flugdauer bei max. Nutzlast und Standardkraftstoffmenge (NN), keine Reserve	2 Std. 50 min.
Gewicht	Maximales Abfluggewicht	2850 kg (6283 lb)
	Leergewicht mit Standardausrüstung	1650 kg (3838 lb)
	Nutzbare Zuladung	1200 kg (2645 lb)
	Standardkraftstoffmenge	478 kg (1058 lb)
	Kraftstoffmenge mit max. möglichen Zusatztanks	878 kg (1936 lb)

Technische Daten der BK 117.

trol System (DAFCS) SPZ 7100 hat sich in vielen Maschinen dieses Typs bewährt.

Die leistungsverbesserte Version B-1 der BK 117 erhielt Ende 1987 ihre LBA- und FAA-Zulassung. Ausgerüstet mit stärkeren Lycoming LTS 101-750-B1-Triebwerken, die 461 kW (618 shp) leisten und die bisherigen Turbinen der 650er-Serie ablösen, bietet sie nun vor allem beim Schwebeflug in großen Höhen und bei hohen Temperaturen erheblich gesteigerte Leistungen. Bei der Version B 2 wurde das maximale Abfluggewicht auf 3350 kg angehoben.

Die Leistungsdaten der alternativ mit Arriel-Triebwerken ausgerüsteten BK 117 sind weitgehend identisch mit denen der BK 117 mit Lycoming LTS 101-750-B1-Triebwerken. Das BK 117/Arriel-Programm lief im Oktober 1989 an. Die Zulassung für die BK 117 C-1, wie diese Version genannt wird, erfolgte im Früh-

jahr 1992. Die C-1-Version verfügt über zwei Triebwerke des Typs Tourboméca Arriel 1E2, die besonders für heiße und hoch gelegene Einsatzgebiete geeignet und für eine Dienstgipfelhöhe von 18.000 Fuß zugelassen sind.

Bis Jahresende 1998 wurden in Deutschland 291 BK 117-Hubschrauber ausgeliefert, zuzüglich 121 in Japan montierte und gelieferte.

Das französische Innenministerium bestellte im August 1998 32 BK 117 in der C-Version (C 2) und Rettungsausführung. Eine BK 117 C 1 erhielt die russische Emercom (Katastrophenministerium) bzw. die Tsentropas als Betreiber. Der Transport erfolgte in einer IL 76 vom Flughafen München aus. Das phillippinische Stromversorgungsunternehmen NAPOCOR erhielt zwei Maschinen sowie weitere Kunden in Brasilien, Argentinien und den Vereinigten Staaten.

Lizenzvertäge für die BO 105 bestehen zwischen der spanischen CASA und der Phillippine Aircraft Development Corporation in Manila. Im Jahre 1975 wurde zwischen dem indonesischen Luftfahrtunternehmen PT Nurtanio in Jakarta und MBB der erste Vertrag über die Lizenzfertigung der BO 105 abgeschlossen, die im April 1976 in Indonesien anlief. Bis zum Ende des Jahres 1984 sind bei Nurtanio 83 Hubschrauber des Typs BO 105 hergestellt und an den indonesischen Markt ausgeliefert worden. 1983 wurde ein weiterer Kooperationsvertrag zwischen den beiden Firmen abgeschlossen, der den Nachbau des Mehrzweckhubschraubers BK 117 im Nurtanio-Werk Bandung (Indonesien) seit 1986 ermöglichte. MBB übernahm in diesem Abkommen auch die Verantwortung für den Anteil der japanischen Partnerfirma KHI.

Seit 1984 untersuchte MBB gemeinsam mit der indonesischen IPTN (früher Nurtanio) die Entwicklung eines leichten viersitzigen Mehrzweckhubschraubers. Die Arbeiten erfolgten seit 1985 im Rahmen der gemeinsamen Tochterfirma NTT, wurden jedoch später wieder eingestellt.

Veränderungen erfolgten 1989 mit der Privatisierung von MBB und der späteren Entwicklung zur DaimlerChrysler Aerospace AG.

Das nächste Modell von MBB war die BO 108, die als Nachfolger der BO 105 entwickelt wurde. BO 108.

Beim Bo 108-Experimentalhubschrauber wurde die Zellenstruktur mit einem hohen Anteil von Kevlar bzw. Kohlefaser-Sandwich-Composite ausgeführt, was eine erhebliche Masseneinsparung bewirkt. Der zweite Prototyp des zweimotorigen Leichthubschraubers BO 108 absolvierte am 5. Juni 1991 im MBB-Entwicklungszentrum Ottobrunn erfolgreich seinen Erstflug. Das Entwicklungsprogramm für diesen Hubschrauber wurde vom Bundeswirtschaftsministerium und dem Ministerium für Forschung und Technologie gefördert.

Der zweite Prototyp unterscheidet sich maßgeblich vom ersten, der sich seit Oktober 1988 in der Flugerprobung befand und bis zur ILA '92 bereits mehr als 200 Flugstunden mit zwei Triebwerken vom Typ Pratt & Whitney Canada PW 206 B absolviert hatte. Er ist mit zwei Triebwerken des Typs Tourboméca TM 319-1 B Arrius (Startleistung 2 x 317 kW), welche auch für die Serienzulassung vorgesehen waren, ausgerüstet. Die Zelle des zweiten Prototyps ist gegenüber dem ersten um 15 Zentimeter verlängert und der nutzbare Innenraum im vorderen Teil (Cockpit-Bereich) ist um zehn Zentimeter verbreitert. Ferner bekam die neue Maschine ein Ein-Piloten-EFIS-Cockpit. Das maximale Abfluggewicht wurde auf 2500 kg erhöht.

Die Flugerprobung eines dritten Prototyps mit zwei Triebwerken des Typs Pratt & Whitney Canada PW

206 B (Startleistung 2 x 342 kW) ausgerüstet, die ebenfalls für die Serienzulassung ausgewählt worden waren, war für 1993 vorgesehen. Die BO 108 sollte gemäß FAR Part 29, Cat. A-Standard zugelassen werden. Die VFR-Zulassung war für 1994 vorgesehen, die IFR-Zulassung für 1995. Ein Zulassungsprogramm für die Sonderausrüstungen sollte parallel laufen.

Die BO 108 verfügt über ein lagerloses Hauptrotorsystem, einen lagerlosen Heckrotor und einen hohen Kunststoffanteil in den Strukturen. Weiterhin verfügt sie über das Schwingungsisolationssystem ARIS, das eine dynamische Trennung der Rotor-/Getriebeeinheit von der Zelle durch gegengerichtete Trägheitskräfte bewirkt. Die neue Rotortechnologie bewirkt eine erhebliche Verringerung des Rotorlärms. Die Schadstoffemission sollte durch Triebwerke mit geringerem spezifischem Kraftstoffverbrauch erheblich verringert werden und damit zur Umweltverträglickeit der BO 108 beitragen.

Im April 1992 wurde nach einigen Änderungen das BO 108-Entwicklungsprogramm zur Serienreifmachung freigegeben. So sollte eine größere Kabine für sieben Sitze die Attraktivität der Maschine erhöhen. Zwei BO 108-Zulassungsmaschinen sollten Anfang 1994 in die Flugerprobung gehen, erste Lieferungen waren für 1996 geplant.

Mit Gründung der Firma Eurocopter erhielt die BO 108 einen ummantelten Heckrotor (Fenestron), wodurch eine erhebliche Lärmreduzierung erreicht wurde. Aus der Bo 108 wurde mit weiteren Neuerungen der Eurocopter-Typ EC 135.

BO 108-Innenraum.

benflugmotor ausgerüstet 1959 flog. Eine verbesserte Version, mit einem BMW 6002-Turbotriebwerk ausgerüstet, flog im Dezember 1961 unter der Bezeichnung ASRO-3 T.

Der zweisitzige ASRO-4 ist eine Weiterentwicklung des einsitzigen ASRO-3 T und wurde in handwerklicher Arbeit fertiggestellt. Er besitzt eine blechverkleidete, gut verglaste Kabine, die auch die BMW 6012-Turbine trägt. Das Kufenlandegestell entspricht im Prinzip herkömmlicher Bauart und ist federnd gegen den Rumpf abgestützt. Der Heckrotorträger wurde als konisches Rohr aus Aluminiumblech herge-

Eigenbauten

Wie in den USA in den Jahren 1955–1960 kamen mit Zeitverzug auch in Europa Eigenbauten auf. So gab es in Deutschland ebenfalls Einmann-Hubschrauber im Eigenbau. Da die Geldmittel meist begrenzt waren, mußte so preiswert als möglich gebaut werden.

Alfons Siemetzki aus Kirchdorf/Iller baute mehrere einsitzige Hubschrauber, von denen der erste mit einem Kol-

ASRO-4.

Ing. Hermann Havertz
mit seinem HZ-5.

stellt. An seinem Ende befindet sich ein Stahlrohrbügel zum Schutz des Heckrotors.

Der Erstflug dieses Hubschraubers erfolgte am 22. Januar 1965. Nach 15 Stunden Gesamtflugzeit wurden die Flugversuche jedoch eingestellt. Ingenieur Siemetzki hat dann den Hubschrauberbau ganz aufgegeben und den ASRO-4 dem Hubschraubermuseum geschenkt.

Ing. Hermann Havertz aus Essen baute innerhalb von 15 Jahren fünf Hubschrauber, von denen der letzte »HZ-5« flugtauglich war. Der erste HZ wurde sofort von den Alliierten beschlagnahmt. Bei dem zweiten Modell erhielt er die Auflage, daß es kein Luftfahrtgerät werden dürfe, sondern es sich nur auf der Erde zu bewegen habe. Bis auf die Rotorblätter – »... die kann man ja billiger kaufen« – wurde alles von ihm selbst angefertigt. Havertz baute für seinen HZ-5 den ersten starren Rotorkopf, bis dato völliges Neuland in der Konstruktion von Rotorköpfen für Hub-

schrauber. Als Antrieb diente ein 1,7-l-McCulloch-Motor 0-100-1 mit 72 PS Leistung bei 2700 rpm. Die Höchstdrehzahl des Rotors beläuft sich auf 550 Umdrehungen in der Minute, und die geflogene Geschwindigkeit betrug 20 km in der Stunde.

Für ihn erhielt Havertz vom LBA eine vorläufige Verkehrszulassung (380/66) mit dem Kennzeichen D-HAJU für Erprobungsflüge, bei denen er insgesamt 56 Stunden reine Flugzeit absolvierte. 1972 übergab Havertz seinen HZ-5 dem Hubschraubermuseum Bückeburg, nachdem er 70 Jahre alt geworden war und das Risiko einer weiteren Flugerprobung nicht mehr tragen wollte. Hermann Havertz starb Ende 1989 im Alter von 87 Jahren.

1978 begann der Betriebsschlosser Dieter Zierrath aus Bünde-Ahle mit dem Bau eines Hubschraubers. Nach 2½ Jahren Bauzeit an seinem zweisitzigen Hubschrauber verstarb er. Zierraths Eigenbau steht heute ebenfalls im Hubschraubermuseum.

Überblick über die internationale Hubschrauberentwicklung nach 1945

Nach dem Zweiten Weltkrieg beschäftigten sich in Europa und den USA verschiedene Firmen mit der Weiterentwicklung und dem Bau von Hubschraubern. Zum Teil entwickelte man deutsche Projekte weiter, oder man holte sich die deutschen und österreichischen Hubschrauberspezialisten ins Land.

Frankreich

In Frankreich entstand mit der Zeit aus vorausgegangenen Fusionen die Firma Aerospatiale. Sie zählte nach Sikorsky zum zweitgrößten Hubschrauberproduzenten der Welt.

Im Jahr 1953 brachte Sud-Ouest – aufbauend auf den Entwicklungen des Doblhoff-Teams – mit dem SO 1221 »Djinn« den ersten Serienhubschrauber der Welt mit Kaltstrahl-Antrieb hervor, d. h. er besaß keine Brennkammer an den Blattspitzen, sondern es trat lediglich komprimierte Luft aus den Schubdüsen am Ende der Rotorblätter aus und sorgte damit für den Antrieb des Rotors.

Mit der »Alouette II« baute Sud Est Aviation den ersten turbinengetriebenen Hubschrauber, ein fünfsitziges Modell mit einer Vollsichtkanzel. Der Erstflug des Prototyps der »Alouette II« erfolgte am 12. März 1955. Die »Alouette II« verdankt ihre Entstehung der Entwicklungsarbeit von Professor Focke und seinem Team, der in den Jahren 1945 bis 1947 die Grundlagen für eine erfolgreiche Hubschrauberentwicklung in Frankreich legte. Die Version SE 313B hat das Tourboméca-Triebwerk Artouste mit 406 Wellen-PS, die Version SA 318C das Triebwerk Astazou mit 530 Wellen-PS. Von beiden Versionen wurden in dem Zeitraum 1955 bis 1975 mehr als 1305 Maschinen gebaut.

Die leistungsfähigere SA 318C mit dem Triebwerk Astazou 2A flog erstmals 1961. Die Variante SA 315B »Lama« besitzt das Astazou 3B-Triebwerk und die dynamischen Komponenten der »Alouette III«. Der Erstflug der »Lama«, die in heißen Regionen und in Hochgebirgsregionen zum Einsatz kommt, war am 17. März 1969. Die »Alouette II« wurde in vielen Ländern, vorwiegend bei den Streitkräften und der Polizei, eingesetzt.

Trotz hoher Verkaufszahlen im militärischen Bereich hat man bei Aerospatiale auch an Hubschrauber für kommerzielle Zwecke gedacht. Neben dem Mehrzweckhubschrauber SA-360 »Dauphin« (Erstflug 2. Juni 1972), eine Weiterentwicklung der SA-340 »Gazelle«, ist der Hubschrauber »Ecureuil« (Eichhörnchen) AS 350 als Einturbinenversion oder als AS 355 mit zwei Turbinen als Nachfolgemuster für die »Alouette« entwickelt worden.

Im Juni 1974 startete die einmotorige AS 350 zum Erstflug. Der erste Prototyp mit der stärkeren Tourboméca Arriel 1 B-Turbine flog am 14. Februar 1975. In der Zivilversion wurde die »Ecureuil«, in den USA »Astar« genannt, bis Anfang 1984 über 700mal ausgeliefert. Die AS 350 B 2 wird von einer Tourboméca Arriel-1D1-Turbine angetrieben, die eine Startleistung von 546 kW (732 shp) aufbringt. Die »Ecureuil«-Familie wurde um das Modell AS 350 B3 ergänzt, das speziell die »Lama« in hoch gelegenen und heißen Einsatzgebieten ablösen soll, da sie über dieselbe Höheneignung verfügt. Dafür wurde die Arriel 1D1-Wellenturbine durch zwei Allison 250 C 20F-Triebwerke ersetzt.

Die AS 355 startete im September 1979 zum Erstflug. Die ursprüngliche Ausführung AS 355 E wurde sehr schnell durch die AS 355 F abgelöst, die breitere Hauptrotorblätter mit dem Profil OA 209, eine umfangreichere elektrische Anlage, die den Richtlinien für die IFR-Zulassung entspricht, und ein zweites unabhängiges Hydrauliksystem zur Unterstützung der Hauptrotorsteuerung aufweist. Bei dem seit 1984 erhältlichen Modell AS 355 F1 wurde die zulässige Abflugmasse auf 2400 kg erhöht. Dazu installierte Aerospatiale modifizierte Heckrotorblätter größerer Tiefe und erhöhte das Torque-Limit für das Hauptgetriebe von 2 x 73 Prozent auf 2 x 78 Prozent. Die weiter verbesserte AS 355 F2 wird von zwei Allison 250 C 20F-Turbinen mit je 313 kW (420 shp) angetrieben.

In Zusammenarbeit mit der französischen Hubschrauberindustrie und der britischen Westland Aircraft Ltd. entstanden als Gemeinschaftsproduktionen die drei Typen »Puma«, »Gazelle« und »Lynx« (Luchs), von denen die beiden erstgenannten unter anderem durch den ummantelten Heckrotor als technische Neuerung auffallen.

AS 355 F2.

Markt eingeführte »Super Puma« AS 332 L2 (MK 2) wurde anfangs von zwei Tourboméca Makila 1 AP-Turbinen von je 1569 kW (2104 shp) – inzwischen Makila 1A2 mit einer Leistung von je 2133 PS – angetrieben und ist vorwiegend für den Offshore-Einsatz vorgesehen.

Der »Super Puma« MK 2, damals das größte Aerospatiale-Modell, verfügt über einen Spheriflex-Hauptrotorkopf, längere Rotorblätter und einen neuen Heckrotor. Das Cockpit ist mit farbigen Kathodenstrahlbildschirmen ausgestattet, und die Maschine verfügt über einen digitalen Duplex-4-Achsen-Autopiloten. Platz bietet die MK 2 für 23 Passagiere, die über 350 Seemeilen transportiert werden können.

Als erster Kunde bestellte Bristow Helicopters 20 Maschinen.

Für den Transport besonderer Persönlichkeiten gibt es noch die »Super Puma«/»Cougar VIP«, die über Klimaanlage, Telefon, CD-Player, Toilette und Galley verfügt.

Mit Unterstützung durch Sikorsky wurde der erste Großhubschrauber mit drei Turbinentriebwerken entwickelt. Unter der Bezeichnung SA 3210 absolvierte der erste von drei Prototypen am 7. Dezember 1962 seinen Erstflug.

Mit dem »Super Puma« baute Aerospatiale einen mittleren Transporthubschrauber, der ebenfalls im zivilen und militärischen Bereich, dort »Cougar« genannt, Verwendung findet. Der 1991 auf dem

Super Puma.

Der erste Prototyp des deutsch-französischen Hubschraubers »Tiger« absolvierte am 27. April 1991 im Aerospatiale-Werk Marignane erfolgreich seinen Erstflug, und bis Juni 1992 wurden über 85 Flugstunden absolviert.

Durch Fusion von Aerospatiale mit der deutschen Firma MBB/Deutsche Aerospace wurde im Januar 1992 die Eurocopter-Firmengruppe offiziell ins Leben gerufen.

Deutschland/Frankreich

EUROCOPTER, S. A.

Aerospatiale war mit mehr als 8000 verkauften Hubschraubern der weltgrößte Exporteur. MBB war im Markt der zweimotorigen Leichthubschrauber, mit 1600 verkauften Maschinen (bis zum Jahre 1991) in 40 Ländern, der führende Hersteller mit einer starken Marktposition besonders in den USA. Der gemeinsame Vertrieb und Service stärken seit der Fusion die Marktpräsenz beider Hersteller in mehr als 120 Ländern.

Am 7. Mai 1991 fand in Paris das Gründungsfest der Eurocopter International G. I. E. statt, einer Verbindung der Hubschrauberaktivitäten des DASA-Beteiligungsunternehmens MBB und Aerospatiale. Bereits 1966 begann zwischen den beiden jeweiligen Vorgängerfirmen Bölkow GmbH und Nord Aviation eine Zusammenarbeit, zunächst auf dem Gebiet der Wehrtechnik, die später Basis der gemeinsamen Hubschrauberaktivitäten wurde.

In der ersten Phase wurde eine Management- und Vertriebsgesellschaft, die Eurocopter International, ins Leben gerufen. In der zweiten Stufe wurden die beiden Hubschrauberbereiche rechtlich verselbständigt und dann, unter dem Dach einer gemeinsamen Holding, der Eurocopter S.A. in Paris, fusioniert.

Die Beteiligungen an dieser neuen Firmengruppe sind auf zwei Ebenen organisiert:

An der EUROCOPTER HOLDING S. A. ist
• Aerospatiale mit 60% und
• MBB/Deutsche Aerospace mit 40% beteiligt.
An der Management-Firma EUROCOPTER S. A. ist die Eurocopter Holding S. A. mit 75%, die Aerospatiale direkt mit 25% beteiligt.

Die Eurocopter S. A. ist hundertprozentiger Eigner zweier nationaler Tochterfirmen, der Eurocopter France S. A. (dem ehemaligen Unternehmensbereich Hubschrauber der Aerospatiale) und der Eurocopter

Leichthubschrauber EC 120.

Deutschland GmbH (dem ehemaligen Unternehmensbereich Hubschrauber von MBB/Deutsche Aerospace). Sie ist auch der Eigentümer von Eurocopter International, der internationalen Marketing- und Vertriebsfirma der Firmengruppe.

An der Spitze stehen seit 1998 Eurocopter-Präsident Patrick Gavin und Co-Präsident Dr. Sobotta, gleichzeitig Geschäftsführungsvorsitzender der Eurocopter Deutschland GmbH.

Eurocopter France und Eurocopter Deutschland sind verantwortlich für Entwicklung, Fertigung und Product Support für die derzeitige und künftige Produktpalette der Eurocopter-Gruppe. Eurocopter International ist zuständig für Marketing und Vertrieb der gesamten Produktpalette für und im Namen der Firmengruppe.

Die Eurocopter-Firmengruppe steuert auch alle nationalen und internationalen Tochterfirmen und hubschrauberrelevanten Beteiligungsunternehmen, die zuvor zu Aerospatiale bzw. MBB/Deutsche Aerospace gehörten.

Die Eurocopter-Firmengruppe ist mit vier Industriestandorten, zwei in Frankreich (Marignane und La Courneuve) und zwei in Deutschland (Ottobrunn und Donauwörth) sowie mit einem Umsatz von rund 3,3 Milliarden Mark (1991) der zweitgrößte Hubschrauberhersteller der Welt – nach Sikorsky, einem Mitglied der United-Technologies-Gruppe. Inzwischen verfügt Eurocopter Deutschland über einen dritten Standort: Kassel.

Eine weitere Tochter, die Eurocopter Tiger GmbH in München, ist für die Entwicklung des deutsch-französischen Hubschraubers »Tiger« verantwortlich.

Eurocopter hat auch in den USA die Hubschrauber-Aktivitäten von MBB und Aerospatiale zur American Eurocopter Corporation zusammengefaßt. Das MBB-Werk in Fort Erie, Ontario, wird jetzt als Eurocopter Canada Ltd. geführt.

Die beiden Muttergesellschaften DaimlerChrysler Aerospace und die französische Aerospatiale Matra S. A. fusionierten im Juli 2000 mit der spanischen CASA zur European Aeronautic Defence and Space Company (EADS), einem der drei führenden Luft- und Raumfahrtunternehmen weltweit. Am 11. Juni 1999 wurde in Madrid die Absichtserklärung zur Fusion unterzeichnet. Das neue Unternehmen wird 35 Werke in Frankreich, Spanien und Deutschland haben; auf allen fünf Kontinenten wird es in 28 Ländern mit kommerziellen Niederlassungen vertreten sein.

Bei Eurocopter waren anfangs vier neue Modelle wie folgt in der Entwicklung:

Neben dem genannten »Tiger« wurde in Zusammenarbeit mit den zusätzlichen Partnern Gruppo Agusta (Italien) und Fokker (Niederlande) der NH90, ein Transporthubschrauber modernster Technologie in der Neun-Tonnen-Klasse, entwickelt. Für den kommerziellen Markt hatte MBB die BO 108 seit 1988 in der Flugerprobung und als Nachfolger der BO 105 konzipiert sowie bei Aerospatiale den in der Entwicklung stehenden einmotorigen Leichthubschrauber EC 120 (früher P120 L).

Mit der Fertigstellung der ersten gemeinsamen AS 350 »Ecureuil« im Juli 1991 wurde der Zusammenschluß der Hubschrauberaktivitäten von Aerospatiale und MBB auch nach außen hin deutlich. Das »Eichhörnchen«, so der deutsche Name des jetzt gemeinsamen Hubschraubers, wird in einer zweiten Montagelinie in Donauwörth für den nordamerikanischen Markt produziert. Der bereits Mitte 1990 abgeschlossene Vertrag bezüglich der AS 350 umfaßt die gesamte Endmontage, alle Bodentests und den Einflug. Der Vertrag hat eine Laufzeit von zehn Jahren mit einer durchschnittlichen Anzahl von 30 endmontierten Hubschraubern pro Jahr.

Die erste gemeinsame Eurocopter-Neuentwicklung EC 135 entstand bei MBB ursprünglich als BO 108. Für die Entwicklung der EC 135 hat der Bund einen Betrag von 113 Millionen DM zugeschossen. Nach dem Erstflug als EC 135 im Februar 1994 entwickelte sich die Maschine zu einem attraktiven Muster für einen Piloten und sechs Passagiere, das mit 2 x Tourboméca Arrius 2B (je 519 kw/696 PS) oder 2 x Pratt & Whitney Canada PW206B (je 546 kw/732 PS)-Turbinen angeboten wird. Beide Versionen haben FADEC und Drehgriff am Kollektivhebel. Damit ist die EC 135 der erste leichte Turbinenhubschrauber der Welt, der von Anfang an mit zwei verschiedenen Triebwerksmustern zugelassen wurde.

Auf der Asian Aerospace 96 in Singapur wurde die EC 135 als weltweit innovativster Hubschrauber mit dem Flight Aerospace Industry Award, der alljährlich von der britischen Fachzeitschrift »Flight International« verliehen wird, ausgezeichnet. Ihm wurde attestiert, daß er einen »meßbaren und erinnerungswürdigen Technologiesprung aufweist, der die Luftfahrtindustrie um einen zukunftsweisenden Innovationsschub bereichert«.

Unmittelbar vor der Heli-Expo 1996 wurde die EC 135 mit dem »Decibel d'or« ausgezeichnet, einem Preis, der jährlich vom französischen Umweltministerium für Produkte vergeben wird, die sich im Kampf gegen den Lärm besonders wirkungsvoll erwiesen haben.

Die EC 135 ist der derzeit leiseste Hubschrauber seiner Klasse, was durch die hochmoderne Auslegung des lagerlosen FVW-Hauptrotors mit variabler Rotordrehzahl sowie durch einen verbesserten, ummantelten Heckrotor des Typs »Fenestron« mit asymmetrisch angeordneten Blättern erreicht wurde. Rotorkopf und Mast sind aus einem Stück. Die GFK-Ro-

Cockpit EC 135.

torblätter werden aus Prepregs (GFK-Fasern mit Epoxidharz vorimprägniert) produziert und in Metallformen bei 120 °C ausgehärtet. Ein weiteres Plus für die Umwelt sind Triebwerke der neuesten Generation mit geringerem Treibstoffverbrauch und Schadstoffausstoß. Eine höhere Reichweite (620 km) bei gleichbleibendem Treibstoffverbrauch ermöglicht auch die Konstruktion der Zelle aus Faserverbundwerkstoffen, die das Gewicht erheblich verringern. Durch das flache Getriebe konnte die Kabinendecke durchgehend so angehoben werden, daß sich eine dritte Sitzbank unterbringen ließ. Alle lebenswichtigen Systeme und Komponenten des Hubschraubers sind redundant, also doppelt und unabhängig voneinander ausgelegt. Bei dem Großteil dieser Systeme kann durch Einführung der »On-Condition-Wartung« auf feste Wartungs- beziehungsweise Einsatzintervalle verzichtet werden, was die Betriebskosten wesentlich günstiger gestaltet. Die für Hubschrauber typischen Vibrationen im Flug werden bei dem EC 135 durch ein von Eurocopter Deutschland entwickeltes Vibrations-Absorptionssystem fast völlig ausgeschaltet, was den Flugkomfort wesentlich erhöht. Ein hochmodernes Cockpit schließlich, das zwei elektronische Bildschirm-Displays für die Flugführung und ein Cockpit-Display-System umfaßt, verringert die Arbeitsbelastung des Piloten. Das Abfluggewicht wurde mitlerweile auf 2835 kg gesteigert (2,9 Tonnen mit Außenlast). Die maximale Reisegeschwindigkeit beträgt 257 km/h.

Das Nonplusultra des hervorragend gelungenen Designs ist aber der Effektlack für den EC 135, der erstmals bei der dritten Vorserienmaschine angewendet wurde. Je nach Lichteinfall schimmert der Hubschrauber in Blau und Grün. Ausgangsbasis für diesen Effektlack war ein von der Daimler-Benz-Forschung entwickelter Lack auf der Grundlage von hochvernetzten flüssigkristallinen Siliconen. In Zusammenarbeit mit Wacker Chemie wurde daraus der stand- und lichtfestere Flip-Flop-Blue-Lack, basierend auf Glimmerpigmenten, weiterentwickelt und bei der zum Hoechst-Konzern gehörenden Firma Herbert Standox produziert.

Der spezielle Effekt wird durch Interferenz (Lichtverstärkung bzw. Lichtauslöschung) des einfallenden Lichtes an den im Lack eingebetteten Glimmerpigmenten erzielt. Diese Pigmente sind mit einer hauchdünnen und damit durchsichtigen Schicht aus Titanoxyd oder Chromdioxid überzogen, was zum einen eine Lichtreflexion an der Metalloxid-Oberfläche, zum anderen eine Reflexion am Glimmerpigment selbst bewirkt – ein Farbenspiel, wie es ähnlich in der Natur an den bunten Flügeln eines Schmetterlings zu bewundern ist.

Die Musterzulassung, Voraussetzung für die Serienfertigung, für Europa erhielt die EC 135 am 16. Juni 1996, die für die USA am 31. Juli 1996. Am 31. Juli 1996 wurde die erste Serienmaschine vom Typ EC 135 im Eurocopter-Werk Donauwörth an die Deutsche Rettungsflugwacht ausgeliefert. Die erste von den zwei Maschinen ist mit Triebwerken vom Typ PW 206B, die zweite mit Arrius-2B ausgerüstet.

Heckrotor »Fenestron« der EC 135.

Bereits 18 Monate nach der Musterzulassung wurden schon mehr als 100 EC 135 verkauft. Die Produktionsrate für die EC 135 mußte innerhalb eines Jahres zweimal erhöht werden, und zwar 30 im Jahr 1997, ab 1998 auf 50, dann 60 Stück jährlich. Den ersten Großauftrag erteilte die bayerische Polizei als

EC 135.

Leasingvertrag. Für die Pilotengrundschulung an der Heeresfliegerwaffenschule in Bückeburg wurden 15 EC 135, Zulauf beginnend ab 2000, gekauft. Für die Rettungsversion EC 135 EMS gingen zahlreiche Aufträge ein. Während der Luftfahrtausstellung in Le Bouget 1999 wurde der hundertste Eurocopter EC 135, als achte von neun bestellten Maschinen, an die Hubschrauberstaffel der bayerischen Polizei ausgeliefert. Die Regierung von Kuweit bestellte auf der HeliTech 1999 zwei EC 135 für paramilitärische Aufgaben. Portugal bestellte für den Aufbau eines speziellen Army Air Corps die EC 635, die militärische Version der EC 135. Diese wird mit ARRIUS 2B1A-Triebwerken ausgerüstet. Die EC 135 ist mittlerweile in 17 Ländern zugelassen.

Die EC 135 soll jetzt mit der neuen Version des Triebwerks PWC 206 B2 ausgerüstet werden. Mit den Leistungsreserven dieses Triebwerks entspricht die EC 135 im vollen Umfang den neuen »CAT A VTOL«-Vorschriften (für Hubschrauber-Landeplattformen) über 2835 kg (Meereshöhe, ISA +10).

Eurocopter entwickelte die EC 120 zusammen mit der Harbin Aircraft Manufacturing Corp. in China, CATIC (Anteil 24 Prozent) und Singapore Technologies Aerospace (15 Prozent). Nach der Vertragsunterzeichnung im Oktober 1992 richtete Eurocopter in Marignane ein gemeinsames Konstruktionsbüro ein. Ab Mitte 1993 konnten die Detailarbeiten in den einzelnen Ländern fortgesetzt werden, und am 9. Juni 1995 hob das kleinste Modell in der umfangreichen Palette des deutsch-französischen Herstellers erstmals ab. Die Musterzulassung JAA wurde am 16. Juni 1997 erteilt.

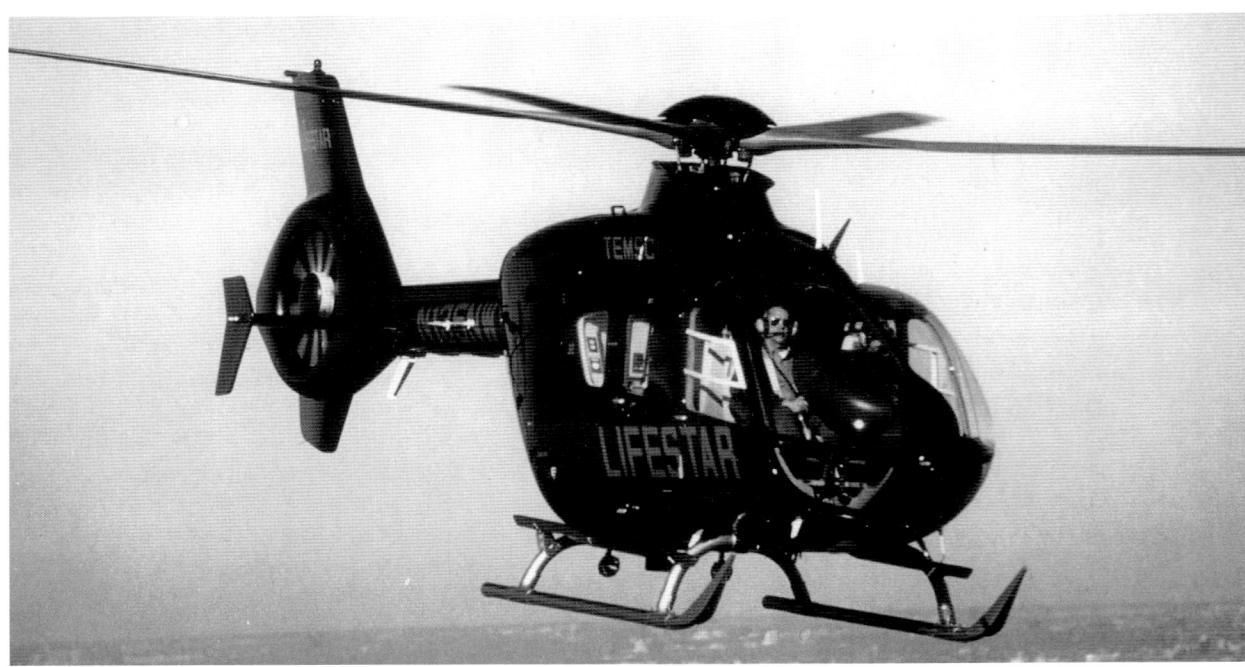

Die Zelle dieses fünfsitzigen Hubschraubers besteht weitgehend aus Verbundwerkstoffen, als Triebwerk besitzt sie ein elektronisch geregeltes Tourboméca Arrius 2 F (376 kW Wellenleistung), weiterhin einen gelenk- und lagerlosen Spheriflex-Dreiblatt-Hauptrotor und einen Fenestron mit acht asymmetrisch angeordneten Blättern. Somit konnte der Schallpegel auf 6,6 dB unter den von der ICAO vorgeschriebenen Wert reduziert werden. Bei einer maximalen Abflugmasse von 1715 kg beträgt die Zuladung 750 kg. Als schnelle Reisegeschwindigkeit werden 124 kts (230 km/h) und als Reichweite über 740 km angegeben. Die max. Geschwindigkeit beträgt 278 km/h. Das Cockpit der EC 120 besitzt ein Vehicle and Engine Multifunction Display (VEMD) und ein Zentralinstrument mit zwei Farbbildschirmen (AMLCD, Active Matrix Liquid Crystal Display). Triebwerk- und Anlageüberwachungsinstrumente werden mit den Betriebsgrenzen digital dargestellt, ergänzt durch einen akustischen »First-Limitation-Alarm«. Auf der Heli-Expo in Anaheim 1997 wurde die EC 120 erstmals in Amerika gezeigt, die seit Ende 1997 zu einem Preis von 770.000 US-Dollar (ca. 1,3 Millionen DM) lieferbar ist. Am 22. Januar 1998 erhielt die EC 120 »Colibri« ihre FAA-Zulassung. Im Dezember 1999 wurde in Madrid ein Vertrag über die Lieferung von 15 EC 120 B »Colibri« zur Pilotenschulung für die spanische Luftwaffe unterzeichnet. Im April 2000 erfolgte bereits die Auslieferung der hundertsten Maschine.

Auch innerhalb der »Dauphin«-Familie gibt es drei neue Muster: AS 365 N2 (Utility), AS 365 N3 (High Performance) und AS 365 N4 (Wide Body).
Die Basisversion der »Dauphin«, die AS 365 N2, wird weiterhin verkauft.

Die AS 365 N3 ist die neue zweimotorige Hochleistungs-Version der Eurocopter-»Dauphin«-Familie. Sie besitzt ein maximales Startgewicht von 4300 kg. Als Antrieb dienen zwei Tourboméca Arriel 2C-Triebwerke mit elektronischer FADEC-Regelung. Sie verfügen über eine 30-Sekunden-Notleistung von 977 shp, das heißt 214 shp mehr als bei der »Dauphin« N2 (Tourboméca Arriel 1C2). Der neue Antrieb der N3 erlaubt auch Starts und Landungen mit maximalem Startgewicht außer Bodeneffekt bei Temperaturen von mehr als 60° C, ebenso Starts in Kategorie A in Meereshöhe und bei voller Last bei +40° C. Die »Dauphin« N3 erhielt im Oktober 1997 die Zulassung der französischen DGAC. Der erste Hubschrauber wurde noch im Dezember desselben Jahres ausgeliefert.

Für die N4, mit der um 40 Prozent größeren Kabine und einem auf 4,8 Tonnen gesteigerten Abfluggewicht, sieht Eurocopter gute Chancen sowohl im zivilen als auch im militärischen Bereich. Durch die bei-

EC 635 T1/P1.

den neuen volldigital geregelten Turbinen Arriel 2C1 von Tourboméca wurde die Leistung verbessert, und der Fünfblatt-Spheriflex-Hauptrotor läßt sich variabel über das digitale FADEC-System regeln.

Umweltfreundlich, weil lärmvermindert, arbeitet auch der neue Heckrotor vom Typ Fenestron, bei dem zehn Blätter mit unterschiedlichem Abstand zueinander angebracht sind. In Verbindung mit der aerodynamisch optimierten Konstruktion erreicht die EC 155 eine Spitzengeschwindigkeit von 324 km/h. Während des Aero Salons 1997 in Le Bourget erfolgte der Jungfernflug des ersten Prototyps. Auf der Heli-Expo 98 in Anaheim präsentierte Eurocopter die AS 365 N4 als EC 155 erstmals in den USA.

Die neue Bezeichnung schafft zum einen Konsistenz innerhalb der Eurocopter-Modellreihe, zum anderen stellt der Hersteller damit auch klar, daß sich dieses Modell deutlich vom Ursprungsmodell und den ebenfalls neuen AS 365-N2 und N3 unterscheidet.

Am 9. Dezember 1998 war der EC 155 die französische und deutsche Musterzulassung erteilt worden. Die IFR-Zulassung für einen Piloten wurde nur knapp ein Jahr nach der Erstzulassung erteilt. Die EC 155 B verfügt über eine hohe Geschwindigkeit: die VNE liegt über 170 kts (320 km/h) bis zu einer Flughöhe von 4000 ft (1220 m). Die Basiskonfiguration umfaßt sieben elektronische Displays (Avionique Nouvelle) und einen Vier-Achsen-Autopilot. Dieser moderne Fünf-Tonnen-Hubschrauber mit 14 Sitzplätzen wurde Anfang 1999 an den BGS ausgeliefert. Auf der HeliTech 1999 gab Eurocopter den Verkauf von fünf EC 155 an den Regierungs-Flugdienst in Hongkong bekannt.

Bei Eurocopter entstand auch die neueste Version der einmotorigen »Hochleistungs-Ecureuil« AS 350. Weniger als zwei Jahre nach der Zulassung lief im Dezember 1999 die 100. AS 350 B3 »Ecureuil« vom Band. Sie besitzt ein Arriel 2B Tourboméca-Triebwerk mit elektronischer FADEC-Regelung und einem automatischen Anlaßvorgang. Das Triebwerk besitzt Einkristall-Schaufeln und eine einzige Leistungsstu-

EC 120.

EC 120B »Colibri«.

EC 120 auf der ILA 1998.

AS 365 N4 »Dauphin« (EC 155).

Winden mit 134 kg
oder 206 kg Tragkraft sowie größere Leistung. Das
maximale Abfluggewicht beträgt 2250 kg mit Innen-
last und 2800 kg mit Außenlast, Schlingenkapazität
1400 kg. Die Reisegeschwindigkeit bei voller Beladung beträgt 140 kts bei 155 kts VNE.

»Fennec« ist die militärische Ausführung der »Ecureuil« und in verschiedenen Versionen erhältlich. Die
Basisausführung als Beobachtungshubschrauber ist
die AS 550 U3, in der Kampfausführung kann die AS
350 A3 mit einer 20-mm-Kanone, Raketen oder Maschinengewehren ausgerüstet werden. In der Panzerabwehrversion AS 550 C3 verfügt die einmotorige
»Fennec« über TOW-Lenkflugkörper. Die »Fennec«
ist auch als zweimotorige AS 555 verfügbar.

»Panther« AS 565 UB/AB heißt die militärische
Version der »Dauphin«.

Eurocopter bietet auf Basis der EC 135 eine Mehr-
zweckvariante mit der Bezeichnung EC 635 für militärische und paramilitärische Einsätze an. Diese Maschine ist wahlweise mit den leistungsgesteigerten
Arrius-2B-Triebwerken von Tourboméca oder mit PW-
207-Triebwerken von Pratt & Whitney Canada lieferbar.

Die EC 725 »Cougar« Mk2+ ist die Militärversion
der »Super Puma«. Im September 2000 hat eine »Cougar« MK2 C-SAR der königlichen Luftwaffe Saudi-Ara-
biens die zweite Testreihe der Luftbetankung erfolgreich beendet. So konnten auf einen Schlag 3200 Liter Kerosin – zwei Drittel des Fassungsvermögens – in
die Hubschraubertanks gepumpt werden.

Kreativität und Ästhetik werden bei Eurocopter weiterhin gepflegt. So ist nach Colanis »Spaceship« wieder eine BK 117, die als Teil des Eurocopter-Hub-
schrauber-Pools für den eigenen Flugbetrieb zur Verfügung steht, zum Kreativprojekt geworden. Die Prä-
sentation des Kunsthubschraubers vor geladenen
Gästen aus Politik und Presse übernahm am 23. Mai
2000 in Donauwörth Dr. Siegfried Sobotta persönlich. Der international renommierte Farben- und Lack-
künstler Walter Maurer aus Hebertshausen bei München hatte mit seinem Team in gut 300 Stunden eine
BK 117 mit einer Sonderlackierung – nach einem von
Eurocopter ausgewählten Entwurf – versehen.
Gleichzeitig gezeigt wurde auch ein weiteres Produkt
aus dem Hause DaimlerChrysler, das von Maurer

fe. Ein VEMD-Instrumentenbrett mit zwei Bildschirmen zur Anzeige der Triebwerkparameter sowie Anzeige der ersten Leistungsgrenze ist eingebaut. Zu
den Verbesserungen gegenüber den Vorgängermo-
dellen zählen: Steuerung des Triebwerks mit einem
drehbaren Griff am Kollektivhebel, stärkeres Hauptgetriebe mit 500 kW Leistung, Heckrotor entspricht
der zweimotorigen Version, Einbaumöglichkeit von

künstlerisch lackiert worden war: eine A-Klasse, denn die Kombination von Auto und Hubschrauber steht für eine ergänzende Mobilität.

Der Markterfolg der EC 135 trug maßgeblich dazu bei, das Jahr 1997 zu einem Rekordjahr für den Hersteller Eurocopter zu machen; der Umsatz stieg auf drei Milliarden Mark. Für 1997 konnte der umsatz-

Mock-up des EC 155 auf der ILA 1998.

mäßig größte Hubschrauberhersteller der Welt abgeschlossene Kaufverträge für 303 neue Maschinen vorweisen; darunter 111 »Ecureuil«, 43 »Super Puma«/»Cougar«, 58 EC 135 und 68 EC 120. Der militärische Anteil der Aufträge betrug 47 %, 53 % fielen in den zivilen Bereich. 210 Hubschrauber wurden 1997 von der Eurocopter S. A. ausgeliefert. Das bedeutet eine 20prozentige Steigerung auf dem zivilen Markt im Vergleich zu 1996 (basierend auf Zulassungen). Eurocopter stärkte damit seine Position mit 40 % Anteil am zivilen Weltmarkt. Auf dem militärischen Markt besteht ein hoher Eurocopter-Anteil mit 18 Prozent Wertanteil (ausgenommen GUS, aber einschließlich USA).

Im Jahr 1998 wurden von Eurocopter 216 neue Hubschrauber ausgeliefert, der Umsatz betrug 3,7 Milliarden DM. Ende 1998 waren rund 8500 Eurocopter-Hubschrauber weltweit im Einsatz. Bei mehr als 1700 Kunden in 130 Ländern rund um den Erdball stehen sie im Dienst.

Im Jahr 1999 konnte die Anzahl verkaufter neuer Hubschrauber wieder um 20 Prozent gesteigert werden, womit Eurocopter seine führende Stellung als Hersteller weiter ausbauen konnte (48 % des US-Marktes, 30 % in Latein-Amerika, 35 % in Asien/Australien) und so zum vierten Male hintereinander bestätigte. Aufgrund des Auftrages über die Fertigung von 160 Militärhubschrauber vom Typ »Tiger« für die französischen und deutschen Streitkräfte errang Eurocopter erstmalig auch den Spitzenplatz im Militärmarkt.

Im Jahr 2000 verzeichnete die Gruppe Eurocopter ein erneut hervorragendes Jahr bei den Auftragseingängen, beeinflußt durch den NH90 – wie 1999 durch den »Tiger« – mit 531 Bestellungen für Neuhubschrauber folgender Typen: 61 »Kolibri« EC 120 B, 137 ein- und 13 zweimotorige »Ecureuil«/»Fennec«, 40 EC 135,

7 BK 117, 18 »Dauphine«/»Panther«, 7 EC 155 B, 5 »Super Puma«/EC 225 – »Cougart«/EC 725 und 243 NH90.

Der Customer-Support von Eurocopter Deutschland erfolgt auf drei Ebenen: Schulung, Technischer Support sowie Maintenance und Ersatzteilmanagement. Im Trainingszentrum am Standort Donauwörth – dem einzigen in Deutschland, das auch im Hubschrauberbereich im Instrumen-

AS 550 C3 »Fennec«.

tenflug ausbilden darf – durchlaufen Piloten und Techniker des Kunden zusammen mit dem Personal von Eurocopter die Schulungsprogramme.

AS 555 MN/SN (Marineversion) mit Bendix 1500-Radar und Anti-U-Boot-Torpedos.

31 Service-Stationen (Stand Ende 1998) auf allen Kontinenten unterhält Eurocopter und kann noch zusätzlich auf die Infrastruktur seiner Triebwerkslieferanten Tourboméca und Pratt & Whitney zurückgreifen.

Für die Wartungsbetriebe gibt es die Maintenance-Manuals für die Muster BK 117, AS 350/355, AS 365, EC 120 und EC 135 auf CD-ROM. Darüber hinaus können Kunden Ersatzteile per Internet ordern. Im Jahr 2000 wurde CAPE (Concept Asia Pacific Eurocopter) zur Integrierung der fünf Tochterfirmrn in dieser Zone gegründet, um eine gemeinsame Logistikplattform zu bilden. Im selben Jahr wurde auch Eurocopter Espana gegründet.

BK 117 mit Sonder-
lackierung W. Maurer
auf der ILA 2000.

Derzeit beschäftigt das Unternehmen rund 9700 Mitarbeiter.

Nach der außerordentlichen Generalversammlung der Aktionäre vom 18. September 2000 erfolgte die Änderung der juristischen Form der Eurocopter Aktiengesellschafter (SA) in eine vereinfachte Aktiengesellschaft (SAS).

Diese Transaktion wurde durch die Gründung der European Aeronautic Defence and Space Company (EADS) am 10. Juli 2000 als Folge der Fusion der beiden Eurocopter-Aktionäre Aerospatiale-Matra (Frankreich) und DaimlerChrysler Aerospace (Deutschland) sowie der spanischen CASA möglich.

Diese neue Gesellschaft wird durch eine Geschäftsführung – Eurocopter Exekutivkomitee –, an deren Spitze Jean-François Bigay steht, geleitet. Die EADS n.v. ist damit alleiniger Gesellschafter von Eurocopter.

Eurocopter ist eine 100prozentige Tochterfirma der European Aeronautic Defence and Space Company (EADS).

Am selben Tag erfolgte in einer Aufsichtsratssitzung der Eurocopter Deutschland GmbH eine Veränderung in der Geschäftsführung. Neuer Vorsitzender der Geschäftsführung der Eurocopter Deutschland GmbH ist Dipl.-Ing. Friedrich Dörhöfer. Dr. Sigfried Sobotta, der diese Position zuvor innehatte, wechselt als Senior Executive Vice President zur Eurocopter S. A. S. nach Paris.

Großbritannien

Raoul Hafner, der aus Wien stammte und dort schon zusammen mit Bruno Nagler Hubschrauber entwickelte, war 1932 nach England ausgewandert und baute dort anfangs Tragschrauber. 1944 wurde er Chefkonstrukteur bei der Bristol Aeroplane Company. Er entwickelte als erstes den Hubschrauber Bristol 171 »Sycamore«. Am 27. Juli 1947 erfolgte der Erstflug einer Bristol »Sycamore« vom Typ 171 Mk I. Die einzige heute noch flugfähige »Sycamore« weltweit steht in Berneck (Schweiz).

Bei der britischen Firma Fairey Aviation begann man mit der Weiterentwicklung der Ciervaschen Vorkriegs-Autogiros, konstruierte verschiedene kleine Gyrodyne-Drehflügler unter der Mitarbeit von Dipl.-Ing. August Stepan aus dem früheren Von-Doblhoff-Team sowie den großen »Rotodyne«-Verbundhubschrauber, ausgelegt für 40 Passagiere, der am 6. November 1957 erstmals flog. Der Rotor von 31,72 m Durchmesser besaß Blattspitzenantrieb durch Druckluft mit Kraftstoffverbrennung in besonders konstruierten Düsen, was erheblichen Lärm verursachte. Die weitere Entwicklung wurde 1962 eingestellt.

Aus der früheren Firma G & W Weir ging die neue britische Cierva Autogiro Company hervor, die später mit Saunders Roe fusionierte und den Hubschrauber W.14 der Vorgängerfirmen als SA-RO »Skeeter« herausbrachte. Der Erstflug fand im Dezember 1948 statt, die Serienfertigung – insgesamt 74 Maschinen – erfolgte ab 1951.

Westland hat sich erst seit Ende des Zweiten Weltkrieges mit der Produktion von Hubschraubern befaßt und gehört heute zum drittgrößten Hubschrauberhersteller der Welt. Bahnbrechend wirkte Westland, indem man begann, Sikorsky-Hubschrauber von Kolbentriebwerken auf Wellenleistungsturbinen umzustellen. Die umgerüsteten neuen »Wessex«- und später auch die älteren »Whirlwind«-Mehrzweckhubschrauber waren nicht nur Standard-Hubschrauber der RAF und der Royal Navy, sondern wurden auch weltweit exportiert. Die British Army flog noch bis vor einigen Jahren den »Scout«, ebenfalls ein Produkt von Westland. Weitere Entwicklungen von Westland sind der »Lynx« sowie der auch für den zivilen Markt vorgesehene Westland WG 30, eine vergrößerte Transportversion der »Lynx«. Die Musterzulassung wurde 1982 erteilt, und bis Ende 1983 waren 41 WG 30 ausgeliefert.

Der Sikorsky-Hubschrauber »Black Hawk«, als Nachfolger für den Transporthubschrauber Bell UH-1 entwickelt, wird bei Westland im Werk Yeovil in Lizenz gebaut. Damit ist er der sechste Sikorsky-Hubschrauber-Typ, der bei Westland im Verlauf von 38 Jahren in Lizenz gebaut wird.

Westland baut zusammen mit Agusta den dreimotorigen Mehrzweckhubschrauber EH 101. Im Juli 1992 kündigte Kanadas Verteidigungsminister Marcel Masse den Kauf von 50 EH 101 im Wert von 4,4 Milliarden kanadischen Dollar (ca. 6,2 Mrd. Mark) an. Von den Hubschraubern werden 15 in SAR-Konfiguration mit Heckladerampe und 35 für die Seeüberwachung geliefert. Das bedeutet für Westland einen Umsatz von ca. 1,5 Milliarden Mark. Die Royal Navy orderte bereits im September 1991 44 EH 101 »Merlin«. Bis die Lieferungen 1995 anliefen, galt es allerdings für Westland noch eine Durststrecke zu überwinden. Im ersten Halbjahr 1992 z. B. lieferte Westland nur »Lynx« aus.

Für den Hochgeschwindigkeitsflug entwickelte Westland den BERP-Rotor (British Experimental Rotor Programme). Die Blattspitzen des gelenklosen Vierblattrotor-Systems wurden verbreitert. Am 11. August 1986 erreichte der »Lynx«-Demonstrator WS-70 damit die Rekordgeschwindigkeit von 400,87 km/h. Heute gehört dieser Rotor zum Standard der »Lynx«-Helikopter von Westland.

Für einen neuen englischen Kampfhubschrauber tritt Westland mit einer Lizenzversion des AH-64 »Apache« gegen »Super Cobra« und »Tiger« an.

GKN Westland und die italienische Firma Agusta schlossen sich zu einem zu gleichen Teilen (je 50 %) bestehenden Unternehmen »Agusta Westland GKN« zusammen.

Bristol 171 Sycamore.

Italien

Italien kaufte 1949 zwei amerikanische Bell 47, um sie auf Sardinien gegen Moskitos einzusetzen. 1952 erwarb die Firma Agusta – das Unternehmen wurde 1907 von Giovanni Agusta gegründet – die Lizenz zum Bau der Bell 47, und bereits zwei Jahre später startete die erste 47 G aus italienischer Fertigung zum Erstflug. Mit der Erteilung der Produktionslizenz der Firma Bell an die italienische Firma Agusta stieg diese zur größten Hubschrauberproduktionsstätte Italiens auf und liefert heute Serienhubschrauber für die italienischen Streitkräfte, Polizei und Feuerwehr.

Neben Lizenzfertigungen der Firma Bell kamen später auch Lizenzbauten von den Firmen Sikorsky, McDonnell-Douglas und Boeing Vertol hinzu.

Zu den Lizenzprogrammen gehören die Agusta Bell 205, eine Variante der Bell UH-I D, die Agusta Bell 206 B »Jet Ranger III« sowie die Agusta-Bell-Modelle 212, 212 ASW, 412 sowie deren Weiterentwicklungen, die Agusta Bell »Griffon«. Auch mit Sikorsky ist Agusta durch ein jahrzehntelanges Lizenzprogramm verbunden. So wurde in Italien vor allem die S-61 in den unterschiedlichsten Versionen produziert. Für Boeing Vertol werden im Agusta-Tochterunternehmen EM (Elicotteri Meridiomali) seit Anfang 1970 die BV CH-47C »Chinook« in Lizenz gefertigt bzw. betreut.

Bei EH Industries entwickeln Agusta und der britische Hubschrauberhersteller Westland zusammen den schweren Transporthubschrauber EH-101. Der Erstflug erfolgte am 9. Oktober 1987 in Yeovil/Großbritannien. Der zweite Prototyp führte seinen Erstflug am 27. November 1987 in Cascina Costa/Italien durch. Die erste Marinevariante der EH-101 für die italienischen Streitkräfte, die PP6, absolvierte ihren Erstflug am 26. April 1989. Anfang Oktober 1995 erteilte das italienische Verteidigungsministerium den Auftrag für 16 EH-101 im Wert von 1250 Mrd. Lire (ca. 1 Milliarde DM). Acht Maschinen sind für U-Boot- und Schiffsbekämpfung vorgesehen, jeweils vier als fliegende Radarstationen und als Transporter. Zwei EH-101 sind bei der Metropolitan Police in Tokio im Einsatz.

Die EH-101, in der zivilen Passagierversion »Heliliner« genannt, wird von drei Rolls-Royce/Tourboméca-RTM 322-Triebwerken mit je 1724 kW (2312 shp) angetrieben. Alternativ dazu wird die EH-101 mit ungefähr gleich starken General-Electric T 700-GE-TGA-Turboschaft-Triebwerken angeboten. Die Kabine bietet bis zu 36 Passagieren Platz. Der damalige (1993) Stückpreis betrug 18 Millionen US-Dollar incl. Offshore Equipment.

Eine gemeinsame Entwicklung mit Bell – nach dem Ausstieg von Boeing – ist auch die BA 609, ein 500 km/h schneller Kipp-Rotor für neun bis zwölf Passagiere. Es handelt sich hierbei um die zivile Version der V-22 »Osprey« nach dem Testmuster Bell XV-15.

Außer den Lizenzfertigungen brachte die Firma Agusta auch drei eigene Entwicklungen im Bereich zwischen zwei und vier Tonnen auf den Markt. Dazu gehört der mit zwei Allison-Turbinen ausgerüstete Mehrzweckhubschrauber A-109 »Hirundo«, dessen Prototyp 1971 flog und der seit 1973 in Serie gebaut wird.

Seit 1981 wird die A-109 in der leistungsstärkeren, vielfach verbesserten MK-II-Version angeboten. Die Agusta A-109 MK II wird seit 1985 auch in einer sogenannten Widebody-Konfiguration angeboten, d. h. durch nach außen gewölbte Türen wurde die Kabine um jeweils 8 cm auf 1,48 m verbreitert.

Im Auftrag der italienischen Armee wurde das zweite eigenständige Agusta-Programm entwickelt, der leichte Kampfhubschrauber A 129 »Mangusta« (Mongoose). Der zweimotorige Kampfhubschrauber wird von zwei Rolls-Royce Gem2 MK 1004D-Triebwerken von je 615 kW Leistung (825 shp) angetrieben.

Auf dem Aero-Salon Le Bourget 1995 stellte Agusta zwei neue Modelle vor, die A 109 »Power« und die dritte Eigenentwicklung, das preiswerte einmotorige Einstiegsmodell A 119 »Koala«.

Gegenüber den bekannten Mustern A 109 C bzw. A 109 K besitzt die A 109 »Power« einen neuen Hauptrotorkopf mit Titannabe und Elastomerlagern. Als Antrieb dienen zwei Pratt & Whitney Canada PW 206 C-Wellenturbinen mit FADEC-System. Die beiden Triebwerke liefern eine Startleistung von je 470 kW (640 shp). Der Erstflug der A 109 »Power« fand am 8. Februar 1995 in Cascina Costa statt. Der Preis für diesen Hubschrauber mit IFR-Ausrüstung ist mit rund 2,7 Millionen US-Dollar angegeben. Anfang 2000 lagen bereits 134 Bestellungen vor.

Auch bei der »Koala« findet der neue Rotorkopf Verwendung. Als Triebwerk kam anfangs ein Arriel 1K1 zum Einsatz, jetzt Pratt & Whitney PT6B-37A. Die »Koala« bietet Platz für 1+7 Personen bei einer Reichweite von knapp 900 km und einer Geschwindigkeit von 260 km/h. Die »Koala« A 119 erhielt ihre Zulassung in Italien im Dezember 1999, die ersten Maschinen wurden im Mai 2000 ausgeliefert. Der Preis für die Koala wurde 1995, je nach Ausstattung, mit 1,35 bis 1,5 Millionen US-Dollar angegeben.

1999 zeigten Bell und Agusta in Le Bourget ihr gemeinsames Konkurrenzmodell zu EC 155 und S-76. Ihre AB 139 (je nach Projektentwicklung auch mit BA 139 bezeichnet) ist ein Zweiturbinen-Hubschrauber der 6-Tonnen-Klasse (15 Passagiere). Angetrieben wird er von zwei PT6C-67C-Triebwerken von Pratt & Whitney Canada mit je 1680 shp. Ein modernes Primus-Epic-Glascockpit von Honeywell soll der AB 139 Airliner-Standard verleihen. Die Entwicklung der AB 139, demnach eine italienische Entwicklung, begann 1996. Inzwischen sind bereits zwei AB 139 an Bristow Helicopters verkauft, eine dritte geht nach Australien – insgesamt liegen über 20 Bestellungen vor. Wenige Tage vor der Heli-Expo 2001 in Anaheim hob die AB 139 in Cascina Costa zu ihrem Jungfernflug ab.

Der 12. Februar 2001 war der offizielle Beginn für das Gemeinschaftsunternehmen AgustaWestland.

USA

Lawrence D. Bell war Vizepräsident und Verkaufsdirektor bei der Consolidated Aircraft in Buffalo, New York, USA. Als die Firma 1935 nach San Diego zog, blieb Larry Bell in Buffalo, kaufte die Restbestände der Consolidated auf und gründete die Bell Aircraft Corporation.

Im Auftrag von Larry Bell entwickelte Artur Young den Bell-Hubschrauber Modell 30, der im Juli 1943 erstmals flog. Von ihm wurden drei Stück gebaut.

Mit dem Hubschrauber Modell Bell 47 A (Erstflug 8. Dezember 1945), welcher als erster ziviler Hubschrauber in den USA am 8. März 1946 das Zulassungsprogramm vor Vertretern der CAA, heute FAA, absolvierte, begann in Buffalo der Aufstieg der Firma Bell zu einem der größten Hubschrauberhersteller Amerikas. Die Produktion der Bell 47 wurde erst 1973 eingestellt. Seit 1952 in Forth Worth, Texas, ansässig, wurden von Bell über 14.000 zivile und militärische Hubschrauber produziert.

Schon während der 50er Jahre erteilte Bell den Firmen Kawasaki, Westland und Agusta die Genehmigung für den Lizenzbau ihrer Hubschrauber.

Am 22. Oktober 1956 absolvierte der erste Prototyp der »Huey« Bell UH-1, die XH-40, ihren Erstflug. Dieser Prototyp steht heute im U.S. Army Aviation Museum in Fort Rucker, Alabama. Zu den vielen weiteren Entwicklungen gehören auch die bewährten Typen Bell 204 und 205. Bei der Bell 212 »Twin Two Twelve« mit der militärischen Bezeichnung UH-1N handelt es sich um den ersten Hubschrauber aus der »Huey«-Reihe, der mit zwei Turbinen versehen wurde. Der erste serienmäßige Vierblatt-Hauptrotor von Bell wurde seit 1979 auf der Bell 212 erprobt. 1981 erhielt diese Version unter der Bezeichnung Bell 412 die Musterzulassung.

Mit dem »Jet Ranger« wurde ein Hubschrauber entwickelt, der sowohl auf dem militärischen als auch auf dem zivilen Markt gute Verkaufszahlen erreichte. Seit Sommer 1985 produziert Bell einen weiteren Typ aus der »Ranger«-Hubschrauberpalette in dem neuen Bell-Werk in Montreal/Kanada. Es handelt sich um den Bell 400 »Twin Ranger«, der als Neuerung unter anderem über einen Vierblatt-Hauptrotor in GFK-Verbundbauweise verfügt.

Mit den Hubschraubern der »Cobra«-Serie wurden Kampfhubschrauber für rein militärische Zwecke gebaut und, vor allem in Vietnam, eingesetzt. Die Bell 222 wurde dagegen nur für den zivilen Markt entwickelt. Die bei der Bell 222 ausfallanfälligen und wartungsaufwendigen Lycoming LTS 101-650C-3-Wellenturbinen werden bei Heli-Air Conversions durch zwei Allison 250-C30G-Turbinen ersetzt. Gegenüber den bisherigen Triebwerken ergibt sich zwar nur eine Steigerung um 30 shp auf 650 shp (484 kW), jedoch bietet der neue Antrieb bessere Reserven bei hohen Temperaturen und bringt die 222 SP auf eine Dienstgipfelhöhe von 6095 Meter. Wichtiger sind jedoch die höhere Zuverlässigkeit und geringere Wartungskosten durch höhere TBOs. Die erste so umgerüstete Heli-Air/Bell 222 SP startete im November 1988 zum Erstflug. Das Supplemental Type Certificate erteilte die FAA ein knappes Jahr später, und Ende 1991 erfolgte die Genehmigung vom LBA. Die Exklusivrechte für den Umbau der Hubschrauber in Europa, Afrika und im asiatischen Raum liegen bei Helitec in Kassel-Calden.

Seit seiner Einführung in den 60er Jahren hat der OH-58 eine Entwicklung vom einfachen Beobachtungshubschrauber bis zur schlagkräftigen Kampfmaschine durchgemacht. Aufgrund der Erfahrungen im Golfkrieg hat Bell die gegenwärtig bei der US Army eingeführte D-Version erneut überarbeitet. Mit neuen Systemen ist der »Kiowa Warrior« noch vielseitiger verwendbar.

Wichtigstes Gerät bleibt wie beim OH-58D das von McDonnell-Douglas/Northrop gebaute Mastvisier mit seiner TV-Kamera, dem Infrarotsensor sowie dem Laser zur Entfernungsmessung und Zielzuweisung. Diese Ausrüstung macht den »Kiowa Warrior« voll nachtflugtauglich, erfordert allerdings zusammen mit den anderen Systemen fast 140 »Black Boxes«, die bisher zum größten Teil hinter den beiden Pilotensitzen untergebracht sind, so daß die Kabine nicht mehr für den Personentransport nutzbar ist.

Die neue Variante erhält nun eine verlängerte, spitze Nase, in der viele Rechner untergebracht werden können. So wird Platz für zwei Sitze geschaffen. Außerdem ist ein vorwärts gerichteter Wärmesensor im Bug installiert, der den Nachtflug weiter erleichtern soll. Eine Verkleidung des Rotormastes soll den Radarquerschnitt reduzieren, und beschichtete Frontscheiben schützen vor Laserstrahlen. Zur neuen Avionik zählen unter anderem ein Laserkreisel und ein GPS-Empfänger. Die US Army hatte bereits über 230 OH-58D im Bestand. Bis Juni 1993 wurden daraus 279 »Kiowa Warrior«, teils durch Neuauslieferung, teils durch Nachrüstung.

Anfang März 1992 erhielt das neue, mit Allison 250-C30-Triebwerken ausgerüstete Modell Bell 230, seine kanadische und amerikanische Zulassung.

Auch die erfolgreiche Produktion des »Long Rangers« wurde mit der Variante 206 L-4 fortgesetzt, die ab 1993 zur Auslieferung kam. Das geänderte Getriebe kann 435 shp (320 kW) aufnehmen. Den Antrieb besorgt eine Allison 250-C30P-Turbine. Das Abfluggewicht des Siebensitzers erhöht sich von 1882 kg auf 2018 kg.

Die Firma Bell hatte den Versuchsträger Modell 400 »Twin-Ranger« in der Erprobung, eine zweimotorige Weiterentwicklung des »Long-Ranger«. Die Bell 400 hat zwei Allison-250-C 20-Triebwerke, einen Vierblatt-Rotor, einen größeren Kraftstofftank (719 l) und den »Ring-Guard«-Heckrotor, der den Rumpf strömungsgünstiger gestalten soll. Die nachfolgende geplante Version 400 A wurde mit den ab 1988 lieferbaren Pratt & Whitney-STEP-Triebwerken (Small Turbine Engine Program) ausgerüstet. Die Produkti-

Bell 430.

on in dem neuen Bell-Fertigungswerk Mirabel bei Montreal war 1985 angelaufen und umfaßt inzwischen alle zivilen Modelle des US-Herstellers wie »Jet-Ranger«, »Long-Ranger«, »Twin-Ranger«, 212, 412, 230 und das neue Modell 430. 1994 konnte das Werk seinen tausendsten Helikopter ausliefern.

1996 kam die Bell 407 als Neuling auf den Markt, eine Weiterentwicklung des erfolgreichen »Long-Ranger«, mit Vierblattrotor, elektronisch geregeltem Triebwerk (FADEC) und breiterer Kabine. Ausgerüstet mit einer Allison 250-C47-Turbine (791 PS), erreicht die 1,15 Millionen US-Dollar teure Maschine eine Reisegeschwindigkeit von 256 km/h und eine Reichweite von 608 km; das Abfluggewicht liegt bei 2267 kg. Parallel dazu wird auch eine Twin-engine-Variante 407T angeboten. Inzwischen wird die Bell 407 von dem neuen leistungsstarken Pratt & Whitney-Triebwerk PW 207 angetrieben.

Auf Anweisung der FAA darf das Modell 407 z. Z. (Frühjahr 2001) nur 185 km/h schnell geflogen werden, da – obwohl noch nicht bewiesen – Probleme am Heckrotor bestehen sollen.

Neu auf den Markt kam auch die zehnsitzige Bell 430, eine gestreckte Ausführung des Mittelklasse-Twin Bell 230. Die Bell 430 besitzt ein modernes Vierblatt-Verbundwerkstoff-Hauptrotorsytem,

Bell 427.

zwei Allison 250-C4-Turbinen mit je 783 PS (808 shp) und LCD-Technologie wie IIDS und EFIS. Sie hat eine max. Reisegeschwindigkeit von 143 kn und eine Reichweite von 510 km. Die 3,67 Millionen US-Dollar teure Maschine, die entweder mit Kufen oder Einziehfahrwerk ausgestattet ist, eignet sich für VIP-Transporte, Offshore- und EMS-Aufgaben. Der Erstflug war bereits im Oktober 1994.

Im Dezember 1997 startete in Mirabel (Kanada) das neueste Bell-Muster 427 zu seinem Erstflug. Der Achtsitzer, an dem Samsung beteiligt ist, wird von zwei Pratt & Whitney Canada PW 206D-Triebwerken – je 710 shp (529 kW) – angetrieben. Wie bei dem Modell 430 wird auch die Bell 427 mit einem Collective Shaker von Safe Flight ausgerüstet. Das am kollektiven Blattverstellhebel (Pitch) angebrachte System warnt den Piloten akustisch und durch ein leichtes Schütteln, wenn Temperatur oder Drehmoment in den kritischen Bereich kommen sollten. Zwei Prototypen der Bell 427 befanden sich im Testverfahren für die FAA-Zulassung, die im Januar 2000 erfolgte. Bereits im Dezember 1999 wurde die SPIFR (Single Pilot IFR) CAT A-Zulassung erteilt. Am Tag der FAA-Zulassung – während der Heli-Expo – wurde die erste 427 an PHI (Petroleum Helicopters Inc.) ausgeliefert. Im Januar 2000 lagen bereits 85 Bestellungen für die 427 vor.

Bei dem leichten Zweiturbinen-Hubschrauber Bell 427 zeichnete sich schon 1999 ein ähnlicher Erfolg ab wie bei der 407.

Großes Interesse weckte Bell mit dem Tiltrotor AB 609 in der zivilen Version und V-22 »Osprey« für den militärischen Bereich.

Anfang 1998 scheiterte bei Bell die Übernahme der kommerziellen Hubschraubersparte von Boeing, womit eine Übernahme der Modelle MD 520N und MD 600N und damit der NOTAR-Technologie erfolgen sollte.

Seit Mai 1999 erfolgt auch die Auslieferung von Bell-Hubschraubern aus dem neuen Werk in Amarillo, Texas.

Nach dem Ersten Weltkrieg ließ sich der gebürtige Russe Igor I. Sikorsky in den USA nieder und begann dort mit dem Bau von Amphibienflugzeugen. Als technischer Direktor der Vought-Sikorsky-Aircraft Corporation begann er 1939 mit der Entwicklung eines Hubschraubers. Schon 1909 hatte er in Kiew Koaxial-Hubschrauber gebaut, die jedoch nicht flogen. Am 14. September 1939 fand der Erstflug seiner VS-300 statt, Sikorsky flog sie selbst. Die daraus entwickelte VS-316 (S-47) flog erstmals 1942 als XR-4 bei der US Army und Air Force und kam in die Serienproduktion. Es folgten die Weiterentwicklungen H-4, H-5 und H-6.

Sikorsky Aircraft brachte im März 1954 den Hubschrauber S-58 zum Erstflug, der dann bis 1965 über 2800mal in verschiedenen Versionen gebaut wurde und als H-34 G auch bei der Bundeswehr Verwendung fand. Als Antrieb diente ein 9-Zylinder-Curtiss-Wright-Motor mit 1525 PS Leistung. Mit dem Sikorsky S-61B (SH-3A) erhielt die Marine einen vielseitig einsetzbaren Hubschrauber, der unter dem Namen »Sea King«, zum großen Teil auch als Lizenzmodell der Firma Westland, bei verschiedenen Streitkräften Verwendung findet. Der Erstflug erfolgte 1959, und in einer Serienfertigung von über 20 Jahren erfuhr der Grundtyp mehrere Veränderungen.

Auf Anregung des BMVg hatte »Sikorsky« mit der Entwicklung des S-64 »Skycrane« begonnen. Die ehemaligen Werke Weser-Flugzeugbau GmbH erhielten die Produktionslizenz für den »Fliegenden Kran«, die jedoch wieder entfiel, nachdem die Bundeswehr keinen Bedarf mehr für diesen Hubschrauber hatte. Die Produktion der »Fliegenden Kräne« wurde gegen Ende der 70er Jahre völlig eingestellt.

Der Transporthubschrauber CH-53 wird ebenfalls in mehreren Varianten seit 1965 gebaut und bei verschiedenen Streitkräften eingesetzt. Der Lizenzbau für die Bundeswehr erfolgte bei VFW-Fokker.

Aus dem UTTAS-Programm heraus entwickelte Sikorsky den S-70 A mit der militärischen Bezeichnung UH-60A »Black Hawk«. Der erste Prototyp flog bereits 1974. 1977 erhielt Sikorsky von der US Army den ersten Auftrag über 15 UH-60A. Inzwischen sind über 2000 Hubschrauber dieses Typs an die US- und ausländische Streitkräfte ausgeliefert worden.

Neben der Hauptproduktion von militärischen Hubschraubern brachte Sikorsky mit der S-76 einen reinen zivilen Hubschrauber auf den Markt, der nach mehreren Verbesserungen als S-76 Mark II seit 1982 in Serie gebaut wird. Sikorsky hatte für seinen Mehrzweckhubschrauber S-76 die Zulassung für ADF-Anflüge mit gekoppeltem Autopiloten erhalten. Dies wurde möglich durch die FAA-Betriebsgenehmigung mit dem Bendix-Serie-III-Avionik-System, welches unter anderem vier EFIS-Bildschirme und ein Colorvision-Wetterradar enthält. Die Bauteile sind durch einen digitalen ARINC-429-Datenbus miteinander verbunden. Die Maschine ist entweder mit zwei Allison 250-C30S oder seit 1985 auch mit zwei Pratt & Whitney PT 6B-36 erhältlich. Seit 1987 wird die S-76 auch mit Tourboméca-Arriel-1 S-Triebwerken geliefert, wobei diese Version mit einer maximalen Dauerleistung von 440 kW (592 shp) zwischen den beiden amerikanischen Triebwerken liegt. Eine S-76C+ wurde 1998 als Ersatz für die beiden überalterten Wessex HCC.4 der britischen Königsfamilie angeschafft. Der für zunächst auf zehn Jahre geleaste Hubschrauber wird von Air Hanson betreut. Von der S-76, von der über 500 Stück gebaut wurden, werden noch 15 pro Jahr produziert (Stand Anfang 2000).

Mit der S-92, dem »Helibus«, bislang als reines Prototypen-Programm betrieben, will Sikorsky die veraltete S-61 weltweit ersetzen. Die Zulassung soll nun 2002 erfolgen.

Unter den amerikanischen Hubschrauberfirmen wäre weiterhin zu erwähnen Boeing Vertol (jetzt Boeing Helicopters) mit seinen Tandem-Hubschraubern. Vorläufer war die 1943 von Frank Piasecki gegründete Firma PV-Engineering Forum. Piasecki verwandte bei seinen Hubschraubern die Tandemanordnung und entwickelte die PV-3, die als HRP 1948 zu ihrem Erstflug startete. Weiterentwicklungen führten über die HPP-1 (1948) und V-43 zur bekannten V-44 (H-21) »Fliegende Banane«, die 1952 in Dienst gestellt wurde und von der mehr als 700 Stück gebaut und ausgeliefert wurden.

Der bekannteste Typ von Boeing ist jedoch der Transporthubschrauber CH-47C »Chinook«, der seit 1962 in den Werkshallen von Philadelphia gebaut wird. Seit die YCH-47A am 21. September 1961 zu ihrem Jungfernflug startete, hat sich die mögliche Zuladung mehr als verdoppelt, und auch die Reichweite ist deutlich gestiegen. Boeing arbeitet z. Z. an weiteren Verbesserungen der CH-47-Version. Für den internationalen Markt ist die CH-47SD (Super D) das neue Standardmodell des militärischen Schwerlasthubschraubers, während sich für die US Army der Improved Cargo Helicopter (CH-47F) in der Entwicklung befindet. Ihren Erstflug absolvierte die »Super-D-Chinook« am 25. August 1999, der Erstflug der CH-47F ist für Juni 2001 vorgesehen.

Die Chinook, die in großer Zahl in Vietnam eingesetzt wurde und bei mehr als einem dutzend Kunden weltweit für den Transport schwerer Lasten eingesetzt wird, ist auch in einer verbesserten zivilen Version erhältlich. Unter der Bezeichnung BV 234 erfolgte im August 1980 der Erstflug dieser zivilen Ausführung. Es handelt sich hierbei um den größten zivilen Hubschrauber der westlichen Welt mit Platz für 44 Passagiere und Airlinekomfort. Die MLR-Version verbindet ein kostengünstiges Mehrzweckinterieur mit dem enormen Langstrecken- oder Außenlastpotential. Den ersten Auftrag über sechs BV 234 erteilte British Airways Helicopters, die mit diesen Passagierhubschraubern eine Verbindung von Aberdeen in Schottland zu allen Erdölplattformen in der Nordsee einrichteten.

Am 10. Juni 1987 startete das Boeing-Vertol-Modell 360 in Philadelphia zum Erstflug, der bereits mit der maximalen Abflugmasse von 13.834 kg durchgeführt wurde. Der Rumpf besteht weitgehend aus KfK, Kevlar und Nomex, während für Rotorblätter, Wellen und Fahrwerksteile auch GfK/KfK-Gewebe verwendet werden. Bendix lieferte das mit sechs Bildschirmen ausgestattete Cockpit, Honeywell das

digitale Flugführungssystem. Der 15,54 m lange Hubschrauber wird von zwei Avco Lycoming AL 5512-Wellenturbinen mit je 3130 kW (4200 sph) Leistung angetrieben.

US-Standard-Grundschulungs-Hubschrauber TH-55 »Osage«.

Die Aircraft-Abteilung der Hughes Tool Company (später McDonnell-Douglas Helicopters) begann im September 1955 mit der Entwicklung des zweisitzigen Modells 269. Der erste von zwei Prototypen flog im Oktober 1956 zum ersten Mal, aber erst 1960 entschloß sich Hughes, den Hubschrauber in Produktion zu geben. Die Firma brachte die verbesserte Version, Modell 269 A, heraus, die viele aerodynamische und strukturelle Verbesserungen erfahren hatte. Das Projekt fand die Unterstützung der US Army, die fünf dieser Hubschrauber unter der Bezeichnung YHO-2HU zur Beurteilung in Auftrag gab. Im Sommer 1964 wählte die US Army diesen Hubschrauber mit der militärischen Bezeichnung TH-55A »Osage« zum Standard-Grundschulungs-Hubschrauber. Im Jahre 1967 waren 792 TH-55A »Osage« in der Grundschulung eingesetzt. Dieses Modell wurde bis 1969 in Serie gebaut.

Hughes 300.

Die zwei- und dreisitzigen zivilen Varianten wurden 1963 mit Modell 200 und 300 bezeichnet und vorwiegend im landwirtschaftlichen Bereich, vor allem im Ausland, eingesetzt. Bis 1983 wurden 2750 Hughes 269/300 ausgeliefert. Im Juni 1983 wurden die Herstellerrechte an die Firma Schweizer Aircraft Corp. verkauft.

Hughes beteiligte sich mit dem Modell 369 an dem LOH-Wettbewerb der US Army. Unter der Bezeichnung OH-6 bestellte die US Army dann fünf Prototypen, von denen der erste 1963 seinen Erstflug absolvierte. Nach der Erprobung erhielt die Firma Hughes 1965 den Auftrag zur Serienproduktion des OH-6A (Kraftei), von dem bis 1970 1434 gebaut wurden. Mit den Typenreihen 500-500D entstand das zivile Modell des Hughes 369, welches Anfang 1967 erstmals flog. Es folgten verschiedene Weiterentwicklungen sowohl auf dem militärischen als auch zivilen Gebiet. Dazu zählt der Hughes 500E mit verlängerter und neugestalteter Kabine neben anderen Verbesserungen und der 530F mit stärkerer Allison 250-C30-Turbine für Einsätze in großen Höhen und mit vergrößertem Rotorkreisdurchmesser. Die militärische Variante dieser neuen F-Version wurde im Jahr 1984 mit der Bezeichnung 530 MG vorgestellt. Im Jahr 1988 verkaufte das Unternehmen 109 MD 500E und MD 500F und erreichte damit das beste Ergebnis seit 1981. Neben Australien gehören Osteuropa, Japan und Südostasien zu den größten MD 500 (früher Hughes 500)-Kunden.

Am 30. September 1975 absolvierte der Kampfhubschrauber Hughes YAH-64 »Apache« seinen Erstflug. Für die Entwicklung erhielt Hughes Helicopters Inc., zusammen mit dem Entwicklungsteam der US Army, 1983 die begehrte Robert J. Collier Trophy, eine Auszeichnung der National Aeronautic Association. Die Collier Trophy ist der begehrteste Industriepreis in den USA für den Bereich der Luft- und Raumfahrt. Ausgezeichnet werden Fluggeräte, die bezüglich Leistungsdaten, Effizienz oder Sicherheit besonders herausragen.

Im Auftrag von DARPA und des ATL der US Army entwickelte Hughes den heckrotorlosen NOTAR-Hubschrauber, dessen Prototyp, ein modifizierter OH-6 (Cayuse), im Dezember 1981 erstmals flog.

Der NOTAR-Hubschrauber benutzt anstelle des Heckrotors ein Luftzirkulations-System, das von einem Fan betrieben wird und im Heckausleger des Hubschraubers installiert ist. Damit ist eine richtungsgerichtete Kontrolle des Fluges möglich. Zielsetzung bei dieser Entwicklung ist ein sicherer Hubschrauber bei niedrigen Wartungskosten.

Der NOTAR-Hubschrauber MD 520N wurde von McDonnell-Douglas weiterentwickelt und basiert auf Grundstruktur und Rumpf des bewährten MD 500 mit einer Modifikation der Turbine (Allison 250-C20R) und des Heckauslegers. Im August 1992 hat Fuchs Helicopter in der Schweiz, als erstes europäisches Unternehmen, das neue NOTAR-Muster MD 520N in Dienst gestellt.

Die MD 630N basiert auf dem Erfolgsmodell MD 520N, jedoch mit deutlich verlängerter Zellenkonzeption. Für eine zusätzliche Sitzreihe wurde die eiförmige Zelle um 76 cm gestreckt. Mit Sechs-Blatt-Rotor und leistungsgesteigerter Allison 250-C30-Turbine erreicht die MD 630N eine Reisegeschwindigkeit von 248 km/h bei einer Reichweite von 621 km. Am 6. November 1995 flog der McDonnell-Douglas-MD-600N-Versuchsträger erstmals mit dem für die Serie vorgesehenen dynamischen System, bestehend aus dem Sechsblattrotor und dem Allison-250-C47-Triebwerk.

Die FAA hat für die MD 600N auch die Schwimmer-Zulassung erteilt. Die Notschwimmer, zwei an den Kufen befestigte Plastikbehälter, werden mit Stickstoff in zwei bis drei Sekunden aufgeblasen. Hersteller ist Apical Industries in Oceanside (Kalifornien).

Der achtsitzige leichte Twin MD-900 »Explorer« ist der erste Hubschrauber, der nach JAA-Richtlinien zugelassen wurde. Mit zwei Tourboméca Arrius 2C-Turbinen erreicht er eine Höchstgeschwindigkeit von 278 km/h. Das Höchstabfluggewicht liegt bei 2722 kg. Mit 3,3 Millionen US-Dollar ist er auch deutlich teurer als der EC 135. Als erstes deutsches Unternehmen erhielt 1996 der HSD (Hubschrauber-Sonder-Dienst) aus Harste einen MD-900 »Explorer« und danach die ADAC-Luftrettung GmbH. Der neue »Explorer II« oder MD 902 hat neben einigen technischen Anpassungen und Verbesserungen auch ein um 250 lb erhöhtes maximales Startgewicht gegenüber der ersten 900er-Version und die Zulassung für die »Category A«-Leistungsklasse I nach JAA und FAA ohne Gewichtseinschränkung sowie Single Pilot IFR. Als Antrieb besitzt er zwei PW 206 E-Triebwerke.

Aero Asahi, der erste »Explorer«-Betreiber in Japan, erhielt 1995 den ersten von 14 bestellten »Notar«-Hubschraubern von McDonnell-Douglas Helicopters.

Anfang 1998 gab Boeing seinen Entschluß, sich von der kommerziellen Hubschraubersparte zu trennen, bekannt. Die angekündigte Übernahme des nahezu kompletten Zivilhubschrauberprogramms, mit Ausnahme des MD-»Explorers«, durch Bell Helicopter Textron ist jedoch gescheitert.

Die niederländische Rotterdam Dockyard Company (RDM) hat im Februar 1999 die Produktlinie des NOTARS MD 520N, MD 600N, MD 530F, MD 530E und MD »Explorer« von Boeing übernommen. MD Helicopters Holding, Inc., eine Tochterfirma von RDM Holding, wird die Produktion der leichten Hubschrauber vorläufig in den Produktionsstätten von Boeing in Mesa, Arizona, fortsetzen. Aus Kostengründen wurde die Fertigung der »Explorer«-Zellen von Australien in die Türkei verlegt. Die Rümpfe werden bei Turkish Aerospace Industries Inc. (TAI), einem renommierten ISO-zertifizierten Unternehmen, das mit Lockheed (F 16) kooperiert, gefertigt. Weltweit sind inzwischen 57 »Explorer« im Einsatz, davon in Deutschland sechs Maschinen. Drei MD »Explorer« bei der niedersächsischen Polizei, zwei bei der ADAC-Luftrettung und eine beim DRF Team/HSD. MD Helicopters konnte 1999 37 Hubschrauber ausliefern, 50 Bestellungen gingen ein, so daß die Produktion im Jahr 2000 auf mindestens 65 Maschinen erhöht werden mußte.

Die Firma Schweizer Aircraft ist im Norden des Staates New York, in Elmira, am Fuße des Harris Hill, beheimatet. Hier ist auch die Wiege des amerikanischen Segelflugs. 1939 ging bei Schweizer das erste Segelflugzeug in Produktion, 1988 der erste selbst konstruierte Hubschrauber, der Schweizer 330.

Schon in den 50er Jahren baute Schweizer über 1000 Kabinen für die Bell 47. Seitdem wurden mehr als 50.000 Elevators für Bell-Hubschrauber gebaut, dazu kommen Stabilizer für die Bell 222 und viele Ersatzteile für Sikorsky.

Schweizer Aircraft baut die Hughes 300 C in Lizenz. Die erste Lizenz-Version wurde 1984 ausgeliefert. Der dreisitzige Klein-Hubschrauber mit Kolbenmotor absolvierte im August 1969 seinen Erstflug – damals noch unter der Firmierung von Hughes. 1986 kaufte Schweizer das 900-Programm von McDonnell-Douglas. Jährlich verlassen ca. 70 Hubschrauber vom Typ 300 C das Werk in Elmira.

Am 19. Mai 1988 hatte der Turbinen-Leichthubschrauber Schweizer 330 seinen Erstflug. Die erste öffentliche Vorstellung erfolgte am 14. Juni 1988. Durch die Drosselung der Allison 225-C 10A-Turbine von 261 auf 149 kW (350 auf 200 shp) konnten die gesamten dynamischen Komponenten der 300 C einschließlich des Haupt- und Heckrotors übernommen werden. Lediglich Kabine und Innenleben mußten modifiziert beziehungsweise neu konstruiert werden. Die Kabine, mit drei Sitzen nebeneinander, ist 1,71 m breit. Äußerlich unterscheidet sich die 330 von der kolbenmotorgetriebenen 300 C durch eine strömungsgünstigere Rumpfverkleidung, im Flug zeigt sie eine höhere Stabilität. Außerdem besitzt sie einen größeren Haupt- und Heckrotor sowie eine bessere Hauptrotordämpfung. Auf der ILA 1994 wurde erstmals auf einer europäischen Luftfahrtschau das Turbinen-Modell 330 gezeigt. Auf der Heli-Expo 95 zeigte Schweizer Aircraft unter der Bezeichnung 300CB eine abgespeckte Trainingsversion des 200.000 US-Dollar teuren Zweisitzers 300 C. Preis der 300 CB (Stand 1998) 189.500 US-Dollar (345.000 DM).

Für 1997 konnte Schweizer ein Plus von zehn Prozent verbuchen.

Auf der Heli-Expo 2000 wurde das neue Modell, die 333 – ein update des Turbinenhubschraubers 330 – vorgestellt. Ein neu entwickelter Rotor und ein modifiziertes Turbinentriebwerk, Rolls-Royce-(Allison-) 50C-20W, sollen 30 Prozent mehr Zuladekapazität und eine um 22 km/h höhere Geschwindigkeit ermöglichen. Der Kaufpreis der 333 wird 595.000 US-

MD 600N »Notar«.

Dollar betragen, 12.000 mehr als für die 330 SP. Erstkunde der 333 ist die Polizei von San Antonio, Texas.

ADAC MD 900 »Explorer«.

Bei Kawada Industries in Japan ließ Schweizer eine unbemannte 330, den »Robocopter«, entwickeln. Eine Überraschung auf der Heli-Expo 2000 war das »Modell 379«, ein unbemannter Hubschrauber (VTUAV), der anläßlich der Pressekonferenz vorgestellt wurde. Es handelt sich um eine umgebaute

Explorer.

Schweizer
330SP.

Schweizer 330SP, die am 12. Januar als Northrop Grumman Modell 379 auf dem Navy-Stützpunkt China Lake (Kalifornien) einen ersten vollautomatischen Testflug von 18 Minuten absolvierte. Die vorgesehene Strecke wurde mit Hilfe des GPS-Navigationssytems geflogen, die Landung mit einem Radarhöhenmesser unterstützt.

In Torrance bei Los Angeles produziert die Robinson Helicopter Company seit 1979 ihren populären Leichthubschrauber R22. Nachdem die zweisitzige R22 seit weit mehr als sechs Jahren der meistgebaute Hubschrauber der Welt ist, übertraf dieser Hubschrauber 1990 erstmals in bezug auf die Fertigungszahlen auch das meistgebaute amerikanische Leichtflugzeug. Es wurden insgesamt 384 R22-Hubschrauber ausgeliefert, wovon etwa zwei Drittel in den Export gehen. Mit bislang mehr als 200 verkauften R22 ist Großbritannien dabei der wichtigste Exportmarkt, gefolgt von Australien. In Großbritannien wie auch in Australien waren 1991 mehr R22 in der Luftfahrzeugrolle eingetragen als alle anderen zivil zugelassenen Hubschrauber jeweils zusammengenommen. Der R22 dürfte der meistgebaute Hubschrauber der Welt bleiben. Im ersten Halbjahr 1992 wurden 127 R22 ausgeliefert. 68 Prozent der Produktion entfielen dabei auf den Export, hauptsächlich nach Japan, Großbritannien, Kanada und Frankreich.

Der leichte Zweisitzer ist als R22 »Mariner« mit Schwimmern und besonderem Korrosionsschutz gegen Seewasser und für Arbeitseinsätze mit Lasthaken, der bis 180 kg zugelassen ist, zu haben. 1990 erhielt der R22, inzwischen mit stärkerem Motor in der »Beta«-Version im Einsatz, einen »RPM Governor«. Dabei handelt es sich um einen im Robinson-Werk konzipierten Drehzahlregler für die kollektive Blattverstellung und Gasregulierung. Eine Weiterentwicklung ist die R22 »Beta II«. Der Vier-Zylinder-Lycoming-O-360-Motor ist auf 96 kW (131 PS) gedrosselt. Gegenüber der bisherigen »Beta«-Version

gibt es einige Verbesserungen u. a. im Heizungssystem, bei der Ölkühlung und ein neu entwickelter Stick. Der Preis beträgt rund 135.000 US-Dollar (Stand 1998).

Mitte 1993 erfolgte die erste Auslieferung des neuen viersitzigen Robinson R44 Astro für Deutschland. Drei Monate nach der Heli-Expo in Las Vegas, im März 1992, konnte die Robinson Helicopter Company annähernd 100 Optionen für die neue R44 verbuchen. Allein für Deutschland lagen bis zum Abschluß der ILA 92 in Berlin 13 Bestellungen vor. Der Endpreis für die R44 in Standardausrüstung soll bei ca. 235.000 US-Dollar liegen. Robinson verkaufte 1994 über 195 R22 und R44, davon 22 nach Deutschland. Inzwischen haben TV-Stationen und die Polizei den viersitzigen R44 für sich entdeckt. 1997 wurden insgesamt 246 R22 und R44 gebaut. Die »neue« R 44 »Raven« besitzt eine Hydrauliksteuerung und ist damit um 13.000 US-Dollar teurer, jedoch von den letzten 100 Bestellungen war nur eine ohne Hydraulik. Der Preis für die R 44 »Raven« lag im Jahr 2000 bei 294.000 US-Dollar, die R 22 kostete 154.000 US-Dollar.

In der ersten Hälfte des Jahres 1998 war Robinson der Spitzenreiter als Produzent kommerzieller Hubschrauber. Nach Angaben der Aerospace Industries Association hat Robinson mit 118 Hubschraubern in diesem Zeitraum die Produktion von Bell Helicopter »Textron« um 19 Hubschrauber übertroffen. Insgesamt wurden 1998 117 R22 und 134 R44 verkauft. Robinson-Hubschrauber fliegen in 50 Ländern der Erde.

1999 lief der 3000. R-22 vom Band; insgesamt wurden 1999 278 Hubschrauber ausgeliefert. Anfang 2000 waren mehr als 3800 Robinson weltweit im Einsatz. Während der Heli-Expo 2000 lagen bereits 120 Bestellungen für die R44 und 50 für die R22 vor. Die Mitarbeiterzahl bei Schweizer Aircraft wird von 650 auf 700 steigen, und für den Kundendienst wird eine neue Halle errichtet werden. Die wöchentliche Produktionsrate der R44 wird auf fünf Einheiten steigen. Auf der Heli-Expo 2001 erfolgte die Übergabe der 1000. R44, deren Erfolg dem Unternehmen im Jahr 2000 einen Rekordumsatz von über 100 Mio. US-Dollar bescherte.

Basierend auf dem dreisitzigen Leichthubschrauber 280 FX bewarb sich auch die im Bundesstaat Michigan beheimatete Firma Enstrom mit dem TH-28-Nachfolgemodell des außer Dienst gestellten Trainingshubschraubers der US Army TH 55. Die 280 FX in der Turbinenversion fliegt seit dem 23. September 1988. Weiterhin wird auch die F 28 »Falcon« mit Kolbenmotorantrieb parallel zum militärischen Helikopter-Programm gebaut. Die neue F 28F »Falcon« wird von einem Lycoming HIO 360-F1AD-Motor mit 168 kW (225 PS) angetrieben. Ihre Höchstgeschwindigkeit liegt bei 97 kts (180 km/h).

Die Enstrom 480 erhielt 1998 eine neue Türvariante und wurde für aufblasbare Hilfsschwimmer zugelassen. Seit 1994 sind 42 Enstrom 480 für die unterschiedlichsten Aufgaben in Dienst gestellt worden. Der Basispreis der 480 liegt bei 580.000 US-Dollar (Stand Anfang 2000). Die Enstrom 480 B mit Turbinenantrieb erhielt am 9. Februar 2001 ihre FAA-Zulassung. Durch ein verbessertes Getriebe läßt sich nun die Leistung des Rolls-Royce-250 C20W-Triebwerks besser nutzen, was einer Erhöhung der Abflugmasse und damit eine um etwa 70 kg gesteigerte Zuladung erlaubt.

Unter den amerikanischen Hubschrauberfirmen wäre noch Kaman Aerospace Corporation mit der »Huskie«-Serie, bis 1956 noch mit Kolbenmotor ausgerüstet, zu nennen. Charles H. Kaman, der zuvor fünf Jahre als Chef-Aerodynamiker bei United Aircraft tätig war, gründete 1945 sein Unternehmen Kaman Aircraft Corporation. Seine ersten Konstruktionen waren 1946 der K-125, 1948 der K-225 und 1950 der K-240.

Der Hubschrauber HH-43B »Huskie« wurde seit 1958 als Rettungs- und Brandbekämpfungshubschrauber sowie bei der Küstenwache eingesetzt. Wie alle »Huskies« ist auch die Version HH-43F mit einem gegenläufigen Doppelrotor nach dem Flettner-Prinzip ausgestattet und wird von einer Lycoming T-53-L-13-Wellenturbine mit 860 PS angetrieben.

Die neueste Entwicklung ist der »K-Max«, ein einsitziger Hubschrauber, als fliegender Lastwagen nur für den Transport von Lasten konzipiert. Er besitzt ebenfalls zwei gegenläufige ineinanderkämmende Rotoren (Flettner-Prinzip), wodurch der »K-Max« auf einen Heckrotor verzichten kann. Treibstoffverbrauch ca. 316 Ltr/h. Eine Lycoming T 53 17A-1-Wellenturbine im 2178 kg schweren »K-Max« K 1200 ermöglicht eine Nutzlast von 2722 kg. In 2440 Meter Höhe sollen noch 2270 kg transportiert werden können. 1991 begann die Entwicklung dieses Hubschraubers, im August 1994 erhielt er die FAA-Zulassung. Es wurde auf alles, was nicht notwendig ist, verzichtet. Die Maschine soll auch im Leasingverfahren für ca. 1000 US-Dollar pro Flugstunde genutzt werden können.

Im Rahmen des Entwicklungsprogramms absolvierte 1994 der erste Kaman »K-Max« im Auftrag der Forstbehörde einen einwöchigen Einsatzversuch im Jefferson National Forest (Virginia). Vielfach hingen Stämme mit bis zu 2700 kg an dem 50 bis 100 Meter langen Tragseil. Bis zu 30 Transporte pro Stunde waren möglich. Der zweite »K-Max« wurde für die FAA-Zulassungsversuche nach Part 27 verwendet, die der einsitzige Hubschrauber weniger als drei Jahre nach dem Erstflug des »Aerial Truck« am 30. Au-

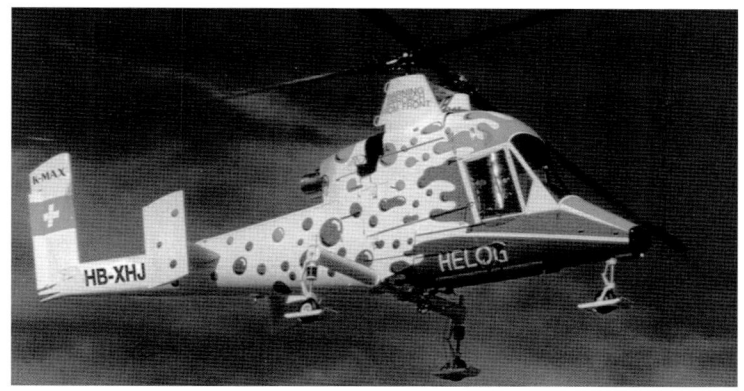

Kaman K-Max K-1200.

gust 1994 erhielt. Die dritte Maschine absolvierte statische Versuche, während Nummer vier für die Auslieferung als erstes Serienmodell an Erickson Air Crane vorgesehen wurde.

Im Mai 1995 hat als erster Kunde außerhalb des amerikanischen Kontinentes die HELOG AG in Küssnacht (Schweiz), gegründet 1981, den Kaman »K-Max« K-1200 für Logging- und Montagearbeiten im Gebirge in Dienst gestellt. Preis: 3,5 Millionen US-Dollar plus zwei Millionen US-Dollar für Ersatzteile und Zusatzausrüstung, z. B. eine elektronische Wägeeinrichtung zur genauen Gewichtskontrolle von Außenlasten. Seit August 1999 fliegt auch ein »K-Max« bei der Firma Wucher in Österreich.

Alle zukünftigen »K-Max«-Piloten werden auf der H-43 (Huskie) eingewiesen, weil das Rotorsystem mit dem des »K-Max« völlig identisch ist, jedoch ein konventionelles Cockpit für zwei Piloten besitzt, was die Schulung problemlos macht.

Auf der Heli-Expo 1997 offerierte Kaman für den »K-Max« seitlich am Rumpf montierte Sitze für die Mitnahme von Bodenpersonal. 1999 erhielt der »K-Max« von der FAA die Zulassung für Flüge unter Instrumentenflugbedingungen, eine grundsätzliche Forderung an Hubschrauber der US-Marine. Dafür entwickelte Kaman beim »K-Max« ein neues Stabilisierungssystem, unterstützte hydraulisch die Flugsteuerung und führte weitere Modifikationen durch.

In Zusammenarbeit mit Simula Inc., einem Unternehmen aus Arizona, hat Kaman Aerospace gleichzeitig einen neuen Pilotensitz für den »K-Max« entwickelt, der nach den neuen FAA-Regeln zugelassen wird. Er soll in bezug auf Stabilität bei Unfällen und seiner hohen Absorption beim Lastvielfachen, bis 15 g in der Vorwärtsbewegung und bis 26 g bei vertikaler Bewegung, dem Piloten größtmögliche Sicherheit bieten. 1997 konnte die Kaman Corp. erstmals Bruttoeinnahmen von mehr als einer Milliarde US-Dollar verbuchen (1996 953,7 Millionen US-Dollar).

Die Hiller Aircraft Corporation brachte 1948 das Modell 360 mit dem von Stanley Hiller entwickelten Rotormatic-Steuersystem, erstmals 1946 in dem Hiller-Hubschrauber U-5 verwendet, heraus. 1950 erfolgte die Weiterentwicklung »Modell 12«, welches mit stärkerem Motor später als UH-12B (OH-23) auch im zivilen Bereich weite Verbreitung fand.

Bei dem Rotormatic-Steuersystem werden durch die Steuerausschläge des Piloten sogenannte Paddel eines kurzen Hilfsrotors verstellt. Dieser Hilfsrotor verändert seine Lage und verstellt dadurch die Anstellwinkel der beiden Heckrotorblätter. Wird der Hauptrotor durch äußere Einwirkungen, z. B. durch eine Bö, aus seiner Lage gebracht, so bringt der Hilfsrotor ihn automatisch wieder in seine vorherige Position zurück. Die aus dem hochliegenden Hauptgetriebe zur Mitte des Heckauslegers abgeknickte Heckrotorwelle zeigt die typische Silhouette eines Hiller-Hubschraubers. Mehr als 2200 Stück dieses Musters gelangten in verschiedenen Ausführungen sowie als H-23 zur Auslieferung. Hiller Aircraft präsentierte auf der Heli-Expo 95, als »Low Cost«-Heli mit Vergasermotor, den fünfsitzigen Hiller 12E5.

Brantly International in Vernon, Texas, bringt seit 1996 mit ca. 40 Mitarbeitern eine Neuauflage der Brantly B-2 als B-2B auf den Markt. Das von Newby O. Brantly entwickelte zweisitzige B-2-Modell startete 1953 zu seinem Erstflug. Die Zulassung und Serienfertigung begann 1959. Die Firma wechselte dann mehrfach den Besitzer. Unter Michael K. Hynes (Brantly-Hynes Helicopter Inc.) entstand in den 70er Jahren die modifizierte Version B-2B. 1996 erwarb die Firma die Produktionszulassung erneut. Als Antrieb der B-2B dient ein senkrecht eingebauter, 180 PS leistender Lycoming-IVO-360-A1A-Motor. Die Startmasse beträgt 757 kg, die Reisegeschwindigkeit wird mit 145 km/h angegeben. Eine Besonderheit ist das Dreiblatt-Hauptrotorsystem. Jedes Blatt besitzt zwei Schlaggelenke, was eine besondere Laufruhe der »Außenblätter« bewirkt und zugleich zum Ausgleich der Schwingungskräfte im gesamten Blattsystem führt. Der Basispreis beträgt 150.000 US-Dollar (300.000 DM), Stand 2000.

Eigenbauten (USA)

Rotor Way Exec

Die Firma Rotor Way Aircraft aus Chandler in Arizona bietet den bisher bekanntesten Bausatz-Hubschrauber an. Vor gut 30 Jahren hatte B. J. Schramm die Idee, einen Hubschrauber zu entwickeln, den sich jeder leisten könnte. So baute er in den 60er Jahren einen Prototyp unter dem Namen »Javelin« (Speer). Als Antrieb diente ein Mercury-Außenbordmotor. Aus dem »Javelin« entstand der »Scorpion I«, angetrieben von einem Zweitaktmotor, und An-

fang der 70er Jahre der »Scorpion II«. In den »Scorpion 133« baute Schramm den von ihm entwickelten flüssigkeitsgekühlten Vierzylinder-Boxermotor. Dieser läuft unter der Typenbezeichnung RW 152-D. Bis 1988 wurden weit über 1000 Bausätze, plus Lizenz, verkauft. Jeder, der einen Exec-Hubschrauber kauft, kann auch gleichzeitig die Ausbildung zum Privathubschrauberpiloten mitkaufen, natürlich auf Rotor-Way-eigenem Fluggerät und im firmeneigenen Trainingscenter. Die obligatorische FAA-Prüfung für den PHPL runden den erweiterten Lehrgang ab; Kosten: 20 Flugstunden plus Theorie sowie Wartungseinweisung kosten 3800 US-Dollar. Fertige Hubschrauber gibt es nicht zu kaufen, so daß jeder Käufer seinen Kit selbst zusammenbauen und bei der Experimental-Zulassung quasi als Hersteller auftreten muß.

Inzwischen ist der Rotor Way 162 F (F = FADEC) auf dem Markt. Der neue Bausatz Exec 162 F kann in ca. 300 Stunden zusammengebaut werden, auf Wunsch mit Begleit-Video-Kassetten (14 Stunden). Die Werkzeuge für den Zusammenbau, in Zollmaßen erforderlich, können auf Wunsch mitbestellt werden. Der Bausatzhubschrauber mit Doppelsteuer hat einen Zwei-Blatt-Aluminium-Hauptrotor mit asymmetrischem Blattprofil, Zwei-Blatt-Aluminium-Heckrotor, Antrieb über Ketten bzw. Keilriemen. Der weiterentwickelte 2,6-l-Motor leistet 152 PS. Die maximale Reisegeschwindigkeit beträgt 185 km/h, die Dienstgipfelhöhe knapp 4000 Meter. In Europa wird dieser Zweisitzer bei der französischen Firma Aeroduc in Bordeaux angeboten. Der Preis beträgt 62.350 US-Dollar (ca. DM 115.000).

1995 wurden vier Exemplare in die baltische Region verkauft, und in Großbritannien gibt es bereits über zwanzig dieses Rotor-Way-Kit – weltweit wurden über 300 Bausätze verkauft (Stand: Sommer 1998). Inzwischen wurden allein 50 Stück von der Firma KRUG in Kaluga (Rußland) geordert, nach Deutschland sind bisher sieben geliefert worden. Mittlerweile fliegen Rotor-Way-Hubschrauber in über 50 Ländern rund um die Erde. Die letzten Auslieferungen erfolgten in die Vereinigten Arabischen Emirate, nach Island und Kolumbien. Bei der mexikanischen Marine erfolgt die Auswahlschulung ihrer Piloten auf der Exec 162 F.

Chadwick Rainbow

Auf der 38. HAI in Anaheim/Kalifornien wurde 1986 der Chadwick »Rainbow«, ein einsitziger Hubschrauber, vorgestellt, der noch in die UL-Klasse fällt. Der C-122 S »Rainbow« hat einen vollgelenkigen Vierblatt-Rotor. Als Antrieb dient ein senkrecht eingebauter Rotax 503, dessen Leistung von 63 PS (67 kW) durch Gummiriemen übertragen wird. Strukturell ist der »Rainbow« aus einem Aluminiumgerüst aufgebaut, das mit GfK verkleidet wird, wobei der Pilot fast ganz im Freien sitzt. Mit 19 Litern Kraftstoff beträgt die Reichweite ca. 200 km und die Flugzeit maximal 1,4 Stunden.

Als Höchstgeschwindigkeit nennt Chadwick Rainbow 151 km/h (in den USA zur Erfüllung der UL-Richtlinien automatisch auf etwa 100 km/h gedrosselt). Das in Sherwood (Oregon) ansässige Unternehmen Chadwick Helicopters International nannte damals einen Preis von 25.000 US-Dollar.

Revolution Mini 500

Im Mai 1992 startete dieser optisch der MD 500 entsprechende Kleinhubschrauber zu seinem Jungfernflug, geflogen von seinem Konstrukteur Dennis Fetter. Der einsitzige »Mini 500« wird zu 51 Prozent als Bausatz vertrieben und kostet komplett mit Triebwerk, Elektrostarter und Instrumenten 24.500 US-Dollar (mit gut DM 66.000 Basispreis auch der preiswerteste). In den USA ist der Mini bereits FAA geprüft. In Deutschland ist der S & S Helicopter Full Service in Wickede bei Dortmund die Generalvertretung der in Missouri, USA, beheimateten Revolution Helicopter Corporation Inc.

Die Reisegeschwindigkeit des Mini 500 liegt bei 120 km/h, Dienstgipfelhöhe 10.000 ft und maximale Flugdauer drei Stunden; die Triebwerksleistung des Rotax 582-Zweitaktmotors beträgt 64 PS; Abflugmasse 381 kg.

Wegen der großen Nachfrage kam es zu einer zweisitzigen Variante des Mini 500: zur »Voyager 500« mit einem flüssigkeitsgekühlten 138 PS leistenden Dreizylinder-Zweitaktmotor, die auf der Heli-Expo 99 vorgestellt wurde. Der Bausatz kostet 52.500 US-Dollar (rund 94.000 DM), Stand 1999.

Ultrasport

Nach vier Jahren Entwicklungszeit stellte American Sportscopter International 1995 seine Eigenbauhelikopter »Ultrasport 331« und »Ultrasport 496« vor. Hergestellt aus Verbundwerkstoffen und Titan (Rotormast), kosten die Fluggeräte rund 40.000 US-Dollar. Die Betriebskosten sollen unter zehn Dollar pro Flugstunde liegen.

CH-7 Angel / CH-7 Kompress

Dieser italienische Bausatz wird in Deutschland von der Firma Rotorcraft Flugtechnik in Thalmässing vertrieben. Den CH-7 »Angel«, einen Einsitzer, gibt es standardmäßig mit dem Rotax 882-Zweitaktmotor (64 PS) und in der stärkeren Version mit dem leistungsstärkeren Rotax 912-Vierzylinder (80 PS). Die Standardausführung kostet 77.940 DM inkl. MWSt.

Der CH-7 »Kompress« ist als Zweisitzer geplant und soll DM 133.400 kosten.

In Zusammenarbeit mit dem LBA unterstützt die Oskar-Ursinus-Vereinigung (OUV) die Amateurbauer. In Deutschland darf ein Experimental-Kit mit VVZ (einzige Zulassungsmöglichkeit) nur mit gültigem PPL-E geflogen werden.

Japan

In Japan beschäftigt sich Kawasaki Heavy Industries seit 1918 mit dem Bau von Luftfahrzeugen, darunter Kampfflugzeuge und Bomber, die im Zweiten Weltkrieg im Einsatz waren. Nach 1945 entwickelte Kawasaki aus dem Modell Bell 47 G3 eine neue Variante mit größerer Kabine und zwei Sitzbänken, die unter dem Namen KH-4 im August 1962 zum ersten Mal flog. Bis 1972 wurden insgesamt 193 Kawasaki KH-4 an das japanische Heer und die Streitkräfte von Thailand, Südkorea und die Philippinen geliefert.

Ebenfalls in Lizenz gebaut wurden die Muster MD OH-6D und CH-47J »Chinnok«.

Zusammen mit MBB (heute Eurocopter Deutschland) entwickelte Kawasaki Heavy Industries 1977 die BK 117. KHI hat eine Vereinbarung für den Vertrieb des EH 101 in Japan mit Agusta unterzeichnet. Die ersten EH 101 für Japan wurden an die Polizei von Tokio ausgeliefert. Das Hauptwerk von KHI befindet sich in Gifu, zwei kleinere Produktionsstätten in Nagoya.

Japans erste komplette Eigenentwicklung im Hubschrauberbereich, der MH 2000, wurde von Mitsubishi Heavy Industries entwickelt. Die Zulassung durch das japanische Verkehrsministerium wurde im Juni 1997 erteilt.

Fuji Heavy Industries gehört ebenfalls zu Japans Luftfahrzeug-Herstellerfirmen. Das Unternehmen wurde 1917 gegründet und baut seit Anfang der 60er Jahre Hubschrauber in Lizenz. Dazu gehören u. a. die Muster Bell 204, AH-1S und XOH 1.

Auch im Ostblock konzentrierte man sich, wenn auch etwas später als im Westen, auf die Produktion von Hubschraubern.

Sowjetunion/GUS

In der Sowjetunion erschien 1948/49 der von Michail Leontjewitsch Mil konstruierte Hubschrauber Mi-1, der auch in Polen unter der Bezeichnung SM-1 später in Lizenz gebaut wurde. Der erste sowjetische Turbinenhubschrauber war der ab 1959 in Serie gebaute Mil Mi-6.

Mitte der 50er Jahre beschloß das Mil-Konstruktionsbüro die Flugleistungen des Mi-1 durch die Entwicklung einer Version mit Turbinenantrieb zu verbessern. Hierfür wählte man zwei neue 400-WPS Isotow GTD-350-Wellenturbinen, die zusammen über die Hälfte leichter waren als der einzelne Iwtschenko-Sternmotor und fast 30 Prozent mehr Leistung ergaben. Durch ihre Installation nebeneinander über der Kabine konnte der gesamte Innenraum für die Aufnahme von Passagieren oder Nutzlast verfügbar gemacht werden. Der erste Prototyp flog im September 1961. Nach den ersten Flugerprobungen wurde der hölzerne Dreiblatt-Heckrotor durch einen Zweiblattrotor aus Metall ersetzt, und ab 1965 erhielt der Hubschrauber eine neue Rotornabe, die von der des Mi-6 abgeleitet war. Da die sowjetischen Flugzeugwerke völlig mit der Produktion des Mi-8 und anderer schwerer Mil-Hubschrauber ausgelastet waren, wurde die gesamte Serienproduktion des Mi-2 nach Polen verlegt, wo sie ab 1965 bei WSK-PZL-Swidnik anlief.

Der Mi-12 galt als der größte Hubschrauber der Welt. Auf dem Rumpf eines Antonow-Transportflugzeuges hatte man auf jeder Seite je eine Antriebseinheit des Großhubschraubers Mil Mi-6 auf Auslegern montiert. So konnte die Mi-12 mit einem Abfluggewicht von rund 104 Tonnen eine Nutzlast von 40 Tonnen heben. Der Erstflug erfolgte 1968; über eine Serienproduktion ist nichts bekanntgeworden. Wahrscheinlich wurde auf Grund technischer Schwierigkeiten eine Weiterentwicklung zugunsten des Mil Mi-26 (Halo) aufgegeben. Hierbei handelt es sich um den größten und leistungsstärksten Hubschrauber der Welt. 1981 wurde der Mi-26 zum ersten Mal im Westen, auf dem Aero-Salon in Paris/Le Bourget, der Öffentlichkeit vorgestellt. Als Antrieb dienen zwei Turbinen vom Typ Lotarew D 136 mit je 11.400 PS (8500 kW) Startleistung. Der Mi-26 besitzt einen Acht-Blatt-Rotor von 32 Meter Durchmesser, beheizte Rotorblätter, Turbineneinlässe und Cockpitscheiben. Der Rotorkopf wiegt ca. drei Tonnen. Die acht Tanks fassen 12.000 Liter Treibstoff, die Reichweite beträgt 800 km mit Reserve, die Reisegeschwindigkeit wird mit 255 km/h und die maximale Abflugmasse mit 56.000 kg angegeben.

Der Mil Mi-24 (Hind) war der erste sowjetische Kampfhubschrauber, der seit 1973 an befreundete Nationen der UdSSR ausgeliefert wurde. Seit Dezember 1979 stand er in Afghanistan im ständigen Einsatz.

Mit dem Mil Mi-28 »Havoc« besitzen die GUS-Streitkräfte einen weiteren modernen Kampfhubschrauber.

Auf dem Pariser Aerosalon 1987 zeigte die Sowjetunion dem Westen erstmals den Mil Mi-34. Hierbei handelt es sich um einen leichten Viersitzer für Schulung, Verbindungs- und Beobachtungsflüge. Als Antrieb dient ein luftgekühlter Neunzylinder-Vedeneyev M-14V-25-Sternmotor mit einer Leistung von 325 PS (239 kW). Der Vierblatt-Hauptrotor aus Verbundwerkstoffen hat einen Durchmesser von zehn Metern, der zweiblättrige Heckrotor mißt 1,48 m. Die maximale Abflugmasse der Mi-34 beträgt 1250 kg. Die Reichweite beträgt 450 km ohne Zuladung, die Dienstgipfelhöhe wird mit 4500 Metern und die Reisegeschwindigkeit mit 180 km/h angegeben.

Die zivile Vermarktung seiner Mi-17-Hubschrauber strebt das russische Hubschrauberunternehmen Kazan Helicopters an. In den nordwestlich von Moskau gelegenen Produktionsstätten wurde neben der Mi-17 und ihrer jüngsten, verbesserten und mit stärkeren Triebwerken ausgerüsteten Version Mi-17 M auch die Mi-8 gebaut, aus der die Mi-17 entwickelt wurde. Die Mi-17 M, auf der ILA 1992 in Berlin vorgestellt, unterscheidet sich von der Mi-17 durch zwei verbesserte Isotow TW3-117 WM-Triebwerke. Das »W« steht für Wysota = Höhe. Gerade in größeren Dichtehöhen sollen die Triebwerke bessere Leistungen bringen als ihre Vorläufer. Die Mi-17 wird in unterschiedlichen Variationen angeboten, z. B. als Transporthubschrauber für 4000 kg Zuladung bzw. bis zu 28 Passagiere. Eine Luxus-Ausführung bietet varia-

MIL Mi-26, größter und leistungsstärkster Hubschrauber der Welt, Aero Salon Paris 1985.

ble Sitzplätze für 7, 9 oder 11 Personen (Mi 172). Auch die Ausrüstung als »Fliegendes Hospital«, Rettungs- und Ambulanzhubschrauber (Mi-17-1VA) oder mit Feuerlöschausrüstung ist möglich. Die Reisefluggeschwindigkeit beträgt 220 bis 240 km/h.

Kazan Helicopters begann in den 40er Jahren mit dem Bau von Hubschraubern des Typs Mi. 1956 begann man mit dem Export von Hubschraubern. 1980 wurde Kazan Helicopters mit dem internationalen Preis »Golden Mercury« ausgezeichnet.

Die See-Streitkräfte der GUS verwenden vorwiegend Hubschrauber des Konstrukteurs Nikolai Iljitsch Kamov. Seine ersten Entwicklungen waren die Einsitzer Ka-8 und Ka-10 mit einem 55-PS-Motor. Im Juli 1958 wurde die Ka-10 erstmals öffentlich vorgestellt und auch in größerer Stückzahl für zivile und militärische Zwecke gebaut.

Nach diesen verschiedenen Entwürfen kleinerer Hubschrauber ging der KA 20 unter der Bezeichnung Ka-25 (Hormone) in die Serienproduktion. Seit 1966 war er Standardbordhubschrauber der sowjetischen Flotte und wurde hauptsächlich zur U-Boot-Jagd eingesetzt. Seit Anfang der 80er Jahre wird der Ka-25 nach und nach durch den modernen Ka-27 »Helix« ersetzt.

Eine Zivilversion des KA-25, der KA-25K, wurde 1967 auf dem Pariser Aero-Salon erstmals der Öffentlichkeit vorgestellt. Aus der Ka-32 wurde die Zivilausführung des Ka-27 »Helix«.

Der Ka-26, mit der NATO-Bezeichnung »Hoodlum«, der wie alle vorherigen Kamow-Hubschrauber koaxiale, gegenläufige Dreiblatt-Rotoren besitzt, erschien erstmals 1965. Bei diesem vielseitig verwendbaren Fluggerät läßt sich der Raum hinter dem Zweimann-Cockpit von zwei Personen in wenigen Minuten gegen eine sechssitzige Kabine oder einen 900 kg fassenden Chemikalien- bzw. Bestäubungsbehälter für Land- und Forstwirtschaftseinsatz oder gegen eine Frachtplattform auswechseln. Außerdem kann der Hubschrauber als fliegender Kran für eine Hakenlast von 900 kg verwendet werden. Eine Variante für geophysikalische Vermessungen ist mit einem elektromagnetischen Pulsgenerator in der Kabine und einer großen, den ganzen Hubschrauber umgebenden Ringantenne ausgerüstet worden. Dank seiner Kompaktheit, Stabilität und Korrosionsfestigkeit kann der Ka-26 auch von Schiffen, wie von Walfang-Booten und Eisbrechern aus, operieren. Die beiden M-14 B-26 9-Zylinder-Sternmotoren mit je 325 PS sind in Gondeln an Stummelflügeln beiderseits der Rumpfoberseite angebracht. Das starre Fahrwerk besteht aus zwei frei drehenden Bugrädern und zwei an den Motorgondeln befestigten Haupteinheiten. Die Rotorblätter, die beiden Leitwerksträger sowie die Chemikalienbehälter und andere Bauteile sind aus glasfaserverstärktem Kunststoff hergestellt. Der Ka-26 ist

ANSAT, Kazan Helicopters.

ab 1970 in großer Zahl in Dienst gestellt worden und wurde sowohl für zivile als auch für militärische Zwecke nach Bulgarien, in die damalige DDR, nach Frankreich, Japan, Schweden, Ungarn und in die USA exportiert.

Auf der ILA 1990 in Hannover wurde der Kampf- und Transporthubschrauber Ka-29 vorgestellt. Der Ka-29, Nachfolger des Ka-28, wurde für die Weiten der damaligen Sowjetunion gebaut. Wetcheslav Krigin, Chefkonstrukteur bei Kamow, hob die Besonderheiten dieses Mehrzweckhubschraubers mit seinem Koaxialrotor von 15,9 m Durchmesser hervor. So sei der Ka-29 für militärische Zwecke wie auch als Notfall-Helikopter für den Transport von bis zu zehn Verletzten auf Tragen sowie für Flüge mit Außenlasten bis zu maximal 4500 kg ausgelegt. Der Rumpf der Ka-29 wurde aus Metall in Halbschalenbauweise gefertigt. Redundanz wird mit zwei parallel arbeitenden Kraftstoffpumpen erreicht, zusätzliche Batterien und eine Defroster-Anlage für Blätter, Lufteinlaßsysteme und Staudüsen verschaffen mehr Sicherheit im Flugbetrieb. Die maximale Abflugmasse des Ka-29 beträgt zwölf Tonnen, die beiden Isotov TV-117-Triebwerke leisten je 1641 kW (2200 shp). Neben der Zwei-Mann-Crew bietet der Hubschrauber Platz für 16 Passagiere bei einer Reisegeschwindigkeit von 265 km/h. Bei dem Ka-50 »Hokum« von Kamow handelt es sich um einen Kampfhubschrauber, der auch als Jäger gegen feindliche Panzerabwehrhubschrauber vorgesehen ist. Der Ka-50 ist ein Einsitzer mit Koaxialrotor. Das Dreibeinfahrwerk ist einziehbar.

Zur neuen Hubschraubergeneration, die derzeit in der GUS entwickelt wird, gehört der mittelschwere Transporthubschrauber Mi-38, der die Mi-8 und Mi-17 ersetzen soll.

Gegen den bisher führenden Hersteller Mil scheint sich jetzt Kamow stärker durchzusetzen. So entschied sich die russische Armee, im Wettbewerb um den neuen Kampfhubschrauber, für die Ka-50 an Stelle der Mi-28.

Die Ka-60 (in der zivilen Version Ka-62) ist ein Zweiturbinen-Hubschrauber, der bis zu 14 Passagieren Platz bietet. Er ist ebenfalls als Ersatz für die Mi-8/Mi-17 gedacht. Bei dem aus über 50 Prozent aus Verbundwerkstoffen gefertigten Hubschrauber verzichtete Kamow zum ersten Mal auf sein charakteristiches Koaxialrotor-Prinzip und verwendet einen elfblättrigen ummantelten Heckrotor (Fenestron), ähnlich wie bei der »Dauphin«, zum Drehmomentenausgleich. Die Maschine ist nur halb so schwer wie die Mi-8. Das Fahrwerk ist einziehbar. Neben der GUS-Version mit Glushenkov TVD-155-Turbinen von je 970 kW (1300 shp) will Kamow die Ka-62 auch in einer Version für den westlichen Markt mit westlichen Triebwerken fertigen.

PZL W-3 »Sokol«.

Polen

Seit 1928 wurde aus mehreren Unternehmen 1951 der Staatskonzern Panstwowe Zaklady Lotnicze (PZL) gebildet, der Verkehrs- und Militärflugzeuge baute. Nach 1945 mußte die Produktion mit der damaligen Sowjetunion abgestimmt werden. So wurden z. B. noch 1989 80 Prozent der polnischen Flugzeugproduktion in die ehemalige UdSSR exportiert. Seit 1965 wurde die gesamte Serienproduktion des Mi-2 in Lizenz gefertigt. Bis 1984 wurden 4000 Mi-2 ausgeliefert, den größten Teil davon in die ehemalige CSSR, in das ehemalige Jugoslawien, die ehemalige DDR, Bulgarien, Ungarn, den Irak und natürlich in die ehemalige Sowjetunion. Auf dem Höhepunkt der Produktion verließen über 300 Hubschrauber im Jahr das Werk.

Seit 1991 erhielt die Außenhandelsgesellschaft Pezetel keine Zahlungen mehr von ihren früheren Partnern, worauf die Produktion um die Hälfte zurückging (ca. 450 Mill. US-Dollar). 30 Prozent der bis dahin 90.000 Beschäftigten umfassenden Belegschaften wurden entlassen.

Fast alle Produkte der polnischen Luftfahrtindustrie müssen überarbeitet werden, wenn sie auf dem Weltmarkt erfolgreich konkurrieren wollen. Die einzige Ausnahme scheint der Turbinen-Hubschrauber W-3 »Sokol« (Falke) zu sein. Mit diesem Muster, das bereits seit 1979 fliegt und 1988 in Produktion ging, hofft das Werk auf internationalen Absatz. Im Westen ist dieser Hubschrauber unter dem Namen »Falke« bekannt. 1993 erhielt PZL Swidnik die FAA- und LBA-Zulassung für die W-3A. Der Hubschrauber wird von zwei PZL 10W-Triebwerken mit je 672 kW (900 shp) angetrieben. Der 12-Sitzer, für Transport- und Rettungseinsätze konzipiert, wird im Werk Schweidnitz (Swidnik) gefertigt. Der Hubschrauber »Falcon« W-3A verfügt u. a. über eine Enteisungsvorrichtung der Haupt- und Heckrotorblätter sowie der Turbineneinlässe. Der »Falcon« W-3A ist seit 1993 in Sachsen bei der Polizei im Einsatz. Auch eine gestreckte Version des W-3 mit einem um 1,20 m verlängerten Rumpf ist geplant.

1996 startete das neue Muster PZL-SW-4, mit Allison 250-C20R-Triebwerken ausgerüstet, zum Erstflug. Der Hubschrauber bietet neben dem Piloten Platz für vier Passagiere. Die Reisefluggeschwindigkeit beträgt 240 km/h, die max. Reichweite 900 km. Im selben Jahr wurde der hundertste PZL W-3 »Sokol« gefertigt.

Als Auslaufmodelle dagegen betrachtet PZL Swidnik die Mi-2 und ihre mit Allison-Triebwerken versehene Variante.

Zwischen PZL und Agusta besteht eine Kooperation bezüglich der Herstellung der Fuselage für die A-109. Weiterhin wurde ein Vertrag abgeschlossen für die Lieferung von 35 Hubschraubern für Daewoo.

PZL SW-4.

Warum fliegt der Hubschrauber?

Während bei einem Flächenflugzeug die Tragflächen für den Auftrieb, die Triebwerke bzw. Propeller für die Vorwärtsbewegung und die Quer-, Seiten- und Höhenruder für die Steuerung um die drei Achsen verantwortlich sind, übernimmt beim Hubschrauber der Rotor mehr oder weniger alle diese Funktionen. Er sorgt für den Auftrieb, indem die Rotorblätter quasi als sich drehende Tragflächen fungieren, liefert den erforderlichen Schub beim Horizontalflug, indem die Rotorfläche in die gewünschte Flugrichtung geneigt wird, und dient – wiederum durch entsprechende Neigung der Rotorebene – auch der Richtungsänderung.

Faktoren des Auftriebes am Rotor:

1. Profil (durch Venturi-Effekt)
2. Anstellwinkel
3. Anströmgeschwindigkeit (abhängig von der Drehzahl, Auftrieb wächst im Quadrat)
4. Flächengröße (Rotorkreisfläche)
5. Luftdichte

Ein Luftfahrzeug, das, wie jeder weiß, schwerer als Luft ist, wird nur durch den aerodynamischen Auftrieb in der Luft »gehalten«. Diese Auftriebskraft entsteht folgendermaßen: In strömenden Gasen verändert sich der statische Druck entsprechend der Strömungsgeschwindigkeit. Mit zunehmender Geschwindigkeit nimmt der statische Druck ab, anders ausgedrückt, es entsteht Unterdruck, auch Sog genannt.

Bei einem Flächenflugzeug ist die Tragfläche die Auftriebskomponente, bei einem Hubschrauber sind es die Rotorblätter, auch Drehflügel genannt. Der Auftrieb ist immer abhängig von der Geschwindigkeit der anströmenden Luft und dem Einstellwinkel der Tragfläche bzw. der Rotorblätter. Mit zunehmender Anstellung des Profils steht an dessen Oberseite ein etwa doppeltgroßer Unterdruck (Sog) gegenüber dem geringeren Überdruck an der Profilunterseite. Über- und Unterdruck wirken in gleicher Richtung und ergeben zusammen den Auftrieb. Der Anstellwinkel darf nicht zu.groß gewählt werden, da sonst durch den zu stark anwachsenden Widerstand der Auftriebsgewinn wieder verlorenginge.

Die Rotorblätter bestreichen im Betrieb eine kreisförmige Fläche, Rotorkreisfläche genannt. Die Lage dieser Drehebene ist entscheidend für die Schubrichtung des Gesamtauftriebs des Rotors. Zum Wechseln der Flughöhe ohne Vorwärtsgeschwindigkeit muß der Gesamtauftrieb innerhalb der Rotorkreisfläche verändert werden. Dazu werden alle Rotorblätter gleichzeitig um den gleichen Betrag mit dem kollektiven Blattverstellhebel »pitch« verstellt. Die Gesamtschubrichtung steht dabei senkrecht auf der Rotorkreisfläche. Je größer der Auftrieb wird, desto mehr nimmt der Widerstand zu. Bei einer Anstellwinkelvergrößerung muß die Antriebsleistung erhöht werden, damit die »Fahrt« bzw. Drehzahl der einzelnen Rotorblätter erhalten bleibt. Dazu muß die Motorleistung entsprechend angeglichen werden.

Zusätzlich muß noch eine aerodynamische Eigenart beachtet werden:
Der Druckpunkt wandert beim unsymmetrischen Profil mit zunehmender Anstellung nach vorne, mit kleiner werdender Anstellung nach hinten. Die ständige Druckpunktwanderung würde sich bei der häufigen Anstellwinkelveränderung des Rotorblattes festigkeitsmäßig nachteilig auswirken. Daher verwendet man im Hubschrauberbau nahezu symmetrische Profile, die sich durch weitgehende Druckpunktfestigkeit auszeichnen. Um den Auftrieb am Blatt gleichmäßig zu verteilen, sind die Rotorblätter rechtwinklig geschränkt, das heißt: in sich gedreht. Dadurch entsteht innen mehr Auftrieb als an den Blattenden.

Bei einem Flächenflugzeug ist es die Aufgabe der Triebwerke, als Antrieb für die Propeller oder als Schubdüse beim Jet, dem Flugzeug die entsprechende Geschwindigkeit gegenüber der umgebenden Luft zu vermitteln, die in Auftrieb und Zug- oder Schubkraft umgesetzt wird und den Flug ermöglicht.

Das Prinzip ist beim Hubschrauber ähnlich, nur wird hier die Anströmgeschwindigkeit durch das Drehen der Rotorblätter gegen die unbewegte Luft erzeugt. Mit Zunahme der Umdrehungsgeschwindigkeit wächst der Auftrieb. Aus Gründen der Steuer- und Regelbarkeit werden die Rotorblätter bis zu einer festgelegten Drehzahl beschleunigt und beim Schweben oder Flug diese Drehzahl mit Hilfe des Triebwerks konstant gehalten. Für jeden Hubschrauberrotor ist ein bestimmter Betriebsdrehzahlbereich festgelegt. Diese Drehzahl ist vom Rotordurchmesser, von der Beschaffenheit und der Anzahl der Blätter abhängig. Bei einer zu geringen Drehzahl besteht die Gefahr des Strömungsabreißens und zu starker

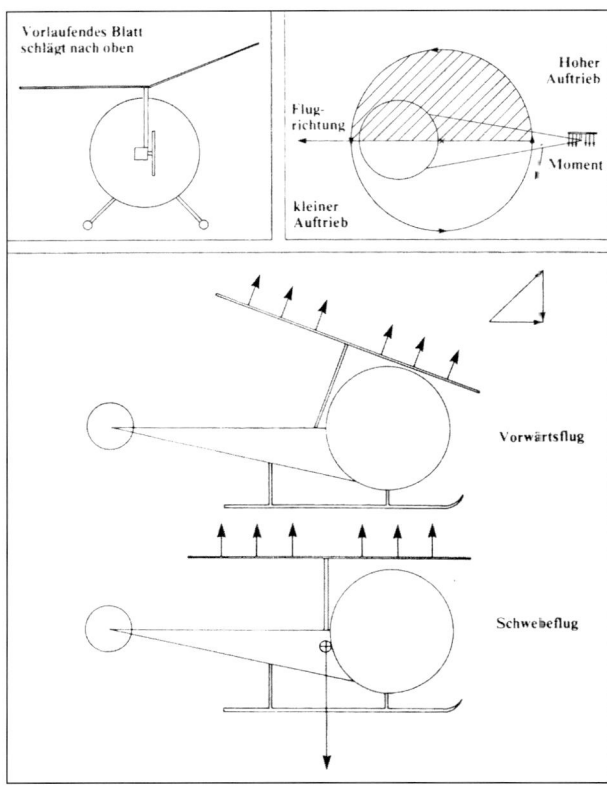

Anströmungen am Rotor.

Rotorkopf AL. II, Schlaggelenke.

im Fluge das vorlaufende Rotorblatt stärker als das rücklaufende angeströmt (beim zurücklaufenden Blatt muß die Fluggeschwindigkeit abgezogen werden). Durch die Abhängigkeit des Auftriebes von der Anströmgeschwindigkeit muß man annehmen, daß der Auftrieb über der einen Hälfte der Rotorkreisfläche größer als über der anderen sein müßte. Das hätte zur Folge, daß der Hubschrauber während des Fluges um seine Längsachse zu rollen versucht, wenn nicht durch eine sinnvolle Konstruktion dem Bestreben der Rotorblätter, nach oben bzw. nach unten zu schlagen, nachgegeben würde. Die technischen Möglichkeiten reichen hierbei vom Einbau von Schlaggelenken und unterschiedlichen Rotorkopfsystemen bis hin zur Verwendung neuartiger elastischer Rotorblätter. Bei vielen Hubschraubermodellen sorgt eine sogenannte Taumelscheibe dafür, daß der Anstellwinkel der einzelnen Blätter während des Umlaufs periodisch verändert wird.

Der Auftrieb wird durch das Verändern des Einstellwinkels der Rotorblätter variiert, der Hubschrauber steigt, sinkt oder hält sich in der Schwebe. Durch Neigen der Rotorebene mittels spezieller Steuerungsmaßnahmen treibt eine horizontale Kraftkomponente den Hubschrauber nach Wunsch des Piloten vorwärts, seitwärts oder rückwärts.

Bei fast allen Hubschraubern werden die Rotoren von einem Kolbenmotor oder einer Verbrennungsturbine über Wellen angetrieben. Bei einrotorigen Hubschraubern dieser Art entsteht ein der Drehrichtung des Hubschraubers entgegengesetzt gerichtetes Drehmoment. Ließe man dieses Gegendrehmoment ungehindert zur Auswirkung kommen, so würde sich die Hubschrauberzelle ständig im Gegendrehsinn des Rotors um den Rotormast mitdrehen. Dieses jedoch verhindert der Heckrotor, der nach dem gleichen Auftriebsprinzip arbeitet wie der Hauptrotor. Infolge seiner senkrechten Drehebene ist der Auftrieb des Heckrotors horizontal gerichtet, so daß mit seiner Hilfe die Drehtendenz des Hubschrauberrumpfes aufgehoben wird. Gleichzeitig gestattet er auch eine gesteuerte Drehung um den Rotormast. Der Heckrotor wird über eine Kardanwelle angetrieben, läuft – je nach Größe – mit etwa 6- bis 10facher Hauptrotordrehzahl und verbraucht für seine Aufgabe, den Hubschrauber um seine Hochachse zu stabilisieren, bis zu 15 Prozent der Motorleistung. Oft ist das Ende des Heckauslegers nach oben gewinkelt, um in extremen Fluglagen und beim Absetzen in unebenem Gelände dem Heckrotor Bodenfreiheit zu sichern.

Es gibt auch Hubschrauber, die keinen Heckrotor besitzen (siehe Kapitel Einteilung der Hubschrauber). Um keine Gegendrehmomente aufkommen zu lassen, müssen in diesem Fall zwei entgegengesetzt drehende Rotoren verwendet werden. Es ist jedoch

Biegebelastungen. Bei zu hoher Drehzahl gelangen die Blattspitzen in einen zu hohen Unterschallbereich, zusätzlich erreicht das Triebwerk eine zu hohe Drehzahl.

Während beim Flächenflugzeug im allgemeinen eine gleichmäßige Anströmung auf beide Tragflächen wirkt, entstehen infolge der Rotation der Rotorblätter ungleichmäßige Anströmgeschwindigkeiten. Beim Vorwärtsflug des Hubschraubers wirken nun die Anströmungen aus der Rotation und die aus der Vorwärtsfahrt zusammen auf den Rotor ein. Dabei wird auch möglich, bei nicht wellengetriebenen Rotoren, diese durch an den Blattenden austretende Gase anzutreiben (Reaktionsrotor), wobei ein Drehmomentenausgleich entbehrlich wird. Wie der Name bereits sagt, kommt auch der Hughes-»NOTAR«-Hubschrauber – von McDonnell-Douglas weiterentwickelt – ohne Heckrotor aus. In diesem Fall erfolgt der Ausgleich des Drehmomentes sowie die Steuerung um die Hochachse durch einen verdichteten Luftstrom, der am Ende des Heckauslegers austrat. Die Steuerung des Heckrotors erfolgt über Fußpedale. Da der Steuerknüppel (Stick) zur Steuerung der Hauptrotordrehebene mit der einen und der Pitch, zur Veränderung des Rotorblatteinstellwinkels, mit der anderen Hand meist gleichzeitig bedient werden müssen, ist der Hubschrauberpilot ständig mit Händen und Füßen am Arbeiten.

Zur Steuerung des Hubschraubers werden der zyklische und der kollektive Steuerknüppel sowie die beiden Pedale eingesetzt. Um Höhe zu gewinnen, muß der Auftrieb des Rotors vergrößert werden. Mit dem Hebel zur kollektiven Blattverstellung wird nun die Taumelscheibe angehoben und über die von dort zu den Rotorblättern führenden Stangen der Anstellwinkel aller Blätter gleichmäßig vergrößert, was wiederum für den gewünschten größeren Auftrieb sorgt. Mit dem Hebel zur zyklischen Blattverstellung (Stick) wird die Flugrichtung bestimmt, indem die Taumelscheibe und als Folge davon die Rotorebene, in die gewünschte Richtung geneigt werden, so daß ein Teil des vom Rotor erzeugten Schubs nun nicht mehr nach oben, sondern in Flugrichtung wirkt.

Der Hubschrauber hat sechs Bewegungsmöglichkeiten, um seine Lage in der Luft zu ändern. Dieses sind Bewegungen in Richtung der drei Körperachsen (Hoch-, Quer-, Längsachse) sowie Drehbewegungen um die drei Körperachsen. Die Bewegungen werden folgenden Steuerorganen zugeordnet:

Steuerknüppel (Stick): Vorwärts, rückwärts, nicken, Seitenbewegungen, rollen.

Steuerpedal: Drehung um die Hochachse

Blattverstellhebel (Pitch): Aufwärts- und Abwärtsbewegung, Abfangen.

Fliegen ohne Triebwerk – Autorotation

Was passiert, wenn bei einem einmotorigen Hubschrauber das Triebwerk ausfällt? In diesem Fall wird der Hubschrauber zum Tragschrauber, er autorotiert. Das heißt, er sinkt durch sein Eigengewicht zur Erde. Haben die Rotorblätter einen derart kleinen Einstellwinkel, daß keine Bremswirkung für den Rotor eintritt und seine Mindestdrehzahl erhalten bleibt, treibt die von unten streichende Luft den Rotor an und bringt ihn zur Eigendrehung, zur Autorotation.

Dazu muß nach dem Triebwerksausfall der Kollektivhebel »pitch« sofort in die unterste Stellung gebracht werden. Wenn eine rechtzeitige Verkleinerung des Einstellwinkels auf das Minimum nicht erfolgt, bringt ein rascher Anstieg des Widerstands die Rotordrehzahl in einen gefährlichen Bereich. Bei Triebwerksversagen wird dessen bremsender Einfluß auf das Rotorsystem durch einen Freilauf verhindert. Somit ist der Hubschrauber in der Lage, auf einer gestreckten Flugbahn zur Erde zu gleiten und steuerfähig zu bleiben. Bei ausreichender Höhe wird ein solcher Flugweg gewählt, auf dem ein Notlandefeld möglichst gegen den Wind erreicht werden kann. In der Schrägautorotation kann ein »flare« in entsprechender Höhe zum Korrigieren der Flugbahn eingelegt werden, damit z. B. der Landepunkt nicht überschossen wird. Bei diesem Manöver geht man von der Vorwärtsautorotation in einen fast senkrechten Sinkflug über. Die Fahrt wird so weit reduziert, bis der Hubschrauber nahezu senkrecht sinkt, wobei die Sinkrate stark zunimmt. Dieser Zustand sollte frühzeitig durch Fahrtaufholen beendet werden, damit der Landeplatz mit geringerer Sinkgeschwindigkeit angesteuert werden kann. Kurz über dem Boden (die Höhe variiert je nach Hubschraubertyp und Sinkgeschwindigkeit) kann der Pilot durch Veränderung des Anstellwinkels wieder Auftrieb erzeugen, und der Hubschrauber setzt sanft auf dem Boden auf. Der Rotor läuft dann ohne Antrieb langsam aus und bleibt stehen.

Der Heckrotor wird während der Autorotation durch den Hauptrotor angetrieben. Die Richtungskontrolle erfolgt bei der Autorotation wie beim normalen Flug, das heißt, der Hubschrauber bleibt voll steuerbar. Da während des Autorotationszustands die Vorwärtsgeschwindigkeit innerhalb eines bestimmten Rahmens verändert werden kann, ist der Pilot natürlich in der Lage, den Gleitwinkel und damit den Aufsetzpunkt zu bestimmen.

In den Autorotationszustand wird übergegangen, wenn das Triebwerk aussetzt, ein schnellerer Sinkflug als mit Motorkraft gesteuert notwendig wird, der Heckrotor als Drehmomentenausgleich ausfällt oder wenn der Hubschrauber in das Wirbelringstadium gerät, eine gefährliche Art des Sinkfluges.

Triebwerke

Mit der Erfindung des Benzinmotors im Jahre 1896 durch Daimler und Benz hatte man eine Kraftquelle gefunden, die es ermöglichte, auf Grund ihres geringen Gewichts Fluggeräte vom Boden abheben zu lassen. Die ersten Flugmotoren waren jedoch extra für Luftfahrzeuge hergerichtete Automotoren. Das Gewicht war meist für die Zelle noch zu schwer. Vibrationen, z. B. durch unregelmäßige Zündungen, führten teilweise zu Beschädigungen der Halterungen. Auch war es wichtig, eine möglichst lange und ungestörte Laufzeit des Motors zu erreichen.

Gottlieb Daimler und sein Chefkonstrukteur Wilhelm Maybach entwickelten für das Starrluftschiff des Grafen Zeppelin 12 Kilowatt starke NL-1-Motoren. Mit zwei dieser Motoren hob das erste Luftschiff des Grafen am 2. Juli 1900 zu seiner Jungfernfahrt ab.

Die Daimler-Motorengesellschaft arbeitete ab 1908, als die allerersten Flugzeuge »schwerer als Luft« aufkamen, weiter an Flugmotoren. Mit dem 1916 entwickelten Daimler-Motor D IIIa wurden die erfolgreichsten deutschen Jagdflugzeuge des Ersten Weltkriegs angetrieben, z. B. die Albatros D III oder die Fokker D VII. Insgesamt hat Daimler 12.100 D IIIa produziert. Auch die »Rheinische Gasmotorenfabrik« von Carl Benz in Mannheim, damals noch selbständig, produzierte in dieser Zeit Flugmotoren für Jagdflieger.

Umlauf-Flugmotor Gnôme 1913.

Zum Ende des Krieges hin machte der BMW IIIa, genannt »Bayernmotor«, die 1917 gegründeten Bayerischen Motoren-Werke in nur 20 Monaten zum drittgrößten deutschen Flugmotorenhersteller mit 3500 Mann Belegschaft. Als Väter der Bayerischen Motorenwerke gelten der Flugmotorenbauer Karl Rapp und der Flugpionier Gustav Otto. Aus ihren beiden Firmen ging 1917 das Unternehmen BMW hervor. Am 22. Dezember 1934 wurde die BMW-Flugmotorenbau GmbH als eigenständige Tochter vom Stammhaus BMW getrennt. Nach mehrfachen Umbenennungen und Fusionen ist die MTU die direkte Rechtsnachfolgerin der BMW-Tochter.

Die ersten Flugmotoren unterschieden sich durch die Zylinderanordnung und das unterschiedliche Kühlungssystem. Es gab den Umlaufmotor (Gnôme), einen Sternmotor, bei dem die Zylinder um die feststehende Kurbelwelle rotierten, und den Sternmotor mit feststehenden Zylindern (Alvis Leonides 173-02). Der 7-Zylinder-Gnôme-Rotationsmotor wurde 1908 von den Brüdern Louis und Laurent Sequin entwickelt. Diese Motoren waren meist luftgekühlt, um das Gewicht für Kühlflüssigkeit und der dazu notwendigen Baugruppen einzusparen.

Den Reihenmotor gab es in verschiedenen Versionen, je nach Anordnung der Zylinder, z. B. stehende, hängende oder V-förmige Zylinderreihen. Da hierbei die Kühlung nicht mehr so gut war wie bei den Sternmotoren, benutzte man unterschiedliche Ventilatoren und Kühlsysteme, meist Wasserkühlung.

Die Flugmotoren wurden mit einem Gebläse (Verdichter) aufgeladen, um einen Leistungsabfall in großer Höhe durch die abnehmende Luftdichte zu verhindern. Bekannt ist der Mb IVa als erster »überverdichteter« Flugmotor der Welt, eingebaut in vielen Rumpler- und Gotha-Flugzeugen.

Das Flugboot Dornier »Wal«, mit dem Wolfgang Gronau 1932 seinen »40.000-km-Weltflug« in 270 Stunden meisterte, wurde von einem BMW-VI-Motor angetrieben. 1938 gelang der erste Transatlantikflug ohne Zwischenlandung von Berlin nach New York mit einer Focke-Wulf Fw 200 mit BMW-132-Sternmotoren. Die Junkers Ju 52, die heute noch im Einsatz sind, fliegen mit BMW-132-Neunzylinder-Sternmotoren. Dieser luftgekühlte Vergaser-Sternmotor 132 wurde 1930 bei BMW entwickelt.

Zum erfolgreichsten deutschen Flugmotor überhaupt zählt der 1941 entwickelte Daimler-Benz-Motor DB605. Zwischen 1941 und 1945 lieferte Daimler-Benz 42.400 Exemplare davon aus, wovon die meisten in den 35.000 Jagdflugzeugen Messerschmitt Me 109 zum Einsatz gelangten. Daimler-Benz arbeitete während des Zweiten Weltkriegs an der Entwicklung von Zweikreistriebwerken, die höhere Leistungen bei wesentlich geringerem Verbrauch versprachen. Das weltweit erste Triebwerk dieser Bauart, das DB007 mit 1400 Kilopond Schub, wurde 1943 auf dem Prüfstand erprobt. Die Zweikreis-Bauart hat sich erst viele Jahre später durchgesetzt und ist heute in Form der Fan-Triebwerke Standard im Flugtriebwerksbau.

Diese Kolbentriebwerke wurden in den 50er Jahren durch Turbinen nach und nach abgelöst. Die Entwicklung der ersten Strahltriebwerke begann in den 30er Jahren in Deutschland. Das erste Strahltriebwerk der Welt, unter dem Kürzel He S 3 in die Luftfahrt- und Technikgeschichte eingegangen, wurde 1937 von dem deutschen Physiker Hans-Joachim Papst von Ohain entwickelt. Sein »Rückstoßmotor« brachte es auf 450 Kilopond Standschub. Am 27. August 1939 startete mit diesem Triebwerk – He S 3B – Testpilot Erich Warsitz mit dem ersten Düsenflugzeug, dem Experimentalflugzeug He 178, in Rostock zum Jungfernflug. Hans-Joachim Papst von Ohain ist am 13. März 1998 im Alter von 86 Jahren in seiner Wahlheimat Melbourne (Florida) gestorben. Seine Technologien wurden nach dem Krieg von den US-Triebwerksherstellern Pratt & Whitney und General Electric weiter genutzt und umgesetzt.

Die BMW-Strahl- und Raketentriebwerksentwicklung im Werk Berlin begann bereits 1939 mit der Entwicklung des Versuchstriebwerks P 3302, welches als BMW 109-003 im »Volksjäger« He 162 und im Arado Ar 234-Bomber Verwendung fand und richtungweisend war. Im Februar 1944 erfolgte der erste Start mit vier Strahltriebwerken des Typs BMW 109-003A-I in einer Arado Ar 234 V8, die damit eine Höhe von 13.000 Meter erreichte.

Als eines der ersten Turbinenstrahltriebwerke der Welt trieb 1942 das BMW 003 eine Messerschmitt Me 262 an. Bei der Entwicklung des Jet-Triebwerks Junkers JUMO 004 gehörte Dr. Anselm Franz zu dem Entwicklungsteam. Auch er gehörte zu den deutschen Spezialisten, die nach dem Krieg nach Amerika kamen. Unter seiner Leitung begann die Firma Lycoming Anfang der fünfziger Jahre mit Forschungen für neue Antriebsarten. Lycoming erhielt 1952 von der amerikanischen Regierung den Auftrag, kleine Turbinen für Beobachtungsflugzeuge zu entwickeln. Dabei entstand das Triebwerk XT 53 mit 560 WPS.

Alle bei Kriegsende in der SBZ aufgefundenen Düsentriebwerke wurden in die Sowjetunion gebracht und soweit möglich die dazugehörigen Produktionsanlagen sowie Techniker und Konstrukteure, denen man habhaft werden konnte. Das Jumo 004-Triebwerk erhielt dort die Bezeichnung RD-10 und das BMW 003-Triebwerk die Bezeichnung RD-20. Sowohl die Yak 15 als auch die MiG 9 waren am 24. April 1946 mit deutschen Düsentriebwerken flugbereit. Mit der MiG 15 besaßen die Russen kurze Zeit später ihren ersten Standarddüsenjäger.

Mit dem Ende des Zweiten Weltkriegs verboten die Alliierten in Deutschland Flugzeuge und Flugmotoren zu bauen. Aus dem BMW-Werk Allach wurde das »Karlsfeld Ordnance Depot«, in dem die Amerikaner Fahrzeuge aus ganz Europa am Fließband reparieren ließen. Deutsche Triebwerkstechnologie gelangte mit deutschen Technikern und Ingenieuren in alle Welt. So gelangte etwa der 1944 bei BMW in München errichtete erste Höhenprüfstand »Herbitus« für Flughöhen bis 13 Kilometer und für Fluggeschwindigkeiten von 900 Kilometern pro Stunde ausgelegt, in die USA. Er wurde 1946 demontiert und ins Arnold Engineering Development Center der US-Luftwaffe in Tullahoma gebracht, wo er nach Umbauten und Erweiterungen bis heute betrieben wird.

Anfangs versuchte man für Hubschrauber Triebwerke zu verwenden, die nicht für Hubschrauber entwickelt waren. Erst mit den Turbinen für »Alouette II« und UH-1D kamen reine Hubschraubertriebwerke zum Einsatz. Zu den ersten Turbinen gehörte das Einwellen-Turbinentriebwerk Artouste II.

Ein Turbinentriebwerk arbeitet nach dem Rückstoßprinzip, welches auf dem von Isaak Newton entdeckten physikalischen Gesetz beruht:

> Wirkt auf einen Körper eine Kraft, so übt auch dieser eine Kraft aus, die in der Größe der einwirkenden Kraft gleicht, der Richtung jedoch entgegengesetzt ist.

Das bedeutet vereinfacht, daß Luft angesaugt und komprimiert wird. Diese wird dann kontinuierlich verbrannt, und die Abgase werden mit hoher Geschwindigkeit wieder ausgestoßen, wobei Schub entsteht. Der erste Teil findet im Verdichter statt, der aus Lauf- und Leitrad besteht. Man verwendet Axial- oder Radialverdichter oder auch Kombinationen beider Bauformen (Abb. s. nächste Seite). Zur Erzielung hoher Verdichtungsverhältnisse werden mehrere Verdichter, die mit unterschiedlichen Drehzahlen laufen, hintereinandergeschaltet. Die Verbrennung erfolgt in der Brennkammer. Die vom Verdichter komprimierte Luft wird hier mit Kraftstoff vermischt, der unter Druck eingespritzt wird.

Die so entstehende Wärmeenergie wird in der Turbine in Leistung umgewandelt, die zum Teil den Verdichter antreibt. Der Rest wird in Schub umgesetzt. Die Turbinenstufe besteht wie die Verdichterstufe aus Leit- und Laufrad. Eine Turbine kann aus mehreren Turbinenstufen bestehen. Wegen der hohen Temperaturen und des hohen Druckes ist die Turbine die am stärksten beanspruchte Baugruppe eines Triebwerks. Die einfachste Bauform eines Einstromtriebwerks ist das Einwellentriebwerk, bei dem Verdichter und Turbine durch eine Welle verbunden sind. Bei einem Wellenleistungstriebwerk wird die nach der Turbine verbleibende Energie nicht in Schub umgewandelt, sondern in einer weiteren Turbine (Arbeitsturbine) zum Antrieb eines Propellers oder Rotors genutzt.

Die Firma BMW-Triebwerksbau (jetzt MTU) entwickelte eine Kleingasturbine für den Hubschrauber BO 105. Die BMW 6022-Wellenturbine bestand aus zwei radialen Verdichterstufen, einer Einzelbrennkammer und drei axialen Turbinenstufen. Die Verbindung des Einwellentriebwerks mit dem Getriebe erfolgte über eine Fliehkraftkupplung und einem Freilauf. Für die Serienfertigung der BO 105 entschied man sich jedoch für das amerikanische Allison-Triebwerk.

1965 wurde bei BMW der Geschäftsbereich Triebwerke aus wirtschaftlichen Gründen aufgegeben. Die 1958 von MAN als Tochter gegründete MAN Turbomotoren GmbH übernahm die ehemalige BMW-Abteilung, die dann nur noch als MAN Turbo GmbH firmierte. Vier Jahre später, am 11. Juli 1969, ging daraus die heutige Motoren- und Turbinen-Union München GmbH (MTU München) hervor.

Die Allison-Zweiwellen-Gasturbine war im Zusammenhang mit dem amerikanischen LOH-Programm entwickelt worden und lief unter der militärischen Bezeichnung T 63 in Serie. Die zivile Ausführung 250 C 18 mit

320 PS Startleistung erhielt eine Leistungserhöhung auf 405 PS mit der Bezeichnung 250 C 20 und wurde ab 1970 für die Serienfertigung der BO 105 geliefert.

Gegenüber dem BMW-Triebwerk hat das Allison-Triebwerk den Vorteil, daß keine Kupplung benötigt wird, da es sich um eine Freilaufturbine handelt. Dieses Zweiwellentriebwerk in Modulbauweise besteht aus:

– Verdichter mit sechs Axial- und einer Radialstufe
– Einzelbrennkammer mit Strömungsumlenkung
– Gaserzeugerturbine mit zwei Axialstufen
– Freie Nutzturbine mit zwei Axialstufen
– Untersetzungsgetriebe mit Geräteträger

Außer in dem Hubschrauber BO 105, einschließlich der militärischen Varianten VBH und PAH-1, wird das Triebwerk 250-C 20 B im Bell »Jet Ranger«, Hughes 500 und »Fantrainer« eingesetzt.

Zwischen Allison und MTU besteht ein Lizenzvertrag über die Produktion und Betreuung des 250-C 20 B und dessen weiterentwickelte Versionen.

Das Fertigungsprogramm für VBH und PAH-1 umfaßte 714 Triebwerke Allison 250-C 20 B. Die Serienfertigung dauerte von 1979 bis 1983. Dabei wurden von MTU Turbinenleitkränze, die Gehäuse und verschiedene Getriebeteile produziert. Der MTU-Produktionsanteil betrug 40 Prozent.

Im Dezember 1984 begann die Erprobung des von MTU entwickelten Gasgenerators neuer Technologie (GNT 1). Der GNT 1 verfügt über einen dreistufigen Axial- und einen einstufigen Radialverdichter. Durch das neu konzipierte Einspritzsystem in der Umkehrringkammer können auch alternative Brennstoffe mit einem höheren Kohlenwasserstoff-Anteil genutzt

Funktionsweise des Triebwerks Allison 250-C 20 F.

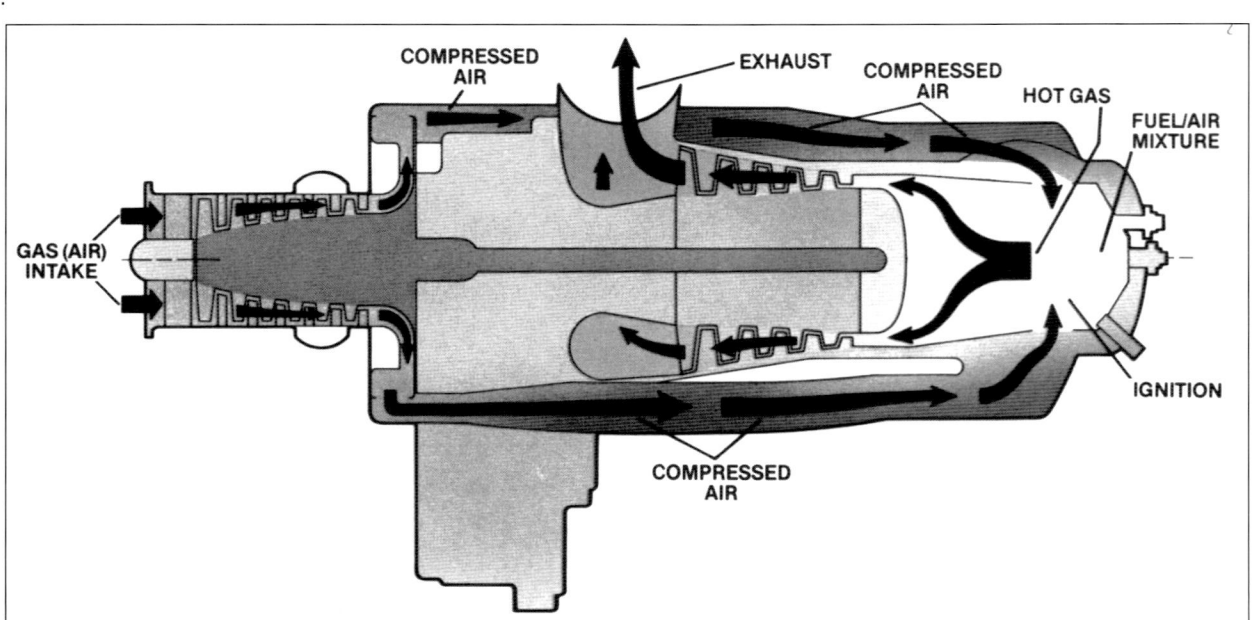

Triebwerk Allison
250-C 20 B.

werden. Die einstufige, gekühlte, mit Pulvermetall-Scheiben versehene Turbine arbeitet im hochtranssonischen Bereich. Dieser Demonstrator für ein Wellentriebwerk in der 1100-kW-Klasse wäre unter anderem mit einer zweistufigen Nutzturbine als vollwertiges Triebwerk für zweimotorige Hubschrauber in der Klasse von fünf bis sieben Tonnen Abflugmasse geeignet.

Die Entwicklung des MTM 385 begann 1977. Dieses Triebwerk war für den militärischen Hubschrauber HAP/PAH2/HAC vorgesehen. Von 1979 bis 1980 lief die Erprobung mit einer MTM 380-Versuchsturbine. Danach wurde die Entwicklung des MTM 380 eingestellt.

Die Regierungen Deutschlands und Frankreichs vereinbarten 1984 die gemeinsame Entwicklung des Hubschraubers »Tiger«. Damit konkretisierten sich auch die Anforderungen an den Antrieb weiter, und so wurden die leistungsstärkeren MTM 385R, MTM 385-R2 und schließlich das MTM 390 definiert. 1986 schloß sich Rolls-Royce diesen Triebwerksstudien an, und so wurde 1987 daraus die Version MTR 390. Der offizielle Entwicklungsbeginn war der 1. Januar 1988. In den beiden folgenden Jahren wurden die technischen Spezifikationen für den Hubschrauber und das Triebwerk fertiggestellt, so daß der Entwicklungsvertrag bereits Ende 1989 unterzeichnet werden konnte.

Die beteiligten Unternehmen gründeten 1989 die gemeinsame Tochter MTU Tourboméca Rolls-Royce GmbH (MTR) mit Sitz in Unterhaching bei München mit der Zielsetzung von Planung, Entwicklung und Herstellung dieses Turbinentriebwerks im Leistungsbereich von 950-1100 kW (1300-1500 PS). Jedes Partnerunternehmen ist zu einem Drittel an der Tochterfirma beteiligt. Am Arbeitsumfang ist die Münchner MTU mit 40 Prozent, Tourboméca mit 40 Prozent und Rolls-Royce mit 20 Prozent beteiligt.

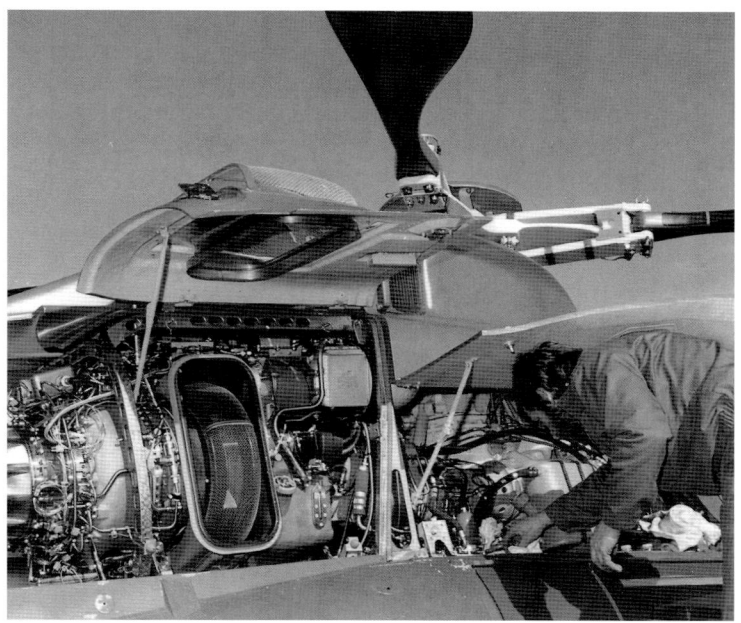

MTR 390 im »Tiger« eingebaut.

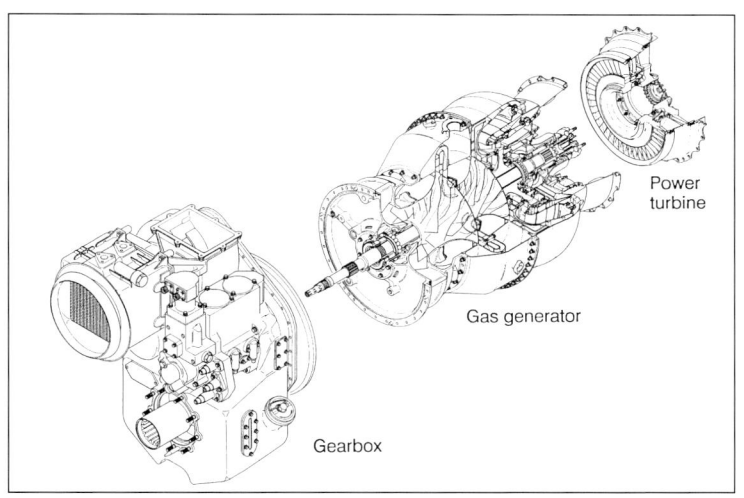

Power turbine

Gas generator

Gearbox

MTR 390 modular aufgebaut.   MTR 390.

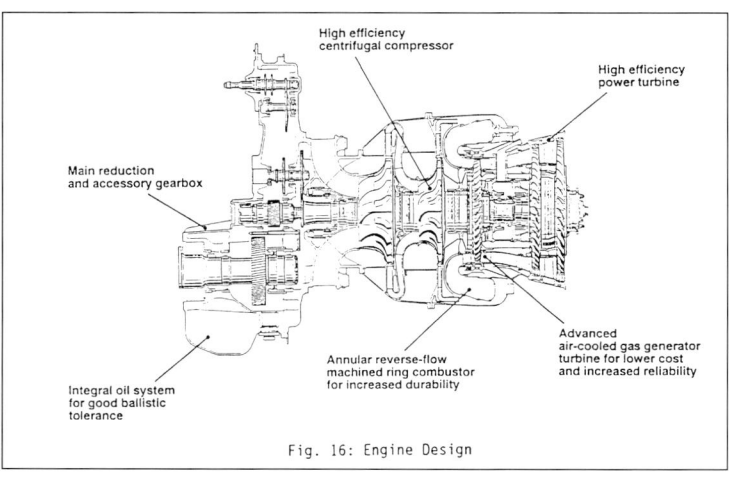

High efficiency centrifugal compressor

High efficiency power turbine

Main reduction and accessory gearbox

Advanced air-cooled gas generator turbine for lower cost and increased reliability

Annular reverse-flow machined ring combustor for increased durability

Integral oil system for good ballistic tolerance

Fig. 16: Engine Design

MTR 390.

Das MTR 390, ein Triebwerk der 1000-kW-Klasse, für den deutsch-französischen Hubschrauber »Tiger« entwickelt, war für die Flugerprobung in einem »Tiger«-Prototyp und in dem Hubschrauber »Panther« von Aerospatiale eingebaut. Der erste Testflug dieser Turbine erfolgte im Dezember 1989 bei MTU in München. Der Erstflug in einem AS 365 K »Panther« erfolgte am 14. Februar 1991 im südfranzösischen Pau, der in einem »Tiger«-Prototyp am 27. April 1991. Die verschiedenen Turbinentestläufe auf dem Prüfstand und im Standlauf umfaßten Mitte Juli 1991 über 1000 Stunden, einschließlich 140 Flugstunden. Bis Ende 1995 hatte das MTR 390 bei zahlreichen Testläufen mehr als 11.700 Betriebsstunden erreicht. Darin enthalten waren rund 3000 Flugstunden mit den »Tiger«-Prototypen und im »Panther«. Kritische Versuche waren die Notleistungstests mit Turbinentemperaturen bis zu 1480 Grad Celsius, Regen- und Eis-Ansaugversuche, die Sandansaugtests ohne und mit Sandfilter – bei letzterem wurden in zehn Stunden Betrieb bei Dauerleistung über 150 Kilogramm feinster Sand zugeführt. Beim fünfwöchigen Korrosionstest wurde das Triebwerk außen und innen, auch während des Betriebs, mit einer aggressiven Salzlösung eingesprüht. Ein weiterer wichtiger Test war der simulierte Schaufelbruch – hier wurde eine Arbeitsturbine am Fuß angesägt, damit sie bei Maximaldrehzahl abbrach. Die Leistungsnachweise für den gesamten Flugbereich wurden am staatlichen Höhenprüfstand in Saclay (Frankreich) erbracht. Insgesamt wurden zwölf MTR 390-Bodenläufer aufgebaut, dazu drei Triebwerke für den »Fliegenden Prüfstand« sowie 15 Flugtriebwerke für Eurocopter, um die »Tiger«-Flugerprobung zu gewährleisten. Im Entwicklungsprogramm für das MTR 390 sind insgesamt 30 Triebwerke im Einsatz, die bei umfangreichen Testläufen unter extremen Bedingungen die Qualität und Zuverlässigkeit des Triebwerks unter Beweis gestellt haben. Darüber hinaus werden mit zwei Triebwerken 2400 AMT (Accelerated Mission Test)-Stunden kumuliert, die einer Einsatzzeit des MTR 390 von rund 30 Jahren im »Tiger«-Hubschrauber entsprechen. Am 9. Mai 1996 erhielt das Wellenleistungstriebwerk MTR 390 die militärische Musterzulassung. Es ist damit seit über 50 Jahren das erste Flugtriebwerk, dem in Deutschland die umfassende Musterzulassung erteilt wurde. Die Auslegungsdaten des MTR 390 betragen:

Luftdurchsatz	3,2 kg/s
Druckverhältnis	13
Turbineneintrittstemperatur	1450° K
Leistung	958 kW
Spezifischer Kraftstoffverbrauch	273 g/kW/h

Das MTR 390, ein Zweiwellentriebwerk mit vollelektronischer Triebwerksregelung (FADEC), ist vollkommen modular aufgebaut, d. h. Getriebe, Gaserzeuger und Arbeitsturbine sind unter den Triebwerken beliebig austauschbar.

Der Serienvertrag für 160 »Tiger« mit 320 MTR 390 wurde auf dem Aerosalon 1999 in Paris-Le Bourget geschlossen. Mit Unterzeichnung des Produktionsvertrages für das MTR 390 Anfang 2000 vom Bundesamt für Wehrtechnik und Beschaffung und der MTU Tourboméca Rolls-Royce GmbH (MTR) ist nunmehr die Produktion des Triebwerks voll angelaufen. Der Vertrag für die Serienfertigung des 1. Loses hat ein Auftragsvolumen von 430 Millionen Mark. Der Gesamtumfang für die Serienproduktion des MTR 390 basiert auf einer Stückzahl von rund 1000 Triebwerken für insgesamt 427 »Tiger«-Hubschrauber. Die Triebwerke des ersten Loses werden zwischen 2001 und 2011 ausgeliefert. Die Auslieferung der ersten Serienhubschrauber soll Anfang 2003 erfolgen. Die Produktion der Baugruppen erfolgt bei den drei Partnern. Nach der aktuellen Arbeitsaufteilung hat die MTU die Verantwortung für die Fertigung der Brennkammer und Hochdruckturbine, Tourboméca für den Verdichter, das Getriebe, die Anbaugeräte sowie das Regelsystem einschließlich FADEC und Rolls-Royce für die Nutzturbine. Für die Endmontage aller Triebwerke des ersten Loses wird eine Montagelinie bei der MTU errichtet.

Die Entwicklung neuer Triebwerke ist je nach ziviler oder militärischer Anwendung unterschiedlich, jedoch ist man in beiden Bereichen daran interessiert, ein geringes Gewicht zu erzielen. Von den zivilen Triebwerken fordert man Umweltfreundlichkeit und Flexibilität in der Anwendung, während Beschußsicherheit und Sicherheit gegen ABC oder EMP bei den militärischen Triebwerken vorrangig sind. So werden Werkstoffverbesserungen bei militärischen Triebwerken zu einer Leistungssteigerung und/oder Gewichtssenkung führen. Bei zivilen Triebwerken wird in der Regel bei Inkaufnahme des alten Gewichtes Lebensdauer und Zuverlässigkeit erhöht.

Da die Kosten der Entwicklung eines neuen Triebwerkes sehr hoch sind und ein Zeitaufwand von ca.

zehn Jahren notwendig ist, kann man nicht für jeden Bereich eigene Triebwerke bauen. So sind die neuen Triebwerke so ausgelegt, daß sie beiden Anwendungen entgegenkommen, indem die Forderungen nach geringem Verbrauch, guter Wartbarkeit und nach geringen Betriebskosten so weit in Einklang gebracht werden, daß beide Anwendungen einigermaßen brauchbar abgedeckt sind.

So tragen auch Fortschritte auf dem Gebiet der Werkstofftechnik, wie der Einsatz von Bauteilen aus Pulvermetall, Faserverbundwerkstoffen und Keramik, zur Verbesserung der Triebwerke bei. Auch die Benutzung von Einkristall-Turbinenschaufeln und Keramikschichten zur thermischen Isolation sonst schwierig zu kühlender Oberflächen werden einen wichtigen Beitrag bei der Verbesserung von Hubschraubertriebwerken leisten. Neue Technologien wirken sich nicht nur auf den Entwurf des Grundtriebwerks aus, sondern auch auf die Anbaugeräte. Moderne elektronische Triebwerksregler eröffnen viele Möglichkeiten zur Verbesserung des Betriebsverhaltens und des Betriebs von Hubschraubertriebwerken, speziell bei Anwendung in mehrmotorigen Hubschraubern.

Zu den Kerntechnologien bei der Instandsetzung von Triebwerksbauteilen gehört eine Vielzahl von Schweißverfahren, speziell dort, wo es gilt, verschlissenes Material wieder aufzubringen. So ist laufend eine Verbesserung bestehender und die Suche nach neuen Schweißverfahren erforderlich. Für das breite Spektrum von Werkstoffen beim Auftragsschweißen, angefangen von hochlegierten Stählen über Nickelbasislegierungen und Titanverbindungen bis zu Leichtmetallen, wurden die besonders präzisen bzw. qualitativ hochwertigen Schweißverfahren Wolfram-Inert-Gas- (WIG) bzw. Plasma-Schweißen gezielt weiterentwickelt. Als vergleichsweise neues Verfahren in dieser Disziplin hat sich seit 1997 das Laser-Pulver-Auftragsschweißen bei der MTU erfolgreich etabliert. Dieses Verfahren ermöglicht Reparaturen an Triebwerksbauteilen, die mit konventionellen Schweißverfahren bisher nicht möglich waren. Dazu wurde eine CNC-gesteuerte Anlage zum Laser-Pulver-Auftragsschweißen mit Videoüberwachungseinheit entwickelt.

Das RTM 322-Wellentriebwerk, seit Dezember 1984 in Hatfield (England) in der Erprobung, ist ein von Rolls-Royce und Tourboméca gemeinsam entwickeltes Triebwerk. Seit 1986 beteiligt sich auch R. Piaggio (Italien) an dem Programm. Die Grundversion für Hubschrauber hat 2100 shp (1565 kW) und ist so konstruiert, daß sie mit dem General Electric T700-Triebwerk austauschbar ist. Ende 1992 wählte die Firma NATO Helicopter Industries das RTM 322 als Basistriebwerk für die Entwicklung des NH90 aus. Ebenfalls in Frage kommt das T700-T6E, eine neue leistungsgesteigerte Version des bewährten General-

Electric-Triebwerks T700. Es handelt sich hierbei um eine Gemeinschaftsproduktion von MTU, General Electric Aero Engines und Fiat Avio. Die Leistungssteigerung der Variante T6E wurde durch die Erhöhung des Durchsatzes, verbunden mit einer dreidimensionalen aerodynamischen Neuauslegung des Verdichters, erreicht. Die daraus resultierenden moderaten Turbineneintrittstemperaturen und die fortschrittliche Schaufelkühlung erlauben die Verwendung wohlbekannter Werkstoffe im Gaskanal.

Im Juli 1990 gründeten die BMW AG, München, und der Flugtriebwerkhersteller Rolls-Royce plc, London, die BMW Rolls-Royce GmbH. Die 1892 gegründete Motorenfabrik Oberursel, die schon 1913 Flugmotoren in Serie fertigte, wurde der Hauptsitz des neuen Unternehmens. Die europäische Zulassung als Entwicklungsbetrieb wurde im Dezember 1997 erteilt. Im April 1998 unterzeichnet BMW Rolls-Royce mit Rolls-Royce Tourboméca Limited ein Memorandum of Understanding über die Ausrüstung des NH90 mit dem RTM 322-Triebwerk. Rolls-Royce Tourboméca ist eine gemeinsame Tochtergesellschaft der britischen Rolls-Royce plc und der französischen Tourboméca S. A. BMW Rolls-Royce will sich künftig als Partner an Entwicklung, Produktion, Vertrieb und Customer Support für das RTM 322 beteiligen. Der Anteil von BMW Rolls-Royce am RTM 322-Programm liegt, bezogen auf den Einsatz in den NH90-Hubschraubern, bei 23,2 %. Die Triebwerke für die NH90-Hubschrauber der Bundeswehr sollen in Oberursel montiert werden und dort auch ihre Abnahme-Prüfläufe absolvieren. Die britischen Streitkräfte haben bereits 352 dieser Triebwerke für ihre Hubschrauber EH 101 »Merlin« und »Apache« bestellt. Der Standort Oberursel der BMW Rolls-Royce GmbH fertigt seit ca. 30 Jahren Teile für die heute bei der Bundeswehr eingesetzten Triebwerke und leistet den gesamten Product Support einschließlich der Teilelogistik. Dies betrifft die Turbine T53 der Bell UH-1D und das Gnôme H 1400-Triebwerk im SAR Hubschrauber »Sea King« der Marine.

Die Hubschrauber EH 101, NH90 und »Black Hawk« werden von der Turbine RTM 322 angetrieben. Die französische Firma Tourboméca, ein Unternehmen der französischen Labinal-Gruppe mit Hauptsitz in Bordes, wurde im Jahr 1938 von Joseph Szydlowski gegründet. Seit 1948 beschäftigt sich Tourboméca hauptsächlich mit der Entwicklung und Produktion kleiner und mittlerer Gasturbinen.

Zur Firma Tourboméca gehören drei Produktionsbetriebe, die bis zum 31. Dezember 1983 insgesamt 36.000 Turbinen ausgeliefert haben. Davon wurden 14.000 in Lizenz in neun Ländern und 22.000 in eigenen Werken hergestellt. Im Jahr 1983 wurden 863 Turbinen gebaut, von denen 520 Wellenturbinen für

Hubschrauber waren. 1997 wurden insgesamt 614 Triebwerke verkauft.

1987 hatte Tourboméca einen Umsatz von 2154 Mio. FF, davon 1586 Mio. FF (73,6 Prozent des Umsatzes) für den Export. Im Bereich der Produktion von Gasturbinen betrug der Umsatz im Jahr 1997 2664 Mio. FF, was 20,8 Prozent vom Gesamtumsatz 1997 ausmacht. Mit zur Zeit 17.500 Triebwerken im Einsatz ist Tourboméca bei 1200 Betreibern in 120 Ländern vertreten (Stand: Anfang 1998). Während der Umsatz von Tourboméca im Zeitraum 1977 bis Ende 1981 14 Prozent am Weltmarkt ausmachte, waren es für den Zeitraum 1992 bis Ende 1996 bereits 24 Prozent.

Die Wellenturbine Artouste II, entwickelt und produziert im Jahre 1951, wurde in die »Alouette II« eingebaut, dem ersten Hubschrauber der Welt mit einer in Serie produzierten Turbine. Auch die Turbine Astazou II kam in der »Alouette II« zum Einsatz, während das Triebwerk Astazou III bereits in der SA 341 »Gazelle« Verwendung fand. Am 21. Juni 1972 stellte eine »Lama« mit dem Triebwerk Artouste 3B einen Höhenrekord von 12.442 Metern auf. Die Turbine Turmo III–IV gehört ebenfalls zu den Tourboméca-Triebwerken der ersten Generation und kam in den Hubschraubermustern SA 321 »Super Frelon« und SA 330 »Puma« zum Einsatz.

Das Triebwerk Arriel (700 shp), u.a. im Sikorsky-Hubschrauber S-76A und im SA 365 »Dauphin« eingebaut, erhielt im Oktober 1987 das französische Luftfahrtzertifikat, das US FAA-Zertifikat (STC) wurde am 6. April 1988 erteilt. Arriel wurde zu 100% von CATIC in China gebaut. Arriel 2 (850 shp), u a. im »Dauphin« N3/»Panther« eingebaut, flog erstmals 1980. Bis Ende 1997 wurden mehr als 3900 Arriel-Triebwerke produziert, die über

acht Millionen Flugstunden bei 1000 Betreibern in 80 Ländern absolviert haben.

Von dem Triebwerk Makila (1900 shp), u. a. im AS 332 »Super Puma« eingebaut, waren 1988 bereits 750 Stück mit 700.000 Flugstunden im Einsatz.

Das von Tourboméca entwickelte Triebwerk Arrius findet Verwendung in den Eurocopter-Typen AS 355N, AS 555N, EC 135, EC 120 sowie im McDonnell-Douglas MD 901. Der erste Flug mit einem Arrius-Triebwerk erfolgte 1986, bis Mitte 1997 waren 450 Turbinen ausgeliefert und mehr als 300.000 Flugstunden absolviert. Auch 1999 behauptet Tourboméca seine Führungsposition bei den leichten Triebwerken im militärischen Bereich. Alle 30 A 109 »Power« für die südafrikanische Luftwaffe werden mit dem Arrius 2k2-Triebwerk ausgerüstet.

Tourboméca hat allein oder in Zusammenarbeit mit anderen Firmen ein komplettes Programm Turbowellen mit sich ergänzenden Leistungen entwickelt und bietet damit eine passende Lösung für alle Hubschrauber der jetzigen und der künftigen Generation von 1,5 bis 13 Tonnen an.

Alle diese neuen Motoren verwenden ein Kraftstoffsteuersystem der neuen Generation, das FADEC (Full Authority Digital Electronic Control).

TM 319 450–600 shp

20 Monate nach Beginn des Entwicklungsprogrammes fand am 19. Mai 1983 der erste Hubschrauberflug mit diesem Triebwerk statt. Das französische Zivilluftfahrtzertifikat wurde 1988 erteilt. Das Triebwerk ist für ein- oder zweimotorige Hubschrauber mit einem maximalen Abfluggewicht von 1,5 bis 2,5 Tonnen bestimmt. Das erste TM 319 wurde 1987 für die französische Luftwaffe gebaut, für den »Ecureuil« AS 355 (Twin Star).

Das Triebwerk leistet unter Standardbedingungen 303 kW (406 shp) bei einer Startleitung von 357 kW (479 shp). Eine verbesserte TM 319-2-Version soll 403 kW (540 shp) im Flugbetrieb leisten.

TM 333 850–1100 shp

Im Juli 1979 begann das Entwicklungsprogramm dieses Triebwerks, und am 8. April 1982 wurde der erste Flugtest mit dem Hubschrauber »Dauphin«

Turbomèca-Triebwerk TM 333.

SA 365 absolviert. Die erste Verwendung erfolgte im SA 365 M. Das französische Luftfahrtzertifikat erhielt das TH 333-1A/1M im Jahr 1986.

Eine leistungsfähigere Ausführung (+ 20%) beim TM 333-2B wurde von der indischen Regierung 1986 für die Ausrüstung des Advanced Light Helicopter (ALH) ausgewählt, der in Zusammenarbeit mit HAL (Indien) und MBB entwickelt wurde. Das Luftfahrtzertifikat wurde 1993 erteilt. Verbesserte Versionen sind die TM 333-Triebwerke 2E und 2E1 mit Dual Channel FADEC.

Pratt & Whitney Canada Inc. wurde 1928 gegründet. Hauptsitz ist Longueuil, Quebec. In Mississauga, Ontario, und in Lethbridge, Alberta, befindet sich jeweils ein weiteres Fertigungswerk. Die Turbine PT6 war die erste Turbine, die P&WC für Hubschrauber entwickelt hat und die Anfang der 60er Jahre u. a. in den Hubschrauber-Mustern Hiller Ten99, Piasecki 16H und Lockheed XH-51 Verwendung fand. Der Kaman K-1125 war der erste Hubschrauber mit zwei PT6-Triebwerken.

In der PT6B-36 kam erstmals das FADEC-System zur Anwendung, heute Standard bei der PW200-Serie. Die Turbine PW200, deren Entwicklung 1983 begann, leistet 450 bis 710 shp. In der Entwicklung ist eine stärkere Version bis 900 shp. Verwendung findet die PW200 u. a. in verschiedenen Variationen in

Triebwerk PW 206B, u. a. im EC 135.

den Hubschrauber-Mustern MD »Explorer« 900/902, EC 135, Agusta A109, Kazan »Ansat« und Bell 427.

Bis zum Jahr 2000 hatte Pratt & Whitney Canada mehr als 48.000 Triebwerke ausgeliefert, die über 340 Millionen Flugstunden in 180 Ländern absolviert haben.

Seit November 1999 gibt es in Berlin-Ludwigsfelde einen kompletten Instandsetzungsservice für das Hubschraubertriebwerk PW200. Dieses Pratt & Whitney Canada Service Centre steht allen PW200-Kunden täglich rund um die Uhr zur Verfügung.

Neue Ausrüstungstechnik

Innovationen im Rahmen der Ausrüstungstechnik führten u. a. zur Einführung des halbstarren Rotors in den 60er Jahren, gefolgt von dem revolutionären starren Rotor-System »Bölkow«, zu den ersten Rotorblättern aus ultraleichten und hochfesten Verbundwerkstoffen, zu Fortschritten bei der Entwicklung der aktiven Schwingungsdämpfung, zur Erfindung des ummantelten Heckrotors, zur Senkung des Geräuschpegels, welche die EC 135 und EC 120 zu den leisesten Hubschraubern ihrer Kategorie gemacht haben, und zur Einführung der elektrschen Flugsteuerung mit der NH90.

Für die Ausrüstung des Hubschraubers ist es unbedingt notwendig, daß auch das Zusammenwirken von Zelle, Triebwerk und Ausrüstung in Verbindung mit Werkstoffen bestabgestimmt sein muß. Es ist wenig sinnvoll und ökonomisch unklug, nur ein Fachgebiet zu fördern, denn es würde ein Fluggerät entstehen, das entweder ausrüstungsmäßig den Arforderungen nicht genügt, vom Triebwerk her ungenügend ist oder durch eine unzureichende Zelle nicht brauchbar wäre.

Die Verbesserungen in Ausrüstungssystemen zielen darauf ab, höhere Handhabungsqualitäten zu erreichen, die neuen JAR 27-Sicherheitsvorschriften zu erfüllen sowie schnelle Verfügbarkeit des Gesamtfluggerätes und gute Anpassungsfähigkeit an neue Aufgaben sicherzustellen, wie z. B. bei Kampfwertsteigerung oder Kampfwerterhöhung, oder um das Einsatzspektrum bei Rettungsdiensten zu verbessern und die Wartung zu vereinfachen (on condition).

Die Fachfirmen der Ausrüstungsindustrie liefern einzelne Geräte, aber zunehmend in sich abgeschlossene Subsysteme, wie die folgende Auflistung zeigt. Diese sind für ein technologisch richtungweisendes Hubschrauberkonzept typisch und für die z. Z. in Diskussion befindlichen Programme wichtig:

1. Zentralisiertes Überwachungssystem für sämtliche an Bord befindlichen Funktionssysteme, einschließlich Datenbus-Kontrollsystem.
2. Flugsteuerung als »Fly-by-wire-Systeme«, d. h. die mechanische Übertragung per Gestänge und Seilzug wird ersetzt durch eine elektrische Kommandoübertragung.
3. Flugführungssystem mit dem Flugregler für den inneren Regelkreis und den Navigations- sowie Kommunikationshilfen für den äußeren Führungs- und Regelkreis. Hierzu gehören neue Sensoren für die exakte Messung niedriger Geschwindigkeiten.
4. Mensch/Maschine-Dialogsystem im Cockpit-Bereich mit intelligenten Multifunktions-Bediengeräten, Rechner/Symbolgeneratoren und Farb-Multifunktionsdisplays.
5. Cockpit-Grundausstattung.
6. Fahrwerksanlage.
7. Redundantes Hydrauliksystem.
8. Elektrische Versorgungssysteme für Gleich- und Wechselstrom.
9. Kraftstoffsystem mit Kraftstofftanks und Pumpen- und Vorratsmeßanlagen.
10. Klimaanlage.
11. Hinderniswarnung und Enteisung.
12. Kraftübertragungssysteme für Haupt- und Heckrotorgetriebe.
13. Triebwerks-Regel- und Überwachungssystem.
14. Funk- und Funknavigationssystem.
15. ECM/Warngeräte.
16. Radar und Infrarot-Sensoren.

Die Verknüpfung all dieser Systeme erfolgt heute über ein Datenbus-System, um Verkabelungsgewicht zu reduzieren, um schnellen digitalen Datenverkehr zu ermöglichen, um Flexibilität für die Einführung oder für adaptierte Geräte zu erhalten und um technologisch fortschrittliche Wartungskonzepte überhaupt zu ermöglichen.

Mit der Einführung der Datenbussysteme konnte die Idee eines »lebenden« Hubschrauber- bzw. Waffensystems verwirklicht werden, d. h. nicht nur Triebwerk und Zelle werden während der Nutzungsphase leistungsgesteigert, sondern auch die Ausrüstungssysteme werden der Bedrohung angepaßt, ohne daß komplette Neuverkabelungen erforderlich werden.

Zur Kostenreduzierung wird ein geringer Wartungsaufwand durch Wegfall periodischer Wartungsintervalle (on condition), die Erhöhung der Lebensdauer der Komponenten sowie die Standardisierung von Bauteilen gefordert. Trotz erfolgter Verbesserungen wird weiterhin an der Allwetterfähigkeit, der Lärmreduzierung und dem Passagierkomfort gearbeitet. Durch die großen Fensterflächen ist eine gute Klimatisierung gerade bei Hubschraubern bis fünf Tonnen recht schwierig. Abhilfe sollen hier neue

Scheiben schaffen, deren Lichtdurchlässigkeit geregelt werden kann. Zwei verschiedene Typen befinden sich zur Zeit in der Entwicklung. Bei der Fluglärmreduzierung strebt Eurocopter eine Absenkung des Außengeräuschpegels auf zehn EPNdB unter die ICAO-Zulassungsrichtlinien an. Neue Profile und Rotorblattspitzen-Geometrien sollen hierbei ebenso helfen wie variable Drehzahlen. Zur Verbesserung des Komforts wechselt Eurocopter vom Vier- zum Fünfblattrotor, der grundsätzlich weniger Vibrationen aufweist.

Das ABC (Advancing Blade Concept) entstand bereits in den 30er Jahren. In den 40er Jahren waren die Rotorblätter aus Holz und in den 50er Jahren aus Aluminium und Stahl. Inzwischen ist man über die Titantechnik hinaus.

Das ABC-Rotorblatt hat nur auf die neuen Werkstoffe gewartet, und Sikorsky hat mit diesen Blättern einen Koaxialrotor gebaut. Der Koaxialrotor bringt trotz geringerer Rotordrehzahl eine höhere Geschwindigkeit, da beide entgegengesetzt drehenden Rotoren Vortrieb erzeugen. Der Sikorsky-Hubschrauber S-69 mit ABC-Rotorblättern erreicht Geschwindigkeiten von über 450 km/h.

Das Koaxialrotorsystem der S-69 besitzt für beide Rotorebenen nur eine gemeinsame Taumelscheibe. Der Rotordurchmesser beträgt 11,97 m, und der Abstand der beiden Rotorebenen liegt bei 30 cm. Die Rotorblätter bestehen aus Titanholmen und einem Nomex-Wabengerippe und sind mit einer Außenhaut aus glasfaserverstärktem Kunststoff versehen. Durch das von Sikorsky entwickelte BIM-Kontrollsystem werden eventuelle Bruchstellen im Blatt sofort angezeigt.

In den letzten 15 Jahren wurden entscheidende Durchbrüche bei den Antriebskomponenten (Rotoren und Rotorblätter) im Rahmen des F & E-Programms erzielt, das von Eurocopter gemeinsam mit anderen Forschungszentren (ONERA in Frankreich und DLR in Deutschland) durchgeführt wurde. Die neuesten Rotorblatt-Typen, deren Form für höchste Leistungen und maximalen aerodynamischen Wirkungsgrad optimiert wurden, sind inzwischen auf allen Hubschraubern der neuen Eurocopter-Baureihe montiert. Die neuen Blattformen der »Super Puma« MK2 und der EC 135 weisen ebenfalls substantielle Verbesserungen auf. Die Ergebnisse dieses F & E-Programms sind bereits in die Entwicklung des »Tiger« und des NH90 eingeflossen, auf denen die ersten parabolischen Rotorblätter mit Sweepback und V-Form montiert sind.

Mit der Einführung von Kunststoffblättern bei MBB konnte ein gelenkfreier Blattanschluß – ohne Schlag- und Schwenkgelenke – schon 1962 bei der BO 105 realisiert werden.

Für die zivilen Hubschrauber der 2- bis 3-Tonnen-Klasse entwickelte MBB einen neuen, völlig lagerlosen Hauptrotor, bei dem auch der Rotorstern, sonst aus Titan, aus Faserverbundwerkstoff gefertigt wird. Hierbei wird die Blattverstellung, die bisher über Nadellager zwischen Rotorstern und Blattanschlußhülsen vorgenommen wurde, durch eine elastische Torsion des Rotorblatthalses erreicht. In der neuentwickelten Kohlefaser-Steuertüte ist das Gewebe weitestgehend beweglich, während die Ummantelung völlig starr bleibt. Das neue Rotorkonzept ermöglicht ein einfaches Rotormittelstück infolge einer Verringerung der Teilezahl gegenüber dem bisherigen Stand. Die Flugerprobung erfolgte bereits 1984.

Innerhalb eines Technologie-Programms des Bundesministeriums der Verteidigung entwickelte MBB ferner ein Hauptrotorsystem für Hubschrauber in der 4- bis 8-Tonnen-Klasse, den Faser-Elastomerlager-(FEL-)Rotor. Im Vergleich zum gelenklosen Rotor »System Bölkow« sind hierbei die Titannabe durch FVW-Teile und die Nadellager durch wartungsfreie Elastomerlager ersetzt. Diese Bauelemente übertragen die im Flug entstehenden Zentrifugalkräfte und ermöglichen die Blattanstellwinkeländerung. Das sehr kompakte FEL-Rotorsystem zeichnet sich durch seine einfache, robuste Bauweise, hohe Lebensdauer und relativ niedriges Fluggewicht aus.

Diese Technologie wurde auch vom Boeing-Sikorsky First Team für den RAH-66 »Comanche« der US Army ausgewählt und kam ebenfalls für den P 120 L von Aerospatiale, jetzt EC 120, zur Anwendung.

Ein weiterer technischer Fortschritt ist der lagerlose Hauptrotor BMR (Bearingless Main Rotor), der keine Gelenke mehr besitzt und nur aus einer sehr kleinen Anzahl von Teilen besteht. Die Erprobung des lagerlosen Hauptrotors BMR erfolgte auf der BO 108. Die Blattverstellung erfolgt beim BMR über ein flexibles Faserstrukturelement (Flexbeam), welches alle mechanischen Gelenke ersetzt und die Fliehkraft überträgt. Eine torsionssteife Steuertüte aus Faserlagen umgibt das flexible Element und leitet an

MBB FEL-Rotor.

dessen äußerem Ende über Steuerstangen den Blattsteuerwinkel ein. Diese ganz aus Kunststoff gefertigte Rotorkonstruktion, bietet eine Gewichtsverringerung um 50 kg im Vergleich zum BO 105-Rotor und kann auf periodische Wartungsintervalle verzichten. Einige der ersten Ergebnisse des BMR-Forschungsprogramms wurden bereits auf der EC 135 angewandt. So sind z. B. bei der EC 135 der lagerlose Hauptrotorkopf sowie die Blätter in ihrem Betrieb »on condition« ausgelegt, das heißt, es gibt keine vorgeschriebene Wartungsintervalle mehr.

Der Entwicklung des bereits auf der BO 105 erfolgreich flugerprobten neuen Faser-Elastomer-Heckrotors (FEL) mit aerodynamisch optimierten Rotorblättern und KfK-Nabe folgte, analog zum Hauptrotor, der völlig neuartige, lagerlose FVW-Heckrotor, eine technische Steigerung des FEL-Systems.

Bei den Heckrotoren mit Wellenantrieb hat MBB beim Zweiblatt-Heckrotor ein zentrales Schlaggelenk entwickelt (Seesaw-Rotor). Bei der BO 108 wurde ein ganz aus Kunststoff gefertigter Zweiblatt-Heckrotor in Seesawlagerung mit Elastomerlager erprobt. Dieser Rotor liefert 11 % mehr Schub und hat ein 5 % niedrigeres Gewicht.

Ebenfalls wurden lagerlose Vierblatt-Heckrotoren entwickelt und im Flug erprobt.

Beim Übergang von der BO 108 zur EC 135 wurde das Prinzip des Zweiblatt-Heckrotors mit zentralem Schlaggelenk zugunsten des von Aerospatiale entwickelten Fenestrons aufgegeben. Der Fenestron ist ein ummanteltes Heckrotorgebläse. Das Fenestron-Heckrotorkonzept, zuerst auf der »Gazelle«, später auf der »Dauphin«-Familie und jetzt auf der EC 135 und EC 120 angewandt, bietet nicht nur eine größere Sicherheit am Boden bei drehendem Rotor, es verringert auch die Lärmentwicklung. Für größere Hubschrauber würde dieses System jedoch zu große Seitenleitwerke erfordern. Daher wurde der »Tiger« mit einem schwenksteifen Dreiblatt-Heckrotor ausgestattet.

Auch der Verringerung des erzeugten Lärms wird Priorität gegeben. Zur Lärmreduzierung am Hauptrotor (Impulslärm) gibt es verschiedene Technologien. Dazu zählen neue Rotorblattprofile, Verminderung der Rotordrehzahl bei Annäherung an den Boden, die höherharmonische Steuerung oder die Einzelblattsteuerung.

Auch eine Erhöhung der Rotorblattzahl bewirkt eine Lärmreduzierung, weshalb zukünftig mehr Fünfblatt-Haupt- und Vierblatt-Heckrotoren erwartet werden können. Besondere Kombinationen von Vorwärtsgeschwindigkeit und Sinkrate führen zu dem für Hubschrauber charakteristischen »Knattern«. Die Entstehungs- und Abstrahlungsmechanismen für dieses Knattern (physikalisch richtiger »Impulslärm«) sind durch neuere Forschungsergebnisse der DLR qualitativ und großenteils auch quantitativ geklärt worden. Der Impulslärm tritt insbesondere am Hauptrotor auf. Auch der Heckrotor ist eine wesentliche Lärmquelle. Um z. B. heutige Rotor-Systeme zu verbessern, wird innerhalb des Luftfahrtforschungsprogramms angestrebt, eine aktive und damit individuelle Steuerung der Rotorblätter zu entwickeln, die den Außenlärm durch Reduzierung der auftretenden Luftwirbel für den bodennahen Flugbetrieb deutlich verringert. Der Einfluß der höherharmonischen Blattsteuerung auf die Druckverteilung an der Rotorblatt-Vorderkante und damit auf das Schallfeld unterhalb des Rotors wird im Deutsch-Niederländischen Windkanal untersucht.

Die Mechanismen der Entstehung des Heckrotorlärms sind prinzipiell die gleichen wie beim Hauptrotor. Der Heckrotorlärm wird im EU-Projekt »HELIFLOW« untersucht.

Auch im Innenraum geht man gegen den Lärm von Rotor, Triebwerk und seinen Nebenaggregaten vor. Feste Verbindungen zwischen Rumpfstrukturen, die als Lärmbrücken wirken, werden vermieden und durch elastische Elemente ersetzt. Im Auftrag von MBB entwickelte die Firma Custom Aircraft Interiors eine spezielle Schallisolierung (»Cocoon«-Innenausstattung). Diese Isolierung ist schalltechnisch von der Hubschrauberzelle getrennt und erreicht eine Reduzierung des Kabinenschallpegels um 15 Prozent.

Schwingungen stellen nicht nur eine Belastung für Besatzung und Fluggäste dar, sie haben auch starken Einfluß auf Zelle und Ausrüstung. Im Rahmen der Förderungstätigkeit des Bundesministeriums für Forschung und Technologie (BMFT) wurden bei MBB, später Eurocopter Deutschland, neuartige Schwingungsisolationssysteme entwickelt. Dazu zählen das ARIS-System (Anti Resonance Isolations System), ein passives System, und das ASIS-System (Aktives Schwingungs-Isolations-System).

Durch das Anti-Resonanz-Schwingungsisolationssystem (ARIS) können die sinusförmig verlaufenden, vom Rotor verursachten Vibrationen der Kabine mittels einer dynamischen Trennung der Rotor-/Getriebeeinheit durch gegengerichtete Trägheitskräfte isoliert werden. Die anfangs für die BO 108 vorgesehenen hydraulischen Kraftisolatoren bestehen aus einer Feder und einem parallel, vertikal angeordneten Pendel, das über eine hydraulische Übersetzung verfügt. Die Pendelmasse ist für die Feinabstimmung auf die zu kompensierende Anregungsfrequenz justierbar.

Das ARIS-System, das im Hubschrauber EC 135 eingebaut ist, besteht prinzipiell aus der Parallelschaltung einer sehr steifen Stützfeder und eines passiven Kraftgenerators.

Zwei unterschiedliche Ausführungsformen sind im ARIS-Programm entwickelt worden. Zum einen besteht der Kraftgenerator aus einem mechanischen Pendel, zum anderen ist er mit einem hydraulischen Kraftgenerator ausgerüstet.

Beim aktiven Rotorisolationssystem (ASIS) wird die Rotor-Getriebe-Einheit durch regelbare Kraftisolatoren von der Hubschrauberzelle entkoppelt.

Das zuerst auf der »Dauphin« und jetzt auch auf dem »Tiger« installierte Anti-Vibrationssystem SARIB hat sich als modernste und effizienteste Lösung zur Verringerung des Lärmniveaus erwiesen. Dieses System senkt auch die Ermüdungsbelastung der Bauteile und verlängert die Lebensdauer des Hubschraubers.

Die beste Art der Schwingungsbekämpfung ist jedoch, sie erst gar nicht entstehen zu lassen. Ein möglicher Weg dahin ist die höherharmonische Steuerung (HHC). Dabei wird dem Blattwinkel zusätzlich zur Winkeländerung pro Umdrehung, die über die Taumelscheibe erfolgt, eine weitere Anstellwinkeländerung aufgezwungen. Dies geschieht über schnelle hydraulische Stellglieder in den einzelnen Blattsteuerstangen. In Abhängigkeit von den momentanen Anforderungen lassen sich so Auftrieb, Lärm und Schwingungsverhalten günstig beeinflussen. Diese geeignete Erweiterung der konventionellen Hauptrotorsteuerung wird auch als Induvidual Blade Control (IBC) = Einzelblattsteuerung bezeichnet.

Beim Hubschrauber spielt auch der Sitz eine besondere Rolle hinsichtlich der Sicherheit. Im Gegensatz zu Flugzeugen treten beim Hubschrauber sehr viel größere Vertikalbelastungen auf. Diese Vertikalbeschleunigungen gilt es im Falle eines »Falles« durch entsprechende Dämpfung aufzufangen. Als Sitz für die Besatzung wurde schon vor längerer Zeit der Hubschraubersicherheitssitz HACS verwendet, der ein umfangreiches Programm statischer und dynamischer Tests, entsprechend den Forderungen der MIL-S-58095, erfolgreich durchlaufen hat, die in Zusammenarbeit mit dem Luftfahrtmedizinischen Institut der Royal Air Force in Farnborough durchgeführt wurden. Die Konstruktion dieses Martin-Baker-Hubschraubersicherheitssitzes basiert auf einem einfachen Sitzrahmen mit energieverzehrendem Element und Sitzhöhenverstellung. Dieser Rahmen ist mit der Struktur des Hubschraubers verbunden, wobei die Befestigungspunkte so ausgelegt werden können, daß sie den Erfordernissen des jeweiligen Hubschraubers entsprechen. Das energieverzehrende Element wird wirksam, wenn es außergewöhnlichen vertikalen Beschleunigungskräften ausgesetzt ist, und basiert auf dem sehr zuverlässigen und doch einfachen Prinzip der Materialstreckung, indem Stahlstangen durch Buchsen gezogen werden. Hierdurch wird die bei einer harten Landung des Hubschraubers auftretende

Energie zu einem Teil absorbiert. Die auf dem energieverzehrenden Element montierte schalenförmige Sitzwanne ist aus Platten einer Leichtgewicht-Armierung geformt, die ballistischen Schutz zu den Seiten, nach hinten und unten bietet. Sie besteht aus Kevlar und Boron Carbide Ceramic und bietet wirkungsvollen Schutz gegen Kaliber 7,62-mm-Mehrfach- und 12,7-mm-Einfachbeschuß. Die Armierung ist gegenüber Produkten aus Stahl mit gleicher Schutzwirkung um bis zu 50% leichter; sie ist unzerbrechlich, wartungs- und korrosionsfrei. Die Sitzschale ist mit einer körpergerecht geformten Polsterung versehen.

Inzwischen sorgen die Bestimmungen der FAR (Part 27 für Hubschrauber) für mehr Sicherheit. 1995 erhielt die Firma F+E in Altdorf bei Landshut – von Dipl.-Ing. Thomas Fischer gegründet – ihren ersten Auftrag für energieabsorbierende Sitze von der Firma Eurocopter. Die von der Firma F+E entwickelten Sitze schützen beim Vertical-Crash bis zu 30 G und im Horizontalbereich bis zu 18,4 G. Sie sind höhen- und längsverstellbar, dazu leichter als herkömmliche Sitze (9–15 kg). Die ergonomisch geformten Fischersitze gehören heute zur Standardausrüstung der EC 135 und der EC 155 des BGS.

HACS-Hubschraubersicherheitssitz, Modell MBCS.

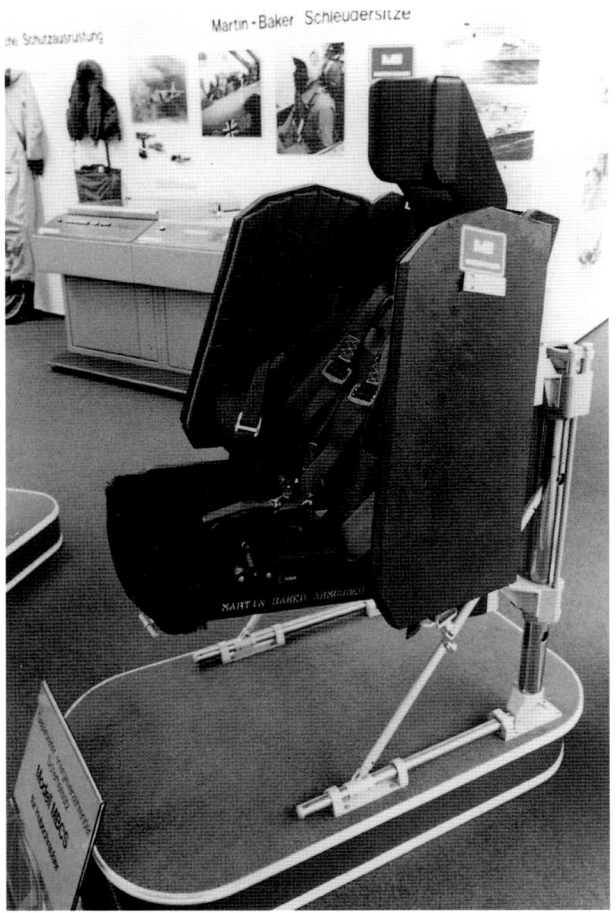

Modernste Avionik im Hubschraubercockpit

Seit Jahren wird versucht, die Nachtflugfähigkeit und das Fliegen bei schlechtem Wetter zu verbessern. Dazu werden zusätzliche Sichthilfen wie Infrarot, Restlichtverstärker und Radargeräte genutzt. Seit längerer Zeit wird nun zusätzlich die Nachtkampffähigkeit gefordert. Dazu muß jedoch der Pilot bei der Überwachung der an Bord befindlichen Subsysteme entlastet werden. So werden an die Stelle der einzelnen Anzeigen automatisierte Kontrollfunktionen treten, wobei es noch sinnvoller erscheint, die Tendenz von Meßwerten anzuzeigen, gegebenenfalls auch nur Warnungen, wenn Meßwerte aus tolerierten Bereichen herauslaufen.

So sind auch im Hubschraubercockpit, ähnlich wie bereits in Flächenflugzeugen realisiert, deutliche Tendenzen zum »Glascockpit« zu sehen. Glascockpit, das bedeutet teilweiser oder völliger Wegfall herkömmlicher elektromechanischer Instrumente und die Darstellung sinnvoll vorverarbeiteter Flugführungs-, Fluglage- und Systemparameter auf farbigen oder monochromatischen Displays. Das moderne Cockpit wird von mehreren Bildschirmen, den sogenannten CRTs (Cathode Ray Tubes), dominiert. Pilot und Copilot verfügen jeweils über ein Primärflugdisplay (PDF) mit allen wichtigen Informationen wie Geschwindigkeit, Höhe etc. sowie über ein Navigationsdisplay. Warn- und Systemanzeigen, zum Beispiel für Triebwerke, können im Display zu fünf und/oder sechs untergebracht werden. Dieser auch äußerlich sichtbare Teil der neuen Technik ist verbunden mit einer wesentlichen Neuerung der Bordelektronik: der Digitalisierung der Rechner. Im Falle des Ausfalls eines Displays können zum Beispiel sämtliche Informationen problemlos auf ein anderes Display geschaltet werden.

Die Darstellung der zur Hubschrauberführung notwendigen Parameter, ihre Vorverarbeitung und Auswertung wird in sog. EFIS- (Electronic Fligh Instrument Systems) bzw. ECAM- (Electronic Centralised Aircraft Monitoring System) Systemen durchgeführt. Diese Systeme bestehen je nach Anwendung und Hubschraubergröße aus mehreren Displays zur Parameterdarstellung und einem oder mehreren Computersymbolgeneratoren zur Datenaufbereitung und zur Generierung der notwendigen Symbole.

Wesentliche Voraussetzungen für den wirtschaftlichen Einsatz von EFIS/ECAM-Systemen sind die Definition und der Einsatz von standardisierten Bussystemen. Diese Bussysteme stellen den einzelnen Hubschraubersystemen die zur Auswertung notwendigen Sensorsignale (Flugzustand, Flugführung, Fluglage usw.) zur Verfügung. Neben einer Minimierung des Verkabelungsaufwandes wird vor allem die Prüfbarkeit – da alle notwendigen Sensorsignale auf dem Bus zusammengefaßt und somit »abrufbar« sind – wesentlich verbessert.

In der Luftfahrt haben sich heute in der westlichen Welt im wesentlichen zwei Bussysteme durchgesetzt. Diese sind im zivilen Bereich der ARINC 429-Bus, im Großraumflugzeug »Airbus« A 310 eingeführt, und im militärischen Bereich der MIL 1553 B-Bus. Dieser Datenbus wird eingesetzt, um das Verkabelungsgewicht zu senken, denn man kann in einem Hubschrauber keine armdicken Kabelbündel verlegen, wie es früher in einem Transportflugzeug der Fall war.

Der 2fach redundante MIL-Bus 1553 bietet verschiedene Anknüpfungsarten der einzelnen Subsysteme. Es besteht die Möglichkeit, bei diesen Subsystemen neue zusätzliche Geräte hinzuzufügen oder abzulösende Systemteile wieder fortzunehmen. Man erreicht auf diese Weise eine Flexibilität, die bei normal verkabelten Hubschraubern und Flugzeugen nicht gegeben ist.

Unter Verwendung beider Bussysteme wurden in Deutschland umfangreiche Flugversuche mit EFIS/ECAM-Systemen für die zivile und militärische Hubschraubergeneration der 90er Jahre durchgeführt.

Ähnliche Untersuchungen, vor allem in Frankreich, England, den USA und Italien, bestätigten die Eignung von Displaysystemen für den Hubschraubereinsatz.

Displaysysteme für den zivilen Hubschraubermarkt sind von der FAA zugelassen. Thomson-CSF in Frankreich, VDO Luftfahrtgerätewerk in Deutschland und General Electric in Amerika entwickelten Flüssigkri-

»Glascockpit«
Bendix.

Computersymbolgenerator VDO.

machen. Nach den Testergebnissen von Honeywell verbraucht eine LCD-Bildschirmeinheit lediglich 58 Prozent des für das Betreiben einer CRT-Röhre notwendigen Stroms. So stehen 87 Watt der LCD-Einheit dem Verbrauch von etwa 150 Watt eines vergleichbaren CRT-Displays gegenüber.

Die Bildschirmformate bei CRT-Einheiten sind schon allein aufgrund ihrer Bautiefe und Bildschirmkrümmung limitiert. LCD-Bildschirme sind, wie die Bezeichnung »Flat-Panel« bereits ausdrückt, durch ihre einfache Bauweise flach. Somit ist jede Bildschirmkrümmung überflüssig. Alle aktiven Bildschirmbereiche können so bis auf 2 mm an den Fassungsrand herangebracht werden. Bisher angeführte Schwierigkeiten bezüglich des Computer- und Display-Memory-Potentials verringern sich mit den Fortschritten der Halbleiterforschung und -technologie. Der Größe eines LCD-Bildschirms scheinen somit künftig keine Grenzen mehr gesetzt zu sein.

Bedien- und Eingabegeräte, auch Multifunction Keyboards genannt, sind als integraler Bestandteil des Hubschrauber-Avionic-Systems zu betrachten. Diese Geräte sind mittels des bereits erwähnten Avionic Busses (ARINC 429, MIL 1553 B) mit einer Vielzahl von Hubschraubersubsystemen verbunden und erlauben die Bedienung dieser Systeme von einem zentralen, für die Manipulation durch den Piloten optimierten Ort im Hubschraubercockpit. Zur eigentlichen Bedienung werden alphanumerische Tastenfelder meist mit taktilem Feedback und als optisches Feedback alphanumerische Kleindisplays von etwa Postkartengröße verwendet.

Auch der Konturenflug erfordert höchste Konzentration und ständigen Blick nach vorne. Das hat mit zur Entwicklung dieses völlig neuen Cockpits mit den erwähnten Multifunktionsinstrumenten, Bildschirmanzeigen sowie Spracherkennungssystemen und zur Einhandsteuerung geführt.

Die Multifunktionsanzeige besteht aus einer Fernsehröhre, die von einem Computer gesteuert wird.

stall-Sichtanzeigen (LCD), im Englischen auch als Flat panels, also Flachbildschirme bezeichnet.

Flüssigkristall-Anzeigen zeichnen sich durch sehr geringe Tiefe aus, wodurch der notwendige Einbauraum im Instrumentenpaneel reduziert wird. Außerdem sind sie leichter und verbrauchen weniger Energie. Eurodisplay, eine Tochtergesellschaft von Thomson-CSF und VDO Luftfahrtgeräte, entwickelte Flüssigkristall-Displays vom Typ aktive Matrix mit Vollfarbfähigkeit. VDO Luftfahrtgeräte bauten bereits vor längerer Zeit erste LCDs im Luftfahrtbereich für den Hubschrauber Bell 400.

Neu ist eine Entwicklung des US-Avionik-Herstellers Rockwell-Collins. In dem Multifunktionsdisplay MFD-900 sind ein 6 x 8 Zoll großes Farb-LCD-Display und ein Displaygenerator erstmalig zu einem intelligenten System zusammengefaßt. Die aller Voraussicht nach den Avionik-Markt der Zukunft beherrschende LCD-Technologie enthält dabei weitaus weniger Bauteile als die derzeitige, noch vor kurzem als revolutionär geltenden, auf Kathodenstrahlröhren gestützten Systeme. So kann auf Hochspannungsstromversorger ebenso verzichtet werden wie auf den Kathodentreiber, die Elektronenstrahlsteuerung oder die bei Verwendung dieser Technik notwendigen Strahlenschutzmaterialien. Letztendlich wird das Gewicht einer LCD-Anlage nur etwa 60 bis 70 Prozent von dem eines konventionellen Röhrensystems aus-

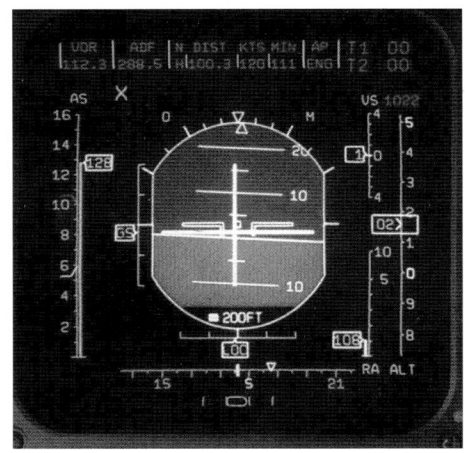

»Glascockpit«

Seitlich davon befinden sich Knöpfe zum Abrufen der anwählbaren Anzeigen. Anstatt der bisherigen runden Nadelinstrumente sind die restlichen Instrumente vertikal angebracht. Die Anzeige erfolgt durch horizontale leuchtende Linien. Ein Blick genügt, um die Linien und Raster zu registrieren.

Mit einem Knopf am Steuerknüppel (Stick) kann der Pilot jede Anzeige vorwählen. Statt vieler Instrumente hat er nur noch die gewünschte Anzeige im Blickfeld.

Ein modernes Instrumentenbrett enthält heute farbige VEMDs (Vehicle and Engine Multifunction Displays) zur Anzeige der wichtigsten Parameter von Luftfahrzeug und Triebwerk sowie die First Limitation Indication.

Bei der Steuerung folgt der Hubschrauber dem Trend der Flächenflugzeuge: »Fly-by-Light« (FbL), die Ansteuerung der Ruderservos über Lichtleiter, befindet sich bereits in einer fortgeschrittenen Entwicklungsphase. Flugversuche mit einer BO 105, bei der die Steuerung der Gierachse mit FbL erfolgt, haben die Realisierbarkeit des Konzeptes bestätigt. Geringes Gewicht sowie absolute Resistenz gegen elektromagnetische Störungen sind die Vorteile.

Für den italienischen Kampfhubschrauber Agusta A-129 ist eine moderne Avionik nach MIL-Standard 1553-B vorgesehen, die voll multiplex arbeitet. Die Steuerung erfolgt »Fly-by-Wire«, also digital. Dem Piloten steht ein modernes Cockpit mit Keyboards über zwei Displays, die über zwei redundante Bordcomputer gekoppelt sind, zur Verfügung. Es ist möglich, daß nur durch Ändern der Software mit diesem Rechnersystem später auch mit einem Einhandsteuerknüppel geflogen werden kann. Dieser Rechner bringt den Hubschrauber wieder in die beste Position, wenn z. B. ein Sensor, der für die Fluglage verantwortlich ist, ausfällt. Ein zusätzliches Master Warning Panel zeigt gleichzeitig den Ort des Fehlers an.

In Sikorskys Human Factors Laboratory wird seit längerer Zeit an Computern gearbeitet, die auf die Stimme des Piloten reagieren. Das geräuschunterdrückende Mikrofon eines Fliegerhelms ist mit einem Computersystem zur Spracherkennung verbunden. Das System zerlegt jedes gesprochene Wort in 16 Frequenzen, deren Energiebeträge später mit den erneut gesprochenen Wörtern verglichen werden, und die der Computer dann zu erkennen hat. Dafür muß er zuerst an die Stimme des Piloten und den Klang der Wörter gewöhnt werden. Danach kann er die mündlichen Fragen mit entsprechenden Anzeigen beantworten.

Schon seit 1978 arbeitet auch Crouzet in Valence an einem voice command system. Hierbei sollen nur sogenannte Sekundärbefehle über Sprache eingegeben werden. Eine direkte Eingabe von Steuerbefehlen beispielsweise wäre nicht sinnvoll und wegen der schnell erforderlichen Reaktion nicht durchführbar, weil die Spracherkennung im Computer doch etwas Zeit braucht. Die Spracherkennung ist der wichtigste Bestandteil des voice command systems. Crouzet entschied sich 1982 für die Connected-words-Methode, was eine pausenlose Befehlseingabe ermöglicht. Auf dem Hubschraubermuster »Puma« SA 330 wurden mit diesem Verfahren bis 1984 Flugtests durchgeführt, die eine Wiedererkennungsquote von 95 bis 99 Prozent lieferten.

Weiterhin wird versucht, alle Steuerbewegungen in einem einzigen Steuerknüppel zu vereinigen. Dieses Steuergerät würde dem Piloten dann erlauben, nur noch mit einer Hand zu fliegen. Der Steuerknüppel wird dabei nicht mehr bewegt, sondern reagiert auf den Druck der Hand. Seitliche Bewegungen werden z. B. durch leichtes Drücken links oder rechts des Steuerknüppels erzeugt, und die kollektive Blattsteuerung wird durch eine Auf- und Abbewegung ersetzt.

Zunehmend rückt für den Hubschraubertiefstflug (Nap on the earth) die Bedeutung

Hindernisradarwarngerät AEG-Telefunken.

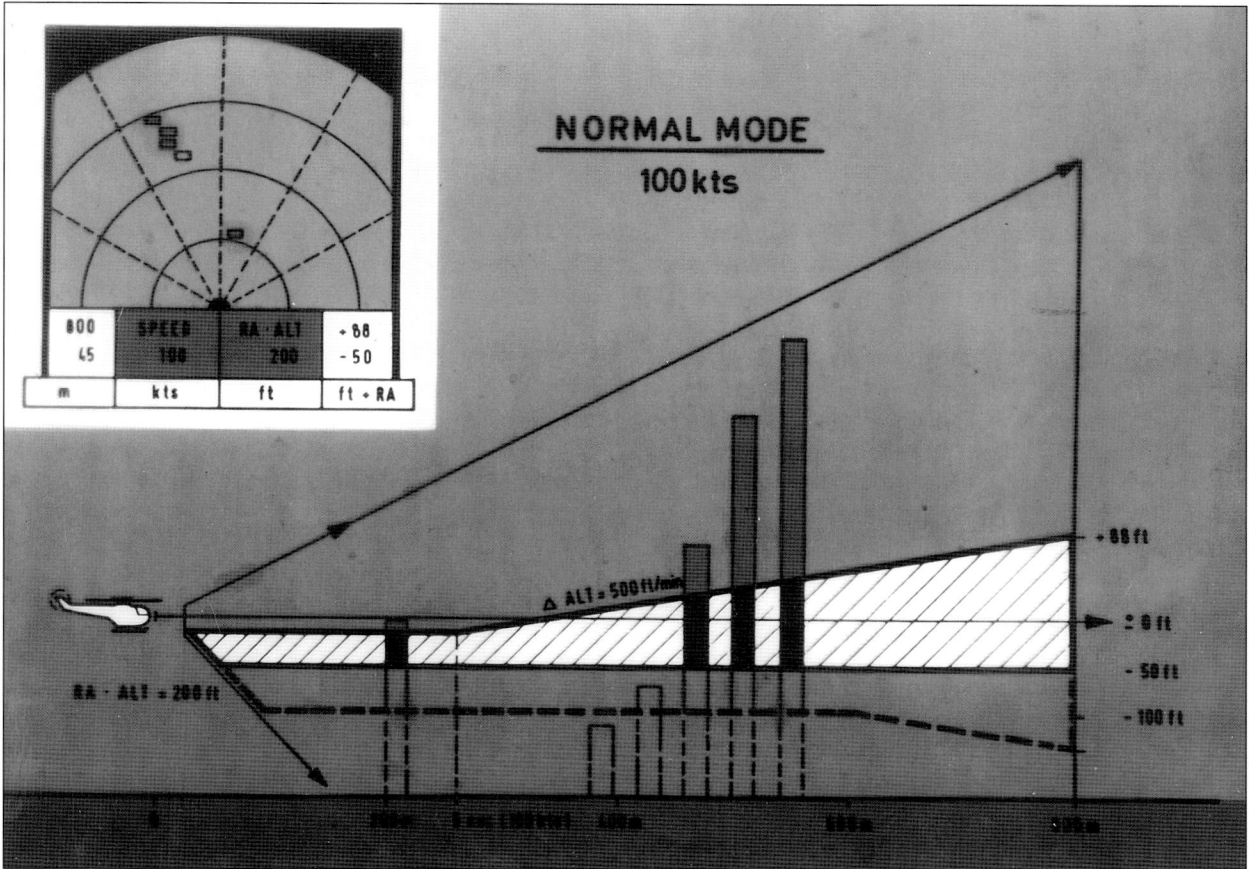

von Warngeräten mit entsprechender Warnungsdarstellung in den Vordergrund. Die Übertragungsstrecke Maschine-Mensch kann hier aus einer optischen Warnung, z. B. integriert in ein entsprechendes ECAM-System oder auch auf oralem Weg, d. h. mittels synthetisch erzeugter Sprache, erfolgen. Zur synthetischen Spracherzeugung werden geeignete elektronische Schaltungen verwendet, die als Reaktion auf ein Signal des entsprechenden Warngerätes, ein Warn- oder Kommandowort bzw. einen Satz generieren. Dieser wird dem Piloten automatisch in den Kopfhörer eingespielt.

Warngeräte, abgesehen von den üblichen Flug- und Systemzustandswarnungen, fanden bisher im wesentlichen im militärischen Hubschrauberbereich Anwendung, wie z. B. Radar- und Laserwarngeräte.

Verstärkt werden auch für den zivilen Bereich Geräte für Hinderniswarnung entwickelt und im Flug erprobt.

Insbesondere die Detektion von Hochspannungsleitungen, im Hochbau verlegte Nachrichtenleitungen und Transportseile hat für den modernen Hubschraubereinsatz sicherheitskritische und damit lebenswichtige Bedeutung.

Einige Hinderniswarngeräte sind lediglich in der Lage, stromdurchflossene Leitungen und somit z. B. keine Transportseile zu detektieren. Andere arbeiten mit für das menschliche Auge schädlichen Laser-Emissionen. So wurde bereits eine große Anzahl verschiedener Systeme erprobt.

Ein von AEG/Telefunken entwickeltes und von der Firma MBB flugerprobtes Hinderniswarnradar vermeidet, prinzipbedingt, die o. g. Probleme. Es ist ein Millimeter-Radargerät im Bereich von 4,5 mm Wellenlänge und einem Frequenzbereich von 66 Gigahertz. Dieser Bereich ist gewählt, um Hindernisse, z. B. Drähte, zu detektieren, die einen Durchmesser von mehr als 3 mm haben. Das ist möglich in einem Bereich nach vorn – vom Hubschrauber aus gesehen – von 600, 700, auch 800 m. Das Hindernis wird in einem Bereich im Azimut von ±90 Grad entdeckt und in der Elevation von ±15 Grad. Es wird gleichzeitig als Radarhöhenmesser benutzt und ist für den Allwettereinsatz vorgesehen. Sein Funktionsprinzip ist denkbar einfach: Ein scharfgebündelter, gepulster Radarstrahl tastet über einen schnellrotierenden Kippspiegel den Halbraum vor dem Hubschrauber zweimal pro Sekunde bis zu einer Überhöhung von 30 Grad ab und meldet die empfangenen Echos einem Signalprozessor. Dieser formt daraus ein Abbild der Hindernissituation vor dem Hubschrauber und stellt dieses auf

Heli-Radar.

einem Farbmonitor dar. Die Anzeige einer Gefahrensituation wird zusätzlich durch ein akustisches Signal unterstützt, um ein Übersehen der Display-Darstellung durch den Piloten auszuschalten. Dieses Gerät stellt einen wesentlichen Schritt zur Erhöhung der Flugsicherheit von tieffliegenden Hubschraubern dar.

Bereits getestet wurde auch ein von Dornier entwickeltes abbildendes Laser-Radar, das Kabel von 10 mm Durchmesser auch in ungünstigen Fällen auf über 300 m Distanz erkennen kann.

Zusammen mit Eurocopter und Daimler-Benz-Aerospace wurde ein Forschungsprogramm mit der Bezeichnung »Heli-Radar« entwickelt, das die Allwettertauglichkeit des Hubschraubers erhöhen soll. Dabei handelt es sich um ein hochauflösendes Radarsystem, das dem Piloten eine fotoähnliche Darstellung liefert und Hindernisinformationen bereitstellt. Das Rotating Synthetic Aperture Radar (ROSAR) realisiert ein synthetisches Sichtsystem, das eine Hinderniserkennung mit Warnfunktion vor Drahtleitungen beinhalten soll. Unter Ausnutzung des ROSAR-Prinzips rotiert eine nach außen blickende Antenne auf dem Rotor des Hubschraubers synchron mit. Vier kreuzförmig angeordnete Antennenarme, die jeweils vier kleine Sende- und Empfangsantennen enthalten, tasten die Umgebung ab. Bei einer Antennenarmlänge von 1,5 Meter und einer Sendefrequenz von 33 GHz kann eine Bildauflösung von 0,2 Grad erreicht werden. Durch die sich mit dem Rotor drehenden Antennen entsteht eine synthetische Apertur, die zusammen mit der Wellenlänge im Millimeterbereich eine ausgezeichnete Bildauflösung in Videoqualität (70.000 Bildpunkte) erwarten läßt. Das 70 x 40 Grad große Blickfeld des Radars soll auf einem neuartigen Cockpitdisplay im 16:9-Format (284 mm x 160 mm) dargestellt werden.

Der Geschäftsbereich Verteidigung und Zivile Systeme arbeitet seit einigen Jahren an der Entwicklung von Hinderniswarnsystemen auf der Basis eines augensicheren Laser-Radars. Das Hellas (Helicopter La-

ser Radar)-Warnsystem ist an mehreren Hubschraubertypen erfolgreich unter verschiedenen Anflugbedingungen und Sichtverhältnissen erprobt und zur Serienreife gebracht worden. Das neue System, eingebaut in der Hubschraubernase, erkennt Drähte von fünf Millimetern Durchmesser, und dies noch auf einer Distanz von mehreren hundert Metern. Bei Versuchen erfaßte »Hellas« die Drähte zuverlässig 30 Sekunden vor dem Überflug. Die Information über Hindernisse im Flugweg erhält der Pilot über optische und akustische Signale. Der Copilot hat zudem die Möglichkeit, genauere Informationen aus dem im Cockpit eingebauten Bildschirmgerät zu ersehen. Bereits für die neu beschafften Hubschrauber der Typen Eurocopter EC 135 und EC 155 des Bundesgrenzschutz wurden vom Geschäftsbereich Verteidigung und Zivile Systeme 1999 die ersten Hubschrauber-Hinderniswarnsysteme ausgeliefert. Dornier erhielt den Auftrag, 25 Hellas-Systeme zu erstellen. Die Modernisierung der Hubschrauberflotte mit Hellas soll bis zum Jahr 2002 abgeschlossen sein.

Schon vor Jahren wurden auf der BO 105 bei MBB erprobt:
Ein auf dem Rotormast montiertes Nachtsicht-Beobachtungssystem (OPHELIA), zwei am Bug angebrachte Piloten-Visioniksysteme (PVS und PISA), ein Niedriggeschwindigkeitssystem oberhalb des Hauptrotors montiert, mit dem Flug-Geschwindigkeiten bis in die Nähe von Null, aber auch die Richtung des Windes und die Windgeschwindigkeit gegenüber dem Hubschrauber bestimmt werden können.

Ebenfalls seit Jahren erprobt und heute im Einsatz sind Nachtsichtbrillen sowie verschiedene Cockpit-Installationen.

Die Nachtsicht- oder Bildverstärker-Brille (BIV) wird am Helm des Piloten befestigt und gleicht äußerlich einem Fernglas. Sie ist ein Restlichtverstärker und liefert durch Verstärkung des auch bei Nacht noch vorhandenen Restlichts ausreichend helle Bilder. Hierbei wird das Restlicht durch hohe Lichtverstärkung über hintereinandergeschaltete Elektronikröhren zu einem synthetischen grünschwarzen Bild geformt. Die Einsatzgrenze der ersten Brille lag bei einem Millilux (mondlose Nacht). Der Pilot kann mit Hilfe eines Punktlichtes, das per Lippenschalter aktiviert wird, an den Okularen vorbeisehen und die Instrumente überwachen. Da der Sehfeldwinkel nur 48 Grad beträgt, muß der Pilot besonders im Tiefflug häufige Kopfbewegungen durchführen, da peripheres Sehen nicht möglich ist.

Bei den Brillen der dritten Generation konnte die Einsatzgrenze auf 0,5 Millilux gesenkt werden. Flugversuche wurden bei dieser Beleuchtungsstärke, bei Fluggeschwindigkeiten von 100 KIAS und Flughöhen um 15 m über Grund durchgeführt.

In Moskau bietet Orion eine Nachtsichtbrille »Pilot« an, die auf der ILA 94 erstmals vorgestellt wurde. Das mit Restlichtverstärkern der »dritten Generation« arbeitende System wiegt 750 Gramm plus einem 600 Gramm schweren Gegengewicht = Batteriefach an der Rückseite des Helms. Das Sichtfeld liegt bei 38 Grad. Durch die zentrale Darstellung der wichtigsten Instrumentenanzeigen auf einem Bildschirm HDD (Head Down Display) läßt sich eine Verbesserung des BIV-Systems erreichen.

Zur Erhöhung der Nachtflugtauglichkeit, aber auch als Hilfe bei der Überwachung und Fahndung findet das FLIR-System, ein Wärmebildgerät (WBG), so der deutsche Begriff, Anwendung. Physikalische Basis für ein Wärmebild ist die Tatsache, daß jeder Körper elektromagnetische Strahlung aussendet, wenn er wärmer ist als der absolute Nullpunkt (–273 Grad C). Bei normalen Umgebungstemperaturen emittieren die Körper den unsichtbaren infraroten Teil, die sogenannte thermische Strahlung, welche vom WBG empfangen und auf dem Monitor sichtbar gemacht wird.

Diese Strahlung wird auch nachts ausgesandt; ihre Unabhängigkeit von Sonnen-, Mond- oder künstlichem Licht ist die eigentliche Basis für die passive lichtunabhängige Nachtsichttechnik. Die tagsüber von der Sonne erwärmten Objekte behalten ihre typi-

Bildverstärker-Brille.

schen Temperaturen an ihren Oberflächen bis in die Nacht hinein. Fahrzeuge sind durch die Abwärme ihrer Motoren, unabhängig von der Sonne, durch ihre deutliche Wärmesignatur sehr auffällig. Auf Wasser mit seiner guten Temperaturkonstanz sind Objekte wie Schiffe oder Menschen sehr gut zu erkennen. Auch bei Tage dient das WBG als Sichthilfe, weil Dunst, leichter Nebel, Regen und Schnee von den Wärmestrahlen wegen ihrer 20fachen Wellenlänge besser durchdrungen werden als von sichtbarer Strahlung. Ein WBG arbeitet völlig passiv und ist dadurch unentdeckbar.

Ein WBG hat auch seine Einsatzgrenzen. Die Wärmebilder einer Landschaft können durch den natürlichen Temperaturausgleich kontrastärmer werden. Tückische Grenzfälle können sich durch Temperaturumkehr nach Sonnenuntergang und nach Sonnenaufgang ergeben. Die von der amerikanischen Firma FLIR Systems Inc. in Portland gelieferte kommerzielle WBG-Anlage Modell 2000F ist ein Serienprodukt für allgemeine Anwendung. Es arbeitet im 8- bis 12-Mikrometerband und verwendet ein Detektorray mit 2 x 4 Detektoren mit Serienabtastung. Der spanische Zoll setzt eine BK 117 mit FLIR-System u. a. in der Drogenfahndung ein. Die WBG-Anlage sitzt in einer schwenkbaren Kugel unter dem Bug des Hubschraubers. Die Plattform ist schwingungsisolierend montiert und besitzt eine kreiselunterstützte Präzisionsrichteinheit PPS mit Nachführgeschwindigkeiten bis zu 60°/sec. Die elektrische Versorgung der gesamten Anlage erfolgt aus dem Bordnetz mit 28 VDC bei einer maximalen Stromaufnahme von 8,5 A. Ihr Gewicht liegt bei ca. 40 kg.

Der größte englische Avionikhersteller GEC steht mit mehr als 10.000 produzierten Einheiten an der Spitze der HuD-Hersteller. Mit dem neuen Cockpit-Demonstrator, das auch für die Entwicklung und Integration neuer Systeme genutzt wird, wird versucht, die Arbeitsbelastung des Piloten durch Verbesserung der Schnittstelle Mensch-Maschine (MMI, Man-Machine-Interface) zu reduzieren und so die Konzentration auf die Mission zu verbessern. In dem Cockpit-Demonstrator wurden die modernsten Systeme zur Steuerung des Fluggerätes, Bedienung der Waffensysteme und zur Informationsdarstellung eingesetzt.

Mit dem Helmdisplay für die deutsche Version des »Tiger« gewann GEC-Avionics eine Ausschreibung gegen französische und amerikanische Wettbewerber. Das Helmdisplay mit einem Bildwinkel von 40 Grad kann zusätzlich zu den Flugsteuerungssymbolen Bilder des Infrarotsichtgerätes oder des Restlichtverstärkers zeigen und ermöglicht so den Einsatz des Hubschraubers bei Nacht und schlechten Wetterbedingungen.

Die Norsk Luftambulanse (Norwegische Fugrettung) war der erste MBB-Kunde, der eine BK 117 mit einem Global Positioning System (GPS) einsetzte. Dieses Satelliten-Navigations-System erlaubt es dem Piloten, seine Flugposition zu jeder Zeit mit absoluter Genauigkeit festzustellen. Die GPS-Koordinaten stellen eine alternative Navigationshilfe dar, die für sich oder zur Überprüfung und Verbesserung anderer Navigationsangaben benutzt werden können. Die GPS-Koordinaten sind computerisiert und werden, falls erforderlich, durch ein Doppler-System ergänzt. Sowohl das GPS wie auch das Doppler-System sind über Computer mit dem Autopiloten der BK 117 gekoppelt. Dieser Navigationscomputer RNS 252 von RACAL ermöglicht eine Vielzahl von Navigations- und Steuerfunktionen.

So ist z. B. ein Speicher für 100 Wegepunkte vorhanden. Diese Wegepunkte können in eine Route eingebaut und entweder manuell am Keyboard eingegeben oder mit Hilfe eines data transfer device's geladen werden. Steuersignale zum Autopilot/flight director führen den Hubschrauber wahlweise durch die Route oder taktisch (z. B. direkt zu einem Wegepunkt), oder lassen ihn ein Search and Rescue Pattern ausführen.

Das digitale Matrix-/Vektor-Kartensystem mit perspektivischer 3-D-Geländedarstellung soll die Basis bilden für die Orientierung im Raum während des Fluges. Es sollen 3D-topographische Karten verwendet werden, die alle erforderlichen Informationen für die Navigation liefern, z. B. Gelände, Vegetation, Gewässer, Straßen, Gebäude, Bahnlinien, bedarfsorientierte Punkte usw.

DKG3

Das bewährte Kniebrett-Moving-Map-System wird besonders bei den SFOR-Heeresfliegern auf dem Balkan eingesetzt. Die Kartendaten sind auf CD-ROM verfügbar und werden über Memorycards entsprechend der Flugwegplanung durch einfaches Einstecken übertragen. Größter Nutzer der digitalen Kartensysteme von Dornier ist der Bundesgrenzschutz. Für die EC 155 des BGS und die EC 135 der bayerischen Polizei sind Einbaugeräte vom Typ DKG4 vorgesehen, die auf dem DKG3 basieren.

Kartendaten mit Routen und zusätzlichen Informationen werden direkt auf ein Display im Luftfahrzeug übertragen. Dieses System »EuroGrid«, ein weiterentwickeltes MPS mit digitalen Karten, wird speziell für den Einsatz an Bord des »Tiger« entwickelt und erstellt auf zwei hochauflösenden Bildschirmen sowohl Raster- als auch Vektorenkarten in verschiedenen Maßstäben. Im wesentlichen handelt es sich um ein Computersystem, das auf digitalisierten Geodaten (System Geogrid) aufbaut und damit Karten in unter-

schiedlichsten Maßstäben und Ausschnitten auf den Monitor bringt – von der weltweiten Übersicht bis zur topographischen Karte. Per Maus vor dem Bildschirm oder am Mapboard werden die Koordinaten ins System übertragen, Geländepunkte zum Feintuning eingeplant, Sperrzonen, Überflugverbote und Bedrohungen berücksichtigt und die Ziele markiert. Danach berechnet das MPS die Route und fliegt sie auf Wunsch auch im Zeitraffer vor. Die Leistungsdaten der unterschiedlichen Flugzeuge einschließlich ihrer aktuellen Zuladung oder Bewaffnung werden dabei ebenso berücksichtigt wie die aktuelle Bedrohungslage. Die Karten können mit weiteren graphischen Informationen überlagert werden. Das System überträgt auch gespeicherte Bilder zur Zielermittlung aus dem Visiersystem des »Tiger«.

Auf der HAI Convention 1984 in Las Vegas wurde das Triad-Simulations-System von Rediflight vorgestellt. Hierbei wird die Simulatoreinheit durch ein echtes Fluggerät ersetzt. Das bedeutet, daß ein Hubschrauber tagsüber geflogen werden kann und nach einer kurzen Umrüstung (ca. 1 Std.) nachts als Simulator dient.

Nach einer entsprechenden Verkabelung wird der Hubschrauber an einen Rechner angeschlossen, der wiederum die Instrumentenanzeige im Hubschrauber steuert und über einen digitalen Bildgenerator ein Fernsehbild der überflogenen Landschaft erzeugt, das auf eine gewölbte Bildwand vor dem Hubschrauber-Cockpit projiziert wird.

Größere Hubschrauber im Passagiereinsatz verfügen heute zum großen Teil über ein Health and Usage Monitoring System (HUMS), welches für kleinere Maschinen viel zu teuer ist. Die Firma Altair in Norwood (Massachusets) bietet jetzt zwei Modelle an, die zwischen 2000 und 5000 US-Dollar kosten. Diese nur 3,5 x 1,25 x 6 inch großen und weniger als ein Kilo wiegenden »Black boxes«, mit entsprechenden Sensoren verbunden, registrieren Rotor- und Triebwerksdrehzahl sowie die Triebwerkstemperatur. Daten von bis zu 500 Flügen können gespeichert werden, die sich auch auf einen PC herunterladen lassen, so daß eine Trendanalyse und Nutzungsdokumentation möglich wird. Bei weiterentwickelten Modellen soll die Zahl der aufgezeichneten Parameter erweitert werden. Bisher wurden diese Black boxes in den Mustern Enstrom 480 und Bell 206 montiert.

Die Einsatzfähigkeit des Hubschraubers hat trotz der genannten technischen Entwicklungen immer noch Grenzen bei extremen Schlechtwetterverhältnissen und bei Nacht. Gerade für den Einsatz von Rettungshubschraubern soll der Einsatz unabhängig von Tag- und Nachtzeit, bei Nebel bis zu 200 Meter Sichtweite, bei starkem Regen bis zu 12 mm/h und bei Schneefall erfolgen. Im Rahmen des Luftfahrtfor-

BK 117, allwetterfähiger Rettungshubschrauber.

kommen GPS-Empfänger, perspektivische digitale Landkarte und ein Cockpit-Display im 16:9-Format.

Auch für Hubschrauber gibt es einen elektronischen Schutzmantel. So erhielt der NH90 vom Dasa-Geschäftsbereich Verteidigung und Zivile Systeme das C-Modell der Electronic Warfare Suite (EWS). Diese EWS besteht aus einem Radarwarngerät und Prozessoren der Firma Thomson-CSF, einem Laser-Warngerät der Dasa-Geschäftseinheit Bordsysteme sowie einem Missile Launch Detector der LFK GmbH. EWS als passives Electronic-Warfare-System ist das Sensorteil des elektronischen Selbstschutzes im Hubschrauber. Dieses aktiviert im Bedrohungsfall ein Täusch- bzw. Störsystem als wirksame Schutzmaßnahme gegen die Bedrohung. Das gleiche System ist auch für den Kampfhubschrauber »Tiger« vorgesehen.

Bei Boeing hat die Erprobung einer neu entwickelten Ausrüstung zur elektronischen Kampfführung von Hubschraubern der US Army begonnen. Das Antiradarsystem SIRFC (Suite of Integrated Radio-Frequency Countermeasures) wird an Bord des Kampfhubschraubers AH-64D »Apache Longbow« getestet. Das System warnt vor Radarstationen, unterdrückt aktive Radarstrahlung und lokalisiert Ziele durch passive Radarstrahlung. Dadurch wird die Hubschrauberbesatzung in die Lage versetzt, potentiellen Gefahren zu begegnen.

schungsprogramms »Allwettereinsatzfähigkeit« stehen deshalb die Erarbeitung – und inzwischen auch Verbesserung – neuer Sensortechnologien, von synthetischen Sichtsystemen, neuartigen Lande- und Navigationshilfen mit den dazugehörigen Darstellungstechniken im Cockpit an vorderster Stelle. Das Gesamtkonzept eines allwettereinsatzfähigen Hubschraubers (Prototyp BK 117, Fördervorhaben des BMBF) sieht ein hochauflösendes Radar vor, das dem Piloten eine fotoähnliche Darstellung liefert. Hinzu

Zukunftsprojekte

Die Entwicklungen für die Zukunft gelten für den zivilen und militärischen Bereich. Einige Projekte aus der 1. Auflage dieses Buches, damals noch Zukunftsprojekte, sind heute in der Flugerprobung oder bereits in der Serienproduktion. Ihre Entwicklung soll jedoch in diesem Kapitel nachvollzogen werden, neue Konzeptionen folgen und einige Entwicklungen, wie z. B. der BN 109, wurden zwischenzeitlich aufgegeben.

ALH (Advanced Light Helicopter) ist ein deutsch-indisches Gemeinschaftsprojekt für einen Utility Helicopter der 4-Tonnen-Klasse und soll ein eigenes Nachfolgemuster der in Lizenz gebauten französischen Hubschrauber »Lama« und »Alouette II/I/III« werden, die bei den indischen Streitkräften Verwendung finden. Hindustan Aeronautics Ltd. in Bangalore wollte einen 10- bis 14sitzigen Transporthubschrauber, der dem extremen Einsatzspektrum in Indien, auch bei Ausfall eines Triebwerks, genügt. Er liegt gewichts- und kapazitätsmäßig über der BK117 (2850 kg), dem bisher größten Hubschrauber von MBB, was eine Erweiterung der MBB-Produktpalette nach »oben« bedeutet. Ein Kooperationsvertrag mit MBB wurde im Juli 1984 unterschrieben. Die Definitionsphase hatte am 1. November 1984 begonnen. 1991 wurde der erste Prototyp, der in seiner Grundauslegung einer vergrößerten BK 117 entspricht, fertiggestellt, und am 29. Juni 1992 erfolgte der Roll-out in Indien. Am 20. August 1992 wurde mit der Flugerprobung des ALH begonnen, und der Erstflug des mit einem Vierblatt-Rotor ausgerüsteten Hubschraubers, der ein Abfluggewicht (TOW) von 4,5 t hat, wurde im Beisein zahlreicher Prominenz am 30. August 1992 gefeiert. Für die sich anschließende Flugerprobung standen vier Prototypen zur Verfügung. Die FAR-23-Zulassung wurde 1995 erteilt.

Kernstück des überwiegend aus Faserverbundwerkstoff gefertigten und mit neuester Technologie ausgestatteten ALH ist das Integrierte Dynamische System (IDS). Beim IDS handelt es sich um eine Getriebe-Neuentwicklung, die in Zusammenarbeit zwischen den Firmen Hindustan Aeronautics, Zahnradfabrik Friedrichshafen und MBB entstanden ist und auf dem ALH in System- und Flugversuchen erprobt wird. Es handelt sich um eine Konstruktion, die einen kompakten und raumsparenden Einbau von Rotormast, Getriebe und Steuerungshydraulik ermöglicht. Durch die Führung der Steuerstangen innerhalb des Hauptrotormastes sind diese zudem gegen Staub und andere Umwelteinflüsse geschützt. Das Rotorsystem besteht aus einem lager- und gelenklosen FEL-Rotorkopf mit Faser-Elastomerlagern.

Neben dem Bedarf der eigenen Land- und Seestreitkräfte sieht HAL auch gute Exportchancen für die vier Millionen Dollar teure Maschine. Zwei Tourboméca-Triebwerke TM 333-2B mit je 747 kW (1002 shp) dienen als Antrieb dieses Hubschraubers, der neben zwei Piloten zwölf Passagieren Platz bietet und eine Reisegeschwindigkeit von 245 km/h bei einer maximalen Reichweite von 750 km erreicht. Die Gipfelhöhe wird mit 6000 Meter angegeben.

MBB hatte sich die Vertriebsrechte für die Zivilausführung im Export gesichert, die 1992 an die Eurocopter S. A. übergingen.

Die Verteidigungsminister der BRD und Frankreich beschlossen im November 1983 die Entwicklung des PAH-2/HAP/HAC. Die mit der Entwicklung betrauten Werke MBB (Hauptauftragnehmer) und Aerospatiale (als Partner) gehen von einem gemeinsamen Basishubschrauber in drei verschiedenen Ausführungen aus. Die deutsche PAH-2-Version soll mit einem kombinierten Bugvisier ausgestattet sein und mit acht Panzerabwehrraketen HOT sowie vier Luft-Luft-Flugkörpern des Typs »Stinger« zur Selbstverteidigung ausgerüstet werden. Eine spätere Modernisierung der Bewaffnung auf sogenannte »Fire and Forget«-Panzerabwehrraketen PARS-3, die von dem deutsch-französisch-britischen Konsortium Euromissile Dynamics Group (EMDG) entwickelt werden, ist

Prototyp »Tiger«.

Deutsch-indisches
Gemeinschaftsprojekt
ALH.

Eigenprüfsysteme reduzieren den Zeitaufwand für die Depotinstandsetzung auf ein Minimum.

Nach einer längeren Zeit der Abstimmungen bezüglich der unterschiedlichen Forderungen konnte im November 1989 der Hauptentwicklungsauftrag für den gemeinsamen Kampfhubschrauber an die Firmen MBB und Aerospatiale vergeben werden. Für die Durchführung dieses Gemeinschaftsprogramms haben MBB und Aerospatiale die gemeinsame Management-Firma Eurocopter Tiger GmbH mit Sitz in München gegründet.

Die Entwicklung des »Tiger« begann offiziell im Januar 1988. Sie umfaßte die Entwicklung des Basishubschraubers HCP (Multipurpose Combat Helicopter), der Missionsausrüstung für die Panzerabwehrversion, EUROMEP, sowie die Integration der verschiedenen Missionspakete. Auf Grund politischer Veränderungen hat sich der Missionsbereich des deutschen PAH-2 insofern verändert, daß dieser nun mit einer erweiterten Missionsausrüstung unter der Bezeichnung UHT (Unterstützungshubschrauber »Tiger«) läuft.

Der erste Prototyp des »Tiger« wurde im MBB-Werk Ottobrunn endmontiert und Mitte Februar 1991 zur Flugerprobung nach Marignane überführt. Am 27. April 1991 absolvierte er dort erfolgreich seinen Erstflug. Nach Abschluß der Basisflugerprobung wurden die Prototypen PT2 und PT3 durch Nachrüstung der entsprechenden Waffensysteme in die Begleitschutz- bzw. Panzerabwehrkonfiguration gebracht bezüglich weiterer Flugerprobung der kompletten Hubschrauber-Waffensysteme.

Wie Ende 1993 beschlossen, ist der deutsche »Tiger« nicht mehr ausschließlich für die Panzerabwehr (PAH-2) vorgesehen, sondern soll auch Kampfunterstützungsaufgaben, Begleitschutz und Aufklärung übernehmen. Entsprechend wird die Bewaffnung von HOT- und Trigat-Panzerabwehrraketen (letztere werden voraussichtlich ab 2005 geliefert) ergänzt. Neu sind zwei 12,7-mm-Kanonenbehälter (FN Herstal), zwei Behälter mit je 22 ungelenkten 68-mm-Raketen sowie Zusatztanks.

Im Januar/Februar 1997 erfolgten Qualifikations- und Funktionstests des »Tiger«-Prototyp PT 4 zur Kalterprobung im schwedischen Kiruna. Dazu gehörten auch Schießversuche mit der schwenkbaren Bugkanone. Nach den sechs Wochen dauernden Kaltwettertests wurde im Flugversuchszentrum der schwedischen Heeresflieger in Boden ein »Fact-Finding«-Programm durchgeführt, Wartungsübungen unter Einsatzbedingungen und Erprobungsflüge. Dazu wurden schwedische Heeresfliegerpiloten zuvor auf dem »Tiger«-Simulator in Ottobrunn geschult.

In einer Testreihe wurden mit dem »Tiger«-Prototyp Nr. 5 erste Schießversuche mit Luft-Luft-Raketen des Typs Stinger ETV 1997 erfolgreich abgeschlossen.

vorgesehen. Die beiden anderen Versionen sind der französische Unterstützungshubschrauber HAP mit 30-mm-Kanone und Matra-Mistral-Luft-Luft-Flugkörpern sowie der HAC-3G mit Mastvisier und PARS 3-Flugkörpern. Die Entwicklungsarbeiten für alle drei Versionen hatten 1985 begonnen.

Die französische Heeresfliegertruppe ALAT wollte bereits 1991 einen Schutz- und Unterstützungshubschrauber – Helicoptère d'appui Protection (HAP) –, der mit einer 90-mm-GIAT-Bugkanone und Luft-Luft-Flugkörpern AATCP der Firma Matra ausgerüstet sein soll, zur Verfügung haben. Ab 1995 sollte die französische Panzerabwehrversion HAC (Helicoptère Anti Char) mit Mastvisier und PARS-2-Panzerabwehrraketen ausgerüstet werden. Die Truppeneinführung in Deutschland war für 1993 vorgesehen.

Der gemeinsame Basishubschrauber verfügt über ein Tandem-Cockpit. Er wird mit zwei Triebwerken des Typs MTR 390 ausgerüstet, womit er eine Geschwindigkeit bis zu 285 km/h erreicht. Unter anderem besitzt das Hauptgetriebe eine Trockenlauffähigkeit bis zu 30 Minuten, was gesteigerte Sicherheits- und Verwundbarkeitswerte bedeutet. Selbstversiegelnde Treibstofftanks, die einen Beschuß mit Kalibern bis zu 12,7 mm standhalten sollen, erhöhen, ebenso wie das Anti-crash-Landesystem, die Überlebensfähigkeit des beim Start zwischen fünf und neun Tonnen schweren Hubschraubers. Über elektronische Mehrzwecksichtgeräte, zwei Symbolgeneratoren und zentrale Bedieneinheiten werden die Informationen im Cockpit dargestellt und das System gesteuert. Zwei Multiplex-Busse, einer für die Waffensystem-Kontrolle, einer für Navigation und Flugkontrolle, übermitteln und verteilen die Informationen. Alle wichtigen Systeme sind doppelt ausgelegt und softwareprogrammiert. Seine Zelle besteht zum großen Teil aus leichten und hochfesten Verbundwerkstoffen, die seinen Radarrückstrahlpegel deutlich herabsetzen. Triebwerke und Getriebe sind modular aufgebaut und können bei der Truppe in Minutenschnelle gewechselt werden. Softwaregesteuerte

Durchgeführt wurden diese Tests in Zusammenarbeit mit der Wehrtechnischen Dienststelle 61 in Manching.

Mit dem dritten Prototyp wurden im Juni/Juli 1999 die Waffentests mit der Panzerabwehrrakete HOT erfolgreich durchgeführt. Dabei wurden zwölf Schüsse aus mehr als 3900 m Entfernung abgefeuert, von denen vier (2 bei Tag, 2 bei Nacht) zum Nachweis der bispektralen Ortung (im sichtbaren und Infrarot-Bereich) über die gesamte Reichweite der HOT-Rakete dienten. Alle Schüsse wurden über das Wärmebildgerät des »Tiger« gesteuert.

Der Erstflug des PT 5 in der Version als Unterstützungshubschrauber (PT 5R) erfolgte im Oktober 1999 in Ottobrunn. Während des rund 55minütigen Fluges sowie bei den weiteren Tests wurden hauptsächlich das neue Helmsystem und das Mission Equipment Package geprüft und Vibrationsmessungen an den neuen Waffenträgern vorgenommen. In das neue Helmsichtsystem können alle wichtigen Flugbetriebsdaten eingespiegelt werden. Die neue Waffenanlage umfaßt einen Kanonenbehälter zur Bekämpfung von gepanzerten Zielen im Nahbereich bis 1,5 Kilometer Entfernung. An der gleichen Vorrichtung kann der »UH-Tiger« nun auch Raketenwerfer mit jeweils 22 ungelenkten Raketen von 68 Millimeter Durchmesser mitführen und auf Ziele bis zu sechs Kilometer Entfernung abfeuern, oder es können zur Reichweitenerhöhung neu entwickelte Zusatztanks angebracht werden. In Abu Dhabi erfolgte der letzte Abschlußtest vor der Zertifizierung des »Tigers« und seiner Basis-Avionik. Der verantwortliche Leiter der Flugerprobung in Marignane sagte dazu: »Es geht hier um ADS 33, den allerneuesten Attack Aircraft Design Standard, dem bisher kein einziger amerikanischer Hubschrauber genügt hat.« Zusätzlich zu diesem Härtetest absolvierte der »Tiger« einen Falltest ohne Beschädigung bei sechs Metern pro Sekunde oder ohne Verletzung der Insassen bei 10,5 Metern pro Sekunde, den der amerikanische Kampfhubschrauber »Apache« nicht bestanden hatte.

Während sich die Zertifizierung der HAP-Begleit-/Unterstützungsversion ihrem Abschluß nähert, so daß eine Indienststellung 2002 möglich erscheint, wird die der Panzerabwehrversion (HAC) und die der Waffensysteme des Hubschraubers fortgeführt. So werden in Deutschland die Integrationstests der Stinger-Flugkörper auf der Unterstützungs-/Attack-Version des »Tigers« (UHT) bis zur Zertifizierung abgewickelt.

Der »Tiger« besitzt eine bis heute unerreichte Manövrierfähigkeit. Als einziger Hubschrauber der Welt kann der »Tiger« wenn nötig auch mit negativem g fliegen. Die Datenübertragung erfolgt über den redundanten 1553B-Bus, der in der Lage ist, alle Waffen zu verwalten. Zu den wichtigsten Displays

gehören das Helmvisier mit Lichtverstärker und Symbologieanzeige, ein Mastvisier mit einer Infrarotkamera (CCD) und eine Videokamera mit Lichtverstärkerbrillen sowie ein Laserzielsystem mit eingebautem Entfernungsmesser.

Der »Tiger« kann drei Kategorien von Waffen mitführen: Raketen, Luft-Luft-Lenkwaffen zur Selbstverteidigung und eine neue, drehbare 30-mm-Kanone von GIAT, die speziell für dieses Programm entwickelt wurde. Für die Panzerabwehr kann der »Tiger« ebenso drahtgelenkte Lenkwaffen, moderne lasergelenkte Systeme und in Zukunft auch Fire & Forget-Lenkwaffen mit Millimeterwellen-Suchkopf (Hell Fire und Trigat) mitführen. Eine Neuheit für Hubschrauber ist die völlige Aufhebung jeder Einschränkung im Flug, wenn das Waffensystem eingesetzt wird.

Nachdem sich die britische Regierung im Juli 1995 für den AH-64D »Apache« und nicht wie vorgesehen für den »Tiger« entschieden hatte, blieben vorerst das deutsche und französische Heer als Kunden. Die Einleitung der Serienvorbereitung erfolgte im Juni 1997 (Kostenpunkt 733,6 Mio. DM), die Erstauslieferung an die Bundeswehr ist für 2002 vorgesehen. Am 18. Juni 1999 wurde auf dem Pariser Aerosalon der Vertrag über die Serienproduktion des »Tiger« unterzeichnet.

Als erstes Los werden 160 »Tiger« – je zur Hälfte für Frankreich und Deutschland bestimmt – gebaut. Geplant ist die Beschaffung von 212 »Tiger« für die deutschen Heeresflieger und 215 Maschinen für die ALAT. Zwei Endmontagelinien sind vorgesehen: UHT und HAC in Donauwörth, in Marignane der HAP und eventuelle Exportversionen. Die Fertigungsrate liegt allerdings bei höchstens 22 Hubschraubern pro Jahr. Die ersten sieben UHT sind für das neu zu errichtende gemeinsame Schulungszentrum für »Tiger«-Piloten in Le Luc (Provence) vorgesehen.

Die DASA erhielt von der internationalen Beschaffungsbehörde in Koblenz den Auftrag für die Entwicklung und Serienvorbereitung des digitalen Kartengeräts EuroGrid für den »Tiger«. An der Entwicklung ist auch die französische Firma Sextant Avionique beteiligt.

EuroGrid wird speziell für den Einsatz an Bord des »Tigers« entwickelt und erstellt auf zwei hochauflösenden Bildschirmen sowohl Raster- als auch Vektorenkarten in verschiedenen Maßstäben. Die Karten können mit weiteren graphischen Informationen überlagert werden. Das System überträgt auch gespeicherte Bilder zur Zielermittlung aus dem Visiersystem des »Tigers«.

Auf einer Konferenz über die Hubschrauber-Zukunft wurde von den Verteidigungsministern Deutschlands, Frankreichs, Großbritanniens und Italiens 1978 in Ditchley (London) vorgeschlagen, einen gemeinsamen Mehrzweck-Hubschrauber für die 90er Jahre zu bau-

NH90.

en. Dieser Vorschlag wurde 1984 beschlossen, und 1986 erfolgte die Vorstellung der Grobdefinition für den NATO-Basishubschrauber NH90. Im April 1987 stieg Westland aus dem Projekt, an dem von diesem Zeitpunkt nur noch die Unternehmen MBB, Aerospatiale, Agusta und Fokker beteiligt waren, aus. Diese verbliebenen Firmen bilden das Konsortium NH Industries, welches für Entwicklung und Bau des NH90 zuständig ist. Im Dezember 1990 unterschrieben die vier Partnerstaaten das Memorandum of Understanding zur Entwicklung des NH90 mit dem Bau von fünf Prototypen. Dafür gründeten die beteiligten Länder die Management-Agentur NAHEMA (NATO Helicopter Management Agency) und die Managementfirma NHI (NH Industries) mit Sitz in Aix-en-Provence.

Der NH90 ist in der Zehn-Tonnen-Gewichtsklasse angesiedelt und soll Transport- als auch Marineaufgaben übernehmen und u. a. die veralteten Muster wie Sikorsky S-58, Bell UH-1D, Westland »Sea King« ablösen. Er verfügt über eine weitgehend aus Verbundwerkstoff bestehende Zelle. Zwei redundante MIL-STD-1553 B-Datenbusse ermöglichen eine flexible, modulare Avionikausstattung mit erheblichem Wachstumspotential. Für die Steuerung wird ein vierfach redundantes, digitales »Fly-by-Wire«-System eingebaut. Die Steuerorgane werden durch »Ministicks« ersetzt, und im Paneel dominieren vier Bildschirme.

Für den Hauptrotor wird ein System mit Titan-Nabe und Elastomerlagern verwendet, die zweiholmigen Rotorblätter bestehen aus Verbundwerkstoffen und verfügen über eine integrierte elektrische Enteisung. Sie sind beschußsicher und von unbegrenzter Lebensdauer. Der hoch angeordnete, lagerlose Vierblatt-Heckrotor ist vom Crossbeam-Typ.

Zu Beginn des Jahres 1992 war der schon oft verschobene Entwicklungsstart des NH90 vorgesehen, doch die Zustimmung aus Frankreich war auch im Sommer 1992 noch nicht da. Am 1. September 1992 wurde in Aix-en-Provence endlich der Vertrag über die

Entwicklungsphase des NH90 unterzeichnet. Frankreich steuerte 42,4 % der Mittel bei, Italien 26,9 %, Deutschland 24 %, die Niederlande 6,7 %.

Ende Mai 1994 stellte Eurocopter in La Courneuve bei Paris die ersten Haupt- und Heckrotorblätter für den NH90 vor. Sie wurden nach Festlegung der aerodynamischen Form in weniger als einem Jahr hergestellt. Dies war möglich durch den Einsatz des CAD-Programms CATIA und der Fertigungssoftware Panoplie, die eine optimale Nutzung von Pre-Preg-Bahnen erlaubt. Ein neues Harz von Ciba soll die Alterungsbeständigkeit unter schwierigen Umweltbedingungen verbessern. Zudem wird durch neue Produktionsverfahren, bei denen z. B. die Vorderkante vorab aufgebaut wird, die Belegdauer der Formen auf ein Drittel reduziert. Mit einem detaillierten Windkanalmodell hat das NLR (Aerospace Laboratory der Niederlande) die Strömungsverhältnisse im Triebwerksbereich des NH90 genauestens untersucht. Dazu wurde speziell ein Rotor mit 4,2 m Durchmesser gebaut, der in allen Eigenschaften dem Original entspricht.

Nach dem verzögerten offiziellen Entwicklungsstart fand der Erstflug des ersten von fünf Erprobungsmustern (vier TTH und ein bordgestützter U-Bootjagdhubschrauber NFH) des NH90 am 18. Dezember 1995 in Marignane statt. Der zunächst mit Tourboméca RTM 322-Triebwerken ausgerüstete Prototyp PT1 erhielt später zwei General Electric-T-700-Triebwerke, wie sie von italienischer Seite bevorzugt werden.

Im März 1997 hatte der zweite Prototyp seinen Erstflug, im Juli wurde erstmals in der »Fly-by-Wire«-Version geflogen. Im November 1998 startete PT3 mit einer vollständigen Basis-Avionik in Marignane erfolgreich zum ersten Flug. Der vierte, in Ottobrunn erstellte Prototyp PT4 – mit Testpiloten Herbert Graser,

NH90.

NH90 PT4.

einem oder zwei Piloten geflogen werden und nimmt bis zu 20 Soldaten auf. Die NFH-Ausführung wird mit zwei Piloten geflogen und hat neben den U-Bootjagd-Systemen zwei bis vier Systemoperateure an Bord, daneben Stationen für je zwei Torpedos oder Anti-Schiffslenkwaffen und umfangreiche Zusatzelektronik.

Andrew Warner und Flugtestingenieur Denis Hamel – hob erstmals am 31. Mai 1999 in Ottobrunn ab. Er dient zur Erprobung der TTH-Ausstattung und der Heckrampe. Durch die 1,78 m breite Heckklappe können leichte Fahrzeuge in die 4,8 m lange Kabine verladen werden. Weitere Forderungen für die TTH-Version sind: Transport von 20 voll ausgerüsteten Soldaten, Transport von Containern oder Paletten bis 2500 kg mit den maximalen Abmessungen von 4,80 m Länge, 2 m Breite und 1,50 m Höhe und einer für zwölf Krankentragen umrüstbaren Kabine. Der fünfte und letzte Prototyp des taktischen Hubschraubers NH90 startete am 22. Dezember 1999 zu seinem Erstflug in Cascina Costa in Italien. Er repräsentiert die Marineversion NFH. Dazu zählt das automatische Faltsystem für die Haupt- und Heckrotorblätter, Verankerungssystem für Decklandungen, 360° taktisches Marineradar, Sonar-System, Avionik-Ausrüstung und zusätzlich ein 24 x 24 cm Multifunctions-Display im Cockpit. Alle fünf Prototypen fliegen zur Zeit mit dem Ziel: Zertifizierung der Grundversion Anfang 2001, die der Transportversion (TTH) 2003 und die der Marineversion (NFH) ein Jahr später.

Danach ist vorgesehen, zur Produktionsphase überzugehen und anschließend zur Serienproduktion. Die Einführung des NH90 für die Marine (MH 90) ist ab 2007 geplant.

Der mit zwei Tourboméca RTM 322-Triebwerken (computergesteuert, FADEC monitoring System) ausgestattete Prototyp verfügt von Beginn an über die serienmäßig vorgesehene »Fly-by-Wire«-Steuerung. Der NH90 ist in zwei Versionen, in ihrer Grundkonzeption gleichen Ausführung, vorgesehen: die auf der Waffensystem-Entwicklungsspezifikation für einen taktischen Transporthubschrauber TTH in der Zehn-Tonnen-Klasse mit einer Heckladerampe und einen Fregattenhubschrauber NFH als Marineausführung. Die NFH-Version verzichtet auf die Heckladerampe und besitzt dafür ein beiklappbares Rumpfheck, Schwimmer und faltbare Rotoren. Die TTH-Ausführung hat eine Nutzlast von 2,5 Tonnen. Sie kann mit

che Zusatzelektronik.

Als Bedarf der beteiligten Länder sind 726 Hubschrauber im Gespräch. Für Deutschland sind 38 NTHs für die Marine, 114 TTH's für die Luftwaffe, 120 TTHs für das Heer geplant sowie zusätzliche acht Maschinen in VIP-Ausstattung. Die Entwicklungskosten des NH90 belaufen sich auf 2,75 Mrd. Mark. Die Einführung des NH90 ist ab 2003 vorgesehen.

Eurocopter Deutschland hat dem Ulmer VE-Bereich Bordsysteme den Auftrag zur Entwicklung und Lieferung eines Selbstschutzsystems für den NH90 TTH erteilt. Zum Entwicklungsumfang gehören Radar-Warner, Laser-Warner und Missile Launch Detector. Die erste Systemlieferung war für Januar 1999 geplant. Mit dem gleichen Selbstschutzsystem soll auch der Kampfhubschrauber »Tiger« ausgerüstet werden.

Die beiden Prototypen des NH90 von Agusta waren bisher mit den Triebwerken RTM 322 ausgerüstet. Aus Gründen der Standardisierung begann in Cascina Costa Ende 1997 die Flugerprobung des NH90 mit den T700-T6E-Triebwerken, die bereits im EH 101 Verwendung finden. Der Erstflug mit diesen Triebwerken fand am 13. März 1998 statt. Insgesamt wird das T700-T6E 150 Stunden für seine Qualifikation im NH90 getestet.

Haushaltskürzungen bei der Bundeswehr stellen den Auslieferungszeitplan für die neuen Hubschrauber »Tiger« und NH90 in Frage. Alle militärischen Beschaffungs-Programme kamen noch einmal auf den Prüfstand. Am 17. Mai 2000 hatte der Verteidigungsausschuß des Deutschen Bundestages der Beschaffung des NH90 zugestimmt.

Sikorsky experimentiert seit längerem mit einem Elektroantrieb für Hubschrauber. Die notwendige Energie wird aus mehreren Batterien bezogen, die z. Z. jedoch nur für eine kurze Flugzeit ausreicht.

Im Dezember 1981 führte eine Hughes OH-6 den ersten Probeflug ohne Heckrotor durch. Die Hughes NOTAR besaß einen verstärkten Heckausleger, durch den ein verdichteter Luftstrom, der am Heckende austreten konnte, geblasen wurde. Durch eine verstellbare Düse konnte der Luftaustritt geregelt werden und erbrachte somit eine Steuerbarkeit des Hubschraubers. McDonnell-Douglas entwickelte den NOTAR-Hubschrauber weiter, und 1992 wurden die ersten beiden Serienmaschinen nach Europa (Schweiz) geliefert.

Ebenfalls mit dem NOTAR-System entwickelte McDonnell-Douglas den achtsitzigen Zweiturbinen-Hubschrauber MDX, der unter dem Namen »Explorer« geführt wird. Der Rumpf dieses Hubschraubers kam von Hawker de Havilland, während Kawasaki das Getriebe liefert. Die niederländische Rotterdam Dockyard Company (RDM) hat im Februar 1999 die Produktlinie der NOTARS und MD »Explorer« von Boeing übernommen. Da die NOTAR-Hubschrauber noch nicht so verbreitet sind – trotz Einsatz bei einigen Polizeihubschrauberstaffeln und beim ADAC –, zählen sie hier noch zu den Zukunftsprojekten.

Auf der Heli-Expo 1992 in Las Vegas stellte Sikorsky ein 1:1-Mock-up eines geplanten 19sitzigen Hubschraubers vor. Bei der S-92 »Helibus« handelt es sich um eine kommerzielle Weiterentwicklung der militärischen Muster »Black Hawk« beziehungsweise »Seahawk«, von denen bislang mehr als 1700 Exemplare gefertigt wurden. Die damals eingeleiteten Marktuntersuchungen führten zu einem Programmstart für den kommerziellen Bedarf. Allerdings ist auch an eine militärische Version als Truppentransporter mit 22 Sitzplätzen gedacht.

Für den S-92-Prototypenbau teilt sich Sikorsky die Kosten mit fünf Firmen. Mitsubishi Heavy Industries in Japan, mit 7,5 Prozent beteiligt, wird den Großteil der Kabine herstellen, während Gamesa Aeronautica aus Spanien mit sieben Prozent Beteiligung für Heck und Triebwerksverkleidung zuständig ist. Brasiliens Embraer (Anteil vier Prozent) liefert die seitlichen Tanks, Taiwan Aerospace Industrial Development Corporation (AIDC) (Anteil 6,5 Prozent) die Cockpitsektion. Die Jingdezhen Helicopter Group aus China, mit zwei Prozent beteiligt, ist für das Leitwerk verantwortlich. Ziel der gemeinsamen Entwicklung soll ein Hubschrauber sein, der einfach zu bauen, robust und wartungsfreundlich ist.

Mit dem ersten Prototyp der S-92 erfolgten die Bodenversuche im Testzentrum West-Palm Beach, Florida. Die zweite S-92 machte bereits am 23. Dezember 1998 ihren Jungfernflug. Als Antrieb dienen zwei General Electric CT7-8-Triebwerke. Mit einer Reisegeschwindigkeit von 155 Knoten (287 km/h) erzielt der »Helibus« eine Reichweite von 400 NM (740 km). Erstmals wurde die S-92, sechs Monate nach dem Erstflug, 1999 in Le Bourget auf einer Luftfahrtschau vorgestellt. Es handelte sich jedoch nicht um die zivile »Helibus«-Version, sondern um den fünften Prototyp, der in Militärausführung hergestellt wurde. We-

sentliches Unterscheidungsmerkmal zwischen den beiden Varianten ist die Heckklappe, durch die sich auch kleine Fahrzeuge in die zwei Meter breite und 1,83 m hohe Kabine rollen lassen. Auf den an den Seitenwänden befindlichen Sitzen haben 22 Soldaten Platz. Weiterhin können 7,62-mm-Maschinengewehre montiert werden. Die Zuladung am Außenlasthaken beträgt 4545 kg. Das Cockpit entspricht der Zivilausführung mit bis zu fünf großen Farbdisplays. Dieser Hubschrauber sollte ab 2001 für rund 13 Millionen US-Dollar (24 Millionen DM) lieferbar sein. Es erfolgten jedoch noch einige Änderungen. So wurde das Leitwerk verändert, was zu einem verbesserten Handling bei der Landung führt. Die Kabine wurde um 41 cm verlängert und eine große Haupttür eingebaut. Am 8. Februar 2001 hob der erste umgebaute Prototyp der S-92 in West-Palm Beach ab; die Zulassung wird nun für Ende 2002 erwartet.

Auf der Luftfahrtschau in Farnborough 1998 wurde der Aufklärungs- und Kampfhubschrauber RAH-66 »Comanche« zum ersten Mal außerhalb der USA gezeigt. Während der erste Prototyp vor allem für die Flugleistungs- und Flugeigenschaftstest benutzt wird, ist die in Farnborough gezeigte zweite Maschine für die Erprobung der Sensoren und Missionsausrüstung vorgesehen. Die bisher erreichten Fluggeschwindigkeiten sollen im Vorwärtsflug 316 km/h, 120 bis 140 km/h seitwärts und 130 km/h rückwärts betragen haben. Ab 2003 sollen acht weitere Maschinen zur Verfügung stehen. Eine Auslieferung an die Einsatzstaffeln wird nicht vor 2006 erfolgen.

Das US Marine Corps stellte der Kaman Aerospace Corporation 4,2 Millionen Dollar zur Verfügung, um eine Fernsteueranlage für den K-Max zu entwickeln, herzustellen und einzubauen. Mit einem Prototyp eines K-Max/UAV (Unmanned Aerial Vehicle) soll die Fähigkeit eines selbständig und unbemannt fliegenden Hubschraubers, Außenlasten unter Gefechtsfeldbedingungen zu transportieren, erprobt werden.

Den Auftrag zur weiteren Entwicklung eines neuen Vertical take-off and landing Tactical Unmanned Aerial Vehicle (VTUAV) erhielten Northrop Grumman Corporation und Schweizer Aircraft Corporation von der US Navy. Der Vertrag umfaßt acht VTUAV Modell 379 und ein Testmodell. Der Prototyp, Modell 379, wurde von Schweizer entwickelt, basierend auf der Technik des Schweizer-Turbinen-Hubschrauber 333. Nach zunächst bemannten Testflügen wurde ein autonomes Flugkontroll-System eingerüstet. Das Testmodell 379 kann mit 80 kg Zuladung vertikal von Bord eines Schiffes starten, 110 nautische Meilen fliegen, Höhen bis zu 20.000 Fuß erreichen und an einem Ort drei Stunden verbleiben, um anschließend wieder zurückzukehren und vertikal zu landen. Vorgesehen ist eine längere Verweildauer am Einsatzort,

EC 130 B4. Ausrüstung mit optischen Infrarot-Sensoren und Laseranzeige, um taktische Ziele aufzuspüren. Um das Risiko auf dem Gefechtsfeld zu verringern, wird verstärkt auf Technologie gesetzt, wobei der Soldat der Zukunft mehr als System-Manager eingesetzt wird.

Auf Basis der Sikorsky S-64 stellte Erickson auf der Heli-Expo 1998 einen Helitanker vor. Ebenfalls neu ist der »Load Ranger 2000«, ein Frachthubschrauber auf Basis der dynamischen Komponenten der 206. Die Nutzlast beträgt 1080 kg.

Von Eurocopter und Kawasaki wird die neue Version der BK 117 entwickelt, die in Europa EC 145 und in Japan BK 117C-2 heißt. Der erste Prototyp dieser Version hatte im Juni 1999 seinen Erstflug in Donauwörth, die Prototypen Nummer 2 und 3 hoben erstmals im Frühjahr 2000 in Deutschland und Japan ab (Prototyp 2 am 14. April 2000 in Donauwörth, Prototyp 3 am 15. März bei Kawasaki in Gifu).

Im Vergleich zur C-1-Version ist die EC 145/BK 117C2 ruhiger und vibriert weniger. Sie bietet eine beträchtlich geräumigere Kabine und ein um 150 kg erhöhtes Startgewicht (3500 kg) sowie eine auf rund 1700 kg angehobene Nutzlast. Sie kann bis zu zehn Personen, inklusive zwei Piloten, befördern, fliegt 270 Stundenkilometer schnell und hat eine Reichweite, die von 550 km auf 700 Kilometer vergrößert wurde. Das Rumpfvorderteil besteht in seiner Struktur aus Sandwich-Bauteilen, in der Metall und Kevlar/Kohlefasern kombiniert sind, und stimmt äußerlich so nahe mit dem der EC 135 überein. Die C-2 hat einen Vierblatt-Hauptrotorkopf – System Bölkow –, ist jedoch mit neugestalteten Rotorblättern ausgestattet. Angetrieben wird sie von zwei Tourboméca Arriel 1E2-Triebwerken. Der mit Schiebetüren an beiden Seiten ausgestattete Hubschrauber wurde bereits von zwei französischen Kunden geordert. Die Markteinführung der EC 145 ist für 2001 vorgesehen.

Auf der Heli-Expo 2001 in Anaheim stellte Eurocopter ganz überraschend sein erstes Modell – die EC 130 B4 – vor. Nach einem ganz im geheimen abgewickelten Flugversuchsprogramm mit ca. 200 Stunden, der Erstflug war bereits am 24. Juni 1999, hatte die EC 130 am 14. Dezember 2000 ihre französische sowie IAA- und FAA-Zulassung erhalten. Die dynamischen Komponenten und das Triebwerk (1 Turboméca Arriel 2B1 inkl. FADEC) wurden von der AS 350 B3 übernommen, von der auch Elemente der zentralen Rumpfstruktur stammen. Für die Seitenteile der Kabine und die Frontverkleidung orientierte man sich in Marignane dagegen bei der EC 120 B »Kolibri«. In der um 23% vergrößerten Kabine finden neben dem Piloten sechs/sieben Passagiere Platz. Der Geräuschpegel liegt 7 db unter dem ICAO-Limit und 0,5 db unter den GCNP (Grand Canyon National Park)-Werten. Der Fenestron entspricht dem Design der EC 135, allerdings spiegelverkehrt, denn der Hauptrotor dreht bei den »Ecureuils« und damit bei der EC 130 in die andere Richtung. Höchstgeschwindigkeit 155 kts (287 km/h), Reichweite mit Standardtank 640 km.

Zu den Zukunftsaussichten gehört auch die Entwicklung weiterer neuer Werkstoffe. So sind Hubschrauber aus Verbundwerkstoffen bei gleicher Festigkeit gegenüber bisher verwendeten Materialien um 25 bis 30% leichter. Auch die weitere Miniaturisierung der Elektronik läßt eine neue Generation von Hubschraubern entstehen.

So erprobte die Firma Sikorsky im Rahmen des ACAP-Programms der US Army die ganz aus Verbundwerkstoffen gefertigte S-75. Die völlig neue Zelle besteht zum größten Teil (78%) aus Kevlar und Kohlefaser (CFK). Die mit zwei Allison 250-C 30 ausgerüstete S-75 besitzt das Antriebssystem der S-76. Die Anzahl der Teile hat sich gegenüber der S-76 um 65% verringert, und es werden 75% weniger Befestigungselemente, wie z. B. Nieten, verwendet. Mit einem der drei S-75-Prototypen begann im Juli 1984 die Flugerprobung.

Auch MBB hatte im Auftrag und mit Förderung des Bundesministeriums der Verteidigung in einem auf dreieinhalb Jahre befristeten Forschungsprogramm eine komplette Hubschrauberzelle aus Faserverbundwerkstoff entwickelt. Der größte zu erwartende Vorteil bei einer Kunststoffzellenstruktur ergibt sich aus der Verringerung der Teile und der daraus resultierenden Möglichkeit, in Fertigung und Ausrüstung mit wenigen Groß-Bauteilen zu arbeiten, wie z. B. kompletten Unterbodenstrukturen, Seitenschalen oder Cockpit-Strukturen, die jeweils allein bereits den Einbau technischer Komponenten ermöglichen. Daraus ergibt sich eine erhebliche Rationalisierung des Fertigungsaufwands. Für den Hubschrauberbetreiber ergeben sich dadurch eine erhöhte Crash-Sicherheit, erhöhte Wirtschaftlichkeit durch geringeres Leergewicht sowie einfachere Reparier- und Wartbarkeit. Innerhalb des Forschungsprogramms erfolgte die Herstellung von insgesamt zwei Kunststoffzellen. Die erste, eine Bruchzelle, stand Mitte 1986 für Festigkeitsversuche zur Verfügung. Im Anschluß an diese Versuche, Mitte 1987, wurde die zweite Kunststoffzelle mit dem beigestellten BK 117-Hubschrauber integriert. Die nach Abschluß des Programms gewonnenen Ergebnisse und Erkenntnisse kamen bei der Entwicklung künftiger mittlerer Transporthubschrauber zur Anwendung. Besondere Erkenntnisse erwartete MBB bezüglich elektromagnetischer Verträglichkeit, Funk/Navigation, Akustik und Flugdynamik.

Die BK 117, der erste europäische Hubschrauber mit einer vollständig aus Verbundwerkstoffen (FVW) gefertigten Zelle, startete am 27. April 1989 auf dem MBB-Versuchsgelände in Ottobrunn zum Erstflug.

Für die FVW-Zelle wurden 80 % CFK und 20 % AFK verwandt. Carbonfaserverstärkter Kunststoff, CFK, setzt sich zusammen aus Kohlefasern mit Epoxidharz und wird in der Luftfahrtindustrie in Form von dünnen Gewebelappen verarbeitet. CFK-Teile sind doppelt so stark wie Aluminium und nur etwa halb so schwer. Gegenüber der Serienzelle, die aus 745 Einzelteilen besteht, konnte MBB die Teilezahl der FVW-BK 117-Zelle um rund 80 Prozent auf 105 reduzieren.

Unter den Verwandlungshubschraubern hat sich der Kipprotor durchgesetzt. Es handelt sich hierbei um ein Lufttransportmittel, das die Vorteile von Hubschraubern und Flächenflugzeugen kombiniert. Ein Flugzeug, das senkrecht starten und landen kann, und ein Hubschrauber, der so schnell wie ein Flugzeug fliegt. Kipprotoren können senkrecht starten und landen, da die Propellerachse zunächst senkrecht steht. Ist die Maschine dann in der Luft, schwenken die Propeller langsam nach vorn, bis die Reiseflugposition erreicht ist, in der die Maschine konventionellen Propellerflugzeugen ähnelt.

Die Firma Bell Helicopter entwickelte seit 1951 einen Verwandlungshubschrauber, den XV-3 »Convertiplane«, ein VSTOL-Flugzeug mit zwei Kipprotoren, dessen erster Senkrechtstart im August 1955 stattfand. Durch die damals noch nicht so gut entwickelten Rotoren traten zu starke Vibrationen, verstärkt durch die verwendeten Kolbenmotoren, auf. Nach 125 Flugstunden und 110 Transitionen wurden die Flugversuche 1962 beendet.

Propellerturbinen und moderne Rotoren ermöglichten dann verbesserte Versionen, wie die Bell XV-15, deren erster freier Schwebeflug im Mai 1977 stattfand. Mit zwei T-53-Wellenturbinen erreichte sie eine Höchstgeschwindigkeit von 557 km/h bei einem Fluggewicht von 5000 kg. Ausgehend von der XV-15 arbeiten Bell und Boeing Vertol seit Juni 1983 an einem gemeinsamen Verwandlungshubschrauber mit der Bezeichnung JVX.

Im Juni 1985 ist der Entwicklungsauftrag an beide Firmen vergeben worden. Bell ist für das Tragwerk mit Wellensystem, die beiden Gondeln mit Kipprotoren und die Endmontage verantwortlich, während Boeing Vertol den kompletten Rumpf und das Heckleitwerk fertigt.

Bereits Ende 1982 wurde von den US-Teilstreitkräften eine gemeinsame taktische Forderung für das neue Flugzeug, das Anfang 1985 die offizielle Bezeichnung V-22 »Osprey« (Fischadler) erhielt, herausgegeben. Diese beabsichtigten, in den 90er Jahren insgesamt 913 Maschinen dieses Typs zu übernehmen. Der Preis einer »Osprey« sollte nach damaliger Schätzung bei ca. 15 Mio. Dollar liegen, womit sie fast das Doppelte eines Kampfhubschraubers des Typs Hughes AH-64 A »Apache« kosten würde. Der Erstflug war für 1988 geplant.

Die V-22 »Osprey«, ein freitragender Schulterdecker mit Endscheibenseitenleitwerk, hat ein maximales Startgewicht von 18.120 kg. Die beiden Wellenturbinen T 64-717 von General Electric entwickeln eine Startleistung von 3620 kW und treiben zwei faltbare KFK-Dreiblattrotoren von 11,60 m Durchmesser an. Eine im Flügel installierte Querwelle sorgt dafür, daß sich beide Rotoren auch bei Ausfall eines Triebwerks synchron drehen. In den Abmessungen entspricht die »Osprey« der Boeing Vertol 46.

Der Erstflug der Bell-Boeing V 22 »Osprey« erfolgte am 19. März 1989 im Bell-Erprobungszentrum Arlington/Texas. Es wurden mehrere Schwebeflüge in ca. zehn Meter Höhe durchgeführt, wobei durch Schwenken der Triebwerksgondeln um etwa fünf Grad eine Vorwärtsgeschwindigkeit von maximal 20 kts erreicht wurde. Die Flugtests umfaßten insgesamt 4000 Stunden, für die sechs Prototypen verwendet wurden. Am 14. September 1989 erfolgte die erste komplette Transition. Vorausgegangen waren mehrere Flüge mit den Dreiblattrotoren in 45-Grad-Stellung. In dieser Konfiguration wurden Kurven mit bis zu 60 Grad Schräglage und einer g-Belastung von 1,5 erflogen. Als Höchstgeschwindigkeit werden 583 km/h angegeben.

Die Entwicklungskosten betrugen 1,8 Mrd. Dollar, der Stückpreis lag 1993 bei etwa 25 Mio. Dollar. Geldmangel machte jedoch auch die Zukunft dieses schnellen Transporters ungewiß.

Im Juni 1991 war der fünfte Prototyp des Kipprotormusters beim Erstflug zerstört worden. Am 20. Juli 1992 stürzte der »Orsprey«-Prototyp Nummer vier bei einem Landeanflug ab.

Mehr als fünf Jahre nach dem letzten Prototypen hob am 5. Februar 1997 die erste Vorserien-»Osprey« vom Boden ab. Nach erheblichen Unsicherheiten über die Zukunft des Programms waren

Bell 609 Mock-up auf der
ILA 1998.

die beiden Hersteller Bell und Boeing (Helicopter Division) gezwungen, vier Jahre lang an einer besseren und vor allem billigeren Ausführung ihres Kipprotortransporters zu arbeiten. Die deutlich zu schwer und mit einem prognostizierten Stückpreis von 41,8 Millionen US-Dollar vor allem viel zu teuer geratene V-22 wurde im Detail einer gründlichen Umkonstruktion unterzogen. Das computergestützte Entwurfsprogramm CATIA, das mit seinen Netzwerkfähigkeiten die optimale Zusammenarbeit aller Beteiligten ermöglichte, war dabei ein wertvolles Hilfsmittel. Der Fly-away-Preis konnte so auf 32,3 Millionen US-Dollar (55 Millionen DM) gesenkt werden.

Die Endmontage der ersten neuen »Osprey« (Nr. 7) begann am 4. Dezember 1995. Insgesamt wurden vier Vorserienmaschinen gebaut. Alle vier neuen V-22 haben im Testzentrum Patuxent River, Maryland, ein umfassendes Erprobungsprogramm mit 500 Flugstunden durchlaufen.

Parallel dazu begannen Bell und Boeing 1997 mit der Fertigung der ersten Serienflugzeuge, die ab Mitte 1999 als MV-22 »Osprey« an das Marine Corps ausgeliefert wurden. Insgesamt soll das Marine Corps 425 »Ospreys« erhalten. Hinzu kommen 50 CV-22 für die US Air Force. Im Rahmen einer Truppenerprobung stürzte am 8. April 2000 eine MV-22 »Osprey« des US Marine Corps in Arizona ab. 19 Marines, die an Bord des Luftfahrzeugs waren, wurden bei dem Absturz getötet. Bei einem Absturz bei Jacksonville (North Carolina) Ende letzten Jahres ging der vierte Prototyp des Kipprotor-Flugzeugs »Osprey« verloren.

Für den zivilen Markt begannen Bell und Boeing, aufbauend auf den Erfahrungen mit der V-22 »Osprey« und der XV-15, das Kipprotormodell 609 zu bauen. Die offizielle Ankündigung dazu erfolgte am 18. November 1996 in Washington. Der Verkauf der kommerziellen Hubschraubersparte von Boeing an Bell Anfang 1998 bedeutete für Boeing auch den Ausstieg aus dem Tilt-Rotorprojekt 609. Die schon seit 1952 bestehende Partnerschaft der Firma Bell mit dem italienischen Hubschrauberhersteller Agusta führte zur neugegründeten Bell Agusta Aerospace Company (BAAC), die die BA 609 gemeinsam vermarktet. Dafür wurde in Amarillo, Texas, eine neue Produktionsstätte gebaut. Auf der ILA 98 war die 609 als 1:1-Mockup zu sehen. Als Antrieb sind zwei PT6C-67A-Turbinen vorgesehen, mit denen eine Geschwindigkeit von bis zu 509 km/h erreicht werden soll. Der Erstflug dieser neunsitzigen Maschine war für 1999 geplant. 65 Vorbestellungen liegen bereits vor, darunter auch vom AERO Dienst Nürnberg.

Als Erprobungsträger für das X-Wing-Konzept, an dem DARPA, NASA und Sikorsky gemeinsam arbeiten, dient ein modifiziertes Rotorsystem-Forschungsflugzeug, das 1978 als »fliegender Windkanal« von Sikorsky im Auftrag von NASA und US Army gebaut worden war. Für das X-Wing-Programm wurde die Avionik überarbeitet und durch Rechner ergänzt, die den komplizierten Flugablauf steuern.

Im Januar 1987 wurde der Sikorsky »X-Wing«-Versuchsträger durch das Dryden Flight Research Centre der NASA endmontiert. Beim Start benutzt das neue Fluggerät die zu einem »X« gekreuzten Rotorblätter und hebt ab wie ein herkömmlicher Hubschrauber. Zwei seitlich montierte General-Electric-Antriebe vom Typ TF 34-GE-400A sorgen beim Vorwärtsflug für zusätzliche Kraft. Die 13,75 m spannenden Tragflächen sollen einen Großteil der Flugzeugmasse tragen; der X-Wing wird bei niedrigen Geschwindigkeiten wie ein normaler Rotor angetrieben, nach dem Übergang in den Reiseflug aber fixiert. Dabei sind je zwei der 8,8 m langen und fast ein Meter breiten Blätter 45 Grad nach vorn bzw. hinten gepfeilt. Durch Schlitze an Vorder- und Hinterkanten wird Luft ausgeblasen, was die Auftriebsverteilung beeinflußt und so zur Steuerung beiträgt. Der X-Wing könnte ebenso wie der Tilt-Rotor dem Hubschrauber mit Geschwindigkeiten von über 300 kts (550 km/h) neue Einsatzbereiche erschließen.

Für die Sicherheit der Piloten wurde ein neues Schleudersitzsystem von Martin Baker installiert, wobei der Ausschußweg nach oben durch das Absprengen der X-Wing-Blätter freigemacht wird. Kurz vor der Air Show 1992 in Farnborough wurde die XV-15 auf dem Bell-Versuchsgelände in Arlington, Texas, bei einem Unfall erheblich beschädigt.

In Deutschland entwickelte Prof. Messerschmitt bereits Mitte der 60er Jahre den »Rotor-Jet«, ein Verwandlungsflugzeug, welches strahlgetrieben mit hoher Reisegeschwindigkeit fliegen und mit Hilfe falt- und einziehbarer Hubrotoren senkrecht starten und landen sollte. Dieses Luftfahrzeug »Me P-408« hätte bis zu zehn Passagieren Platz bieten und eine Geschwindigkeit von ca. 800 km/h erreichen sollen.

Zukünftige Hubschrauberentwicklungen

Peter G. Hamel, Bernd L. Gmelin und Jürgen Kaletka

1. Einleitung

An zukünftige Hubschrauber werden höchste Anforderungen im Hinblick auf Leistungsfähigkeit und Qualität gestellt. Dies gilt sowohl für zivile Geräte, bei denen Sicherheit und Wirtschaftlichkeit im Vordergrund stehen, als auch für militärische Hubschrauber, bei denen der Kampfwert für Verteidigungsaufgaben von zusätzlicher Bedeutung ist.

Eine Steigerung der Leistungsfähigkeit wird durch die zunehmende Integration neuer sog. Schlüsseltechnologien möglich. Dazu gehören u. a. die Einführung der

- digital-elektrischen und -optischen Datenübertragung,
- Mikrorechner-Technologie,
- Sensor- und Bildschirmtechnik sowie
- alternativen Werkstoffe und Bauweisen.

Faserverstärkte Kunststoffe haben sich auch bei Hubschraubern durchgesetzt. Sie werden unter anderem bei der Fertigung von Rotorblättern und Zellen verwendet. Sie ermöglichen den Entwurf von gelenklosen Rotorsystemen, die wegen ihrer hohen Steuerwirksamkeit dem Hubschrauber eine hervorragende Manövrierbarkeit geben und damit zu einer erheblichen Verbesserung der Flugeigenschaften beitragen.

Die Integration von digitaler Elektronik und Datenverarbeitung sowie von Lichtleitertechnik zur Signalübertragung wird zunehmend eingesetzt, um das System störunanfälliger und funktionssicherer zu machen. Sie dienen auch dazu, die Fliegbarkeit des Hubschraubers besonders im Hinblick auf neue Missionen wie beim bodennahen Flug unter Allwetter- oder Nachtflugbedingungen zu verbessern.

Vor diesem Hintergrund leitet sich eine übergeordnete Zielsetzung der flugmechanischen Forschung ab, nämlich die

- Beurteilung der Verbesserung der missionsabhängigen Flugeigenschaften und Leistungsfähigkeit

sowie die Gewährleistung der Flugsicherheit von zunehmend automatisch gesteuerten Hubschraubern. Dabei muß sich das Hauptaugenmerk richten auf die

- Anpassung des Fluggeräts an den Piloten und die
- Herabsetzung des technischen und wirtschaftlichen Risikos für Hersteller und Nutzer

bei der Integration der vorgen. neuen Technologien.

Im folgenden wird über Möglichkeiten und Grenzen der Nutzung technischer Innovationen berichtet, die zu einer Verbesserung der Qualität der Fliegbarkeit von Hubschrauber-Flugsteuerungs-Systemen führen sollen. Der damit verbundene Forschungsvorlauf beim DLR soll dazu beitragen, daß mögliche technische Fortschritte auf dem Gebiet der Automatisierung dem

- Leistungspotential neuer Rotorsysteme optimal angepaßt sind und mit den
- Fähigkeiten des Piloten sinnvoll abgestimmt werden.

2. Neue Technologien – hohes Nutzungspotential

In der Abbildung werden in Anlehnung an das amerikanische ADOCS-Programm die wesentlichen Komponenten eines hoch zuverlässigen digitalen elektrooptischen Flugsteuerungssystems für Hubschrauber dargestellt (ADOCS = Advanced Digital Optical Control System). Steuereingänge des Piloten werden am Mehrachsen-Steuergriff (Sidearm Controller) von optischen Stellungsgebern über Lichtleiter und optoelektrische Wandler an den digitalen Mikroprozessor geleitet. Die berechneten Steuersignale werden nach entsprechender elektrooptischer Wandlung mittels optischer Signalübertragung an die Stellantriebe für die Hauptrotor- und Heckrotorsteuerung weitergeleitet.

Digital-elektrooptisches Flugsteuerungssystem. Einteilung in Subsysteme.

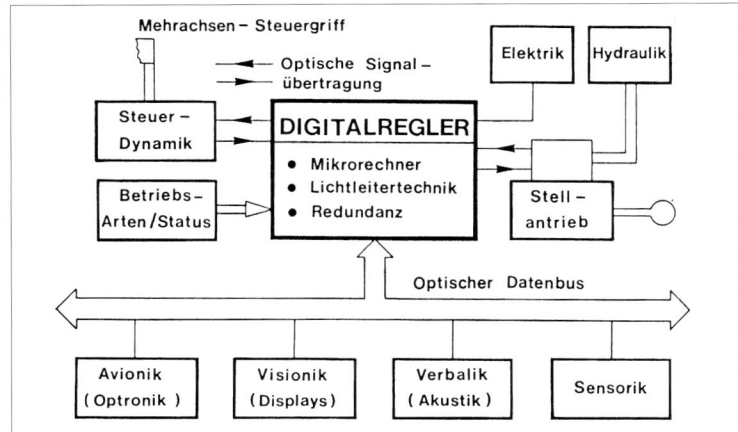

119

Es lassen sich automatische Steuerungsbetriebsarten für bestimmte ausgewählte Flugmanöver (z. B. Schweben, Landeanflug, Konturenflug) über den Mikrorechner anwählen und deren Zustände überwachen. Der Mikrorechner ist durch einen optischen Datenbus hoher Bandbreite mit allen erforderlichen Subsystemen verbunden, die zur Realisierung von automatischen Betriebsarten und zur Erfüllung der Flugaufgabe erforderlich sind. Hierzu zählen Avionik-Komponenten für die Navigation genauso wie Visonik-Systeme zur Erzeugung von Sichtinformationen und die notwendige Sensorik zur Flugzustands-Überwachung. Auf Grund neuester technologischer Fortschritte bei der rechnergestützten Stimmenerzeugung und -erkennung lassen sich auch Verbalik-Subsysteme ankoppeln, die neue Möglichkeiten des Informationsaustausches zwischen Mensch-Maschine-Systemen erschließen

Die optische Datenübertragung dient primär der Vermeidung von elektromagnetischen Störungen und der Erhöhung der Signalbandbreite, was zu einer verbesserten Informationsverteilung mit minimalen Zeitverzögerungen zwischen den am optischen Datenbus (Multiplex-Bus) hängenden Subsystemen führt. Entsprechende Erfahrungen wurden auch beim DLR mit einem optischen Datenbus (SMCA-Bus) gesammelt, der fünf Mikrorechner des »Fly-by-Wire«-Systems des ATTAS-In-Flight-Simulators verbindet.

Aus Gründen der System-Zuverlässigkeit (Redundanz) muß das optische Flugsteuerungssystem in allen wesentlichen Komponenten verdreifacht sein (Triplex-System). Darüber hinaus werden neue Wege bei der Fehlererkennung und -behebung auf allen Systemebenen beschritten. Hierzu zählen u. a. sog. selbstheilende Konzepte auf Chip-Ebene (Selbstüberwachung und Fehlerbehebung durch Aktivierung von Ersatzschaltungen) und sog. funktionelle Redundanz von Subsystemen (automatische Änderung der Software zur Übernahme der Funktionen von ausgefallenen Sensoren oder Systemen durch alternative Sensoren bzw. Ersatzsysteme).

Das Nutzungspotential eines derartigen Systems schließt wesentliche Beiträge zur Verbesserung der Leistungsfähigkeit des Gesamtsystems Hubschrauber ein:

Digital-elektrooptisches Flugsteuerungssystem. Integration von Hubschrauber und Pilot.

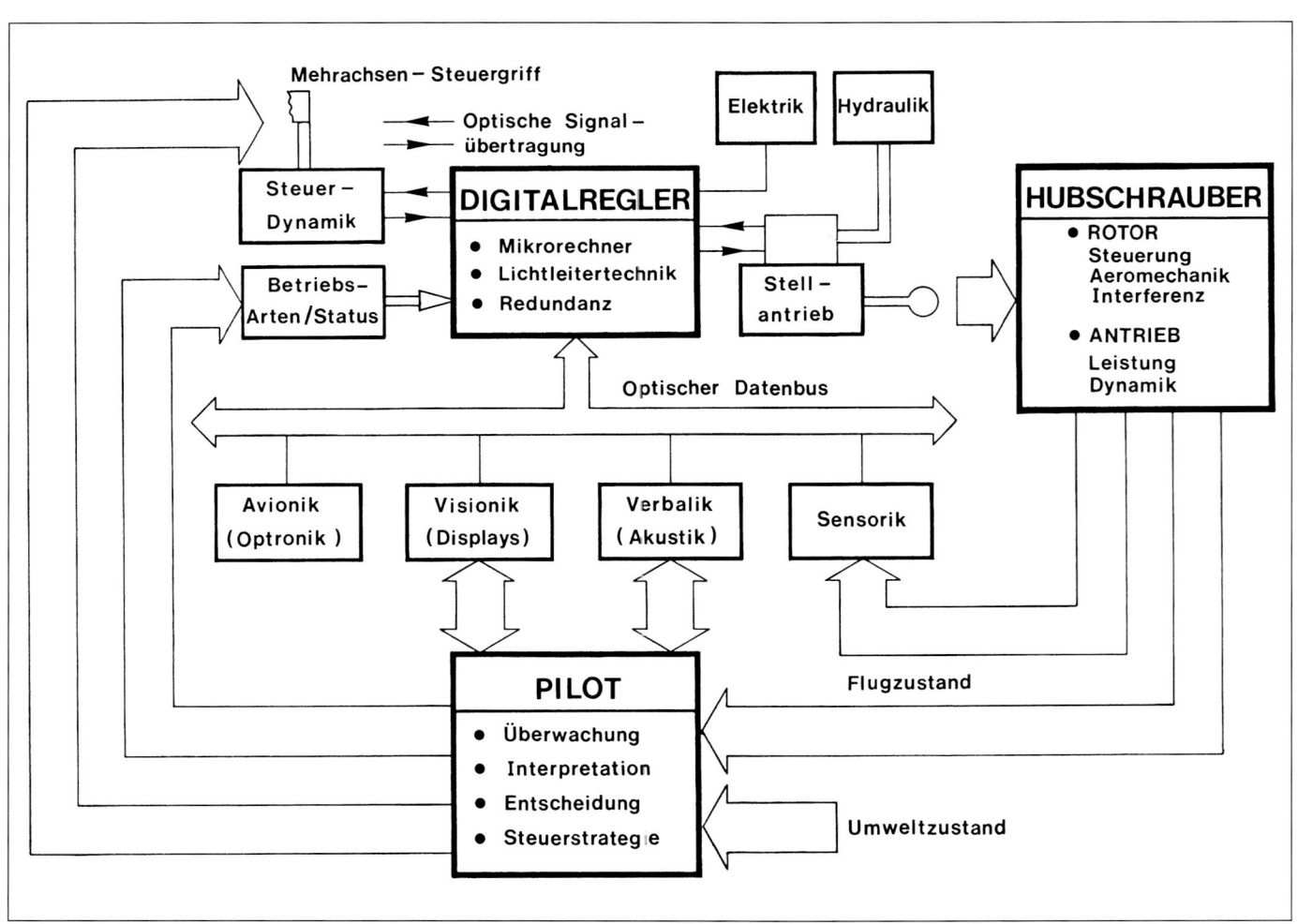

- Erhöhung der Missionseffektivität durch weitgehende Nutzung der Hubschrauberleistungen, wie hohe Fluggeschwindigkeit und Agilität auch in extremer Bodennähe und unter Schlechtwetter-Bedingungen.

- Reduktion der Pilotenbelastung durch einen höheren Grad an Automatisierung. Durch konsequente Anwendung aller Möglichkeiten erscheint die Reduzierung der Hubschrauber-Besatzung auf einen Mann für ausgewählte Missionen realisierbar.

- Verbesserungen der Zuverlässigkeit und damit der Produktivität des Systems durch weitgehende Absicherung von sog. missionskritischen Ausfällen, die die operationellen Fähigkeiten des Gesamtsystems beeinträchtigen.

Am Beispiel des hier geschilderten digitalen elektro-optischen Flugsteuerungssystems sollte gezeigt werden, welche Erwartungen an solche zukünftigen integrierten Systeme geknüpft sind. Offen bleibt aber die Frage, ob der Pilot den hochgradig automatisierten Hubschrauber überwachungs-, entscheidungs- und steuerungsmäßig beherrschen kann.

3. Integration neuer Technologien – erhöhte Risiken?

Die Qualität der Fliegbarkeit eines Hubschraubers mit einem hochgradig integrierten Flugsteuerungssystem läßt sich nur schwer definieren. Um die Qualität der Fliegbarkeit zu messen, muß man die dynamische Wechselwirkung des Gesamtsystems Pilot-Flugsteuerung-Hubschrauber charakterisieren. (Abb. Seite 120).

Die Eigenschaften eines solchen Systems werden von vielen sich gegenseitig beeinflussenden Faktoren bestimmt. Hierzu zählen u. a. die Cockpit-Gestaltung, die Leistung und Zuverlässigkeit der technischen Untersysteme, der Grad der Automatisierung, die Missionsanforderungen und nicht zuletzt der Ausbildungsstand des Piloten. Bei der Optimierung der Leistungsfähigkeit des Gesamtsystems ist letztlich ein Kompromiß zwischen der Nutzung verfügbarer neuer Technologien, den aeromechanischen Grenzen des Rotorsystems und den Fähigkeiten des Piloten einzugehen. Selbst wenn

Integration von Hubschrauber und Pilot. Einfluß Informationsdarstellung und Flugregler auf Fliegbarkeit.

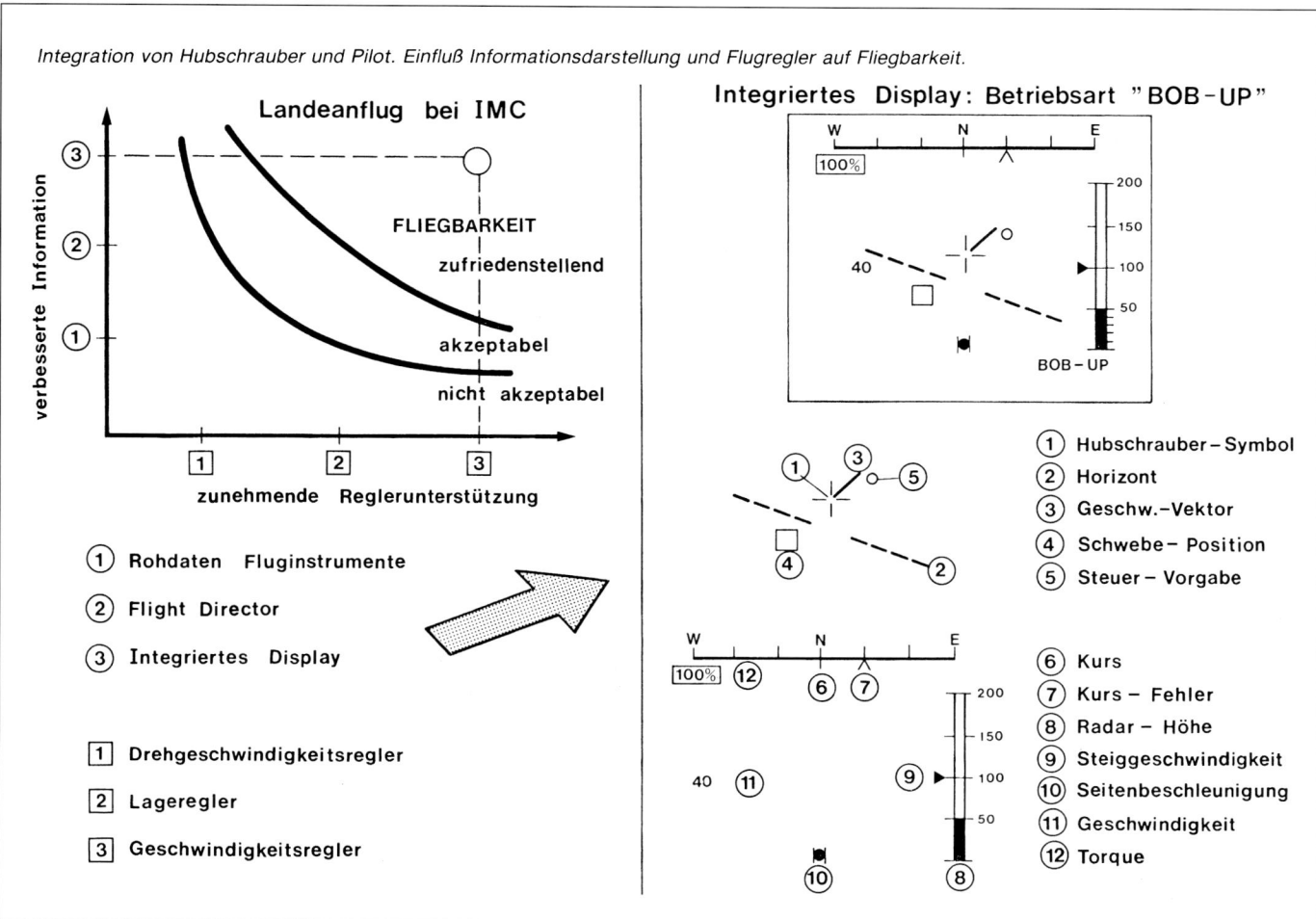

Integration von Hubschrauber und Pilot. Einfluß Informationsdarstellung und Flugregler auf Fliegbarkeit.

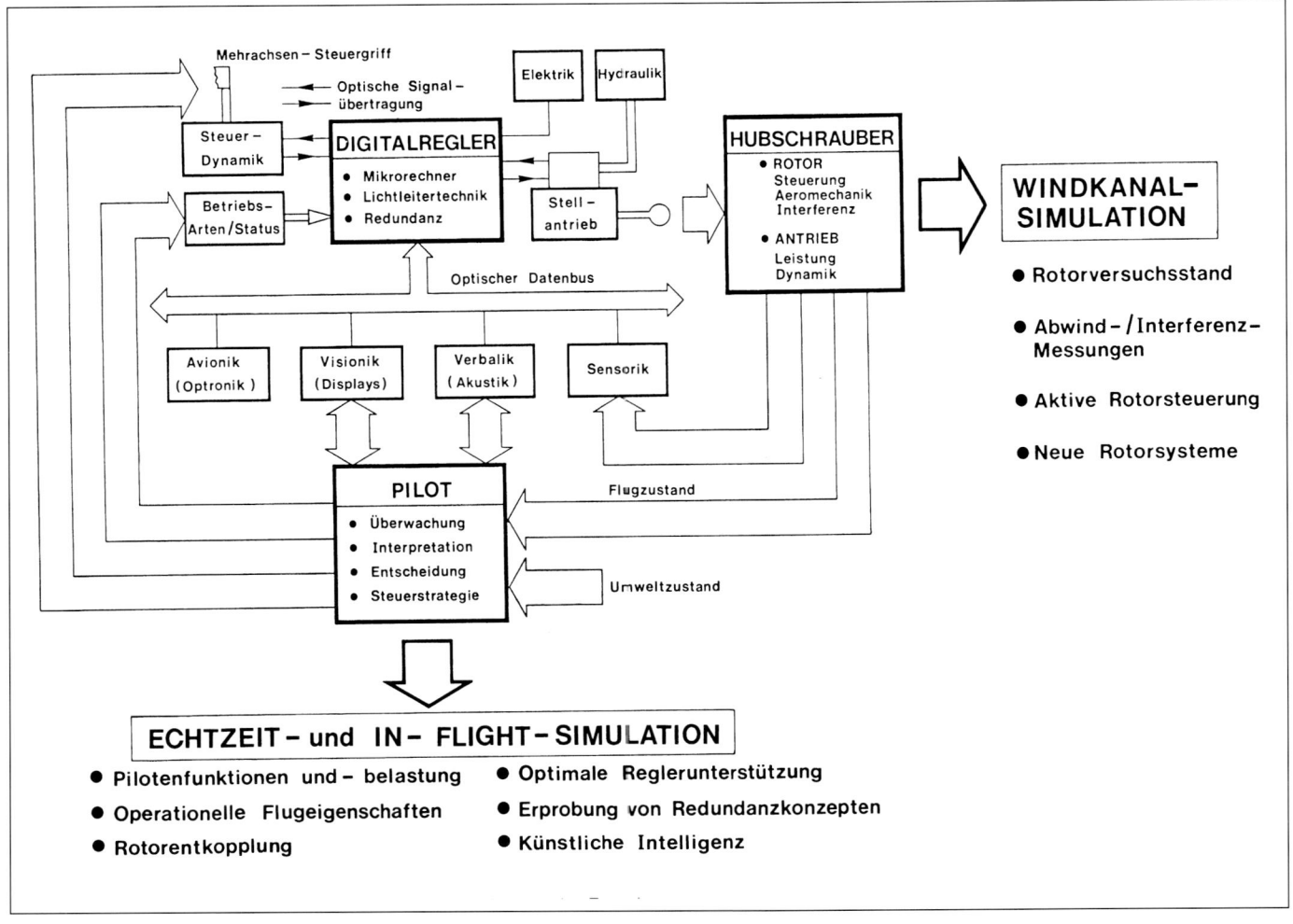

Digital-elektrooptisches Flugsteuerungssystem. Aufgaben der Forschung.

ein zuverlässig funk-
tionierendes digitales
Flugsteuerungssystem
vorausgesetzt wird, können erhebliche Risiken bei
der Durchführung einer Mission dadurch entstehen,
daß die flugmechanischen Grenzen des Hubschraubers (z. B. aeromechanische Grenzbereiche des Rotorsystems oder Leistungsbegrenzungen des Triebwerks oder die Grenzen der physischen bzw. psychischen [mentalen] Belastbarkeit des Piloten), erreicht
werden. Dazu kann beispielsweise das zunehmende
Potential von möglichen zusätzlichen visuellen Informationen, die dem Piloten mittels sog. multifunktio-
neller Displays dargestellt werden können, beitragen.
Die damit verbundenen Überwachungs- und Ent-
scheidungstätigkeiten des Piloten können zu einer
erhöhten mentalen Belastung mit entsprechendem
Flugrisiko bei schwierigen Missionen (z. B. bodenna-
her Flug unter Schlechtwetter-Bedingungen) führen.
Folglich muß zwischen den Elementen Flugsteuerungssystem, Hubschrauber und Pilot ein möglichst
unempfindliches Gleichgewicht aus Leistungsfähig-

keit und Flugsicherheit hergestellt werden. Besondere Bedeutung kommt dabei der Anpassung der Technik an den Piloten zu. Beispielsweise hängt der Grad
der Reglerunterstützung nicht nur von der jeweiligen
Flugaufgabe, sondern wesentlich von der interaktiven
und pilotengerechten Auswahl, Anordnung und Ab-
stimmung von Steuerorganen (z. B. Einachsen- oder
Mehrachsen-Steuergriffe) und Informationsdarstel-
lungen (z. B. Display-Komplexität) ab.

Im Bild ist der Einfluß der Informationsdarstellung
und der Reglerunterstützung auf die Fliegbarkeit des
Hubschrauber-Systems bei einer bestimmten Aufgabe dargestellt. Es wird deutlich, daß zufriedenstellen-
de Fliegbarkeit sowohl mit geringer Reglerunterstützung und komplexen Displays als auch mit einfacher
Informationsdarstellung und aufwendigen Reglersy-
stemen zu erreichen ist. Welche Entscheidung letztlich für ein bestimmtes System getroffen wird, hängt
u. a. wesentlich von der Gesamtheit der zu erfüllen-
den Flugaufgaben ab. Die Darstellung der Display-
Symbolik (Bob-up), die sich bei anderen Betriebsarten wie Schwebeflug, Reiseflug oder NOE-Flug we-

sentlich verändert, verdeutlicht die bereits angesprochene mentale Belastung des Piloten.

In Abb. auf Seite 122 oben werden Forschungskomplexe des DLR deutlich gemacht auf den Gebieten der Windkanal-Simulation sowie der Echtzeit- und In-Flight-Simulation, die dazu dienen sollen, die Leistungsfähigkeit von reglergestützten Hubschraubersystemen zu verbessern, ausreichende Notflugeigenschaften zu sichern und entwicklungstechnische Risiken zu mindern.

4. Integration neuer Technologien – Bedeutung der flugmechanischen Experimentalkette

Die vorgenannten Forschungskomplexe Windkanal-Simulation sowie Echtzeit- und In-Flight Simulation bilden integrale Bestandteile der sogenannten flugmechanischen Experimentalkette. Während die Windkanal- und Echtzeit-Simulation der Komponenten-, System- und Softwareüberprüfung unter Einbeziehung von Echtteilen dienen, ist der In-Flight-Simulation die Überprüfung des integrierten Gesamtsystems, bestehend aus Pilot, Flugsteuerung und Hub-

Experimentalkette Hubschrauber-Flugmechanik.

schrauber, unter operationellen Bedingungen zuzuordnen.

Aufgrund der unterschiedlichen Aufgabenstellungen und Zielsetzungen ist der Einsatz aller Elemente der Experimentalkette für zukünftige Hubschrauber-Entwicklungen von großer Bedeutung. In der Vergangenheit wurden z. B. die Aufgaben der Bodensimulation und der In-Flight-Simulation weitgehend in den Prototypen-Flugversuch verlagert mit erheblichen Nachteilen in bezug auf Kosten und Dauer der Flugerprobung. Darüber hinaus besteht bei diesem Vorgehen die Gefahr, daß das angestrebte Optimum des Entwurfs zu diesem Zeitpunkt nicht mehr oder nur durch gravierende Kostensteigerungen zu erreichen ist.

Durch gemeinsame und ergänzende Anstrengungen der Forschungsinstitute und der Industrie wird daher der Aufbau und Ausbau von Anlagen angestrebt, deren Nutzungspotential die Erarbeitung neuer Technologien und die Entwicklung zukünftiger Hubschrauber-Systeme wesentlich beeinflussen wird.

In den folgenden Abschnitten wird über ausgewählte Forschungsziele und -ergebnisse des DLR-Instituts für Flugsystemtechnik aus den Aufgabenbereichen Windkanalsimulation, mathematische Modellierung und Fliegende Simulation berichtet.

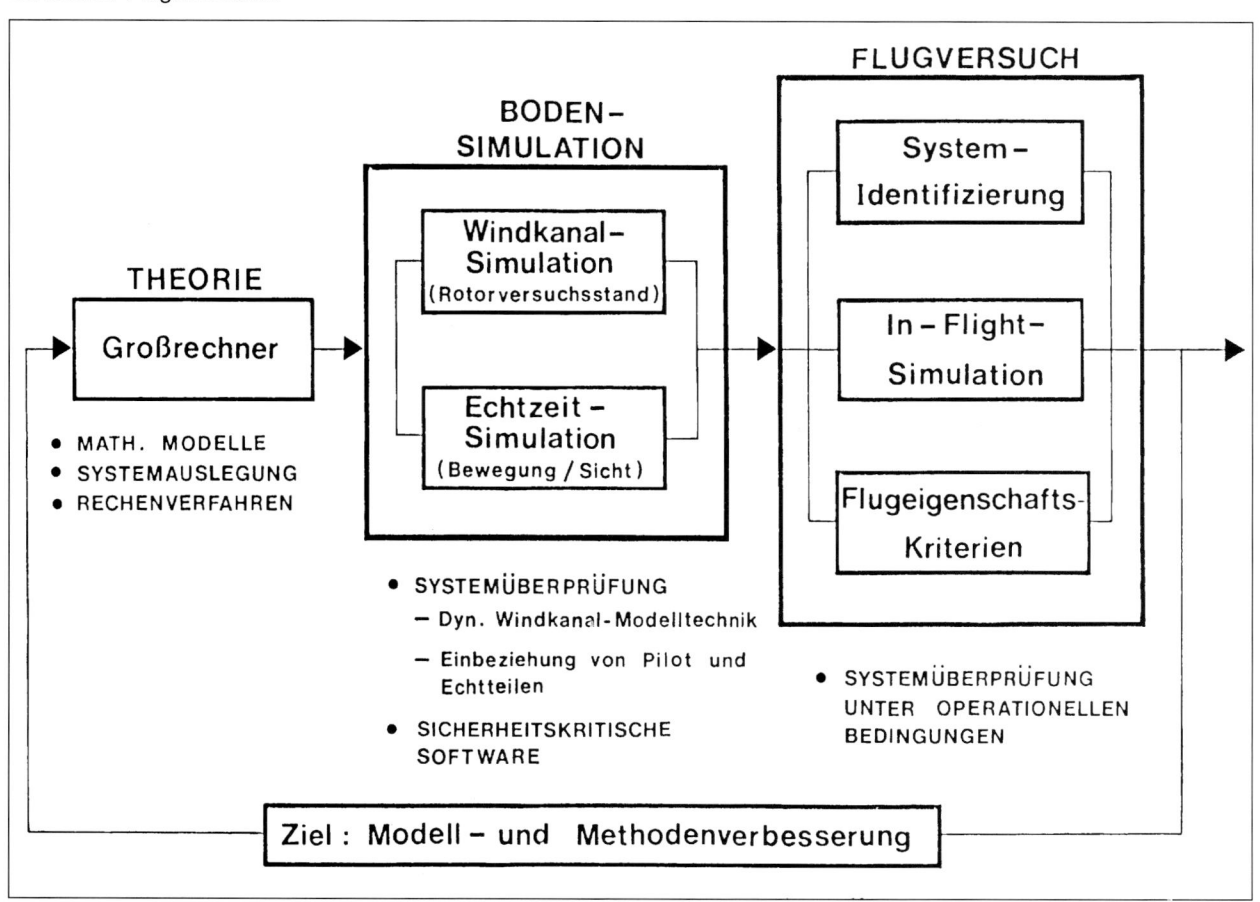

5. Rotoren und Hubschrauber – Rolle der Windkanalsimulation

Die intensive Nutzung des großen Niedergeschwindigkeits-Windkanals (Large Lowspeed Facility, LLF) des DNW (Deutsch-Niederländischer Windkanal) in Verbindung mit dem Rotorversuchsstand des DLR-Instituts für Flugsystemtechnik haben sowohl die wissenschaftlichen Grundlagenkenntnisse erheblich erweitert als auch dazu beigetragen, die Entwicklungsrisiken der Hubschrauberindustrie zu reduzieren.

Das DLR-Windkanalmodell der BO 105 im DNW.

Beide Einrichtungen werden stets auf dem neuesten Stand der Meßtechnik gehalten, um ihre international konkurrenzlose Position zu festigen. Als Folge davon werden immer mehr Rotorversuche mit internationaler Beteiligung durchgeführt, was einerseits die hohen Kosten auf viele Partner verteilt, andererseits Programme ermöglicht, die keiner der Beteiligten allein durchführen könnte.

Modernste Verfahren der Strömungsfeldmeßtechnik (Particle Image Velocimetry, PIV) gehören ebenso dazu wie skalierbare Datenerfassungssysteme, um den exorbitant gestiegenen Datenmengen gerecht zu werden. Die Modelltechnik umfaßt heute nicht nur den Rotor, sondern auch skalierte Komplettsysteme mit Rumpf, Leitwerk und Heckrotor. Die drehenden Teile wie Haupt- und Heckrotorblätter sind hochgradig mit Drucksensoren und Dehnungsmeßstreifen bestückt, auf dem Rumpf befinden sich Hunderte von Druckaufnehmern, Rotor und Rumpf beinhalten separate Waagen, so daß reale Flugzustände im Windkanal nachgefahren werden können.

Die Thematik der aktuellen Forschungsrichtung unterliegt einem permanenten Wandel, der sich in der Versuchstechnik widerspiegelt. Waren in den Jahren vor 1986 Fragen zu Leistung und Derivativa behandelt worden, so lag der Schwerpunkt von 1986 an bei der aktiven Steuerungstechnologie.

Im Vordergrund stand die Verringerung der hohen Vibrationen von Hubschraubern durch Methoden zur höherharmonischen Steuerung (Higher Harmonic Control, HHC). Dabei stellte sich heraus, daß dabei gleichzeitig auch die Rotorakustik beeinflußt werden konnte. Damit ergab sich die Aufgabenstellung, in einem umfangreichen Versuchsprogramm Lösungen für beides, Lärm- und Vibrationsminderung, zu ermitteln. Dieses wurde mit internationaler Beteiligung sowohl an den Kosten als auch der Meßtechnik und Auswertung bei den bisher einzigartigen HART-Tests (HHC Aeroacoustic Rotor Test) erreicht. Als Beispiel wird ein Ergebnis dieses Tests gezeigt, wo Messungen ohne HHC und mit einer HHC-Einsteuerung zur Lärmreduktion gegenübergestellt sind.

Druckverteilung am Rotorblatt und Hubschrauberlärm.

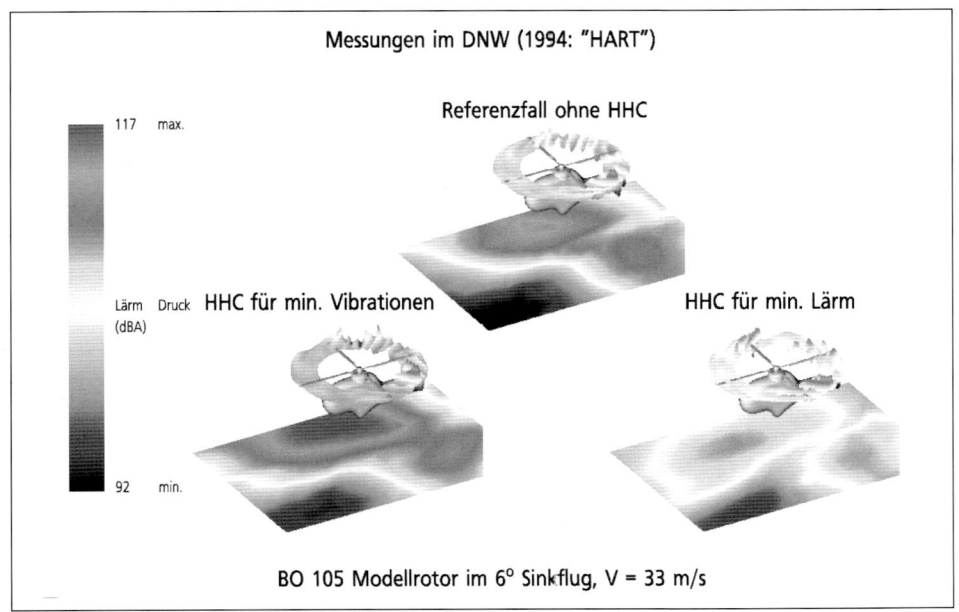

Messungen im DNW (1994: "HART")

Referenzfall ohne HHC

117 max.

Lärm Druck HHC für min. Vibrationen

HHC für min. Lärm

(dBA)

92 min.

BO 105 Modellrotor im 6° Sinkflug, V = 33 m/s

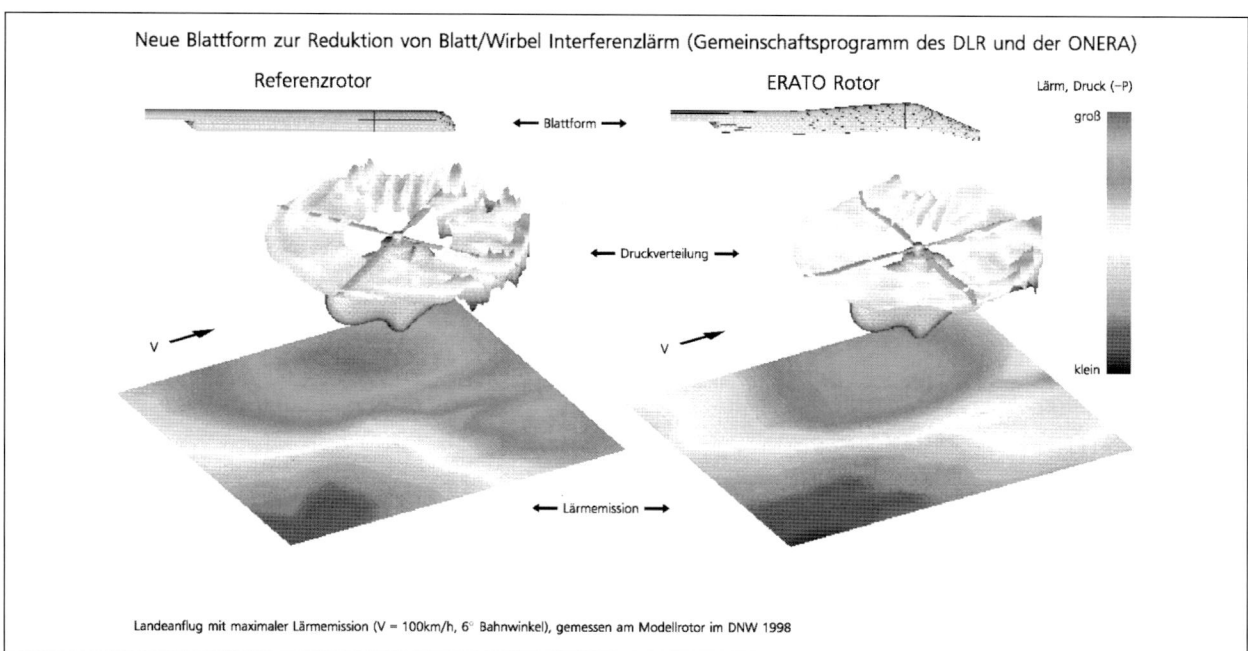

Landeanflug mit maximaler Lärmemission (V = 100km/h, 6° Bahnwinkel), gemessen am Modellrotor im DNW 1998

Die Ursache des Lärms, nämlich die hochfrequente Dynamik in der Druckverteilung am umlaufenden Rotorblatt, wird darin mit der Folge, nämlich der Lärmintensität unter dem Rotor, anschaulich in Verbindung gebracht.

Seit 1992 arbeiten das DLR und die französische Forschungseinrichtung ONERA auf dem Gebiet der aeroakustischen Optimierung des Rotorblattdesigns in einem Programm ERATO (Etude d'un Rotor Aeroacoustiquement Optimise) zusammen. Das Ziel war, ohne aktive Steuerung wie HHC nur über die Formgebung des Rotorblattes eine signifikante Lärmreduzierung in den kritischen Flugzuständen mit hohem Blatt-Wirbel Interaktionslärm (Blade-Vortex Interaction, BVI) zu erreichen. Dieses kommt für eine industrielle Anwendung eher in Frage, da keine zusätzlichen Kosten in der Produktion und Wartung entstehen, wie es bei mit HHC-Systemen der Fall ist. Als Ergebnis von ausgiebigen numerischen Optimierungen entstand das ERATO-Rotorblatt mit modernsten Profilen, gepfeilter Blattspitze und signifikant modifizierter Blatttiefenverteilung.

Leistungs- und Dynamiktests im Hochgeschwindigkeitswindkanal der ONERA sowie aeroakustische Tests im DNVV-LLF bewiesen die Richtigkeit der numerischen Verfahren. Im Vergleich zu einem Rotor mit konventioneller Blattform sind Lärmreduktionen im kritischen Bereich von knapp 4 dB bei mäßig belastetem Rotor und bis zu 7 dB bei hochbelastetem Rotor gemessen worden und bestätigen eindrucksvoll die Möglichkeiten und Leistungsfähigkeiten von modernen Rechenverfahren. Es ist deutlich zu erkennen, daß die Druckschwankungen am Rotorblatt mit der neuen Blattform geringer ausfallen als am konventionellen Rechteckblatt und damit auch die Lärmintensität unter dem Rotor abnimmt.

Innerhalb von Forschungsprogrammen der Europäischen Union werden neue Dimensionen von Tests ermöglicht. Im Rahmen des EU-Programms HELIFLOW wurde ein skaliertes Vollmodell der BO 105 einschließlich Heckrotor in Betrieb genommen, das es ermöglicht, reale Flugzustände im DNW-LLF einzustellen. Diese Modellkonfiguration ist einzigartig, da unabhängige Waagen für Rotor und Rumpf/Leitwerk eine kräfte- und momentenfreie Trimmung des Gesamtmodells ermöglichen. In diesem Programm wurde der Einfluß des Bodeneffektes auf die Trimmung im Niedergeschwindigkeitsbereich ebenso untersucht wie die Struktur des Bodenwirbels mit PIV. Durch Drehung um die Hochachse wurden Flugrichtungen schräg vorwärts, seitlich und schräg rückwärts simuliert – für letzteres sind reale Flugversuche kaum denkbar, da die Piloten dabei praktisch blind fliegen müßten.

Zukünftige Vorhaben befassen sich mit klappengesteuerten Rotoren, im Blatt verteilter Aktuatorik, Tilt-Rotorproblematiken und anderen neuen Design- und Steuerungskonzepten. Dabei werden die bilaterale Kooperation zwischen DLR und ONERA und die internationale Zusammenarbeit innerhalb der EU und weltweit eine zunehmend wichtige Rolle spielen, da nur so die immer komplexer werdenden Anforderungen gemeinsam bearbeitet werden können und damit dieses Vorhaben sowohl personell als auch finanziell erst ermöglicht werden.

ERATO: Akustisch optimierter Rotor.

125

Bodensimulator mit rechnergeneriertem Sichtfeld.

6. Einbeziehung des Piloten – Rolle der mathematischen Modelle und der Simulation

Integrierte Vorgehensweise für die Hubschrauber-Modellierung und Simulation.

Neben der Verbesserung der Komponenten des Hubschraubers ist die Integration des Piloten von erheblicher Bedeutung für die Leistungsfähigkeit des Gesamtsystems. Einerseits muß die Überlastung des Piloten vermieden werden, um die volle Missionsleistung zu erreichen und um sicherheitskritische Fehlentscheidungen zu vermeiden. Andererseits müssen die Fähigkeiten des Piloten weitgehend genutzt werden, um den Grad der Automatisierung und die damit verbundene Erhöhung der Kosten und der Komplexität des Gerätes in Grenzen zu halten. Die intensive Nutzung von Simulationsanlagen ist die einzige erfolgversprechende Möglichkeit zur systematischen Untersuchung dieser Wechselbeziehung in einem frühen Zeitpunkt der Entwicklung neuer Hubschrauber oder Hubschrauber-Systeme, wie z. B. Regler und Autopiloten.

Nachdem es lange keine Richtlinien für die Güte eines Hubschraubersimulators gab, veröffentlichte die amerikanische FAA (Federal Aviation Administration) im Jahr 1994 erstmalig einen Advisory Circular für die Qualifizierung von Hubschrauber-Bodensimulatoren. In diesem FAA AC 120-63 »Helicopter Simulation Qualification« werden Standards für Trainingssimulatoren gegeben, nach denen die Leistungen zukünftiger Hubschraubersimulatoren definiert werden und überprüft werden können. Dabei werden auch das Sicht- und Bewegungssystem berücksichtigt. Nur wenn alle Komponenten richtig aufeinander abgestimmt sind, ist es möglich, dem Piloten eine weitgehend realistische Darstellung eines Fluges zu geben, so daß er sie zur

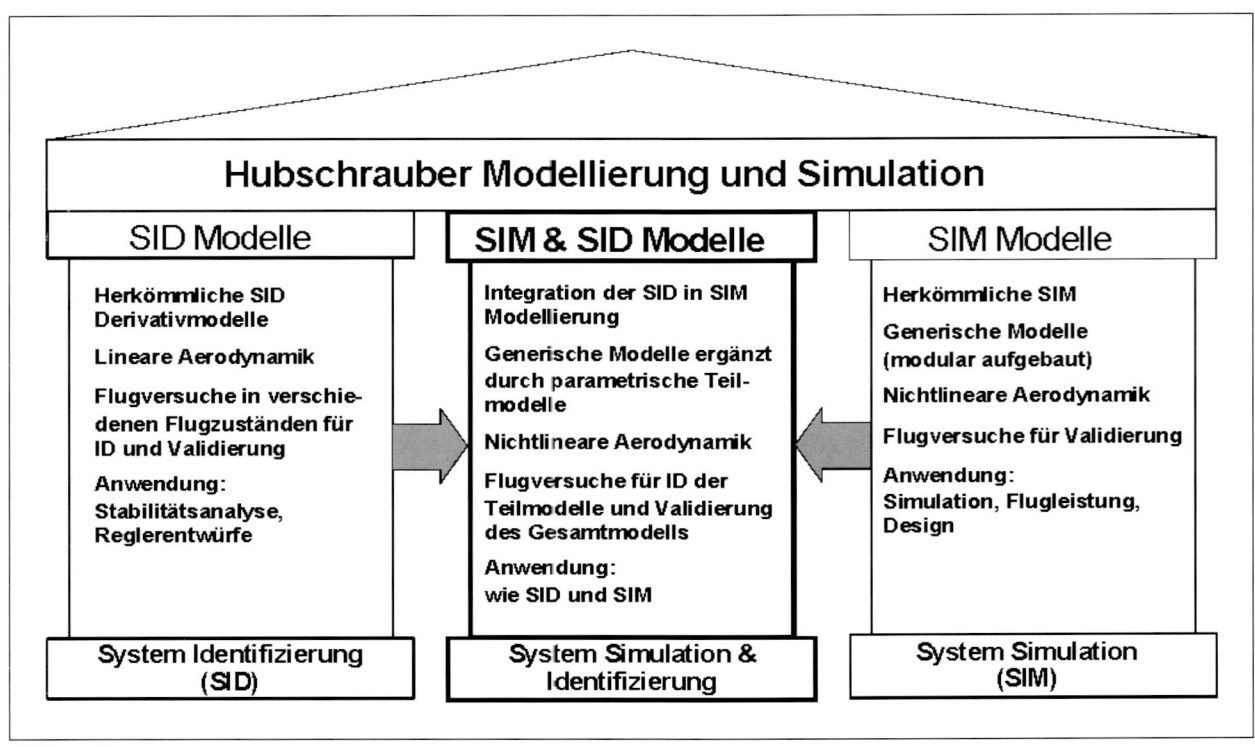

Hubschrauber Modellierung und Simulation

SID Modelle	SIM & SID Modelle	SIM Modelle
Herkömmliche SID Derivativmodelle	Integration der SID in SIM Modellierung	Herkömmliche SIM
Lineare Aerodynamik	Generische Modelle ergänzt durch parametrische Teilmodelle	Generische Modelle (modular aufgebaut)
Flugversuche in verschiedenen Flugzuständen für ID und Validierung	Nichtlineare Aerodynamik	Nichtlineare Aerodynamik
Anwendung: Stabilitätsanalyse, Reglerentwürfe	Flugversuche für ID der Teilmodelle und Validierung des Gesamtmodells	Flugversuche für Validierung
	Anwendung: wie SID und SIM	Anwendung: Simulation, Flugleistung, Design
System Identifizierung (SID)	System Simulation & Identifizierung	System Simulation (SIM)

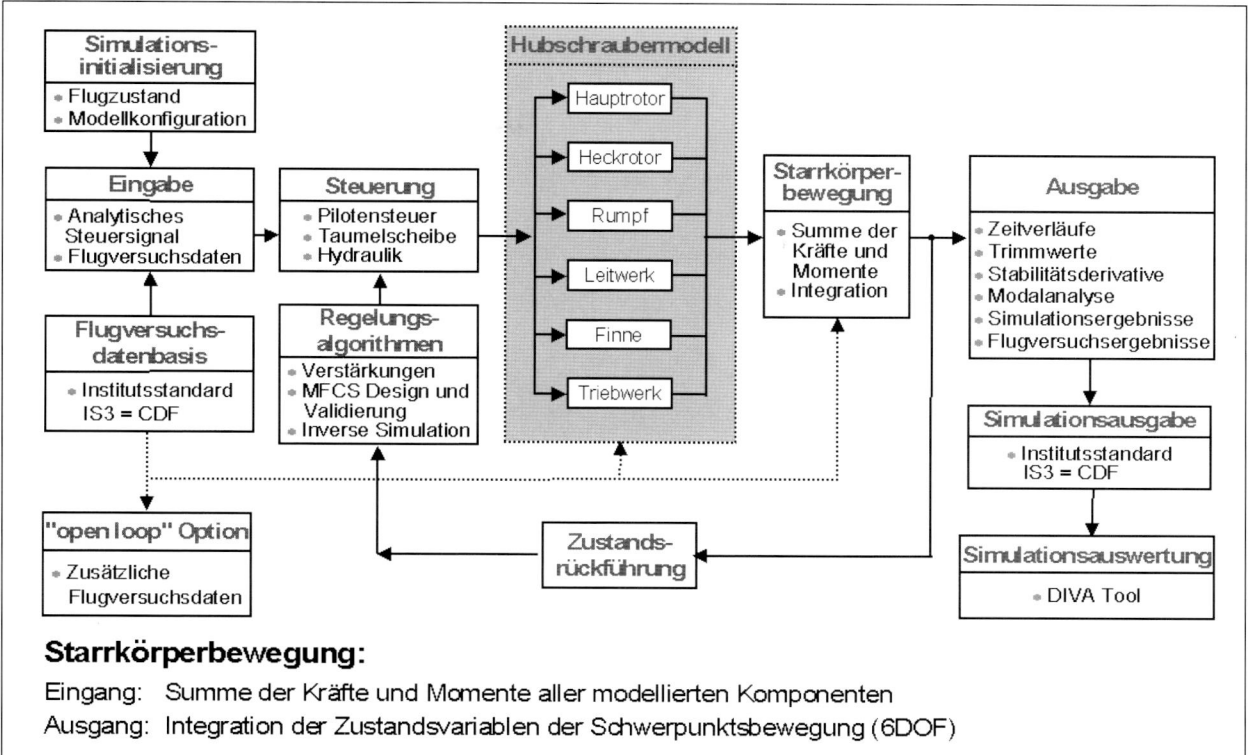

Starrkörperbewegung:

Eingang: Summe der Kräfte und Momente aller modellierten Komponenten

Ausgang: Integration der Zustandsvariablen der Schwerpunktsbewegung (6DOF)

Ausbildung und zum Training nutzen kann, gefährliche Situationen gefahrlos üben kann und neue Komponenten prüfen und bewerten kann.

Eine wesentliche Voraussetzung für eine wirklichkeitsnahe Bodensimulation ist die Verfügbarkeit von mathematischen Modellen für das Hubschrauberverhalten. Sie sollen die Reaktionen des tatsächlichen Hubschraubers aufgrund von Piloteneingaben oder Reglereinflüssen errechnen und diese Informationen dann an die entsprechenden Simulatorkomponenten, wie Instrumente, Sicht, Bewegung, weiterleiten. Ungenauigkeiten verfälschen die Realitätsnähe und vermindern damit die Verwendbarkeit des Simulators erheblich. Deshalb ist die Entwicklung und Verbesserung von hochwertigen mathematischen Modellen für die Hubschrauberdynamik noch immer ein zentrales Forschungsgebiet.

Zur Erstellung der mathematischen Modelle werden drei unterschiedliche Methoden eingesetzt.

Die »klassischen« Verfahren sind Systemidentifizierung und die nichtlineare Modellierung. Um die Vorteile von beiden Verfahren zu nutzen, wurde damit begonnen, die Stärken der Systemidentifizierung zur Parameteroptimierung in der nichtlinearen Modellierung zu nutzen, wie die mittlere Säule in der Abb. oben darstellt. Diese drei Vorgehensweisen werden im folgenden charakterisiert.

Bei der Systemidentifizierung wird zunächst ein mathematisches Modell definiert. Es besteht aus weitgehend linearen gekoppelten Differentialgleichungen, die die Bewegung des Hubschraubers beschreiben. Mit Hilfe eines mathematischen Auswerteverfahrens werden die Parameter dieses Modells, die Derivative, so bestimmt, daß die Modellantwort möglichst gut den gemessenen Hubschrauberbewegungen von speziell definierten Flugversuchen entspricht. Die erhaltenen Modelle haben eine hohe Genauigkeit, weil die Flugbewegungen des existierenden Hubschraubers zugrunde liegen. Da sie auf linearen Gleichungen beruhen, sind sie aber nur in einem kleinen Bereich um den jeweiligen Ausgangsflugzustand gültig. Sie werden z. B. angewandt für Stabilitätsanalysen und für Reglerauslegungen. Eine spezielle Anwendung bei der In-Flight-Simulation wird noch im folgenden Kapitel dargestellt.

Bei der nichtlinearen Modellierung werden einzelne Hubschrauberkomponenten betrachtet und errechnet, welche Luftkräfte, Trägheitskräfte und -momente an diesen Bauteilen angreifen. Die Ergebnisse werden auf den Schwerpunkt bezogen, summiert und daraus die Flugbewegung ermittelt.

Die Berechnung der Kräfte und Momente und der Strömungsverhältnisse beruht auf den Baudaten des Hubschraubers, auf theoretischen Annahmen und auf Windkanalmessungen. Die Genauigkeit der Modelle hängt damit von der Qualität dieser Daten ab. Der Vorteil der nichtlinearen Modelle ist es, daß sie auch

Schematischer Aufbau eines Hubschrauber-Simulationsprogramms.

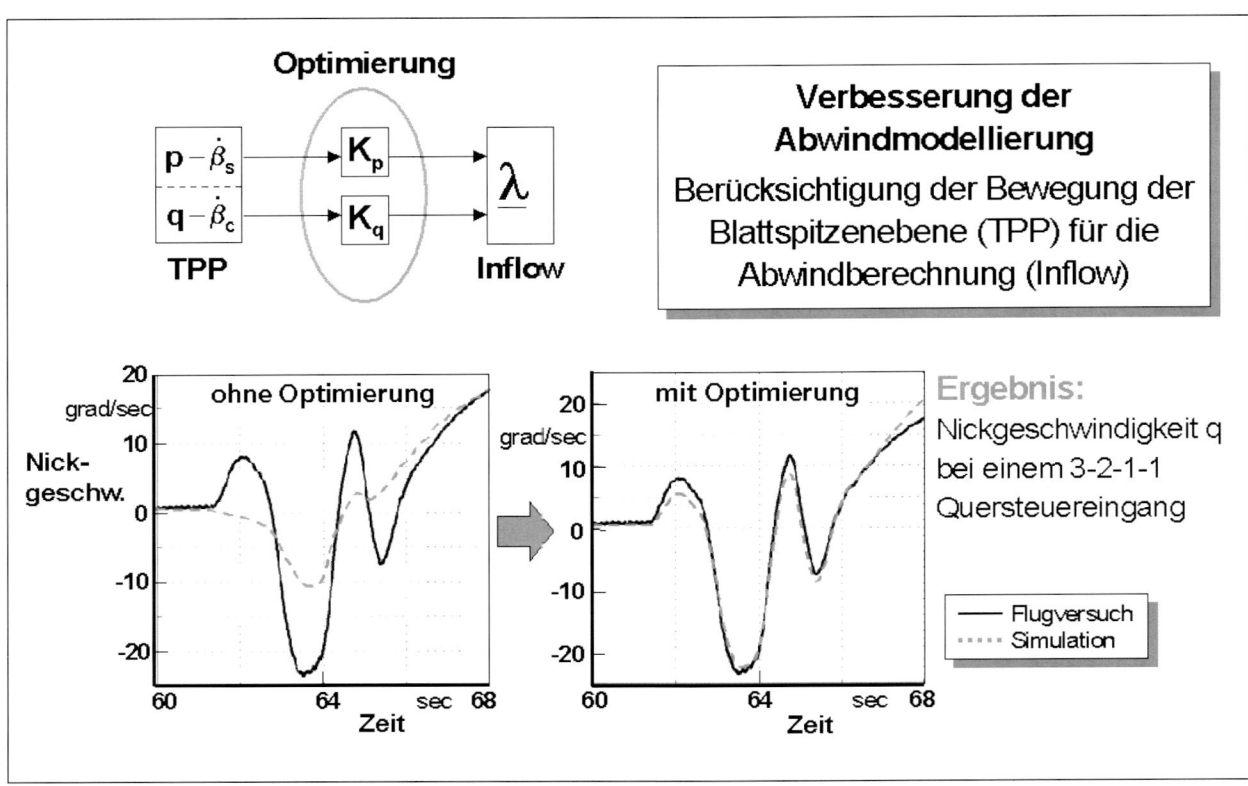

**Verbesserung der
Abwindmodellierung**
Berücksichtigung der Bewegung der
Blattspitzenebene (TPP) für die
Abwindberechnung (Inflow)

Ergebnis:
Nickgeschwindigkeit q
bei einem 3-2-1-1
Quersteuereingang

— Flugversuch
···· Simulation

Anwendung der System-
identifizierung innerhalb des
Simulationsprogramms.

schon für noch nicht existieren-
de Hubschrauber entwickelt
werden können und im gesam-
ten Flugbereich anwendbar sind. Sie werden daher
sehr häufig in Hubschraubersimulatoren eingesetzt,
erfüllen zunächst aber oft noch nicht die Kriterien des
FAA AC 163-20, so daß ein aufwendiges manuelles
Tuning, also Verändern von geeigneten Parametern,
erforderlich ist, bis das Ergebnis akzeptabel wird.

Um die Güte der nichtlinearen Modellierung syste-
matischer unter Verwendung von mathematischen
Optimierungskriterien zu erhöhen, wurde im Rahmen
der deutsch-französischen Kooperation DLR/ONE-
RA damit begonnen, die Methodik der Systemidentifizierung auch bei der nichtlinearen Modellierung einzusetzen. Damit wird es möglich, nicht- oder nur un-
genau bekannte Parameter zu bestimmen, komplexe
physikalische Effekte durch einfachere parametrische
Ansätze zu modellieren und die darin vorkommenden
Parameter zu ermitteln, indem das Optimierungsver-
fahren die Unterschiede zwischen Rechnung und
Flugmessungen minimiert. Diese im Bild dargestellte
mittlere Säule verspricht ein leistungsstarkes Werk-
zeug zu werden, um die engen Forderungen der FAA-
Kriterien für Bodensimulatoren zu erfüllen.

Als Ergebnisbeispiel werden Flugversuchsdaten
verwendet, bei denen eine spezielle dynamische
Steuereingabe für das Quersteuer, ein sogenanntes
3-2-1-1-Signal, vom Piloten erzeugt wurde.

Für die Hubschrauber-Nickgeschwindigkeit wird
zunächst gezeigt, wie weit die gemessene und ge-
rechnete Bewegung bei einem Modell ohne Tuning
auseinanderliegen. Dann wurde ein parametrischer
Modellansatz entwickelt, in dem die Bewegung der
Blattspitzenebene bei der Berechnung des Rotorab-
windes mit berücksichtigt wird. Dabei treten zwei Parameter auf, die duch ein Verfahren zur Systemidentifizierung so bestimmt wurden, daß eine möglichst gute Übereinstimmung erreicht wird. Das er-
haltene Ergebnis verdeutlicht die Leistungsfähigkeit
des Optimierungsverfahrens.

7. Pilot und Hubschrauber: Die Rolle der fliegenden Simulation

Um allgemeingültige Aussagen im Hinblick auf die
Fliegbarkeit zukünftiger Hubschrauber mit integrierten Ausrüstungskomponenten und unter realen operationellen Bedingungen zu erhalten, sind Flugversuche mit Hubschraubern variabler Flugeigenschaften
erforderlich. Zur Schaffung dieser Möglichkeit wurde
1996 damit begonnen, einen EC 135-Hubschrauber
zu einem »Fliegenden Hubschrauber-Simulator« (FHS)
auszubauen. In Zusammenarbeit von DLR, Eurocopter Deutschland und Liebherr Aerospace Lindenberg
wird ein Hubschrauber entwickelt, der als For-
schungsplattform für zukünftige Entwicklungen die-

EC 135.

EC 145, die neue Version der BK 117 wird in Japan als BK 117 C-2 bezeichnet.

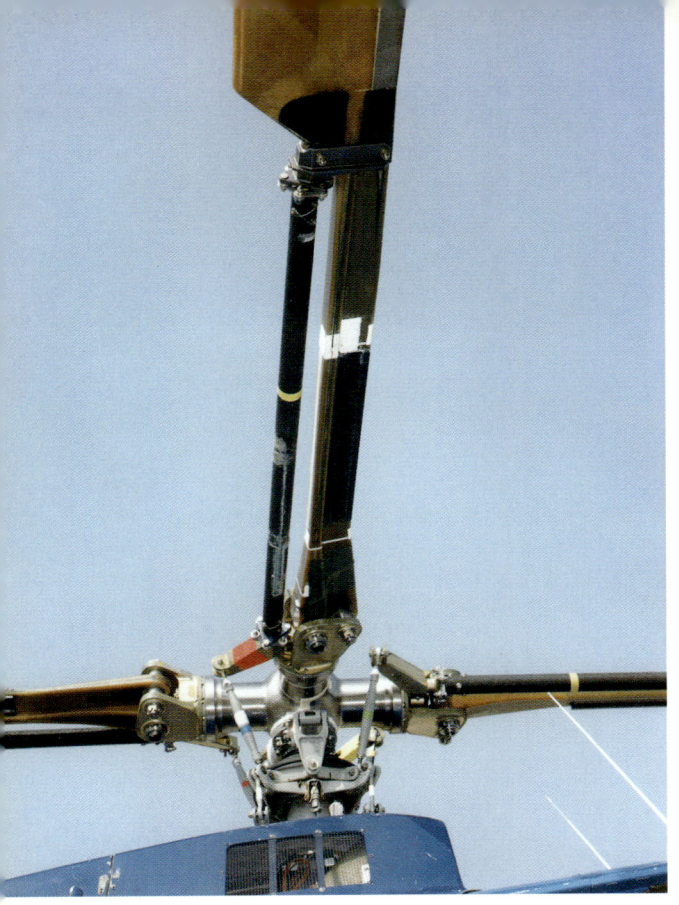

Gelenkloser Rotor »System Bölkow«.

◄ Lagerloser Experimental-Hauptrotor in Faserverbundwerkstoff-Bauweise mit modifiziertem BO 105-Rotorkopf (flugerprobt Anfang 1984).

CAE Nachttiefflugsimulator-Komplex für Hubschrauber.

»Tiger«, UHT.

1 Control and Display Unit (CDU)

2 Automatic Flight Control System (AFCS) panel

3 Inter-Communication System (ICS) panel

4 Colour liquid crystal Multi-Function Display (MFDs)

5 Remote Frequency Indicator (RFI)

Master alarm

Conventional back-up
instruments

Pilot armament control panel

Head-Up Display (HUD)

Gunner armament control panel

Head-In Display (HID)

Tandemcockpit »Tiger« HCP – Platz des Bordschützen.

V

VI   EC 725 (»Cougar« MK 2+). Saudi-arabische »Cougar« C-SAR, mit Teleskop-Luftbetankungsrohr ausgestattet.

Pratt & Whitney-Triebwerk PW206A/E.

Rolls-Royce-Triebwerk RTM 322.

ADAC »Christoph Europa 2« auf der ILA 1998.

BK 117 aus der TV-Serie »Medicopter 117«.

NH 90-Hubschrauber der Bundeswehr.

Künftiger fliegender Simulator (FHS) auf der Basis einer EC 135.

nen wird. Das Projekt wird finanziert durch das Verteidigungsministerium und die beteiligten Partner. Seine Fertigstellung ist für Ende 2001 geplant.

Der FHS wird in einem weiten Einsatzbereich verwendbar sein und damit Beiträge liefern können für Forschung und Entwicklung in Forschungsanstalten und Industrie (DLR, ONERA, ECD, EC), für nationale Test-Center (WTD, CEV) und für Training und Ausbildung von Piloten (Epner, ETPS). Die wesentlichen Anwendungsbereiche können in drei Gruppen zusammengefaßt werden:

- Die fliegende Simulation: Sie erlaubt es, das Verhalten des ursprünglichen Hubschraubers im Rahmen seiner Flugleistungen vollständig zu verändern und so dem Piloten den Eindruck zu vermitteln, einen anderen Hubschraubertyp zu fliegen und zu beurteilen, der eventuell noch in der Entwicklung ist. Da wirklich geflogen wird, erhält der Pilot unverfälschte Bewegungs- und Sichtinformationen und unterliegt allen physischen und psychischen Belastungen. Durch die absolute Wirklichkeitsnähe lassen sich fundierte Untersuchungen in den Bereichen Flugeigenschaften, Reglerauslegungen, Displaydarstellung, Pilotenbelastungen u.a. durchführen.
- Systementwicklungen und -integration: Dieser Anwendungsbereich betrifft die Erprobung und Beurteilung von zukünftigen Steuerungskomponenten (wie aktive Sidesticks), neuer Reglerentwicklungen und Cockpit- und Displaygestaltungen.
- Demonstration neuer Technologien: Bevor neue Technologieentwicklungen mit sehr viel Aufwand und Kosten realisiert werden, können sie im FHS simuliert werden und damit Aussagen zur Funktionalität und zum operationellen Nutzen liefern, bis hin zu den Nachweisen für die Zulassung.

Für die Realisierung des FHS-Hubschraubers wurden weitgehende Veränderungen an einer Standard-EC 135 erforderlich. Das mechanische Steuerungssystem wurde entfernt und durch ein elektrisch-optisches System ersetzt. Als Notsteuerung wird eine mit Kugelzügen arbeitende mechanische Steuerung verwendet. Das Cockpit wurde modifiziert und bietet Plätze für einen Versuchspiloten, Sicherheitspiloten und Flugversuchsingenieur. Der Hubschrauber ist umfangreich mit Meßsensoren und Rechnern zur Datenverarbeitung, -darstellung und -speicherung instrumentiert. Zum Gesamtsystem gehört eine mobile Bodenstation mit Telemetrieanlage und Auswertestation und ein Bodensimulator, mit dem alle zu installierenden Komponenten vor dem Flug überprüft und getestet werden.

Aufgrund der hohen Nutzeranforderungen an den FHS wurde ein digitales Steuerungssystem entworfen, das sowohl eine große Flexibilität für Konfigurations- und -softwareänderungen als auch hohe Zuverlässigkeit und Sicherheit gewährleistet. Dieses wurde erreicht durch eine hierarchische Systemarchitektur, in der ein »Kernsystem« die Sicherheitsanforderungen erfüllt und ein »Experimentalsystem« die Veränderungsmöglichkeiten bietet.

Das Kernsystem erfüllt die hohen Sicherheitsstandards für eine Luftfahrtzulassung. Es beruht auf einem vierfachen (quadruplex), sich selbst überwachenden System mit Lichtleitertechnik. Das Kernsystem ist fester Bestandteil des Hubschraubers und soll nicht versuchsbedingt verändert werden. Für die hohe Anpassungsfähigkeit an die jeweilige Versuchsanforderungen wurde ein Simplex (Einfach)-Experimentalsystem entwickelt. Es enthält einen Bordrechner, in dem die nutzerspezifische Software implementiert werden kann, sowie die Ansteuerung von Displays, die Datenverarbeitung und -speicherung. Das Experimentalsystem verfügt über alle Meßdaten. Im Versuchsbetrieb, wenn der Versuchspilot die Kontrolle über den Hubschrauber hat, empfängt es die

Systemarchitektur des FHS.

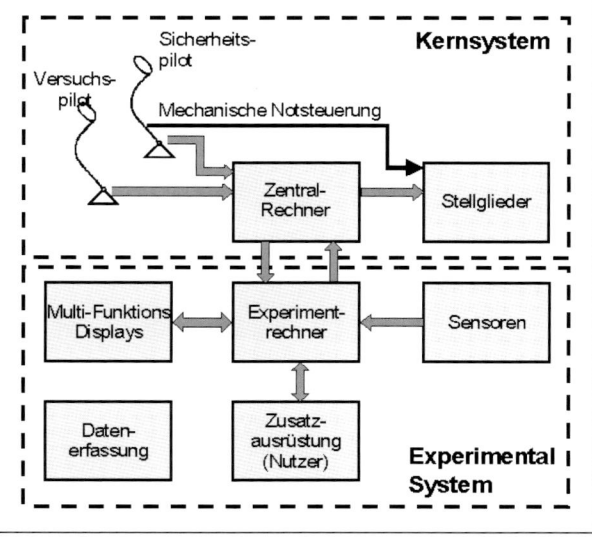

129

Steuereingaben des Piloten. Diese können dann so modifiziert werden, daß dem Hubschrauber ein anderes Verhalten aufgeprägt wird. Die derart veränderten Steuersignale werden an das Kernsystem und die Steuerhydraulik weitergegeben. Da für das Experimentalsystem nicht so hohe und stark einschränkende Sicherheitsbedingungen erfüllt werden müssen, wird die notwendige Flexibilität erreicht, um auch kurzfirstige Änderungen zu realisieren. Die Gesamtsicherheit wird dennoch durch eine strenge Überwachung der vom Experimentalsystem an das Kernsystem übergebenen Daten gewährleistet.

Im Cockpit des FHS-Hubschraubers ist auf der rechten Seite der Platz des Versuchspiloten, der für die Durchführung der jeweiligen Versuche verantwortlich ist.

Er verfügt über ein frei programmierbares Display, das ihm alle Informationen übermittelt, die er zur Durchführung der Versuche benötigt. Neben ihm sitzt der Sicherheitspilot, der die Steuerung des Hubschraubers sofort übernimmt, wenn Unregelmäßigkeiten auftreten oder sich gefährliche Situationen ergeben könnten. Er fliegt dann in jedem Fall die bekannte und sichere Basis-EC 135 ohne jede Veränderung des Flugverhaltens durch den Bordrechner. Hinter den Piloten ist Platz für den Flugversuchsingenieur, der die Versuchsdurchführung steuert und überwacht und Konfiguratioanen verändern kann. Er hat ebenfalls ein Multifunktionsdisplay, über das er alle gewünschten Informationen abrufen kann. Im Laderaum im Heck befinden sich u. a. der Bordrechner, ein Rechner

zur Datenverwaltung, Sensoren und eventuelle zusätzliche Geräte eines Nutzers.

Der Erstflug des FHS war im September 1999. Nach weiteren Einrüstungen und einem umfangreichen Erprobungsprogramm wird er Anfang 2002 für Nutzungsprogramme zur Verfügung stehen.

7. Zusammenfassung und Ausblick

Es wurde über Vorstellungen und Beiträge der DLR für zukünftige Hubschrauberentwicklungen berichtet, deren Ziel es ist, die Integration neuer Technologien in das Hubschraubersystem zu unterstützen und durch Anpassung des Fluggeräts an die Fähigkeiten des Piloten die Effektivität des Gesamtsystems zu erhöhen.

Die Ansammlung von Erfahrungen im Umgang mit einzelnen Komponenten (Basishubschrauber, Regler und Sensoren, Display, Sidearm-Controller u. a.) ist allein noch keine ausreichende Grundlage für eine Neuentwicklung. In Ergänzung zu dem evolutionären – teilweise empirischen – Vorgehen sind wissenschaftlich systematische Analysen, Studien und insbesondere Experimentalprogramme erforderlich, die dazu beitragen, das Optimum der Leistungsfähigkeit des Gesamtsystems unter den vorgegebenen Randbedingungen und unter weitgehender Nutzung des Potentials neuer Technologien zu finden. Diese Optimierung muß in einem frühen Stadium des Entwicklungsprogramms beginnen, da nur auf diese Weise gesichert ist, daß wichtige Parameter ohne wesentliche Auswirkungen in bezug auf Kosten und Dauer des Programms verändert werden können.

In diesem Zusammenhang sind die Methoden der Windkanalsimulation, Echtzeit- und In-Flight-Simulation von besonderem Interesse, ihre Bedeutung für Forschungs- und Entwicklungsprogramme nimmt ständig zu. Für zukünftige Hubschrauberentwicklungen wird die intensive Nutzung der verschiedenen Simulations-Techniken unabdingbar und selbstverständlich sein. Dies ist insbesondere auch dadurch bedingt, daß die Zeitabstände zwischen zwei Hubschrauber-Generationen ständig zunehmen bei gleichzeitiger Erhöhung der Entwicklungskosten. Zum Zeitpunkt einer Neuentwicklung muß daher

Einteilung des FHS-Cockpit und Laderaumes.

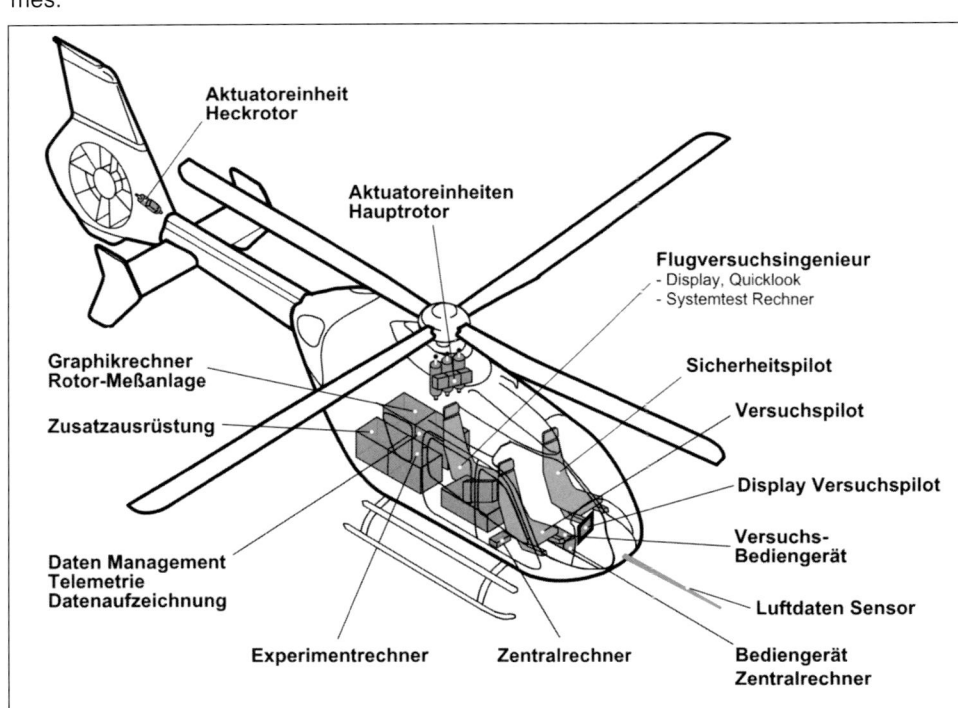

Aktuatoreinheit Heckrotor

Aktuatoreinheiten Hauptrotor

Flugversuchsingenieur
- Display, Quicklook
- Systemtest Rechner

Graphikrechner Rotor-Meßanlage

Zusatzausrüstung

Sicherheitspilot

Versuchspilot

Display Versuchspilot

Versuchs-Bediengerät

Daten Management Telemetrie Datenaufzeichnung

Luftdaten Sensor

Experimentrechner   Zentralrechner   Bediengerät Zentralrechner

das angestrebte Optimum im Hinblick auf die Leistungsfähgikeit unter Nutzung neuester Technologien mit geringem Risiko erreicht werden.

Die beim DLR und der Industrie verfügbaren und geplanten Simulationsanlagen tragen zur Erhaltung und Stärkung der Kompetenz und Wettbewerbsfähigkeit auf dem Hubschraubergebiet in der Bundesrepublik bei. Darüber hinaus sind die gewonnenen Kenntnisse und Erfahrungen wichtige Grundlagen für internationale Kooperationen, insbesondere im Hinblick auf Aufgaben, die national nicht mehr lösbar sind. So arbeitet zum Beispiel das DLR seit mehr als 20 Jahren im Rahmen des MoU (Memorandum of Understanding) »Helicopter Aeromechanics«, das zwischen den USA und der Bundesrepublik Deutschland abgeschlossen wurde, intensiv mit der US Army/NASA auf verschiedenen Forschungsgebieten zusammen. Ebenso führt die Kooperation mit der ONERA im Rahmen der deutsch-französischen Zusammenar-

beit nach dem Zusammenschluß der Hubschrauberindustrie auch im Bereich der Forschung zu einer globalen und europäischen Konzentration der Forschungsgebiete. Diese werden in regelmäßigen Treffen mit der Industrie abgesprochen, um den künftigen Bedarf zu definieren und die Anwendbarkeit der erzielten Ergebnisse zu gewährleisten. Gemeinsames Ziel dieser Kooperationen ist es, übergeordnete Forschungsvorhaben unter größtmöglicher Nutzung der wissenschaftlichen und techischen Möglichkeiten der beteiligten Länder zu bearbeiten.

Durch verstärkte nationale Anstrengungen, wie z. B. weiterer Ausbau und Nutzung der Simulationsanlagen, und durch internationale Kooperation bei übergeordneten Forschungsvorhaben erscheint es möglich, die hohen Anforderungen an zukünftige Hubschrauber zu erfüllen und die Leistungsfähigkeit der Systeme durch zunehmende Integration neuer Schlüsseltechnologien wesentlich zu steigern.

Der zivile Einsatz von Hubschraubern

»The use of the helicopter is limited only to the imagination of its user ...« – Die Nutzung des Hubschraubers ist lediglich durch den Ideenreichtum seines Benutzers begrenzt!
So dachte bereits der Luftfahrtpionier Igor Iwanowitsch Sikorsky.

Ursprünglich wollte man Drehflügler bauen, um senkrecht starten und landen zu können, wie es auch die Vögel tun, und man dachte noch nicht an die vielen Einsatzmöglichkeiten, die sich daraus ergeben würden.

Am Anfang war man stolz, wenn es gelang, im Schwebeflug für kurze Zeit einen Menschen in die Luft zu bringen. Vor einigen Jahrzehnten noch war es eine Sensation, wenn es einem Hubschrauber gelang, von einem Punkt zu einem anderen geradeaus oder gar in Kurven zu fliegen. Heute ist der Hubschrauber eine Selbstverständlichkeit, und kaum einer blickt noch auf, wenn irgendwo ein solches Luftfahrzeug erscheint.

Die Produktionsstätten, die sich nach 1945 mit dem Bau von Hubschraubern befaßten, trieben die Verbesserung des Drehflüglers weiter voran, unterstützt durch moderne Forschungsmethoden, verbesserte Grundlagenkenntnisse in der Aerodynamik und Mechanik des Hubschraubers, die Entwicklung neuer Rotorsysteme wie des gelenklosen Rotors, durch neuzeitliche Fertigungsmethoden in Verbindung mit den neuen Verbundwerkstoffen GFK, KFK oder Kevlar und die Verwendung besserer und leistungsfähigerer Triebwerke. Die Nachfrage stieg, und bis zum heutigen Tage sind es eine Vielzahl von verschiedenen Mustern, die geplant oder gebaut wurden.

Die ersten Serienhubschrauber waren vorwiegend für den militärischen Bereich vorgesehen. Als Antrieb diente ein Kolbenmotor. Ab Mitte der 50er Jahre diente die Gasturbine als Antrieb einer neuen Hubschraubergeneration. Mit der »Alouette II« erscheint auch erstmals ein – nach 1945 – in Europa hergestellter Hubschrauber auf dem Markt. Wenn auch zunächst in bescheidenem Umfang, zeichnet sich bereits der zivile Einsatz von Hubschraubern ab.

Mit Beginn der 70er Jahre erscheint die dritte Hubschraubergeneration mit dem typischen Vertreter BO 105. Dieser Mehrzweckhubschrauber besitzt den erstmals angewendeten gelenklosen Rotor und glas-faserverstärkte Kunststoff-Rotorblätter. Als erster Leichthubschrauber der Welt verfügt er außerdem über eine Doppeltriebwerksanlage. Mit den Hubschraubern dieser Generation gelingt der Durchbruch auf dem zivilen Hubschraubermarkt. Das Institut du Transport Aerien (ITA) veröffentlichte 1981 eine Studie, aus der zu ersehen war, daß die Zahl der zugelassenen Zivilhubschrauber von 1974 bis 1980 in den EG-Ländern um 87 % gestiegen ist. 60 % des Hubschrauberbestandes waren 1980 bereits mit Turbinen ausgerüstet, und die Bedeutung 2motoriger Leichthubschrauber ist klar ersichtlich.

- Eine Analyse des Hubschrauberbestandes nach Gewichtsklassen zeigt, daß 1964 96 % der in Westeuropa zugelassenen Hubschrauber Leichthubschrauber mit einem Abfluggewicht unter 4000 kg waren. Bis 1980 ist eine Verschiebung zugunsten mittlerer und schwerer Hubschrauber eingetreten. Dies ist im wesentlichen auf die Einsatzart »offshore« zurückzuführen, bei der zunehmend größere Hubschrauber eingesetzt werden.
- Die Untergliederung nach Herstellern führt zunächst die Dominanz der US-Hubschrauberhersteller auf dem europäischen Markt vor Augen. 1964 stammten 43 % der Hubschrauber aus amerikanischer Produktion und indirekt weitere 35 %, die in Lizenzfertigung von den Firmen Agusta und Westland gebaut wurden. Lediglich 22 % sind Hubschrauber aus europäischer Entwicklung und Fertigung. 1980 hat sich dieser Zustand für die europäische Hubschrauberindustrie insofern gebessert, als MBB inzwischen in den Kreis der europäischen Hubschrauberentwickler und -hersteller getreten ist und bei den Firmen Agusta und Westland eigenständige Hubschrauberprogramme zum Tragen gekommen sind. Zählt man die in den USA produzierten Hubschrauber sowie die US-Lizenzfertigungen zusammen, so ergibt sich ein nicht unwesentlicher Rückgang des Einflusses der US-Hubschrauberhersteller auf dem europäischen Markt, vor allem auch unter dem Gesichtspunkt, daß inzwischen ein nicht geringer Anteil der europäischen Hubschrauberproduktion auf dem USA-Markt abgesetzt wird.
- Vergleicht man abschließend noch die Hubschrauberbestände Europas mit denen der USA,

so ist festzustellen, daß die Anteile innerhalb der letzten 15 Jahre unverändert bei 19 % für Europa und 81 % für die USA liegen. Würde man rein fiktiv ein Verhältnis des Hubschrauberbestandes auf der Basis der flächenmäßigen Ausdehnung der betrachteten Regionen ermitteln, so würde sich dieses auf 28 % für Europa und 72 % für die USA, bei Zugrundelegung der Bevölkerungszahlen sogar auf 60 % für Europa und 40 % für die USA belaufen (Stand 1985). Es liegt der Schluß nahe, daß der Hubschraubereinsatz in Europa im Vergleich zu den USA unterrepräsentiert ist. Die Gründe dafür liegen auf der Hand:

Im Vielstaatenbereich Europa behindern restriktive Zulassungsbestimmungen, Grenzen und nationale Eigenständigkeiten den Aufbau großer Hubschrauber-Betreiberfirmen. Darüber hinaus ist der Hubschrauber-Geschäfts- und -Reiseverkehr in den USA im Gegensatz zu Europa auf Grund der größeren Entfernungen und der weniger gut ausgebauten Schienenverkehrsinfrastruktur zwangsläufig stark ausgeprägt.

Aber auch die Gesetzgebung, zumindest im Bereich der Bundesrepublik Deutschland, ist wenig flexibel

Spezialisten beim Abseilen aus einer BO 105 CB, wenn keine Landemöglichkeit besteht.

und nicht gerade hubschrauberfreundlich. So verhindert hauptsächlich der extrem strikt gehandhabte Flugplatzzwang eine positive Entwicklung der Hubschrauber-Geschäftsfliegerei. Er nimmt dem Hubschrauber seinen Hauptvorteil, nämlich die universelle Einsetzbarkeit von fast jedem Ort. Gerade in einem Gebiet mit einer zwar guten, aber permanent überlasteten Verkehrsinfrastruktur sollte der Hubschrauber dem eiligen Geschäftsmann, besonders in Ballungsräumen, mit seiner universellen Einsetzbarkeit bei der Bewältigung üblicherweise relativ kurzer Strecken wertvolle Dienste leisten können. Wer den Helikopter auf Flugplätze verbannt, nimmt ihm seine eigentliche Charakteristik und damit seine wirtschaftliche Lebensfähigkeit.

Trotz größter baulicher Aktivitäten im Zentrum von Berlin verfügen selbst Bundesregierung und die ansässigen internationalen Firmen im Jahr 2000 über keine offiziell ausgewiesenen Hubschrauberlandeplätze. Ist das flexibelste Verkehrsmittel der Welt in der Hauptstadt Berlin nicht gefragt, oder merkt man durch die jahrzehntelange Isolation nicht, daß man den Anschluß verpaßt? Gerade in Berlin, wo 1936 der erste brauchbare Hubschrauber der Welt zu seinem erfolgreichen Erstflug startete, sollte der Hubschrauber Tradition haben.

Aber neben der Gesetzgebung muß auch die Hubschrauber-Industrie, die sich bisher zu sehr auf die militärischen Aufträge verlassen hat, mehr für die Vermarktung des Hubschraubers im Busineß-Bereich eintreten. Die Finanzkraft hiesiger Unternehmen und auch qualifiziertes Luftfahrtpersonal ist mehr als ausreichend vorhanden.

Fünf grundsätzliche Aufgabenbereiche sind es, für die Hubschrauber heute im zivilen Bereich eingesetzt werden:

– Luftrettung (primärer Krankentransport, Patientenverlegung)
– Utility (Lastentransporte aller Art, Feuerlöschen, TV-Flüge, Land- und Forstwirtschaft)
– Offshore (Versorgung von Ölplattformen)
– Passagier-Transport (Geschäftsflüge, VIP-Transport, Lotsenaustausch)
– Law enforcement (Polizei, Grenzüberwachung, Küstenschutz).

Jeder kennt die Vorzüge der Hubschrauber, die senkrecht starten und landen, schwebend über einer Stelle verharrend und rückwärts oder seitwärts fliegend die schwierigsten Aufgaben lösen. Sie bringen in den aussichtslosesten Situationen, wenn alle anderen Mittel versagen, Hilfe und Rettung.

Das Hubschrauberrettungswesen im Straßenverkehr wird nach bewährtem deutschen Vorbild weltweit aufgebaut. In Land- und Forstwirtschaft, beim

Logging – dem Transport von Holz –, bei der Schäd-
lings- und Feuerbekämpfung macht sich der Hubschrauber mehr und mehr unentbehrlich. Als Lufttaxi,
im Commuter-Geschäft, im Personen- und Fracht-
verkehr auf kurzen und mittleren Entfernungen (bis
600 km) ermöglicht er, dank seiner Fähigkeit, von
Punkt zu Punkt über alle Hindernisse hinweg schnell
und sicher sein Ziel zu erreichen, große Zeitein-
sparungen, im Polizei- und
Zolldienst, zur Überwachung
des Straßenverkehrs, der Kü-
sten und Grenzen und zur
Verbrechensbekämpfung,
zum Katastropheneinsatz bei

**Vom Wasser eingeschlosse-
ne Personen werden während
der Flutkatastrophe in Hamburg von einer Sikorsky H-34
der Heeresflieger aufgenommen.**

Erdbeben, Überschwem-
mungen, See- und Berg-
rettung. So konnten zum
Beispiel während der
Überschwemmungskata-
strophe in den Niederlanden im Jahre 1953 durch
Hubschrauber innerhalb von sechs Tagen 2200 Menschenleben gerettet werden, und auch bei der Flutkatastrophe 1962 in Hamburg halfen Hubschrauber
Menschenleben retten.

Zubringerdienste, Rettungseinsätze und Versor-
gungsaufgaben von unvorbereiteten Start- und Lan-
deplätzen sowie Bau- und Montagearbeiten in unwegsamem Gelände werden durch ihn erst möglich.

**BO 105 der Polizeihub-
schrauberstaffel Bayern
bei der Verkehrsüberwa-
chung über der Autobahn
München–Salzburg.**

So wurden z. B. Anfang 1985 die Kabel der Bahnstromleitung entlang der Bundesbahn-Neubaustrecke Hannover–Würzburg im fränkischen Sinntal mit Hubschraubern landschaftsschonend auf die zum Teil 40 m hohen Stahlgittermasten gebracht. Ohne Hubschrauber wären bis zu 10 m breite Arbeitsschneisen erforderlich gewesen. Auch das Ziehen der Seile für die Skylinerbahn über das EXPO-Gelände in Hannover erfolgte mit einem Hubschrauber. Dafür kam eine AS-350B2 »Ecureuil« vom HFS in Kassel-Calden zum Einsatz. Im Gegensatz zum Verlegen von Hochspannungskabeln, die während des Zugvorgangs auf dem Boden aufliegen und später gespannt werden, war dies beim Skyliner nicht möglich, da das Gebiet unter den Seilen bebaut ist. Die Seilbahn über die EXPO 2000 war die größte Nordeuropas. Mit beiden Teilabschnitten war sie 2,7 km lang, hatte 136 Gondeln und konnte bis zu 12.000 Menschen in der Stunde befördern. Nach der Expo wurde die Seilbahn wieder demontiert.

K-Max beim Einsatz in den Alpen.

Eine SA 360 »Dauphin« beim Materialtransport zum Hüttenbau in den Allgäuer Alpen.

In letzter Zeit gewinnt eine weitere Aufgabe zunehmend an Bedeutung: der Einsatz als »fliegender Kran« für etwa zwölf Tonnen Tragfähigkeit. Dabei bedient man sich des Hubschraubers, um größere und besonders sperrige Lasten über gewisse Strecken zu heben oder zu transportieren. Auf diese Art baut man Behelfsbrücken über Flußläufe, transportiert Gittermastteile für Freileitungen zu ihren Standorten im unwegsamen Gelände und stellt sie gleichzeitig auf. Im Hochbau werden Dachteile und Antennenmasten auf Gebäude gehoben, und einzelne moderne Stadionbauwerke wären ohne den Hubschraubereinsatz wirtschaftlich kaum realisierbar gewesen. Die Telekom macht ebenfalls von diesen modernen Montagemethoden Gebrauch, wenn es um die Installation von Antennenanlagen an speziellen Standorten geht. So wurden Ende 1991 zwei 650 kg schwere Antennen per Hubschrauber auf den 1241 m hohen Brocken im Harz geflogen. Dadurch konnten Schäden an der Vegetation vermieden werden, da die schmale Brockenstraße für den Schwerlastverkehr nicht geeignet ist und für einen Kran keine Standfläche zur Verfügung gestanden hätte. So ein Einsatz ist in den meisten Fällen nicht nur umweltfreundlicher, sondern

auch wirtschaftlicher als bodengebundene Transporte und Montagen.

Ein Spezialist im Lastenflugbereich ist die Berliner Spezialflug AG, die im Oktober 1990 aus der damaligen Interflug hervorgegangen ist. Als »Hubschrauber-Unterabteilung« flog man mit der Mi 4 anfangs geophysikalische Meßflüge, ab 1962 zusätzlich Lastenflüge jeder Art. 1967 wurden die ersten Mi 8 in Dienst gestellt und bis 1990 auf sieben Maschinen aufgestockt. Die Gesellschaft ist heute in die Bereiche »BSF Hubschrauber Dienste GmbH« und die »BSF Hubschrauber Technik GmbH« gegliedert. Schwerpunkt der Angebotspalette ist der Kranflug mit den Schwerlasthubschraubern Mi 8T. Lasten bis zu drei Tonnen werden von einem eingespielten Team transportiert und punktgenau plaziert.

Hubschrauber sind auch Hilfsmittel im Agrar- und Forsteinsatz, z. B. im Kampf gegen sauren Regen, gegen Mehltau und Schwammspinner-Raupen. Seit gut zwanzig Jahren werden in Deutschland Wälder gekalkt. Seit einem längeren Zeitraum gibt es Flüge für den Pflanzenschutz, insbesondere in Weinanbaugebieten. Im letzteren Fall findet noch immer die Bell 47 G Verwendung, die leistungsstärkere, aber auch im Stundenpreis teurere AS 350 B2 kommt beim Kalken zum Einsatz. Um zeitraubende Tankflüge zu sparen, werden die Hubschrauber aus einem eigens mitgeführten Tankwagen vor Ort betankt. Die Vorschriften für das Sprühen per Helikopter sind in Deutschland recht streng und werden von Bundesland zu Bundesland recht unterschiedlich gehandhabt.

Mit TV- und Fotoflügen, Kontrollflügen von Hochspannungsleitungen und Pipelines, Hüttenversorgung und Seilbahnbau in den Alpen, Heli-Skiing, Einsätzen im Rahmen der Entwicklungshilfe und der Offshore-Fliegerei ließe sich die Palette beliebig fortsetzen bis hin zum Hubschrauber als Staumelder, Feuerlöscher und als Blockadebrecher während eines Streiks.

Gerade TV-Flüge, Nachrichtensendungen mit Live-Bildern aus Hubschraubern zu moderieren, sind in den USA schon längst alltäglich. Seit 1999 werden auch in Deutschland TV-Hubschrauber regelmäßig eingesetzt. Dazu wurde vor einiger Zeit eine neue Bell 407, betrieben vom Heli Team Süd, um- und ausgerüstet und für den Sender »Pro Sieben« bereitgestellt. Ausgerüstet wurde der Hubschrauber von der DLE Luftfahrtservice GmbH auf dem Baden-Airpark, Nähe Ba-

»Fliegender Reporter« Robinson R44.

den-Baden. Zuerst mußte ein höheres Kufenlandegestell installiert werden, da die an der Unterseite des Hubschraubers montierte kreiselstabilisierte Kamera bei einem normal hohen Landegestell in ausgeschwenktem Zustand den Boden berührt hätte. Das Rack mit Farbbildschirm, Videorekorder und integrierter Schneidevorrichtung mußte portabel und schnell demontierbar sein, da auch ein Einsatz derselben Geräte in Fahrzeugen vorgesehen ist. Dieses Rack ist in der Mitte der Kabine gegen Flugrichtung in der Mitte der Sitzbank installiert. Gegenüber ist eine tragbare Videokamera befestigt, die für Direktinterviews aus dem Hubschrauber benutzt wird. Eigens dafür wurden auch spezielle Scheinwerfer angebracht. Der Moving Map Monitor des »Air-Scout-Nav-Systems« der Firma Becker steht dem Piloten wahlweise für die Einspielung des momentanen Kamerabildes oder zur Nutzung beim Navigieren, z. B. mit GPS, zur Verfügung. Die Kamera selbst ist von der in Oregon (USA) beheimateten FSI (Flir System International Ltd.), deren englische Vertretung die Installierung übernahm. Die beste Leistung erzielt diese Kamera bei Höhen zwischen 600 und 1000 Fuß. Die Kamera wird per Joystick bedient und kann z. B. aus den genannten Höhen problemlos das Nummernschild eines PKW heranzoomen und deutlich lesbar machen. Diese Kameras werden auch bei den Polizeihubschraubern in England eingesetzt.

Auch »100,6 Das Berlin Radio« hat bereits einen fliegenden Reporter für Staumeldungen – mit einer Bell 206 B3 oder L3 – in der Berliner Luft. Seitdem der Sender und »TV Berlin« der Kirch-Gruppe gehören, erhielt der Hubschrauber zusätzlich eine modular aufgebaute Bildsendeanlage mit digitaler Farbkamera. Gesendet wird in der Regel live, die Bilder können aber auch per Magnetaufzeichnung gespeichert werden. Die Bell gehört HCG-Heli Charter am Flughafen Tempelhof.

Der Vorteil eines Hubschraubers kann aber auch im negativen Sinne genutzt werden. So sind allein seit 1981 mindestens sieben Fluchtversuche aus Strafanstalten mit Hilfe eines Hubschraubers gelungen.

Zu einem großen Teil werden noch »Oldtimer« wie die Bell 47, die Hughes 300 oder die »Alouette« eingesetzt, die nach und nach durch moderne Zweiturbinen-Hubschrauber ersetzt werden.

Die belgische Fluglinie SABENA betrieb von 1953 bis 1966 das erste internationale Hubschrauberliniennetz der Welt. Von Brüssel aus wurden unter anderem die Strecken nach Rotterdam, Köln-Bonn (1953), Dortmund (1956) und Paris (1957) eröffnet. Die anfangs eingesetzte Sikorsky S-55 wurde später durch die S-58 ersetzt. In Amerika begannen ebenfalls eine Vielzahl von Firmen Hubschrauber-Verkehrslinien zu eröffnen. Den Anfang machte dort New York Airways. Viele dieser Gesellschaften stellten jedoch auf Grund der hohen Kosten ihre Flüge wieder ein.

Auch im Filmgeschäft spielen Hubschrauber eine Rolle. In dem Film »Das Fliegende Auge« spielt ein speziell ausgerüsteter Hubschrauber sogar eine Hauptrolle. Es handelt sich dabei um den Typ »Gazelle« der französischen Firma Aerospatiale, die von den Filmleuten der Columbia Pictures mit Hilfe von Fiberglas, blauer Farbe und eckigen Fenstern in eine »Kampfmaschine« verwandelt wurde. In der TV-Serie »Air Wolf« ist eine für diesen Zweck optisch veränderte Bell 222 Mittelpunkt des Geschehens. Der neue Eurocopter-Hubschrauber »Tiger« hatte in dem James-Bond-Film »Golden Eye« von 1995 einen Auftritt, die EC 135 ist als futuristischer Polizeihubschrauber »AK1« in der deutschen TV-Serie »Helicops-Einsatz über Berlin« wöchentlich zu sehen, und die BK 117 aus der RTL-Serie »Medicopter 117« gehört der DRF.

Das Offshore-Geschäft gehört mit zum wichtigsten Aufgabenbereich der Hubschrauber. Das heißt, die Hubschrauber fliegen Bohrinseln und Seebaustellen an und transportieren dabei Bohrmannschaften, Spezialisten, Ärzte und Patienten sowie Material jeglicher Art. Ein dazu oft verwendeter Typ ist die Sikorsky S-61, unter anderem bei den Bohrinseln in Norwegen eingesetzt. Der Rumpf dieses 10-Tonnen-Hubschraubers ist aus Sicherheitsgründen als Boot ausgebildet, und zwei Stützschwimmer garantieren die Schwimmfähigkeit im Notfall. Die Flugstunde dieses Typs kostet ca. DM 8700,–. Für die Verbindung der Bohrinseln untereinander werden kleinere Hubschrauber, z. B. Bell 212, in einer Art Shuttleservice

eingesetzt. In wenig Minuten dauernden Flügen werden Menschen und Materialien von einer Arbeitsstation zur anderen befördert, was gegenüber dem Wasserweg eine enorme Zeitersparnis bringt. Ebenfalls zum Offshore-Bereich gehören Hubschrauber, die Lotsen zu und von Schiffen versetzen. Die Einsätze erfolgen rund um die Uhr und dank entsprechender Ausrüstung nahezu bei jedem Wetter.

Im Auftrag der Trinity House wird die BO 105 bei der Management Aviation Ltd. eingesetzt, um die britischen Schiffahrtswege an der Nord- und Westküste Englands zu sichern, indem Leuchttürme, welche über Hubschrauberlandeplätze von 10 m Durchmeser verfügen, und Feuerschiffe regelmäßig versorgt werden. Die britische Firma Bond Helicopters Limited (ehem. Management Aviation Limited und North Scottish Helicopters Limited) hat inzwischen diese Aufgabe übernommen. Sie erreichte Mitte September 1984 100.000 Flugstunden mit ihrer aus elf Maschinen bestehenden BO 105-Flotte. Als erstem Hubschrauber der Klasse unter drei Tonnen Abflugmasse erteilte die britische Luftfahrtbehörde CAA für die BO 105 die Genehmigung, bei Verwendung einer Stabilisierungsanlage mit nur einem Piloten gewerbliche IFR-Flüge auszuführen.

Bei dem größten amerikanischen Hubschrauberunternehmen PHI (Petroleum Helicopter Inc.) mit einer Flotte von über 200 Hubschraubern werden mit der BO 105 auch Nachtflüge zu den Erdölplattformen im Golf von Mexico angeboten.

Die im Offshore-Bereich oft verwendete Version der BO 105 ist die CBS-Variante mit Sonderausrüstung, wie z. B. Notschwimmer, die innerhalb von Sekunden mit Stickstoff aus einer Druckflasche aufgeblasen werden können, eine vollständige IFR-Ausrüstung, vielfach durch ein DECCA-Navigationssystem ergänzt. Auf Wunsch kann auch ein kleines Wetter-Radargerät in einem Radom vor der Kabinennase eingebaut werden.

Im Jahr 1996 hat sich die norwegische Helicopter Services Group in Südafrika an der Court Helicopters beteiligt, mit der Option, 1998 die restlichen Anteile zu übernehmen. Mit dem weiteren Ausbau des Offshore-Geschäfts vor Südafrika und nach der bereits erfolgten Beteiligung an der britischen Bond-Helicopters zählt die Helicopter Services mit mehr als 150 Hubschraubern verschiedener Klassen zu den größten Gesellschaften ihrer Art in der Welt.

Der kommerzielle Hubschraubereinsatz war damals im Kommen. Noch 1979 rechnete das amerikanische DMS-Marktforschungsinstitut mit einem Anstieg der zivilen Hubschrauberflotte weltweit um 154% auf 25.815 Einheiten bis zum Jahr 1987. Bereits 1985 sollte die Zahl der zivilen die der militärischen Hubschrauber übertreffen.

Eine BO 105 CBS im Off-
shore-Einsatz.

Eine BK 117 als Rettungs-
hubschrauber der Univer-
sitätsklinik von Virginia
(USA).

ber-Hersteller gerechnet.

Amerika, als wichtigster Absatzmarkt für Hub-schrauber, schuf neue Einsatzbereiche. Dazu gehörten der Aufbau eines Hubschrauber-Rettungsnetzes (EMS) und der TV-Helikopter (ENG) für die kommerziellen Rundfunk- und Fernsehanstalten.

Auch in Deutschland und seinen Nachbarländern läßt der Hubschrauberboom noch auf sich warten. Hubschrauber werden fast ausschließlich von gewerblichen Luftfahrtunternehmen betrieben. Die Zahl der Privatpiloten, die einen Hubschrauber besitzen, ist gering. Zwar weist die Statistik zivil zugelassener Hubschrauber in der BRD eine beträchtliche Anzahl BO 105 auf, deren Halter jedoch der Katastrophenschutz, der ADAC und die Deutsche Rettungsflugwacht als Luftrettungsdienste sowie der Bundesgrenzschutz und die Polizei der jeweiligen Bundesländer sind.

Es taucht die Frage auf, warum der deutsche Markt nicht lukrativ genug ist. Als Begründung wird immer wieder die Luftverkehrsgesetzgebung angeführt. Weil diese ganz auf die Flächenfliegerei bezogen ist, läßt sie dem Drehflügler zu wenig Spielraum, es fehlt die hubschrauberspezifische Infrastruktur. So gibt es unter anderem Schwierigkeiten bei der Genehmigung von Außenlandungen und der Anlegung von Heliports.

»The world's largest helicopter show case« war die HAI-Convention, die größte Fachmesse für den Hubschraubermarkt, durchgeführt im Januar 1984 in Las Vegas (USA). Hervorgehoben wurde dort der weltweite Einsatz des Hubschraubers als Rettungsgerät für die Primärhilfe bei Unfällen, der Öko-Einsatz, bei dem der Hubschrauber auch zur Eindämmung des

Die Entwicklung auf dem Hubschraubermarkt hängt aber von der allgemeinen Konjunkturlage ab, und die Wirtschaftskrise brachte die vorausberechneten Zahlen zu Fall. Die schon seit längerer Zeit bestehende Ölschwemme veranlaßte die Mineralölgesellschaften abzuwarten und vorerst keine weiteren Ölfelder zu erschließen. Jedoch mit der sich ausweitenden Offshore-Ölförderung hatten die Hubschrau-

Waldsterbens herangezogen wird, und die Schadstoffkontrolle in Luft und Gewässern mit Hilfe des Drehflüglers.

Die Firma Hughes konnte auf dieser Fachmesse mit dem Slogan »Go for the Gold« ihr Modell Hughes 500 E als den offiziellen Helicopter für die Olympischen Spiele 1984 in Los Angeles vorstellen. Boeing Vertol brachte mit der 234 den größten zivilen Verkehrshubschrauber der westlichen Welt nach Las Vegas, der zum ersten Mal auf einer Luftfahrtschau gezeigt wurde. Dieser Tandem-Hubschrauber, abgeleitet aus der »Chinook«, bietet Platz für 44 Passagiere oder neun Tonnen Fracht.

Hughes 500 E, der offizielle Helikopter der Olympischen Spiele 1984 in Los Angeles.

Auch zu erwähnen ist ein Hubschrauber, der speziell für den Geschäfts-, Offshore- und Arbeitsflugverkehr von Sikorsky konzipiert wurde, die S-76. Dieser Typ gehört zu den wenigen Hubschraubern, die nicht von einem militärischen Muster abgeleitet wurden.

Zur HAI-Convention veröffentlichten sowohl Sikorsky als auch Bell neue Hochrechnungen für den Hubschrauber-Markt der Jahre 1983/84 bis 1991/93. Bell war bei der Auswertung aller verfügbaren Absatzprognosen zu der Feststellung gekommen, daß von 1982 bis 1991 weltweit (ohne Ostblock) etwa 20.000/24.000 Hubschrauber gebaut werden dürften; davon etwa die Hälfte außerhalb der USA. Sikorsky sagte den Hubschrauberproduzenten ein Wachstum von 25 % für diesen Zeitraum voraus.

Diese Aussage wurde dadurch verstärkt, daß die deutsche Firma MBB je fünf BO 105 CBS und BK 117 an die US-Firma Evergreen Helicopters in McMinneville im US-Staat Oregon verkauft hatte. Diese Maschinen waren für den Offshore-Einsatz und im Rettungsdienst vorgesehen. In den USA befinden sich über 140 fliegende BO 105 seit der FAA-Zulassung im Jahre 1972 mit mehr als 30.000 Flugstunden. Insgesamt wurden über 1000 BO 105 in militärischer und ziviler Version an über 120 Betreiber in 35 Länder ausgeliefert (Stand: 1985).

Die Guardia Civil betreibt 17 BO 105 und vier BK 117 in Spanien. Für weitere drei BK 117 der spanischen Naturschutzbehörde ICONA, die die Maschinen zur Waldbrandbekämpfung einsetzt, ist ebenfalls die Guardia Civil verantwortlich. Stationiert sind die Maschinen in Torrejon, der Zentralbasis in der Nähe von Madrid, und in Logrono, Leon, Huesca, Sevilla und auf Teneriffa. Die anfallenden periodischen Kontrollen (300 h und 600 h) werden in eigenen Werkstätten durchgeführt. Seit der ersten Indienststellung der ersten BO 105 (1972) hat die Staffel insgesamt 40.253 Flugstunden (Stand: Juni 1991) erflogen.

Im Mai 1984 erhielt die Regierung des Königreichs Lesotho eine BK 117. Diese BK 117/S-7054, genauso wie die bereits 1980 erworbene BO 105 CBS/S-322, werden von einer LPF-»Airwing«-Staffel betreut. Hubschrauber sind in Lesotho, das etwa so groß wie Belgien ist und nur über ein 400 km langes Teerstraßennetz verfügt, die wichtigsten Verkehrsmittel. Dieses Bergland hat als einziges Land der Erde keinen Ort, der tiefer als 1000 Meter NN liegt. Die meisten Landeplätze liegen zwischen 8000 ft (ca. 2400 m) und 10.000 ft (ca. 3000 m). Hinzu kommen die Temperaturen, die im Sommer 40° C erreichen.

Auf der internationalen Luftfahrtausstellung in Farnborough hatte sich 1984 zum ersten Mal die sowjetische Luftfahrtindustrie beteiligt. Sie stellte dort unter anderem ihren Schwerlasthubschrauber MIL Mi-26 »Halo« vor, der vorwiegend für den Einsatz in Sibirien konzipiert wurde. Diesen über 50 Tonnen schweren Hubschrauber treiben zwei Lotarew D-136 S-Wellenturbinen mit einer Leistung von 17.000 kW an. Der achtblättrige Hauptrotor hat einen Durchmesser von 32 m. Als Nutzlast kann der Mi-26 20 Tonnen aufnehmen.

Eine BK 117 der Guardia Civil (Spanien).

Bell 412 das olympische Feuer vom Flughafen Los Angeles zum Ausgangspunkt für die 15.000-Meilen-Staffel, die quer durch die USA nach Atlanta führte.

Lifestar aus Amarillo, Texas, hat als erster amerikanischer Betreiber für Notfalleinsätze eine mit Arrius-2B1-Triebwerken von Turboméca ausgerüstete EC 135 übernommen.

Die französische Securité Civile wird von 1999 bis 2004 insgesamt 32 BK 117 mit Arriel-Triebwerken übernehmen.

Für die anstehende Modernisierung der Bundesgrenzschutz-Fliegertruppe wurde im Dezember 1997 ein Vertrag über 220 Millionen DM unterzeichnet, der die Lieferung von 13 AS 365 N4 »Dauphin« (EC 155) als Ersatz für die UH-1D und neun EC 135 als Ersatz für die »Alouette II« vorsieht. Die ersten Auslieferungen sind bereits erfolgt.

Auf der Jubiläumsmesse (50 Jahre Helicopter Association International) Heli-Expo 98 wurden wieder Prognosen angesichts des momentanen Hubschrauber-Verkaufsbooms abgegeben. So beabsichtigte Textron für 1998 seine Investitionen im Hubschrauberbereich um 300 Millionen US-Dollar (540 Millionen DM) aufzustocken, um dem Hauptkonkurrenten Eurocopter mit neuen Modellen Paroli bieten zu können. Eurocopter, umsatzmäßig der größte Hubschrauberhersteller der Welt (1997 drei Milliarden DM), sicherte sich einen Anteil von 40 Prozent auf dem zivilen Markt; Europa 55 Prozent, USA 30 Prozent Marktanteil. 1997 konnten die Hersteller einen unerwarteten Hubschrauber-Verkaufsboom verzeichnen. Nach der Zehnjahresprognose des Triebwerkherstellers Allison aus dem Jahre 1998 wird es durch den niedrigen Ölpreis (weniger Offshore-Aktivitäten) und Einschränkungen auf Grund schärferer Umweltrestriktionen (z. B. rückläufige Sightseeing-Flüge) ab dem Jahr 2000 wieder rückläufige Zahlen geben, so daß insgesamt 10 % weniger Hubschrauber in der Zehnjahresperiode geliefert werden als noch 1997 vorhergesagt. Im Militärbereich rechnet Allison dagegen mit einem Zuwachs von 11 % gegenüber der letzten Prognose, hervorgerufen durch einen steigenden Bedarf an Kampfhubschraubern, verbunden mit dem Wunsch nach mehr Beweglichkeit, was mit der Herstellung der Transporthubschrauber wie S-92, NH90 und EH 101 untermauert wird.

Anfang 1984 wurde mit dem Inkrafttreten des MARPOL-Abkommens, das weltweit das unbefugte Einleiten von Schadstoffen in die Meere verhindern soll, der Bundesgrenzschutz beauftragt, Straftaten im Bereich des deutschen Festlandsockels aufzuspüren. Seitdem führen die »Puma«-Hubschrauber (SA 330) der Grenzschutz-Flieger einen zähen Kampf gegen die Meeresverschmutzer. Mit der Videokamera wird das Ausmaß einer Verschmutzung dokumentiert. Mit Hilfe der Winde des Hubschraubers werden aus dem verschmutzten Gewässer Proben entnommen.

Im März 1987 hatte die Polizei von Puerto Rico eine BK 117 zur Bekämpfung des Drogenschmuggels in Dienst gestellt. Die Maschine ist mit einem Infrarot-Sichtsystem ausgerüstet, das auch Einsätze bei Nacht ermöglicht.

Durch die Öffnung der Grenzen nach Osten war es möglich, daß 1991 der erste deutsche Hubschrauber des Typs BO 105 in die CSFR geliefert werden konnte. Betreiber ist die Flugbereitschaft des tschechoslowakischen föderalen Ministeriums des Innern. Die BO 105 wird für allgemeine Polizeiaufgaben, Luftrettungseinsätze sowie auch für VIP-Flüge verwendet und ist in Prag stationiert.

Die belgische Polizei wurde ab 1996 beginnend mit dem zweimotorigen Hubschrauber MD 900 »Explorer« ausgerüstet. Der achtsitzige Hubschrauber findet bei Kontrollflügen und für spezielle Eingreiftruppen Verwendung. Die Maschinen sind mit einer Personenwinde, Floats und Spezialkameras ausgerüstet.

Bei den Olympischen Spielen in Atlanta stellte Bell Helicopter insgesamt 18 Hubschrauber aus der aktuellen Modellpalette für VIP-Transporte und Filmaufnahmen zur Verfügung. Am 27. April 1996 flog eine

Die erste Heli-Expo des neuen Jahrtausends fand vom 24. bis 26. Januar 2000 in Las Vegas statt. 459 Aussteller waren vertreten, es gab 1375 Verkaufsstände, 60 Hubschrauber waren im Static Display ausgestellt, und man zählte 14.510 Besucher (1999 in Dallas 11.704 Besucher). Es zeigte sich, daß im neuen Jahrtausend – entsprechend den neuen Bestimmungen – nicht nur der Zweiturbinen-Hubschrauber eine Chance im gewerblichen Betrieb hat, sondern auch die leistungsstarken »Singles« mit neuester Technik. Die neue Hubschraubergeneration muß allerdings Zuladungs- und Zurüstungsreserven haben, da die neue Ausrüstungstechnik, z. B. Autopilot, Single-Pilot-IFR, De-Icing, Heli-Radar-System, sonst zu Gewichtsproblemen führen kann.

Auf der ILA 2000 zeigte Eurocopter den EC 635, die militärische Variante des EC 135, lediglich als Mock-up. NH Industries zeigte erstmals den bei Eurocopter Deutschland montierten Prototyp PT4. Mit der Absage Boeings zugunsten der Farnborough-Airshow war der Stealth-Helikopter Boeing Sikorsky RAH-66 »Comanche« nicht in Berlin vertreten. Ebensowenig vertreten war der Tiltrotor Bell Boeing V-22 »Osprey« der US-Streitkräfte.

Die Firma Aerotec, 1989 gegründet und seit 1993 mit Hauptsitz in Rothenburg, hat sich u. a. seit 1992 auf die Umrüstung von überschüssigem Militärmaterial spezialisiert. Militärtechnik aus dem Bestand der NVA, die als nicht bündniskompatibel angesehen wurde und politisch auch nicht übernahmefähig war, mußte vernichtet oder soweit möglich weiterverkauft werden. So erwarb die Firma u. a. auch den Kampfhubschrauber Mi-14, der bis zuletzt beim Marinehubschraubergeschwader in Parow/Stralsund im Einsatz war. Er ist einer der wenigen Hubschrauber, die auf dem Wasser landen und starten können. Als Kampfhubschrauber und Waffensystem mit Bombenschacht und entsprechenden Mechanismen sollte die Mi-14 ursprünglich verschrottet werden. Statt Demontage erfolgte eine Demilitarisierung und Umrüstung. Dazu gehört der Umbau von Mi-14-Minenjagdhubschraubern zu Feuerlöschhelikoptern. Die erste umgerüstete Maschine wurde mit einem 4500-Liter-Wassertank im Rumpf und einem 500-Liter-Behälter für schaumbildende Mittel versehen. Das Löschwasser kann beim Wassern oder aus dem Schwebeflug in 1,5 bis 2 Meter Höhe über zwei Schläuche mit integrierten Pumpen aufgenommen werden. Die Wasseraufnahme dauert etwa zwei Minuten.

In unwegsamem Gelände können Wald- und Flächenbrände nur dann erfolgreich bekämpft werden, wenn bodengebundene Kräfte durch Löschmaßnahmen aus der Luft unterstützt werden. So sind z. B. in Bayern an 16 Standorten ca. 40 Löschwasser-Außenlastbehälter für Hubschrauber gelagert. Zum

Mi-14 als Feuerlöschhubschrauber.

Einsatz kommen Hubschrauber der Bundeswehr, der Polizeihubschrauberstaffel Bayern und neuerdings auch die des BGS. Die Außenlastbehälter vom Typ Semat 5000 F (F = Flüssigkeiten) können je nach Maschine und geographischer Gegebenheit mit bis zu 5000 Liter, der Behälter vom Typ Semat 900 FPG (FPG = Flüssigkeit, Pulver, Granulat) mit bis zu 900 Litern des entsprechenden Löschmittels gefüllt werden. Neu an den Behältern ist eine Funkfernsteuerung, die die bisher verwendete Kabel-Auslösevorrichtung ersetzen soll.

Als Löschhubschrauber testete seit 1998 das Los Angeles County Fire Department (LACFD) Air Operation eine Sikorsky UH-60L »Firehawk«. Die UH-60L ist eine Gemeinschaftsentwicklung von US Army, Army National Guard und Sikorsky Aircraft. Das Programm wurde vom US-Kongreß mit rund drei Millionen US-Dollar unterstützt. Die »Firehawk« hat einen Wassertank von 1000 Gallonen (ca. 3.780 Liter) mit Schnorchelbefüllung. Eine UH-60L kostet voll ausgerüstet ca. 11,3 Millionen US-Dollar.

Hubschrauber-Rekorde

Der absolute Höhen-Weltrekord beträgt 12.442 Meter und wurde von einer »Lama« im Juni 1972 aufgestellt und bisher nicht übertroffen. Ein anderer Weltrekord ist die Geschwindigkeit von 360 km/h, mit der die High-Speed-»Dauphin« im November 1991 flog. Einen Hubschrauber-Flug rund um die Erde vollbrachte der Amerikaner H. Ross Perot Jr., Sohn eines texanischen Millionärs, mit einem Bell 206 »Long Ranger« in IFR-Konfiguration. Ein Hercules C-130-Transportflugzeug mit einem Team von elf Leuten und Ersatzteilen, mit denen man einen Hubschrauber hätte komplett neu bauen können, folgte dem Texaner und seinem vietnamerfahrenen Co-Piloten. Perot überquerte auf diesem Flug nie den Äquator, was seinen Anspruch auf den ersten Helikopter-Flug rund um die Erde in Frage stellt. Der australische Millionär Dick Smith, der fast einen Monat vor Perot zu einem Hubschrauberflug um die Erde gestartet war, hatte seinen Solo-Flug zwei Jahre vorbereitet. Es mußten Landegenehmigungen von 19 Staaten eingeholt werden. Smith baute in seinen Bell »Jet Ranger« einen Reservetank, der die Reichweite des Hubschraubers von 400 auf 700 nautische Meilen erhöhte. Da Smith keinen Geschwindigkeitsrekord aufstellen wollte, konnte er sich für sein Vorhaben ein Jahr Zeit lassen. In 320 Flugstunden ist er 63.270 km geflogen, den größten Teil in einer Höhe von 500 bis 1000 Fuß. Mit diesem Flug stellte Smith folgende Weltrekorde auf: erster Solo-Hubschrauberflug um die Erde – über den Atlantik, von den USA nach Australien. Die FAI erkannte auch seine Geschwindigkeitsrekorde für die Strecken London – Darwin und London – Sydney an.

Nach einer weiteren Erdumrundung von Ron Bower und John Williams in einer Bell 430 starteten Jennifer Murray und Quentin Smith auf einer Robinson R 44 zur Erdumrundung Nr. 6. Erstmals ging ein Hubschrauber mit Kolbenmotor auf diese große Reise, und zum ersten Mal war eine Frau dabei. Der Mechaniker wurde für die erforderlichen Stunden-Kontrollen in Dubai, Singapur, Tokio, Los Angeles und New York eigens eingeflogen. Nach 320 Flugstunden und 31.000 Meilen wurden Jennifer Murray und Quentin Smith am 15. August 1997 in Denham wieder willkommen geheißen.

Erdumrundung Nr. 7 mit einer Hughes 500 begann am 29. Juli 1997 in Seattle (Boeing Field). Stephen Good und Michael Smith, der Vater von Quentin, hatten einzig und allein das Ziel, den von Ron Bower und John Williams ein Jahr zuvor aufgestellten Geschwindigkeits-Weltrekord zu überbieten. Dafür mußten sie jede mögliche Abkürzung nutzen, wie die Strecke über offene See zwischen Grönland und Labrador und die Route über den Nordpol. Sie landeten am 11. August 1997 wieder in Seattle. Die 19.800 Meilen wurden in 200 Flugstunden bewältigt, und damit war das Team vier Tage schneller als Bower/Williams.

Erstüberquerungen, Höhenrekorde, Geschwindigkeitsrekorde und Flugstundenrekorde ließen sich beliebig auflisten und sind teilweise auch im vorliegenden Buch erwähnt. Ergänzend dazu jedoch noch folgende Rekorde:

Am 29. Dezember 1988 stellte der Franzose Richard Fenwick mit einem Robinson R22 »Beta« einen neuen Höhenweltrekord auf. Über dem Mont-Blanc-Massiv stieg er auf eine Höhe von 5036 Meter

(16.511 ft). Damit überbot er den seit 35 Jahren bestehenden Höhenweltrekord dieser Klasse unter 500 kg. Ein »Djinn« 1221 erreichte im Jahr 1953 eine Höhe von 4789 Metern (15.710 ft). Am 13. Januar 1989 wurde Fenwicks Rekordhöhenflug offiziell von der FAI bestätigt.

Am 15. September 1987 stellten Testpilot Max Jot und Flugingenieur Pierre Rougier mit einem Aerospatiale SA 365M »Panther« einen Steigflugrekord für Fluggeräte der Klasse 1750 kg bis 2990 kg auf. Der Hubschrauber erreichte 3000 Meter Höhe in 02:54 Minuten, 6000 Meter in 06:14 Minuten.

Passend zur Farnborough Air Show 1992 brach der NOTAR-Hubschrauber den acht Jahre alten Geschwindigkeitsrekord auf der Strecke zwischen Paris und London. Die beiden französischen Piloten flogen die 344 km lange Strecke in der Rekordzeit von nur einer Stunde, 22 Minuten und 29 Sekunden, was einer Geschwindigkeit von 250,5 km/h entspricht. Im Jahr 1984 hatte eine SA 341 »Gazelle« dieselbe Strecke mit 235,15 km/h zurückgelegt. Der Rekord wurde von der FAI anerkannt.

Am 19. April 1998 hat der Brite Kenneth Wallis einen Höhenweltrekord für Tragschrauber aufgestellt. Mit seinem selbstentwickelten WA-121/Mc erreichte er eine Höhe von 5834 Meter und überbot damit seinen eigenen 16 Jahre alten Rekord von 5643 Meter.

Statistische Daten

Trotz aller Schwierigkeiten ist der Siegeszug der Hubschrauber nicht aufzuhalten. Ein Blick in die jüngste Vergangenheit zeigt, daß trotz Energiekrisen und allgemein schwieriger Wirtschaftslage der zivile Hubschraubereinsatz enorm gewachsen ist. Eine Marktsättigung ist derzeit nicht erkennbar. So kann man zumindest kurz- und mittelfristig davon ausgehen, daß dieser Trend sowohl weltweit als auch für Europa weiterhin anhält. Die Anwendung neuer Technologien trägt zu den positiven Perspektiven bei.

Aus der Statistik des Luftfahrt-Bundesamtes zum 31. Dezember 1985 geht hervor, daß von 414 Hubschraubern mit einer Verkehrszulassung in der Bundesrepublik Deutschland 339 ausländische Muster waren.

Im Jahr 1981 gab es in Deutschland sechs Hubschrauberflugschulen und 16 Hubschraubercharterfirmen. Zu dem zivilen Hubschrauberbestand erfaßt das Bundesluftfahrtamt auch die Hubschrauber von Polizei und Bundesgrenzschutz.

In der BRD wurden zum Jahresende 1984 401 zivile Hubschrauber betrieben; neu in Betrieb genommen wurden im selben Jahr 14 Hubschrauber. Im Schnitt fielen auf jeden Hubschrauber 232,9 Flugstunden im Jahr 1984. 139 gewerblich zugelassene Hubschrauber, die im Eigentum von Firmen stehen, weist die Statistik für 1984 auf, während für 1983 126 gemeldet waren.

Die 401 zugelassenen Hubschrauber haben 93.407 Flugstunden im Jahr 1984 absolviert. Im selben Jahr haben sich zwölf Unfälle, davon einer mit tödlichem Verlauf (1 Toter) ereignet.

Zum 30. Juni 1991 hatten insgesamt 511 Hubschrauber eine zivile deutsche Verkehrszulassung, von denen es sich bei 391 um ausländische Muster handelte.

Für 1996 zeigen die statistischen Daten des LBA 707 angemeldete Hubschrauber in Deutschland (1995: 704). Davon sind 437 gewerblich und 270 nicht gewerblich registriert. Die Aufteilung der zugelassenen Hubschrauber ist im einzelnen wie folgt: Bund 99; Länder 67; Einzeleigentümer 127; Eigentümer-Gemeinschaften 28; Vereine 20; Firmen 366.

Mit in Deutschland zugelassenen Hubschraubern ereigneten sich im Jahr 1991 im In- und Ausland 21 Unfälle, davon drei tödliche mit fünf Toten. Der Schwerpunkt des Unfallgeschehens lag bei Arbeits- und Polizeieinsätzen sowie bei Ausbildungsflügen.

Während sich 1996 21 Unfälle mit Hubschraubern ereigneten, ist die Gesamtzahl für 1997 auf 13 gesunken. Die Zahl der tödlichen Unfälle blieb gegenüber 1996 mit zwei konstant, jedoch gab es 1997 nur zwei Todesopfer, während es im Vorjahr noch acht waren. Von den 13 Hubschrauberunfällen ereigneten sich vier nach Triebwerksausfällen, wovon einer auf Treibstoffmangel zurückzuführen ist.

Im Jahr 1998 ereigneten sich 19 Flugunfälle mit zivilen, in Deutschland zugelassenen Hubschraubern, und erstmalig seit 1989 ist kein tödlicher Unfall dabei.

Im Jahr 1999 haben sich 24 Flugunfälle mit zivilen Hubschraubern in Deutschland bzw. mit in Deutschland zugelassenen Hubschraubern im Ausland ereignet. Dabei wurden drei Unfälle ziviler ausländischer Betreiber in Deutschland mit eingerechnet, was früher nicht geschehen ist. Bei diesen Unfällen haben sich vier tödliche Unfälle ereignet, bei denen insgesamt acht Personen getötet wurden. Betrachtet man das Unfallgeschehen unabhängig von der Betriebsart, so fällt auf, daß Hindernisberührung (6 Fälle) und Triebwerksausfälle (6 Fälle) zusammen die Hälfte aller Geschehnisse ausmachten, mit denen das Unfallgeschehen eingeleitet wurde. Das entspricht auch den Erkenntnissen der letzten Jahre und bleibt typisch für den Flugbetrieb mit Hubschraubern.

Flugunfälle mit militärischen Luftfahrzeugen werden in der Statistik der FUS nicht geführt. Abweichend von der bisherigen Praxis, lediglich das Unfallgeschehen der Hubschrauber zu betrachten, die in der Bundesrepublik Deutschland zum Verkehr zugelassen sind, hat sich die BFU entschlossen, auch Unfälle ausländischer Hubschrauber in die Analyse mit einzubeziehen, sofern sie sich auf deutschem Hoheitsgebiet ereignet haben.

Reine Hubschrauber-Landeplätze gibt es 99 in Deutschland (Stand 1996).

Der Hubschrauber ist nicht nur gleichberechtigt neben das Flächenflugzeug getreten, er hat es auf manchen Einsatzgebieten sogar verdrängt. Igor I. Sikorsky ließ in den Stratforder Flugzeugwerken, der Stätte seines Wirkens, eine Tafel mit folgender Inschrift befestigen:

»Laut anerkannten aerotechnischen Versuchen wegen Form und Gewicht ihres Körpers im Verhältnis zur Gesamtflügelfläche – nicht zu fliegen. Die Hummel weiß das nicht, und so summt sie los und fliegt eben.«

Die Luftrettung in der Bundesrepublik Deutschland

Überblick

Im System der Einrichtungen für die notfallmedizinische Versorgung Unfallverletzter oder akut Erkrankter nimmt in der Bundesrepublik Deutschland der Einsatz von speziell ausgerüsteten Hubschraubern seit Jahrzehnten eine vorrangige Stellung ein. Dazu steht z. Z. ein Netz mit insgesamt 51 Rettungshubschrauber-Stationen zur Verfügung, das mehr als 90% des Bundesgebietes abdeckt. Jede einzelne Station bedient einen Radius von 50 bis 70 km. Die Helikopterbasen befinden sich an leistungsfähigen Krankenhäusern, so daß für die Durchführung von Rettungsflügen sofort ärztliches Personal abgerufen werden kann. Zur medizinischen Standardbesatzung gehört neben dem Arzt ein Rettungssanitäter und bei größeren Hubschraubertypen noch ein in Erster Hilfe geschulter Bordwart. Die krankenhausseitige Stationierung, für die auch die notwendige Infrastruktur mit Hangar und Betankungsanlage geschaffen wurde, bedeutet im übrigen nicht, daß die Patienten nur an die Klinik geflogen werden, wo der Hubschrauber seinen Standort hat. Der Transport erfolgt immer in das nächstgelegene, dem Verletzungs- oder Krankheitszustand am besten entsprechende Behandlungszentrum – sofern Platz vorhanden ist. Die Aufgaben des Luftrettungsdienstes umfassen im einzelnen:

1. Den schnellen Transport des Arztes zur Hilfeleistung bei Notfällen am Ort des Geschehens (Primäreinsatz),
2. den Transport des Patienten in das für ihn geeignete Krankenhaus (Primärtransport),
3. den dringenden Transport von medizinisch bereits versorgten Patienten von einem Krankenhaus in eine für die Weiterbehandlung besser ausgestattete Klinik,
4. den Transport von Blutkonserven oder Organen für Transplantationen,
5. Suchflüge von vermißten Personen im Gebirge oder auf Gewässern.

Mit diesem Spektrum trägt die Luftrettung dem Ziel Rechnung, die Mittel des bodengebundenen Rettungsdienstes wirkungsvoll zu ergänzen. Der Aktionsradius der notärztlichen Versorgung wird vergrößert, die Transportzeit für den Patienten verkürzt und die Transportbedingungen durch Reduzierung störender physikalischer Einflüsse auf den Zustand des Patienten gemindert. Eine Substitution bestehender Einrichtungen des Rettungsdienstes kann hingegen der Hubschrauber nicht bewirken. Das ergibt sich allein aus der Tatsache des auf die Tagesstunden von 7.00 Uhr bis Sonnenuntergang begrenzten Flugbetriebs – außer SAR-Flüge der Bundeswehr. Für Nachtlandungen in unvorbereitetem Gelände gibt es derzeit noch keine technischen Verfahren, die eine ausreichende Sicherheit bei der Erkennung von Hindernissen gewährleisten.

Primäreinsatz. Die Behandlung durch den Arzt erfolgt noch am Unfallort, hier in dem ADAC-Rettungshubschrauber BO 105.

ADAC-Luftrettung GmbH

Es begann im Herbst 1970, als der erste zivile Rettungshubschrauber »Christoph 1« (D-HILF), vom ADAC beschafft und für Rettungsaufgaben ausgerüstet, in Dienst gestellt wurde. Es war eine BO 105, die am Krankenhaus Harlaching in München eingesetzt wurde.

Bereits am 13. Juni 1968 startete erstmals ein vom ADAC angemieteter »Jet Ranger« zu einem Notfalleinsatz. Das war nach der Privatinitiative des Arztes H.-W. Feder im Jahr 1967 im Rhein-Main-Gebiet der Anfang der organisierten Luftrettung. Feder hatte mit einer »Brantly« in 38 Einsätzen erste Anstöße gegeben. Im Sommer 1969 hatte dann der ADAC während der Haupttreisezeit probeweise die Rettung aus der Luft durchgeführt. Auf den Autobahnen rund um München setzte er dazu einen gecharterten Bell »Jet Ranger« ein.

den eingehende Meldungen koordiniert und an eines der neun SAR-Kommandos weitergegeben.

Der ADAC gilt als Gründer, Pionier und Motor der Luftrettung in der Bundesrepublik Deutschland. Die Arbeit des Clubs auf diesem Gebiet war bisher von folgenden Schwerpunkten geprägt:
1. Initiierung und Erprobung.
2. Konsolidierung und finanzielle Absicherung.
3. Optimierung und Weiterentwicklung.

Die in den 60er Jahren infolge der Motorisierung eskalierenden Unfallzahlen waren dem ADAC Herausforderung, sich zusätzlich zu verstärkten Präventivmaßnahmen in der Verkehrssicherheit auch für den Ausbau der Unfallrettung einzusetzen. Bestärkt wurde der Club durch die Aussage von Notfallmedizinern, wonach 20% der Verkehrstoten bei rechtzeitiger notärztlicher Behandlung noch eine Überlebenschance gehabt hätten. Der bislang geltende Grundsatz, den Patienten so rasch wie möglich in das nächste Krankenhaus zu transportieren, wich der neueren Erkenntnis, daß es von höherer Priorität ist, den Arzt so rasch wie möglich zum Patienten zu bringen.

Nicht mehr Quantität, sondern ein Mehr an Qualität der Rettungsmittel war gefragt. Die Verkürzung des therapiefreien Intervalls erforderte im wesentlichen zwei Zielsetzungen:

Krankenhauseigener Hangar mit Betankungsanlage.

Das Luftrettungssystem der Bundesrepublik Deutschland wurde innerhalb von zehn Jahren das bestausgebaute der Welt und dient inzwischen weltweit als Vorbild. Das Rettungshubschraubernetz setzt sich aus Stationen des ADAC, des Katastrophenschutzes, der Bundeswehr und der Deutschen Rettungsflugwacht zusammen. Piloten und Wartungspersonal der Hubschrauber des Katastrophenschutzes stellt das Bundesministerium des Innern (Bundesgrenzschutz). Die Bundeswehr stellt in der Regel SAR-Hubschrauber vom Typ Bell UH-1D des Heeres und der Luftwaffe zur Verfügung.

Der SAR-Dienst der Bundeswehr ist fest in den Luftrettungsdienst in der BRD integriert. Im Gegensatz zu zivilen Luftrettungsdiensten sind die SAR-Hubschrauber der Bundeswehr auch während der Nacht einsatzbereit, sofern es die jeweilige Wetterlage erlaubt.

Neben der Marine-SAR-Leitstelle in Glücksburg befindet sich in Münster (vormals Goch am Niederrhein) die SAR-Leitstelle der Luftwaffe. Von dort wer-

• den Ausbau der Notrufeinrichtungen mit einer einheitlichen Telefonnummer zur Beschleunigung der Unfallmeldung,
• den Einsatz von Straßenzustand und Verkehrsdichte unabhängigen Luftrettungsmitteln.

Als 1970 mit knapp 20.000 Getöteten im Straßenverkehr der bisher höchste Stand erreicht wurde und noch immer Konzeptionen von zuständiger Seite fehlten, stellte der ADAC im November am Städtischen Krankenhaus München-Harlaching einen eigenen Rettungshubschrauber vom Typ BO 105 in Dienst. Es war der erste zivile Rettungshubschrauber, der, nach dem neuesten Stand der Notfallmedizin ausgerüstet, ausschließlich nur für Notfalleinsätze zur Verfügung stand. Zu den Investitionskosten erhielt der ADAC Zuschüsse aus dem Bundeshaushalt und dem Haushalt des Freistaates Bayern. Alle laufenden Kosten übernahm der Club.

Im Mittelpunkt des nun folgenden unbefristeten Pilotprojektes stand die Erkundung und spätere Definition der einsatztaktischen, medizinischen, flugtechnischen und ökonomischen Rahmenbedingungen für den Luftrettungsdienst. Neuland wurde damit auch in der klinischen Versorgung Unfallverletzter betreten, denn nun erhielten die Kliniken Patienten, die vordem nicht mehr lebend das Krankenhaus erreichten. Viel gemeinsame Überzeugungskraft war notwendig, um mit dem sogenannten »Münchner-Modell« auf breiter Basis den Durchbruch einzuleiten, zumal die Meinungen in der Fachwelt über die Nützlichkeit der Luftrettung noch weit auseinandergingen. Kritiker setzten die Transportbedingungen im Hubschrauber mit den Umwelteinflüssen in Kesselschmieden gleich.

Notfallmedizinische Erfordernisse zwangen zu einer Selektion des Marktangebotes. Nach den Erfahrungen des ADAC aus der Pilotstudie zeichnen vier wesentliche Merkmale einen Rettungshubschrauber aus:

a) kompakte Bauweise und damit gute Manövrierfähigkeit auf engstem Raum;
b) Turbinentriebwerke; sie benötigen keine Warmlaufzeit und garantieren einen vibrationsfreien Flug;
c) hochliegender Haupt- und Heckrotor zur Vermeidung von Unfallgefahren bei Landungen auf bewachsenem Gelände und beim Be- und Entladen;
d) ausreichender Innenraum für die Überwachung des Patienten und gegebenenfalls Fortsetzung ärztlicher Behandlungsmaßnahmen sowie leichte Zulademöglichkeit für zwei Krankentragen.

Diese und eine Reihe weiterer detaillierter Standards sind in eine Norm eingeflossen, die vom deutschen Institut für Normung 1982 verabschiedet wurde und die heute das Leistungsniveau in der Luftrettung sichern hilft. Die BO 105 hat sich, obwohl sie nicht alle Bedingungen der Norm erfüllt, im Rettungseinsatz uneingeschränkt bewährt. Sie verfügt über zwei Triebwerke und damit über eine zusätzliche Sicherheitsreserve bei einem Triebwerksausfall.

Konsolidiert hat sich die Luftrettung durch folgende Tatbestände:

1. mit Ausbauplänen des Bundesinnenministers für den Katastrophenschutz;
2. durch die Fortschreibung vertraglicher Kostenerstattungsvereinbarungen mit den Krankenkassen.

Die Luftrettung ist nach der geltenden Rechtsauffassung als Bestandteil der allgemeinen Gesundheitsfürsorge eine öffentliche Aufgabe. Zuständig für den Rettungsdienst sind nach der föderativen Staatsverfassung der Bundesrepublik die Bundesländer. Diese sahen sich jedoch nicht in der Lage, neben ihren Verpflichtungen zur Verdichtung der bodengebundenen Einrichtungen der Unfallhilfe auch noch die Finanzierung der Luftrettung zu übernehmen. Ein Gesetz zur Erweiterung des Katastrophenschutzes bot hingegen dem Bundesinnenminister die Möglichkeit, Luftrettungsmittel bei der Vorhaltung für den Zivilverteidigungs- oder Katastrophenfall mit vorzusehen.

Nach dem Vorbild des Münchner ADAC-Modells hat der Bundesinnenminister ab 1971 weitere Rettungshubschrauber-Stationen zur Erprobung seiner spezifischen operationellen Einsatzbedingungen eingerichtet. 1974 wurde die Phase der Modellversuche beendet und aufgrund der überzeugenden Ergebnisse mit dem planmäßigen Ausbau begonnen. Zur Unterstützung der staatlichen Bestrebungen und zur Überwindung finanzpolitischer Hürden hat der ADAC 1973 seinen Münchner Rettungshubschrauber in den Pool des Katastrophenschutzes eingebracht und 1974 noch eine weitere BO 105 dem Bundesinnenminister übergeben. Im Zeitraum von neun Jahren, bis 1980, konnte so ein Netz von 18 Rettungshubschrauber-Stationen des Katastrophenschutzes über die Bundesrepublik gelegt werden, das heute das Rückgrat der Luftrettung darstellt.

Als Rettungsdienstorganisationen wirken an der Luftrettung mit:

das Deutsche Rote Kreuz, der Arbeiter-Samariter-Bund, die Johanniter-Unfall-Hilfe, der Malteser-Hilfsdienst und die Feuerwehren. Jeweils eine Organisation stellt pro Rettungshubschrauber den als Besatzungsmitglied mitfliegenden Rettungssanitäter. Für die dafür anfallenden Kosten besteht ein Erstattungsanspruch. In den Händen der Hilfsorganisationen liegen vielfach auch die örtlichen Rettungsleitstellen, die den Einsatz des Hubschraubers lenken und koordinieren.

Die Rolle des ADAC

Der ADAC ist heute in das Luftrettungssystem in zweifacher Hinsicht eingebunden:

- Durch Vertrag mit der Bundesrepublik Deutschland wurde dem ADAC 1974 die Verwaltung der Hubschrauber-Stationen des Katastrophenschutzes übertragen,
- als Betreiber von derzeit 30 eigenen Rettungshubschraubern ergänzt der ADAC an wichtigen Punkten die staatlichen Einrichtungen.

Bei den für die Behörden wahrgenommenen Verwaltungsaufgaben handelt der ADAC als Treuhänder. Sie umfassen vor allem folgende Tätigkeiten:

- Abschluß von Kostenerstattungsvereinbarungen mit den Krankenkassen und Unfallversicherungen.
- Abrechnung der Rettungseinsätze bei den Kostenträgern.
- Erstattung der Flugkosten des Bundes aus den Einsatzvergütungen; Abführung der weiteren Einnahmen an den kommunalen Träger für den Ausgleich spezifischer Standortkosten.

- Öffentlichkeitsarbeit für die bundeseigenen Rettungshubschrauber zur Hebung ihres Bekanntheitsgrades.
- Führung einer Gesamteinsatzstatistik sowie Auswertung der Einsatzerfahrungen.

Da der Bundesinnenminister bei der Festlegung seines Luftrettungsnetzes sich lediglich an katastrophenschutztaktischen Prämissen orientierte, blieben nach Vollendung seiner 18 Standorte noch »weiße Flecken« übrig. Nachdem seitens des Bundes mit ergänzenden Planungen nicht mehr gerechnet werden konnte, haben die Führungsgremien des ADAC beschlossen, den Endausbau der Luftrettung mit dem Einsatz von ADAC-Helikoptern zu sichern. Einer möglichen Aufsplitterung und kommerziellen Unterwanderung der Luftrettung sollte damit gleichzeitig ein Riegel vorgeschoben werden. Da der ADAC mit der Erweiterung seines Engagements auf diesem Sektor über den Rahmen seiner unmittelbaren Mitgliederbetreuung hinaus Leistungen für die Allgemeinheit erbringt, wurde diese Aufgabe 1982 institutionell in der gemeinnützigen ADAC-Luftrettung GmbH mit einem eigenen Status ausgestattet.

Die ADAC-Luftrettung betreibt nach den gleichen Verfahrensregelungen, wie sie für den Katastrophenschutz gelten, ihre anfangs 18 eigenen Rettungshubschrauber-Stationen (siehe Stützpunkt-Karte S.149).

Ein Hubschrauber wird ständig in Reserve gehalten, um wartungsbedingte Ausfallzeiten der Standorthelikopter überbrücken zu können. Die ADAC-Luftrettung hat derzeit rund 90 Piloten und eine große Anzahl Bordmechaniker unter Vertrag, die einem Flugbetriebsleiter unterstehen. Als Einstellungsvoraussetzung für ADAC-Piloten wird der Nachweis von mindestens 1500 Flugstunden verlangt.

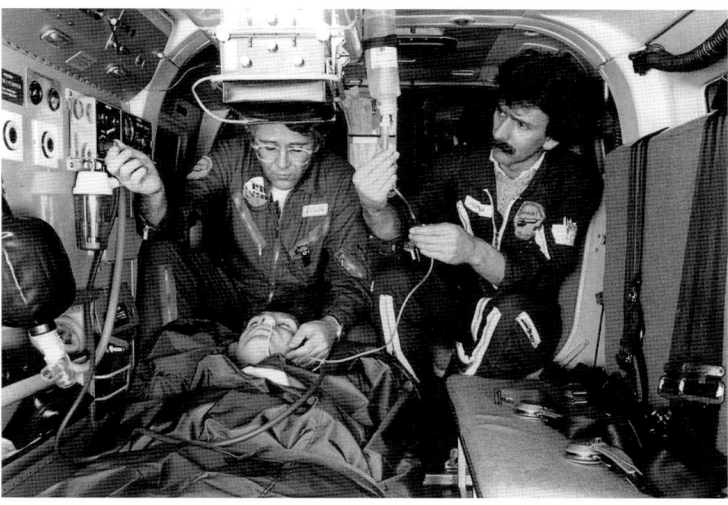

Für Einsätze der ADAC-Rettungshubschrauber werden Pauschalbeträge pro Flugminute erstattet. Ein normaler Einsatz kostet pauschal ca. 2500 DM. Die Uneinheitlichkeit bei den Tarifen ergibt sich zum einen aus dem in Abhängigkeit von den Einsätzen unterschiedlichen Kostenumfang und zum anderen aus der Autonomie der einzelnen Krankenkassenverbände und ihrer separaten Gebührenpolitik. Von der Kostenerstattung ausgenommen sind die Verwaltungskosten des ADAC für die von ihm insgesamt betreuten Rettungshubschrauber-Stationen. Neben den z. Z. elf Hubschrauber-Standorten des Katastrophenschutzes und den 18 ADAC-eigenen hatte die ADAC-Luftrettung bis vor einiger Zeit noch in gleichem Umfang vier Standorte der Bundeswehr zu verwalten.

Gegenüber der BO 105 ermöglicht das größere Raumangebot der BK 117 dem Arzt und den Sanitätern eine Versorgung des Patienten von Kopf bis Fuß.

Zu den ersten Maschinen vom Typ BO 105 der ADAC-Luftrettung GmbH kamen damals vier BK 117 von MBB/Kawasaki hinzu. Sie wurden speziell für den Rettungsdienst, auf Grund 14 Jahre langer Erfahrung, in Zusammenarbeit mit Ärzten entwickelt. Während die BO 105 inklusive Ausstattung damals 3,6 Millionen DM gekostet hat, lag der Preis für eine BK 117 bei ca. 6 Millionen Mark. Dafür bietet sie auch einiges mehr.

BK 117 des ADAC, stationiert am Krankenhaus München-Harlaching.

Neben stärkeren Triebwerken, zwei je 600 PS starke Lycoming-Turbinen, bietet sie bedeutend mehr Platz. Neben der Besatzung, bestehend aus Pilot, Arzt, Sanitäter und Bordwart, können zwei Patienten liegend transportiert werden. Während bei der BO 105 die Beine des Verletzten in einem Tunnel liegen, können bei der BK 117 Arzt und Sanitäter den Patienten von Kopf bis Fuß versorgen. Das Raumangebot reicht auch für die Mitnahme einer Druckausgleichskammer aus, die bei Tauchunfällen mit an Bord genommen werden kann. Für die Bergrettung ist eine Rettungswinde am »Christoph 1«, stationiert in München, vorhanden. Ein Großteil der BK 117 ist mit Servo 300 zur differenzierten Beatmung ausgestattet.

Während die BO 105 vor allem dazu dient, den Notarzt so schnell wie möglich an den Unfallort zu bringen, um dort lebensrettende Erstversorgungsmaßnahmen vorzunehmen, bietet die BK 117 auf Grund ihres größeren Raumangebotes mehr Möglichkeiten. Der Arzt hat zum gesamten Körper des oder der Patienten Zugang.

Die technisch-medizinische Ausrüstung der Rettungshubschrauber wird von der schweizerischen Firma Heinrich Bucher vorgenommen. Auch die an die USA gelieferten Hubschrauber BK 117 für das dort im Aufbau befindliche Luftrettungswesen, EMS (Emergency Medical Services) genannt, wurden von der Firma Bucher ausgestattet. Durch den Integralboden ist ein schneller Kabinenumbau möglich, um eine Dekompressionskammer für Tauchunfälle oder einen Inkubator für Frühgeburten unterzubringen.

Durch die Luftrettung werden erheblich mehr Personen gerettet. 15% aller Schwerverletzten bei Verkehrsunfällen sterben zwischen Unfall und Einlieferung ins Krankenhaus, weil der Zeitraum zu groß ist.

Um diese Zeit zu verkürzen, wurde in den letzten 25 Jahren ein Netz von heute 51 Hubschrauber-Rettungsstationen in Deutschland errichtet. Mit den Hubschraubern können die meisten Unfälle in weniger als 15 Minuten erreicht werden. Neben der BK 117 in München erhielt der ADAC eine zweite BK 117 für die ADAC-Station Sanderbusch.

Bis Juni 1992 hatten die Rettungshubschrauber ca. 500.000 Einsätze mit ca. 325.000 Flugstunden absolviert. Davon entfielen ca. 44.440 Einsätze mit ungefähr 28.900 Flugstunden auf das Jahr 1991, wovon wiederum 2.082 Einsätze mit 980 Flugstunden auf die Rettungsstation München-Harlaching kamen.

Die Hubschrauber der damals 28 vom ADAC verwalteten Stationen flogen 1984 rund 23.000 Einsätze.

Im Durchschnitt wird jeder Rettungshubschrauber am Tag zu drei Notfällen gerufen. In ländlichen Gegenden fliegen die Rettungshubschrauber mit ca.

Platzanordnung im Rettungshubschrauber BO 105.

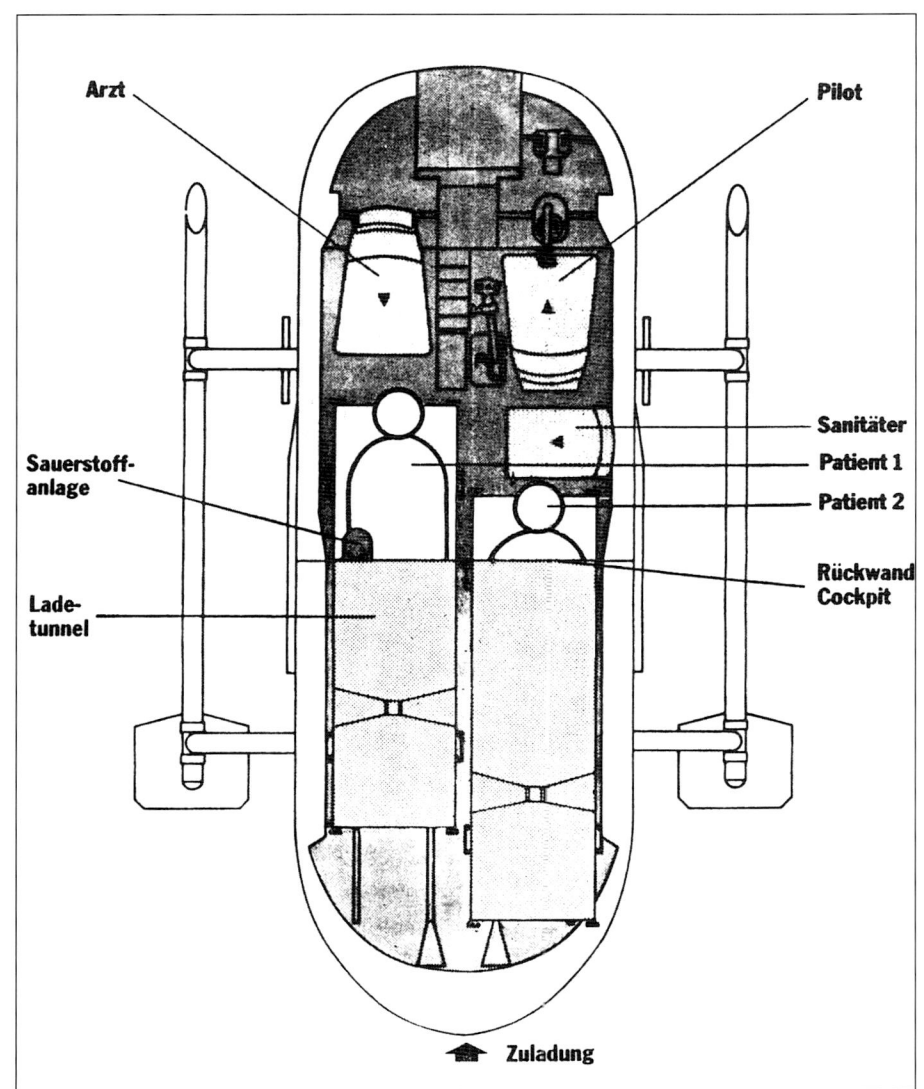

Arzt
Pilot
Sauerstoff-anlage
Sanitäter
Patient 1
Patient 2
Rückwand Cockpit
Lade-tunnel
Zuladung

Das Raumangebot der BK 117 reicht auch für die Mitnahme einer Druckausgleichskammer bei Tauchunfällen aus.

800 Einsätzen im Jahr ungefähr die Hälfte der Einsätze, die Rettungshubschrauber in Großstadtgebieten fliegen. Auch entspricht die Einsatzhäufigkeit der jeweiligen Jahreszeit, wobei diese in den Ferienmonaten Juni bis August am größten ist. So entfielen allein auf Juli 1983 über 3000 Einsätze.

Nach einer Statistik für das Jahr 1983 entfielen:

42 % aller Einsätze auf Verkehrsunfälle,

10 % auf Arbeitsunfälle und Unfälle im Haushalt,

23 % auf innere Krankheiten,

17 % auf Weitertransport zu Spezialkliniken nach der Erstversorgung,

8 % auf verschiedene Einsätze.

Im Vergleich mit 1991:
Es erfolgten allein im Juli 1991 5190 Einsätze, und nach einer Statistik für das Jahr 1991 entfielen:

31% aller Einsätze auf Verkehrsunfälle,

6% auf Arbeitsunfälle und Unfälle im Haushalt,

34% auf innere Krankheiten,

16% auf Weitertransport zu Spezialkliniken nach der Erstversorgung,

19% auf verschiedene Einsätze.

Die durchschnittliche Flugzeit zum Unfallort beträgt nach dem Start 10 Minuten bei einer durchschnittlichen Entfernung von 30 km. Die Zeit bis zum Start beträgt in der Regel weniger als zwei Minuten nach der Alarmierung. Alle Notrufe der verschiedensten Anforderer, ob über Funk oder Telefon, werden zum zuständigen Rettungs Coordinations Centrum (RCC) weiterge-

leitet. Von dort aus werden die erreichbaren Rettungsfahrzeuge und -hubschrauber eingesetzt. Nur das RCC mit seinem breiten Kommunikationsnetz zwischen den verschiedenen Rettungsstellen am Boden und in der Luft gibt die Einsatzbefehle.

Die immer wiederkehrende Befürchtung, der Hubschrauber könne in vielen Fällen nicht am Einsatzort landen, wurde anhand von Untersuchungen widerlegt. In 75 % lag die Landestelle direkt neben dem Patienten und in 85 % war sie nicht weiter als 400 m entfernt. Im direkten Vergleich der Anfahrtszeiten zwischen bodengebundener- und Luftrettung schnitt der Hubschrauber gegenüber dem Notarztwagen erwartungsgemäß günstiger ab, da er in einer Zeiteinheit die 3fache Wegstrecke zurücklegt. Aus dieser Tatsache ergibt sich vielfach die Konsequenz, daß Hubschrauber-

Die Stützpunkte der Luftrettung in der BRD.

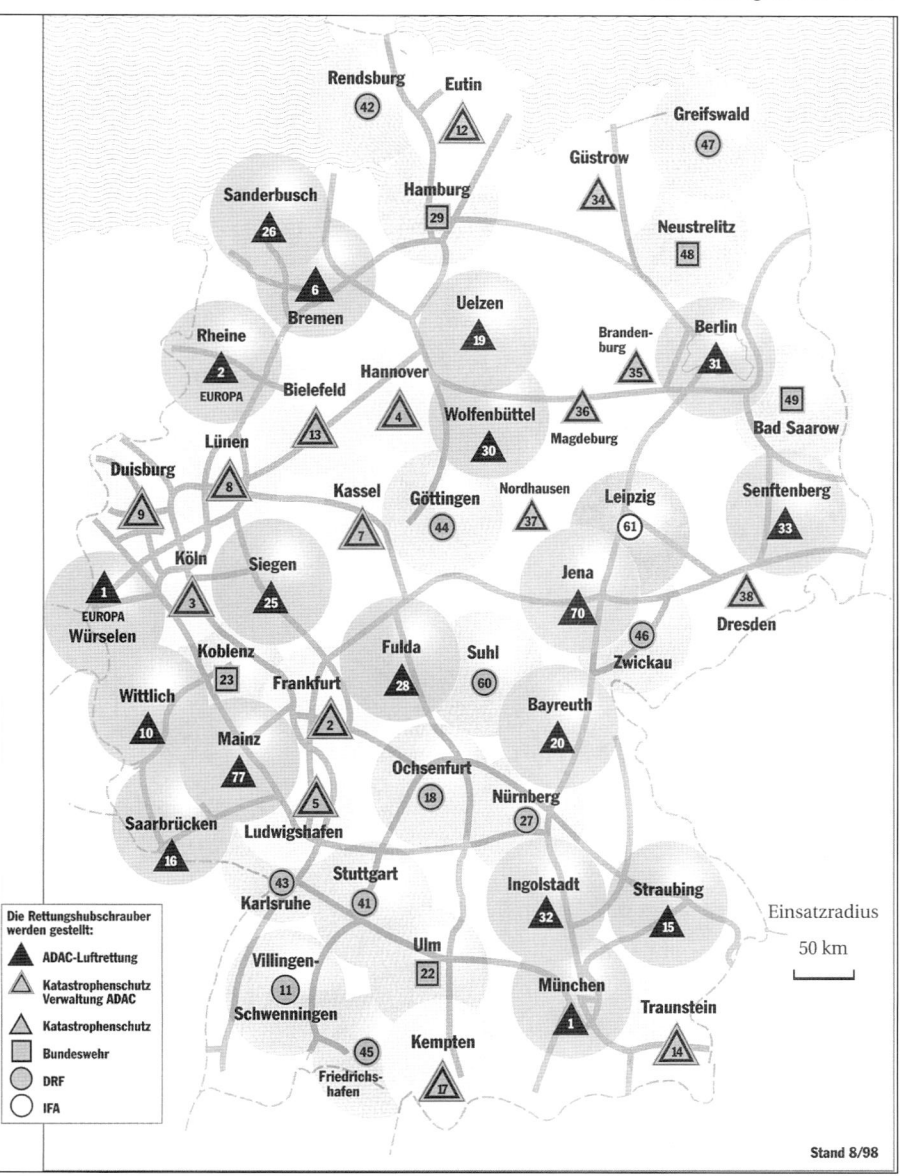

Landung des Rettungs-
hubschraubers BO 105
direkt neben der Unfall-
stelle.

einsätze billiger sind, als solche des Notarztwagens.

Nach Aussagen der Flugärzte hat sich in 10–15 % die rasche Verfügbarkeit des Rettungshubschraubers lebensrettend ausgewirkt. Weitaus höher wird die Quote der Unfallfolgeminderung beziffert. So wurden nach einer Studie des Bayer. Staatsministeriums des Innern mit notärztlicher Versorgung 72 % der Patienten nach stationärer klinischer Versorgung völlig wiederhergestellt entlassen. Auch für die Kostenträger werden durch den Hubschraubereinsatz nachweisbar kostensenkende Effekte erzielt. Dies bestätigen Ergebnisse, wonach der Krankenhausaufenthalt durch adäquate ärztliche Maßnahmen am Notfallort deutlich verkürzt werden kann.

Neben den vielseitigen Rettungsflügen kommen ab und zu auch außergewöhnliche Einsätze vor. So landete vor Jahren »Christoph 3« auf einem fahrenden Schubverband mitten auf dem Rhein bei Köln, um einen verletzten Schiffsjungen in ein Krankenhaus zu fliegen. 29 Minuten nach der Alarmierung war der Hubschrauber erneut einsatzbereit. Es war übrigens die erste Landung eines Rettungshubschraubers auf einem fahrenden Schiff.

Nach langen Verhandlungen zwischen dem ADAC, dem Berliner Innensenat und den alliierten Streitkräften konnte der ADAC ab September 1987 einer RTH in Berlin stationieren. Christoph 31 flog mit US-Zulassung und amerikanischem Piloten Einsätze vom Universitätsklinikum in Steglitz.

Bereits im Sommer 1990 fand das erste deutsch-deutsche Luftrettungssymposium in Senftenberg statt, wo kurz darauf ein RTH stationiert werden konn-

te. 1994 kam ein Intensivtransporthubschrauber vom Typ BK-117 B2 hinzu.

Eine Sonderstellung innerhalb der Luftrettung nimmt auch »Christoph 16« in Saarbrücken ein. Die Stationierung des RTH im April 1978 war wegen der Grenzrandlage sehr umstritten. Das Saarland wurde zu einem Rettungsdienstbereich zusammengefaßt und dadurch nur einer Rettungsleitstelle unterstellt. Somit ist Saarbrücken der einzige RTH-Standort in Deutschland, wo sich RTH und zentrale Rettungsleitstelle unter einem Dach befinden. Bis 30. Juni 1996 war der Bundesminister des Innern Betreiber des RTH und stellte die Piloten des Bundesgrenzschutz. Seit 1. Juli 1996 hat die ADAC-Luftrettung GmbH diese Aufgabe übernommen. In den 20 Jahren hat Christoph 16 rund 25.000 Einsätze geflogen, heute sind es ca. 1300 im Jahr. Der Einsatzradius des RTH beträgt auf deutschem Gebiet nur etwas mehr als einen Halbkreis; 60 % des Einsatzgebietes liegen auf deutscher, 40 % auf französischer Seite. So bot das saarländische Innenministerium den benachbarten französischen Behörden den grenzüberschreitenden Einsatz an. In den ersten zehn Jahren betrugen die grenzüberschreitenden Flüge lediglich 0,38 % vom Einsatzaufkommen, ähnliche Werte weisen die letzten zehn Jahre auf. Als die Rettungsleitstelle bei einem Grubenunglück im nahen französischen Lothringen den zuständigen französischen Dienststellen ihre Unterstützung und den RTH anboten, wurde diese Hilfe abgelehnt. Die Franzosen alarmierten ihren Zivilschutz-Hubschrauber in Straßburg, der mit einer Vorlaufzeit von zwei Stunden und einer Anflugzeit von gut 20 Minuten eintraf. Viele Verletzte wurden in dieser Zeit mit normalen Krankenwagen über weite Strecken transportiert. Christoph 16 hätte dagegen nur eine Vorlaufzeit von 90 Sekunden und eine Anflugzeit von fünf Minuten gehabt. Bis heute hat sich, selbst bei Katastrophenfällen, nichts geändert. Die Grenzregion auf französischer Seite bleibt zumindest luftrettungsdienstlich völlig unterversorgt. Selbst die Hoffnungen, daß sich mit Inkrafttreten des EU-Binnenmarktes und dem Fall der Schlagbäume etwas ändern würde, haben sich nicht bestätigt. Was in den Niederlanden, Luxemburg und Österreich wunderbar funktioniert, wird von Frankreich abgelehnt. Das so gepriesene gemeinsame Haus »Europa« hat eben Mieter, die noch lernen müssen, sich in diese Gemeinschaft zu fügen. Mit Ablauf des Jahres 1999 hat der ADAC in Saarbrücken einen Rettungshubschrauber der jüngsten Generation in Dienst genommen. Der neue »Christoph 16« Eurocopter EC 135 ersetzt die BO 105.

Seit Anfang 1998 steht »Christoph Europa 1« in der deutschen, belgischen und niederländischen Region um Aachen, Lüttich und Maastricht für Rettungsaufgaben bereit. Mit Unterstützung des belgischen Touring-

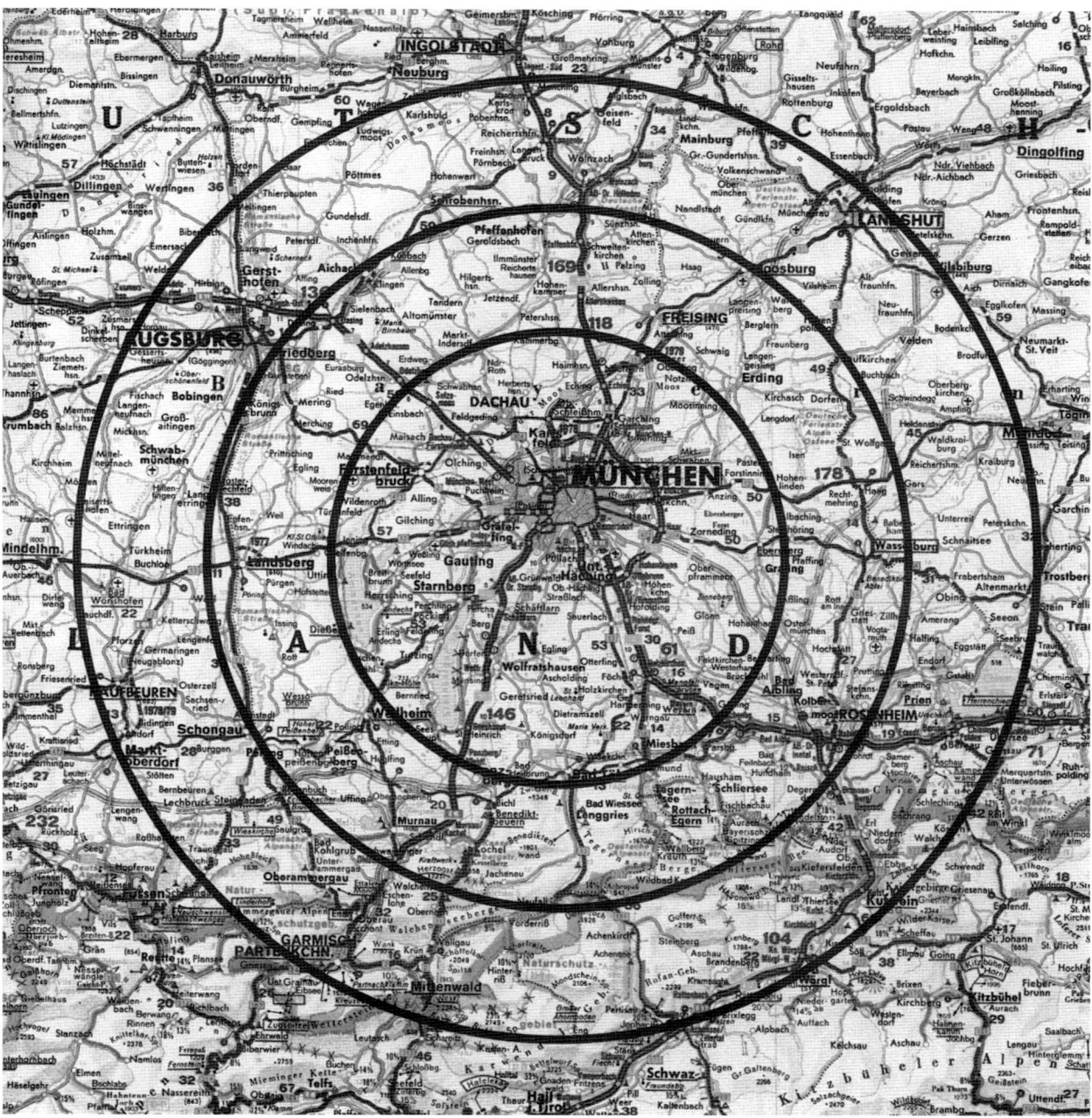

Einsatzgebiet der in München-Harlaching stationierten BK 117 mit den Einsatzradien 30, 50 und 70 km.

Club, des niederländischen ANWB und des Kreises Aachen unterstützt die ADAC-Luftrettung GmbH so die grenzüberschreitenden Einsatzmöglichkeiten am Dreiländerpunkt Würselen/Merzbrück. Ausstattung der EC 135 »Europa 1«:

- zwei identisch ausgerüstete Notfallkoffer für Erwachsene,
- Baby-/Kinder-Notfallkoffer,
- Rettungstrommel,
- Bruker Defigard 2002 und EKG-Sichtgerät,
- nichtinvasiver Herzschrittmacher (Bruker),
- invasiver Herzschrittmacher (Bruker),
- Perfusorpumpe 2 x,
- mobile Absaugeinheit,
- Beatmungsgerät (Medumat Elektronik),
- zentrale Sauerstoffanlage (3 x 3 Liter) für Insufflation und Beatmung,
- Sauerstoff-Flasche (3 Liter) für externen Einsatz,
- Satz Replantatbeutel,
- Set zur Magenspülung,
- Vakuummatratze,
- Satz Femo-Stützkragen,
- Force-Rettungsgerät,
- Handsprechfunkgerät.

Windenarbeit am Hubschrauber Bell UH-1D in den Bayerischen Alpen.

Neben dem ADAC gibt es in der BRD noch mehrere Einrichtungen, die sich mit dem Krankentransport beschäftigen. Das heißt, daß diese Stellen, zum größten Teil private Vereinigungen bzw. Firmen, den Krankenrückholtransport aus dem Ausland wie auch die Verlegung von Patienten von einem Krankenhaus in eine Spezialklinik, z. B. bei Verbrennungen, auf dem Luftweg durchführen.

1990 gab es in den neuen Bundesländern bereits neun Luftrettungsbasen, die von der Bundeswehr mit Hubschraubern sowjetischer Bauart betrieben wurden. Diese starteten 1990 zu rund 1000 Rettungseinsätzen.

Von 1970 bis Ende 1997 erfolgten insgesamt 789.053 Rettungseinsätze, von denen 57.728 vom ADAC durchgeführt wurden. Allein für das Jahr 1997 wurden insgesamt 149.023 Rettungseinsätze durchgeführt, von denen 18.689 auf den ADAC entfielen*.

Heute besteht die ADAC-Hubschrauberflotte aus 11 BO 105 CBS; 3 BO 105 »Super Five«; 8 BK 117; 6 EC 135; 2 MD 900 (Stand 1. Halbjahr 1998).

Nachdem Bundeswehr und Bundesgrenzschutz ihr Engagement in der Luftrettung reduzieren müssen, kämpfen ADAC und DRF um jede frei werdende Sta-

tion. Vor allem der ADAC hat von der Aufgabe bisheriger Bundeswehr- und BGS-Stationen profitiert. Am 1. Dezember 1995 hat die ADAC-Luftrettung die RTH-Station Straubing von der Grenzschutz-Fliegerstaffel Süd übernommen. In Straubing und Saarbrücken hat der ADAC je eine BO 105, in Bremen eine BK 117 und in Wittlich eine EC 135 stationiert. Auch die Station Rheine ging nach 16 Jahren mit einem Rettungshubschrauber der Bundeswehr an den ADAC, der dort seit Frühjahr 1998 eine EC 135 bereitstellt. In dieser Zeit wurden bei 12.000 Einsätzen 6000 Patienten transportiert und 3500 notärztlich versorgt. Der neue »Christoph Europa 2« kann von Rheine aus auch zu grenzüberschreitenden Rettungsflügen in die Niederlande starten. Ebenfalls seit Frühjahr 1998 fliegt ein gelber Engel »Christoph 70« in Jena. Die Übergabe erfolgte im Beisein von Gerhard Kugler, Dr. Richard Dewes, Innenminister von Thüringen, und Klaus Dieter Rühl, Kommandeur Lufttransportgruppe LTG 62. Um für weitere Expansion über genügend Finanzmittel zu verfügen, wurde das Stammkapital der ADAC-Luftrettung GmbH von 100.000 DM auf 100 Millionen Mark erhöht. Bis zum Jahr 2009 möchte die ADAC-Luftrettung alle 14 BO 105 gegen moderne Modelle tauschen. Kostenpunkt: 100 Millionen Mark.

* Siehe auch Einsatzstatistik auf Seite 261.

Mai 2020

Niebüll

H elicopter
1 zivile Ausf.
4 max. 4,to
5 zwei Triebwerke

eueste Errungenschaft der DRF-Luftrettung in Niebüll: einer der modernsten Hubschrauber vom Typ H145. FOTOS: HAGEN WOHLFAHRT

Statt Karten

Dein Weg ist nun zu Ende und leise kam die Nacht.
Wir danken Dir für alles, was Du für uns gemacht.

Gerhard Hansen

† 25. März 2020

Es ist schwer einen Menschen zu verlieren,
den man lieb hat, aber tröstend zu erfahren,
wie viel Liebe, Freundschaft und Wertschätzung
unserem Bruder Gerhard entgegengebracht wurde.

Herzlich danken möchten wir für die vielen und
liebevollen Briefe, Karten und Zuwendungen,
die uns in dieser schweren Zeit Trost geben.

Allen Kameradinnen und Kameraden der Freiwilligen
Feuerwehr und Jugendfeuerwehr sowie den Bläsern
für die musikalische Begleitung, dem Schützenverein
und dem Kegelverein Gut Holz sagen wir Dank.

Außerdem danken wir unserem Pastor Michael Goltz
für die einfühlsamen und tröstenden Abschiedsworte
und dem Bestattungsinstitut Utermark für die liebevolle
Begleitung und Unterstützung.

**Deine Geschwister
mit Familien**

Schwabstedt, im Mai 2020

---

*die Ruhe gönnen,
uer unser Herz;
l nicht helfen können,
rößter Schmerz.*

en von meinem lieben
und Schwiegervater, Opa,
der, Schwager und Onkel

Pilz

† 19. Mai 2020

be und Dankbarkeit

Anne
nd Matthias
ja und Lukas
nd Petra
k und Jana
Mutter Irma
die ganze Familie

ge nehmen wir im
ndeskreis Abschied.

ter Blumen bitten wir
Sönke's Sinne weitergeben
to Bestattungshaus
0000 0040 0466 66 bei

Margret B

†25. Apr

Allen, die sich in stiller T
fühlten und ihre Anteilnah
zum Ausdruck brachten, da

Ein besonderer Dank gilt H
Mitarbeitern von Bestattu
für die würdevolle Begleitu

**Marlen Söre
mit Familie**

Vollstedt im Mai 2020

Statt

 *Hanna u*

Olde

† 4. M

D   an die Pastorin Anja

A   würdevollen und se
anlässlich der Traue

N   für die vielen tröste
durch Wort und Sch

K   nahme sowie die Bl
an die Jagdhornbläs

E   barn für's Tragen u
an das Bestattungsi

Schulungen und Checkflüge der ADAC-Piloten sowie die Eingangstests für neue Bewerber finden auf dem Flugplatz Siegerland statt. Hier befindet sich die zentrale Stelle der ADAC-Luftrettung, Abteilung Flugbetrieb. Insgesamt werden hier pro Jahr ca. 250 Checkflüge durchgeführt, wobei jeder Pilot zweimal jährlich geprüft wird.

Die technische Instandhaltung der ADAC-Rettungshubschrauber ist dem Wartungsbetrieb »Air Lloyd Luftfahrt Technik GmbH« übertragen worden.

Neuer Geschäftsführer der ADAC-Luftrettung wurde im Mai 2000 Friedrich Rehkopf, nachdem Gerhard Kugler nach über 30 Jahren Tätigkeit in der Luftrettung sein Amt abgegeben hat.

DRF

Schnelle Hilfe, die vom Himmel kommt, als Primäreinsatz mit Helikoptern aus den Luftrettungszentren und schnelle Hilfe, die Organe, Transplantate, Medikamente und Patienten aus medizinisch notwendigen Verlegungsgründen im Sekundäreinsatz per Hubschrauber oder Ambulanzjet transportiert, vereinen sich bei der Deutschen Rettungsflugwacht unter der Koordination der Rettungsleitstellen einerseits und der Alarmzentrale der DRF andererseits zu einer der effektivsten Rettungsinstrumentarien, die in der Welt zu finden sind.

Im Juli 1969 wurde die Björn-Steiger-Stiftung e.V. in Winnenden gegründet. Ute und Siegfried Steiger hatten im Mai 1969 durch einen tragischen Verkehrsunfall ihren achtjährigen Sohn verloren. Die Hilfe für ihren Sohn Björn kam zu spät. Die Betroffenheit der Eltern führte zur Gründung der Stiftung.

Am 6. September 1972 wurde die Deutsche Rettungsflugwacht e.V. (DRF) in Stuttgart von der Björn-Steiger-Stiftung und mit Hilfe der Schweizerischen Rettungsflugwacht (REGA) ins Leben gerufen, mit dem Ziel, eine Lücke im südwestdeutschen Raum zu schließen, die von der Bundesregierung nicht geschlossen werden konnte.

Begonnen wurde mit einem gecharterten Hubschrauber. Am 19. März 1973 stellte DRF-Präsident Siegfried Steiger die von ihm gegründete Luftrettungsorganisation zusammen mit dem ersten Luftrettungszentrum für den Großraum Stuttgart der Öffentlichkeit vor. Noch während der Einweihungsfeier wurde zum ersten Mal das neue fliegende Rettungsmittel durch die Rotkreuz-Oberleitstelle Baden-Württemberg zum Einsatz angefordert. Es startete der erste DRF-Rettungshubschrauber »Baden-Württemberg 07« – eine »Alouette III« – mit der Besatzung: Pilot Günther Sasse, Notarzt Dr. med. Jan Zahradnicek und Wolfgang Kretschmer.

Neben den Rettungshubschraubereinsätzen führte die DRF schon 1973 Ambulanzflüge im In- und Ausland durch. Am 16. März 1973 startete ein DRF-Ambulanzflugzeug erstmals, um einen Patienten in eine Spezialklinik zu bringen, und auf den 7. Juli datiert der erste Flug nach Afrika. Am Ende des Jahres 1973 hatte die DRF bereits 335 Einsätze geflogen. Im August 1974 flog die DRF zusammen mit der REGA acht Tonnen Lebensmittel ins krisengeschüttelte Zypern und evakuierte 36 Personen. Knapp drei Wochen später fand der erste Ambulanzflug nach Berlin statt. Der DRF ist es seither immer wieder gelungen, auch für Ostblockländer Einflug-, Überflug- und Landegenehmigungen zu bekommen. Im Dezember 1985 öffnete die DDR den Luftkorridor, um den Transport eines Herzens von Berlin nach Hannover zu ermöglichen und dadurch einem 15jährigen Mädchen das Leben zu retten.

Im Januar 1977 wurde erstmals ein Bell 206 »Long Ranger« für Verlegungsflüge von Klinik zu Klinik angeschafft. Damit erhöhte sich die Zahl der DRF-Hubschrauber nach fünfjähriger Tätigkeit auf vier. Parallel dazu wurde der Ausbau der Deutschen Zentrale für Luftrettung betrieben, denn nur durch eine solche Zentrale ist der optimale und effektive Einsatz für weltweite Ambulanzflüge gewährleistet. Nach Zustimmung der ICAO bekam die DRF Ende 1977 das Sonderzeichen »Civil Air Ambulance« für ihre internationalen Einsätze zugeteilt. In Verbindung mit den verschiedenen rechnergestützten Kommunikationslinien, zu denen u. a. auch der 1978 erfolgte Anschluß an das internationale Flugsicherungsfernschreibnetz (AFTN) gehört, können die DRF-Flugzeuge seither an jedem Punkt der Erde unter diesem »Namen« gerufen werden.

Im Sommer 1979 wurde der 10.000. Einsatz geflogen, der 20.000. schon im April 1982. Diese Einsatzzahlen machten schon damals eine eigene Werft für fällige Reparatur- und Wartungsarbeiten erforderlich. Im April 1980 wurde daher ein eigener flugtechnischer Betrieb in Baden/Oos gegründet, der wenig später vom Luftfahrtbundesamt als offizieller Luftfahrttechnischer Betrieb anerkannt wurde. Auch die Lizenz für die DRF als Luftfahrtunternehmen durch das Bundesamt bedeutet zusätzlich geprüfte Sicherheit und ständige Kontrolle der Leistungsfähigkeit. Im August 1984 erfolgte die Anschaffung eines ersten eigenen Flächenflugzeugs für Rückholflüge. Es war eine zweimotorige Turboprop »Fairchild Merlin IV C«. Zusammen mit der »Flugtechnik Stuttgart GmbH« gründete die DRF eine eigene Werft zur Wartung ihrer Flächenflugzeuge.

Im Juli 1986 konnte die DRF in Berlin einen Ambulanzjet stationieren, der die Inselstadt an das internationale Ambulanzflugnetz anband. Berlins Regierender Bürgermeister Eberhard Diepgen nannte die Inbetriebnahme des DRF-Jets »eine Luftbrücke der Menschlichkeit«, die für Berlin ein »weiteres Stück Normalität« bedeutete.

Nach dem Fall der Mauer konzentrierte sich die DRF auf die Luftrettung in den neuen Bundesländern. Im August 1991 wurde das erste ostdeutsche Luftrettungszentrum in Zwickau eingeweiht. Es folgten Greifswald, Fürstenwalde und Suhl.

Auch der DRF wurde der Anfang schwergemacht. So mußte der Rettungshubschrauber »Christoph 41« dreizehn Jahre lang mehrfach seinen Standort wechseln, bis er 1986 endlich seinen endgültigen Standort am Leonberger Kreiskrankenhaus fand. Immer wieder hatte es zuvor, in Böblingen, Marbach und Ludwigsburg etwa, Schwierigkeiten wegen Lärmbelästigung gegeben, bis die Presse Klarheit schaffte und schrieb: »Was wiegt schwerer? Das Bedürfnis einiger weniger Anlieger nach Ruhe oder die Rettung von Menschenleben in der gesamten Region Mittlerer Nekkar?«

In den ersten zwanzig Jahren ihres Bestehens hat die DRF für ihre 16 Rettungshubschrauber und vier Ambulanzjets über 30 Millionen DM für Flugbenzin, 18 Millionen DM für Kommunikation, Telefon, Funk, Überflugrechte, Start- und Landegebühren sowie weitere 90 Millionen DM für Anschaffung und Instandhaltung der Hubschrauber und Jets ausgegeben. Die Rettungshubschrauber sind an Schwerpunkt-Krankenhäusern stationiert, die Ambulanzjets der DRF fliegen ab Stuttgart, Berlin und Frankfurt. Die Jets haben im Einsatz immer vorrangige Landeerlaubnis. Sie melden sich über Funk mit einem extra für die DRF zugeteilten internationalen Funk-Rufzeichen: Alpha-Mike-Bravo (AMB = Abk. für Ambulanz).

Als Rettungshubschrauber werden von der DRF die Modellversion BO 105 CBS mit einem verlängerten Innenraum eingesetzt sowie die BK 117 B-2. Als Ambulanzjet ist der Learjet 35A im Einsatz, dessen maximale Reichweite 3600 km beträgt. Die Reisegeschwindigkeit wird mit 850 km/h angegeben, die Reiseflughöhe liegt bei 13.700 Meter.

Schon im Juli 1993 teilte das Bundesinnenministerium der DRF und dem ADAC mit, daß sich der Bund in den nächsten Jahren aus der Luftrettung zurückziehen wird.

Dem Bundesgrenzschutz sind im Zuge der Grenzsicherung neue Aufgaben zugeteilt worden. So hat sich der BGS seit 1995 aus mehreren mit Rettungshubschraubern besetzten Stationen innerhalb

Deutschlands zurückgezogen. Unter volkswirtschaftlichen Gesichtspunkten erhielt die DRF den Zuschlag zur Übernahme einiger dieser Standorte. Dies waren u. a. am 1. Januar 1996 Ochsenfurt und am 1. Mai 1996 Villingen-Schwenningen. An der Systematik und Einsatztaktik änderte sich durch diese Wechsel nichts. Ärzteschaft und Hilfsorganisationen bleiben weiterhin im Dienstbetrieb. Die Teams wurden lediglich auf die DRF-Medizintechnik umgeschult.

Nach der derzeit gültigen Planung wird sich auch die Bundeswehr im Zeitraum 1998 bis 2009 aus der zivilen Luftrettung zurückziehen. Zehn der insgesamt 51 Rettungshubschrauberstandorte in Deutschland werden z. Z. von der Bundeswehr betrieben. Am 1. April 1998 hat die DRF den Standort Nürnberg von der Bundeswehr übernommen und eine BK 117 mit Seilwinde, wie in der Ausschreibungsvergabe für Übungen mit der Bergwacht gefordert, bis zum Eintreffen der neuen EC 135 bereitgestellt. Für die EC 135 existiert jedoch z. Z. noch keine genehmigte Winde.

Am 20. September 1996 erfolgte die Übergabe der modernsten Rettungshubschraubergeneration, zwei EC 135 der Firma Eurocopter, vor dem neuen Schloß in Stuttgart. Es handelte sich um die beiden weltweit ersten Serienmodelle ihres Typs, die ausgeliefert wurden. Stationiert wurden diese Hubschrauber an den Luftrettungszentren Ochsenfurt und Leonberg. Da alle Luftfahrzeuge regelmäßigen Kontrollen unterliegen, kann es sein, daß die Maschinen über einen Ringtausch auch an eine andere Station kommen. Die EC 135 fliegt nicht nur schneller als die BO 105, sie braucht auch weniger Zeit vom Anlassen der Turbinen bis zum Abheben. Das darf maximal zwei Minuten dauern. Die EC 135 ist in der Regel bereits 50 Sekunden nach dem Anlassen in der Luft. Das liegt an dem vollautomatischen Anlaßsystem für die beiden Turbinen. Die Kosten für einen Rettungshubschrauber vom Typ EC 135 belaufen sich auf rund 5,7 Mio. DM.

Die DRF flog bisher über 175.000 Einsätze, 328 waren es im ersten Jahr, 16.558 Einsätze flog die DRF 1997, von denen 69 % Primäreinsätze waren. Von den Sekundärflügen entfallen 20 % auf die weltweiten Ambulanzflüge der beiden Jets. Mit dem Luftrettungszentrum Nürnberg betreibt die DRF 19 Luftrettungszentren; sie unterhält 23 eigene und zwei gecharterte Hubschrauber sowie zwei eigene Ambulanzjets. Übrigens: Die BK 117 aus der RTL-Serie »Medicopter 117« gehört der DRF und diente während der Dreharbeiten als Ersatzmaschine, stationiert am Flughafen Mannheim-Neuostheim.

Am neuen Regionalflughafen Baden Airport auf dem Gelände der Baden-Airpark GmbH errichtete die DRF ein neues großes zentrales Operations-Center.

Der Grundstein dafür wurde im ersten Halbjahr 1998 gelegt. Die Bereiche Wartung, Flugbetriebsleitung und Technische Betriebsleitung, vorher in Filderstadt am Flughafen Stuttgart und in Baden-Baden zerstreut, sind seit Februar 1999 unter einem Dach vereint. Die von der DRF erworbene Gesamtfläche von 13.000 Quadratmetern, davon 2.300 Quadratmeter bebaut, teilen sich Verwaltung und Werft. In den beiden Werfthallen werden seit dem alle 23 Rettungs- und Intensivtransporthubschrauber sowie die beiden Ambulanzflugzeuge instand gehalten und gewartet. Hauptverwaltung, Mitgliederbetreuung und Alarmzentrale bleiben in Filderstadt-Bernhausen.

Logo der DRF.

Im Rahmen der Umstrukturierung erhielt die DRF 1997 ein neues Logo.

Seit dem 1. November 1991 fliegt »Christoph Lux 1« reguläre Rettungseinsätze in Luxemburg, eingebunden im landesweiten SAMU (Service d'Aide Medical Urgente)-System. Die »Luxemburgische Rettungsflugwacht«, gegründet am 10. April 1988, ist mit der DRF organisatorisch verbunden. Als Mitinitiator und Gründungsmitglied ist Sigfried Steiger auch Vize-Präsident der LRF. Die von der DRF zur Verfügung gestellte BO 105 CBS war anfangs jeweils an der diensttuenden Klinik in der Stadt Luxemburg stationiert. Im Jahre 1989 wurde die LAR zur Stiftung erweitert. Am 19. März 1989 erhielt sie den ersten eigenen RTH, eine Bell 206 L »Christoph Letzebuerg«, die auf dem Flughafen Findel stationiert wurde. Anfang 1991 wurde die Bell gegen eine BO 105 CBS (Christoph Lux 1) ersetzt. Seit 1993 verfügt auch die LRF über einen eigenen, 300 qm großen Hangar am Luxemburger Flughafen Findel. Jeder Ort im kleinen Großherzogtum sei in maximal 14 Minuten erreichbar, versicherte LRF-Präsident Renè Closter. Um sich mit der BO-105 nun ausschließlich auf den Bereich der primären Notfallhilfe zu konzentrieren, charterte die LRF Anfang 1995 mit »Christoph Lux 2« einen zweiten Helikopter. Diese »Ecureuil« AS 350 B hat die Aufgaben der Patientenverlegung übernommen, ist medizinisch-technisch so ausgerüstet, daß sie in einem Notfall auch primär eingesetzt werden kann. Am 10. Juni 1996 wurde die AS 350 B gegen eine neue hochmoderne Maschine des Typs »Explorer« MD 900 von McDonnell-Douglas ausgetauscht. Dieser Rettungshubschrauber ist an der Klinik St. Louis in Ettelbruck stationiert. Wird der über 012 erreich-

baren Zentrale ein Notfall gemeldet, entscheidet der diensthabende Arzt, je nach medizinischer Sachlage, über den Einsatz eines bodengebundenen Rettungsmittels oder des Helikopters. In der Regel wird der Rettungshubschrauber bei Notfällen eingesetzt, die sich mehr als 15 Kilometer vom nächstgelegenen SAMU-Zentrum ereignen, und bei besonderen Fällen, die innerhalb dieses Bereiches stattfinden.

Die DRF hat zusammen mit der Aerodata Flugmeßtechnik und STN Atlas Elektronik das Einsatzoptimierungs- und Steuerungssystem (EOS 1.0) entwickelt und im Februar 1996 vorgestellt, mit dem Daten aus Hubschraubern oder Einsatzfahrzeugen direkt übermittelt werden können. Dadurch ist die Deutsche Zentrale für Luftrettung jederzeit in der Lage, Daten wie u. a. Standort des Fluggeräts, Treibstoffmenge an Bord und Eintreffen an der Notfallstelle abrufen zu können.

Das EOS 1.0 besteht im wesentlichen aus den Systemen Einsatzleit-, Verwaltungs- und Informationssystem »ELVIS«, einem Managementsystem, das ursprünglich für den Einsatz moderner Berufsfeuerwehren entwickelt wurde, und dem Navigationssystem AeroNav-H, basierend auf GPS.

Heute sorgen eingespielte Teams von Bundeswehr, Katastrophenschutz, ADAC und DRF zusammen mit den großen Hilfsorganisationen für schnelle Hilfe im medizinischen Notfall. Leipzig ist die einzige Station, die von der Internationalen Flugambulanz e. V. (IFA) betrieben

Nachtschicht in der DRF-Alarmzentrale.

wird. Hier startete man am 2. April 1990 mit einer BK 117. Der SAR-Dienst der Bundeswehr zieht sich jedoch von den meisten Stationen zurück. Nachdem im Mai 2000 Bad Saarow an die DRF übergeben wurde, betreibt der SAR-Dienst nur noch drei RZ in Hamburg, Ulm und Neustrelitz. Beim BGS erfolgte ebenfalls eine Teilreduzierung auf 16 Stationen. Ende 1999 kooperiert unter der Bezeichnung »Team DRF« die DRF mit dem HDM, HSD und der Rotorflug.

Während die Rettungshubschrauber ihre Bedeutung als Primäreinsatzmittel ausbauen konnten, spielten die Sekundäreinsätze zumindest in den ersten zehn Jahren zahlenmäßig eine bescheidene Rolle. Da den Rettungshubschraubern heute Grenzen für die Durchführung von Sekundäreinsätzen gezogen sind und gleichzeitig die Nachfrage nach Verlegungsflügen stieg, ging man seitens der privaten Hubschrauberbetreiber daran, ein eigenes Netz von Ambulanzhubschraubern aufzubauen. Anfang 1996 gab es allein in Bayern sieben Ambulanzhubschrauber, die 1994 auf 948 und in den ersten Monaten des Jahres 1995 auf 1153 Einsätze kamen. Diese Hubschrauber sind in Bayern zwar nicht in den öffentlichen Rettungsdienst integriert, aber einer Genehmigungspflicht unterworfen. Mit Hilfe dieser Auflagen und der in München eingerichteten Koordinierungszentrale für Ambulanzhubschrauber wird versucht, dieses faktische Nebeneinander von öffentlich-rechtlichem Luftrettungsdienst und Ambulanzflugwesen zu koordinieren.

Am 4. Juni 1998 ereignete sich das bisher größte Zugunglück in Deutschland, als der ICE »Wilhelm Conrad Röntgen« in Eschede aus den Schienen sprang. Bei dem Aufprall auf eine Brücke wurde diese zum Einsturz gebracht. Dies setzte eine der größten Luftrettungsaktionen Deutschlands in Bewegung. Der erste RTH war die BO 105 vom ADAC aus Uelzen. Es folgten Rettungshubschrauber vom Katastrophenschutz (BGS), DRF und der Bundeswehr aus Faßberg, Diepholz, Hamburg, ein Intensiv-Transport-Hubschrauber S-76 von Wiking und drei Maschinen vom HSD aus Hannover und Harste. Über das RCC wurden zwei Großraum-Rettungshubschrauber vom Typ CH-53 der Heeresflieger aus Mendig und Rheine alarmiert, eine weitere CH-53 kam aus Bückeburg. Die eintreffenden RTHs hatten fast alle zusätzliche Notärzte an Bord, die sofort mit der Versorgung der Verletzten begannen. Die Hubschrauber flogen die Verletzten in die umliegenden Kliniken. Eine BO 105 der Heeresflieger aus Celle war als Relais-Station für Funkverbindungen im Luftraum über der Unfallstelle im Einsatz. Insgesamt waren ca. 35 bis 40 Hubschrauber bei den Rettungsmaßnahmen beteiligt.

In Deutschland wurden 1998 von allen zur Verfügung stehenden Hubschrauber-Rettungsdiensten knapp 60.000 Einsätze geflogen. An der Spitze lag mit 1969 Einsätzen Christoph 29 (SAR 71). Die 51 Christoph-Rettungshubschrauber starteten insgesamt zu 59.918 Einsätzen. Bei den Sekundärtransporten lag Christoph 26 »Sanderbusch« mit 293 Flügen an der Spitze, gefolgt von Christoph 61 »Leipzig«. Die größte Zuwachsrate hatte Christoph 27 »Nürnberg« mit 20 Prozent, knapp 300 Einsätze mehr als im Vorjahr. Im Jahr 1999 wurden 62.745 Einsätze geflogen, wobei Christoph 31 »Berlin« mit 2008 Einsätzen an der Spitze lag, gefolgt von Christoph 29 (SAR 71) »Hamburg« mit 2004 Einsätzen. 320 Einsätze weniger als 1998 hatte Christoph 41 »Stuttgart«, der mit 704 Einsätzen am Ende der Einsatzliste steht.

Luftrettung im Gebirge

Der alpine Rettungsdienst gliedert sich in drei Epochen. Die erste wurde um die Jahrhundertwende mit der Gründung alpiner Rettungsorganisationen eingeleitet, die zweite ergab sich durch die Einführung moderner alpiner Rettungsgeräte gegen Ende des Zweiten Weltkrieges und die dritte wurde durch die Einführung von Flugzeugen und Hubschraubern zur Bergung verunglückter Skifahrer und Bergsteiger gekennzeichnet.

Durch den Einsatz von Hubschraubern wurde die Gebirgsluftrettung erst möglich. Auf diese Weise wird den Rettungsmannschaften

- ein oft stundenlanger Aufstieg,
- langwierige und gefährliche Suchaktionen,
- mühsame und gefährliche Bergungen,
- zeitraubende und nicht immer schonende Abtransporte erspart.

Bereits 1956 wurde während einer Katastrophenübung auf dem Sudelfeld bei Bayrischzell ein Hubschrauber eingesetzt, dessen Leistungsreserven jedoch noch nicht ausreichend waren. Auf Anforderung der Bergwacht wurden zu dieser Zeit ohne besondere Organisation von der neu aufgestellten Bundeswehr und der US Army Einsätze im Gebirge geflogen. Die ersten Hubschrauberrettungseinsätze lagen in den hochalpinen Bergregionen des Allgäus, des Hochlandes und des Chiemgaues. Die dabei eingesetzten Hubschraubertypen hatten jedoch ein zu geringes Leistungsniveau, so daß die Bergwachtmänner oftmals aus niedriger Höhe abspringen mußten, da eine Landung oder ein Schwebeflug aufgrund geringer Triebwerkleistung nicht möglich war.

Seit 1960 arbeitet die Bergwacht im Bayerischen Roten Kreuz mit der Bundeswehr zusammen und hat das Luftrettungswesen bis heute zu einem gut funktionierenden System ausgebaut. Zu dem ersten spek-

Einsatzstatistik 1999 der Christoph-Rettungs-Hubschrauber

Nr.	Betr.	Station	Jan.	Febr.	März	April	Mai	Juni	Juli	Aug.	Sept.	Okt.	Nov.	Dez.	Gesamt 1999
1	A	München	98	94	116	121	169	144	190	142	138	121	72	83	1488
2	K	Frankfurt	53	63	95	115	113	132	123	140	131	96	88	58	1207
3	K	Köln	75	100	115	118	127	125	142	128	116	102	90	71	1309
4	K	Hannover	72	93	138	144	161	170	178	162	146	123	70	85	1542
5	K	Ludwigshafen	81	95	116	133	160	179	176	152	135	117	82	62	1488
6	A	Bremen	51	66	108	86	102	123	139	115	99	91	55	76	1111
7	K	Kassel	84	70	105	126	135	142	151	137	111	103	71	73	1308
8	K	Lünen	60	76	100	103	112	123	123	110	85	89	60	55	1096
9	K	Duisburg	80	82	109	110	122	131	146	122	90	102	77	75	1246
10	A	Wittlich	38	54	62	90	118	115	128	106	111	71	40	51	984
11	D	VS-Schwenningen	52	54	80	98	111	125	123	113	95	87	44	50	1032
12	K	Eutin	50	74	106	102	121	121	164	139	107	91	60	81	1216
13	K	Bielefeld	63	62	128	135	154	142	122	127	120	109	70	66	1298
14	K	Traunstein	90	82	108	119	159	149	148	156	140	95	64	76	1386
15	A	Straubing	72	80	115	114	166	177	176	154	156	130	68	83	1491
16	A	Saarbrücken	84	97	109	132	153	137	141	137	106	81	70	88	1335
17	K	Kempten	111	109	122	125	166	167	179	195	146	135	67	81	1603
18	D	Ochsenfurt	104	93	117	145	165	159	179	144	156	139	104	91	1596
19	A	Uelzen	36	51	80	89	108	109	118	109	105	72	43	49	969
20	A	Bayreuth	81	97	147	150	191	173	193	172	153	121	89	98	1665
21	A	Würselen (Europa I)	87	104	122	123	168	154	162	153	141	109	83	98	1504
22	B	Ulm SAR 75	58	57	76	104	106	113	128	108	107	75	55	44	1031
23	A	Koblenz	36	51	60	75	107	91	123	103	103	78	40	40	907
24	A	Rheine (Europa II)	63	72	77	119	120	118	129	102	81	69	46	38	1034
25	A	Siegen	49	54	67	100	113	95	109	106	99	69	60	62	983
26	A	Sanderbusch	72	62	106	106	173	157	199	166	125	106	75	74	1421
27	D	Nürnberg	103	118	132	172	188	203	206	188	180	151	113	115	1869
28	A	Fulda	50	70	92	112	115	119	127	111	102	85	49	54	1086
29	B	Hamburg SAR 71	123	117	171	183	194	212	209	182	175	169	146	123	2004
30	A	Wolfenbüttel	61	77	91	114	138	117	147	125	110	92	80	83	1235
31	A	Berlin	122	113	170	172	238	200	192	180	211	169	112	129	2008
32	A	Ingolstadt	55	62	88	101	123	121	132	118	114	85	61	68	1128
33	A	Senftenberg	68	74	96	106	147	125	142	118	119	104	78	82	1259
34	K	Güstrow	34	41	49	72	75	74	99	80	80	51	41	39	735
35	K	Brandenburg	56	55	66	95	116	119	137	124	110	82	46	74	1080
36	K	Magdeburg	55	41	66	90	90	77	80	89	58	53	54	60	813
37	K	Nordhausen	41	54	73	99	101	91	114	88	94	85	57	55	952
38	K	Dresden	72	70	76	96	130	127	146	119	135	91	63	82	1207
41	D	Stuttgart	37	31	46	71	72	84	75	68	79	51	45	45	704
42	D	Rendsburg	53	55	86	96	124	140	160	125	109	76	43	42	1109
43	D	Karlsruhe	85	100	124	130	145	139	162	162	145	128	102	81	1503
44	D	Göttingen	81	80	125	120	145	129	143	110	115	89	64	85	1286
45	D	Friedrichshafen	38	45	66	68	94	97	101	99	81	66	44	42	841
46	D	Zwickau	95	83	114	120	131	119	146	126	121	94	57	69	1275
47	D	Greifswald	30	48	69	62	95	93	107	108	95	45	51	51	854
48	B	Neustrelitz SAR 93	48	34	58	71	70	79	99	91	67	39	37	53	746
49	B	Bad Saarow SAR 96	61	66	95	97	118	118	119	124	103	82	66	58	1107
60	D	Suhl	50	46	71	85	106	101	118	121	93	74	39	51	955
61	I	Leipzig	102	95	121	174	196	205	202	164	180	144	89	117	1789
70	A	Jena	81	70	94	92	143	121	128	103	101	89	68	67	1157
77	A	Mainz	36	40	47	75	76	84	91	80	94	74	45	51	793
Gesamt			3437	3677	4970	5655	6770	6665	7271	6501	5973	4849	3393	3584	62745

Kürzel: A = ADAC Luftrettung GmbH D = Deutsche Rettungsflugwacht
K = Katastrophenschutz I = Internationale Flugambulanz
B = Bundeswehr

takulären Einsatz gehörte im Frühjahr 1961 die Suche nach einer abgestürzten Dreierseilschaft in der Watzmann-Ostwand. Ein Retter wurde in 2400 m Höhe in der Wand mit der Seilwinde abgesetzt und später wieder aufgenommen. Beim Lawinenunglück am Zugspitzplatt im Jahr 1965 kamen Bundeswehr- und US-Hubschrauber zum Großeinsatz, indem sie Rettungshunde mit ihren Führern zur Unfallstelle und Verletzte ins Tal flogen.

Zu den ersten für die Bergrettung genutzten Hubschraubern gehörten die Bell 47 G und die Bristol »Sycamore«. Im Februar 1960 landete in Oberjettenberg, am Fuße der Reiteralpe bei Bad Reichenhall, erstmals eine Bell 47 G-2 der 1. Luftrettungsstaffel aus Fürstenfeldbruck. Eine gute medizinische Versorgung der Verletzten war in diesen Hubschraubern aus Platzgründen jedoch nicht möglich. Bei der Bell 47 G wurde der Verletzte außenbords, in einem gegen Wind und Wetter schützenden durchsichtigen Kunststoffbehälter transportiert. Dabei war der Patient ohne direkte Betreuungsmöglichkeit während des Fluges. Dies änderte sich mit den größeren und leistungsfähigeren Hubschraubern wie Sikorsky H-34 und der heute verwendeten Bell UH-1D, bei denen auch die Ausrüstung mit medizinischen Geräten verbessert wurde. Hinzu kamen eine Vielzahl von Neuerungen, die die Bergungsmöglichkeiten verbesserten. Dazu zählen u. a. die elektrisch betriebene Rettungswinde mit ausschwenkbarem Kran und Horizontalnetz. Die ausfahrbare Länge des Stahlseiles beträgt 45 m, wobei das Seil mit max. 270 kp belastet werden darf. Weitere Neuerungen sind die Rettungshose, das Vertikalnetz und die sogenannte Gletscherzange zur Bergung aus engen Spalten. Mit dem Bergrettungsgerät Akja ist ein schonender Abtransport des Verletzten und Übernahme an Bord des Hubschraubers durchführbar. Die Gebirgstrage, mit dem vom Bayerischen Roten Kreuz entwickelten Lastgeschirr, ist eine optimale Lösung zur Rettung aus dem Gebirge.

Mit der Einführung des Hubschraubers Bell UH-1D im Jahre 1968, der neben anderen Vorteilen durch sein Turbinentriebwerk über größere Leistungsreserven verfügt, war die Möglichkeit gegeben, auch bei höheren Temperaturen und in größerer Höhe Rettungseinsätze sicher durchzuführen.

Seit Sommer 1968 wurden im Bergwachtabschnitt Allgäu planmäßige Luftrettungskurse durchgeführt, die zur intensiven Einweisung und Ausbildung der Bergwachtmänner am Hubschrauber und zu gemeinsamen Rettungsverfahren führten. Für eine einheitliche Ausbildung aller Bergwachtmänner in Bayern wurde ein Einsatzplan erstellt. Ab 1976 wurde auch der Einsatz des Hubschraubers bei Zwischenfällen an Seilbahnen und Liften erprobt.

Seit 1966 ist die Hubschraubertransportstaffel des LTG 61 der Luftwaffe in Penzing (Landsberg/Lech), die im Rahmen der ICAO-Verpflichtung zusammen mit dem HTG-64 die SAR-Aufgaben der Luftwaffe in der Bundesrepublik wahrnimmt, der planmäßige und von den Behörden anerkannte Luftrettungspartner der Bergwacht im bayerischen Alpenraum. Das HTG 64, aufgestellt am 1. Oktober 1966 in Penzing, wechselte im April 1971 an den Standort Ahlhorn und ließ beim neuen Hausherrn – LTG 61 – in Penzing lediglich eine Hubschrauberstaffel mit der Bezeichnung 1./HTG 64 (vstk.) zurück. Nach der Außerdienststellung des HTG-64 im Jahr 1993 sind alle drei Transportverbände der Luftwaffe und auch die Flugbereitschaft mit einer Hubschrauberstaffel bestückt.

Am Standort in Penzing steht ganzjährig rund um die Uhr eine Maschine (Bell UH-1D) in Minutenbereitschaft. Durch eine große Anzahl von Hubschraubern ist auch ein Mehrfacheinsatz garantiert. Die Anforderung erfolgt durch den jeweiligen

Bell UH-1D des HFLgRgt 20 bei einer Rettungsübung am Kotalm-Sessellift. Die Liftpassagiere werden mit der Seilwinde an Bord des Hubschraubers geholt.

Einsatzleiter der Bergwacht über die SAR-Leitstelle Münster (vormals Goch bei Köln). Über den Bergwacht-Funkkanal kann mit der Maschine beim Anflug und während des Einsatzes Funkkontakt gehalten werden.

Nach dem in Bayern gültigen Rettungsgesetz stehen in München, Kempten und Traunstein zusätzlich je ein Rettungshubschrauber vom Typ BO 105 des Katastrophenschutzes zur Verfügung. Diese Maschinen werden bei Bergunfällen jedoch nur dort eingesetzt, wo eine Landung unmittelbar an der Unfallstelle möglich ist, da sie in der Regel über keine Seilwinde verfügen. Auch die Hubschrauber der Polizeihubschrauberstaffel Bayern können bei der Bergrettung eingesetzt werden.

Bergrettungen im Rahmen von SAR-Einsätzen dürfen nur in »Dringender Nothilfe«, d. h. bei Lebensgefahr oder zur Vermeidung schwerer gesundheitlicher Schäden, erfolgen. Darüber hinaus dürfen Einsätze nur dann übernommen werden, wenn geeignete zivile Hubschrauber nicht oder nicht rechtzeitig genug verfügbar sind. Dies trifft jedoch in der Regel zu, so daß dem Einsatz von SAR-Hubschraubern nichts im Wege steht.

Was den Hubschraubereinsatz jedoch erschweren oder gar verhindern kann, sind die zu beachtenden Triebwerkleistungsgrenzen, die von Umwelteinflüssen abhängig sind. Die vorherrschenden Wetterbedingungen bestimmen den Erfolg des Einsatzes.

Für die oft durchzuführenden Übungen kommen auch Hubschrauber vom Heeresfliegertransportregiment 20 (Neuhausen ob Eck, jetzt Laupheim) zum Einsatz. So übte z. B. die Lenggrieser Bergwacht die Bergung von Sesselbahn-Passagieren am Brauneck. Nach der bereits trainierten Bergung aus Seilbahn-Gondeln konnten auch die Passagiere des Kotalm-Sessellifts ohne Schwierigkeiten geborgen werden. Bei diesen Übungen werden auch neue Rettungsgeräte, wie der »Bergsack«, erprobt, der die Gebirgstrage am Hubschrauber ersetzen soll.

Von den Bereitschaften der Bergwacht sind 29 im Abschnitt Hochland, dem größten der insgesamt sieben Bergwachtabschnitte im BRK, zusammengefaßt. Dieses Gebiet reicht von den Chiemgauer Alpen über die Tegernseer Berge, die Voralpen zwischen Isar und Loisach bis hin zum Karwendel-, Wetterstein- und Ammergebirge. Die Rettungsleitstellen in diesem Bereich sind Rosenheim und Weilheim. Der Beauftragte für das Hubschrauberwesen führte bei einer Jahresversammlung an, daß jährlich 300 bis 350 Bergwachtmänner dieses Training am und mit dem Hubschrauber durchlaufen. So wurden im Jahr 1983 mit den Hubschraubern von Heer und Luftwaffe sechs Grundausbildungen und fünf Rettungsübungen durchgeführt.

Anfang der 90er Jahre wurden die gemeinsamen Übungen mit SAR-Hubschraubern von Heer und Luftwaffe erheblich reduziert. Die Gründe waren Reduzierung der Bundeswehr, andere Aufgaben, Schließung einiger SAR-Kommandos, knappe Flugstundenzuteilung. Für die Bergrettung kamen im Bereich Freiburg, in Kempten und Traunstein zivile Hubschrauber zum Einsatz. Als Notbehelf wurden die in Kempten und Traunstein eingesetzten BO 105 CBS-5 für Rettungsverfahren mit dem »Bergetau« umgerüstet, was allerdings nicht die Rettungswinde ersetzt. So wurde bei der Ausschreibung für den ITH »Murnau« ein Hubschrauber mit Winde gefordert. Seit 1. August 1999 hat die ADAC-Luftrettung dort einen Hubschrauber mit Winde stationiert. Im Rahmen der eigenen Aus- und Weiterbildung übt jetzt der ADAC zweimal jährlich gemeinsam mit der Bergwacht die notwendigen Verfahren. Die Luftwaffe stellt weiterhin einen SAR-Hubschrauber sowie eine speziell für die Gebirgsrettung ausgerüstete Bell UH-1D in Landsberg/Penzing bereit, die auch für die Aus- und Weiterbildung der Bergwacht genutzt werden kann.

Weiterhin können auch die Hubschrauber der bayerischen Polizei, des BGS sowie vom ÖAMTC aus Österreich und der Rega aus der Schweiz angefordert werden. Das Bayerische Staatsministerium des Innern erarbeitet z. Z. einen »Erlaß für den Einsatz von Hubschraubern zur Bergrettung«.

In **Österreich** war, wie in Deutschland, jegliche Art von Fliegerei nach dem Zweiten Weltkrieg verboten. Trotz des alliierten Flugverbotes wurde schon 1954 die Flugpolizei als eine Abteilung des Bundesministerium für Inneres ins Leben gerufen. 1955 wurden die ersten Piloten des Bundesministeriums für Inneres durch die Schweizer Piloten Wyssel und Geiger in der Gletscherlandetechnik ausgebildet, und ein Jahr später wurde das erste Unfallopfer von einer mit Kufen ausgerüsteten Flächenmaschine vom Typ »Piper« von Kühtai/Tirol nach Innsbruck geflogen.

Der erste Hubschraubereinsatz erfolgte im April 1955 anläßlich der Suchaktion nach Lawinenopfern bei der Berliner Hütte im Zillertal/Tirol. Die erste Flugeinsatzstelle (FEST) wurde 1956 in Innsbruck eingerichtet. Im gleichen Jahr folgte die FEST Salzburg und 1957 die FEST Wien-Meidling. Bei den Olympischen Winterspielen 1964 in Innsbruck kam schon der größere Hubschraubertyp Bell 47 J zum Einsatz. Im Jahre 1965 verfügte die Flugpolizei bereits über acht Agusta Bell 47, und 1973 wurde der erste Bell »Jet Ranger« in Innsbruck eingesetzt. Damit war die Flugpolizei ein zuverlässiger Partner der österreichischen Hilfsorganisationen geworden. Da sie in erster Linie im Polizeidienst eingesetzt waren, flogen Notärzte nur auf Anforderung mit.

Das Rettungswesen ist auch in Österreich in der Kompetenz der einzelnen Bundesländer. In Katastrophenfällen können auch militärische Hubschrauber vom Typ »Alouette III«, die mit Seilwinden ausgerüstet sind, angefordert werden. Im Gegensatz zur BRD ist das Flugrettungswesen Österreichs fast ausschließlich auf den alpinen Rettungseinsatz ausgerichtet. Die meisten Rettungseinsätze werden in Tirol geflogen, da dessen Flugrettungswesen bereits mit dem »Katastrophenhilfsdienst des Landes Tirol« koordiniert ist.

Für den Rettungsdienst stehen die Hubschraubertypen Bell 206 »Jet Ranger«, »Alouette III«, S.A. 315 B »Lama« zur Verfügung. Der Pilot wird von einem als Flugretter ausgebildeten Bergrettungsmann begleitet. Zusätzlich stehen ein Arzt und im Winter ein Lawinenhundeführer bereit. Seit 1971 besteht an der Chirurgischen Universitätsklinik Innsbruck ein »Bergrettungsärztlicher Flugbereitschaftsdienst«. Die meisten Einsätze erfolgen im März und April, wobei es sich meist um Ski- und Lawinenunfälle handelt, während im Sommer die Bergung von verunglückten Alpinisten vorkommt.

Bis jedoch ein flächendeckendes Luftrettungsnetz in Österreich entstand, vergingen noch etliche Jahre. Lange hatte die Diskussion um ein Notarzthubschraubersystem in Österreich geschwelt. Ärzte, der ÖAMTC und die Öffentlichkeit forderten ein Luftrettungsnetz nach amerikanischem Vorbild. Im Juli 1982 entschlossen sich parallel dazu die Bundesminister für Inneres, Gesundheit und Umweltschutz und der Finanzen in Kooperation mit der AUVA zu einem Modellversuch »Hubschrauber-Rettungsdienst« in Salzburg. Da Österreich auf Grund des Staatsvertrages keine Luftfahrzeuge deutscher Produktion anschaffen durfte, kam eine BO 105 für den Flugbetrieb nicht in Betracht. Da ein Bell »Jet Ranger« ebenfalls nicht in Frage kam, sollte eine Agusta A 109 als fliegende Intensiv-Station ausgerüstet werden. Der Modellversuch »Hubschrauber-Rettungsdienst« Salzburg wurde am 22. September 1983 gestartet und lief drei Jahre, um die organisatorischen Grundlagen zum Aufbau eines flächendeckenden Luftrettungsnetzes zu ermitteln. Auf Grund der entfachten Diskussion wurde von ÖAMTC, der Tyrolean Air Ambulance und Prof. Dr. Gerhard Flora, mit tatkräftiger Unterstützung vom ADAC, am 1. Juli 1983 der erste Notarzthubschrauber »Christophorus 1«, eine »Ecureuil« AS 350 B2, auf dem Innsbrucker Flughafen stationiert. Der Anfang war gemacht. Anfang September desselben Jahres übernahm Christophorus 2 den Standort Krems, gut ein Jahr später wurde eine dritte »Ecureuil« in Wiener Neustadt stationiert.

Um einem Konkurrenzdenken innerhalb dieses Luftrettungssystems entgegenzutreten, konstituierte sich am 10. Mai 1985 im Bundesministerium für Inneres ein »Beirat für Flugrettung«. Am 22. Dezember 1992 wurden die bisher geltenden Grundsätze des Notarzthubschrauber-Dienstes in Österreich zwischen dem Bundesminister für Inneres und dem Präsidenten des ÖAMTC schriftlich festgelegt.

Inzwischen umfaßt das Notarzthubschrauber-System in Österreich 13 Standorte, von denen der ÖAMTC allerdings nur sechs – in Tirol und Niederösterreich – betreibt. Die anderen Standorte hat das Bundesministerium für Inneres unter sich und betreut mit seinen Hubschraubern vom Typ Bell »Jet Ranger« und »Long Ranger« die Regionen Salzburg, Kärnten, Steiermark, Vorarlberg, Osttirol sowie Oberösterreich. Den 13. Stützpunkt im Emstal betreibt das österreichische Bundesheer. Inzwischen gibt es auch grenzüberschreitende Einsätze. Die Rettungshubschrauber Christoph 14 aus Traunstein und 17 aus Kempten werden ebenso wie die grenznahen österreichischen NAH bei Notfällen auf beiden Staatsgebieten eingesetzt.

In den ersten zehn Jahren (bis 1993) flog der ÖAMTC über 25.000 Einsätze. Obwohl man mit dem Muster »Ecureuil« sehr zufrieden ist, muß auf Grund einer EU-Regelung, die den Einsatz von zweimotorigen Hubschraubern in der Luftrettung vorschreibt, ein Nachfolgemodell gesucht werden. Diese neue »JAR-OPS 3« brachte, wie bei allen anderen europäischen Luftrettungsorganisationen, eine vollständige Umstrukturierung der Hubschrauberflotte. Nach einem strengen Auswahlverfahren entschied man sich für die EC 135. Bereits im September 1997 konnte der ÖAMTC die erste Maschine dieses Typs übernehmen und in Innsbruck stationieren.

In der **Schweiz** begann man in den 40er Jahren mit der Versorgung abgelegener Gebirgsdörfer. In den 50er Jahren erprobte Hermann Geiger Gletscherlandetechniken mit Kufen-Flugzeugen. Seit 1961 wurde durch die Schweizerische Rettungsflugwacht ein eigener Luftrettungsdienst aufgebaut. Gegründet wurde die SRFW im April 1952 von der Schweizerischen Lebensrettungs-Gesellschaft (SLRG). Bereits im Dezember 1952 wurde in Davos der erste Hubschrauber, eine Hiller 360, zur Bergrettung eingesetzt. Fünf Jahre später erhielt die SRFW vom Verein Schweizerischer Konsumvereine eine Bell 47 G2 als Geschenk. 1960 wurde die Schweizer Rettungsflugwacht völlig von der SLRG abgetrennt und reorganisiert, wobei sie auch eine zentrale Alarmstelle erhielt. In Samedan, nahe St. Moritz, wurde 1971 eine aus Spenden und Mitgliedsbeiträgen finanzierte »Alouette III« stationiert. 1973 nahm die SRFW ihren ersten Ambulanzhubschrauber, eine BO 105, in Betrieb, die in Zürich stationiert wurde. 1979 wurde vom bisherigen Trägerverein die Stiftung Schweizerische Rettungsflugwacht, Rega, gegründet.

Für die Gebirgsrettung wird hauptsächlich mit kommerziellen Helikoptergesellschaften zusammengearbeitet, die sich verpflichtet haben, Rettungseinsätze bei Tag und Nacht mit absoluter Priorität durchzuführen. Zum Einsatz kommen die Hubschraubermuster Hughes 500D, »Alouette III«, »Lama«, »Gazelle«und »BO 105«. Gerade im Bereich Berg- und Alpinrettung kommen die Muster »Alouette III« und »Lama« bevorzugt zum Einsatz.

Heute hat die Rega Air in fast allen Kantonen ihre Helikopterbasen, abgesehen von Genf, Mollis und Zweisimmen, wo Partnerfirmen stationiert sind, vom Wallis, wo die Luftrettung kantonal geregelt ist, und von der Air Zermatt (Oberwallis) sowie der Air Glacier (Unterwallis). Mit einem Einsatzradius von 15 Flugminuten kann so die gesamte Schweiz abgedeckt werden. Eine grenzenlose Rettung ist im Dreiländereck Schweiz, Deutschland und Frankreich gewährleistet. Dafür steht »Rega 2« auf der Heimatbasis Euro-Airport Basel-Mulhouse-Freiburg bereit. Der Rufname für Einsätze in Deutschland heißt »Lörrach 3/0 1« und in Frankreich »Rega Deux«.

Anfang der neunziger Jahre begann die Rega Air mit der Erneuerung ihrer eigenen Hubschrauberflotte, die im Dezember 1995 abgeschlossen wurde. Die alten Maschinen wurden gegen Agusta A 109 K2 ausgetauscht, so daß das Unternehmen über 15 moderne Rettungshubschrauber gleichen Typs verfügt. Die K2-Version ist eine Kombination aus der Zivilversion »A-109-C« und der militärischen Ausführung »A-109-K«. Bei der Neuanschaffung gehörten zum weiten Anforderungsprofil u. a. sofort abschaltbare Triebwerke (keine Vor- und Nachlaufzeit), was zur Lärmminderung wesentlich beiträgt. Die Agusta-Flotte der Rega ist ferner mit einem speziellen Monitoring-System (HUMS) ausgerüstet, mit dem Sicherheit und Wirtschaftlichkeit erhöht werden sollen. Hierzu werden Werte wie Flugzeiten, Start- und Landezeit, Triebwerkzyklus, Abgastemperatur, Drehzahl und verschiedene Druckwerte aufgezeichnet. Pro Triebwerk werden 24 und von der Zelle sieben Parameter registriert. Im Cockpit ist ein digitales Kartendarstellungsgerät eingebaut, das neben den eigentlichen Flugkarten auch Anflug- und Landeplatzkarten sämtlicher 400 schweizerischer Spitallandeplätze darstellt. Neben dem Einsatz der Rettungswinde kann bei der Rega auch ein Fixtau zum Einsatz kommen und Bergungen am Lastenhaken durchgeführt werden. Bei letzterer Version verlangt die Vorschrift zwei voneinander unabhängige, mechanisch und elektrisch auslösbare Befestigungspunkte. Der dazu notwendige Doppelhaken ist wiederum Befestigungspunkt eines Seilsystems, das Einsatzlängen bis 220 Meter erlaubt und in der Schweiz als »Long Line System« zugelassen ist. Dieses Seil kommt in erster Linie bei hohen Steilwänden zum Einsatz, wo die Seillänge der Rettungswinde nicht ausreicht.

Bei Air Zermatt kommen zwei »Alouette III«, fünf »Lama« 315, eine AS 350 und eine Bell 412 zum Einsatz, mit denen ca. 900 Einsätze pro Jahr geflogen werden. Die Air Glacier verfügt über sieben »Alouette III«, 13 »Lama« 315 B, drei »Jet Ranger« Bell 206B.

1995 hat die Rega mit ihren eigenen und gecharterten Transportgeräten und Maschinen 10.207 Einsätze durchgeführt, wobei über 7000 Personen transportiert wurden. Die RTH haben 1642 Nachteinsätze geflogen.

1997 hat die Rega 8369 Einsätze geflogen. Der überwiegende Teil davon waren Rettungsflüge bei Berg- und Wintersportunfällen. Insgesamt wurde 10.300mal Hilfe geleistet. 1997 starteten die Hubschrauber der Rega zu rund 4000 Primäreinsätzen. Als eine der ersten zivilen Organisationen setzt die Rega schon seit Ende der 80er Jahre Nachtsichtgeräte ein. Dafür gelten verschärfte Sicht- und Wetterminima. Die Rega beschäftigt heute ca. 300 vollamtlich angestellte Mitarbeiter, darunter 30 Hubschrauberpiloten und 20 Jetpiloten. Der Hauptsitz befindet sich auf dem Flughafen Zürich-Kloten; die Alarmnummer lautet: 1414.

In **Italien** erhebt sich im Norden eine Bergkette, die Alpen. Sie reichen von den Seealpen zum Montblanc gemeinsam mit Frankreich, vom Montdolent zum Grappa Lada gemeinsam mit der Schweiz und dann die Räthischen und die Karnischen Alpen sowie die Dolomiten an der Grenze mit Österreich bis zu den Julischen Alpen gemeinsam mit Ex-Jugoslawien. Durch Katastrophen wie 1963 in Vajont oder das Erdbeben in Friaul 1976 wurde bei den zuständigen Ministerien und Militärbehörden damit begonnen, einen Hubschrauberrettungsdienst zu organisieren.

Die Einsätze werden durch Heereshubschrauber, Hubschrauber der Finanzwache (Zoll), Karabinieri und Polizei geflogen. Die Schwierigkeiten in Italien liegen darin, daß auf den Südhängen immer die Gefahr von Turbulenzen und Fallwinden besteht, was eine besondere Erfahrung der Piloten voraussetzt, und der Umstand, daß sehr große Entfernungen von den Bergregionen zu den großen Behandlungszentren zurückgelegt werden müssen. Um von einer wirksamen Luftrettung sprechen zu können, müssen hier die Hubschrauber näher an die alpinen Zentren herangebracht werden.

Der Hubschrauber, der die größte Suchgeschwindigkeit und die günstigste Erfolgswahrscheinlichkeit neben schnellem und schonendem Transport von Rettern und Verletzten mitbringt, hat sich zum wertvollen Rettungsmittel und -partner der Bergrettung entwickelt. Mit einer speziell für diese Aufgaben ausgebildeten Besatzung in enger Zusammenarbeit mit der Bergwacht ist er heute fester Bestandteil einer schnellen und sicheren Rettung.

Der Einsatz
von Hubschraubern bei
der Polizei

Aus den Fliegerverbänden der Reichswehr entstanden 1919 die ersten Polizeiflieger in Deutschland. In Bayern wurden im Januar 1920 unter anderem aus der ehemaligen Kgl. Bayerischen Fliegertruppe die Polizei-Fliegerstaffeln Schleißheim und Kitzingen, später Fürth, aufgestellt. Auf Grund der Anordnung der damaligen Siegermächte mußten sie jedoch bereits im September 1920 ihre Flugzeuge abliefern, und somit wurden aus den Fliegerstaffeln die Flugüberwachungsstellen 1 und 2, deren Aufgabenbereich sich immer mehr in Richtung Luftamt wandelte.

Erst in den Jahren nach 1950 begann die Polizeifliegerei in Deutschland wieder Fuß zu fassen, denn das Hauptproblem für die Polizei war der weiter steigende Straßenverkehr, dessen rasante Entwicklung den Straßenbau bei weitem überflügelte. Als Vorbild diente Amerika, und wie dort mietete man auch hier langsam fliegende Flächenflugzeuge an, rüstete sie notdürftig mit einem Funkgerät aus und nutzte die Vorzüge der dritten Dimension.

Bis zur Wiedererlangung der Lufthoheit wurden Flugzeuge der Besatzungsstreitmächte gechartert. Nach Wiedererlangung der Lufthoheit wurden vermehrt zivile Luftfahrzeuge (z. B. Do 27) von Firmen oder der Bundeswehr angemietet, um sie bei Großveranstaltungen oder an verkehrsreichen Tagen einzusetzen. Das erste Bundesland war Nordrhein-Westfalen, das am 1. Sep-

Erster Polizeihubschrauber der BRD vom Typ Bell 47 J3, aufgestellt am 1. September 1962 in NRW.

tember 1962 zwei Hubschrauber vom Typ Bell 47 J3 für die Polizei beschaffte.

Es zeigte sich bald, daß Flächenflugzeuge nur einen kleinen Teil der Vorstellungen abdecken konnten, die die fortschrittlichen Polizeiführer damals in bezug auf den Einsatz von Luftfahrzeugen bei der Polizeiarbeit entwickelten.

Flächenflugzeuge sind immer an einen Flugplatz gebunden, können eine bestimmte Mindestfluggeschwindigkeit nicht unterschreiten und benötigen auch höhere Wettermindestwerte. Schließlich ist die Sicht aus einem Flächenflugzeug bei weitem nicht so gut wie aus einem Hubschrauber, und gerade zum Beobachten sollten Luftfahrzeuge bei der Polizei eingesetzt werden. Da polizeiliche Einsätze unabhängig vom Wetter stattfinden, Geschwindigkeit und Höhe bis auf Null reduziert werden müssen und vor allem auch die Möglichkeit vorhanden sein muß, sofort an Ort und Stelle einschreiten zu können, konnte die Wahl für polizeieigenes Fluggerät nur auf Hubschrauber fallen.

Polizeihubschrauber sind zwar teure, aber hervorragend geeignete Hilfsmittel, wenn man sie sinnvoll und optimal einzusetzen weiß. Hilfsmittel deshalb, weil sie im Polizeieinsatz nicht Selbstzweck, sondern nur Mittel zum Zweck sein dürfen und können.

Der Einsatz eines Polizeihubschraubers erfolgt normalerweise nicht, um schnell von einem Punkt zu einem anderen zu kommen, sondern während des Fluges polizeiliche Aufgaben zu erfüllen. Für die Polizei ist der Einsatz immer dann geboten, wenn die Hubschrauber die Durchführung der taktischen Maßnahmen ermöglichen oder erleichtern. Der Polizeihubschrauber hat sich im Einsatz überall dort bewährt, wo Schnelligkeit, Beweglichkeit, Übersicht und Geländeunabhängigkeit Einsatzvoraussetzungen sind.

Da der Polizeihubschrauber für eine Vielzahl verschiedenartiger Aufgaben herangezogen werden kann, sind an das Fluggerät und seine ständige und zusätzliche Ausrüstung hohe Anforderungen zu stellen.

Der Hubschrauber soll nicht nur über ausgezeichnete Flugeigenschaften, sondern auch über die Möglichkeit verfügen, eine Menge von Zusatzausrüstungen mitzuführen, weil davon auszugehen ist, daß ein Polizeihubschrauber, der einmal zu einem Streifenflug gestartet ist, nahezu alle Aufträge ausführen können muß, ohne nochmals zu seiner Basis zurückkehren zu müssen. Neben den zwei Mann Besatzung muß die Möglichkeit bestehen, zusätzlich, d. h. ohne Verzicht auf Kraftstoff oder Ladung, bis zu drei Passagiere mitzunehmen. In dieser Konfiguration sollte der Hubschrauber dann mindestens $2^{1}/_{2}$ Stunden ohne aufzutanken in der Luft bleiben können. Die meisten Einsätze eines Polizeihubschraubers finden in niedriger Höhe, bei geringer Geschwindigkeit, über bebautem Gebiet, im Gebirge, über Wälder, Seen oder Menschenansammlungen statt. Dies sind jeweils Flugzustände, bei denen ein Triebwerkausfall bei einem einmotorigen Hubschrauber katastrophale Folgen hätte. Unerläßlich ist die Ausrüstung mit zwei Triebwerken. Eine hohe Reisegeschwindigkeit ermöglicht die sicherere Verfolgung flüchtender Straftäter.

Um die Einsatzfähigkeit eines Polizeihubschraubers zu steigern, ist die Zulassung nach Instrumentenflugregeln (IFR) erforderlich, z. B. wenn zu einem VFR-Einsatzraum ein Schlechtwettergebiet unter IFR-Bedingungen durchquert werden muß. IFR-Ausrüstung ist auch notwendig für den Transport von Spezialisten während der Nacht von einem Punkt zu einem anderen. Gerade in Bayern ist vor allem an Einsätze in den Bergen zu denken, die oftmals wolkenfrei sind, während im Tal und im Flachland Nebel herrscht. An- und Abflug erfolgen unter IFR-Bedingungen, der Auftrag wird jedoch unter VFR-Bedingungen durchgeführt.

Damit aus einem guten Hubschrauber auch ein guter Polizeihubschrauber wird, muß eine umfangreiche Ausrüstung ständig mitgeführt werden. Dazu gehört als erstes mindestens ein leistungsstarkes Polizei-Funkgerät und die Möglichkeit, bei Bedarf ein zweites Gerät sofort installieren zu können. Zwei Außenlautsprecher à 200 Watt und eine Verstärkeranlage von 450 Watt. Als weitere Funkausrüstung ist eine Hominganlage vorhanden. Ein eingebauter Zusatztank mit 200 Liter Fassungsvermögen (bei der BO 105) ermöglicht dem Hubschrauber bei Einsätzen, ca. 1 Stunde länger in der Luft zu bleiben.

Weiter wird im Hubschrauber mitgeführt:

- eine zusammenfaltbare Krankentrage,
- ein Notarztkoffer,
- eine Rettungsaxt,
- in Bayern zusätzlich ein Universalgerät, welches zum Aufbrechen von Autotüren, Auseinanderziehen von Pedalen, Einschlagen von Autofenstern, Aufbiegen von Kotflügeln sowie zum Schneiden und Heben verwendet wird,
- eine Luftbildkamera,
- ein Kanister mit Ölbindemittel,
- zwei Stautransparente und
- ein kleines tragbares Funkgerät.

Für Sondereinsätze gibt es dann noch Peilgeräte und spezielle Funkanlagen, Fernsehanlagen zur Übertragung vom Einsatzort zur Einsatzzentrale, Video-Recorder und Filmkamera unter anderem zum Festhalten von Verkehrsverstößen, Suchscheinwerfer und Notschwimmer bei Einsätzen über Wasser.

Zusatzausrüstung, die ein Polizeihubschrauber ständig mitführt. Hier eine BO 105 der PolHubStff Bayern.

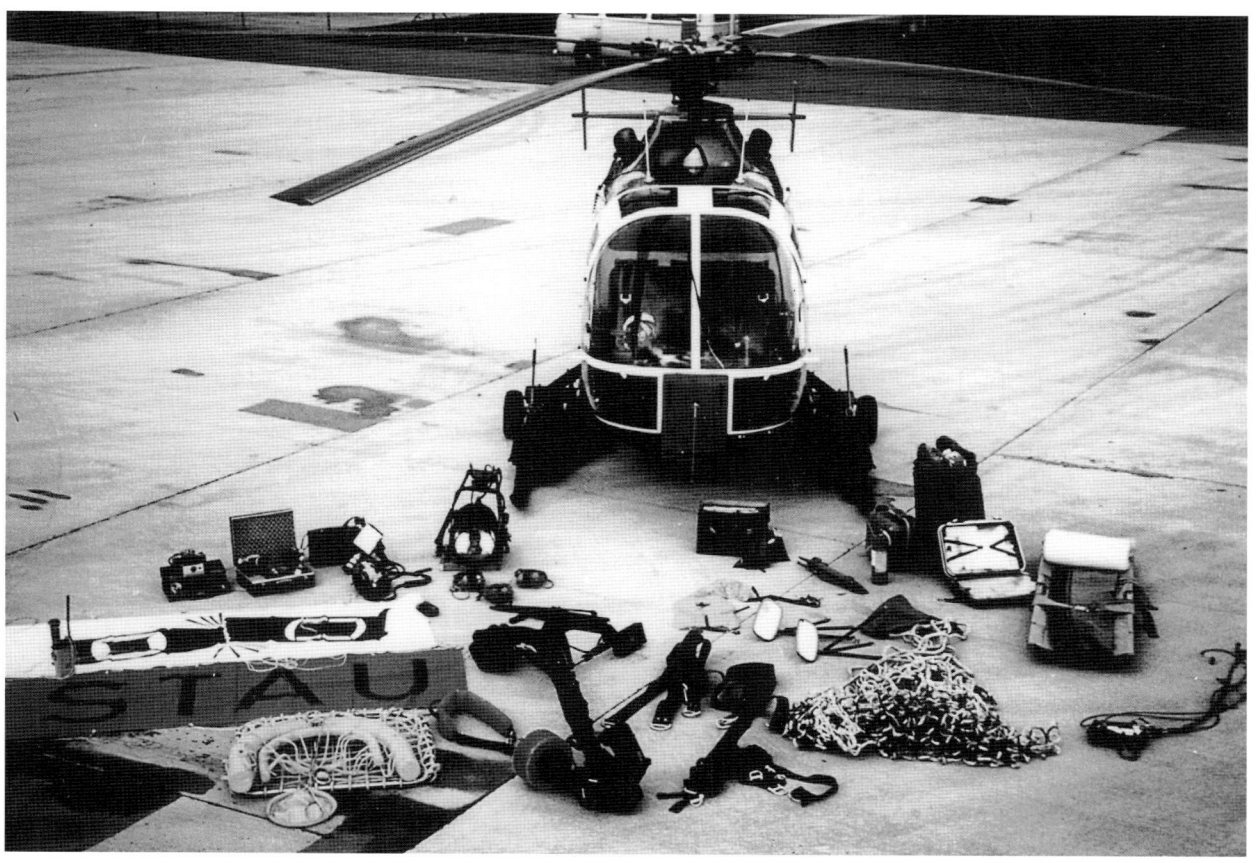

Der Suchscheinwerfer
SX 16 an einem Polizei-
hubschrauber BO 105.

Für den Transport sperriger Lasten muß ein Außenlasthaken, z. B. in Verbindung mit einem Lastennetz, verwendet werden können. Für die Bergrettung oder Rettung aus Hochwasser hilft oft nur ein Hubschrauber, der mit einer Rettungswinde ausgerüstet ist.

Der Erfolg eines Polizeihubschraubereinsatzes hängt jedoch vom Können seiner Besatzung ab. Das fängt mit einer gründlichen Ausbildung an, die nicht nur die gesetzlich vorgeschriebenen Voraussetzungen zum Erwerb der Luftfahrerscheine beinhaltet, sondern voll und ganz auf die spätere Tätigkeit als Besatzung eines Polizeihubschraubers zugeschnitten ist, für die der Hubschrauber lediglich ein modernes Hilfsmittel zur Ausübung des abwechslungsreichen Polizeidienstes ist.

Für die gesamte Polizei der einzelnen Bundesländer wird diese Ausbildung bei der Grenzschutz-Fliegergruppe in St. Augustin bei Bonn durchgeführt. Dies hat sich bei gemeinsamen länderübergreifenden Einsätzen als großer Vorteil erwiesen. Bayern bildet seine Polizeihubschrauberpiloten inzwischen auch auf zivilen Flugschulen aus.

Die lange Ausbildung, ca. 18 Monate, beginnt bereits bei den Voraussetzungen für Hubschrauberführer, die in der Luft Pers.Ver. festgelegt sind.

Wegen dieser strengen Voraussetzungen und aufgrund der schwierigen Ausbildung, der großen Verantwortung, den Entscheidungsanforderungen im späteren Dienst, werden als Hubschrauberführer und Bordwarte nur Beamte des gehobenen Polizeivollzugsdienstes akzeptiert, die nicht älter als 30 Jahre sein sollen.

Hierbei gilt es zu bedenken, daß die Hubschrauberbesatzung im Einsatz bei der Erfüllung der polizeilichen Aufgaben in der Regel als erste am Ort des Geschehens eintrifft und auf sich allein gestellt aufgrund

polizeitaktisch und -rechtlich richtigen Denkens notwendige Entscheidungen treffen muß.

Bei der polizeiärztlichen Untersuchung wird festgestellt, ob der Bewerber zur fliegerärztlichen Untersuchung vorgestellt werden kann. Dort wird in umfangreichen Untersuchungen die Flugtauglichkeit festgestellt. Pilotenbewerber müssen sich zusätzlich einer fliegerpsychologischen Untersuchung unterziehen, bei der hauptsächlich die Fähigkeit zur Bewältigung von Mehrfachfunktionen begutachtet wird. Es folgt noch ein etwa einwöchiger Auswahltermin in der zukünftigen Staffel.

Sind alle vorgenannten Hindernisse genommen, beginnt der eigentliche, etwa 16 Monate dauernde Ausbildungslehrgang, in dem in ca. 1000 Unterrichtsstunden in mehr als einem Dutzend Fächer das erforderliche Wissen vermittelt wird. Die anschließende flugpraktische Ausbildung geht über das hinaus, was das Luftfahrt-Bundesamt als Aufsichtsbehörde fordert.

In über 200 Flugstunden ist eine Seeflugausbildung über Ost- und Nordsee, eine Gebirgsflugausbildung in den Alpen und eine taktische Ausbildung enthalten, in der besonders Tiefflug und Verbandsflug geübt werden.

Hinzu kommt Ausbildung an der Zusatzausrüstung und in der Luftbildfotografie. Zwischendurch wird von einer Prüfungskommission der Deutschen Bundespost das Sprechfunkzeugnis für den Flugdienst (AZF) abgelegt. Nach der Abschlußprüfung werden von den Prüfern des Luftfahrt-Bundesamtes die begehrten Luftfahrerscheine für Berufshubschrauberführer (CHPL) bzw. für Bordwarte ausgehändigt.

Die Schulung bei der Grenzschutz-Fliegergruppe erfolgt sowohl für Piloten als auch für Bordwarte auf dem Hubschraubermuster »Alouette II«. Das bedeutet, daß nach Eintreffen bei der Staffel die frischgebackenen Piloten erst einmal auf den bei der Polizei des jeweiligen Bundeslandes verwendeten Hubschrauber umgeschult werden müssen.

Hiernach wird der Pilot, parallel zur Staffeleinweisung, in ca. 200 Flugstunden mit allen polizeilichen Einsätzen bei allen erdenklichen Wetterlagen vertraut gemacht. Nach dieser Zeit, die während der ersten 100 Flugstunden in Begleitung eines erfahrenen Hubschrauberführers und in den zweiten 100 Stunden in Begleitung eines erfahrenen Bordwartes verbracht wird, wird der Polizeihubschrauberführer für den uneingeschränkten Staffeldienst freigegeben.

Die Aus- und Weiterbildung ist jedoch noch nicht abgeschlossen. Es folgen noch polizeirechtliche und rechtliche Schulung sowie Abordnung zum Einzeldienst. Bordwarte belegen technische Lehrgänge bei verschiedenen Herstellerfirmen und können Prüfer von Luftfahrtgerät Klasse 2 und 1 werden. Piloten können neben der Werkstattflugberechtigung in einem 6monatigen Lehrgang die IFR-Berechtigung erwerben. Solange die Polizeipiloten für flugtauglich befunden werden, können sie bis zum 60. Lebensjahr, bis sie also in den Ruhestand kommen, fliegen.

Wie auch in den anderen Bundesländern, die über Polizeihubschrauber verfügen, wird immer mit zwei Mann als Besatzung geflogen, jeweils ein Hubschrauberführer und ein Bordwart zusammen. Nur Nordrhein-Westfalen macht hier eine Ausnahme und fliegt mit zwei Piloten. Der Pilot ist für die rein fliegerischen und alle damit zusammenhängenden Aufgaben, wozu auch die Abwicklung des Flugfunkverkehrs in englischer Sprache gehört, zuständig. Der Bordwart dagegen ist für den taktischen Polizeifunk und die terrestrische Navigation verantwortlich und natürlich für alle technischen Belange. Da er am Einsatzort auch immer derjenige ist, der als erster aus der Maschine herauskommt und in das Geschehen eingreifen kann, ist er auch der polizeiliche Streifenführer.

An Hand der Polizeihubschrauberstaffel Bayern sei die Organisation und der technische Bereich erläutert. Der Bedarf an Hubschrauberführern ist hier seit einigen Jahren gedeckt, und der Polizeihubschrauberstaffel Bayern stehen 20 Piloten und 20 Bordwarte, die im Schichtdienst arbeiten, zur Verfügung. Die normale Dienstzeit geht von Sonnenaufgang bis Sonnenuntergang und bei Bedarf auch nachts. Zeitweise befinden sich sechs bis sieben Maschinen in der Luft (Stand 1985).

Die Polizeihubschrauberstaffel Bayern ist eine dem Präsidium der Bayerischen Bereitschaftspolizei unmittelbar nachgeordnete selbständige Organisationseinheit, die für den gesamten Freistaat Bayern zuständig ist.

Für die Versorgung im nordbayerischen Raum besteht seit dem 1. Juni 1974 auf dem Flugplatz Roth bei Nürnberg eine Außenstelle der Staffel, zu der ein ständig einsatzbereiter Hubschrauber gehört.

Das Gesamtgebiet des Freistaates Bayern ist in Streifenräume eingeteilt, in denen sich die Polizeihubschrauber bei Streifenflügen je nach Lage frei bewegen. Für den Verkehrsdienst existiert ein monatlicher Streifenplan mit einer pauschal erteilten Einsatzweisung. Alle anderen Einsätze der Polizeihubschrauberstaffel Bayern sind beim Innenministerium auf dem Dienstweg anzufordern. Bei Ad-hoc-Einsätzen kann der Polizeihubschrauber direkt bei der Bereitschaftspolizei angefordert werden. Ein sich im Ein-

satz befindlicher Hubschrauber kann auch direkt über die Besatzung angefordert werden, und diese kann sich ebenso selbst für einen Einsatz anbieten, wenn sie von einem Ereignis, das ihren Einsatz zweckmäßig erscheinen läßt, Kenntnis erhält.

1985 verfügte die Staffel über elf Hubschrauber, sieben BO 105 und vier BK 117, die aus Kosten- und Zeitgründen sowie aus Gründen der Unabhängigkeit im eigenen luftfahrttechnischen Betrieb gewartet und instand gehalten werden. Die Polizeihubschrauberstaffel Bayern ist ein vom Luftfahrt-Bundesamt anerkannter Luftfahrttechnischer Betrieb, der unter der Fachaufsicht dieser Behörde steht. In der Luftfahrt dürfen Arbeiten an Luftfahrzeugen nur in genehmigten Betrieben durchgeführt werden. Sie müssen von einem Prüfer für Luftfahrtgerät beaufsichtigt, geprüft und schließlich bescheinigt werden. Außerdem dürfen nur geprüfte und zugelassene Teile verwendet werden. Eine Vielzahl der Teile des Hubschraubers unterliegen einer Laufzeitbegrenzung, nach deren Erreichen sie entweder überholt oder verschrottet werden müssen.

Mit mehreren tausend Lagerbewegungen jährlich, dem notwendigen Teiletransport und der durch den luftfahrttechnischen Betrieb erforderlichen aufwendigen Lagerhaltung wurde es zu einem eigenen Zweig innerhalb der Technik.

Auf dem Personalsektor zeichneten sich mit zunehmender Flugstundenzahl und deshalb vermehrt anfallenden Kontrollen Probleme ab. Der Bordwart, ein Mann mit Mehrfachfunktion, Techniker am Boden sowie Polizeibeamter und Techniker in der Luft, war bei den

Übergabe der BK 117 durch den Bay. Innenminister Karl Hillermeier an den Leiter der PolHubStff Bayern, POR Dieter Thienel.

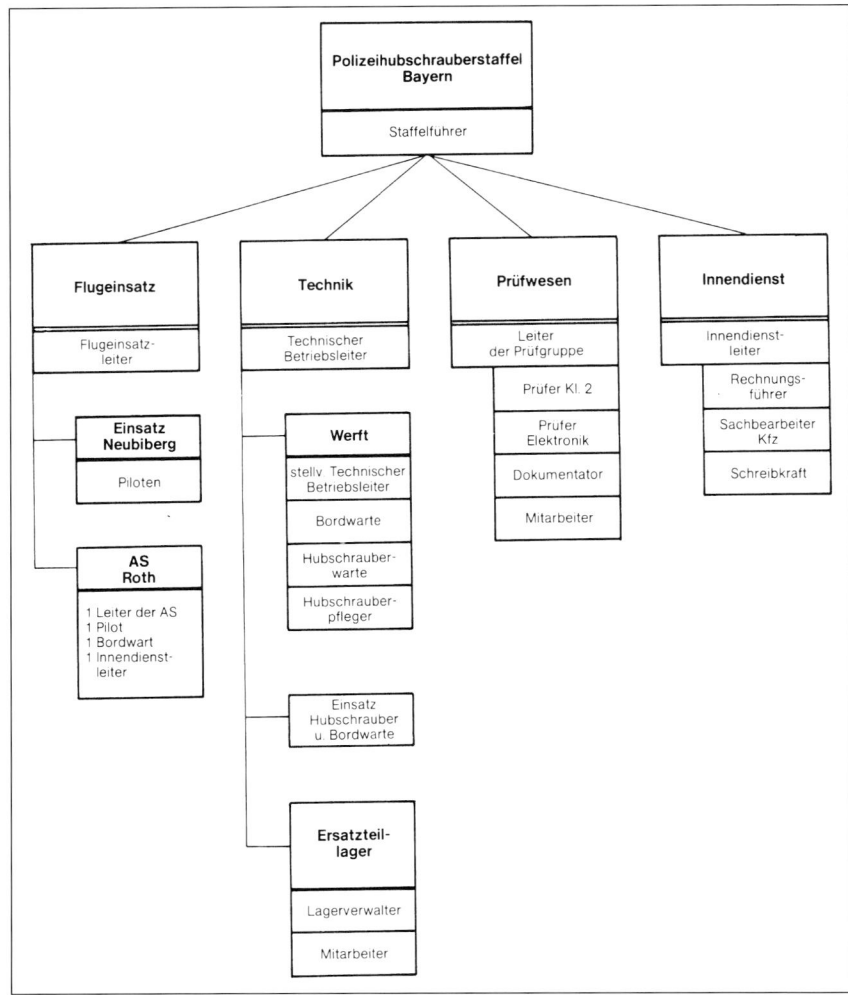

Organigramm der Polizeihubschrauberstaffel Bayern.

Lufttüchtigkeitsanweisungen vorgesehene Maßnahmen durchzuführen.

In der Luftfahrt, also auch bei der Polizeihubschrauberstaffel Bayern, darf nichts eingebaut werden, was nicht ein Zertifikat eines luftfahrttechnischen Betriebes hat, und es darf keine Arbeit verrichtet werden, die nicht nachgeprüft wird. Die im anerkannten luftfahrttechnischen Betrieb der Polizeihubschrauberstaffel Bayern vorhandene Prüfgruppe verfügt über vier Prüfer von Luftfahrtgerät der Klasse 2, Fachrichtung Flugwerk und Triebwerk, die die Wartung nachprüfen und bescheinigen können. Der Leiter der Prüfgruppe besitzt darüber hinaus die Prüferlaubnis der Klasse 1, Fachrichtung Flugwerk und Triebwerk, womit die komplette Instandhaltung einschließlich der Jahresnachprüfung durchgeführt und bescheinigt werden kann.

Als Prüfaufzeichnungen werden im luftfahrttechnischen Betrieb Kontrollberichte und Prüfberichte erstellt und gesondert aufbewahrt.

Der Polizeihubschrauber hat sich im Einsatz überall dort bewährt, wo Schnelligkeit, Beweglichkeit, Übersicht und Geländeunabhängigkeit Einsatzvoraussetzungen sind. Er ist ein für alle Polizeibereiche gleichermaßen bestimmtes Führungs- und Einsatzmittel, das mithelfen kann, den polizeilichen Erfolg zu sichern.

Die Hubschrauberbesatzungen führen in der Regel immer nur den 1. Angriff aus, um sie, deren Stärke ja in der Luft liegt, nicht unnötig lange am Boden zu binden. Folglich liegen die

gestiegenen Anforderungen nicht mehr in der erforderlichen Anzahl zu finden. Ein neues Konzept wurde geschaffen: Hubschrauberwarte (zivil) wurden eingestellt, weil Bordwarte immer wieder zu polizeilichen Einsätzen von ihrer Arbeit abgezogen werden müssen.

Bei neun Hubschraubern, davon vier IFR-Maschinen, werden jährlich etwa

- 4 Grundkontrollen,
- 4 600-Std-Kontrollen,
- 8 300-Std-Kontrollen und
- 34 100-Std-Kontrollen fällig,

was einem Aufwand von 17.100 Mannstunden entspricht. 70 % dieser Arbeiten und alle kurzfristig anfallenden Instandsetzungen werden mit dem eigenen technischen Personal erledigt. Daneben sind zur Aufrechterhaltung der Lufttüchtigkeit Nachprüfungen zur Feststellung der ordnungsgemäßen Durchführung von Arbeiten und Inspektionen bei vorgeschriebenen Kontrollen nach 50, 100, 300, 600 und 1200 Betriebsstunden, sonst anfallenden Reparaturen, Änderungen, Grundüberholungen oder durch Hersteller- und LBA-

1200-Std.-Kontrolle an einer BO 105 der PolHubStff Bayern im eigenen luftfahrttechnischen Betrieb.

Hauptaufgaben im Erkennen, Erkunden, Beobachten und Melden. Die vom Hubschrauber aus entdeckten Störungen oder Verstöße werden in der Regel vom Boden aus beseitigt bzw. verfolgt.

Ursprünglich wurden die Hubschrauber beschafft, um sie ausschließlich im Verkehrsdienst zu verwenden.

In den 60er Jahren lag der Einsatz von Polizeihubschraubern für die Überwachung und Lenkung des Verkehrsbereichs bei 98 %. Heute ist er auf unter 50 % gesunken, da die Verkehrseinsätze nicht proportional mit angestiegen sind, wie Einsätze in anderen Bereichen. Dazu zählen u. a.:
– Aufklärung
– Begleitung und Geldtransport
– Bergung und Abtransport
– Beweissicherung und Dokumentation
– Brandschutz und Brandbekämpfung
– Demonstrationen
– Durchsuchung von Geländeabschnitten
– Fahndung
– Fernsehübertragung
– Flugzeugabsturz
– Führungs- und Befehlsplattform
– Grenzüberwachung
– Großveranstaltungen
– Lawinenabgänge
– Luftaufnahmen
– Ölunfälle
– Objektschutz
– Observation
– optische Absperrung
– Peilen
– Prävention
– Relais
– Repression
– Staatsbesuche
– Such- und Rettungsdienst
– Transport von gefährdeten Personen
– Transport von Spezialgerät
– Transport von Spezialisten
– Unglücks- und Katastrophenfälle
– Umweltschutz
– Verbindungsflüge
– Verletztenbergung und -transport
– Vermißtensuche
– Verschubung
– Wasserschutzpolizeistreifen
Der Einsatz im Verkehrsbereich liegt bei der Verkehrsüberwachung und der Verkehrslenkung.
Die Hauptaufgabe des Polizeihubschraubers liegt im
– Aufklären
– Erkennen
– Beobachten und
– Weitermelden

Einsatz mit der Bergwacht bei einer Bergung.

Die Hubschrauberbesatzung ist daher stets auf enge Zusammenarbeit mit dem Funkstreifenwagen angewiesen. Hierbei ist es unerläßlich, daß die Polizeifahrzeuge mit Dachnummern versehen sind, die es erlauben, ohne Rückfragen und ohne Zeitverlust den richtigen Streifenwagen optimal einzusetzen. Neben vorausplanbaren Routine-Streifenflügen werden je nach Erfordernis Spontaneinsätze geflogen, z. B. bei schweren Verkehrsunfällen und damit verbundenen Vollsperrungen der Straßen. Ein Hubschrauber kann einen Raum überwachen, für dessen bodengebundene Abdeckung etwa 15–20 Streifenwagen notwendig wären. Der Hubschrauber ist auch schneller und überraschender als ein Streifenwagen. Bei Überwachungsflügen wird auch das Gelände neben den Verkehrswegen überwacht, was dazu führt, daß Straftaten verhindert und Rechtsbrecher ganz allgemein verunsichert werden. Kritische Punkte wie Autobahnkreuze und Unfallschwerpunkte werden ständig beobachtet, und es hat sich eingespielt, daß das einheitliche Erscheinungsbild »Polizeihubschrauber quer über der Autobahn« oder ein langsam kreisender Hubschrauber immer Gefahr bedeuten. Inzwischen ist man von dem »Quer über der Straße schwebenden Hubschrauber« abgekommen, da dies die Autofahrer zu sehr abgelenkt hat, was wiederum zu neuen Unfällen geführt hat.

Bei vorausgeplanten Wasserschutzpolizei-Streifen fliegt zusätzlich ein Angehöriger der Wasserschutzpolizei mit. Bei Ölverschmutzungen eignen sich Hubschrauber besonders gut, da sie unter anderem Ölbinder in Ufernähe aufnehmen und eine lückenlose und gleichmäßge Verbreitung garantieren. Hinzu kommt noch die großflächige und gleichmäßige Verteilung des Ölbinders durch den Rotorabstrahl.

Innerhalb der Luftfahrt beschränkt sich die Kontrolle durch Polizeihubschrauber gegenwärtig nur auf Unterschreitung der Sicherheitsmindesthöhe, unerlaubtes Einfliegen in Sperr- oder Beschränkungsgebiete sowie auf ungenehmigte Außenlandungen.

Vermißtensuche mit einer BO 105 der PolHubStff Bayern über der Amper.

Durch die gemeinsame Ausbildung der Grenzschutz- und der Polizeipiloten bietet sich auch eine gegenseitige Unterstützung und Zusammenarbeit an. Dies wird schon erforderlich durch den Transport größerer Polizeieinheiten oder von Großgerät. Da die Grenzschutz-Fliegergruppe über größere Hubschraubermuster verfügt, übernimmt sie diese Aufgabe. Die Polizeihubschrauberstaffeln haben jedoch den Wunsch, eigene größere Hubschraubermuster zu bekommen, um diese Aufgaben selber durchführen zu können.

In nahezu 14 Jahren hat die Polizeihubschrauberstaffel Bayern mit acht BO 105-Hubschraubern bis Mai 1984 50.000 Flugstunden absolviert. Dabei war die Staffel an 1867 Fahndungen beteiligt, hat 120 Straftäter selbst festgenommen, bei 2180 Vermißtensuchen 271 Personen noch rechtzeitig gefunden und so vor einem drohenden Tod gerettet. Ferner hat sie 116 Verletzte transportiert, über 150.000 Luftaufnahmen angefertigt und mehr als 57.000 Verkehrslageberichte übermittelt.

Um der zunehmenden Gewaltbereitschaft und der daraus resultierenden Gewaltkriminalität bei Großdemonstrationen wirksam begegnen zu können, wurde die Polizeihubschrauberstaffel im Frühjahr und im Sommer 1987 nochmals um zwei BK 117 aufgestockt. Die Staffel kann somit zur Erfüllung ihrer vielfältigen Flug-

aufträge auf sieben Hubschrauber des Typs BO 105 und vier Hubschrauber des Musters BK 117 zurückgreifen.

BO 105 der PolHubStff Bayern bei der Grenzüberwachung zur damaligen DDR.

Wie oft im Jahre 1987 auf die Polizeihubschrauber zurückgegriffen wurde, veranschaulichen nachfolgende Zahlen:

Flugeinsätze: 9334
Flugstunden: 7510
Einsatzdauer pro Einsatz: 48 Minuten

Edelweiß 1, der 9. Hubschrauber der Serienfertigung, feierte am 8. Dezember 1987 sein 10.000-Stunden-Jubiläum. Seit der Indienststellung am 15. Oktober 1971 wurde mit diesem Fluggerät immer und immer wieder die gesamte Einsatzpalette durchflogen. Gut drei Jahre später, am 13. Februar 1991, erreichte die Polizeihubschrauberstaffel Bayern ihre hunderttausendste Flugstunde.

Das Einsatzspektrum der früheren Jahre hat sich inzwischen grundlegend gewandelt. Während damals bis zu 80 Prozent aller Einsätze im Verkehrsbereich geflogen wurden, liegt der Schwerpunkt heute mit rund 60 Prozent im Bereich »Suchen und Fahnden«. Bis 1991 wurden – abgesehen von wenigen Ausnahmen – alle Einsätze bei Tageslicht geflogen, da eine moderne Ausrüstung für den Nachteinsatz noch nicht zur Verfügung stand. 1991 erfolgte ein Übergang in eine weitestgehend gestraffte Einsatzorganisation sowie ab 1994 die Einrichtung von zusätzlichen Stützpunkten in Bayern, wie z. B. Kaufbeuren für den Bereich Schwaben. Hinzu kam die Einführung von »Hightech«-Einsatzausrüstung, wie:

Restlichtverstärkerbrille, Wärmebildkamera, Moving Map (GPS-gestütztes Navigationssystem), Navigations-Management-System (NMS), Helicopter-Communication-System (HCS).

Am 13. November 1996 unterzeichneten Staatssekretär Hermann Regensburger vom Bayerischen Staatsministerium des Innern und Dr. Siegfried Sobotta (Eurocopter Deutschland) in Donauwörth einen Vertrag über die Anschaffung von neun Hubschrau-

bern des Typs EC 135 für die Polizeihubschrauberstaffel Bayern. Sie sollen die älteren Modelle BO
105 und BK 117 ablösen. Die neuen Maschinen, im
Gesamtwert von 60 Millionen DM, verfügen neben
den bekannten Zusatzausrüstungen über BIV-Nacht-
sichtbrillen-kompatible Cockpits, GPS, Infrarotkame-
ras und Vorrichtungen für Krankentragen. Alle Hubschrauber erhalten eine Klimaanlage.

Am 22. Dezember 1998 wurden im Beisein von Innenminister Dr. Beckstein und EC Deutschland-Chef
Dr. Sobotta die ersten beiden EC 135 in Dienst gestellt, womit Bayern wohl die modernste Polizeihubschrauberstaffel der Welt besitzt.

Die 1998 von Neubiberg zum Münchner Flughafen
verlegte Polizei-Hubschrauberstaffel steht bereits
seit März 1994 im 24-Stunden-Einsatzflugbetrieb.
Bayern verfügt heute mit elf neuen EC 135 und 64
Mann fliegendem Personal über die stärkste und
modernste Hubschrauberflotte aller Bundesländer

Gemeinsamer Einsatz
Polizeihubschrauber
und Hubschrauber der
Grenzschutz-Flieger-
gruppe beim VIP-
Transport.

(Stand 2000). Ein mit Eurocopter Deutschland im Au-
gust 1999 abgeschlossener
Kooperationsvertrag über das
Angebot einer »polizeitakti-
schen Ausbildung« für Pilo-
ten, Operatoren und Bordwarte bedeutet eine einzig-
artige, bisher nicht standardisierte Ausbildung, die
keiner von beiden alleine leisten könnte.

Die Jahresstatistik 2000 zeigt den hohen Einsatz-
wert des PHS:
Einsätze insgesamt: 4183, davon 617 Fahndungen,
1353 Vermißtensuchen;
Fahndungserfolge: Bei 38 erfolgreichen Fahndungen
wurden 37 Personen festgenommen bzw. der Fest-
nahme zugeführt, davon sechs in der Nacht, sowie
15 erfolgreiche Sachfahndungen durchgeführt;

Vermißtensuche: Bei 66 erfolgreichen Suchen wurden insgesamt 76 Personen gefunden (61 lebend),
davon 19 in der Nacht (16 lebend).

Von sechzehn Bundesländern verfügen im Jahr
2000 lediglich drei über keine eigene Hubschrauberstaffel: Schleswig-Holstein, Bremen und das
Saarland.

Die Flutkatastrophe von Hamburg im Jahre 1962
führte zur Gründung der Polizeihubschrauberstaffel
Hamburg am 4. August 1964. Zunächst kamen die
Hubschraubermuster Bell 47 J3 und »Alouette II«
Astazou zum Einsatz. 1978 entschieden die Verantwortlichen der Hamburger Innenbehörde, denen die
Polizei untersteht, den Kauf von drei BO 105 CBS.
Die erste wurde im Mai 1979, die dritte Maschine
1987 übergeben. Nachdem die Namen »Hummel«,
so heißen die Polizeihubschrauber in Nordrhein-
Westfalen, und »Elbe«, Name der Feuerschiffe, vergeben waren, wurde aus den Hamburger Polizeihub-
schraubern »Libelle«.

Neben den üblichen
Aufgaben eines Polizei-
hubschraubers haben die
Hamburger eine erhebli-
che Kontrollfunktion bei
der Überwachung der El-
be und der riesigen Ha-
fenanlagen bezüglich Ge-
wässerverschmutzung.

So kommt es oft genug
vor, daß Öl in die Elbe gepumpt wird, obwohl es im
Hafen kostenlos entsorgt
werden kann, und daß
Chemieabfälle ebenfalls
häufig in den Strom geleitet werden. Während für
viele unnötige Vorhaben
ausreichend Geld vorhanden ist, wird bei der »Fach-
direktion 96«, so die polizeiinterne Bezeichnung der
Hubschrauberstaffel Hamburg, der Rotstift ange-
setzt. Statt 1000 Flugstunden wie bisher können sie
jetzt nur noch 850 Stunden pro Jahr fliegen. Dies bedeutet unter anderem, daß das Hafengebiet nicht
mehr wöchentlich, sondern nur noch einmal im Monat überflogen werden kann. So ist vorgesehen, die
»Libellen« stundenweise in die Nachbarregionen, die
über keine Hubschrauber verfügen, zu vermieten. Allein die regelmäßige Überwachung der langgezoge-
nen Nord- und Ostseeküsten wären schon ein Grund
gegen diese Einschränkung.

Mecklenburg-Vorpommern entschied sich jedoch
für die Anschaffung eigener Polizeihubschrauber. Im
Mai 1999 wurden zwei EC 135 in Dienst gestellt. Untergebracht ist die Polizeiflug-Staffel auf dem Flieger-

EC 135 der Pol-
HubStff Bayern.

1999 stürzte eine der neuen EC 135 auf dem Weg zu einer Verkehrs-überwachung ab. Drei der vier Besatzungsmitglieder überlebten den Absturz nicht.

Nach Bayern und Mecklenburg-Vorpommern erhielt auch die Polizeihubschrauberstaffel Sachsen im Juli 1999 eine EC 135. Die Maschine steht auf dem Flughafen Dresden, wo auch die Einsatzzentrale der Staffel beheimatet ist. Das Ausrüstungspaket der EC 135 umfaßt: FLIR- und Tagesbildkamera, Infrarot- und Suchscheinwerfer, Glas-Cockpit (Avionique nouvelle), digitales Kartensystem, GPS, Peiler, Wetterradar, Enteisungssystem, Außenlautsprecher, Winde.

Die Polizeihubschrauberstaffel Niedersachsen hat sich für den »Explorer« als Polizeihubschrauber entschieden. In der Grundausstattung ist der »Explorer« mit digitaler Instrumentierung (EFIS, Monitor-Displays) und Drei-Achsen-Autopilot ausgerüstet zuzüglich aller polizeilichen Aufklärungsmittel wie Hochleistungsscheinwerfer, Wärmebildkamera mit entsprechendem Arbeitsplatz und EuroNav III. Dieses Nav-System auf Basis einer Vektorgrafikkarte bietet mehr Möglichkeiten als eine Moving Map. So sind z. B. die Zieleingaben unter Nennung des Namens statt der Koordinaten möglich. Neben den drei neuen »Explorer« gehören noch zwei »Dauphin« zum alten Bestand. Die »Gazelle«-Hubschrauber werden abgeflogen und verkauft.

horst des Jagdgeschwaders Steinhoff in Laage, südlich von Rostock. Die Staffel ist der Wasserschutzpolizei zugeordnet, denn Mecklenburg-Vorpommern ist das wasserreichste Bundesland mit der längsten Küste. So werden auch die Piloten speziell für Flüge über Wasser ausgebildet und auch die Hubschrauber entsprechend ausgerüstet, z. B. mit Winde und Notschwimmern. Bis zum Jahr 2004 gehört zur Endausstattung eines Polizeihubschraubers der Staffel: Autopilot, Single-Pilot-IFR, Wetterradar, SX 16-Scheinwerfer, FLIR und BIV. Alle Piloten haben bei Eurocopter in Donauwörth ihre Ratings für EC 135 erworben. Am 24. November

Arbeit mit der Infrarotkamera, Pol-HubStff Bayern.

In Baden-Württemberg erhält die Polizei sieben neue Hubschrauber. Die Entscheidung für fünf »Exlorer« MD 902 sorgte auch hier für eine Überraschung. Als leichter Transporthubschrauber sind zwei EC 155 vorgesehen. Neben den bisher genutzten Hubschraubern wird bis zum Eintreffen der neuen Maschinen eine Bell 412 eingesetzt, die vom HDM für zweieinhalb Jahre geleast wurde. Die ersten beiden Explorer sollen Ende 2001 ausgeliefert werden. Die Polizeihubschrauber werden mit dem Navigationssystem AeroNav von Aerodata ausgerüstet.

Seit 1962 gibt es Polizeihubschrauber in NRW, was damit das erste Bundesland war, das über einen Polizeihubschrauber verfügte. 1999 kamen acht BO 105 und zwei BK 117 zum Einsatz. Bis zum Jahr 2011 sollen sechs Hubschrauber durch neue Muster ersetzt werden. Jetzt wurde der Bestand an Hubschraubern nämlich auf nur sechs Hubschrauber reduziert und dafür ein Flächenflugzeug – Cessna 182 »Skylane« – in Dienst gestellt. Insgesamt sollen drei Cessna 182 angeschafft werden. Die Begründung aus dem Düsseldorfer Ministerium lautet dazu: »So sollen die leisen Flugzeuge vor allem zur unauffälligen Beobachtung von Straftätern eingesetzt werden«, und »sie bieten auf Grund ihrer Konstruktion freie Sicht nach unten.« In NRW hat man die Vorteile eines Hubschraubers anscheinend noch nicht erkannt. Straftä-

ter werden von den deutlichen Einschränkungen eines Flächenflugzeuges gegenüber einem Hubschrauber im polizeilichen Einsatz profitieren. Vorteile bietet die Fläche nur, um von einem Flugplatz zum anderen zu fliegen. Dies werde allerdings mit den Polizeihubschraubern auch durchgeführt. Schlagzeilen in der Presse bekam die Polizeifliegerstaffel NRW durch ihre Personentransportflüge mit dem damaligen Ministerpräsidenten Rau, die rein privater Natur waren.

Schlußlicht der deutschen Polizeihubschrauberstaffeln ist Berlin. Die deutsche Hauptstadt verfügt über zwei Polizei-Hubschrauber vom Typ Mi-2, die noch bis zum Jahr 2006 einsatzbereit bleiben sollen. Die beiden Nostalgie-Flieger werden in Diepensee – am Südende des Flughafens Schönefeld, wo auch die Polizei-Hubschrauber des Landes Brandenburg stehen – technisch betreut. Die für den Polizeihubschrauber-Einsatz Verantwortlichen in Berlin haben noch nicht verstanden, den Hubschrauber als flexibles Einsatzmittel einzusetzen, und wenn der Polizeipräsident noch über jeden Einsatz persönlich entscheiden will, sind die Vorteile des Hubschraubers als Einsatzmittel erheblich eingeschränkt. Entsprechend umfaßt das Jahresflugstundenprogramm insgesamt auch nur 500 Stunden. Bei Staatsbesuchen sind die Berliner Polizeiflieger ohnehin nicht gefragt, das erledigt die BGS-Fliegertruppe, und für die Hauptstadtsicherheit reichen anscheinend täglich im Jahresdurchschnitt maximal 1,3 Flugstunden »polizeiliche Präsenz«, zumal über die Stadt verteilt genügend Polizeibeamte im Rahmen von »Objektschutz« vor Ort gebunden sind.

Polizeihubschrauber in Deutschland, Stand 1997:

Baden-Württemberg	4 BO 105, 2 BK 117, 1 Bell 212
Bayern	4 BO 105, 7 BK 117, (9 EC 135 geordert)
Berlin	2 Mi-2
Brandenburg	4 Mi-2, 1 Mi-8
Hamburg	2 BO 105
Hessen	4 BO 105
Niedersachsen	4 »Gazelle«, 2 »Dauphin«
Nordrhein-Westfalen	8 BO 105, 2 BK 117, 1 Bell 212
Mecklenburg-Vorpommern	(2 EC 135 geordert)
Rheinland-Pfalz	3 BO 105
Sachsen	3 Mi-2, 1 Sokol
Sachsen-Anhalt	1 BO 105, 2 BK 117
Thüringen	2 BO 105

Polizeihubschrauber Mi-2 aus Brandenburg.

BGS-Fliegergruppe

Der fliegende Verband des BGS ist größter Betreiber zivil zugelassener Hubschrauber in Europa. Im Mai 1955 entstand die Flugbereitschaft des BMI, die mit einer Hiller UH-12 B angefangen hat. 1961 erfolgte die erste Lieferung einer SA 318 »Alouette II«. 1970 folgte die erste BO 105 und mit ihr die Begründung des Luftrettungsdienstes im BGS. 1973 wurde die erste AS 330 »Puma« in Dienst gestellt, und 1987 folgte die erste AS 332 »Super Puma«. Mit Stand 1996 besaß die BGS-Fliegergruppe 111 zivil zugelassene Hubschrauber verschiedener Muster, 1999 allein 82 Hubschrauber des deutsch-französischen Herstellers Eurocopter.

Die Flugbetriebsorganisation des BMI gliedert sich in fünf disloziert Einsatzstaffeln, einer Stabs- und Ausbildungsstaffel als zugelassener Luftfahrerschule sowie einer Instandhaltungsstaffel. Zu den fliegerischen Einsatzspektren gehören Flugeinsätze in der polizeilichen Grenzsicherung, Überwachung der Seegrenze und des Küstenmeeres in der Nord- und Ostsee, Unterstützung bahnpolizeilicher Maßnahmen bis hin zum Schutz von Castor-Transporten, Unterstützung des Bundeskriminalamtes und der Polizeien der Länder bei Fahndungs- und Observationsmaßnahmen, Lufttransporte, Spezialeinsätze, regelmäßige Flüge zur Beförderung von Mitgliedern der Bundesregierung und ihrer Gäste sowie von Angehörigen politischer bzw. parlamentarischer Institutionen und Einsätze in der Luftrettung.

Diese umfangreiche Aufgabenstruktur erfordert die Nutzung der Hubschrauber zunehmend während der Nachtzeit und im Allwettereinsatz unter Anwendung von Restlichtverstärker- und Infrarottechnik, satellitengestützter Flugführungs- und Navigationssysteme sowie digitalisierter Karten neuester Technologie.

Der Stammsitz der BGS-Fliegertruppe, Stabs- und Ausbildungsstaffel, befindet sich in Bonn-Hangelar. Die heutige Grenzschutzfliegerstaffel West hat ihren Ursprung in der früheren Grenzschutzfliegerstaffel Nord, die im Februar 1962 als erste fliegende Einheit außerhalb des Standortes Bonn-Hangelar am Flugplatz Braunschweig-Waggum in Dienst gestellt wurde. 1972 erfolgte der Umzug nach Gifhorn. Nach der deutschen Wiedervereinigung und der darin begründeten Neuordnung des Bundesgrenzschutzes wurde die Staffel dem Grenzschutzpräsidium West zugeordnet, was den heutigen Namen erklärt. Seit dem 3. Oktober 1990 war die BGS-Fliegerstaffel Ost behelfsmäßig auf dem Flughafen Berlin-Tempelhof untergebracht. Die Ent-

EC 155 des BGS auf der ILA 1998.

scheidung zu einer endgültigen Stationierung fiel auf das Gelände des BGS-Standortes Blumberg am Nordostrand von Berlin. Im September 1994 wurde durch das Brandenburgische Landesamt für Verkehr die luftrechtliche Genehmigung für die Errichtung eines Hubschraubersonderlandeplatzes Klasse 1

EC 155.

EC 155 des BGS, Such- und Infrarotscheinwerfer.

erteilt. Im Februar 1997 wurde mit den Bauarbeiten begonnen, und nach nur acht Monaten wurde im Beisein des damaligen Bundesinnenministers Manfred Kanter Richtfest gefeiert. Die Bezugsfertigkeit war Ende August 1998 erreicht und so erfolgte am 21. September 1998 im Beisein zahlreicher Gäste die feierliche Einweihung.

Zu den zum Einsatz kommenden Hubschraubermustern zählen SA 318C »Alouette« Astazou, Bell UH-1D und SA 330J »Puma«.

Mit der Einführung der Fachbezogenen Integrierten Rechnergestützten System-Technik (FIRST 11) der zweiten Generation und der Online-Vernetzung der Staffeln mit dem Stab und den Stabseinheiten der Grenzschutz-Fliegergruppe, konnte im Jahre 1995 eine wichtige kommunikationstechnische Voraussetzung für das zentrale Flottenmanagement sowie für die Logistik und das Instandhaltungskonzept realisiert werden.

Nach teilweise mehr als 30jährigem Einsatz erreichen die unterschiedlichsten Hubschraubermuster des BGS mittlerweile ihre systembedingte Verwendungsgrenze. Die Modernisierung auf der Grundlage eines umfassenden Flottenkonzeptes wurde 1995 in die Wege geleitet. Auch für die Zukunft sind drei unterschiedliche Einsatzmuster (VBH, LTH, MTH) für die bewährte Flottenstruktur vorgesehen. So wurden 17 neue BO 105 CBS »Super Five« für 60 Millionen DM von Eurocopter geleast, die EC 155 ist das Nachfolgemodell der Bell UH-1D. Am 16. März 1999 wurden dem Bundesinnenministerium und der Fliegergruppe des Bundesgrenzschutzes in St. Augustin die ersten drei EC 155 übergeben, und gut ein Jahr später wurden die ersten sieben EC 155 an den Staffelstützpunkten Ost in Blumberg, Süd in Oberschleißheim und in St. Augustin offiziell in Dienst gestellt. Insgesamt werden 13 EC 155 die Bell UH-1 D ersetzen. Zusätzlich wurden neun EC 135 bestellt, womit sich der gesamte Auftrag einschließlich der zahlreichen Spezialausführungen auf 220 Millionen Mark beläuft, verteilt auf vier Haushaltsjahre des Innenministeriums.

Zu dem Ausrüstungspaket der EC 155 gehören: Wetter- und Laserradar, Hinderniswarnung (HELLAS), ein GPS-gestütztes Navigationssystem, Zusatztanks, Vier-Achsen-Autopilot, das Eurocopter-

Operatorplatz in der EC 155 des BGS.

Cockpitkonzept »Avionique nouvelle«, das zusätzlich für den Gebrauch von Nachtsichtbrillen ausgelegt wurde, kreiselstabilisierte Tages- und Wärmebildkameras, Such- und Infrarotscheinwerfer, Enteisungsanlage sowie Lasthaken und Rettungswinde. Jeder Hubschrauber ist so ausgelegt, daß er mit jedem der Zusatzgeräte schnell aus- und umgerüstet werden kann.

Seit 1991 steigen die Schleusungen »illegaler Einreiser« ständig. Über die sächsisch-tschechische Grenze kommen Illegale aus den Balkanstaaten und jetzt vermehrt aus dem Irak und China. Auch die Grenzüberwachung an der deutsch-polnischen Grenze ist rund um die Uhr erforderlich, denn beim Menschenschmuggel wird momentan mehr verdient als beim Rauschgifthandel. Dies verlangt ein besonders hohes Maß an Einsatzbereitschaft von der Grenzschutzfliegerstaffel Ost.

Das Engagement in der Luftrettung wurde inzwischen eingeschränkt und die Zahl der vom BGS betreuten Stationen von 22 auf 16 reduziert (Stand 1. Quartal 1998). Weitere Reduzierungen sind vorerst nicht geplant, zudem an der Ostseeküste zwei Bell 212 für die Rettung über See genutzt werden.

Die BGS-Hubschrauber werden, wie die Hubschrauber der Bundeswehr, auch bei Katastrophen eingesetzt. So war die BGS-Fliegerstaffel Süd 1999 zeitweise mit allen Maschinen beim Pfingst-Hochwasser in Bayern im Einsatz, und auch bei der Flutkatastrophe in Mosambik unterstützten BGS-Hubschrauber die Rettungs- und Versorgungsarbeiten.

Der militärische Einsatz von Hubschraubern

Fa 223 im Hof der SS-Kaserne auf dem Obersalzberg.

Nachdem die ersten Hubschrauber flügge waren, versuchte man sie natürlich im militärischen Bereich zu integrieren. Die deutsche Kriegsmarine besaß seit 1942 mit dem FL 282 »Kolibri« einen Hubschrauber, der bereits für Geleitschutzflüge von Schiffen aus erfolgreich eingesetzt wurde. Auch der schon erwähnte Typ Fa 330 »Bachstelze« fand als fliegende Beobachtungsplattform von U-Booten aus Verwendung bei der deutschen Kriegsmarine, u. a. ab Anfang Februar 1943 bei den in Fernost operierenden U-Booten des Typs IX D2. Der Focke-Hubschrauber Fa 266 »Hornisse«, in der militärischen Ausführung als Fa 223 »Drache« bezeichnet, war seit 1941 im Einsatz. Wie die Erprobungen zeigten, war dieser Hubschrauber aufgrund seiner Transportkapazität und Umschlaggeschwindigkeit in der Lage, die Maultierkolonnen einer ganzen Gebirgsjägerdivision zu erset-

Sikorsky S-56, erster Großhubschrauber der US-Streitkräfte mit zwei 2100-PS-Motoren.

zen. Verwendet wurde er jedoch größtenteils zum Außenlasttransport. An einem 6–10 m langen Seil wurden Lasten bis 1600 kg gehoben. Dazu gehörten u. a. das Heben und Umsetzen von 7,5-cm-Geschützen und die Versorgung einer Gebirgsbatterie mit Munition und Nachschub. Von der Gebirgsjägerschule Mittenwald aus erfolgten Transportflüge ins Karwendelgebirge, bei denen einer der Hubschrauber Lasten bis auf 2300 m Höhe (Dresdner Hütte) transportierte. Die Luftwaffe hatte seit 1943 ein besonderes Bruchbergungskommando mit Hubschraubern aufgestellt. Zwei Fa 223 (V 11, V 14) waren im April/Mai 1944 in Münster stationiert, um bruchgelandete Einsatzmaschinen der Luftwaffe aus den Ems-Mooren zu bergen. So wurde in einem Fall der 1284 kg schwere Motor einer Fw 190 über eine Strecke von 32 km am Seil als Außenlast transportiert. Die Amerikaner hielten im Jahr 1952 einen Außenlast-Transport noch für unmöglich. Für einen begrenzten Kampfeinsatz war der Fa 223 schon mit Maschinengewehren ausgerüstet, und zur Bekämpfung von U-Booten hatte er zwei 250-kg-Bomben an Bord. Auch die Rettung eines verwundeten, abgeschossenen Piloten der 1./NAG 4. im März 1945 vor der deutschen Frontlinie erfolgte durch Lt. Gerstenhauer im extremen Tiefflug mit einer Fa 223. Dazu wurde die Reichweite durch ein zusätzlich provisorisch eingebautes Benzinfaß erhöht.

Die deutsche Luftwaffe besaß den einzigen Hubschrauber-Transportverband der Wehrmacht, die erst im April 1945 aufgestellte Transportstaffel 40.

Der damalige Staffelkapitän war der spätere Kommandant des Fliegerregimentes 3 des österreichischen Bundesheeres, Oberst Sepp Stangl. Mit den Hubschraubermustern Fa 223 und FL 282 sollten Transport- und Verbindungsflüge sowie Artilleriebeobachtung im Alpenbereich durchgeführt werden. Seit Februar 1945 erfolgte die Flugzeugführerausbildung hierfür am Flugplatz Ainring bei Salzburg (hier steht heute eine Wohnsiedlung). Auf Grund zunehmender amerikanischer Luftangriffe verlegte der Verband auf den Fliegerhorst Aigen/Ennstal. Um nicht der Roten Armee in die Hände zu fallen, brach Hauptmann Stangl am Morgen des 5. Mai 1945 mit den Hubschraubern seines Transportverbandes und dem dazugehörigen Fuhrpark auf nach Ainring. Am 8. Mai blieb seine Fahrzeugkolonne nördlich von Lend im engen Salzachtal stecken. Während der größte Teil seiner Hubschrauber bereits in Ainring war, versuchte er mit drei Fa 232 freie Straßen für seine Fahrzeuge zu finden. Durch diese Suchaktion wurde eine amerikanische Vorausabteilung auf den Verband aufmerksam. Die Amerikaner erteilten nach zähen Verhandlungen jedoch die Genehmigung, die Fahrzeugkolonne geschlossen nach Ainring zu fahren und den Verband dort mit dem fliegenden Teil zu vereinigen.

Ende Februar 1945 erkannten Piloten in Flettner-Hubschraubern vom Typ FL 282 rechtzeitig den Angriff der 1. und 2. Weißrussischen Front, was jedoch auf Grund der geschwächten deutschen Heeresverbände den Vormarsch der Roten Armee nicht aufhalten konnte. Einige FL 282 waren in Berlin-Rangsdorf stationiert und wurden bei der Verteidigung Berlins als Artilleriebeobachter eingesetzt.

In Amerika wurden 1944 Sikorsky-Hubschrauber vom Typ R-4 als Verbindungs- und Beobachtungshubschrauber eingesetzt, bei der US Navy als Such- und Rettungshubschrauber. Mit den verbesserten Ausführungen R-5 und R-6 wurden bis zum Ende des Zweiten Weltkrieges insgesamt über 400 Hubschrauber dieser Reihe ausgeliefert.

Das Modell R-5 wurde von Sikorsky nach dem Krieg weiterentwickelt und erhielt die Typenbezeichnung S-51. Die Westland Aircraft Ldt. in Großbritannien baute dieses Modell von 1947–1953 in Lizenz, und unter dem Namen »Dragonfly« fand es bei den britischen Streitkräften Verwendung.

1949 entwickelte Sikorsky den Transporthubschrauber S-55 (milit. H-19) mit einem 600-PS-Pratt & Whitney-Motor und 3-Blatt-Rotor. Die Serienproduktion dieses Hubschraubers lief bis 1961.

Der 1950 beginnende Koreakrieg führte zu dringenden Forderungen der Streitkräfte und somit gleichzeitig zum Entwurf immer besserer und leistungsfähigerer Typen. So erhielt die US Navy als Begleitschutz-Hubschrauber die S-56 (H-37). Um bei Flügen über See größtmögliche Sicherheit zu bieten, wurden erstmalig zwei 2100-PS-Motoren verwendet, die in Gondeln seitlich am Rumpf untergebracht waren und damit den Zugang zum Frachtraum durch zwei muschelförmige Flügeltüren im Bug ermöglichten. Der Durchmesser des 5blättrigen Rotors betrug 27,5 m. Die Maschine war auch mit vier Rotorblättern noch flugfähig. Die S-56 war der erste Großhubschrauber der US-Streitkräfte.

Ab 1952 wurde der Transporthubschrauber S-58 (H-34) entwickelt, der in verschiedenen Versionen von 1954–1965 gebaut wurde. Als »Sea-Horse« flog dieser Typ für das US-Marinekorps, und auch die Bundeswehr nutzte diesen bewährten Hubschrauber für Transport- und Rettungseinsätze. Der 9-Zylinder-Wright-Sternmotor von 1525 PS gestattete ein Abfluggewicht von 5900 kg.

Als weiterer Hubschrauber stand die S-61B aus dem Jahre 1959 auf Sikorskys Produktionsliste. Sie war für verschiedene Spezialaufgaben bestimmt. Das von Westland gebaute englische Lizenz-Modell erhielt die Bezeichnung »Sea King«. Bei der US Navy heißt sie SH-3, CH 3B bei der US Air Force. Diese Version schuf sich als zuverlässiger Bergungshelikopter bei der Wasserung amerikanischer Astronauten einen Namen. Der Hubschrauber »Sea King« Mk 41 geht auf den SH-3D-Hubschrauber zurück, den Sikorsky Aircraft für die besonderen Belange des maritimen Einsatzes entwickelt hat. Die britische »Sea-King«-Ausführung weist gegenüber dem amerikanischen Original verschiedene markante Änderungen auf. So wird die von Westland nach den besonderen Spezifikationen der Royal Navy modifizierte »Sea King«-Version

»Sea King« Mk 41 der deutschen Bundesmarine.

von zwei leistungsstärkeren Rolls-Royce/Bristol-Wellenturbinen des Typs Gnôm H 1400 (Leistung je 1500 WPS) angetrieben.

Bei Westland wird die »Sea King« für die Royal Navy seit 1967 in Lizenz gefertigt. Das Westland-Muster entspricht den deutschen Forderungen an einen modernen SAR-Hubschrauber. Die für die Bundesmarine bestimmten Hubschrauber »Sea King« Mk 41 (alleiniger Musterbetreiber ist das MFG 5) können in SAR-Einsätzen bis zu zwölf Menschen bei einem Aktionsradius von ca. 500 km retten. Auch die »Sea King« Mk 41 der deutschen Marine wurden kampfwertgesteigert. Sie erhielten das Ferranti Sea Spray Mk 3-360-Grad-Radargerät und den Lenkflugkörper Sea Skua, der über Reichweiten von 15 km verfügt. Neben den herkömmlichen Aufgaben, überwiegend im SAR-Bereich, kam mit der Kampfwertsteigerung des Systems ein Kampfunterstützungsauftrag im bestehenden Ausrüstungsstand der »Sea King« hinzu, der jedoch nach der Wende wieder aufgegeben wurde. Im April 1997 wurde dem Verband eine neue Aufgabe zugewiesen: Überwasserseekriegführung, Einsatzunterstützung als Bordhubschrauber des Ende 2000 in Dienst zu stellenden Einsatzgruppenversorgers (eine 18.000 Tonnen große Plattform als logistische Basis zur See für Marine-Einsatzgruppen) und taktische Einsatzunterstützung.

Die »Sea King« ist in verschiedenen Versionen bei mehreren Streitkräften im Einsatz.

Der ebenfalls von Westland gebaute Hubschrauber »Lynx« wird auch bei der Bundesmarine, u. a. mit dem Tauchsonar ANAQS 18, verwendet. Am 14. Juni 1984 erfolgte der Erstflug des Vorserienmusters Westland »Lynx 3«, welches in Farnborough erstmals der Öffentlichkeit vorgestellt wurde. Als »Lynx« Mk 88 der Marineflieger wird er ständig auf den zwölf F 122-Mehrzweckfregatten der Bundesmarine eingesetzt. Deren Hauptaufgaben sind U-Boot-Ortung und Bekämpfung, Aufklärung, Fremdortung und Zieldatenübermittlung und nach durchgeführter Modifizierung auch Bekämpfung gegnerischer Einheiten.

Auch dieser »Lynx« Mk 88 basiert auf dem Standard-«Lynx«. Als Antrieb besitzt er zwei Rolls-Royce-Gem-60-Wellenturbinen mit je 1004 kW (890 PS) Leistung. Der »Lynx« besitzt einen »Semi-rigid« (halbstarren) Vierblattrotor von 18,8 m Durchmesser. Zu den insgesamt von der Bundesmarine eingesetzten 17 »Sea Lynx« werden im Rahmen der Nachbeschaffung sieben »Sea Lynx« Mk 88A zum gegenwärtigen Stückpreis von 37 Millionen DM hinzukommen. Im Juli 1999 präsentierte GKN Westland Helicopters zum ersten Mal diesen neuen »Sea Lynx« für die Bundesmarine. Die vorhandenen 17 »Sea Lynx« werden modifiziert und auf den Ausrüstungsstand der sieben neu beschafften Mk 88A gebracht. Das be-

Tauchsonar ANAQS 18.

deutet u. a. Einrüstung von semi-guided antisurface missiles, GPS und Zusatztanks sowie Verstärkung der Triebwerke und des Heckrotors. Bei der Mk 88A handelt es sich um die momentan modernste Ausführung der »Sea Lynx«. Eingebaut werden u.a. das Marconi-Sea-Spray-3000-Radar – jetzt mit Rundumsicht-Antenne – sowie ein bewegliches FLIR auf der Nase. Als Bewaffnung dienen Sea-Skua-Lenkwaffen und Torpedos. Die Royal Navy fliegt die »Lynx« Mk 2, ausgerüstet mit den Luft/Schiff-Lenkwaffen Sea Skua und Sonar-Bojen, zur U-Boot-Luftortung. Auch die französische, holländische, argentinische und brasilianische Marine erhielt diesen Hubschrauber.

Als Panzerabwehrhubschrauber wird der »Lynx 3« mit der Rockwell Hellfire ausgerüstet, besitzt eine 20-mm-Kanone von Oerlikon und kann mit der Luft-Luft-Version der General Dynamics »Stinger« zur Selbstverteidigung gegen andere Hubschrauber versehen werden.

Die Version AH Mk 1 der britischen Heeresflieger kann mit Maschinengewehren, einer 20-mm-Kanone und Panzerabwehr-Lenkflugkörper HOT oder TOW bewaffnet werden.

Neben Sikorsky wurden auch Hubschrauber der Firma Bell Aircraft Corporation bei den Streitkräften eingeführt. 1953 flog die Bell, Modell G1 (HSL-1), ein Tandemhubschrauber, der für die U-Boot-Bekämpfung entwickelt wurde. Als Antrieb diente ein Pratt & Whitney-R-2800-Sternmotor, der im hinteren Rumpfteil untergebracht war.

»Lynx«-Mk 88 der deutschen Marineflieger.

Die Bell 47 wurde in verschiedenen Ausführungen über 5000mal gebaut und gehörte als 3-sitziger Verbindungshubschrauber mit der Bezeichnung 47 G zu den ersten Hubschraubern der Bundeswehr. Auf ihr erfolgte bei der Luftwaffe in Faßberg die Hubschrauber-Grundschulung. Bei der US Army war dieser Typ als OH-13 G »Trooper« bzw. als »Sioux« bekannt. Die ab 1955 gebaute Bell 47 G2 war mit einem 200-PS-Lycoming-Motor ausgerüstet.

Aus dem Transporthubschrauber Bell 204 »Iroquois« entwickelte man die größere Version Bell 205 (UH-1D), die auch heute noch ein zuverlässiger Transporthubschrauber der Bundeswehr ist.

Frankreich setzte im Algerienkrieg bereits leicht bewaffnete Hubschrauber ein.

Die Firma Südaviation, später Aerospatiale, baute den blattspitzengetriebenen zweisitzigen Leichthubschrauber SO 1221 »Djinn«. Von den insgesamt rund 170 gebauten Hubschraubern erhielt die Bundeswehr 1958 sechs Maschinen zur Truppenerprobung.

Bei den Heeresfliegern und Marinefliegern der Bundeswehr gehörten auch insgesamt 15 Maschinen des Typs SA-RO »Skeeter« zu den ersten Hubschraubern. Die Einführung der Gasturbine brachte eine beachtliche Gewichtsverringerung sowie eine Steigerung der Leistung und somit auch der Flugsicherheit.

Die von Prof. Focke in Frankreich bei der SNCA nachgebaute Fa 223 erhielt die Typenbezeichnung SE 3000 und wurde zur SE 3101, einem Einsitzer mit 4-Zylinder-110-PS-Mathes-Motor weiterentwickelt. Die Drehrichtung des Dreiblattrotors verlief in Uhrzeigerrichtung, die bei den französischen Hubschraubern noch heute zu sehen ist. Über die zweisitzige SE 3110 folgten die Prototypen der SE 3120 »Alouette I« (Alouette zu deutsch = Lerche), und mit einer Gasturbine ausgerüstet wurde daraus die SE 3130, die »Alouette II«, der erste in Großserie gebaute Turbinenhubschrauber der Welt. Als Beobachtungs- und Verbindungshubschrauber wurde sie 1959 bei der Bundeswehr eingeführt. Bis 1964 erhielt die

SE 3130 »Alouette II«, erster in Großserie gebauter Turbinenhubschrauber der Bundeswehr.

EC 135 der Bundeswehr.

Bundeswehr insgesamt 247 Al II, die überwiegend bei den Henschel Flugzeugwerken in Kassel in Lizenz gebaut wurden. In der Standardausführung betrug der Kaufpreis 288.000 DM. Mit dem Einbau der Funkgeräte bekam die »Al II« auch die Homing-Antennen, die in den 80er Jahren mit der Umrüstung auf neue Funkgeräte wieder abgebaut wurden. An der Heeresfliegerwaffenschule in Bückeburg diente sie der Pilotengrundschulung, bei den Divisions- und Korpsstaffeln als VBH. Die »Alouette II« war auch an mehreren Erprobungsvorhaben bezüglich Bewaffnung von Hubschraubern beteiligt. Dabei wurde u. a. die Tauglichkeit der Panzerabwehr aus der Luft mit drahtgelenkten SS 11-Raketen getestet. Bis in die 70er Jahre hinein gab es auch Versuche, das G 3 oder ein MG 3 einzurüsten. Dabei wurden unterschiedliche Halterungen erprobt. »Alouette«-Piloten sind Einzelkämpfer und Schlechtwetterflieger, die dann noch unterwegs sind, wenn die Vögel schon »zu Fuß gehen«.

Als Nachfolgemuster für die »Alouette II« erhält die Bundeswehr ab dem Jahr 2000 die EC 135 als Schulungshubschrauber. Sie besitzt gegenüber der zivilen Ausführung unter anderem ein höheres Kufenlandegestell, Autopilot, ein für BIV-Nachtsichtbrillen-kompatibles Cockpit, Sand-Filter und ein GPS-Navigations-System.

Bei der Bristol Aeroplane Company entstand der britische Hubschrauber Bristol 171 »Sycamore«. Mit einem 520-PS-Leonides-Motor ging die Standardversion Mk 3 bis 1959 in die Serienfertigung. Sie wurde in verschiedenen Staaten als militärischer Mehrzweckhubschrauber genutzt und bei der Royal Air Force auch für Rettungsaufgaben im Küstengebiet um Großbritannien eingesetzt. Die Bundeswehr besaß 50 »Sycamore« Mk 52.

In Rußland waren die Hubschrauberkonstruktionen von Michail L. Mil richtungweisend. Nach dem Zweiten Weltkrieg entwickelte er den GM-1, der als Mil Mi-1 der erste in Rußland in Großserie gebaute Hubschrauber war. Später wurde er als SM-1 in Polen in Lizenz gebaut. Der Dreiblattrotor drehte sich wie bei der »Alouette« – nach deutschem Konstruktionsentwurf – im Uhrzeigersinn. Ab 1952 wurde die größere militärische Ausführung Mil Mi-4 gebaut, die einen Vierblattrotor von 21 m Durchmesser und als Antrieb einen 18-Zylinder-Sternmotor von 1700 PS hatte. Die sowjetischen Streitkräfte rüsteten diesen Hubschrauber, der die NATO-Bezeichnung »Hound« hat, mit Kanonen und Luft/Boden-Flugkörpern aus und setzten ihn auch als Bordhubschrauber für die U-Boot-Bekämpfung ein. Dieser Typ wurde der militärische Standard-Helikopter sämtlicher damals unter sowjetischem Einfluß stehender Länder.

In der damaligen Sowjetunion entwickelte Mil die Mi-24, die erste spezielle Mil-Konstruktion für Kampfaufgaben. Als sowjetisches Gegenstück zum »Apache« gilt die Mi-28 »Havoc«, ein ebenfalls mit zwei Wellenturbinen ausgerüsteter und 300 km/h schneller Kampfhubschrauber. Mit der Ka-50 war auch Kamow mit einem Kampfhubschrauber neuester Entwicklung vertreten. Aus dem Kamow-Projekt W-60 wurde 1990 die Ka-60, eine militärische Grundvariante mit einer im Bug befindlichen Radaranlage Abarlet der Moskauer Firma Phazotron (analog zum Ka-52), dem Lasererkennungssystem Otklik sowie einer Infrarot-Störanlage. Die Ka-60R ist ein Aufklärungshubschrauber mit hydraulisch stabilisierter Radaranlage Samschit (Hersteller: Optisch-Mechanisches Werk Jekaterinburg), die auch über einen Fernsehkanal, Infrarot-Sichtsystem (FLIR), Laser-Entfernungsmesser, Zielfixierung und Lasererkennung verfügt. Die Ka-60K ist eine schiffsgestützte Variante zur Ablösung der Ka-25Z.

Die Mil Mi-24 (Hind) ist ein Kampfhubschrauber, der von den sowjetischen Streitkräften auch in Afghanistan eingesetzt wurde.

Das Muster HIND E trägt als Waffenzuladung je vier Panzerabwehrraketen AT-6 SPIRAL (Kampfentfernung 7000 m), je vier Raketenbehälter für 32 oder 16 Raketen (Kampfentfernung 1200 m) und eine Integral-Kanone Kal. 23 mm.

Das Nachfolgemuster HIND F verfügt bereits über Luft/Luft-Lenkwaffen AA-8 AHIP für den Selbstschutz.

Die Mi-8 HIP ist ein weiterer bewaffneter Hubschrauber der sowjetischen Streitkräfte.

Das Kamow-Konstruktionsbüro baute seit Jahrzehnten Hubschrauber mit Koaxialrotor für die sowjetische Marine. Mit dem Ka-50 entwickelte Kamow für die russischen Streitkräfte einen reinen Kampfhubschrauber zur Panzerabwehr und Unterstützung der Bodentruppen, der sich auch im Luftkampf gegen feindliche Helikopter behaupten kann. Neben dem für einen Kampfhubschrauber ungewöhnlichen Rotorsystem verblüfft auch die Tatsache, daß der Ka-50 von nur einem Piloten geflogen wird. Erleichtert wird dies durch einfache Flugeigenschaften, Automatisierung der Systeme und des Waffeneinsatzes durch Einbeziehung der Technik aus der Kampfflugzeug-Elektronik. So wurde das Head-up-Display zum Beispiel von dem der MiG-29 abgeleitet. Weiterhin verfügt der Pilot über einen Bildschirm zur Anzeige von Systemdaten und zur Darstellung der Bilder eines TV-Sensors. Ein Kartenbildgerät und ein Helmdisplay erleichtern die Arbeit im Einmann-Cockpit ebenfalls.

Der Ka-50 »Hokum« ist bereits seit über zehn Jahren in der Flugerprobung. Der Erstflug erfolgte am 27. Juli 1982 nahe Moskau. Nach fünf Prototypen erfolgte 1992 die Serienproduktion. Auf der Air Show 1992 in Farnborough wurde der Ka-50 unter dem Namen »Werewolf« ausgestellt. Der »Hokum« steht für den Export zur Verfügung und könnte für unter 12 Millionen US-Dollar zu haben sein. Die russischen Streitkräfte zeigten allerdings wenig Interesse, und Exportkunden fehlten ebenfalls. Nachdem die Produktion im Werk Arsenjew fast drei Jahre stillstand, flog im Juni 1999 erstmals wieder eine neugebaute Maschine. Sie soll an das 319. Hubschrauberregiment in Tschernigowka geliefert werden.

Die Zelle besteht aus ca. 35% Verbundwerkstoffen, für die mehrschichtige Stahlpanzerung des Cockpitbereichs wurden ca. 350 kg extra aufgewendet. Dadurch sollen, ebenso wie bei den Panzerglasscheiben, selbst 20-mm-Treffer aus kurzer Distanz abgewehrt werden können. Als Antrieb dienen zwei Klimow TW 3-117-Triebwerke (je 2200 shp), mit denen der Hubschrauber eine Geschwindigkeit von über 300 km/h erreichen soll. Bug- und Hauptfahrwerk sind einziehbar, das max. Startgewicht wird mit 10.800 kg angegeben. Zur Bewaffnung gehört u. a. die überschallschnelle Panzerabwehrrakete »Wichr« (Wirbelwind) mit einer Reichweite bis zu zehn Kilometern. Statt 16 Wichr kann der Ka-50 unter den Flügeln auch bis zu 80 ungelenkte 80-mm-Raketen mitführen. Auf der rechten Rumpfseite ist weiterhin eine 30-mm-Kanone des Typs 2A 42 montiert, die in zwei Magazinen bis zu 500 Schuß mitführen kann.

Cockpit der EC 135 der HFlg.

Auf Wunsch der Türkei wurde eine doppelsitzige Ka-50-Version konzipiert – nicht mit nebeneinanderliegenden Sitzen wie bei der Ka-52, sondern mit der im Westen seit Jahrzehnten üblichen Tandemanordnung von Pilot und Bordschütze. Eine weitere Änderung der als Ka-50-2 bezeichneten Maschine betrifft die Kanone. Statt sie fest einzubauen, soll nur eine nach unten ausklappbare Halterung verwendet werden, die ein Rundum-Schußfeld ermöglicht. Statt der russischen 2A42-Kanone wird auch eine 20-mm-Waffe von GIAT verwendet.

Speziell für den Ka-50 wurde von dem russischen Rettungssystemspezialisten Zewzda der neue Sitz K-37 entwickelt. Nachdem die Befestigungsbolzen der Rotorblätter elektrisch gesprengt und das Cockpitdach abgeworfen wurde, wird der Sitz, an einer Rakete hängend, aus dem Cockpit gezogen. Der ganze Vorgang dauert 1,5 bis zwei Sekunden.

Während anfangs die militärischen Hubschrauber zum Verwundetentransport ausgerüstet waren, wurden sie später als Beobachtungshubschrauber und, teilweise mit Maschinengewehren versehen, auch zum Kampfeinsatz benutzt. Je nach Erfordernissen konnten sie bei Bedarf auch auf Maschinenkanonen, Raketenbehälter und drahtgelenkte Kurzstrecken-Flugkörper umgerüstet werden. Für Transportaufgaben begann man zwischen mittleren und leichten Transporthubschraubern zu unterscheiden. Der Ruf nach einem Kampfhubschrauber als reinem Waffenträger stand ebenfalls auf dem Plan. So entstand bei der Bundeswehr anfangs der 70er Jahre in Celle eine Heeresfliegerversuchsstaffel, die Einsatzverfahren für die Panzerabwehr aus Hubschraubern zu erfliegen hatte. Dies geschah ab Herbst 1978 mit Prototypen des Waffensystems PAH.

Die Bell UH-1D, ein bewaffneter Transporthubschrauber, kam in Vietnam mit unterschiedlicher Bewaffnung, die vom Maschinengewehr bis zum Raketenwerfer reichte, zum Einsatz. In Vietnam fand auch der reine Kampfhubschrauber erstmals Verwendung. Die AH-1 »Huey Cobra«, seit 1965 in Serie gebaut, nur knapp 1 m breit und wesentlich schneller (302 km/h), besaß zur besseren Manövrierfähigkeit extra breite Rotorblätter und Stummelflügel, an denen Außenbordbewaffnungen, wie z. B. Raketenträger, befestigt waren. Der Pilot saß in Tandem-Anordnung hinter dem Bordschützen. Mit der Bezeichnung AH-1-G setzten die US-Streitkräfte diesen Kampfhubschrauber ab 1967 in Vietnam ein. Die US Army erhielt insgesamt 1119 AH-1G. Der Waffenturm M 28 unter der Rumpfspitze enthielt zwei Minikanonen vom Typ M 134 mit je 4000 Schuß oder zwei Granatwerfer M 129 Kal. 40 mm.

92 AH-1G wurden mit Abschußvorrichtungen für Hughes BGM-71 TOW versehen und erhielten die Bezeichnung AG-1Q. Als AH-1R werden umgerüstete AH-1G mit dem stärkeren Avco-Lycoming T53-703-Triebwerk (1800 shp) bezeichnet. 315 AH-1G bekamen ebenfalls dieses Triebwerk sowie als Bewaffnung acht TOW-Raketen. Diese sowie 92 auf gleichen Stand gebrachte AH-1Q werden mit Modified AH-1S bezeichnet.

Auch ins Ausland wurde die AH-1 verkauft. Nicht weniger als 202 AH-1J gingen Mitte der siebziger Jahre an den Iran. Israel setzt den Kampfhubschrauber hauptsächlich gegen unbewaffnete Araber ein. In Japan wird die AH-1S in Lizenz gefertigt.

Das US Marine Corps zeigte am AH-1 bereits 1967 Interesse, forderte aber für Überwasseroperationen mit großer Reichweite eine Version mit zwei Turbinen. Bell bot die AH-1J »Sea Cobra« daher mit zwei Pratt & Whitney Canada T400-CP-400-Turbinen an. Auch diese Version wurde weiter verbessert und mit PAW-Lenkraketen ausgerüstet. Seit 1981 ist der Kampfhubschrauber mit einem neuen Waffenturm (Kettenkanone Hughes M 230 mit Helmvisier, Lasersteuerung für Panzerabwehrraketen, Radarstörer und Streugerät für Stanniol-Streifen, Laser-Empfangswarngerät und Infrarotschutz am Triebwerksauslaß) versehen.

Im März 1986 wurde die erste AH-1W ausgeliefert. Doppelte Zuladung, modernste Avionik, umfangreiche Selbstschutzvorrichtungen und Allwetter-/Nachtkampffähigkeit sind ihre Kennzeichen.

Im Dezember 1991 war die Entwicklung des Night Targeting System (NTS) in Auftrag gegeben worden. Ziel war eine Aufrüstung des in den Bell AH-1-Kampfhubschraubern verwendeten M-65-Systems zur vollen Einsatzfähigkeit bei Nacht sowie die Ergänzung um einen Laser für Zielbeleuchtung und Entfernungsmessung unter Verwendung möglichst vieler vorhandener Geräte. Hauptneuerung des von Taman in Israel entwickelten NTS ist ein Infrarotsensor, der im Bereich von acht bis zwölf Mikrometern arbeitet und auf drei Sichtwinkel eingestellt werden kann (24 x 18 bis 2 x 1,5 Grad). Hinzu kommen ein Laser-Entfernungsmesser und ein TV-Display sowie neue Optiken und diverse Bediengeräte im Cockpit. Ein Videorecorder erlaubt nun die Aufzeichnung der TV- und FLIR-Bilder. Bei Flugversuchen mit dem NTS gab es Trefferquoten von 100 Prozent mit der TOW und 92 Prozent mit der »Hellfire«.

Die Entwicklung des NTS wurde zu zwei Dritteln von den USA und zu einem Drittel von Israel finanziert. Die israelischen Luftstreitkräfte rüsten ihre einmotorigen AH-1F »Cobra« mit dem neuen System aus, während das US Marine Corps seine zweimotorigen AH-1W »Super Cobra« damit bestückt.

1997 wurde im Pentagon beschlossen, statt neue Hubschrauber für das Marine Corps zu beschaffen, die bewährten Muster UH-1N »Twin Huey« und AH-1W »Super Cobra« nach einem Modernisierungsprogramm noch bis mindestens 2020 zu nutzen. Für die Entwicklung der »4BN«- bzw. »4BW«-Versionen erhielt Bell Aufträge im Gesamtwert von 495 Millionen US-Dollar (840 Millionen DM). Um die Wartungsaufwendungen in den gemischten HMLA-Verbänden des Marine Corps zu verringern, sollen künftig eine Vielzahl an identischen Komponenten sowohl im Kampf- als auch im Transporthubschrauber Verwendung finden. Beide Muster erhalten u. a. neue Triebwerke, ein neues Getriebe, einen »Flexbeam«-Rotorkopf für die lagerlose Befestigung der vier aus Verbundwerkstoffen gefertigten Rotorblätter. Bei der UH-1N, die auf den UH-1Y-Standard modernisiert wird, wird weiterhin der Rumpf verlängert, wodurch Avionikgeräte verlagert und der Tank vergrößert werden kann. So soll sich die Nutzlastkapazität mehr als verdoppeln und die Flugzeit um eine Stunde erweitern. Reichweite (dann 650 km) und maximale Reisegeschwindigkeit werden dadurch ebenfalls gesteigert. Auch die AH-1W mit Vierblattrotor wird deutlich schneller und erhöht ebenfalls ihre Reichweite und Nutzlast, die dann auf 2860 kg steigt. Die Auslieferung der so verbesserten Muster wird voraussichtlich erst 2003/2004 erfolgen.

Die verbesserte Version der AH-1W des US Marine Corps absolvierte unter der Bezeichnung AH-1Z am 7. Dezember 2000 ihren Erstflug in Arlington. Während »Z1« nur für die Erprobung der Rotorkomponenten gedacht ist, sollen »Z2« und »Z3« die volle Systemausstattung haben.

AH-1G mit Bewaffnung.

Von den vorhandenen Hubschraubern wurden nur teils modifizierte Strukturkomponenten wie Heckausleger und Rumpf sowie die T700-Triebwerke übernommen.

Neu ist das AAQ-30 Hawkeye Target Sight System von Lockheed Martin. Es soll gegenüber dem AH-64D »Apache-Longbow« die doppelten bis dreifachen Entdeckungs- und Identifizierungsreichweiten bieten. Das komplette System wiegt 84 kg und ist in einer beweglichen Sensorkugel mit einem Durchmesser von 52 cm an der Nase der »Cobra« untergebracht. Die Instrumentierung im Cockpit ist für beide Besatzungsmitglieder identisch, so daß sie sowohl die Funktion des Piloten als auch die des Bordschützen übernehmen können. Zwei 15 x 20 cm große Flüssigkristall-Farbdisplays (Rockwell Collins) übernehmen die Anzeige von Flugdaten und der digitalen Karten. Für den Nachtflug sind seitlich zwei Restlichtverstärkerkameras montiert, die ein plastisches Bild der Umgebung liefern. Der Blickwinkel beträgt 40° horizontal und 30° vertikal. Statt der veralteten Zweiblattausführung besitzt die AH-1Z einen neuen gelenk- und lagerlosen Vierblatt-Rotor aus Verbundwerkstoff. In Kombination mit einem neuen Getriebe, das 30 Prozent mehr Leistung aufnehmen kann, steigt auch die Geschwindigkeit um 20 bis 35 km/h. Durch die erhöhte Tankkapazität von 1160 auf 1530 Liter wurde die Reichweite um 185 km vergrößert. Die Hauptbewaffnung der AH-1Z bleibt die Hellfire in ihren diversen Untervarianten, von der nun bis zu 16 mitgeführt werden können. Dazu kommen ungelenkte Raketen sowie Sidewinder-, Sidearm- oder Stinger-Lenkwaffen sowie

Bell »Huey Cobra«, Kampfhubschrauber, seit 1965 in Serie gebaut.

diverse kleinere Bomben. 180 Maschinen sollen auf den neuen Standard umgerüstet und bis 2013 ausgeliefert werden. Nach den jetzigen Plänen bleibt sie dann bis nach 2020 im Dienst.

Bell Helicopter Textron und die rumänische Regierung haben 1995 die gemeinsame Fertigung von 96 AH-1F »Cobra« in Rumänien vereinbart. Die Auslieferung an das rumänische Heer war für 1999 geplant.

Im Rahmen der AAFSS-Ausschreibung entstand der Verbundhubschrauber Lockheed AH 56 A »Cheyenne«, von dem vier Prototypen gebaut wurden. Dieser zweisitzige Kampfhubschrauber kam als Kombinations-Flugschrauber 1967 zum Erstflug und erreichte während der Erprobung Geschwindigkeiten von etwas über 400 km/h. Als Triebwerk diente ein General Electric T 64 von 3480 PS. Der Vierblatt-Hauptrotor hatte einen Durchmesser von 15,36 m. 1972 wurde das »Cheyenne«-Programm zugunsten der AH-1 eingestellt.

Mit dem Typ AH-64 brachte 1976 die Firma Hughes einen fortgeschrittenen Kampfhubschrauber AAH (Advanced Attack Helicopter) auf den Markt. Der AH-64 folgte dem Konzept des AH-1, ist jedoch etwas größer und besitzt ein stärkeres Triebwerk. Die erste aus der Serienfertigung stammende Maschine Hughes AH-64 A »Apache« absolvierte am 9. Januar 1984 in Mesa/Arizona ihren Jungfernflug. Als Panzerabwehrwaffe können bis zu 16 lasergesteuerte Hellfire-Lenkraketen mitgeführt werden. Standardmäßig ist dieser Hubschrauber mit einer 30-mm-Ketten-Kanone ausgestattet, deren max. Kadenz bei 625 Schuß/min liegt. Als Antrieb dienen zwei T-700-Wellenturbinen mit je 1694 shp. Die höchste Waffenzuladung des AH-64 beträgt 2,3 Tonnen. Wichtigste Sensoren sind der Pilot Night Vision Sensor (PNVS) und das

Lockheed AH 56 A.

Target Acquisition and Designation Sight (TADS) von Martin Marietta. Der PNVS und das Integrated Helmet and Display Sight System (IHADSS) mit einem Monokelvisier bietet dem Piloten ein Echtzeitwärmebild des Geländes und ermöglicht so auch das Fliegen bei Nacht. Die Bordkanone ist mit dem IHADSS gekoppelt. Der Bordschütze kann sie per Kopfbewegung auf das Ziel richten. Auf Grund seiner ausgezeichneten Eigenschaften erhielt der AH-64A für das Kalenderjahr 1983 die begehrte »Collier Trophy«.

Das sowjetische Gegenstück zum AH-64A war der Mi-28 »Havoc«.

McDonnell-Douglas führte die Serienumrüstung der AH-64A-Kampfhubschrauber in die D-Version durch. In Mesa/Arizona wurden sie auf den neuen Standard mit Longbow-Millimeterwellenradar und besserer Avionik gebracht. Das von Lockheed Martin und Northrop Grumman entwickelte Longbow-Millimeterwellenradar ergänzt das TADS (Target Acquisition and Designation Sight), das TV-Kamera, Infrarotsensor und Direktoptik in sich vereint. Mit dem auf dem Rotormast montierten Longbow, das alleine rund drei Millionen US-Dollar kostet, kann der AH-64D wesentlich weiter sehen und sogar einen 360-Grad-Bereich abdecken. Weiterhin wird die Wetterabhängigkeit verringert. So kann der neue AH-64D nach einem Abscannen des Zielgebietes eine Vielzahl von Zielobjekten erfassen und diese automatisch klassifizieren. Nach Wichtigkeit sortiert werden diese dann dem Bordschützen angezeigt. Der Bordschütze im Führungshubschrauber kann nun mit Hilfe eines Cursors das Zielgebiet unterteilen, Positionsinfos und Tabuzonen an die anderen Hubschrauber und die Einsatzzentrale weiterleiten. Nach dieser Vorbereitungsphase, die in der Regel weniger als eine Minute dauert, beginnt der koordinierte Angriff. Zu den vielen weiteren Verbesserungen gehören auch zusätzliche Aufhängungspunkte an den Flügelspitzen für insgesamt vier Luft-Luft-Lenkwaffen (Stinger) zur Selbstverteidigung. Um den gestiegenen Gewichten gerecht zu werden, ist die 701C-Version des General-Electric-T700-Triebwerks eingebaut. Da für die Umrüstung auf den AH-64D-Standard die AH-64A völlig demontiert werden müssen, wurden pro Umrüstung ca. 15 Monate gerechnet. Die Produktionsrate bei Boeing beträgt

AH-64 »Apache«.

der UH-60 Luftbetankung möglich ist.

Die in anderen Kapiteln erwähnte BO 105 löste bei der Bundeswehr die bewährte »Alouette II« ab. Mit der BO 105 M erhielten die Heeresflieger einen Verbindungs- und Beobachtungshubschrauber (VBH), und die BO 105 P wurde der Panzerabwehrhubschrauber der ersten Generation (PAH-1). Gegenüber der BO 105 CB erhielten die beiden militärischen Versionen unter anderem ein aufschlagbrandsicheres Kraftstoffsystem und am PAH-1 Strukturverstärkungen zur Aufnahme der hohen Triebwerksleistungen und zur Integration der Waffenanlage HOT, einem Flugkörper des Kalibers 136 mm, mit dem Panzer auf eine Entfernung bis zu 4000 m wirksam bekämpft werden können.

drei AH-64D pro Monat. Im März 1997 wurden die ersten AH-64D an die US Army ausgeliefert.

Gleichzeitig mit dem Auftrag zur Umrüstung erhielt das Unternehmen den offiziellen Auftrag für den Bau von 30 »Apaches« für die Niederlande. Auch Großbritannien hat für seine Heeresflieger im Sommer 1995 insgesamt 67 »Longbow Apaches« im Wert von 2,5 Milliarden Pfund (6,75 Milliarden DM) geordert, die teilweise mit dem Radar ausgestattet werden. Bis auf acht Maschinen werden alle AH-64D bei Westland in Yeovil endmontiert. »Apache«-Kampfhubschrauber sind bisher in folgenden Ländern im Einsatz: Ägypten, Griechenland, Großbritannien, Israel, Niederlande, Saudi-Arabien, US Army, Vereinigte Arabische Emirate.

Mit der Entwicklung des Kampfzonen-Transporthubschraubers der US Army (UTTAS) wurde die Firma Sikorsky Anfang 1977 betraut. Der UTTAS-Hubschrauber ist als Nachfolger der Bell UH-1D vorgesehen und trägt die Bezeichnung UH-60 (Sikorsky-Typenbezeichnung S-70). Seit im Oktober 1978 die ersten UH-60A »Black Hawk« an die US Army geliefert wurden, haben sich aus dem Basismuster eine ganze Reihe Spezialversionen entwickelt. Neben dem Truppentransport übernehmen sie so unterschiedliche Aufgaben wie elektronische Kampfführung, Langstrecken-Rettungsflüge oder VIP-Transport. Dazu kommen noch die »Seahawk«-Modelle für Schiffsbekämpfung und U-Boot-Jagd. Der Einbau vieler Zusatzausrüstungen ließ das Einsatzleergewicht im Laufe der Zeit um über 400 kg ansteigen. Das Höchstabfluggewicht liegt bei 9977 kg. Als Antrieb besitzt die »Black Hawk« zwei General Electric T700-GE-701C-Triebwerke. Interessant ist, daß bei

Da das Abfluggewicht des PAH-1 um 100 kg über dem des VBH lag, mußte das Leergewicht reduziert werden, um das Kraftstoffgewicht aufnehmen zu können, was einen Gewinn an Flugzeit bedeutete. Dies wurde teilweise durch Materialumstellung, wie z.B. von Glasfaserkunststoff (GFK) auf Aramitfaserkunststoff (AFK), erreicht (ca. 2,7 kg Kraftstoff bringen im Mittel eine Minute Flugzeit).

Der PAH ist das beweglichste Panzerabwehrsystem des Heeres. Es schließt die Lücke zwischen panzerbrechender Erdkampfunterstützung der Luftwaffe und der bodengebundenen Panzerabwehr.

1973 wurden zehn BO 105 in ziviler Ausführung den Heeresfliegern in Celle zur militärischen Einsatzerprobung übergeben. Der Erstflug eines VBH fand 1976, der eines PAH-1 1977 statt. 1979 begann die Serienauslieferung der VBH und PAH. Insgesamt erhielt die Bundeswehr 100 VBH und 212 PAH-1. Im November 1990 wurde der Beschaffungsvertrag für das Kampfwertsteigerungsprogramm des PAH-1 vom Bundesamt für Wehrtechnik und Beschaffung unterzeichnet. Das Programm hat insgesamt ein Volumen von 278 Millionen Deutsche Mark und umfaßt die Fertigung und Einrüstung von Hauptrotorblättern neuester Technologie, Optimierung der Triebwerkeinläufe und Verbesserung der Ölkühlung bei allen in Betrieb befindlichen PAH-1. Ferner erhalten 155 die leichte digitale Waffenanlage HOT-2. Die Umrüstung der PAH-1 sollte bis Ende 1993 abgeschlossen sein. Die verbleibenden Hubschrauber sollen danach zu

183

UH-60 A »Black Hawk«
der US Army.

Begleitschutzhubschraubern umgerüstet werden, die an Stelle der sechs HOT je vier Luft-Luft-Raketen des Typs »Stinger« tragen. Am 22. Mai 2000 erreichten diese 312 BO 105 der Bundeswehr die Rekordmarke von einer Million Flugstunden, was an der Heeresfliegerwaffenschule in Bückeburg gefeiert wurde.

Von der Version BO 105 CB wurden im Juli 1984 für die schwedischen Heeresflieger 20 Maschinen geordert, die ab Dezember 1986 ausgeliefert wurden. Als Bewaffnung erhielten sie das Waffensystem Helitow, von den Firmen Saab und Emerson gemeinsam entwickelt.

In dem Kapitel »Zukunftsprojekte« wurde bereits der PAH-2 »Tiger« vorgestellt. Das deutsche Heer soll 212 und Frankreich 140 Exemplare des PAH-2 erhalten. Für die Bundesrepublik entstehen für den PAH-2 Entwicklungskosten in Höhe von 1,5 Mrd. DM. Die 212 PAH-2 für die deutschen Heeresflieger sollen noch einmal 6,6 Mrd. DM kosten. Die Einführung

des PAH-2 hätte nach ersten Planungen vom Jahr 1979 bereits 1986 erfolgen sollen. Durch das Hin und Her der vergangenen Jahre kommen die ersten PAH-2 mit HOT 2, der leistungsgesteigerten Version der heutigen Hauptwaffe des PAH-1, frühestens 2001 in die Truppe.

Auf dem 21. Hubschrauber-Forum in Bückeburg erläuterte Brigadegeneral Garben, General der Heeresflieger, in seiner Begrüßungsrede die operativ eigenständige Rolle des Hubschraubers im System der Heeresstreitkräfte. Zwei »Tiger«-Regimenter mit insgesamt 96 Waffensystemen »Tiger« und ein LTH-Regiment mit 48 Hubschraubern vom Typ NH 90 sollen die Eckpfeiler der neu geschaffenen Luftmechanisierten Brigade werden.

Am 25. Mai 1995 erfolgte im Sikorsky-Werk in Stratford der Roll-out des ersten Prototyps des zweisitzigen Boeing/Sikorsky Stealth-Kampfhubschraubers RAH-66 »Comanche«. Er ist als Ersatz für die älteren Kampfhubschrauber vom Typ Bell AH-1 »Co-

BO 105 P (PAH-1) der Heeresflieger mit Panzerabwehr-Lenkwaffensystem HOT.

bra« und den Beobachtungshubschrauber Bell OH-58 vorgesehen. Als Ergänzung zum McDonnell-Douglas AH-64 »Apache« ist der überwiegend aus Radarstrahlen absorbierenden Materialien hergestellte »Comanche« für bewaffnete Aufklärungsmissionen, leichte Kampfaufgaben und die Abwehr gegnerischer Hubschrauber konzipiert. Die Flugversuche des vollelektronischen, nachtsichtfähigen und mit »Fly-by-Wire«-Technologie ausgestatteten »Comanche« sind für einen Gesamtzeitraum von elf Jahren mit 6500 Flugstunden festgelegt worden. Der Erstflug erfolgte im Januar 1996. Für den Antrieb sorgen zwei LHTEC-T800-Wellenturbinen, die von Allison und Allied Signal entwickelt wurden. Sie sind bereits zugelassen, wurden aber noch leistungsgesteigert, um auch bei hohen Abflugmassen genügend Reserven zu bieten. Um die Wärmeabstrahlung gering zu halten, werden die Abgase in den Heckausleger geleitet und zusammen mit von oben eingesaugter Frischluft nach unten ausgeblasen. 2001 soll die US Army sechs Vorserienmodelle, die sogenannten »early operatinal capability aircraft«, für eine zweijährige Testphase unter Einsatzbedingungen erhalten. Erst im Jahr 2003 soll über eine Serienfertigung des 9,7 Millionen US-Dollar

Boeing-Vertol-Transporthubschrauber V-44 (H-21) »Fliegende Banane«.

Agusta-Werk in Cascina Costa bei Varese ist auf den Bau von Hubschraubern spezialisiert. Neben zahlreichen Lizenzbauten von Bell und Sikorsky entstand in eigener Entwicklungsarbeit der Kampfhubschrauber Agusta A-129 »Mongoose«, der im September 1983 zum ersten Mal flog. Die Kosten für das Entwicklungsprogramm teilten sich die italienische Armee mit 70 Prozent und Agusta mit 30 Prozent.

Der »Mangusta« besitzt ein computerisiertes digitales Multiplex-Managementsystem (IMS). Durch die Verwendung von zwei Computern ist das IMS ausreichend redundant. Je ein Multi-Function-Display steht jedem Besatzungsmitglied zur Verfügung. Das IMS steuert die Funkverbindungen und Navigation, macht die »Fly-by-Wire«-Steuerung mit automatischer Stabilisierung und Agilitätsverstärkung möglich. Es überwacht die Funktion der Triebwerke, die Hydraulik-,

1-Million-Flugstunden-Feier von BO 105.

VBH/PAH-1 an der HFlgWaS Bückeburg (beide Fotos).

(Preisstand 1988) teuren Hubschraubers entschieden werden.

Auch in Italien wurde an einem Kampfhubschrauber gearbeitet. Das

Treibstoff- und alle anderen Versorgungssysteme. Außerdem zeichnet es Störungen sowie Fehlerdiagnosen auf. Der Einsatz von Sensoren und Waffen erfolgt ebenfalls mit Unterstützung des IMS. Der Vierblattrotor hat einen Durchmesser von 11,90 m. Als Antrieb dienen zwei Rolls-Royce GemP MK 1004-Turbinen mit je 825 shp, die bei Piaggio in Lizenz gefertigt werden. Neben crash- und kugelsicheren Tanks sind zur weiteren Sicherheit der Besatzung Überrollbügel eingebaut. An vier Punkten können außen am Hubschrauber verschiedene Waffen

»Tiger« beim Abschuß.

bis 1000 kg Gesamtgewicht untergebracht werden. Die Bewaffnungsmöglichkeiten sind vielfältig. An den vier Außenstationen der Stummelflügel kann die »Mangusta« zusätzlich zur 12,7-mm-Bordkanone je 300 kg Waffen mitführen. Dies sind Luft-Boden-Flugkörper wie TOW, HOT und Hellfire oder ungelenkte Raketen. Auch 20-mm-Kanonen-Behälter werden angeboten. Zur Bekämp-

Rechts: Einblick in die Technik/Elektronik.

Unten: NH90 auf der ILA.

fung von Luftzielen stehen Matra Mistral, AIM-SL Sidewinder oder Stinger zur Verfügung. Im Einsatz gegen Panzer können bis zu acht TOW, HOT oder Hellfire, in der Close-Air-Support-Rolle vier TOW, HOT oder Hellfire plus zwei AIM-9L plus zwölf Raketen 81 mm mitgeführt werden.

Zu den modernsten Kampfhubschraubern gehören heute:

	Agusta A 129 »Mangusta«	Atlas »Rooivalk«	Bell AH-1W »Super Cobra«
Besatzung	2	2	2
Triebwerke	2 x Rolls-Royce 1004	2 x Makila 1A2	2 x GE T700-GE-401
Rumpflänge	12,27 m	16,39 m	13,87 m
Rotor	Vierblatt	Vierblatt	Zweiblatt
Max. Startmasse	4500 kg	8750 kg	6690 kg
Fluggeschw.	250 km/h	278 km/h	278 km/h
Max. Flugdauer	ca. 3 h	ca. 3,5 h	ca. 3 h

	Boeing/Sikorsky RAH-66 »Comanche«	Eurocopter »Tiger«	Kamow Ka-50 »Hokum«
Besatzung	2	2	1
Triebwerke	2 x LHTEC T800	2 x MTR 390	2 x Klimow TW3-117
Rumpflänge	13,20 m	14,00 m	16,00 m
Rotor	Fünfblatt	Vierblatt	2 x 3 Koaxial
Max. Startmasse	7895 kg	6000 kg	10.800 kg
Fluggeschw.	324 km/h	280 km/h	310 km/h
Max. Flugdauer	ca. 2,5 h	ca. 2 h 50 min	ca. 1 h 40 min

	McDonnell-Douglas AH-64D	Mil Mi-28 »Havoc«
Besatzung	2	2
Triebwerke	2 x T700-GE-701	2 x Klimow TW3-117
Rumpflänge	15,54 m	16,85 m
Rotor	Vierblatt	Fünfblatt
Max. Startmasse	10.107 kg	10.400 kg
Fluggeschw.	265 km/h	270 km/h
Max. Flugdauer	ca. 3 h	ca. 2 h

Von Frank Piasecki wurde die Tandem-Anordnung des Boeing Vertol-Transporthubschraubers V-44 (H-21) »fliegende Banane« entwickelt. Die H-21 C wurde auch bei der Bundeswehr für den Transport von Truppen und Material eingesetzt sowie für Luftlandeunternehmen und Rettungsflüge genutzt. 1973 wurde der letzte dieser bewährten Transporthubschrauber in das Hubschraubermuseum Bückeburg überstellt.

Verschiedene Streitkräfte verfügen mit der Boeing Vertol CH-47 »Chinook« über einen mittleren Transporthubschrauber mit Tandem-Rotor. Eine »Chinook« ist leicht an ihrem aus vier Doppelrädern bestehenden, nicht einziehbaren Fahrwerk zu erkennen. Dieser Transporthubschrauber kam während des Indochina-Krieges erstmals zum Einsatz und wird heute in 14 weiteren Ländern geflogen. Im Falklandkrieg wurde die »Chinook« von beiden Seiten eingesetzt.

Fast 25 Tonnen beträgt das maximale Startgewicht der CH-47D »Chinook«. In den sechziger und siebziger Jahren erhielt die US Army 354 A-Modelle, 108 B-Modelle und 270 C-Modelle. Von allen wurden 436 »Chinooks« auf den Stand CH-47D gebracht. Im Jahr 1985 wurde ein zusätzlicher Modernisierungsauftrag für weitere 240 »Chinooks« zur CH-47D-Version erteilt. Damit bleibt dieser nicht unumstrittene Transporthubschrauber noch weiterhin im Dienst.

Auch Hollands »Royal Netherlands Air Force« erhielt im Dezember 1995 ihre ersten schweren Transporthubschrauber CH-47D »Chinook«. Insgesamt wurden 13 Maschinen im Wert von 880 Millionen Gulden (780 Millionen DM) bestellt. Die ersten sieben waren Umbauten aus kanadischen CH 147, die restlichen wurden 1998/99 neu gefertigt. Diese 47D »Chinooks« sind mit einem Bildschirmcockpit und Flight-Management-System von Honeywell ausgerüstet. Inzwischen wird an einer verbesserten »Chinook« gearbeitet, die als CH-47F ab 2003 an die US Army geliefert werden soll. Nach derzeitigen Plänen will die US Army auch 302 ihrer CH-47D auf den neuen Standard umrüsten, ein Programm, das bis 2015 laufen würde, denn vor 2033 wird sich die »Chinook« nicht aus dem Dienst der US Army verabschieden.

Die MH-47E-Version ist als modifizierte CH-47D für den Einsatz bei den Special Operations Forces der US Army vorgesehen. Das sogenannte Special Operations Aircraft Program wurde im April 1986 von der Army-Führung aus der Taufe gehoben. Avco-Lycoming T55-L-714-Turbinen mit FADEC sind als Antrieb vorgesehen. Mit Hilfe größerer externer sowie interner Treibstofftanks und Luftbetankungsfähigkeit vergrößert sich die Reichweite der MH-47E substantiell, da der MH-47E im Vergleich zur Standard »Chinook« über die doppelte Treibstoffmenge verfügen wird.

Während die US Army auf die CH-47F wartet, ist die CH-47SD das neue Modell für den internationalen Markt. In den seitlichen Rumpfverkleidungen wurde jeweils ein zusätzlicher Tank untergebracht, wodurch sich die Reichweite verdoppeln ließ (7827 Liter statt bisher 3914 Liter). Neue Honeywell (Allied Signal) T55-L-714A-Triebwerke mit 4075 shp (22 Prozent stärker als bisherige Turbinen) ermöglichen Fliegen bei hohen Temperaturen in großen Startplatzhöhen und erlauben eine höhere Abflugmasse. Das Cockpit besitzt acht farbige Flüssigkeitskristalldisplays, zwei Eingabegeräte sowie ein großes Multifunktionsdisplay und ist für Flüge mit Nachtsichtbrillen geeignet. Die Avionik wurde verbessert, und für den Einbau eines Wetterradars wurde die Nase verlängert. In verschiedenen Bereichen wurde die Zelle überarbeitet, was u. a. zu einer Zellenversteifung führte, wodurch wiederum Vibrationen um 50 Prozent verringert und Dämpfer überflüssig wurden.

Mit der Sikorsky CH-53 G (G = Germany) – Erstflug 1964 – besitzt die Bundeswehr seit Juli 1972 einen mittleren Transporthubschrauber, der eine max.

Nutzlast von 8000 kg befördern kann. 110 Maschinen dieses Typs wurden in Deutschland ab 1970 durch VFW Fokker in Speyer in Lizenz gebaut (Erstflug der 1. Maschine 14.10.1971) und bei den Heeresfliegern in Dienst gestellt. Zwei vorn im Frachtraum eingebaute Winden mit einer Zugkraft von je 950 kg, die getrennt oder gemeinsam von innen oder mittels Fernbetätigung über ein Kabel auch von außen betrieben werden können, ermöglichen ein Be- und Entladen durch einen Mann. Die aus zwei Teilen bestehende Hecktür ist so konstruiert, daß der untere Teil als Lade- und Auffahrrampe verwendet werden kann. Der senkrecht unter dem Hauptrotor im Kabinenfußboden eingebaute Lasthaken ist für Außenlasten bis zu 9070 kg ausgelegt. Als Antrieb für den Hubschrauber dienen zwei Triebwerke T-64 MTU-7 mit einer Maximalleistung von je 3925 shp. Dieses Triebwerk ist ein Wellenleistungstriebwerk axialer Bauart mit Überdrehzahlschutz für die Nutzleistungsturbine. Die Höchstgeschwindigkeit beträgt 315 km/h, Reisegeschwindigkeit: ca. 250 km/h; Reichweite: 470 km.

Im Dezember 1999 wurde eine modernisierte CH 53 GS (S = Spezial) in Bückeburg offiziell an die Heeresflieger übergeben. Es handelt sich um eine kampfwertgesteigerte Maschine mit:

- Reichweitenerhöhung durch je zwei Außen-Zusatztanks von jetzt 360 km auf maximal 1200 km oder bis zu 7 Stunden Flugzeit,
- Nachttiefflugfähigkeit durch BIV-kompatible Innen- und Außenbeleuchtung,
- unabhängige Notstromversorgung für das Bordnetz,
- elektronische Schutzausrüstung mit Radar/Laserwarner,
- Flugkörperwarner,
- Abwurfsystem für automatischen Ausstoß von Täuschungskörpern,
- GPS-Navigationsanlage.

Weitere Modernisierungen, z. B. Sandfilter, Verbesserungen im Zellenbereich, sind vorgesehen. Die Maßnahmen zur Lebensverlängerung dieses Hubschraubers werden bei Eurocopter in Donauwörth durchgeführt. Ein weiterer Vertrag mit Eurocopter sieht Modifikationen zur Umrüstung von 20 CH-53G-Hubschraubern mit Ausrüstungen für Einsätze bei der UNO und den Krisenreaktionskräften vor. Die CH-53 G soll noch ca. weitere 30 Jahre bei der Heeresfliegertruppe im Dienst bleiben.

Durch die Wiedervereinigung erhielt die Bundeswehr 1990 auch sowjetische Hubschraubermuster aus dem Bestand der NVA. Anfang 1990 wurden von der NVA 140 Mi-8 übernommen. Bei der Luftwaffe wurden einige Mi-8 übergangsweise im SAR-Dienst eingesetzt. Die Mi-8S (Salon-Versionen) kamen zur Flugbereitschaft.

Die Flugbereitschaft erhält jetzt für den politisch-parlamentarischen Bereich neue Maschinen vom Typ AS 532 U2 »Cougar« Mk II zu einem Stückpreis von 28 Millionen DM. Die Kabine hat zwei Abteile mit einer Vierer-Clubanordnung vorn und sieben Sitzen hinten. Klimaanlage, Telefon, Toilette und eine kleine Küche mit Kühlschrank sind weitere Ausstattungsmerkmale. Der erste VIP-Hubschrauber mit der Luftwaffenkennung 82+01 kam im November 1997 nach Berlin, die zweite Maschine folgte im Dezember und die dritte im ersten Halbjahr 1998. Diese drei Hubschrauber, die die Mi-8 und UH-1 D ersetzen, sind bei der 3. Staffel in Berlin-Tegel stationiert. Im November 1997 war die Verkehrszulassung der letzten Mi-8PS (93+53) abgelaufen. Die Mi-8-Hubschrauber hatte die Flugbereitschaft 1991 vom Transportfliegergeschwader 44 übernommen. Seit 1996 wurden diese Maschinen schrittweise ausgesondert, die 93+51 wurde im Juli 1997 zum Luftwaffenmuseum nach Berlin-Gatow überführt.

Zum 30. Juni 1994 wurde die Lufttransportgruppe des LTG 62 in Brandenburg/Briest aufgelöst und damit der Hubschrauberbetrieb auf dem traditionsreichen Platz beendet. Seit 1959 waren hier die Hubschraubermuster SM-1, Mi-2, Mi-4 und Mi-8 stationiert. Die aufgelöste Gruppe war nach der Wiedervereinigung aus dem Tansporthubschraubergeschwader 34 der NVA gebildet worden.

Im Oktober 1997 wurde die erste von zehn SH-2G (E) »Super Seasprite« von Kaman Aero-

CH-47D »Chinook«.

CH-53 der deutschen Heeresflieger im UN-Einsatz.

U-Boot-Jagd. Es ist der erste Verkauf der SH-2 ins Ausland.

Statt für die Westland »Lynx« als neuen Marinehubschrauber hat sich 1997 die Royal Australian Navy für die Kaman SH-2G »Super Seasprite« entschieden. Die »Super Seasprites« werden aus gebrauchten Hubschraubern der US Navy aufgebaut. Sie erhalten modernste Avionik inklusive einem Bildschirmcockpit. Als Anti-Schiffs-Bewaffnung ist die Penguin Mk 2 von Kongsberg vorgesehen. Auch Neuseeland hat sich für vier modernisierte SH-2 entschieden. Diese modernisierten Hubschrauber wurden erst ab 2000 ausgeliefert.

space an Ägypten übergeben. Die Auslieferung erfolgte zuerst an die Pensacola Naval Air Station in Florida, wo die Ausbildung der Besatzungen stattfindet. Die SH-2G (E) für Ägypten sind mit T700-401-Triebwerken ausgerüstet und verfügen über ein AQS-18A-Tauchsonar zur

Eurocopter-Fluggeräte sind in zahlreichen Ländern im Verteidigungssektor zu finden. Der »Cougar« Mk II oder auch AS 532 U2, die Militärversion des »Super Puma« Mk II, ist mit zwei 20-mm-Kanonenrohren oder Raketenabschußvorrichtungen ausgerüstet. Der »Panther« – AS 565 –, die Militärversion der »Dauphin 2«, bietet Transportkapazität für zwölf Soldaten. Für Seenotrettungsoperationen stehen ca. 100 Maschinen vom Typ AS 366 G2 »Dauphin 2« bei der US-Küstenwache im Einsatz, und der mit zwei AM 39 Exocet-Raketen ausgestattete »Cougar« ist ein wirksames Abschreckungsmittel gegen Schiffe. »Panther« und »Cougar« können in der Ausstattung mit Sonar-Gerät und Torpedos auch Anti-U-Boot-Missionen ausführen. Die Militärversion der »Ecureuil« ist unter dem Namen »Fennec« – AS 550 und AS 555 – bekannt. Die EC 135 wird als

AS 565 Panther, Militärversion der »Dauphin 2«.

Von Zöllen und Fangquoten

Die vorerst letzte Verhandlungsrunde zum Brexit läuft – aber was passiert, wenn die Gespräche scheitern?

EL Überschattet vom in die britischen Plänen erung des Brexit-Ver- aben die EU und Lon- : neunte und vorerst eplante Verhandlungs- zu ihren künftigen Be- en gestartet. Bis Don- beraten die Vertreter eiten erneut über ein es Handelsabkom- as einen harten wirt- chen Bruch mit einer einführung von Zöllen em soll. EU-Diploma- arteten weiter keinen ruch.

em 1. Februar ist Groß- ien kein EU-Mitglied Bis Jahresende sind die

London hält Wartezeiten von bis zu zwei Tagen ab 1. Januar für möglich.

Fischerei

Großbritannien vereinbart bisher jährlich die Fangquoten mit der EU. Ohne Abkommen dürften EU-Fischer nicht mehr in britischen Gewässern ihre Netze auswerfen. Dies wä- re vor allem für Frankreich, Dänemark, Belgien, die Nie- derlande und Spanien ein schwerer Schlag. Deutsche Fi- scher wären dagegen kaum be- troffen.

Finanzmarkt

London ist ein zentraler Fi-

Militärversion unter der Bezeichnung EC 635 T1/P1 geführt.

Im Februar 1997 unterzeichnete Eurocopter mit der Türkei ein Abkommen über die Lieferung von 30 weiteren »Cougar«-Hubschraubern. Zehn werden an das Heer geliefert, während zwanzig von den Luftstreitkräften für Such- und Rettungsaufgaben vorgesehen sind. Der Vertrag im Wert von rund 2,5 Milliarden FF (740 Millionen DM) sieht die Lieferung ab 1999 vor. Fast alle Maschinen werden bei TAI endmontiert.

Die militärischen Forderungen sind die Schrittmacher für die technischen Verbesserungen.

So wurde in Zusammenarbeit mit deutschen und französischen Firmen das OPHELIA-System (Optique Platforme Helicoptère Alemand) entwickelt und unter der Bezeichnung BO 105 »Giraffe« auf dem Luftfahrtsalon 1981 in Paris erstmals vorgestellt. Beachtliche Sichtverbesserung, insbesondere aus der Deckung heraus, ermöglicht das optisch-elektronische Fernsehkamerasystem, das 1 m oberhalb des BO 105-Rotors in einem kugelförmigen Gehäuse von 60 cm Durchmesser als Rotormast-Visier untergebracht ist. Die OPHELIA-Plattform enthält eine Wärmebildkamera, eine Fernsehkamera, einen Laser-Entfernungsmesser sowie Stabilisierungseinrichtungen. Die Sensorbilder können über ein Frontscheiben-Sichtgerät dargestellt werden.

Dadurch, daß bei modernen Hubschraubern immer mehr elektronische Geräte eingesetzt werden, verbunden mit der fortschreitenden Miniaturisierung, wurde es möglich, diese auch bei kleinen Hubschraubern zu verwenden, wie z. B. der Gier-Regler des PAH-1, der den Hubschrauber nach Abschuß der Flugkörper um die Hochachse stabilisiert.

Die Hubschrauber der Bundeswehr haben bei einer Vielzahl von Katastrophen geholfen:
Schon 1962 bei der Flutkatastrophe in Hamburg, Eisnotdienste für die der deutschen Küste vorgelagerten Inseln, 1965 bei dem Lawinenunglück auf der Zugspitze, 1970 bei der Flutkatastrophe in Bangladesch. Rettungsflüge mit fünf UH-1D im Ganges-Delta, 1973/74 Versorgungsflüge mit UH-1D während der Dürre-Katastrophe in Äthiopien, 1975, mit bis zu 25 Hubschraubern, Rettungs- und Versorgungseinsätze bei den Waldbränden in der Lüneburger Heide.

Die Hubschrauber der Heeresflieger kamen in den vergangenen Jahren bei einer Vielzahl weiterer humanitärer Hilfseinsätze zum Einsatz. Dazu zählte

Fernsehkamerasystem OPHELIA, bestehend aus Wärmebildkamera, Fernsehkamera, Laser-Entfernungsmesser und Stabilisierungseinrichtungen.

OPHELIA-System BO 105 »Giraffe«.

191

»Sea King« der deutschen Marine-Flieger.

beispielsweise die Versorgung von 250.000 kurdischen Flüchtlingen im türkisch-irakischen Grenzgebiet nach dem Golfkrieg 1991. Das Heeresfliegerregiment 25 in Laupheim transportierte dabei über 800 Tonnen Hilfsgüter. Auf die Verteilung der Hilfsgüter hatte die Bundeswehr so gut wie keinen Einfluß mehr, diese übernahmen die kurdisch-türkischen »Bandenführer«. Eine weitere Aufgabe nach Beendigung des Konflikts am Persischen Golf war die Beförderung von UN-Inspektorenteams innerhalb des Iraks zur Aufspürung von Massenvernichtungswaffen. Dazu waren über einen Zeitraum von insgesamt fünf Jahren ständig drei Sikorsky CH-53G auf dem Flugplatz Al Rasheed bei Bagdad stationiert. Für ihren Einsatz waren die Hubschrauber mit innenliegenden Zusatztanks, widerstandsfähigeren Titan-Rotorblättern und zusätzlichen Satelliten- und Kommunikationsanlagen ausgerüstet worden. Es ist auch vorgekommen,

CH-53 der deutschen Heeresflieger bringt Hilfsgüter für kurdische Flüchtlinge.

daß die deutschen Hubschrauber bei ihren Einsatzflügen beschossen und auch getroffen und beschädigt wurden. Auf Grund der dort vorherrschenden Umweltbedingungen lag der Verschleiß rund 24mal so hoch gegenüber normalen Laufzeiten. Die Kosten dieses Langzeiteinsatzes beliefen sich auf gut 100 Millionen DM.

Fünf mit Feuerlöschbehältern ausgerüstete Maschinen aus Laupheim (HFlgRgt. 25) waren 1993 bei Waldbränden in Griechenland im Einsatz. Auch im August 1998 verlegten vier, speziell zur Brandbekämpfung ausgerüstete Transporthubschrauber CH 53 von verschiedenen deutschen Standorten zum Flugplatz Tanagra, nördlich von Athen. Von dort aus flogen sie Einsätze zum Löschen von Brandherden, vornehmlich in engen Gebirgstälern, in denen weder Löschflugzeuge noch Bodenfeuerwehren zum Einsatz kommen konnten. Bei 183 Flugstunden wurden insgesamt über 1,7 Millionen Liter Wasser zielgenau eingesetzt.

Noch heute ist ein Kontingent der Einheit aus Laupheim als Teil der SFOR-Kräfte in Kroatien im Einsatz. Unverständlich ist allerdings, warum die Bundesregierung dort Landegebühren bezahlt, obwohl die deutschen Hubschrauber im Rahmen humanitärer Hilfe dort operieren.

Beim Jahrhunderthochwasser an der Oder flogen die Heeresflieger zusammen mit Luftwaffe und Fliegern des Bundesgrenzschutzes in drei Schichten rund um die Uhr Tausende von Sandsäcken per Außenlast zur Verstärkung der bedrohten und zur Abdichtung gebrochener Deiche in das Oderbruch-Gebiet.

Im Februar 1999 flogen Bundeswehr- (8 Bell UH-1D, 5 CH 53) und BGS-Hubschrauber schweres Gerät in das von Lawinen eingeschlossene Paznauntal in Tirol und halfen zusammen mit Hubschraubern aus Österreich und der Amerikaner bei der Evakuierung von Gästen und Einheimischen. Insgesamt wurden 211 Flugstunden absolviert, 6663 Personen befördert und 38,3 Tonnen Versorgungsgüter eingeflogen.

Allerdings völlig unmotiviert erfolgte ebenfalls im Februar/März 1999 – auf einen Beschluß der Bundesregierung hin – die Ver-

legung von Heeresfliegern, zusammen mit Bundeswehr-Kampftruppen, in den Kosovo. Der Balkan ist schon immer ein Kriegsgebiet, in dem die Völker untereinander Krieg führen. Er wird es auch immer bleiben, erst recht, wenn die SFOR-Truppen wieder abgezogen sein werden – oder will man sie über Generationen hier stationieren? Für keine der beiden verfeindeten Seiten lohnt sich ein Einsatz, aber neue Waffensysteme verlangen nach Praxis, und die NATO begann unter amerikanischer Führung und unter Umgehung der UNO einen neuen Balkankrieg, der ohne Bodentruppen nur aus der Luft geführt werden sollte. Nachdem das NATO-Ziel nicht erreicht wurde, wurden vier Wochen nach Kriegsbeginn US-Hubschrauber vom Typ »Apache« und »Black-Hawk« in Albanien stationiert. Gegenmaßnahmen der Serben hielten die Amerikaner allerdings vom Einsatz ihrer Kampfhubschrauber ab. So hatten die Serben Drahtseile durch die Täler gespannt, in die die Hubschrauber bei den vorgesehenen Nachteinsätzen hineinfliegen und abstürzen sollten. Eine weitere serbische Gegenmaßnahme war die Entwicklung sogenannter Benzinbomben mit Geräuschzünder. Auf das typische Hubschraubergeräusch reagiert der Zünder beim Überflug, der Sprengsatz explodiert, und die auf das Rotorsystem einwirkende Druckwelle sollte den Hubschrauber so zum Absturz bringen. Die anfangs gelobte Zusammenarbeit der NATO-Partner wurde im Laufe der Zeit u. a. durch Informationsmängel getrübt. So änderten die Amerikaner z. B. die Darstellung der GPS-Anzeigen, ohne jedoch ihre Partner darüber zu informieren. Auch erhielten die Heeresflieger keine Luftraumdarstellungen der Amerikaner. Vielleicht wäre es besser, veraltete Ausrüstung (Transall) zu erneuern und eigene moderne Technik einzuführen (Satellitenaufklärung statt Drohnen), anstatt Steuergelder auszugeben, um Weltpolizist spielen zu dürfen.

Die bei der Hochwasserkatastrophe in Bayern im Mai 1999 eingesetzten Hubschrauber von Bundeswehr, Bundesgrenzschutz und der Polizei wurden durch die SAR-Leitstelle Münster koordiniert. Die eingesetzten Hubschrauber absolvierten rund 100 Flugstunden für Versorgungs-, Transport- und Überwachungsflüge. Hubschrauber der deutschen Luftwaffe und des Bundesgrenzschutzes verteilten Hilfsgüter beim Flutdrama von Mosambik im Frühjahr 2000. Neben den militärischen Aufgaben erfüllen die Hubschrauber der Bundeswehr im Rahmen des SAR-Dienstes auch zivile Rettungsaufgaben. Gemeinsame Übungen, oft an Wochenenden, z. B. mit den Männern der Bergwacht des BRK, garantieren einen hohen Ausbildungsstand und gutes Zusammenwirken der zivilen und militärischen Retter. Hubschrauber der Heeresflieger und der Luftwaffe, in

der Regel der Transporthubschrauber Bell UH-1 D, werden dafür eingesetzt.

Bei der Suche und Bergung aus Seenot werden die Marineflieger mit ihren »Sea-King«-Hubschraubern gefordert. Schon 1939 wurde unter Luftwaffenleitung die Seenotzentrale Ost mit Bezirksleitzentrale in Kiel-Holtenau geschaffen. Im Laufe des Zweiten Weltkrieges kam, neben vielen anderen Einheiten, die Seenotgruppe 81 hierher. Bis über das Kriegsende hinaus war sie erfolgreich bei der Evakuierung der Bevölkerung aus dem Osten eingesetzt. Mit Aufstellung der Bundeswehr wurde auch Kiel-Holtenau am 26. Juni 1956 wieder Marinefliegerhorst. Am 1. Januar 1958 wurde die Marineseenotstaffel aufgestellt. Hubschrauber vom Typ Bristol »Sycamore« B-171 und »Skeeter« sowie sieben Flugsicherungsboote (Grumman Albatros) waren die ersten Einsatzmuster. Es erfolgte eine erste Umbenennung in Marine Dienst- und Seenotgruppe. Am 1. Oktober 1961 erhielt der Verband die Bezeichnung Marinedienst- und Seenotgeschwader und am 25. Oktober 1963 den heutigen Namen Marinefliegergeschwader (MFG) 5.

Die Hubschraubermuster »Sycamore« und »Skeeter« wurden ab 1963 durch die Sikorsky H-34 ersetzt. Im April 1974 wurde der Einsatzflugbetrieb mit Westland »Sea King« Mk 41 aufgenommen. Das Wasserflugzeug »Albatros« wurde am 30. September 1971 ausgemustert. Bis 1985 war der SAR-Dienst überwiegend Angelegenheit der Luftfahrt.

Der nationale SAR-Dienst für in Not geratene Luftfahrzeuge ist seit 1959 Aufgabe der Luftwaffe und der Marine der Bundeswehr. Der 1. April 1959 gilt als das Gründungsdatum des Deutschen Such- und Rettungsdienstes nach den Bestimmungen der ICAO. Das Rescue Coordination Centre (RCC) der Royal Air Force Germany in Hannover mit der damaligen Unterabteilung (Sub-Centre) in Glücksburg – zuständig für den Nordbereich – wurde am 1. Juni 1961 in die Verantwortung der Luftwaffe übergeben. Zur gleichen Zeit wurde die SAR-Einsatzführung für den Südbereich – bisher bei der US Air Force in Ramstein – in deutsche Verantwortung übergeben. Im August 1968 wurden beide Stellen aufgelöst und als eine gemeinsame Leitstelle für den SAR-Dienst über Land in Köln-Wahn zusammengelegt; seit 1. April 1976 nach Goch am Niederrhein. Für die Marine wurde die SAR-Leitstelle Glücksburg eingerichtet. Die 1. Staffel des MFG 5 ist im Rahmen einer SAR-Weisung im SAR-Bereich Glücksburg tätig. Dieser Bereich umfaßt die deutschen Seegebiete in Ost- und Nordsee einschließlich des deutschen Wirtschaftsgebietes. Ständig einsatzbereite Rettungshubschrauber an den flächendeckenden SAR-Kommandos, Helgoland für den Bereich Nordsee und Warnemünde/Rostock für den Bereich Ostsee, nehmen diese Aufgabe wahr.

Durch das im Juni 1985 in Kraft getretene Internationale SAR-Übereinkommen wurde die DGzRS als eigenverantwortlicher Rettungsdienst mit in die SAR-Organisation einbezogen. Hintergrund ist die weltweite Schaffung einheitlicher Regeln und Verfahrensweisen für die Seenotrettung. Aus diesem Grund hat die DGzRS auch 1987 damit begonnen, die neue SAR-Kennung deutlich sichtbar an ihren Schiffen anzubringen. Die drei Großbuchstaben SAR sind die international verbindliche Kennzeichnung für Rettungsdienste und Rettungsmittel. Sie zeigen, daß es sich um Spezialisten des Such- und Rettungsdienstes handelt, die besonders für die Rettung ausgerüstet und ausgebildet sind.

Die Seenotleitstelle in Bremen ist das Rescue Coordination Centre (RCC). Von hier werden alle Seenot-Einsätze verantwortlich geführt und koordiniert. Allein die DGzRS ist zuständig für Einleitung, Durchführung und Beendigung der Such- und Rettungsmaßnahmen bei Seenotfällen. Das betrifft auch die Einsätze der SAR-Hubschrauber der Bundeswehr. Nur bei Luftnotfällen kehren sich die Verantwortlichkeiten um. Bei Absturz eines Flugzeuges über See geht die Zuständigkeit an das RCC in Glücksburg als Teil des Flottenkommandos. Von der Rettungsleitstelle der Marine werden dann alle Einsätze koordiniert.

Die Leitstelle der Marine verfügt über einsatzbereite Hubschrauber vom Typ »Sea King«. Die Hubschrauber sind in Kiel, Helgoland, Warnemünde ständig sowie Borkum und Westerland/Sylt mit bedarfsweiser Besetzung stationiert. Außerdem steht noch für den See-Einsatz ein Rettungshubschrauber der Luftwaffe zur Verfügung. Die SAR-Hubschrauber der Luftwaffe vom Typ Bell UH-1D werden über Land seit 5. Mai 1997 vom RCC beim Lufttransportkommando in Münster (vormals Goch) eingesetzt. Diese, für den landgebundenen SAR-Einsatz verantwortliche Rettungsleitstelle gibt die Verantwortlichkeit bei Einsätzen über See an die Leitstellen in Bremen oder in Glücksburg ab.

Sofern militärische Aufgaben und Erfordernisse des SAR-Dienstes dem nicht entgegenstehen, leistet SAR auch im Rahmen des zivilen Rettungsdienstes Hilfe. Dies geschieht in Fällen dringender Nothilfe, wenn Lebensgefahr oder die Gefahr schwerer gesundheitlicher Schäden bestehen und andere Transportmittel nicht ausreichen oder nicht rechtzeitig zur Verfügung stehen. Auch bei Naturkatastrophen und schweren Unglücksfällen leistet der SAR-Dienst Hilfe und stellt somit eine ideale Ergänzung zu anderen Rettungsorganisationen dar. Des weiteren führen die Bundeswehrhubschrauber auch Aufgaben im vorbeugenden Katastrophenschutz durch; Lawinensprengungen, Seilbahnrettung, Suche und Bergung im Gebirge, Notversorgungen, aber auch den Abtransport von Leichen beinhaltet das Einsatzprogramm.

Um diesen Aufgaben zu genügen, betreiben Luftwaffe und Marine insgesamt 18 SAR-Kommandos und Rettungszentren (bezogen auf die alten Bundesländer) im Inland und ein SAR-Kommando im Ausland. Diese Rettungsmittel werden ergänzt durch die Hubschrauber des Katastrophenschutzes, des ADAC und der Deutschen Rettungsflugwacht. Die SAR-Flieger sind jedoch die einzigen Hubschrauber-Crews, die ihre vorgeschriebenen Wettermindestbedingungen bereits im Friedensflugbetrieb unterschreiten dürfen. Sie tun dies unter Anwendung der Rechts- und Güterabwägung – mit hervorragender Effektivität – zur Rettung von Menschenleben (1987 bis 94 % der Flüge für die zivilen Mitbürger), wenn, und dies vor allem nachts, andere Rettungshubschrauber am Boden bleiben.

Die Bilanz 1987: 9171 Einsatzflüge.

Inzwischen bieten zivile Hubschrauberbetreiber moderne Hubschrauber mit kompletter technischer und medizinischer Ausrüstung im Luftrettungsdienst an, die größtenteils von inzwischen aus der Bundeswehr ausgeschiedenen SAR-Hubschrauberführern geflogen werden. Nicht nur sinkende Einsatzzahlen, sondern auch neue Aufgabenbereiche veranlaßten die militärische Führung, den hohen Bereitschaftsgrad im SAR-Dienst sowie die Stationierung von Rettungshubschraubern zu verringern. Auch der bewährte Standard-Hubschrauber Bell UH-1D hat die Altersgrenze erreicht und soll in den kommenden Jahren durch den NH90 ersetzt werden. Der NH90 ist allerdings in seinen Dimensionen nicht mehr für den Einsatz im zivilen Rettungsdienst geeignet. Nach über 36 Jahren wurde Anfang April 1997 der SAR-Hubschrauber der Luftwaffe, auf Anordnung des Bundesverteidigungsministeriums, von Ahlhorn nach Diepholz verlegt.

Auch bei den SAR-Leitstellen gab es Veränderungen. So erfolgte im Juli 1997 die Einweihung des RCC Münster. Gegenüber der bisherigen Leitstelle Goch gab es enorme technische Verbesserungen. Statt Plexiglasscheibe und Fettstift wird die aktuelle Lage jetzt über einen Projektor vom Computer direkt auf einer Leinwand dargestellt. Neu ist auch ein flächendeckendes Flugfunksystem zur Führung aller Einsatzmittel. Das RCC Münster verfügt weiterhin über eine Krankenhausdatei mit Landeplatzkatalog der gesamten Bundesrepublik Deutschland. Eine grenzüberschreitende Kooperation besteht mit mehreren Ländern.

Im Jahr 1998 wurden vom SAR-Dienst der Bundeswehr insgesamt 7492 Einsätze mit 4343 Flugstunden geflogen. Der Rückgang der Zahl der Einsätze um 34 Prozent gegenüber dem Vorjahr resultiert aus Abgabe der Rettungszentren Jena, Rheine, Wür-

BO 105 der Polizei-Fliegerstaffel Hamburg auf einem Schiff der DGzRS.

selen und Nürnberg an zivile Betreiber im ersten Quartal 1998. Am Bundeswehrkrankenhaus in Koblenz wurde im Frühjahr 1999 die Bell UH-1D durch eine EC 135 der ADAC-Luftrettung ersetzt. Damit erfolgte ein weiterer Rückgang der Einsatzzahlen beim SAR-Dienst der Bundeswehr. 1999 wurden insgesamt 6635 Einsätze mit 4232 Flugstunden geflogen. Auf die eigentlichen SAR-Aufgaben, Hilfe in Luft- und Seenotfällen sowie Unterstützung der Streitkräfte, entfallen 431 Einsätze. Für Einsätze im Rahmen der dringenden Nothilfe wurden 6204 Einsätze geleistet. Der hohe Anteil von 94 Prozent der Gesamteinsätze für den zivilen Bereich weist den SAR-Dienst der Bundeswehr auch weiterhin als wichtigen Partner im zivilen Rettungsdienst aus.

Hubschraubersimulatoren

Bell UH-1D

Flugsimulatoren unterstützen die Pilotenausbildung, Weiterbildung und Inübunghaltung, sie sind unersätzlich für das Üben von Notverfahren und Instrumentenflugtraining.

Seit April 1975 besitzt die Heeresfliegerwaffenschule in Bückeburg einen nach damals modernsten technischen Erkenntnissen konstruierten Hubschraubersimulator für das Luftfahrzeugmuster Bell UH-1D. Hersteller ist die Firma CAE-Canadian Aviation Electronics in Montreal/Kanada.

Weitere Flugsimulatoren UH-1D gibt es in Europa nur noch bei der deutschen Luftwaffe in Ahlhorn und in

Flugsimulator Bell UH-1D der Heeresfliegerwaffenschule Bückeburg; Bewegungssystem.

Italien, wobei zu erwähnen ist, daß der Simulator in Italien zusätzlich über ein Sichtflug-System verfügt. Außer den Hubschrauberpiloten der Bundeswehr wird der Flugsimulator auch von Luftfahrzeugführern des BGS und der Polizei genutzt.

Bei optimaler Nutzung können durch die Simulatoranlage erhebliche Kosten eingespart werden. Bei einem Anschaffungspreis von 8,25 Millionen DM und ausgelegt auf eine Nutzung von zwölf Jahren, kostet eine Ausbildungsstunde im Simulator je nach Nutzungsrate zwischen 250 und 450 DM. Das sind 1/6 bis 1/3 der Kosten für eine UH-1D-Flugstunde (Flugstunde UH-1D 1366 DM, Stand 1983). Bis Januar 1984 wurden seit Inbetriebnahme des Simulators 44.330 Stunden geflogen, was somit eine Kosteneinsparung von 49,4 Millionen DM eingebracht hat.

Gegenüber bisherigen Ausbildungsgängen auf dem Hubschrauber UH-1D werden durch den Simulator jährlich eingespart:

50 % der Flugstunden bei der Fluglehrerausbildung,
50 % der Flugstunden bei Europäisierungslehrgängen,
60 % der Flugstunden bei Blindfluglehrgängen,
50 % der Flugstunden bei Lehrgängen für den Erhalt der Blindflugberechtigung,
Das ergibt insgesamt ca. 6000 Flugstunden.

Neben der großen Kosteneinsparung bringt der Simulator zusätzlich eine erhebliche Lärmminderung für die Bevölkerung.

Bis Januar 1984 haben über 2000 Lehrgangsteilnehmer an der Instrumentenflugausbildung und an der Instrumentenflug-Inübunghaltung teilgenommen.

Die Flugsimulatoranlage UH-1D besteht aus vier Hubschrauber-Cockpits mit den dazugehörigen Bewegungssystemen, der Computerspeicheranlage, dem Kontrollstand und der Hydraulik-Druckanlage. Die Anlage, für den Instrumenten-(Blind-)Flug eingerichtet, dient verschiedenen Ausbildungsmöglichkeiten. Da wären zu nennen die automatische Vorführung von Flugmanövern und Flugverfahren sowie die computergesteuerte Leistungsbewertung geflogener Verfahren. Der Computer zeichnet während des Fluges sämtliche Daten auf und speichert diese. Der Pilot hat somit die Möglichkeit, hinterher sein komplett geflogenes Programm, auf Wunsch auch in Zeitlupe, auf dem Bildschirm anzuschauen und die Werte vom Computer ausdrucken zu lassen. Die schriftliche Auswertung der Computerbewertung wird immer gegen 100 % gerechnet, wobei nach einer Beurteilung von unter 75 % der Pilot mit seinem geflogenen Programm durchgefallen ist. Diese Computerbeurteilung bezieht sich exakt auf die vorgegebenen und erreichten Werte, kann jedoch eine Beurteilung durch den Fluglehrer nicht ersetzen. Nur dieser kann die persönlichen Probleme und Sorgen des zu beurteilenden Piloten sowie die gerade psychische wie physische Belastung mit in die Beurteilung einbeziehen, die im Ernstfall die Belastungs- und Reaktionsfähigkeit des Piloten stärker beeinflussen kann.

Weitere Ausbildungsmöglichkeiten sind die Durchführung vorprogrammierter Radionavigations-Überlandflüge im gesamten Fluggebiet der BRD und die automatische Vorführung von ungewöhnlichen Flugzuständen.

Auch hierbei liegt der Vorteil eines Simulators klar auf der Hand. Es ist nämlich viel zu gefährlich, einige der möglichen Notfälle im wirklichen Flug zu üben, wobei der Simulator es sogar ermöglicht, bis an die äußersten Grenzwerte gehen zu können und zur Demonstration diese vielleicht sogar zu überschreiten.

Zur Ausbildung gehört weiterhin die Übung aller Notverfahren durch abrufbare Fehlfunktionen. Die Schwierigkeiten, die dem Piloten die Arbeit im Simulator »zur Hölle« machen können, sind bis ins letzte Detail ausgefeilt und treten meistens geballt auf. Über 200 Programme stehen zur Auswahl, ob das nun Überhitzung des Triebwerks, ausfallende Hydraulik, versagende Navigationsinstrumente oder gestörter Funkkontakt ist. Alles das läßt sich dann noch mit atmosphärischen Störungen wie Gewitter, Hagel, Vereisung, Sturm oder Turbulenzen kombinieren.

Ziel dieser Tortur ist es, den Piloten daran zu gewöhnen, bei Störungen während des Fluges und zusätzlich auftretenden Notfällen Mehrfachbelastungen ge-

Kontrollstand der Flugsimulatoranlage UH-1D.

Computeraufzeichnung eines Landeanflugs im Flugsimulator UH-1D.

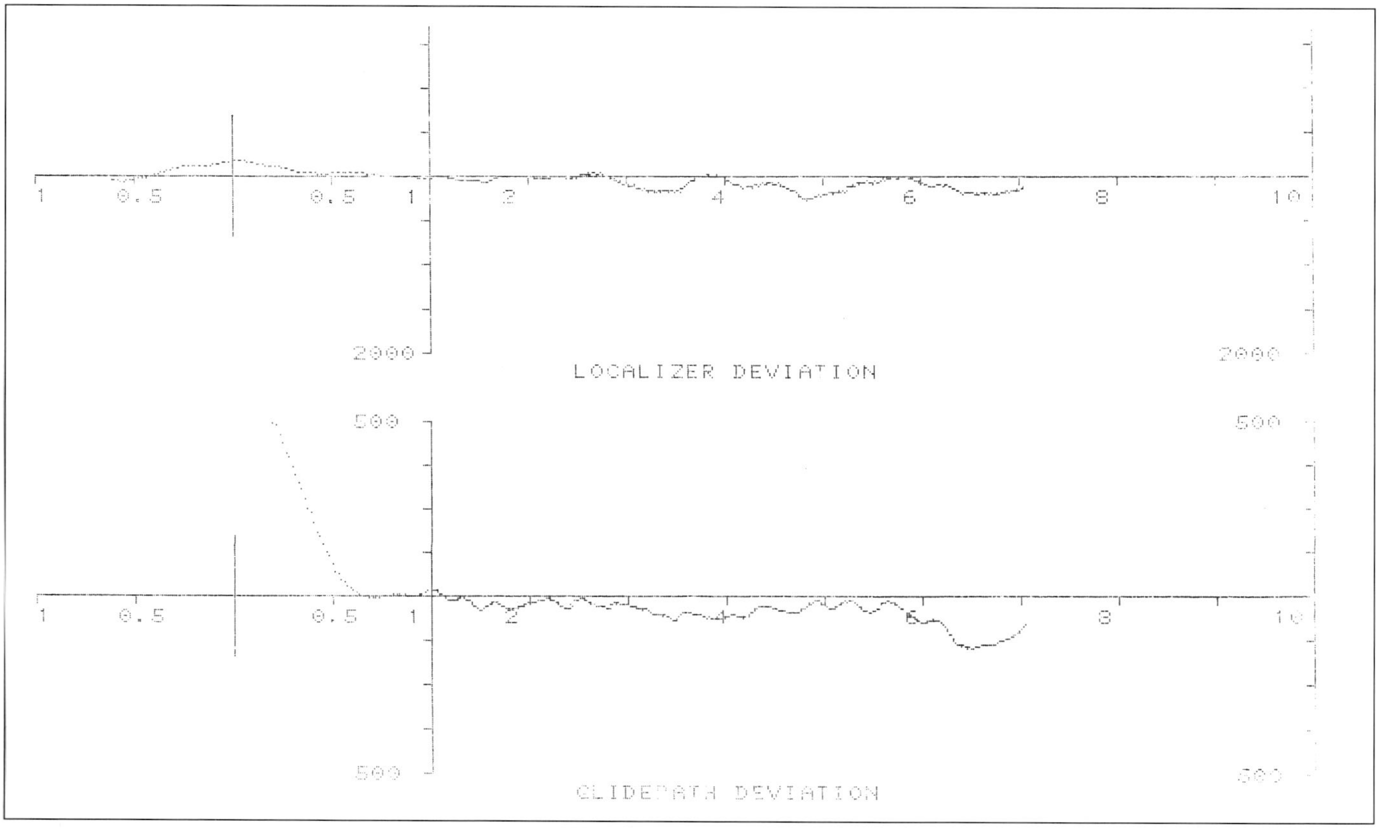

LOCALIZER DEVIATION

GLIDEPATH DEVIATION

wachsen zu sein und die festgelegten Regeln, der »emergency procedures«, der Notfall-Verfahren, sicher durchzuführen. Die Flugsicherheit wird dadurch erheblich erhöht!

Während des gesamten Flugprogramms – einschließlich der abgerufenen Störungen und den durchgeführten Notverfahren – sind die entsprechenden Background-Geräusche vorhanden, und die Anzeigen der Instrumente sind mit denen im Ernstfall identisch. Sollte es aus irgendeinem Grund notwendig sein, die Ausbildung während eines Fluges oder gar Notverfahrens zu unterbrechen, z. B. für eine Erklärung durch den Fluglehrer, so kann durch einen Knopfdruck vom Cockpit aus das Programm gestoppt werden, wobei sämtliche Werte mit »eingefroren« werden. Da sich auch hinter den Sitzen im Cockpit ein Monitor befindet, kann der bis dahin absolvierte Flugverlauf mitverfolgt werden.

Das Ausbildungsprogramm wird noch durch die Instrumenten-Nachtflugausbildung abgerundet.

Neben sämtlichen Flugplätzen innerhalb der BRD hat der Pilot die Möglichkeit, alle Flugplätze im IFR-Verfahren der Beneluxländer und ausgewählte Fluggebiete Nordamerikas anzufliegen. Während beim normalen Flugbetrieb lange Flugstrecken von einem Flugplatz zum anderen notwendig werden, können diese beim Simulator ganz entfallen, denn per Knopfdruck kann das Cockpit in Sekunden in das gewünschte Anflugverfahren gestellt werden. Die jeweiligen Sprechfunkfrequenzen und die Werte der Navigationseinrichtungen müssen von dem Piloten, wie im Ernstfall auch, nach den Flight Information Publications eingestellt werden.

Überwacht und gesteuert wird der Simulatorflug von sogenannten Operatoren, die auch gleichzeitig die Funktion des Fluglotsen auf den jeweils festgelegten Frequenzen ausüben. Zwei Operatoren bedienen jeweils die vier Cockpits. Von ihrem Kontrollstand aus haben sie die Möglichkeit, die Instrumente der Maschine, den Flugweg, einschließlich der geflogenen Höhe, Anflugverfahren, die von ihnen eingegebene Simulation von Wettererscheinungen und Fehlfunktionen zu überwachen bzw. zu verändern.

Das Operatorpersonal wurde direkt in Kanada bei der Herstellerfirma CAE eingewiesen. Für die Durchführung eines 100 %-IFR-Anfluges wäre für diesen Simulator noch ein Sichtflug-System wünschenswert. Es würde den Endanflug nach dem Wolkenaustritt realistischer erscheinen lassen und zusätzliche Möglichkeiten, wie z. B. das Landen eines Hubschraubers bei abänderbaren Sichtwerten, eröffnen.

Zusammenfassend kann festgestellt werden, daß durch den Einsatz dieses Flugsimulators die Ausbildungseffektivität gesteigert, Betriebskosten gesenkt wurden und eine Lärmminderung stattgefunden hat.

Der Simulator kann das Fliegen nicht ersetzen, ist jedoch eine hervorragende Ausbildungseinrichtung und zweckmäßige Ergänzung der fliegerischen Lehrgänge.

Nachttiefflug- und Grundschulungssimulatoren von der CAE Elektronik GmbH

Zur Zeit entsteht an der Heeresfliegerwaffenschule ein Hubschraubersimulatorzentrum, das künftig weltweit führend sein wird.

Auf der Grundlage der Konzeption für die Ausbildung im Heer für die Heeresfliegertruppe wurden im Januar 1995 je zwei Simulatoren für die Hubschraubermuster UH-1D und CH 53 G und als Option acht Simulatoren für einen damals noch auszuwählenden Hubschrauber für die Hubschrauber-Grundausbildung vom BWB ausgeschrieben.

Nach einer einjährigen Auswertephase der Angebote entschied sich das BWB für das Angebot der CAE Elektronik GmbH in Stolberg und erteilte der Firma im Juni 1996 den Auftrag zur Entwicklung, Herstellung und Lieferung von zunächst vier hochmodernen Simulatoren für die Muster UH-1D und CH 53G im Wert von ca. 100 Millionen Mark.

Dieser Auftrag enthielt die bereits erwähnte Option für die Lieferung weiterer acht Simulatoren, die dann den neuen Schulungshubschrauber repräsentieren sollen. Der Wert dieser Option beläuft sich auf ca. 125 Millionen Mark.

CAE Elektronik GmbH ist ein mittelständisches, in Stolberg ansässiges Unternehmen, das auf Simulations- und Ausbildungssysteme für vielfältige Aufgabengebiete spezialisiert ist.

Als Schulungshubschrauber wählte das Heer im Dezember 1996 das Muster EC 135 der Firma Eurocopter aus, von welchem ingesamt 15 Stück beschafft werden. Alle Simulatoren werden in einem dafür neu errichteten Simulatorgebäude an der Heeresfliegerwaffenschule in Bückeburg installiert und betrieben.

Die ersten Simulatoren wurden im Jahr 2000 ausgeliefert, und in einem Zeitraum von ca. 2,5 Jahren folgen die restlichen.

Die neuen Simulatoren werden über Leistungsmerkmale verfügen, die in dieser Form bisher nicht in Flugsimulatoren zu finden waren. Erstmals wird hierbei das Konzept für modulare Hubschraubersimulatoren umgesetzt.

Es basiert auf den Überlegungen, mehrere Hubschraubersimulationsvorhaben im Verbund kostengünstig realisieren und betreiben zu können. Grundsätzlich enthält das Konzept keine neuen zusätzlichen Elemente im Vergleich zu herkömmlichen Simulatoren, neu ist die konsequente Trennung von Elementen und die Definition der Schnittstellen sowie die damit mögliche Verwendung identischer Bausteine auf Modulebene.

Ziel ist die größtmögliche Redundanz und Flexibilität im Betrieb durch Austausch bzw. Einsatz verschiedener Muster-, Sensor- und Taktikmodule auf einem Basismodul. Die kleinste funktionale Einheit eines solchen Simulators besteht aus einem Basismodul und einem Mustermodul. Für die Nachttiefflugausbildung wird zusätzlich ein Sensormodul und für die taktische Ausbildung optional ein Taktikmodul benötigt.

Basismodul
Das Basismodul enthält die für alle Hubschraubersimulatormuster gleichen Hardware- und Softwareelemente und ist identisch für die Muster UH-1D, CH 53G und EC 135.

Mustermodul
Das Mustermodul enthält alle musterspezifischen Hardware- und Softwareelemente zur Darstellung der Hubschrauberuntersysteme. Zur Simulation der verschiedenen Muster wird also je ein Mustermodul für den Betrieb auf einem Basismodul zur Verfügung stehen.

Sensormodul
Sensoren, wie die zu simulierende Bildverstärkerbrille, spielen in der Ausbildung eine wesentliche Rolle. Die Hardware- und Softwareelemente zur Simulation dieser Bildverstärkerbrille werden im Sensormodul BiV zusammengefaßt und für die zwei UH-1D, zwei CH 53G und für vier EC 135 jeweils auf dem Basismodul und Mustermodul betrieben.

Bei der Realisierung der zwölf Vollflugsimulatoren legt die CAE Elektronik GmbH mittels modernster Simulationstechnologie besonderes Gewicht auf:

- Umsetzung des zukunftsweisenden, modularen Konzeptes zur Reduzierung von Beschaffungs-

CAE-Nachttiefflugsimulator.

und Lebenswegkosten durch Einsatz neuester Technologie.
- Auslegung für einen schnellen, unkomplizierten Cockpit-Wechsel, um Mustermodule anderer Hubschraubertypen problemlos in die Simulatoren integrieren zu können.
 Die Konstruktion besteht aus zwei trennbaren Segmenten, das »musterspezifische« Cockpit und die On-board Instructor Console. Die Teile sind über ein Schienensystem nach hinten aus dem Dom zu fahren, leicht voneinander zu trennen und in neuer Konfiguration gekoppelt wieder zu integrieren.
- Wirklichkeitsgetreue Simulation der dynamischen Hubschraubereigenschaften durch Verwendung u. a. eines leistungsfähigen flexiblen Rotorblattmodells.
- Einsatz einer hydraulischen Hochleistungsbewegungsplattform mit sechs Freiheitsgraden und einer Steuerkraftsimulation neuester Technologie

Simulator der HFlg WaS.

zwei Kanälen für die Simulation der Bildverstärkerbrillen und einem Ausbilder-Augenpunkt.

- Als Darstellungssystem wird eine Teildom-Konstruktion von gut 7 m Durchmesser gewählt. Acht Lycuid Crystal-Light-Valve-Projektoren gewährleisten ein Sichtfeld von 240° horizontal und 90° vertikal mit einer Auflösung von ca. 8 arcmin über dem gesamten Bereich.

- Realisierung einer realistischen Bildverstärker-Simulation. Dabei werden Originalkomponenten verwendet und die Bildverstärkerröhren durch Kathodenstrahlröhren ersetzt.

Durch einen Headtracker und einer Vorausberechnung der Blickrichtung wird das BiV-Bild verzögerungsfrei den Kopfbewegungen nachgeführt.

- Umsetzung eines einheitlichen Bedienkonzeptes für alle Ausbilder- und Debriefing-Stationen, sowohl für die Hardware-Auslegung als auch für die Software-Funktionalität.

Der Ausbilder erhält die Möglichkeit, entweder über eine externe Konsole, einem Onboard-Arbeitsplatz nach dem »forward face concept«, oder einem tragbaren LCD-Paneel den Ausbildungsbetrieb zu steuern und zu überwachen. Alle Ausbilderstationen besitzen eine identische Funktionalität und ermöglichen auch der Besatzung eine eigenständige Simulatornutzung. Eine logische, graphische Benutzeroberfläche erleichtert die Übersicht, optimiert die Einflußnahme und reduziert die Aufmerksamkeitsbindung.

unter Verwendung elektromechanischer Antriebe. Die Simulation hochfrequenter Schwingungen der Cockpitzelle wird darüber hinaus durch je einen Seatshaker für Pilot und Co-Pilot unterstützt.

- Einrüstung von 11-Kanal-Hochleistungsbildgeneratoren mit acht Kanälen für die Dom-Projektion,

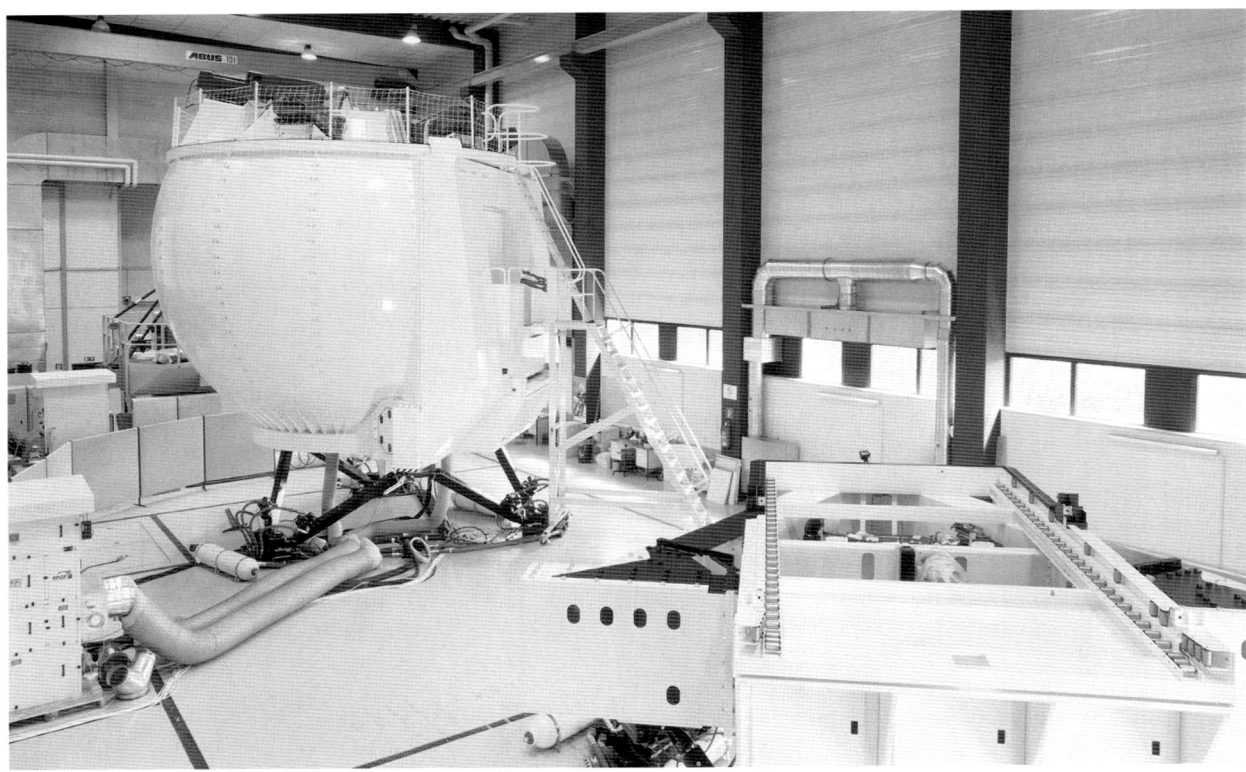

- Jeder der zwölf Simulatoren erhält eine Debriefingstation; über die Vernetzung wird eine feste Zuordnung von Simulator und Debriefingstation vermieden und eine größtmögliche organisatorische Flexibilität erreicht.

Zentrales Element der Debriefingstation ist eine IOS (Instructor Operator Station)-identische Graphik-Workstation mit einem eigenständigen Bildgenerator. Somit ist die Datenarchivierung und die Darstellung aller missionsrelevanten Informationen und Aktionen, u. a. mit der Außensicht wie erlebt, und aus anderen Perspektiven, der Kommunikation, etc. gewährleistet.

Zusätzlich wird ein Hörsaal mit einer Debriefingkomponente gleicher Funktionalität bestückt, damit eine Nachbesprechung auch vor großem Auditorium erfolgen kann.

- Eine Softwareentwicklung in Übereinstimmung mit dem Allgemeinen Umdruck 250, auch genannt V-Modell, einem Bundeswehr-Standard, der vergleichbar ist mit DOD STD 2167 A.

Die Softwarestruktur unterstützt den Modulaufbau, indem auch alle parametriesierbaren muster-, sensor- und taktikabhängigen Anteile soweit wie möglich modulübergreifend gehalten werden und nur die Datensätze dem jeweiligen Modul zugeordnet werden müssen.

- Realisierung der Simulationssoftware in der Programmiersprache ADA mit dem Ziel, künftig Änderungen und Anpassungen schnell und kostengünstig durchführen zu können und für zukünftige Hubschraubersimulatoren die Basismodulsoftware leicht und problemlos auf beliebige Rechner-Plattformen transportieren zu können.

- Die zwölf Simulatoren des Zentrums werden über eine FDDI-Verbindung miteinander vernetzt und können gemeinsame Übungen nach dem Distributed Interactive Simulation (DIS)-Prinzip durchführen. Es wird ein offenes System integriert, so daß die Vernetzung auch auf andere DIS-fähige Simulatoren über ein Wide-Area-Network ausgeweitet werden kann.

- Zusammen mit den zwölf Simulatoren wird eine Außensicht-Prototypendatenbasis mit drei Qualitätsstufen in einer Größe von 16 Geo Units ausgeliefert. Sie besitzt ebenfalls die Attribute zur Simulation der BiV-Sicht und von vielleicht später benötigten Sensormodulen, wie z. B. Infrarot oder FLIR.

- Für Übungsvorbereitungen im Sinne von Mission Rehearsal wird insbesondere die Ausbildungsplan- und Datenbasis-Erstellung berücksichtigt.

- Zur Erlangung der IFR-Zertifizierung wird möglichst frühzeitig das Luftfahrtbundesamt in Braunschweig in den Entwicklungsprozeß einbezogen. Die Simulatoren sollen deshalb diese Zertifizierung besitzen, damit ein gewisser Prozentsatz der IFR-Simulatorstunden als Original-Flugstunden anerkannt wird.

- Es soll eine möglichst hohe Verfügbarkeit auf Grund des modularen Aufbaus der Simulatoren bei angemessenem Wartungsaufwand erreicht werden können. Querverwendbare Komponenten entlasten die Logistik, und eine zentrale Systemüberprüfung erleichtert, unterstützt durch eine mobile Wartungsstation, die Wartung und Instandsetzung.

CAE Elektronik GmbH arbeitet bei der Produktion mit weiteren deutschen und internationalen Unternehmen zusammen. Die Firma DASA ist verantwortlich für die Lieferung der Rechnersysteme und der Steuerkraftsimulation, die Fa. ESG liefert eine mobile Wartungsstation. Beide Firmen arbeiten darüber hinaus mit bei der Erstellung der Software. Die STN Atlas Elektronik liefert neben dem Bildgenerator das BiV-Sensormodul. Auch Thomson Training & Simulation aus Frankreich ist mit einbezogen und verantwortlich für das Bilddarstellungssystem (Dom und Projektoren).

Vor der Werksabnahme stehen inzwischen die ersten beiden Simulatoren von den insgesamt zwölf für die Heeresfliegerwaffenschule. Die Simulatoren werden für die Hubschraubergrundausbildung und für die Schulung im Nachttiefflug eingesetzt. Im Herbst 1998 sollte bei CAE mit dem Testaufbau der ersten für Bückeburg bestimmten Einheiten begonnen werden. Danach erfolgt die Abnahme und der Aufbau im neuen Simulatorgebäude an der Heeresfliegerwaffenschule.

Seit November 1998 ist das FPS/H (Flieger-Psychologische System/Hubschrauber), ebenfalls vom Simulatorenhersteller CAE, an der Heeresfliegerwaffenschule in Bückeburg in Betrieb. Seitdem werden in jeder Woche vier Bewerber für den Flugdienst aller Teilstreitkräfte ausgecheckt (Screening). Weiterhin dient das System der

- Analyse von Ausbildungsproblemen und deren Behebung durch ein gezieltes Training im Rahmen der Hubschrauberführer-Grundausbildung,
- Fluglehrerausbildung,
- fliegerpsychologischen Forschung.

Ein Helikopter-Simulator, der das untere Ende des Marktes abdecken soll, wurde 1995 von Thomson Training & Simulation vorgestellt. Der zweisitzige Trainer mit normalen Steuerungselementen und einem PC-kontrollierten Bildschirm ist für die Anfängerschulung nach Sicht- und Instrumentenflugregeln vorgesehen. Das Sichtsystem aus drei Projektoren produziert das Bild auf einen gekrümmten Schirm mit einem Bildwinkel von 150 Grad.

Das Hubschraubermuseum Bückeburg

Entstehung der Sammlung und Gründung Hubschrauber-Zentrum e.V.

Bückeburg, ein niedersächsisches Städtchen an den nordwestlichen Ausläufern des Weserberglands gelegen, ist seit langem als Zentrum der Hubschrauberfliegerei bekannt, denn seit 1960 liegt in unmittelbarer Nähe der alten schaumburg-lippeschen Garnisonsstadt, auf dem Flugplatz Achum, die Heeresfliegerwaffenschule, der zentrale Ausbildungsplatz der Hubschrauberführer des Heeres.

Bückeburg ist seit 1961 zugleich ständiger Tagungsort des internationalen Hubschrauberforums. Es erscheint deshalb folgerichtig, daß in Bückeburg ein Hubschraubermuseum entstand, verbunden mit einer Lehrsammlung der Heeresfliegerwaffenschule.

Begonnen hat es mit dem Jahre 1958, als sich der damalige Unteroffizier Werner Noltemeyer zur Ausbildung als Hubschrauberpilot in den Vereinigten Staaten befand. Zuerst wollte er nur seinen amerikanischen Kameraden beweisen, daß ihr Land keine Monopolstellung in der Entwicklung der Hubschraubertechnik beanspruchen könne. Es wurmte ihn, daß die Amerikaner den Hubschrauber allein erfunden haben wollten, und so fing er schon während seiner fliegerischen Ausbildung in den USA an, in Zeitungen und Archiven herumzustöbern. Zuerst sammelte er nur Presseberichte und sonstige Beiträge über Hubschrauber. Später aber sämtliches greifbare Material über alle Entwicklungsphasen dieses Flugzeugtyps.

Nachdem Noltemeyer seine Ausbildung in den USA beendet hatte, kam er zurück zur Heeresfliegerwaffenschule nach Achum, in seinem Gepäck die bis dahin gesammelten Schätze. Mit Genehmigung seiner Vorgesetzten richtete er sich in einem ehemaligen Bauernhaus, am Rande des Flugplatzes, ein. Dann jedoch kam der 3. Mai 1963. Der damalige Schulkommandeur der Heeresfliegerwaffenschule, Oberst Kuno Ebeling, gab dem Hobbysammler den Auftrag, eine Lehrsammlung aufzubauen.

Bald reichten zwei Feldhäuser und einige Quadratmeter Freigelände nicht mehr als Ausstellungsfläche aus, denn inzwischen hatte Werner Noltemeyer an die 260 dicke Ordner mit Archivalien gefüllt. In ihnen befanden sich Berichte über 1200 Typen, die von 1483 bis zur Gegenwart reichten.

Zu den wertvollsten Ausstellungsstücken gehörte eine Führerhausattrappe vom Sikorsky S-64 »Skycrain« (Fliegender Kran), des größten Transporthubschraubers der westlichen Welt. Sie war von den Vereinigten Flugtechnischen Werken Fokker in Bremen gebaut worden, um die Anordnung der Pilotensitze für den 1. und 2. Flugzeugführer sowie für den Kranführer zu erproben. Weiter diente die Attrappe auch noch der Erprobung der Instrumentenanordnung im Cockpit. Im Jahre 1927 baute sich der Hamburger Student Gosslich einen Fahrradhubschrauber mit zwei gegenläufigen Rotoren (Seite bei Seite). Ein Planetengetriebe mit Ketten diente zur Kraftübertragung. Zur Steuerung des Gerätes war eine Verlagerung des Schwerpunktes durch Neigen des Körpers des Piloten vorgesehen. Dieser Hubschrauber ist eine Dauerleihgabe des Deutschen Museums in München. Es ist nicht bekannt, ob er bei Versuchen jemals vom Boden abgehoben hat.

Im Rahmen des Hubschrauberforums 1969 wurde die Lehrsammlung der Heeresfliegerwaffenschule zum ersten Mal offiziell vorgestellt. Für die geladenen deutschen und internationalen Teilnehmer wurde eine Besichtigung in das Programm aufgenommen. Der Vizepräsident der Bell Helicopter Co., Texas, Hans Weichsel, zollte der Sammlung hohes Lob. Hanna Reitsch, 1937 als erste Frau der Welt zum Flugkapitän ernannt und die 1937 als erste Frau der Welt einen Hubschrauber flog, kam als Vertreterin der Firma Clever & Rietdorf zum Forum. Sie fand in den Unterlagen Werner Noltemeyers Bilderserien über ihre Hubschrauberflüge in der Deutschlandhalle (Berlin 1938). Außerdem war sie sehr überrascht, Kopien damaliger Flugberichte hier nachlesen zu können. Die Fachleute staunten über das Archivmaterial, welches sie in den kleinen Feldhäusern antrafen. Angefangen bei Erprobungs- und Flugberichten, Materialprüfungsbogen und Daten bis hin zu Bildserien und vielem anderen mehr.

Seit diesem Forum im Jahre 1969 wurden Industrie- und Privatfliegerei auf die Lehrsammlung auf-

Das Hubschrauber-
museum
Bückeburg.

merksam. Auch in der Folgezeit hatte Noltemeyer prominente Besucher. So besichtigten unter anderem der Kommandeur der italienischen Heeresfliegerschule, Oberst Stradiotto, sowie der Director of Army Aviation, Generalmayor Wilsen (England), und natürlich auch der Rat der Stadt Bückeburg den neuen Anziehungspunkt des Achumer Flugplatzes.

Die Sammlung vergrößerte sich nunmehr zusehends, da aus der ganzen Welt Unterlagen und Dokumente zur Verfügung gestellt wurden. Man mußte nach einem neuen Platz Umschau halten. Es wurde vorgeschlagen, die Sammlung nach Bückeburg zu verlegen und dort ein Hubschraubermuseum zu gründen.

Aufgeschlossene Bückeburger Bürger, Vertreter internationaler Hubschrauberfirmen und Offiziere der Bundeswehr fanden sich zusammen, um einen Verein zu gründen, bei dem alle Freunde der Vertikalflugtechnik Mitglied werden konnten. Man schrieb bekannte Persönlichkeiten aus dem Kreis der Industrie und Luftfahrt an. Nach dem Auswerten aller Antworten gehörten zu guter Letzt über 30 Personen aus Italien, Frankreich, England, Amerika und Deutschland dem Gründungskomitee an.

Am 18. September 1970 wurde der Verein »Hubschrauberzentrum« in Bückeburg gegründet. Rund 20 Personen, darunter Piloten, Techniker und Ratsherren, unterschrieben das Gründungspapier.

Der Verein hat unter anderem das Ziel, das Wissen um die Vertikalflugtechnik zu vertiefen und weiterzuvermitteln. Außerdem will er die Einsatzmöglichkeiten der Hubschrauber aufzeigen, für ihre Verwendung werben, speziell natürlich als Rettungsgerät.

Am 15. Dezember 1970 wurde der Verein »Hubschrauberzentrum e. V.« in das Vereinsregister des Amtsgerichts Bückeburg eingetragen.

Schon nach kurzer Zeit stieg die Zahl der Einzelmitglieder auf über 270 Personen, und auch die Firmenmitgliedschaften nahmen ständig zu.

Nun fehlte nur noch ein Gebäude in Bückeburg, um den geplanten Umzug durchzuführen. Die Stadt Bückeburg, die dem neu gegründeten Verein beitrat, stellte schließlich einen unter Denkmalschutz stehenden ehemaligen Burgmannshof, der zuletzt als Kreisaltersheim gedient hatte, zur Verfügung. Wie man sah, hatte das Haus schon viele Besitzer gehabt. Nachdem es über zwei Jahre leer stand, sollte nun unter Erhaltung der historischen Fassade dort ein Museum eingerichtet werden.

Am 1. April 1971 mietete der Verein »Hubschrauberzentrum e. V.« dieses historische Gebäude. Man steckte sich das Ziel, die umfangreichen inneren und äußeren Renovierungsarbeiten bis zum Beginn des Hubschrauberforums 1971 abzuschließen.

Bundeswehrsoldaten, das Technische Hilfswerk und Bückeburger Handwerker verwirklichten diesen

Vorsatz in großartigem Zusammenwirken. Auch die Standortverwaltung stellte Hilfskräfte zur Verfügung. Die schwarzweiße Fachwerkfassade des Museums, zum Teil mit den schaumburg-lippeschen Farben versehen, wurde mustergültig restauriert.

An den Innenwänden des Museums sieht man eindrucksvolle Zeichnungen, gemalt von Karl-Heinz Rosenfeld, dem Vorsitzenden der Schaumburger Sportfluggruppe, und Hauptfeldwebel Noltemeyer.

Einweihung des Hubschraubermuseums

Am 9. Juni 1971 war der große Tag gekommen, an dem das Hubschraubermuseum eröffnet werden sollte.

Vor dem Gebäude trat der Musikzug der Heeresfliegerwaffenschule an. Der General der Heeresflieger, Brigadegeneral Drebing, dankte der Stadt Bückeburg für das Bereitstellen der Räume und Hauptfeldwebel Noltemeyer für das mit so großem Erfolg betriebene dienstliche Hobby. Links und rechts neben dem Eingang standen zwei Hubschrauber, die dem Verein als Geschenk überlassen wurden. Nach einer humorvollen Ansprache, unter anderem über die Schwächen und Schwierigkeiten seines Hubschraubers, übergab General Wilson, Chef der britischen Heeresflieger, einen »Skeeter«. Über dessen Flugeigenschaften sagte der General, daß man diese mit einem Sportwagen, der voll Speed über einen Feldweg fährt, vergleichen kann.

Der zweite Hubschrauber war ein französisches Modell vom Typ »Djinn«. Er wechselte anschließend nach einem Grußwort von Monsieur Legrande von der Firma Aerospatiale seinen Besitzer.

SARO »Skeeter«.

Der 82jährige Hubschrauber-Konstrukteur Professor Dr. Henrich Focke gab einen Überblick über die Entwicklung der Senkrechtstarter. Er begann bei den mit Heißluft gefüllten Fesselballons und endete bei den Hubschraubern der heutigen Zeit. Er schilderte auch, wie 1936 seine erste Fw 61 entstand. Er wollte damals damit beweisen, daß es entgegen der Behauptung der Behörden möglich war, einen Hubschrauber zu bauen. Professor Focke beendete seine Rede mit folgenden Worten:

»Es erfüllt mich mit Freude, daß ich dieses Museum der Allgemeinheit übergeben darf, damit es nicht nur Fachleute, sondern auch interessierte Laien und vor allem junge Menschen besichtigen können.«

Feierlich wurde dann das weiße Band vor der Eingangstür von Prof. Focke zerschnitten.

Damit war das Gebäude zur Besichtigung freigegeben. Zahlreiche Teilnehmer des Hubschrauberforums und Bückeburger Bürger drängten sich in den Räumen des Museums. Viel Beachtung fanden die im Freigelände ausgestellten Hubschrauber, zu denen auch die Nachbildung des ersten von Professor Focke gebauten Hubschraubers, der Fw 61, gehört. Die Originalmaschine ist kurz vor Ende des Zweiten Weltkrieges zerstört worden. Bei den vielen Ausstellungsstücken wußte man einfach nicht, was man mehr bewundern sollte: den großen Einfallsreichtum der früheren Flugpioniere oder ihre optimistischen Erwartungen.

Nach der Eröffnung traf man sich zu einem Lichtbildervortrag im großen Rathaussaal. Sergei Sikorsky jun. demonstrierte anhand von Dias die Arbeit seines Vaters vom ersten Entwurf eines Hubschraubers über den Aufbau der Firma bis zu ihren neuesten Modellen. Der Lichtbildervortrag stand unter dem Thema: »Erinnerungen eines Pioniers der Luftfahrt«. Der Bericht schloß mit dem Gedanken, daß nur in einer freien Welt freie Menschen für die ungeahnten Möglichkeiten der Zukunft forschen und planen können.

Anschließend fand im Rahmen einer Mitgliederversammlung die Neuwahl des 1. Vorsitzenden statt, da Generalleutnant a. D. Panitzki schon nach kurzer Zeit aus gesundheitlichen Gründen zurücktreten mußte.

Danach wurden die ersten drei Ehrennadeln des Hubschrauberzentrums an folgende Personen verliehen, die gleichzeitig Ehrenmitglieder wurden:

Flugkapitän Hanna Reitsch
Prof. Dipl.-Ing., Dr.-Ing. e.h. Henrich Focke
Igor I. Sikorsky
Zusätzlich wurde Professor Focke einstimmig zum Ehrenvorsitzenden gewählt.

Bückeburg besaß nun das erste und einzige Hubschraubermuseum der Welt. Es trafen immer mehr Unterlagen für das Archiv ein, und man überlegte, wie

Einweihung des Hubschraubermuseums: Prof. Focke zerschneidet das Band vor der Eingangstür und gibt somit den Weg durch das Museum frei. Hinter ihm Oberst Stümke, Kommandeur der HFlgWaS. Im Freigelände vor der Fw 61 von links Werner Noltemeyer, Prof. Focke und Bürgermeister Vergau.

man diese Dokumente aus Forschung und Entwicklung allen interessierten Personen noch besser zugänglich machen könnte. Mit den vielen wissenschaftlichen und technischen Büchern sowie internationalen Schriften aus dem Gebiet der Vertikalflugtechnik richtete man zunächst im Lehrsaal eine kleine Bibliothek ein, die noch weiter ausgebaut werden soll.

Wer half aber nun bei der Mehrarbeit, die durch das neue Gebäude auf den Verein zukam?

Das Museum besteht genaugenommen aus zwei gemeinsamen Trägern. Die erste Hälfte ist der Förderverein »Hubschrauberzentrum e. V.« mit seinen Mitgliedern, die andere die Lehrsammlung der Heeresfliegerwaffenschule.

Während der Verein sämtliche Unkosten trägt, die durch die Mitgliedsbeiträge, Spenden und Eintrittsgelder gedeckt werden, stellt die Lehrsammlung das Personal für Wartung und Pflege der Maschinen und Ausstellungsstücke ab. Zusätzlich übernimmt sie Transportaufgaben beim Anliefern neuer größerer Ausstellungsstücke.

Die Wandzeichnungen im Museum zeigen, daß im allgemeinen zwei wesentlich verschiedene Wege ein-

geschlagen worden sind, um das Problem der Luftschiffahrt zu lösen. Man hat versucht, entweder zu fliegen oder in der Luft zu schwimmen.

Im Gegensatz zum chinesischen »Luftkreisel«, der sich durch Drehung zweier Flügel erhebt, steht die Schraube des Archimedes, mit der es gelang, durch drehende Bewegung tief in ein Medium einzudringen. Nach diesem Prinzip skizzierte 1483 Leonardo da Vinci seinen Flugapparat »Helix«. Er wurde zum Emblem des Hubschrauber-Zentrums e. V. gewählt. Der heimische Bildhauer J. Dietz schnitzte diese Skizze in zwei große Eichenholztafeln, die dem Besucher den Weg zum Museum weisen.

750 qm des Museums wurden als Ausstellungsfläche genutzt, dazu ein 2000 qm großes Freigelände, in dem die Original-Hubschrauber standen.

Da das Hubschraubermuseum inzwischen zum Mekka für alle Interessenten der Drehflügler, ihrer Vergangenheit und Zukunft wurde, lag es nicht fern, daß sich Presse, Rundfunk und auch das Fernsehen anmeldeten. In vielen bekannten Zeitungen des In- und Auslandes und in der Regionalpresse erschienen bereits Berichte über das Museum.

205

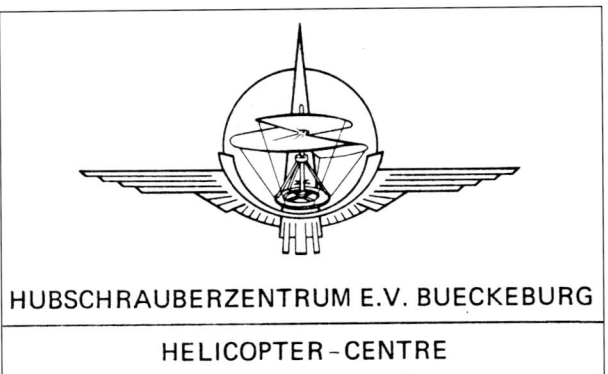

HUBSCHRAUBERZENTRUM E.V. BUECKEBURG

HELICOPTER – CENTRE

Embleme des
Hubschrauber-
Zentrums e.V.

Die amerikanische Zeitung »The Stars and Stripes« vom 22. Oktober 1971 widmete eine ganze Doppelseite unter dem Titel »Germanys Chopper Museum« dem Hubschrauberzentrum. Auch die Deutsche Bundesbahn weist in ihrer Reisezeitschrift »Schöne Welt« vom November 1971 auf das Museum hin.

Unter dem Titel »Mit Leonardo da Vinci fing es an! In Bückeburg entsteht ein Hubschraubermuseum« strahlte die deutsche Welle einen Bericht über das Museum aus.

Auch das Fernsehen drehte einen Filmbericht. In Verbindung mit Aufnahmen von der 1. Hubschrauberweltmeisterschaft wurde im Oktober 1971 eine Sendung von 45 Minuten ausgestrahlt.

Viele Teilnehmer dieser Weltmeisterschaft, die im September 1971 in Bückeburg-Achum stattfand, waren Gäste des Hubschraubermuseums. Es waren 36 Mannschaften aus 17 Nationen aus Europa sowie Nord- und Südamerika, jedoch zum größten Teil Militärpiloten, am Start.

Inzwischen stieg auch die Zahl der Mitglieder des Hubschrauberzentrums. Immer zahlreicher wurden die Besucher des Museums. Zu ihnen gehörten Kurgäste aus der näheren Umgebung, Schulklassen, Schwesternschülerinnen, englische Pfadfinder und Hörsaalleiter mit Lehrgängen der Heeresoffizierschule Hannover sowie französische Lehrer aus Sable. Wie der Kommandeur der französischen Heeresfliegertruppe, Brigadegeneral Metzler, und der Kommandeur der französischen Heeresfliegerschule DAX, Oberst O'Mahony, fanden sie alle anerkennende Worte für das Museum, das nun international anerkannt und unterstützt wird. Die Dokumente aus der Vertikalflugtechnik, die zahlreichen Bilder und Zeichnungen, die Presseberichte aus aller Welt, Modelle, Originalteile und komplette Hubschrauber locken immer mehr Besucher nach Bückeburg.

Im Gästebuch des Hubschraubermuseums trugen sich unter anderem folgende Personen ein:

Ex-Kunstflugweltmeister Dipl.-Ing. Ladizlaw Bezath aus der CSSR und der erste Bückeburger Flieger,

Dipl.-Ing. Wilhelm Hillmann. Einige Seiten weiter wünscht Jean Ross Howard, die Vorsitzende der Whirly Girls, eine internationale Vereinigung von Hubschrauberpilotinnen, viel Erfolg.

Weitere Besucher, die sich in das Gästebuch eintrugen, waren Ilka und Hans Berger aus der Schweiz, die Erbauer des ersten Helikopters mit Wankelmotor, sowie W. F. von Engelhardt und Siegfried Hoffmann, Testpiloten der BO 105 von MBB.

An Exponaten erhielt das Museum von der Firma VFW-Fokker den Experimental-Flugschrauber H-3. Mit der Fw 61 zusammen wurde er im Frühjahr 1975 auf der DELA in Essen gezeigt.

Im Oktober 1975 kam aus den USA der Nagler-Rolz NR-54 V2, eine deutsche Rarität aus dem Jahre 1944, als Leihgabe des National Air and Space Museum, Washington, nach Bückeburg.

Mehrere der im Freigelände ausgestellten Hubschrauber hatten im Laufe der Zeit durch Witterungseinflüsse sehr stark gelitten. Mit Unterstützung der Industrie wurden 1977 durch die technische Gruppe der Heeresfliegerwaffenschule einige Hubschrauber restauriert. Während des Tags der offenen Tür auf dem Flugplatz Achum, im September 1977, wurden diese Fluggeräte dann ausgestellt, um sie anschließend noch in Berlin-Tempelhof zu zeigen.

Das Museum vergrößert sich – der Erweiterungsbau

Die Entwicklung bleibt nicht stehen, und seit der Eröffnung des Museums kamen viele neue Ausstellungsstücke hinzu. Es war abzusehen, daß früher oder später das Museum so mit Exponaten angefüllt sein würde, daß erneut nach einer Ausdehnungsmöglichkeit gesucht werden mußte. Da die Originalhubschrauber im Freigelände auch schutzlos den Witterungseinflüssen ausgesetzt waren, was den Erhaltungszustand gefährdete, lag der Gedanke nahe, durch einen Erweiterungsbau beide Probleme zu lösen.

Durch eine sparsame Wirtschaftsführung, viele Spenden und große Arbeitsleistung ehrenamtlicher Mitarbeiter wurde es ermöglicht, den Erweiterungsbau in die Wege zu leiten. Die erforderlichen Grundflächen wurden von der Stadt Bückeburg zur Verfügung gestellt, und so konnte im Rahmen des 12. Internationalen Hubschrauberforums am 9. Mai 1978 der Grundstein für die neue Ausstellungshalle gelegt werden.

Der einen Tag zuvor neu gewählte 1. Vorsitzende des Hubschrauber-Zentrums, Sergei Igor Sikorsky, würdigte die Bedeutung dieses Tages. Die Festansprache hielt anschließend der zum Ehrenmitglied ernannte niedersächsische Minister für Wissenschaft und Kunst, Professor Dr.-Ing. Pestel. Im Beisein vieler Gäste und Zuschauer mauerte der Minister sodann einen Kupferbehälter mit der Urkunde, einigen Tageszeitungen und einem Satz Kursmünzen ein.

Um zusätzliche Kosten durch zwischenzeitliche Konservierung des Teilbaues, Kostensteigerung im Baugewerbe usw. einzusparen, beschloß der Vorstand im Juli 1979, auch den dritten Bauabschnitt sofort in Auftrag zu geben.

Bereits am 8. Mai 1980 konnten die neuen Hallen im Rahmen des 13. Internationalen Hubschrauberforums im Beisein der Teilnehmer und zahlreicher Gäste ihrer Bestimmung übergeben werden. In Vertretung für den verhinderten Ministerpräsidenten Albrecht nahm der niedersächsische Minister für Bundesangelegenheiten, Wilfried Hasselmann, den feierlichen Akt vor. Anschließend erfolgte die symbolische Schlüsselübergabe durch den Architekten Prasuhn an den Kurator Werner Noltemeyer.

Im Juni 1980 traf der längst erwartete sowjetische Hubschrauber vom Typ Mi-1 in Bückeburg ein. Dieser Hubschrauber war Herrn Noltemeyer anläßlich seiner Teilnahme als Schiedsrichter bei den Hubschrauber-Weltmeisterschaften 1978 in Witebsk vom Chefkonstrukteur im sowjetischen Ministerium der Luftfahrtindustrie, Herrn Tischenko, als Geschenk angeboten worden. Mit Unterstützung der sowjetischen Handelsmission in Köln und einer Spende der Luftfahrtindustrie für die Transportkosten gelang die Überstellung dieses Hubschraubers in das Museum. Zum damaligen Zeitpunkt, als bisher einziger sowjetischer Hubschrauber in der westlichen Welt, war er verständlicherweise eine besondere Attraktion.

Zum 10jährigen Bestehen des Hubschraubermuseums Bückeburg hatte die Bundespost im Juni 1981 ein Sonderpostamt mit einem Sonderstempel im Museum eingerichtet.

Im Laufe der Zeit wurde das Archiv des Museums immer umfangreicher und damit auch schwerer; eine Sanierung des alten Gebäudes war dringend notwendig. Da es sich jedoch um ein historisches und unter Denkmalschutz stehendes Gebäude handelt, mußte der Landeskonservator entscheiden, was im ursprünglichen Zustand erhalten werden muß und wo eine Entkernung möglich und wünschenswert ist. Bei diesen Untersuchungen wurde festgestellt, daß der Burgmanns- oder auch sogenannte Münchhausenhof erstmals 1463 erwähnt wurde und in enger Verbindung mit der Stadtgeschichte steht. Am 1. August 1989 begann die Umbauphase mit umfangreichen Entkernungsarbeiten, die auf Grund der alten Bausubstanz des historischen Burgmannshofs notwendig geworden waren. Unter Berücksichtigung denkmalpflegerischer Gesichtspunkte wurde das Gebäude wieder in seinen ursprünglichen Zustand versetzt. Die mit rotem Naturklinker ausgemauerten Eichengefache entsprechen jetzt dem Originalzustand des Hauses im Jahre 1670. Der Umbau hat rund 3,7 Millionen Mark an Kosten verschlungen, von denen 750.000 Mark durch den Trägerverein aufgebracht wurden. Am 28. August 1992 wurde das Gebäude im festlichen Rahmen wiedereröffnet.

Heute gehen vom Museum und dem Verein »Hubschrauber-Zentrum e. V.« viele Impulse auf dem Gebiet der Vertikalflugtechnik in alle Richtungen und Zweige der Industrie und Wirtschaft. Das Museum steht jedem Hubschrauberinteressenten mit Rat und Tat zur Seite. Es werden Fragen von Modellbauern, Konstrukteuren, Piloten und Technikern, aber auch von Leuten, die sich lediglich informieren wollen, beantwortet.

Aus dem, was wie die Laune eines Augenblicks schien, wurde ein internationaler Zusammenschluß von Fachleuten und eine weltumspannende Heimstatt der Hubschrauberfliegerei.

Beschreibung der Ausstellung

Ein Rundgang durch das Museum ist wie ein Flug durch die Entwicklungsgeschichte der Drehflügler. Die Eingangshalle im alten Gebäudeteil ist der Ausgangspunkt unseres Rundgangs und der Entwicklungsgeschichte der Hubschrauber.

Bei seinem Rundgang durch die Ausstellung erhält der Besucher einen chronologischen und systematischen Einblick in die Entwicklungsgeschichte des Drehflüglers. Dabei kann er auch feststellen, daß die Hubschrauber nach ihrer Rotoranordnung und -antriebsart ausgestellt sind.

Die Ausstellung zeigt viele Darstellungen aus der Anfangsepoche der Drehflügler, wie das »Aero Veliero« des Italieners Vittorio Sarti aus dem Jahre 1828 und den ersten Versuch eines Blattspitzenantriebs von dem Engländer W. H. Philips von 1842.

Zu den weiteren Fortschritten in der Entwicklung der Drehflügler sind unter anderem zu sehen die erste Konstruktion mit kollektiver Blattverstellung des Amerikaners Robert W. Tailor aus dem Jahre 1842 und das erste 1859 in England erteilte Koaxial-Rotor-Konzept von Henry Bright. Auch erfährt mancher Besucher erstaunt von der ersten Vorstellung eines Hubschraubers mit Haupt- und Heckrotor der Brüder Fritz und Wilhelm Achenbach 1874 in Deutschland.

207

»Helix« in der Eingangshalle des Hubschraubermuseums Bückeburg.

Über 50 weitere Konstruktionen geben ein Zeugnis aus der Zeit der ersten bemannten Hubschrauberflüge ab. Von diesen ersten Schwebeversuchen bis zum ersten einsatzfähigen Hubschrauber folgen wiederum mehr als 50 Konstruktionen, durch Modelle und Zeichnungen erläutert.

Nach Verlassen der Eingangshalle erreicht man zuerst den Raum der Sonderlinge – »Auf Seitenwegen zum Vertikalflug«. Verschiedene Bilder und Fotos zeigen Fluggeräte, die auf Grund ihrer Konstruktion nicht fliegen konnten oder sofort beim Erstflug abgestürzt sind, z. B. Schaufelradflugzeuge oder Schwingenflieger.

In dem gegenüberliegenden Raum steht das komplette Antriebsmodell der Vertol V-44 (H-21 c), auch »Fliegende Banane« genannt, mit Darstellung der Blattverstellung sowie, separat ausgestellt, Getriebe und Hauptrotorblattanschluß. In zwei Glasschaukästen wird das Prinzip der periodischen Blattverstellung erläutert.

Im nächsten Raum ist folgender Satz von Octave Chanute aus dem Jahre 1894 zu lesen:

»Mißerfolge, so sagt man, sind viel lehrreicher als Erfolge, und bis jetzt gab es bei den Flugmaschinen weiter nichts als Mißerfolge.«

Unter anderem steht hier ein Modell von Gottardo Segantini (Schweiz) aus dem Jahre 1896. Der Kunstmaler Segantini entwickelte eine Flugmaschine mit kreisenden, in geringem Winkel angestellten Tragflächen, die jedoch nicht geflogen ist.

Nun betritt der Besucher die neue Halle, und sein Blick fällt sofort auf die naturgetreu nachgebaute Fw 61. Der Motor und die Luftschraube, die nur zur Kühlung des Motors diente, sind Originalteile der Maschine von 1936.

In Glasvitrinen sind hier verschiedene Modelle ausgestellt, wie z. B. der Kimball Helicopter, eine amerikanische Konstruktion aus dem Jahre 1908. Dabei handelt es sich um einen Hubschrauber mit 20 kleinen Hubschrauben und einem Gesamtgewicht von 350 kg.

Nach der Besichtigung einer Vielzahl von Modellen steht der Besucher dann vor dem Rucksackhubschrauber Nagler-Rolz Nr. 54-V2, 1941 in Zell am See/Österreich gebaut und heute eine Leihgabe des National Air & Space Museum, Smithsonian Institution Washington DC, USA. Bilder zeigen den Nagler-Rolz Nr. 55, den ersten Hubschrauber mit nur einem Rotorblatt und dem 40-PS-Motor als Gegengewicht.

In den Vitrinen hinter der Fw 61 erinnern Bilder und Modelle an die richtungweisenden Hubschrauberentwicklungen von Prof. Henrich Focke und Anton Flettner sowie von Igor I. Sikorsky. So wird der Besucher unter anderem auch auf den Schlepp-Tragschrauber FA 330 »Bachstelze« hingewiesen. Er diente als fliegende Beobachtungsplattform zur Erweiterung des Sichtbereichs aufgetauchter U-Boote. Mehr als 200 Stück wurden von diesem Typ in Delmenhorst bei Bremen gebaut. Eine original »Bachstelze« ist schräg oberhalb der Vitrine an der Decke aufgehängt. Das Fluggerät wiegt 75 kg und ist zusammenlegbar.

Neben den deutschen Entwicklungen zeigt eine weitere Vitrine die ersten Konstruktionen von Igor I. Sikorsky in Amerika. Der Besucher erfährt, daß Sikorsky am 25. Mai 1889 in Kiew geboren wurde und in den Jahren 1909 und 1910 seine ersten Hubschrauber, die jedoch nicht geflogen sind, gebaut hat. Im Ersten Weltkrieg baute er 75 4motorige Doppeldecker für die russische Armee, aber schon 1919 emigrierte er in die USA. Dort gründete er die Firma Aero Engineering Corporation und wurde führender Hersteller für Flugboote. Erst 1938 begann er wieder Hubschrauber zu bauen. Sein erster Entwurf, die VS-300, absolvierte ihren Erstflug am 14. September 1939. Bis zu seinem 68. Lebensjahr war er Leiter der Firma, und bis zu seinem Tod am 26. Oktober 1972 war er als technischer Berater tätig.

Die Fotos zeigen den ersten Rotorversuchsstand für die Entwicklung der VS-300 und den ersten Flugsimulator für diesen Typ.

Nun befindet sich der Besucher an dem Durchgang zur kleinen Halle 2, dem Informationsraum der Heeresflieger. Dabei fällt der Blick auf eine Vielzahl ausgestellter Hubschraubermodelle der Modellfluggruppe, und wer bei dem Anblick der vielen Hubschrauber gerne wissen möchte, wie schwierig das Fliegen mit Händen und Füßen ist, kann auf einem ausgedienten Testgerät für angehende Hubschrauberführer, einem Sensibilitätsprüfer, sein Koordinationsverhalten überprüfen. Natürlich erfährt der Besucher hier alles über die verschiedenen Ausbildungsgänge innerhalb der Heeresflieger-Truppe, insbesondere über die Ausbildung zum Luftfahrzeugführer.

Bei dem nun weiterführenden Rundgang in der Haupthalle erblickt man ein Modell des WNF-342 V4 (Maßstab 1:25), des ersten Kombinations-Flugschraubers der Welt mit dem Prinzip des Blattspitzenantriebs aus dem Jahre 1944, der von Baron Friedrich v. Doblhoff gebaut wurde. Eine weitere Vitrine ist spanischen Entwicklungen gewidmet. Der erste Konstrukteur, der bei seinen Hubschraubern das Triebwerk über der Kabine einbaute, war Jean Cantinieau. Der Vorteil bestand darin, daß mehr Platz für Passagiere und Gepäck zur Verfügung stand, eine Beladung ohne Schwerpunktprobleme erfolgen konnte und nur kurze Antriebe zu den Rotoren notwendig waren. Seine Typen AC-11 und AC-12 besaßen Kolbentriebwerke, während die Typen AC-13, aus dem Jahre 1956, und AC-14 mit Gasturbinen versehen waren. Der Drehmomentenausgleich erfolgte mit Hilfe der Abgase, die in den Heckausleger geleitet wurden und über verstellbare Klappen seitlich austreten konnten.

Nun steht man vor dem leichten Beobachtungs- und Verbindungshubschrauber Bell 47 G2 der amerikanischen Heeresflieger mit einem 260-PS-Lycoming-Motor. Seit 1946 wurden von diesem Typ mehr als 4000 Stück in fast alle Länder der westlichen Welt geliefert. In der US Army ist er auch als »Sioux« bekannt.

In einer kleinen Vitrine sind verschiedene Modelle der Firmen Hughes, Hiller und Agusta zu sehen, während in der Vitrine gegenüber Modelle der Firma Bell ausgestellt sind.

Der nächste Original-Hubschrauber, ebenfalls von der US Army, ist eine Hiller H-23 C »Raven« aus dem Jahre 1956.

Um die unterschiedlichen Blattbauweisen zu erklären, sind nun Querschnitte verschiedener Rotorblätter ausgestellt. Durch seine roten Markierungen gibt der Nachbarhubschrauber zu erkennen, daß es sich um eine ehemalige Schulmaschine handelt. Es ist eine »Alouette II«. Dieser leichte Verbindungshubschrauber (SE 3130) wurde 1957 in Frankreich aus dem Hubschrauber SE 3101 entwickelt, an dessen Entwicklung Professor Focke bis 1947 beteiligt gewesen war. Seine abgewandelte FA 223 erhielt nach Kriegsende bei der SNCASE, der späteren Sud Aviation und heutigen Aerospatiale, die Typenbezeichnung SE 3000.

Vor dem Hubschrauber ist hinter Glas das Schnittmodell des kompletten Antriebs der »Alouette II« zu sehen.

Es folgt das Getriebe mit Rotorkopf und Rotorblattstummeln des Borgward-Focke-Hubschraubers BF-1 »Kolibri«. Den Abschluß dieser Reihe bildet der Eigenbauhubschrauber HZ-5 von Ingenieur Hermann Havertz.

Nachdem nun schon einige Originalhubschrauber zu sehen waren, bietet sich jetzt die Möglichkeit, verschiedene Instrumente und Anzeigegeräte verschiedener Hubschrauber in einer Glasvitrine anzusehen. Sie sind in drei Gruppen aufgeteilt, nämlich in Druckinstrumente (z. B. Höhenmesser), Triebwerküberwachungsinstrumente (z. B. Drehzahlmesser) und Kursanzeigeinstrumente (z. B. Kompaß).

Nachdem man den Entwurf eines Instrumentenbretts für leichte Transporthubschrauber (LTH) gesehen hat, fällt der Blick auf das Rotorsystem der BO 105 aus dem Jahre 1961. Es ist der erste gelenklose Rotor der Welt, erprobt auf der nebenstehenden BO 105.

Den Abschluß im oberen Rundgang bildet eine BK 117 neben dem Trainer BO 102 der Bölkow Entwicklungen KG. Am 27. Oktober 1988 wurde dem Museum diese BK 117 P2 offiziell übergeben. Es handelt sich um den Prototyp Nr. 2, mit dem in Europa die Erprobung geflogen wurde. Die P1 wurde bei Kawasaki in Japan erprobt. Die P2 diente später als Versuchsträger für verschiedenste Aufgaben und war zuletzt 1:1-Modell eines bewaffneten Hubschraubers. Jetzt kann die P2, im Urzustand versetzt, im Museum besichtigt werden.

Wenn man nun die Treppe zum Untergeschoß der großen Halle hinabsteigt und noch einmal nach oben zurückschaut, erblickt man den »Fliegenden Jeep«, der durch seine Deckenbefestigung zwischen den beiden Stockwerken zu schweben scheint. Die Firma Bölkow Entwicklungen KG baute ein Versuchsgerät zur Entwicklung einer fliegenden Plattform. Das Gerät wurde 1957 nach Plänen von Diplom-Physiker Götz Heidelberg entwickelt und besitzt einen blattspitzengetriebenen Rotor für den Auftrieb und zwei blattspitzengetriebene Rotoren für den Vortrieb. Diese Rotoren dienten gleichzeitig, durch Klappen im Rotorstrahl, zur Steuerung. Das Experimentalmodell des »Fliegenden Jeeps« kam 1964 in die Flugerprobung. Als reines Versuchsgerät ist diese Plattform gefesselt bis zu Flughöhen von 1,20 m erprobt worden. Für den Antrieb verwendete man Blas- bzw. Druckluft aus einem Kompressor, die über Schlauchleitungen dem Gerät zugeführt wurde.

Der erste Originalhubschrauber im Untergeschoß ist der Merckle SM-67. Gegenüber stehen in einer Vitrine folgende Hubschraubermodelle von Mikhail Leontjewitsch Mil: Mil Mi-8, Mi-10 K, Mi-4, Mi-10 und Mi-6.

Im Original steht dahinter der erste russische in Großserie gebaute Hubschrauber, der Mil SM 1-SZ. Der Prototyp Mi-1 flog erstmals 1948 und wurde 1951, am Tag der Luftfahrt, der Öffentlichkeit vorgestellt. Er besitzt eine Flüssigkeits-Enteisungsvorrichtung für Haupt- und Heckrotor sowie für die Windschutzscheibe. Die hier im Museum aufgestellte Maschine ist eine Schulmaschine mit Doppelsteuer. Sie

»Fliegender Jeep«, MBB.

wurde 1959 in Polen von den polnischen Luftfahrtwerken »PZL« in Swidnik gebaut. 1980 wurde sie als Geschenk des sowjetischen Luftfahrtministeriums an das Museum übergeben. Als Antrieb dient ein 7-Zylinder-Sternmotor »Ivchenko AL-26 V«.

Gegenüber stehen als weitere Exponate die Sikorsky H-34, im zivilen Bereich unter der Bezeichnung S-58 bekannt. Bei der Bundeswehr wurde dieser Typ von 1958–1974 geflogen. Als Antrieb diente ein Wright Cyclone R-1820-84, ein 9-Zylinder-Sternmotor mit 1525 PS und einem Verbrauch von ca. 260 Liter/Stunde. Die zivile Version S-58 wurde 1970 auf Zwillingsturbinen umgerüstet (S-58 T).

Unweit der H-34 steht die bekannte Boeing Vertol-44 »Banane«, die früher unter der Bezeichnung H-21 bei der Bundeswehr geflogen ist. Als Geschenk der britischen Heeresflieger hat hier auch der SARO »Skeeter«, ein zweisitziger Hubschrauber aus dem Jahre 1947, seinen Platz gefunden. Direkt daneben folgt dann die Bristol 171 »Sycamore«, ein fünfsitziger britischer Mehrzweckhubschrauber, der bei verschiedenen Streitkräften zumeist als Such-, Rettungs- und leichter Verbindungshubschrauber geflo-

gen wurde. Die »Sycamore« des Hubschraubermuseums wurde nach Bückeburg überführt, nachdem sie zehn Jahre lang bei der deutschen Luftwaffe im Hubschraubertransportgeschwader 64 als SAR-Hubschrauber unzählige Male, so unter anderem auch bei der großen Flutkatastrophe 1962 in Hamburg, im Einsatz war. Die »Sycamore« wurde bis 1959 in Serie gebaut. Die Bundeswehr erhielt 50 Stück, aus deren Beständen ein Exemplar bis 1980 in Niedersachsen bei der Feuerwehr im Einsatz war.

Auch nur wenig bekannt ist der Eigenbau Georges, die G1 »Papillon«, ein Versuchsgerät mit Gasturbine, entworfen, gebaut und erprobt von Ing. Gerard Georges de Vastey sowie die Weiterentwicklung G2. Weiterhin stehen hier die Eigenbauten von Dieter Zierath und Ing. Alfons Siemetzki (ASRO-4).

Mit zu den ersten Hubschraubern der Sammlung gehört der nun folgende SO 1221 »Djinn«, ein blattspitzengetriebener Hubschrauber mit Turbinentriebwerk und nachgeschaltetem Luftverdichter. Er ist ein Geschenk der französischen Firma Aerospatiale. Der Hubschrauber »Rotocar III« der Firma Helicopter-Technik Wagner bildet eine weitere Attraktion im Museum.

Bevor man nun den hinteren Teil des Untergeschosses erreicht, hat man einen Einblick in die erleuchtete Kabine des Typs HH-43 B, Kaman »Huskie«, der US Air Force, einem Hubschrauber mit ineinanderkämmenden Rotoren. Neben der Besatzung bietet er zehn Passagieren oder vier Tragbahren Platz. Als Triebwerk wird eine Lycoming-T-53L-11-Gasturbine mit 1014 PS verwendet.

Im hinteren Teil des Hallenuntergeschosses dominiert die BO 46, ein Experimentalhubschrauber mit dem Hochgeschwindigkeitsrotor »System Derschmidt«. Fünf Hubschraubermechaniker der HFlg-WaS haben in ihrer Freizeit diesen Hubschrauber wieder wie neu hergerichtet. Am 14. Mai 1986 wurde die BO 46 in neuem Glanz und im Beisein von Winfried v. Engelhard, der 1964 die Erprobung bei MBB durchführte, feierlich dem Museum übergeben.

Weiterhin sind hier ausgestellt das Windmühlenflugzeug von Focke, genannt Autogyro »Cierva C 30«, mit steuerbarer, dreiflügliger Tragschraube aus dem Jahre 1933, daneben das Umbaugh Flymobil U-18 mit einem Lycoming-4-Zylinder-Motor mit 180 PS.

HH-43 B, Kaman »Huskie« der US Air Force.

Bei diesem Tragschrauber erfolgt der Rotorantrieb nur kurz vor dem Start mit Hilfe des Motors, während des Fluges wird er durch den Fahrtwind in Umdrehung gehalten. Der nebenstehende Tragschrauber mit der Typenbezeichnung TRS 1 kam als neues Exponat am 7. Juli 1987 ins Museum. Dieses Fluggerät wurde von Dipl.-Ing. Peter Krauss und Mitgliedern der Fliegergruppe Kornwestheim im Jahre 1968 gebaut. Am 3. Juni 1968 wurde eine vorläufige Verkehrszulassung erteilt, und nach intensiver Flugerprobung bekam die Maschine im Juli 1970 das Lufttüchtigkeitszeugnis. Die große Geschwindigkeitsspanne zwischen 40 und 170 km/h und die unglaubliche Wendigkeit hätten zahlreiche Anwendungsgebiete erschließen können, jedoch konnte keine industrielle Nutzung gefunden werden. Nachdem der

Tragschrauber einige Jahre in einer Halle in Günzburg stand, konnte er vom Hubschraubermuseum erworben werden.

Ebenfalls in diesem Bereich ist ein Modell des Fairey »Rotodyne« zu sehen.

Im Maßstab 1:5 steht hier auch das Experimental-Flugschrauber-Windkanalmodell Merkle M 133. Die Versuche mit diesem Modell wurden 1968 im großen Windkanal des Institutes für Kraftwesen an der Universität Stuttgart durchgeführt. Zweck der Versuche war es, die Erscheinungen bei dem Zusammentreffen der Rotorströmung und der Umströmung der Flugzeugzelle festzustellen. Ferner sind hier zu sehen die Fluggeräte VFW-H 2-Tragschrauber, VFW-H 2- und H 3-Flugschrauber sowie der dreiblättrige Windkanal-Versuchsrotor Derschmidt. Von der BO 46 sind hier der Rotorkopf, das Getriebe FLT-71, Heckrotorblätter, Blattanschlüsse und Gelenkhebel zu sehen. Ein Schnittmodell von Haupt- und Heckrotorgetriebe der SA 360 »Dauphin« gehört zu den neueren Errungenschaften.

Ebenfalls hier ausgestellt die Fesselplattform Do 32 K »Kiebitz«. Über die Entwicklung gibt eine Tafel folgende Auskunft:

1962 Beobachtungs- und Verbindungshubschrauber Do 32 E, Rotor mit Druckluftantrieb.

1964 Unbemannte Experimentalversion mit Flugregler.

1968 Vorläufer des »Kiebitz« zur Erprobung des Konzepts einer gefesselten Rotorplattform.

1971/72 Flugerprobung in verschiedenen Höhen.

1973 Entwicklung des operationellen »Kiebitz« für den Einsatz mit Gefechtsfeldradar (Aufklärungssystem ARGUS).

1974 Erstflug des operationellen »Kiebitz«.

Im Triebwerkskeller werden unter anderem folgende Turbinen gezeigt:

eine Gnôme-Gasturbine, das Wellenleistungstriebwerk MTU DB 720, MTU 6022, welche als Antrieb für den Prototyp der BO 105 diente, und die jetzt, ebenso wie bei der Hughes 500 verwendete Wellenleistungsturbine Allison 250 sowie das Einwellen-Strahltriebwerk RB 145, seit 1960 von MAN Turbo und Rolls-Royce für den Senkrechtstarter VJ 101 (VTOL-Flugzeug) entwickelt. Neu hinzugekommen eine Astazou II A von Turboméca.

Vorbei geht es nun an dem riesigen Schwenkdüsenstrahltriebwerk »Rolls-Royce Pegasus 11«, dem ersten und einzigen Hub-Schubtriebwerk der Welt im Einsatz (beim Senkrechtstarter Harrier), zum Keller des alten Museumsgebäudes.

Hier befinden sich unter anderem folgende Kolbentriebwerke:

Hinter Glas ein 9-Zylinder-Sternmotor mit geöffneten Zylindern, dessen Arbeitsweise elektrisch dargestellt werden kann (ein Pratt & Whitney-R-1820-Kolbenmotor als Schnittmodell), ein Ilo-4-Zylinder-Reihenmotor mit 40 PS und ein Agusta-4-Zylinder-Boxermotor mit 85 PS.

Nun erfährt der Besucher auch etwas über die Entwicklung und Technik der Vertikalstartflugzeuge, Turbinenstrahlflugzeuge und Gebläsestrahlflugzeuge sowie über Vortriebserzeugung durch Strahlumlenkung, getrennten Hubtriebwerken usw. Der Senkrechtstart eines Strahlflugzeugs und das System »Fly-by-Wire«, Ende der 90er Jahre »gewohnte Technik«, wurden bereits 1963 in Deutschland demonstriert.

Die drei Firmen Bölkow, Heinkel und Messerschmitt verbargen sich hinter der Firmierung EWR und

hatten als Ziel die Entwicklung eines Senkrechtstarters mit den Leistungen einer F-104 »Starfighter«. Heinkel brachte bereits einen als VJ 101A bezeichneten Entwurf mit ein, Messerschmitt den Entwurf VJ 101B und Bölkow seine Erfahrungen in der Regelungstechnologie. Als Kompromiß aus den vorliegenden Entwürfen entstand die VJ 101C, der erste überschallfähige Senkrechtstarter der Welt. Von diesem Experimentalflugzeug wurden zwei Prototypen gebaut, die X1 ohne und die X2 mit Nachbrennertriebwerken. Am 10. April 1963 erfolgte mit der X1 der erste Schwebeflug, am 20. September 1963 die erste volle Start- und Landetransition, und am 29. Juli 1964 erzielte die VJ 101C X1 erstmals eine Fluggeschwindigkeit über Mach 1. Nach einer Zwangspause der deutschen Luftfahrtindustrie von 1945 bis 1956 hatte man mit dieser Entwicklung nicht nur den Anschluß an die internationale Technologie gefunden, sondern war dieser bereits wieder voraus. Wurde das Projekt aus diesem Grund gestoppt? Mußte die X1 am 14. November 1964 bei einem Normalstart versagen?

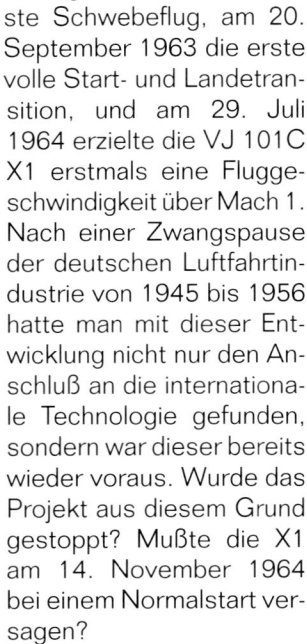

Hughes TH-55 der US-Heeresflieger im Hubschraubermuseum.

Die Flugerprobung der X2 ging noch bis 1971 in Manching weiter, wobei die Flüge hauptsächlich der Entwicklung eines neuen, nur durch elektrische Signale stabilisierten und zu steuernden Systems (»Fly-by-Wire«) dienten. Dieses System wurde im »Tornado« sowie jetzt beim Eurofighter Standard eingebaut und kam dann auch in den zivilen Flugzeugbau (Airbus A320). Die VJ 101C X2 ist heute im Deutschen Museum in München ausgestellt.

Den Abschluß bilden die Windkanalmodelle des er-

Kamow Ka-26 auf dem Weg ins Museum.

sten senkrecht starten-
den Jagdflugzeugs der
Welt, VJ 101, für Rezirku-
lationsversuche, und des
ersten senkrecht starten-
den Transporters der Welt,
Do 31.

Für die Dauer eines hal-
ben Jahres befand sich die
BO 103 auf einer Ausstel-
lungsreise in den USA, wo
sie Star der HAI-Ausstel-
lung 1986 in Anaheim und
Washington DC war. Die
Erprobung dieses einblätt-
rigen Hubschraubers fand
in den Jahren 1961/62 statt,
wobei eine Geschwindig-
keit von 90 km/h erreicht
wurde. Nun steht die BO
103 wieder auf ihrem an-
gestammten Platz im Hub-
schrauber-Museum.

Als Neuerwerbung wurde ein Tragschrauber vom
Typ Bensen B-8M in die Ausstellung des Hubschraubermuseums aufgenommen. Als Bausatz kam dieses
Fluggerät 1980 aus den USA nach Deutschland, doch
eine Inbetriebnahme scheiterte an den deutschen Zu-
lassungsbedingungen.

Mit der Neueröffnung des renovierten Altbaus kamen auch weitere neue Exponate im Frühjahr 1992 in
die Ausstellung. Neben einer Hughes TH-55 der US-
Heeresflieger aus Fort Rucker/Alabama, erhielt das
Museum eine Mil Mi-2 als Geschenk der Polizeifliegerstaffel Brandenburg aus Berlin-Schönefeld. Techniker dieser Einheit bauten die zerlegte Mi-2 im Museum neu zusammen. Am 19. Juni 1992 wurde eine
Kamow Ka-26 in die Ausstellung integriert. Dieser
Hubschrauber kam mit eigener Kraft nach Bückeburg.
Die Maschine gehörte der ehemaligen Interflug, war
in Torgau an der Elbe stationiert und wurde in der
Landwirtschaft mit Sprüh- und Streueinrichtungen
eingesetzt.

Aus einer Mi-2 erhielt das Museum für seine Abteilung »Triebwerke« eine ISOTOV GTD-350-Wellen-
turbine. Diese Turbine gleicht weitgehend den Allison-
Triebwerken der BO 105. Sie hat 395 shp und ein Gewicht von 135 kg.

Nachdem Herr Dr. Siegfried Sobotta Co-Präsident
der Eurocopter S. A. und Geschäftsführungsvorsitzender der Eurocopter Deutschland GmbH zum neu-
en Präsidenten des Hubschrauberzentrums gewählt
wurde, bekam das Museum von ihm eine BO 108 als
Antrittsgeschenk. Bei dem Exponat handelt es sich
um den 2. Prototyp dieser Entwicklung. Weitere neue

Exponate waren eine Wellenturbine Isotow TB-2-117A aus einer Mil Mi-8 und die
»Argus«-Beobachtungsplattform, die unter der Bezeichnung »Kiebitz« Do 34 entwickelt wurde. Von dem Gesamtsystem
erhielt das Museum die Rotorplattform.

Als Dauerleihgabe erhielt das Hubschraubermuseum
den »Kleinsten fliegenden Hubschrauber der Welt«, das
IMM-Demonstrationsmodell für elektrische Kleinstmo-
toren. Es ist 24 mm lang inkl. der beiden Rotoren, 8 mm
hoch und wiegt 0,4 Gramm. Bei 40.000 Umdrehungen
pro Minute hebt der Mini-Hubi ab, 100.000 Umdrehun-
gen/min werden mühelos erreicht. Dieses Mini-Flug-
gerät ist eine Entwicklung des Mainzer
Instituts für Mikrotechnik.

Zwei Hubschrauber-
getriebe:
links: UH-1D, rechts
H-37/S 56 im Hub-
schraubermuseum.

Der kleinste fliegende
Hubschrauber der Welt.

Völlig neu gestaltet wurde zwischenzeitlich der bereits erwähnte Raum der Heeresflieger. Tafeln, Bilder und Exponate in Vitrinen geben Auskunft über die Heeresfliegertruppe-Einsätze, Standorte, Ausrüstung und Laufbahnmöglichkeiten.

Für Besuchergruppen, die noch mehr über Hubschrauber hören und sehen wollen, steht ein Filmsaal mit ca. 100 Plätzen zur Verfügung. Neben vielen deutschsprachigen 16-mm-Filmen stehen auch Filme in englischer Sprache zur Verfügung. Neben dem Filmmaterial bietet das Hubschraubermuseum in seinem Archiv jedem Interessenten eine umfangreiche Dokumentation aus dem gesamten Bereich Drehflügler – Entwicklung, Geschichte und Technik – an. Durch den Zugang weiterer Exponate bleibt es nicht aus, daß von Zeit zu Zeit Umgruppierungen erfolgen, so daß sich die hier vorgenommene Beschreibung der Ausstellung in bezug auf die Situation vor Ort ändern kann.

Das Hubschraubermuseum ist so zum Mekka für alle Interessenten der Hubschrauber, ihrer Vergangenheit und Zukunft geworden. Nach dem Gründer und langjährigen Direktor des Hubschraubermuseums, Werner Noltemeyer, benannte 1996 der General der Heeresflieger Fritz Garben eine Straße auf dem Flugplatz Achum. Im Oktober 1996 fand in Bückeburg eine kleine Abschiedsfeier für Werner Noltemeyer statt, der aus gesundheitlichen Gründen von Bückeburg in den Schwarzwald zog.

Internationales Hubschrauberforum

Am 6. Mai 1961 fand das erste internationale Hubschrauberforum in Bückeburg statt, und es folgte bis 1966 jährlich im Anschluß an den Aero-Salon in Paris (Le Bourget). Bei diesem zwei (anfangs drei) Tage dauernden Forum werden Kontakte zwischen Hubschrauberfirmen, Piloten und Gleichgesinnten hergestellt. Der Zweck des Hubschrauberforums ist es, Gästen aus dem In- und Ausland wichtige Einblicke in anstehende Entwicklungsvorhaben der Industrie zu vermitteln. An der Vielzahl der Teilnehmer ist zu erkennen, welches Interesse dieses Treffen genießt. Außer Vorträgen und Fachgesprächen zeigen die Firmen ihre neuesten Erzeugnisse. Das ganze Geschehen wird von Flugvorführungen, hauptsächlich der neuen Modelle, begleitet. Bis zum 13. Hubschrauberforum am 5. Mai 1980 war die Technik abgestimmt auf die militärische Nutzung des Hubschraubers.

Zum 10. Hubschrauberforum, welches am 5. Juni 1973 stattfand, wurde der Tagungszeitraum von drei auf zwei Tage verkürzt, was für die Folgezeit beibehalten wurde. Das Thema lautete diesmal: »Zukunftstechnik und Wirtschaftlichkeit der VTOL-Fluggeräte«, vorgetragen von Dipl.-Ing. Gmelin der DFVLR. Brigadegeneral Hans E. Drebing, General der Heeresfliegertruppe, brachte in seinem Grußwort zum Ausdruck, daß das Niveau der Vorträge und Vorführungen unter Nutzung der vorhandenen Kenntnisse und organisatorischen Erfahrungen gehoben werden konnte.

Unter dem Motto »Hubschrauber der nächsten Generation« fand vom 10. bis 12. Juni 1975 das 11. Internationale Hubschrauberforum zum letzten Mal im Anschluß an den Aerosalon Paris statt. Aus organisatorischen Gründen sollte das Forum zukünftig unmittelbar nach der Internationalen Luftfahrtschau zu Hannover stattfinden.

Somit fand das 12. Hubschrauberforum mit dem Thema »Zukünftige Hubschraubersysteme« vom 8. bis 10. Mai 1978 statt. Brigadegeneral Drebing begrüßte ca. 700 Fachleute der Streitkräfte, Forschung und Luftfahrtindustrie aus insgesamt 16 Nationen. Höhepunkt der Veranstaltung war der offizielle Erstflug des Panzerabwehrhubschraubers MBB BO 105 P (PAH-1) im Beisein des Bundesverteidigungsministers Apel.

Bei dem 13. Hubschrauberforum vom 5. bis 7. Mai 1980 mußte zum ersten Mal auf die Unterstützung der HFlgWaS verzichtet werden. Um diese traditionelle internationale Veranstaltung durchführen zu können, kam im letzten Augenblick die Kooperation mit der »Deutschen Gesellschaft für Wehrtechnik e. V.« (DWT) zustande. Das Motto lautete diesmal »Weiterentwicklung des Hubschraubers als Allwetter-Kampfmittel«. Dadurch, daß die Bundeswehr das Hubschrauberforum nicht mehr unterstützen durfte, entfielen die bislang übliche Geräteausstellung und Flugvorführungen auf dem Flugplatz Achum. Die ca. 500 Teilnehmer kamen aus Belgien, Frankreich, Großbritannien, Italien, Kanada, Niederlande, Österreich, Schweden, Schweiz, Spanien und den USA.

1982 fand das 14. Hubschrauberforum erstmals im Rahmen der Internationalen Luftfahrt-Ausstellung – ILA – in Hannover statt und umfaßte den militärischen als auch den zivilen Einsatz dieses Fluggerätes sowie die sich daraus ableitenden Probleme und Aufgabenstellungen. Das Forum stand unter dem Thema: »Der Hubschrauber der 80er und 90er Jahre«.

Zum 15. Mal trafen sich Industrie, Militär und Mitglieder des Hubschrauberzentrums e.V. beim traditionellen Hubschrauberforum Bückeburg am 23./24. Mai 1984. Der Schwerpunkt des Forums lag dieses Mal bei der Systemführung der nächsten Generation von Militärhubschraubern. Der 1. Vorsitzende des Hubschrauberzentrums e.V., Kurt Pfleiderer, wies darauf hin, daß durch die stürmische Entwicklung auf dem Luft- und Raumfahrtsektor, insbesondere im Hinblick auf die Anwendung von Faserverbundtechnik und Miniaturisierung der Elektronik, eine neue Generation von Hubschraubern entsteht.

Den Einleitungsvortrag hielt Brigadegeneral Dr. Harro Tiedgen, General der Heeresfliegertruppe, nachdem er den wohl ältesten Forumsteilnehmer, Dipl.-Ing. Wilhelm Hillmann, 1885 in Bremen geboren, einer der letzten noch lebenden »Alten Adler«, Träger des großen Verdienstkreuzes und Ehrenbürger der Stadt Paris, begrüßt hatte.

Der zweite Tag des Forums fand auf dem Messegelände der Luftfahrtschau in Hannover statt und stand mit seinen Fachvorträgen durch die Zulieferindustrie ebenfalls ganz im Zeichen neuer Entwicklungen von z. B. modernen, modular aufgebauten Triebwerken bis hin zu integrierten Cockpits mit Mehrfachbildschirmen, Digitaltechnik und Rechnereinheiten. Das Forum endete mit einem Rundgang über das Ausstellungsgelände und Gesprächen an ausgesuchten Ständen.

Am 11./12. Juni 1986 wurde das 16. Internationale Hubschrauberforum mit dem Leitthema »Neue Entwicklungen von militärischen und zivilen Hubschraubern in Westeuropa und den USA« durchgeführt. Mangels Beteiligung mußte die Ausstellung einiger Hubschrauber auf dem Flugplatz Achum ausfallen. Dafür konnten die Besucher die Kür von Oberleutnant Hermann Fuchs bestaunen, mit der er zwei Wochen später auf der Hubschrauber-WM in England im sogenannten »Freestyle« Weltmeister wurde.

»Helicopter 2000« war das Leitthema des 17. Hubschrauberforums im Mai 1988.

Das 18. Internationale Hubschrauberforum im Jahre 1990 stand unter drei anspruchsvollen Themenkomplexen: 1. Neue Technologien; 2. Lösungsansätze und Grenzen zur Verbesserung der Wirtschaftlichkeit von Hubschraubern; 3. Schnittstelle Mensch – Maschine.

Der NATO-Generalsekretär Dr. Manfred Wörner hatte die Schirmherrschaft übernommen, den Gastvortrag hielt Dr. Blancke, Präsident des Niedersächsischen Landtages. Höhepunkt dieses Hubschrauberforums war zweifellos der erstmalige Vortrag eines sowjetischen Chefkonstrukteurs eines sowjetischen Hubschrauberentwicklungsbüros. Da Prof. Dr. S. Mikheyev, General Designer, verhindert war, hielt Prof. Dr. V. G. Krygin, Chief Designer des Kamov Design Bureau, einen Vortrag über Hubschrauberentwicklungen in der UdSSR. Brigadegeneral Istvan Csoboth, General der Heeresflieger, erläuterte in seinem Vortrag »Das System Hubschrauber im Gefecht der verbundenen Waffen« die neuen Aufgaben der Heeresflieger, die sich im Zuge der Heeresstruktur 2000 ergeben.

Nachdem sich die ILA mit ihrem neuen Veranstaltungsort Berlin-Schönefeld (die ILA wurde letztmals in Berlin im Jahre 1928 durchgeführt) räumlich von Bückeburg weit entfernt hat, ist das Forum in Kombination mit der ILA (Bückeburg/Hannover) nicht mehr durchführbar. Der Standort Bückeburg sollte aber nach Möglichkeit für das Forum beibehalten werden. So wurde beschlossen, diese Veranstaltung in Zukunft antizyklisch zur ILA weiterhin in Bückeburg durchzuführen. Ab 1993 wurde das Hubschrauberforum wieder komplett in Bückeburg durchgeführt. Als Termin für das 19. Internationale Hubschrauberforum mit dem Thema »Der Hubschrauber als unentbehrliches Fluggerät auch in Europa« wurde der 12. und 13. Oktober 1993 festgelegt.

»Anwendung der intelligenten Technologie als Sprung in ein neues Hubschrauberzeitalter« lautete das Thema beim 20. Hubschrauberforum am 12./13. September 1995 in Bückeburg. Es war wiederum Plattform für Bundeswehr, Industrie und Ausrüster. Die Einführung in das Forum erfolgte durch Brigadegeneral Fritz Garben, General der Heeresflieger und Kommandeur der Heeresfliegerwaffenschule. In den Themenblock I: »Eine neue technologische Herausforderung stellt sich vor« führte Prof. Dr. P. Hamel, Leiter Flugmechanik, Deutsche Forschungsanstalt für Luft- und Raumfahrt. Den Themenblock II: »Wechselwirkung zwischen neuen Technologien und bestehenden Strukturen« eröffnete Dr. S. Sobotta, Vorsitzender der Geschäftsführung Eurocopter Deutschland GmbH. Es folgte ein Vortrag über »Technologietransfer in Deutschland« von Herrn Prof. Dr. E. Häußer, Präsident Patentamt München, als Gastredner. Oberst H. Holzhausen von der Heeresfliegerwaffenschule führte in den Themenblock III: »Der Hubschrauber der Zukunft – noch mehr Vielseitigkeit und Effizienz oder das Notwendige statt des Machbaren«. Da der Präsident des Hubschrauberzentrum e.V., Herr Werner Reinl, sein Amt aus beruflichen Gründen nach Ablauf des Hubschrauberforums niederlegen mußte, wurde auf der anschließenden außerordentlichen Mitgliederversammlung Herr Dr. Siegfried Sobotta von EUROCOPTER zum Nachfolger in diesem Amt gewählt.

Am 31. März und 1. April 1998 fand das 21. Internationale Hubschrauberforum des Hubschrauberzentrums e.V. wieder in Bückeburg statt. Diesmal lautete das Leitthema »Der Hubschrauberflugbetrieb auf dem Weg nach Übermorgen«. Dies bedeutete Vorträge über neue Werkstoffe, Rotor- und Antriebsentwicklungen, integrierte dynamische Systeme, Sensortechnik, den Einsatz von Simulatoren in der Ausbildung und taktischen Schulung und über den virtuellen Hubschrauber und dessen Steuerungsproblematik. In den Themenblock I »Vereinfachung der Subsysteme durch Nutzung von Technologie, um den erforderlichen Fortschritt zu erzielen; d.h., welche Möglichkeiten gibt es zur Kostensenkung bei gleichzeitiger Leistungssteigerung« führten Prof. Dr. Hamel und Prof. Richter. Als Gastredner konnte Prof. Dr. Wolfgang Kubbat von der TU Darmstadt mit dem Thema »Die virtuelle Welt von morgen« gewonnen werden. Mr. Walter Sonneborn von Bell/Textron, USA, hielt die Einführung in den Themenblock II: »Sensorfusion – ein Weg in die Zukunft« als erweiterte Fähigkeit zur Nutzung der Einsatzspektren zivil/militärisch. Den Themenblock III: »Die Beherrschung des Gefechtsraumes der Zukunft«, eröffnete Brigadegeneral Millotat, BMVg. Im Rahmen einer Pressekonferenz würdigte Präsident Dr. Siegfried Sobotta das Internationale Hubschrauberforum Bückeburg als eine einmalige Einrichtung auf der Welt.

216

Unter dem Motto »Die Zukunft steht nicht still«, fand am 5./6. Juli 2000 das 22. Internationale Hubschrauberforum in Bückeburg statt. Das Programm war in drei Themenblöcke gegliedert: I. »Die Zukunft in unseren Händen.« Die Einführung zu diesem Themenblock erfolgte durch Walter Sonneborn, Vice President Bell Helicopter, USA. Angesprochen wurden u. a. die Themen Tiltrotor und Triebwerkstechnologie für die Zukunft in Europa.

Der Themenblock II stand unter dem Motto »Operationelle Ansätze – Traum oder Wirklichkeit«, mit einer Einführung durch Prof. Dr. Peter Hamel, DLR. Weitere Themen waren u. a. Verbesserung von L/D im Vorwärtsflug/Schwebeflug unter Berücksichtigung von Lärmreduzierung und Vibration sowie Crashentwicklungen bei Metall- und Faserstrukturen. Nach dem Transfer zum Flugplatz Achum erfolgte im Rahmen der Feier »40 Jahre Heeresfliegerwaffen-schule« die offizielle Übergabe des ersten EC 135-Schulungshubschraubers an die Heeresflieger. Der Themenblock III: »Das Dritte Jahrtausend – Die Neue Herausforderung?« wurde am nächsten Tag von Brig.Gen. Dieter Budde, General der Heeresflieger, eingeleitet. Hierbei wurden u. a. Themen wie Verfahren zur Harmonisierung der Ausrichtung unabhängiger Achsen in einem Referenzsystem am Beispiel »Tiger«; »Helas«, ein radarbasierendes Hinderniswarnsystem für Hubschrauber und elektronisches Selbstschutzsystem für NH90 und »Tiger«, angesprochen.

Am nächsten Tag fand, angegliedert das AHS International German Chapter, unter dem Motto »From the Roots to the Future« statt. Die Themen beinhalteten die Geschichte der Hubschrauber, speziell deutsche, amerikanische und französische Hubschraubergeschichte, sowie die Einführung in die Thematik der Hubschrauber der Zukunft.

Helicopter Pilot's Meeting

Auf Wunsch einiger Piloten nach Erfahrungsaustausch und Information untereinander wurde das Helicopter Pilot's Meeting von mir ins Leben gerufen.

An erster Stelle geht es um das Fluggerät. So wird z.B. ein und derselbe Hubschraubertyp von verschiedenen Betreibern eingesetzt, wobei jedoch unterschiedliche Erfahrungen gesammelt werden. Weitere Diskussionspunkte ergeben sich durch die unterschiedlich eingesetzten technischen Neuheiten und Verbesserungen. Dazu gehören unter anderem Display-Systeme, Multifunktions-Keyboards oder Restlichtverstärker. Weiterer Informationsaustausch ergibt sich durch die verschiedenen Flugvorbereitungen, Flugeinsätze sowie Besonderheiten im Einsatzgebiet. Zu letzterem gehören bisher nicht bekannte Hindernisse, z. B. neue Leitungen, Materiallifte im Gebirge usw. Die Kooperation mit anderen Organisationen wie Bergwacht, Feuerwehr etc. lohnt ebenfalls der gegenseitigen Analyse.

So fand das erste Helicopter Pilot's Meeting am 16. Januar 1985 im Casino der Offizierheim-Gesellschaft des LTG 61 auf dem Flugplatz Penzing bei Landsberg statt. Zu dem Teilneh-

Helicopter Pilot's Meeting am 4. Juli 1985 auf dem Luftwaffenplatz Neubiberg.

merkreis gehörten unter anderem der stellvertretende Kommodore des LTG 61, der Leiter der Polizeihubschrauberstaffel Bayern, eine SAR-Besatzung der Luftwaffe, Staffelkapitäne und Einsatzoffiziere der Heeresflieger, Privatpiloten und ein Vertreter des Luftamtes Südbayern.

Es wurde darauf hingewiesen, daß dieses und auch zukünftige Treffen keine Konkurrenz zu bestehenden ähnlichen Veranstaltungen sein sollen, sondern der sachorientierten Kommunikation dienen und eine Zusammenarbeit untereinander fördern sollen. Gleichzeitig dient das Meeting auch der Kontaktpflege untereinander. Es sollen auch keine Änderungen bestehender Vorschriften gefordert, sondern vielmehr Hilfen für den Flugdienst erarbeitet und neue Erkenntnisse vermittelt werden. Im Gegensatz zu den von der Industrie angebotenen Veranstaltungen, wobei es sich meist um kommerzielle Vorstellung neuer Typen und Geräte handelt, geht es beim Helicopter Pilot's Meeting um Themen über das vorhandene Fluggerät, dessen fliegerische Handhabung und die dabei eventuell auftretenden Besonderheiten.

Aus diesen Gründen ist die Bedingung zur Teilnahme am Helicopter Pilot's Meeting, daß die Teilnehmer alle im Besitz einer Berechtigung (PHPL/CHPL) sind bzw. die Prüfung dazu einmal mit Erfolg abgelegt haben müssen. Weitere Auflagen bestehen nicht. So können Piloten aus allen Bereichen der Hubschrauberfliegerei und auch aller Nationalitäten am Helicopter Pilot's Meeting teilnehmen.

Es ist vorgesehen, im Jahr zwei Treffen dieser Art durchzuführen. Dazu werden jeweils Gäste aus den Bereichen Militär, Industrie, Flugsicherung, Bergwacht etc. eingeladen, die mit dem Fluggerät Hubschrauber zu tun haben und zu dem jeweils angesetzten Thema referieren werden.

So fand bereits am 7. März 1985, wieder auf dem Luftwaffenplatz Penzing, ein Helicopter Pilot's Meeting statt, welches als erstes Arbeitstreffen zu betrachten ist. Das Thema lautete: »Zusammenarbeit mit der Bergwacht im BRK«. Als Gäste zu diesem Thema erschienen unter anderem Herr Hans Sonderer, stellvertretender Vorsitzender der Bergwacht im BRK, der Referent der Bergwacht Willi Becker und Anton Grüner als Geschäftsführer der Bergwacht. Neben verschiedenen Diskussionen wurde ein Videofilm über Hubschrauberrettung aus Sesselliften, der bei einer gemeinsamen Rettungsübung mit dem HFlgRgt 20 gedreht wurde, vorgeführt. Die SAR-Staffel des LTG 61 stellte mitgeführte Rettungsausrüstungen vor, und zu guter Letzt wurde eine neue Landehilfe für den Winterbetrieb vorgestellt.

Zu diesem zweiten Treffen hatte sich auch der Teilnehmerkreis vergrößert. Neu dazugekommen waren der Geschäftsführer der Firma Meravo, ein Vertreter der ADAC-Luftrettung GmbH sowie die in Hubschrauberkreisen bekannten Herren Helmut Mauch und Otto Rietdorf.

Um die Anfangskontakte zu festigen, wurde am 4. Juli 1985, diesmal im Offizierskasino des Luftwaffenplatzes Neubiberg bei München, ein weiteres Treffen durchgeführt. Neu hinzugestoßen zu diesem Meeting waren unter anderem der Leiter der Polizeihubschrauberstaffel des Landes Baden-Württemberg und der Führer der Grenzschutzfliegerstaffel Süd im BGS. Die Heeresfliegerwaffenschule Bückeburg wurde durch OTL Schlehufer und OFähnr. Schell vertreten.

Das Arbeitsthema dieser Veranstaltung stand ganz im Zeichen der Industrie. So begann Herr v. Engelhardt, Leiter der MBB-Hubschrauberschulung, über die Steuerhydraulik allgemeiner Art und die der BO 105 zu referieren. Das »Fliegende Labor«, System OPHELIA, Piloten-Visioniksysteme und Displays wurden anschließend von Herrn Formica, Entwicklungsing. bei MBB, erläutert. Die Ingenieure Och und Kredel der Firma AEG/Telefunken erklärten die Arbeitsweise des neuen Hinderniswarngeräts ihrer Firma, welches zu dieser Zeit bei MBB erprobt wurde. Herr Kemmler, Flugpsychologe vom Flugmedizinischen Institut der Luftwaffe, hielt nach diesen vielen technischen Erläuterungen ein Referat über das Thema »Der Faktor Mensch und seine Bedeutung bei der Entstehung von kritischen Flugsituationen.«

Dieses Meeting, welches bei allen Teilnehmern großen Anklang fand, wurde mit einem Film über die deutsche Hubschrauberentwicklung, der von der Firma MBB zur Verfügung gestellt wurde, beendet.

Am 7. November 1985 fand ein Meeting an der Heeresfliegerwaffenschule in Bückeburg statt. Nachdem die Teilnehmer die Möglichkeit genutzt hatten, im Simulator Bell UH-1D zu fliegen, hielt Oberstleutnant Schütte vom Amt General Flugsicherheit in der Bundeswehr ein Referat zu dem Thema Flugunfälle mit Hubschraubern und Unfallverhütung.

Nachdem das Helicopter Pilot's Meeting inzwischen bei vielen Hubschrauberpiloten zu einer bekannten Einrichtung geworden war, sollten nur noch, wie vorgesehen, zwei Treffen im Jahr durchgeführt werden. Da 1986 die Hubschrauberweltmeisterschaft in England vor der Tür stand, wurde für den 15. April 1986 ein neues Meeting festgelegt. Die Teilnehmer hatten Gelegenheit, in der Nähe von Landsberg am Lech der deutschen Nationalmannschaft sowie fünf weiteren Teams beim Training zur 5. Hubschrauber-Weltmeisterschaft zuzusehen. Am Abend wurde das Meeting im Fliegerhorst Penzing mit dem Vortrag von OTL Geißler (Teamchef der deutschen Mannschaft) über die Vorbereitungen zur WM und einem weiteren Vortrag von Herrn Oberregierungsrat Dipl.-Psych. R. Kemmler über »Psychologische Aspekte beim Wettkampftraining« beendet. Auch bei diesem Treffen waren u. a. Vertreter von MBB, dem Luftamt Südbayern, der Polizeihubschrauberstaffel Bayern und der Fachpresse anwesend.

Das folgende Helicopter Pilot's Meeting fand fast ein Jahr später, am 23. Februar 1987, im Flugmedizinischen Institut der Luftwaffe in Fürstenfeldbruck statt. Neben verschiedenen Fachvorträgen fand die Besichtigung einzelner Stationen wie Druckkammer, Nachtsichtanlage und die Demonstration der Sinnestäuschung großen Anklang. Zum Abschluß erhielten die Teilnehmer noch Erläuterungen zu den Auswahlverfahren angehender Flugzeugführer und den dazu gebräuchlichen Testgeräten. Zu diesem Treffen konnte sogar ein Vertreter eines Hubschrauberunternehmens aus der Schweiz begrüßt werden. Da für die Bundeswehrpiloten dieses Programm zum Ausbildungsbereich gehört, waren diese nicht vertreten, dafür jedoch wieder eine große Anzahl Piloten der Polizeihubschrauberstaffel Bayern sowie der Leiter der Polizeihubschrauberstaffel Baden-Württemberg.

Aus dem Helicopter Pilot's Meeting hatte sich 1986 der Verein »Helicopter Club Deutschland e.V.« entwickelt, der die Fachtreffen im Rahmen von Clubveranstaltungen weiterführte.

Nach diesem Vorbild entstanden später ähnliche Vereinigungen, wie z.B. »Freundeskreis der Luftwaffe«, der nach gleichem Konzept zu Vorträgen einlädt und entsprechende Einrichtungen besucht.

Helicopter Club Deutschland e. V.

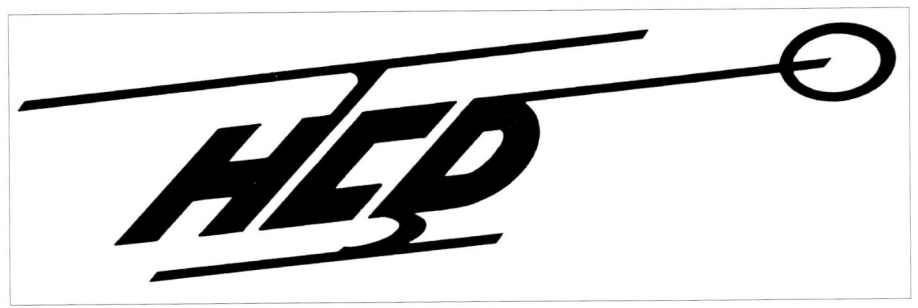

Um einen besseren Erfahrungsaustausch zwischen Industrie, Behörden und Betreiber, jedoch in erster Linie zwischen den Piloten untereinander zu ermöglichen, wurde von mir das bereits erwähnte Helicopter Pilot's Meeting ins Leben gerufen. Aus verschiedenen Gründen, aber auch auf Wunsch vieler Teilnehmer der Fach-Meetings habe ich mich entschlossen, einen Verein zu gründen, der das Helicopter Pilot's Meeting im Rahmen seiner Veranstaltungen aufnimmt. Am 28. Februar 1986 wurde der »Helicopter Club Deutschland e.V.« mit Sitz in Hohenpeißenberg gegründet. Als Vizepräsidentin stellte sich Elisabeth Besold, gleichzeitig Präsidentin der Vereinigung Deutscher Pilotinnen e.V., zur Verfügung.

Die Gründung des Helicopter Club Deutschland fiel in ein Jahr, in dem 50 Jahre vorher, nämlich am 26. Juni 1936, der Flug des ersten brauchbaren Hubschraubers, der Focke Fw 61, stattfand.

Der HCD hat sich unter anderem die Förderung des Verständnisses und der Aufgeschlossenheit für den Hubschrauber und seine Aufgaben zum Ziel gesetzt und möchte auf diesem Weg die Bedeutung zwischen militärischer und ziviler Luftfahrt hervorheben. Durch luftsportliche Aktivitäten, zu denen vornehmlich zivile Hubschrauberpiloten herangeführt werden sollen, möchte der Helicopter Club Deutschland e.V. auch das Interesse junger Leute für den Hubschrauber wecken.

Zur Durchführung und Unterstützung seiner vielfältigen Aufgaben steht dem Vorstand ein Fachbeirat zur Seite, in dem Vertreter verschiedener Bereiche Vorschläge ausarbeiten und allen interessierten Personen spezielle Auskünfte zum Thema »Hubschrauber« geben können.

Die gewohnten Fachmeetings wurden jetzt als Club-Veranstaltungen durchgeführt und durch regionale Veranstaltungen ergänzt. So wurde im Juli 1986 ein Wochenende »Entspannungstraining für fliegendes Personal« unter der Leitung von Dipl.-Psych. Kemmler vom Flugmed. Institut der Luftwaffe aus Fürstenfeldbruck und eine Einweisung im wettkampfmäßigen Fliegen für Privatpiloten angeboten.

Im März 1987 hielt in Hemmenhofen/Bodensee ein Angehöriger der Polizeihubschrauberstaffel Bayern einen Dia-Vortrag über seine Erfahrungen als Austauschpolizeipilot in Los Angeles, und im Mai 1987 wurde in Weilheim in Oberbayern ein Hubschrauber-Infotag mit verschiedenen Flug- und Rettungsvorführungen sowie Hubschrauberrundflügen für die Besucher durchgeführt.

BK 117 auf dem Hubschrauber-Infotag in Weilheim 1987.

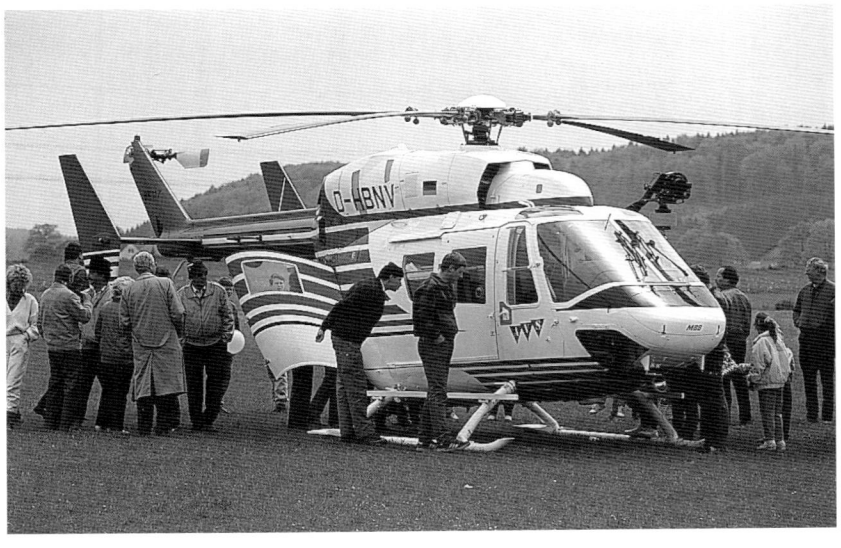

Alfred Bär, Deutscher Meister 1987 im Hubschrauberfliegen.

Zeit und vor allem Geld kostete. Mit viel Unterstützung von Industrie und Bundeswehr konnte die erste deutsche Hubschraubermeisterschaft erfolgreich durchgeführt werden, und für die Sparte »Sportflieger« standen erstmals zivile Hubschrauberbesatzungen mit Wettkampferfahrung bereit.

Der Helicopter Club wurde auf Grund seiner Aktivitäten im Bereich Hubschraubersport Mitglied im DAeC und im Luftsportverband Bayern mit der damit verbundenen Pflichtmitgliedschaft im Bayerischen Landessportverband. Durch das zuständige Finanzamt wurde der Verein auch als gemeinnützig anerkannt. Von den elf Gründungsmitgliedern stieg der Mitgliederbestand des HCD bis Januar 1988 auf 96 Personen, davon 60 mit abgeschlossener Flugzeugführerausbildung und 13 im Besitz eines eigenen Luftfahrzeuges. Zu den Mitgliedern gehörten Vertreter der Industrie, Behörden sowie Alfred Bär, Deutscher Meister im Hubschrauberfliegen 1987, und Hermann Fuchs, Weltmeister im Freestyle 1986.

Der Club bot seinen Mitgliedern, neben den bereits genannten Veranstaltungen, berufliche Orientierungshilfen, Schiedsrichterlehrgänge und Ausstellung von FAI-Lizenzen sowie einen Video-Service an. Der HCD hielt auch Freizeitangebote zu Sonderkonditionen, wie z. B. Reiten, Tennis, Golf, Segeln, sowie Kurzurlaube, u. a. an der deutschen Küste und in Südtirol, für seine Mitglieder und deren Angehörige bereit.

Da für 1989 die nächste Hubschrauberweltmeisterschaft angekündigt war, wollte der Fachbereich »Sportflieger« durch eine weitere deutsche Hubschraubermeisterschaft einen WM-Kader festlegen. Nach langem Abwägen, denn erneut mußten erhebliche finanzielle Mittel aufgebracht werden, stimmte der Vorstand der Ausrichtung einer zweiten deutschen Meisterschaft zu. Mitten in die Vorbereitungen platzte die Nachricht, daß die Teilnahme und Unterstützung durch die Bundeswehr nicht gegeben ist. Das bedeutete gleichzeitig auch Fortfall von Unterstützung durch bestimmte Bereiche der Industrie. So hoffte man auf gleiche Besucherzahlen wie ein Jahr zuvor in Weilheim. Dort waren es 45.000 Besucher. Somit mußte auch der Veranstaltungsrahmen geändert werden, denn mit der fehlenden Unterstützung kam ein erhebliches an Mehrkosten auf den HCD zu.

In sportlicher Hinsicht erfolgreich und mit einem guten Rahmenprogramm wurde die zweite deutsche Hubschraubermeisterschaft am 13./14. August 1988 in Celle, einem Heeresfliegerstandort – was leider weder die Besucher noch die Ausrichter feststellen konnten –, durchgeführt. Konrad Geißler, Leiter des

Eine ähnliche Veranstaltung richtete der HCD im September 1987 in Steinfeld (Oldenburg) erfolgreich aus. Für die Mitglieder im Norden des Landes fand im November 1987 eine Besichtigung der Polizeihubschrauberstaffel Hamburg statt, und im Folgejahr traf man sich im Hubschraubermuseum Bückeburg.

Im Verlauf der vergangenen Hubschrauberweltmeisterschaften wurde immer deutlicher erkennbar, daß sich diese Veranstaltung zu einem paramilitärischen Spektakel herauskristallisierte. Es mußten Wege gefunden werden, auch zivilen Besatzungen eine Teilnahme an diesen Meisterschaften zu ermöglichen. Neben einer Änderung des Reglements mußte auch eine Selektion der interessierten Besatzungen sowie eine Heranführung an wettkampfmäßiges Fliegen erfolgen. Um dies zu erreichen, entschloß sich der Vorstand des HCD im August 1987, eine deutsche Hubschraubermeisterschaft in Weilheim/Obb. durchzuführen. Für den jungen Verein eine große Aufgabe, die

Fachbereichs Sportflieger im HCD, konnte zufrieden sein. Jetzt hatte er für die im nächsten Jahr anstehende Hubschrauberweltmeisterschaft einen zivilen Kader stehen. Dieser mußte jetzt auf eine Weltmeisterschaft vorbereitet und vor allen Dingen finanziert werden. Dazu fehlten jedoch dem Club die Mittel, denn die Kosten der Meisterschaft in Celle konnten durch Einnahmen und Spenden nicht gedeckt werden, zumal auch einige zugesagte Spenden und Sponsorengelder nicht gezahlt wurden.

Ende 1988 hatte der Helicopter Club Deutschland über 100 Mitglieder. Es wurde jedoch festgestellt, daß sich der Club durch die Ausrichtung der zwei deutschen Meisterschaften zu sehr einseitig mit dem Bereich Sportflieger beschäftigt hatte. Viele Mitglieder legten Wert auf Informationen aus dem allgemeinen Hubschrauberbereich, und spezielle technische Fragen wollten beantwortet werden. So war geplant, wieder mehrere kleine, regionale Veranstaltungen und Besichtigungen im kommenden Jahr durchzuführen.

Aus beruflichen Gründen war der Club-Präsident seit Juni 1988 fast ständig in Spanien. Schon auf Grund der Entfernung war eine Führung des Clubs nur schwer möglich, so daß er sein Amt als Präsident des Helicopter Club Deutschland e.V. 1989 seinem Stellvertreter Wolfgang Koske überließ.

Die Interessen des Clubs verlagerten sich weiterhin mehr und mehr auf den sportlichen Bereich. Die vom Gründer ins Leben gerufenen Fachtagungen wurden nicht mehr durchgeführt, man wollte sich nur noch dem Sportbereich widmen. Dies war jedoch nicht im Sinne aller Mitglieder, und der HCD wurde aufgelöst. So kam es, daß die Mitglieder mit rein sportlichen Ambitionen, nach Auflösung des alten HCD, einen Nachfolgeclub für ihre flugsportlichen Aktivitäten gründeten. In Anlehnung an die Vorarbeiten des Helicopter Club Deutschland entschied man sich für den neuen Namen Deutscher Hubschrauber Club. Erster Vorsitzender des neuen DHC wurde der Leiter des Fachbereichs Sportflieger im alten Helicopter Club Deutschland e. V., Konrad Geißler.

Ohne die Vorleistungen, angefangen mit den Helicopter Pilot's Meetings, aus denen der Helicopter Club Deutschland e.V. entstanden ist und mit dessen Engagement zivile Piloten an die Wettkampffliegerei heranzuführen, verbunden mit der Ausrichtung zweier deutscher Hubschraubermeisterschaften, wäre der schnelle Fortschritt in diesem Bereich der Hubschrauberfliegerei und die Aufstellung eines zivilen Hubschrauber-Wettkampfkaders nicht in diesem kurzen Zeitraum realisierbar gewesen. Dies scheint den heutigen Verantwortlichen jedoch nicht mehr bewußt zu sein.

Deutsche Hubschraubermeisterschaften

Für Hubschrauberpiloten mit sportlichen Ambitionen gab es, abgesehen von militärischen Vergleichskämpfen, bisher keine entsprechenden Wettbewerbe, außer den Hubschrauberweltmeisterschaften. Eine Teilnahme daran setzte jedoch voraus, daß die Bewerber in mindestens fünf Trainingslagern an jeweils wechselnden Orten und bei ca. fünftägiger Dauer ihr Können unter Beweis stellen mußten. Hieraus wurden die besten Crews zu einer WM-Mannschaft zusammengestellt. Dies kostete Zeit und vor allen Dingen Geld, so daß bis zur 5. Hubschrauberweltmeisterschaft nur militärische Besatzungen aus Heer und Luftwaffe starten konnten. Der Helicopter Club Deutschland e.V. wollte den zivilen Besatzungen mit der Einführung und Ausrichtung der »Deutschen Hubschraubermeisterschaft« einen sportlichen Wettbewerb bieten, der gleichzeitig als Qualifikation zur Teilnahme an den zukünftigen Hubschrauberweltmeisterschaften dienen sollte.

Erste Offene Deutsche Hubschraubermeisterschaft 1987

So fanden vom 28. bis 30. August 1987 in der oberbayerischen Kreisstadt Weilheim die Offenen Deutschen Hubschraubermeisterschaften unter der Schirmherrschaft des bayerischen Ministerpräsidenten statt. Die Zielsetzung war weiterhin, den Hubschraubersport zu fördern, nichtmilitärische Besatzungen zur Teilnahme zu ermuntern sowie die nationalen F.A.I.-Schiedsrichter im Training zu halten und fortzubilden.

Nachdem es zunächst Schwierigkeiten mit dem Austragungsort gegeben hatte, für kleinere Flugplätze und Segelfluggelände im vorgesehenen Bereich gab es von behördlicher Seite keine Genehmigung zur Durchführung der Meisterschaft, und der Flugplatz Jesenwang seine Zusage wegen Proteste von Umweltschützern kurzfristig zurückzog, stellte die Stadt Weilheim ihre öffentlichen Sportanlagen zur Verfügung. Durch die Überlassung eines Sportplat-

zes als Veranstaltungsort konnte der HCD gezielt auf die Möglichkeit des Hubschraubers hinweisen, keine aufwendigen Start- und Landeeinrichtungen zu benötigen sowie von kleinsten Flächen aus zu operieren. Dies ist dem HCD auch voll gelungen, denn fast 30 Hubschrauber, die sich an den Wettbewerben und dem Rahmenprogramm beteiligten, operierten auf einer Fläche, die nicht viel größer als die von vier Fußballplätzen war.

Nach dem offiziellen Empfang der Teilnehmer und Ehrengäste aus Politik, Industrie und Wirtschaft sowie einer gelungenen »Welcome party« am Freitagabend, eröffnete Weilheims 2. Bürgermeister, Frau Hannelore Biener, am Samstagmorgen die Veranstaltung. Bei strahlendem Sonnenschein gingen 21 von 24 gemeldeten Mannschaften an den Start. Zu den Teilnehmern gehörten auch sechs Bundeswehrbesatzungen, die mit den Hubschraubermustern »Alouette II« (Heer) und Bell UH-1D (Luftwaffe) vertreten waren. Eine gemischte Besatzung, Pilot der US Army mit deutschem Co-Piloten, startete auf einer OH-58 »Kiowa« für die USA.

Die Mannschaften hatten in drei verschiedenen Wettbewerben ihr Können unter Beweis zu stellen.

- Zeitanflug mit Präzisionsaufgabe. Die Besatzungen müssen nach einem Dreiecksflug die Ziellinie sekundengenau überfliegen. Anschließend sind Aufgaben aus dem täglichen Einsatz der Hubschrauber-Piloten zu lösen. Es gilt, Versorgungsmaterial in einer Dachluke zu deponieren, eine Fertigkeit, die im Katastrophenfall eingeschlossenen Menschen helfen soll. Ferner ist eine Landung auf einer mit Hindernissen umgebenen Fläche vorgesehen, um einen Verletzten zu bergen. Entscheidend ist dabei, die Größe der für die Landung benötigten Fläche genau abschätzen zu können, um eine Beschädigung des Hubschraubers und damit eine Gefährdung der Bergung zu vermeiden.
- Slalom. Hier gilt es zu beweisen, daß die Besatzung als Team in der Lage ist, die Beweglichkeit des Hubschraubers zentimetergenau zu steuern. So mußte ein mit Wasser gefüllter Eimer durch eine Slalomstrecke geführt und anschließend möglichst in der Mitte eines runden Tisches abgesetzt werden. Dabei kommt es darauf an, daß möglichst wenig Flüssigkeit verschüttet wird.

- Navigationsflug. Bei diesem Wettbewerb müssen die Besatzungen einen vorgeplanten Flugweg exakt einhalten und dabei auf der Strecke ausgelegte Sichtzeichen und Bilder identifizieren. Die Ziellinie muß auf die Sekunde genau überflogen werden.

Absetzen des Wassereimers nach der Slalom-Strecke.

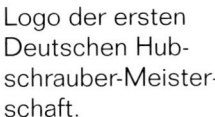

Logo der ersten Deutschen Hubschrauber-Meisterschaft.

Gewertet wurde auf der Basis einer Vorgabe von 500 Punkten pro Mannschaft für jede Aufgabe. Für jeden Fehler, jede Abweichung vom Optimum, wurden Strafpunkte vom Konto der betreffenden Mannschaft abgezogen. Einen lupenreinen Flug gab es nicht. Immerhin verfehlte die Mannschaft Lohse/Mosch vom HTG 64 in Ahlhorn, in der Gesamtwertung auf Platz acht, mit 499 Punkten bei der Navigationsaufgabe das Traumziel nur um Haaresbreite, konnte jedoch den Rückstand aus den vorangegangenen Wertungen nicht mehr aufholen. Einzelne Wertungs-Flüge mit mehr als 490 Punkten waren auch bei den übrigen Teilnehmern keine Seltenheit. Schwächen in den anderen Disziplinen machten jedoch manche Hoffnung auf den Gesamtsieg zunichte.

Der abschließende Navigationsflug brachte die Entscheidung, warf die bis dahin fast uneinholbar führende – zivile – Besatzung Weber/Verspohl aus Wassenach auf ihrer Hughes 500 auf den dritten Platz zurück. Das bis dahin an vierter Stelle liegende Luftwaffenteam Bär/Laubenthal vom HTG 64 in Ahlhorn konnte sich hierbei enorm steigern und siegte auf

einer Bell UH-1D mit drei Punkten Vorsprung vor den Heeresfliegern Hanses/Kochensperger auf einer »Alouette II«. Ganze 16 Wertungspunkte fehlten Weber/Verspohl schließlich zum Sieg.

Hans-Joachim Polte, Präsident des Helicopter Club, überreicht die Siegerurkunde im Junioren-Cup an das Team Schäfer/Zehm.

Der Deutsche Meister nahm einen bayerischen Löwen aus feinstem Nymphenburger Porzellan, gestiftet vom Ministerpräsidenten Dr. h. c. Franz Josef Strauß, als Siegpreis mit nach Ahlhorn. Nach seinem Sieg erklärte Hauptmann Bär: »Nicht nur das Wetter war gut, auch die Organisation und noch mehr die präzise Aufgabenstellung und die gerechte Bewertung seien besonders hervorzuheben.«

Der Helicopter Club Deutschland e.V. hat es sich zur Aufgabe gemacht, auch weniger erfahrene Hubschrauber-Besatzungen an die Fliegerei nach Wertung heranzuführen. Dazu wurden bei der Offenen Deutschen Hubschrauber-Meisterschaft 1987 neben der allgemeinen Klasse ein Junioren-Cup für Teilnehmer mit weniger als 200 Hubschrauberflugstunden durchgeführt. Mit einer hervorragenden Geschicklichkeitswertung sicherte sich die Besatzung Schäfer/Zehm den mit 136 Punkten Vorsprung überaus deutlichen Gesamtsieg vor der Crew Laczkovich/Seitz und dem Team Pfeifer/ Stromberg.

Die kleineren und leichteren Hubschrauber waren wegen ihrer Beweglichkeit besonders bei den Geschicklichkeitsübungen stark im Vorteil. Die Teilnehmer, so kritische Beobachter, demonstrierten einen guten Ausbildungsstand und zeigten sich auch den Belastungen eines Wettbewerbs gewachsen.

Neben dem fliegerischen Wettbewerb bot der Veran-

stalter den gut 40.000 Besuchern ein umfangreiches, attraktives Rahmen-Programm. Kaum weniger begeisternd als die Wettkampf-Flüge der »Großen« war die Demonstration der Modell-Hubschrauber, die der Deutsche Meister Wolfgang Simon steuerte. An beiden Wettkampftagen ernteten auch die Springer des Fallschirmsportrings CLUB 2000 aus Altenstadt, un-

Für Sammler und als erlesenes Geschenk hat der Helicopter Club Deutschland in einer streng limitierten Auflage von nur 1000 Stück die abgebildete Meisterschafts-Medaille in reinstem Silber aufgelegt. Die Vorderseite zeigt das von Helmut Mauch gestaltete Meisterschaftslogo. Auf der Rückseite ist das Logo mit der Umschrift des Helicopter Club Deutschland abgebildet. Am 28. Juli 1987 hat Herr Hans-Joachim Polte, Präsident des Helicopter Club Deutschland e. V., diese Medaille offiziell vorgestellt und das erste aus 1000/000 Silber geprägte Exemplar Herrn Dr. Johann Bauer, 1. Bürgermeister der Stadt Weilheim, überreicht.

Die Meisterschafts-Medaille 1987

ter ihnen der Deutsche Meister Michael Makosch, mit ihren Vorführungen stürmischen Beifall. An bürokratischen Hindernissen scheiterten dagegen einige der angekündigten Programmpunkte: Der Außenlasttransport mit Hubschraubern, der Start von Heißluft-Ballonen und eine Kunstflug-Vorführung mit Pitts Special wurden nicht genehmigt und mußten kurzfristig gestrichen werden.

Eine gelungene Ausstellung rundete die Veranstaltung ab. So gab es dort den US-Kampfhubschrauber »Cobra« zu bewundern, MTU stellte verschiedene Triebwerke aus, BMW und IVECO zeigten Fahrzeuge. Dazu kamen ein Foto-Hubschrauber, Fliegerbedarf, eine Kinderspielburg und eine über 80 Jahre alte Spindel-Presse, an der jeder Besucher die Meisterschafts-Medaille, die es auch in limitierter Auflage von 1000 Stück in reinstem Silber gab, in Zinn selbst ausprägen konnte.

Das Abendprogramm im großen Festzelt sorgte auch nach Sonnenuntergang für gute Stimmung. Gekonnt und salopp interviewte die Sprecherin des Bayerischen Fernsehens, Uschi Dämmrich von Lut-

Die Deutschen Meister 1987 Bär/Laubenthal mit Weilheims 2. Bürgermeister Frau Biener bei der Siegerehrung.

titz, den amtierenden Freestyle-Weltmeister im Hub-
schrauberkunstflug, Hermann Fuchs aus Bückeburg.
Showeinlagen, unter ihnen die Welt- und Vize-Welt-
meister im Rock n'Roll, sorgten für weitere Stimmung. Den Abschluß eines Wochenendes, das als
gelungene Werbung für den Hubschraubersport angesehen werden kann, bildete ein farbenprächtiges
Feuerwerk.

In Weilheim konnte vor allem der Öffentlichkeit demonstriert werden, wie vielseitig Drehflügler sind. Die
vom Veranstalter angebotenen Rundflüge waren an
allen Tagen völlig ausgelastet. Die Besucher hatten
die Möglichkeit, auch einmal ins Cockpit der Hubschrauber zu schauen. Obwohl sich einige Teams aus
Kostengründen jeweils einen Hubschrauber teilten,
gab es dabei genügend Auswahl. Vom Robinson R22
über »Alouette II«, »Long-« und »Jet Ranger«, Hughes 500 bis zur UH-1D und BK 117 reichte die Ty-
penpalette.

Da das Freestyle-Programm Ende 1986 durch das
BMVg eingestellt wurde, mußte auf dieses Vorführ-
und Wettkampfprogramm verzichtet werden.

Logo der Hubschrau-
bermeisterschaft 1988
in Celle.

Offene Deutsche Hubschrauber-
meisterschaften 1988

Ursprünglich wollte der Helicopter Club Deutschland
e.V. die deutschen Meisterschaften alle zwei Jahre
ausrichten. Da jedoch die nächste Hubschrauber-
Weltmeisterschaft für 1989 vorgesehen war und für
eine Qualifikation die erste deutsche Meisterschaft
als bisher einzige Qualifikation nicht ausreichend erschien, entschloß sich der
Vorstand des HCD, auch
1988 eine Hubschrauber-
meisterschaft auszurich-
ten. Um Mitgliedern und
Teilnehmern gerecht zu
werden, wurde als Austra-
gungsort diesmal ein Ort
im nördlichen Bereich
Deutschlands gesucht. Ein
Jahr zuvor hatte man Un-
terstützung der Luftwaffe
aus Penzing erhalten, und
so rechnete man für die-
se Meisterschaft mit der
Unterstützung der Hee-

resflieger und wählte Celle
als Austragungsort.

Als Schirmherr der Deut-
schen Hubschraubermeisterschaft, die vom 12. bis
14. August 1988 auf dem Verkehrslandeplatz Celle-
Arloh durchgeführt wurde, konnte der niedersächsische Minister für Wirtschaft, Technologie und Verkehr Hirche gewonnen werden.

Zum Wettkampf traten 16 Mannschaften an, davon
sechs in der Juniorenklasse. Da zu diesem Zeitpunkt
eine Teilnahme der Bundeswehr an Veranstaltungen

Die Deutschen Meister 1988
Weber/Verspohl bei der Siegerehrung.

dieser Art untersagt war, waren in Celle nur zwei militärische Mannschaften aus Großbritannien mit einer »Lynx« und einer »Gazelle« vertreten. So konnten die Vorjahressieger Alfred Bär und Winfried Laubenthal ihren Titel nicht verteidigen. Privat nahmen sie jedoch an der Meisterschaft teil – Bär als Schiedsrichter und Laubenthal als Co-Pilot auf einer Robinson R22.

Die Aufgabenstellung entsprach der des Vorjahres und verlangte wieder drei Wertungsläufe. Es waren wieder unterschiedliche Hubschraubertypen von der Hughes 300, Bell 47-G3, Enstrom 280 C bis zur »Alouette II« Astazou vertreten. Um allen Besatzungen die gleichen Chancen einzuräumen, wurde die Wettbewerbsgeschwindigkeit auf 70 kts festgelegt, die Bell 47 G-3 flog mit 50 kts und fünf Minuten Zeitzugabe. Nach der »Rettungsaufgabe« konnte der Co-Pilot in einer Geschicklichkeitsaufgabe, bei der er den Hubschrauber verlassen mußte, Sonderpunkte holen. Hubert Gesang und Wilfried Rhenes konnten sich mit ihrem »Jet Ranger« nach dem ersten Durchgang mit 498 Punkten den ersten Platz sichern. Nach dem zweiten Durchgang schob sich mit 477 Punkten die »Alouette II«-Besatzung Haardt/Roos an die Spitze, dicht dahinter Dr. Christine Bauer und Wolfgang Meinhardt, ebenfalls auf einer »Alouette II«.

Der dritte Durchgang mußte die Entscheidung bringen. In zehnminütigem Abstand starteten die Hubschrauber zu dem 75 km langen Navigationsflug, auf dem wieder verschiedene Zusatzaufgaben erfüllt werden mußten. Das Team Uwe Weber und Franz-Josef Verspohl, die ein Jahr zuvor als Spitzenreiter zum dritten Durchgang gestartet waren, jedoch durch Verpassen eines Wendepunktes auf den dritten Platz in der Gesamtwertung zurückfielen, wollten es diesmal besser machen. Mit ihrer Hughes 500 beendeten sie ohne Punktabzug die letzte Wertungsprüfung und holten sich damit den Titel Deutscher Meister 1988.

In der Juniorenwertung setzten sich das bewährte Siegerteam von Weilheim, Kurt Schäfer und Rüdiger Zehm, der als Bundeswehrpilot SAR-Hubschrauber beim LTG 61 in Penzing fliegt, erneut an die Spitze. Beachtlich ist der dritte Platz von Dagmar Kinne, die ihre Hubschrauberlizenz 1987 in den USA erworben hatte und erst im Mai 1988 die deutsche Lizenz bekam. Seither flog sie 90 Stunden auf der R22.

Zum Rahmenprogramm gehörten wieder SAR-Vorführungen, Kunstflug mit einer russischen Jakowlew Jak 50 und Ultralights sowie Hubschrauberrundflüge. Die erneut vergebene, weder gesponserte noch vom Club bezahlte Zinnmedaille, die es in limitierter Auflage auch in Silber gab, konnte an einer Spindelpresse wieder selbst geprägt werden. Auch das Abendprogramm war gespickt mit Highlights, angefangen bei einer Jazz-Dance-Gruppe über eine Damenband bis hin zum Rock n'Roll-Konzert der Spider Murphy Gang.

Sportlich gesehen war auch diese Meisterschaft als gelungen zu bezeichnen, jedoch mußten sich die Akteure mit nur ca. 3000 Besuchern zufriedengeben. Auch hätte es dem Veranstalter gutgetan, wenn einige Sponsoren ihre zugesagten Beiträge erbracht hätten. Die Vorbereitungen des Veranstalters – ohne Unterstützung der am Ort ansässigen Heeresflieger – hätten sicherlich ein Vielfaches an Zuschauern verkraftet, jedoch war das Zuschauerinteresse an allen Tagen sehr gering.

Offene Deutsche Hubschraubermeisterschaften 1990

Vom 30. Mai bis zum 2. Juni 1990 fanden unter dem Namen »German Rotor Classics« die Offenen Deutschen Hubschraubermeisterschaften im Rahmen der Koblenzer Hubschraubertage statt. Austragungsort war der Flugplatz Koblenz-Winningen.

Gemeldet hatten 13 Besatzungen, darunter drei aus England und eine »Sycamore« aus der Schweiz. Die drei britischen und eine deutsche Besatzung hatten bereits auf dem Flug zum Wettbewerbsort technische Probleme, die eine Teilnahme am Wettbewerb verhinderten. Bei der deutsch-deutschen Crew Wurmbach/Mader war der Co-Pilot Angehöriger der Interflug aus der ehemaligen DDR. Auf einer Robinson R22 landete dieses Team in der Gesamtwertung auf Rang fünf. Auch bei der Besatzung Detlef Weber/Günther Krönert auf einer Hughes 300 kam der Co-Pilot von der Interflug. Es standen auch sechs Soldaten einer Hubschraubereinheit der NVA als Hilfsschiedsrichter zur Verfügung, die sehr schnell in die Schiedsrichtergruppe integriert wurden.

Der Oldtimer »Sycamore«, Baujahr 1958, kam aus der Schweiz und wurde vom ältesten Teilnehmer dieser Meisterschaft, Alfred Winderlich, geflogen. Der 64jährige ist der einzige »Sycamore«-Fluglehrer Europas. Er war einer der Piloten, die 1957 die »Sycamore« für die Luftwaffe nach Deutschland überführten.

Die Aufgabenstellung entsprach der der beiden vorausgegangenen deutschen Hubschraubermeisterschaften. Diesmal hatte man jedoch den Navigationsflug vorgezogen und den publikumswirksamen Slalom-Wettbewerb auf den letzten Veranstaltungstag verlegt. Der Navigationsflug führte über eine Strecke von ca. 135 km, auf der wieder ausgelegte Zeichen zu suchen und Geländeformationen nach Luftbildern abzusuchen waren. Die Strecke war teilweise durch Koordinaten vorgegeben und teilweise bereits in die Karte eingetragen. Bei Erkennen eines bestimmten Luftbildes mußte der Kurs geändert werden. Wurde dieser Wendepunkt nicht gefunden, so konnten auch einige Folgeaufgaben nicht gelöst werden. Bei diesem Wettbewerb kam eine Maschine mit ca. 20 Minuten Verspätung zurück bei einer kalkulierten Flugzeit von 45 Minuten.

Die Sieger der ersten Hubschraubermeisterschaft Alfred Bär und Winfried Laubenthal waren diesmal wieder als Teilnehmer dabei. Da die Teilnahme der Bundeswehr weiterhin nicht genehmigt war, gingen sie mit einer Schweizer 300 D in den Wettkampf und absolvierten den Zeitanflug mit Präzisionsaufgabe ohne Punktabzug. Nachdem sie auch am letzten Tag im Slalom-Parcours 499 von 500 möglichen Punkten erreichten, sicherten sie sich vor den Vorjahressiegern Uwe Weber und Franz-J. Verspohl den Titel.

Bei den Junioren mit geringer Flugstundenzahl wurden leicht modifizierte Aufgaben geflogen und getrennt gewertet. Der zweimalige Gewinner des »Junioren-Cup«, Kurt Schäfer, diesmal mit einem neuen Co-Piloten im Wettkampf, wurde von dem Team Held/Overbeck auf den zweiten Platz verdrängt.

Das Interesse an dieser Meisterschaft war sehr gering, und der Veranstalter hätte ein Vielfaches der Zuschauer verkraftet.

Offene Deutsche Hubschraubermeisterschaften 1991

Diese Meisterschaft sollte eigentlich in Verbindung mit der Montgolfiade in Münster/Osnabrück durchgeführt werden. Wenige Wochen vor dem Termin kam jedoch das Aus, denn auch hier haben kommerzielle Interessen Vorrang. Über die Durchführung der Meisterschaft in den neuen Bundesländern hatte man bereits im vergangenen Jahr nachgedacht. Durch die Absage aus Münster waren die Flugplätze der ehemaligen DDR wieder aktuell. Nach kurzer Überlegung entschloß man sich für den Platz Schönhagen bei Berlin als Veranstaltungsort. Die einstige Reichssegelflugschule Schönhagen-Trebbin war zu DDR-Zeiten die größte vormilitärische Flugschule. Auch wenn die Einrichtungen nicht dem gewohnten Standard entsprachen, so standen immerhin genügend Unterkünfte zur Verfügung, und man wagte sich an die Ausrichtung der vierten Offenen Deutschen Hubschraubermeisterschaft heran. Als Termin wählte man das Pfingstwochenende 1991.

Der Freitag begann mit dem ersten Wettbewerb »Zeitanflug mit Präzisionsaufgabe«. Der Ablauf entsprach wieder dem der vorangegangenen Meister-

schaften. Die Vizemeister des vergangenen Jahres Weber/Verspohl legten nach diesem ersten Wettbewerb Protest ein. Als dieser abgelehnt wurde, brachen sie den Wettbewerb ab und flogen nach Hause. Das Team Hanses/Skopnik, die einzige Bundeswehrbesatzung, beendete den ersten Durchgang ohne Punkteabzug, dicht gefolgt von den Titelverteidigern Bär/Laubenthal mit nur einem Punkt Rückstand. Nach dem Navigationsflug am nächsten Tag lagen diese beiden Teams punktgleich auf dem ersten Platz. Am Pfingstsonntag stand der entscheidende dritte Wettbewerb »Slalom« auf dem Programm. Nach Abschluß dieses Durchgangs zeigte sich, daß die Mannschaft Hanses/Skopnik der Heeresflieger aus Fritzlar die besseren Nerven und vielleicht auch mehr Glück hatte, denn mit 498 Punkten gegenüber 489 Punkten ihrer Konkurrenten sicherten sie sich den ersten Platz in der Gesamtwertung und wurden Deutsche Meister 1991.

Diese Veranstaltung, ohne großes Rahmenprogramm, hatte gegenüber dem Vorjahr nicht nur mehr Teilnehmer (23 Besatzungen, davon 15 Junioren-Teams), sondern auch mehr Zuschauer. Sicherlich lag das auch am Austragungsort und dem Reiz der über 20 Hubschrauber, darunter auch ein Eigenbau-Modell Rotor Way Ex. aus westlicher Produktion.

Offene Deutsche Hubschraubermeisterschaften 1993

Der Flugplatz Schönhagen wurde nach der DM 1991 nun zum zweiten Mal für die Ausrichtung der Meisterschaft genutzt. Von 30 gemeldeten Besatzungen haben 28 am Wettbewerb teilgenommen, von denen 18 in die Junioren-Wertung fielen – also noch weniger als 250 Hubschrauber-Flugstunden hatten. Unter den Teilnehmern fand sich auch eine Bundeswehr-Besatzung mit einer BO 105, eine weitere Bundeswehr-Besatzung nahm auf privater Basis teil, die am Ende den ersten Platz in der Seniorenwertung belegte. Am ersten Tag stand der Navigationsflug auf dem Wettbewerbsprogramm.

Der Wettbewerb Zeitanflug mit Rettungsübung mußte am nächsten Tag absolviert werden. Zu fliegen war ein Dreieck von 13 Minuten. Unterwegs mußten zwei Sandsäcke in Kreise von fünf Meter Durchmesser abgeworfen werden. Im Anschluß daran war ein Rechteck von zwei Minuten Dauer zu fliegen, und eine Flasche, an einem sieben Meter langen Seil, mußte in eine Dachluke abgelassen werden. Elf Besatzungen fanden die Abwurfkreise nicht und brachten die Sandsäcke zurück.

Am letzten Tag, dem Pfingstmontag, wurde der publikumswirksame Slalom-Wettbewerb durchgeführt. Hierbei muß ein mit Wasser gefüllter Eimer an einem sechs Meter langen Seil durch ein Meter breite Tore geführt und anschließend auf einem runden Tisch im Zentrum abgesetzt werden. Keine der Besatzungen konnte einen Wettbewerb ohne Strafpunkte beenden. Mit 1476 Punkten in der Seniorenwertung siegten Alfred Bär und Winfried Laubenthal auf einer Hughes 300 vor der Bundeswehr-Crew Rainer Wilke und Ralph Göbel, die mit ihrer BO 105 1450 Punkte erreichten. Bei den Junioren siegten Holger Hoven und Knut Wagner auf einer Bell 206 B mit 1422 Punkten vor Antonio de Laczkovich und Michael Schauff auf einer Hughes 300 mit 1416 Punkten.

Erstmals hatte ein Hersteller von Elektrohaushaltsgeräten für die Erstplazierten Sachpreise zur Verfügung gestellt. Die Sieger in der Seniorenwertung erhielten einen Geschirrspüler, die Junioren-Sieger einen Öko-Kühlschrank.

Offene Deutsche Hubschraubermeisterschaften 1995

Vom 1. bis 4. Juni 1995 fanden auf dem Flugplatz Diepholz die Offenen Deutschen Hubschraubermeisterschaften statt. Der Austragungsmodus entsprach den vorausgegangenen Meisterschaften. Deutsche Meister 1995 wurden Alfred Bär und Winfried Laubenthal.

Offene Deutsche Hubschraubermeisterschaften 1997

Vom 15. bis 18. Mai fanden auf dem Flugplatz Mainbullau, in der Nähe von Miltenberg am Main, die Offenen Deutschen Hubschraubermeisterschaften 1997 statt. Der Ablauf war wie gewohnt aufgeteilt in die Wettbewerbe Navigation, Zeitanflug mit den zu lösenden Aufgaben, Slalom. Um im Navigationsteil weitgehend die GPS-Navigation auszuschalten, wurde eine Karte ohne Angabe der Koordinaten mit bereits eingezeichnetem Kurs an die Besatzungen ausgegeben. In zwei Satellitenbilder, die dem Bereich der Karte entsprachen, mußten u. a. auf dem Kurs zu erkennende Zeichen eingetragen werden. Bei dieser Prüfung schnitten auch einige der noch nicht so erfahrenen Besatzungen recht gut ab.

Am zweiten Tag mußte der Wettbewerb wegen eines heraufziehenden Gewitters unterbrochen werden. Die Entscheidung mußte also wieder am letzten Tag im Slalom fallen.

Sieger bei den Junioren wurde Petra Olthoff mit ihrem Vater Volker Grasberger als Co-Pilot. Den ersten Platz bei den Senioren belegte die Besatzung Holger Hoven und Michael Schauff. Die Siegerehrung fand am Abend auf einem Schiff auf dem Main statt.

Offene Deutsche Hubschraubermeisterschaften 1998

Die Offenen Deutschen Hubschraubermeisterschaften 1998 fanden vom 20. bis 23. August in Nördlingen/Ries statt. Insgesamt 52 Besatzungen – so viele wie nie zuvor – waren gemeldet, darunter vier Mannschaften aus Rußland mit der Mil Mi-2, vier Besatzungen, davon zwei Militärteams, aus Österreich sowie jeweils zwei Besatzungen aus England und Frankreich. Erstmals nach sieben Jahren war auch wieder die Bundeswehr mit zwei Heeresflieger-Besatzungen auf BO 105 und einer Luftwaffen-Crew auf einer Bell UH-1D dabei. Nach drei Melde-Rücknahmen gingen 27 Teams bei den Senioren an den Start. Schon am ersten Wettkampftag machten starke Regenschauer den Besatzungen zu schaffen, und als der Wind bis zu 30 kts zunahm, wurde nicht nur der bevorstehende Hover-Wettbewerb abgesagt, sondern auch der Navigations-Wettbewerb abgebrochen und alle bis dahin geflogenen Ergebnisse gestrichen. Am nächsten Tag stand bei weiterhin schlechtem Wetter der Timed Arrival auf dem Programm. Die amtierenden russischen Weltmeister Derbassov/Kormjagin erreichten hierbei 199 von 200 möglichen Punkten. Die Heeresflieger Hanses/Kaminski kamen nur auf 156 Punkte. Am dritten Wettkampftag wurden Slalom und Hoverparcours absolviert. Es lag wohl am Wind, denn im Slalom blieb keine Besatzung fehlerfrei. 199 Punkte holten hier die Russen Poletaev/Frotov. Im Hoverparcours holten die Weltmeisterinnen von 1994 Stekolnikova/Korneva 200 Punkte, mit 594 Gesamtpunkten belegten sie am Ende den ersten Platz. Die vier russischen Mannschaften belegten insgesamt die ersten vier Plätze, gefolgt von zwei Teams aus Österreich. Das beste deutsche Team und damit neuer Deutscher Hubschraubermeister wurden Günter Zimmer und Co-Pilot Lothar Oehler auf Platz 7 mit 481 Punkten. Sie erhielten als Deutsche Meister je einen Fliegerchronographen Tutima F2 als Siegerpreis. Seit 1995 unterstützt die Tutima Uhrenfabrik die Deutschen Hubschraubermeisterschaften.

Bei den Junioren traten insgesamt 24 Mannschaften an, darunter jeweils ein Team aus Frankreich und aus Österreich. Auch hier lag am Ende keine deutsche Mannschaft auf Platz eins, sondern das Team François-Xavier Trajin mit Philipe Goosens auf einer R 22 aus Frankreich, gefolgt von dem besten deutschen Team Rüdiger W. Klaschka und Jens Kopelke.

Diese Deutschen Meisterschaften waren die Generalpobe für die Hubschrauber-Weltmeisterschaft 1999, die in Deutschland durchgeführt wurde.

Offene Deutsche Hubschraubermeisterschaften 2000

Vom 25. bis 27. August wurde die Offene Deutsche Hubschraubermeisterschaft 2000 auf dem von der russischen Armee einst genutzten Flugplatz Eisenach-Kindel durchgeführt. Auf dem stillgelegten Truppenübungsgelände nördlich von Eisenach trafen sich die 21 Hubschrauberbesatzungen, darunter auch Teilnehmer aus Österreich und Japan. An Hubschraubermustern waren Hughes 300C, Robinson R22, Bell 47 G, Hughes 500 und zwei Bundeswehr-BO 105 vertreten.

Am ersten Tag setzte sich das österreichische Team Mennel/Mennel vor das deutsche Team Hoven/Schauff. Bei dem Navigationsflug mit den bekannten Sonderaufgaben schnitt dieses deutsche Team am nächsten Tag auch am besten ab. Am letzten Tag absolvierte das österreichische Team den Hoverparcours in Bestleistung. So mußte der abschließende Slalomwettbewerb die Entscheidung bringen.

Gesamtsieger und damit Deutscher Meister 2000 wurde das Team Holger Hoven/Michael Schauff, die schon 1995 die Offenen Deutschen Hubschraubermeisterschaften gewonnen hatten. Mit ihrer Hughes 300C erreichten sie 1150 Punkte. Heinz Schäfer und Peter Schmidt, die mit 1046 Punkten den zweiten Platz belegten, waren erst im Juni Teilnehmer an der Offenen Spanischen Hubschraubermeisterschaft, die sie dort als Sieger beendeten. Die Österreicher Peter und Martina Mennel landeten auf dem 5. Platz.

Hubschrauberweltmeisterschaften

Flugzeuge sind nicht nur Verkehrsmittel, sie dienen auch den vielen Sportfliegern als »Sportgerät«.

Daß Hubschrauber heute noch nicht so weitgehend als Sportgerät eingesetzt werden wie beispielsweise Segelflugzeuge, liegt daran, daß der Hubschrauber noch zu teuer ist. Trotzdem fand im September 1971 die erste Hubschrauberweltmeisterschaft in Deutschland, nämlich in Bückeburg, statt. Wie kam es dazu?

1959 schlug die Sowjetunion dem Internationalen Helicopter Komitee der FAI (Federation Aeronautique Internationale) in Paris vor, eine Meisterschaft der acht Sowjetrepubliken zu verwirklichen. Daraufhin begann das Hubschrauberkomitee der FAI, eine Weltmeisterschaft zu planen. Die Sowjetunion reichte 1960 ein Schreiben bei der FAI ein, womit diese aufgefordert wurde, die 1. Hubschrauberweltmeisterschaft zu organisieren. Sollte dies nicht innerhalb von fünf Jahren geschehen, würde die Sowjetunion von sich aus den Antrag stellen, diese in Moskau durchzuführen.

Daraufhin hatte sich die FAI hilfesuchend an alle Aero Clubs gewandt. Der Deutsche Aero Club, einer der größten, zeigte Interesse, und so kamen die Unterlagen auf den Tisch von Wilhelm Sachsenberg. Für Hubschrauber zuständig war der inzwischen verstorbene Walter Just. Da der jedoch reiner Wissenschaftler war, das praktische Fliegen war nicht sein Metier, wurde Otto Rietdorf mit dieser Aufgabe betraut.

Dieser hatte inzwischen auch Kenntnis von den russischen Vorschlägen für die Wettbewerbsaufgaben erhalten, die alle theoretisch und zum Teil sogar gefährlich waren und dem Fachmann zu erkennen gaben, daß sie noch nie geflogen worden waren.

Otto Rietdorf suchte sich nun einige erfahrene Leute, die zum größten Teil aus dem militärischen Bereich stammten. Die Heeresflieger verfügten bereits über gute Erfahrung auf Grund der früher durchgeführten Heeresflieger-Sternflüge, die zwar auf Belange der Streitkräfte und des Bundesgrenzschutzes abgestimmt waren, aber gute Anregungen lieferten. Auch Werner Noltemeyer, Kurator des Hubschraubermuseums Bückeburg, gehörte diesem Kreis an.

Man begann damit, die Aufgaben etwas nüchterner neu zusammenzustellen. Mit diesen neu verfaßten Aufgaben und Regeln veranstaltete der Deutsche Aero Club drei nationale Meisterschaften.

1961 wurde die erste nationale Meisterschaft in Koblenz durchgeführt, an der 30 Besatzungen, davon stellte etwa zwei Drittel die Bundeswehr, teilnahmen.

Es folgten einige Jahre später eine nationale Meisterschaft in Rendsburg und später eine weitere in Offenburg. Die dabei gesammelten Erfahrungen wurden der FAI in Paris mitgeteilt.

Die während dieser nationalen Meisterschaften gefundenen Formen wurden die Grundlage für die einzelnen Wettbewerbsbedingungen der ersten Hubschrauber-Weltmeisterschaft. So wurde von Otto Rietdorf und seiner Crew unter anderem der Slalom und der Freestyle eingebracht.

Da der Hubschrauber auch als Rettungsgerät Verwendung findet, lag es nahe, dies der Öffentlichkeit im Rahmen einer Luftsportveranstaltung zu demonstrieren. So war es nicht weiter verwunderlich, daß eine Rettungsaufgabe als eine der Wettbewerbsbedingungen der Hubschrauber-Weltmeisterschaften schon frühzeitig Eingang fand und ihre feste Form gefunden hat.

Inzwischen wurde Otto Rietdorf in das Hubschrauber-Komitee der FAI gewählt und auf Vorschlag des russischen FAI-Präsidenten zum Nachfolger des erkrankten russischen Vizepräsidenten der FAI ernannt. Nachdem keine andere Nation Hubschrauberwettbewerbe dieser Art durchgeführt hatte, erhielt im Frühjahr 1971 der Deutsche Aeroclub in Frankfurt von der FAI den Auftrag, eine WM der Hubschrauber auszurichten. Man wandte sich sofort an das Zentrum der deutschen Hubschrauberfliegerei in Bückeburg, wo die Vorbereitungen zum 9. Internationalen Hubschrauberforum liefen. Dort befaßte sich nun Otto Rietdorf und seine Wettbewerbsleitung mit der Ausgestaltung der 1. Hubschrauber-Weltmeisterschaft.

Vom 16. bis 19. September 1971 kämpften mehr als 12 Nationen in Bückeburg um die Titel. Die Schirmherrschaft hatte der Bundesminister des Inneren, Hans-Dietrich Genscher, übernommen. Monsieur Joel le Theule, Ancien President de la Commission de la Defense de l'Assemblee Nationale, hob in seinem Grußwort die universelle Einsatzmöglichkeit des Hubschraubers im zivilen und militärischen Bereich hervor. Mister Ralph P. Alex war Jury-Vorsitzender.

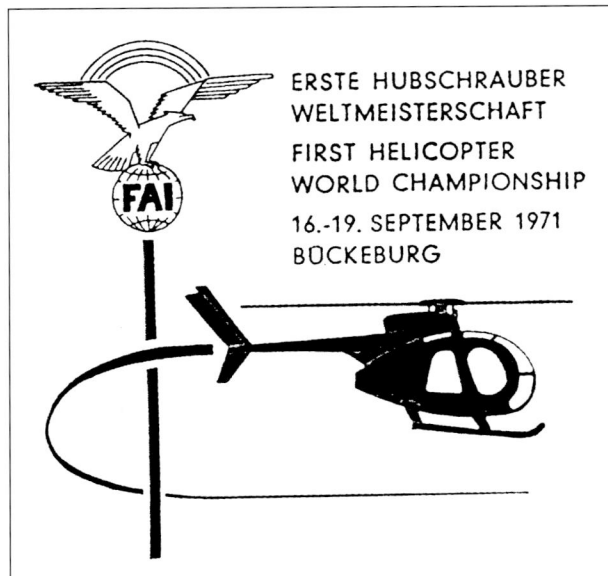

Logo: Erste Hubschrauber-Weltmeisterschaft in Bückeburg

Rückblickend hatte die 1. Hubschrauber-WM die brillanteste Besetzung. Die Teilnehmer kamen aus den USA, England, Kanada, Österreich, Luxemburg, Kolumbien, Brasilien, Belgien, Holland, Polen, Frankreich, Finnland, Tunesien und der BRD. Die ebenfalls vertretenen Damenbesatzungen kamen aus den USA, England, Kanada, Kolumbien, Belgien und der BRD. Etwa 20% aller Besatzungen hatten gemischtnationalen Charakter. Man war erstaunt über den hohen Prozentsatz der beteiligten Damen, allen voran die Seniorin der Hubschrauberfliegerei, Flugkapitän Hanna Reitsch. Drei Piloten der Freiwilligen Feuerwehr aus Peine und Wolfenbüttel vertraten den Feuerwehrfliegerdienst Niedersachsen mit einer »Sycamore«.

Als Zweck des Wettbewerbs war zu lesen:
Die ersten Hubschrauberweltmeisterschaften haben die Aufgabe, das Hubschrauberfliegen sowie den Nachwuchs zu fördern, den ersten Hubschrauberweltmeister zu ermitteln und den Hubschrauber zu popularisieren.
Für die Durchführung galten folgende Punkte:

1. Art des Wettbewerbs:
Der Wettbewerb ist international und wird nach Sichtflugregeln (VFR) geflogen.
Die Durchführung richtet sich nach den Bestimmungen der FAI, insbesondere denen des Code Sportif. Der Wettbewerb besteht aus:
1. einem Pünktlichkeitsanflug,
2. drei Aufgaben aus dem praktischen Hubschrauberbetrieb,
3. einem Überlandflug mit Sonderaufgaben.
Der Wettbewerb muß von der Mindestbesatzung des jeweiligen Hubschraubermusters geflogen werden.

Mindestens jedoch muß jeder Hubschrauber zwei Mann Besatzung haben. Einsitzige Hubschrauber können am Wettbewerb nicht teilnehmen.

2. Teilnehmer:
Teilnahmeberechtigt ist jeder Berufs-, Privat- und Militär-Hubschrauberpilot. Die Piloten müssen im Besitz einer für das Jahr 1971 gültigen Sportlizenz sein.

4. Hubschrauber:
Die Hubschrauber müssen:
a) in ihrem jeweiligen Heimatland nach den dort herrschenden gesetzlichen Bestimmungen zum Verkehr zugelassen,
b) haftpflichtversichert,
c) mit einem betriebsklaren Funksprechgerät mit den Frequenzen 118–136 MHz ausgerüstet und
d) mit der Normalausrüstung ausgestattet sein.
Der Ausbau einzelner, für den Wettbewerb nicht benötigter Teile und Ausrüstungsgegenstände ist nicht gestattet. Die vorstehenden Bedingungen werden am Austragungsort des Wettbewerbs nach der Landung vom Pünktlichkeitsanflug von der technischen Kommission überprüft.

10. Wettbewerbssprache:
Die Wettbewerbssprache ist Deutsch. Die Flugsicherungssprache ist Englisch. Die Wetterberatung erfolgt in Englisch und Deutsch.

11. Begleitpersonal:
Es wird jeder Besatzung freigestellt, Begleitpersonal mitzubringen. Zum Begleitpersonal rechnen: Mannschaftsführer, Dolmetscher, technisches Personal usw. Begleitpersonal ist mit der Nennung zu melden. Das Begleitpersonal dient zur Unterstützung des Teilnehmers und nimmt am Wettbewerb aktiv nicht teil.

12. Zeiten:
Alle Zeitangaben im Wettbewerb sind Lokalzeiten. Maßgebend für den Uhrenvergleich ist die deutsche Telefonzeit.

13. Ortsangaben:
Alle Ortsangaben im Wettbewerb erfolgen nach GEOREF in UTM-Gitter-Zahlen, und zwar sechsstellig. Kartenmaterial wird zur Verfügung gestellt.

14. Autopilot:
Die Benutzung von Autopiloten ist nicht gestattet.

16. Verstöße:
Verstöße gegen die Flugsicherheit werden in schweren Fällen mit Strafpunkten belegt oder führen zum Ausschluß.
(Auszugsweise aus dem Programm der 1. Hubschrauberweltmeisterschaft)

Der Wettbewerb bestand aus fünf Aufgaben:

1. Wettbewerbsaufgabe: Pünktlichkeitsanflug

Jeder Teilnehmer erhält auf seiner Nennungsbestätigung eine Ankunftszeit (Lokalzeit, nicht GMT) zugeteilt, zu der er am 16. September 1971 auf dem Flugplatz Bückeburg das Zielband überfliegen soll. Der Start zum Zielanflug nach Bückeburg muß von einem Flughafen oder Landeplatz erfolgen, der mindestens 30 km Luftlinie von Bückeburg entfernt ist. Genaue Einzelheiten werden mit der Nennungsbestätigung den Teilnehmern übersandt, z.B. Lage des Zielbandes und Überflugpunkte. Der Zielanflug muß im Endanflug (1 nautische Meile) geradlinig erfolgen. Kurven und stationärer Schwebeflug sind nicht gestattet.

2. Wettbewerbsaufgabe: Hubschrauberslalom

Die zweite Wettbewerbsaufgabe ist ein Geschicklichkeitsflug und wird in der Form eines Hubschrauberslaloms durchgeführt.

Auf dem Wettbewerbsfeld, das die Größe von ungefähr fünf Fußballplätzen hat, befinden sich mindestens zehn Slalomtore, die aus je zwei Stangen bestehen, die ca. zwei Meter hoch sind und ungefähr einen Meter voneinander entfernt stehen.

Nach dem Start überfliegt der Hubschrauber die Startlinie. Hier beginnt die Zeitwertung.

Der Copilot führt das Slalomgeschirr in seinen Händen. Das Slalomgeschirr besteht aus einer Leine mit einem 5 kg schweren Beutel an einem Ende. Dieses Slalomgeschirr muß in der richtigen Reihenfolge durch die Slalomgasse so geführt werden, daß der Beutel deutlich sichtbar durch das Tor geführt wird.

Strafpunkte werden erteilt für eine falsche Reihenfolge oder wenn ein Tor ausgelassen wird.

Nachdem die Slalomgasse passiert ist, fliegt der Hubschrauber über die Ziellinie. Hier erlischt die Zeitwertung.

Es werden zwei Durchgänge geflogen.

3. Wettbewerbsaufgabe: Rettungsaufgabe

Die dritte Wettbewerbsaufgabe ist eine simulierte Rettungsaufgabe. Auf dem Wettbewerbsfeld ist ein Rettungsgebiet von 50 x 50 Metern abgesteckt. In der Mitte dieses Rettungsgebietes befindet sich ein simuliertes, schräges Dach mit der Dachfensteröffnung von 40 x 40 cm.

Die Aufgabe der Hubschrauberbesatzung ist es, medizinische Ausrüstung in dieses Dachfenster hineinzubringen, wobei angenommen wird, daß dieses Haus in einem Hochwassergebiet steht und der Zugang abgeschnitten ist. Es wird weiterhin angenommen, daß Fernsehantennen mit einer Länge von acht Metern ein niedriges Fliegen über dem Dachfenster verhindern.

Um die Rettungsaufgabe zu simulieren, hat der Copilot ein Rettungsgeschirr, das aus einer 12 Meter langen Leine besteht, die an einem Ende einen Beutel von fünf Kilogramm Gewicht trägt. An der 8-Meter-Marke dieser Leine befindet sich eine rote Flagge. Nach dem Erreichen des Rettungsgebietes muß der Hubschrauber stets so hoch fliegen, daß die rote Flagge immer unterhalb der Kufen oder des Fahrwerks des Hubschraubers verbleibt.

Nach dem Start überfliegt der Hubschrauber die Startlinie. Hier beginnt die Zeitwertung. Der Hubschrauber fliegt dann zum Rettungsgebiet in etwa 150 bis 200 Meter Entfernung, der Copilot läßt das Rettungsgeschirr heraus. Der Hubschrauber schwebt über dem Dachfenster, und der Copilot bringt das Rettungsgeschirr in das Fenster. Ist das Rettungsgeschirr (der Beutel) sicher im Fenster, läßt er die Leine fallen. Der Hubschrauber

Eine »Alouette II« beim Durchfliegen der Slalomstrecke der 1. Hubschrauberweltmeisterschaft. Der Co-Pilot muß das an einem Seil hängende Gewicht durch die aufgestellten Tore schwingen.

fliegt anschließend über die Ziellinie. Hier erlischt die Zeitwertung.

Es werden zwei Durchgänge geflogen.

4. Wettbewerbsaufgabe: Überlandflug

Die Hubschrauberbesatzung hat auf einem Überlandflug praktische Aufgaben durchzuführen, z.B. Pünktlichkeitsanflug, Zielanflug usw. Nach der Ankunft in Bückeburg erhält jede Besatzung die gleichen Karten von den Gebieten, in denen sich der Überlandflug abspielt.

Der internationale Beirat entscheidet nach Vorschlag der Wettbewerbsleitung über die endgültige Fassung des Überlandfluges und die Aufgaben. Die Aufgaben werden jeder Besatzung eine Stunde vor ihrem Start übergeben.

5. Wettbewerbsaufgabe: Stilwertung

Jede Hubschrauberbesatzung fliegt dasselbe Programm, vorwiegend im Schwebeflug. In Frage kommen das Abschweben eines Rechteckes, Drehen am Ort, Schwebeflug entlang einer Linie bei gleichzeitigem Drehen um die Hochachse usw.

Erste Hubschrauber-Weltmeisterschaft 16. 9.1971–19. 9.1971 First Helicopter World Championship.

Der internationale Beirat wird auf Vorschlag der Wettbewerbsleitung die endgültige Fassung dieser Wettbewerbsaufgabe festlegen.

Nach dem Start überfliegt der Hubschrauber die Startlinie. Hier beginnt die Zeitwertung.
Nach der Beendigung der Stilwertung überfliegt er die Ziellinie.

Hier erlischt die Zeitwertung.

Folgende Grundgedanken lagen der Bewertung zugrunde: Es werden insgesamt fünf Wettbewerbsaufgaben geflogen. Diese Wettbewerbsaufgaben werden unterschiedlich bewertet. Eine größere Punktzahl kann bei den Aufgaben gewonnen werden, die hubschraubertypisch sind.

Die Bewertung ist so abgestimmt, daß ein Wettbewerbsteilnehmer pro Wettbewerbsaufgabe nur bis zu einer gewissen Grenze »verlieren« kann. Ein Fehlschlag bei einem Durchgang einer Wettbewerbsaufgabe kann dadurch nicht sofort alle weiteren Aussichten des Wettbewerbsteilnehmers zerstören.

Zur organisatorisch-rechnerischen Vereinfachung der Bewertung wird innerhalb des Wettbewerbs nur mit Minuspunkten gerechnet. Die Anzahl der Minus-

Hubschrauber-Rettungsflug Helicopter-Rescue-Flight.

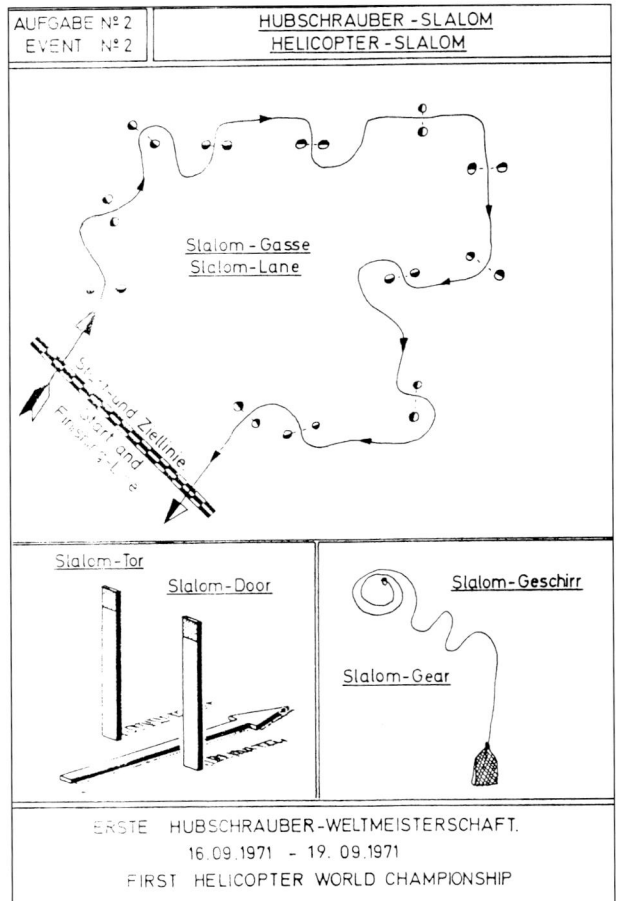

ERSTE HUBSCHRAUBER-WELTMEISTERSCHAFT.
16.09.1971 - 19.09.1971
FIRST HELICOPTER WORLD CHAMPIONSHIP

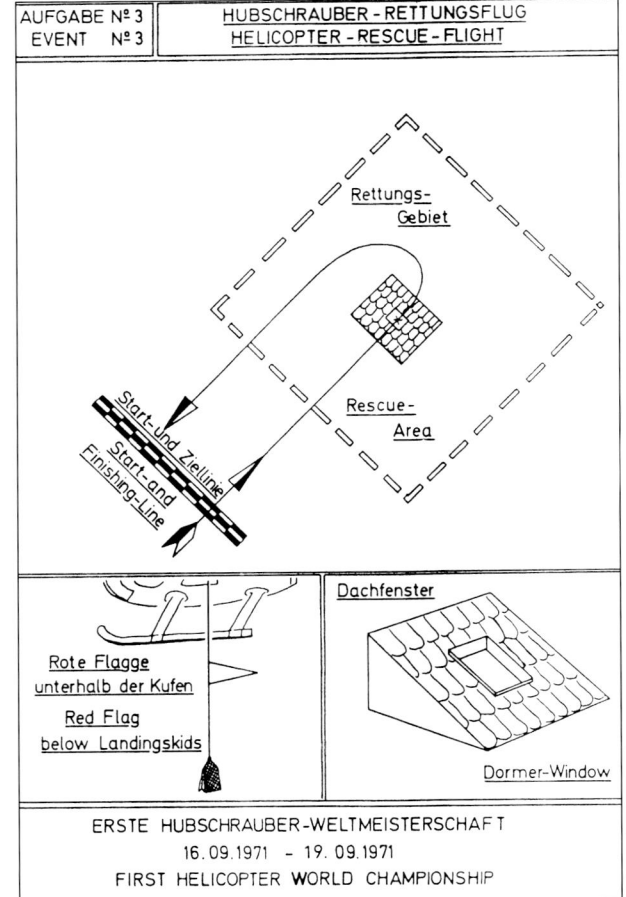

ERSTE HUBSCHRAUBER-WELTMEISTERSCHAFT
16.09.1971 - 19.09.1971
FIRST HELICOPTER WORLD CHAMPIONSHIP

punkte pro Durchgang ist begrenzt. Der Teilnehmer kann also pro Durchgang nur eine bestimmte Anzahl von Minuspunkten bekommen. Darüber hinaus kann er sich bei dem einzelnen Durchgang nicht verschlechtern.

Gewinner des Gesamtwettbewerbs ist der Teilnehmer, der die wenigsten Minuspunkte erhält. Bei der Abschlußauswertung nach Absolvierung aller Aufgaben wird die Differenz zwischen den effektiven Minuspunkten und den möglichen maximalen Minuspunkten als Ergebnis gewertet. Das hat zur Folge, daß nur eine gewisse Anzahl von Teilnehmern eine Platznummer belegt. Alle Teilnehmer, die die maximale Minuspunktzahl erhalten, erscheinen dann ohne eine Platzwertung. Es kann also keiner der Letzte werden.

6. Gesamtergebnis:

Besondere Strafpunkte werden erteilt, wenn eine Hubschrauberbesatzung gefährliche Flugzustände hervorruft, Dritte gefährdet oder sich sonst gegen die Ziele der Hubschrauberweltmeisterschaft vergeht. Die Schiedsrichtergruppe ermittelt die Zahl der Strafpunkte für jeden Einzelfall. Die Wettbewerbsleitung behält sich das Recht vor, in besonders schwierigen Fällen eine solche Besatzung von der weiteren Teilnahme des Wettbewerbs auszuschließen.

F. Preise und Auszeichnungen:

1. Der Gewinner der Ersten Hubschrauberweltmeisterschaft wird Erster Hubschrauberweltmeister und erhält die Plakette der FAI in Gold.

2. Der Zweitplazierte wird Erster Hubschrauber-Vizeweltmeister und erhält die Plakette der FAI in Silber.

3. Der Drittplazierte erhält die Plakette der FAI in Bronze.

4. Die beste Damenbesatzung erhält einen Sonderpreis.

5. Die beste Privatpiloten-Besatzung erhält einen Sonderpreis.

6. Jede teilnehmende Besatzung erhält die Teilnehmer-Plakette.

7. Die Wettbewerbsleitung behält sich das Recht vor, besondere Leistungen zu prämieren.

(Auszug aus dem Programm Erste Hubschrauberweltmeisterschaft)

Den Titel des Ersten Hubschrauberweltmeisters und damit die Goldmedaille errangen die Heeresflieger Otto Brauer und Hans Koepke aus Fritzlar auf einer »Alouette II«. Platz zwei belegten Wolf Seifert und Peter Sturz von der Flugzeugführerschule Faßberg auf einer Bell 47 G-2, und auf Platz drei landeten Willi

Schlauß und Wolf Lehmann, eine private Besatzung auf einer Hughes 500 »Senator«. Bei den Damen errangen Hanna Reitsch (BRD) und ihre Co-Pilotin Dorothea Schrimpff (Kolumbien) den ersten Platz, gefolgt von dem westdeutschen Team Irene Teutloff und Christel Terjung. Platz drei belegten Nicole Waucquez (Belgien) und Mandy Finlay (England).

Die ersten Hubschrauberweltmeisterschaften wurden begleitet von verschiedenen Flugvorführungen. Motorkunstflüge führten die erst 25jährige Fluglehrerin und Inhaberin einer Pilotenschule, Nicole Waucquez, auf ihrem ebenfalls 25jährigen Doppeldecker »Poupouville« und der deutsche Meister Hößl vor. Ferngesteuerte Hochgeschwindigkeitsmodelle und Modellhubschrauber waren weitere Attraktionen. Ein gelungener Folkloreabend rundete das Programm der 1. Hubschrauber-WM ab.

2. Hubschrauberweltmeisterschaft Middle Walupp

Die zweiten Hubschrauberweltmeisterschaften fanden 1973 in Middle Walupp (England) statt. Veranstalter war das British Helicopter Advisory Board. Hier waren weniger Nationen und Damenmannschaften (nur aus drei Nationen) vertreten, nämlich aus den USA, UdSSR und England. Es waren auch erstmalig Teilnehmer aus der Sowjetunion am Start, die mit einer straff geführten Mannschaft erschienen.

Nachdem die ersten Hubschrauberweltmeisterschaften 1971 in Bückeburg ohne jedes Vorbild durchgeführt wurden, konnte man nach der zweiten Hubschrauber-WM in England einige Lehren ziehen. Es wurde festgestellt, daß das fliegerische Können allein nicht mehr genügt, sondern für das Erreichen von Spitzenplätzen internationale Wettbewerbserfahrung notwendig ist. Auch haben Teams bessere Siegeschancen, was auch für einzelne Crews gilt, die von Mannschaften betreut werden. Sehr empfehlenswert sind spezielle Trainingslager, um eine optimale Tagesform zu erreichen.

Die Bedingungen haben sich nicht geändert, sie sind nur wie üblich verfeinert worden. Der nach Bückeburg eingeführte Time-Arrival wurde eigens für das Publikum zugeschnitten. So wurde beim Anflug die Wettbewerbsnummer mit den Namen der Besatzung und die noch verbleibenden Sekunden bis zum Überfliegen der Ziellinie durch Lautsprecher den Zuschauern mitgeteilt, was für eine begeisterte Stimmung sorgte.

235

3. Hubschrauberweltmeisterschaft Witebsk

Im Oktober 1977 wurde auf der Weltkonferenz in Rom die Einladung zu den dritten Hubschrauberweltmeisterschaften ausgesprochen. Diese fanden vom 28. Juli bis 6. August 1978 in Witebsk (Sowjetunion/Weißrußland), 500 km westlich von Moskau, statt.

Teilnehmerländer waren diesmal USA, England, BRD, Polen, Ungarn, Rumänien und die Sowjetunion. Bei den Damen waren USA, Polen, BRD und die Sowjetunion vertreten. Der als Chef-Schiedsrichter vorgesehene Österreicher Sepp Stangl fiel kurzfristig aus, und so mußte, laut Protokoll der FAI, Otto Rietdorf an dessen Stelle einspringen.

Durch die Hilfe der Bundeswehr war die Teilnahme der deutschen Hubschrauber-Nationalmannschaft erst möglich. Der Anflug der deutschen und amerikanischen Hubschrauber erfolgte mit drei Transall C-160 der Luftwaffe von Ahlhorn direkt nach Witebsk, wo sich der Direktor der dritten Hubschrauber-Weltmeisterschaften, General Utkin, zum Empfang eingefunden hatte. Durch den Carter-Owen-Boykott dieser WM mußten die Teams sechzig Minuten vor Abflug um 50 Prozent reduziert werden. Es war das erste Mal seit Ende des Zweiten Weltkrieges, daß deutsche Militärflugzeuge in Rußland wieder landeten.

Nach einem eindrucksvollen Flugtag, bei dem sich die Russen als Fallschirm-Künstler zeigten, erfolgte die Eröffnungsfeier, an der der Gouverneur von Weiß-Rußland, Iwan Artiomowitsch Schebeko, als höchster politischer Würdenträger, und General Semion Ilyich Kharlamov aus Moskau sowie eine Reihe weiterer hoher Würdenträger und viele Weltmeister aus der Luftfahrt teilnahmen.

Die fünf Wettbewerbsaufgaben wurden ohne wesentlich besondere Ereignisse, also auch ohne Unfälle, durchgeführt. Die Sowjetunion stellte mit Abstand die beste Mannschaft, straff geführt und bestens vorbereitet. Durch den Carter-Boykott mußten die qualifizierten militärischen Teilnehmer der amerikanischen Nationalmannschaft, die auf eigene Kosten in ihrem Urlaub und in Zivil teilnehmen wollten, in die USA zurückkehren. Dadurch wurde diese Nationalmannschaft geschwächt. Die polnische Nationalmannschaft bestand aus Angehörigen des polnischen Luftfahrt-Bundesamtes, der polnischen Hubschrauber-Industrie, den polnischen Streitkräften und einigen privaten Angehörigen des polnischen Aero-Clubs. Ungarn nahm erstmalig an einer Hubschrauber-Weltmeisterschaft teil. Es wurde ein Militärteam entsandt. Durch den Owen-Boykott fielen die besten Besatzungen der englischen Nationalmannschaft aus, denn es handelte sich um die jeweils beste Mannschaft der Navy, Army und der Air Force. Die verbleibenden vier britischen Crews vertraten in einer stimmungsvollen Weise den »british way of life«, erreichten zum Teil gute Einzelleistungen, mußten aber jedoch in der Gesamtwertung den letzten Platz der Tabelle einnehmen. Die westdeutsche Nationalmannschaft wurde durch das Ausschalten (Los-Entscheid) des Ex-Vizeweltmeisters Peter Sturz entscheidend geschwächt. Der sichere zweite Platz in der Mannschaftswertung und eine Medaillen-Chance in der Einzelwertung wurden verspielt. Die in vielen Hubschrauber-Wettbewerben bewährten Experten Hanns Lutter und Werner Noltemeyer fungierten als dienstälteste internationale Schiedsrichter.

Wolfgang Kollmann war leistungsbester Teilnehmer der westdeutschen Nationalmannschaft, womit er sich nach Bruce Webster (USA) als zweitbester nichtsowjetischer Teilnehmer auf Platz 12 in der Gesamtwertung plazierte. Im Freestyle war der westdeutsche Doppelsieg eine überzeugende Leistung für die Bundeswehr und die westdeutsche Luftfahrtindustrie. Es war der fliegerische Höhepunkt dieser Weltmeisterschaft. Die punktgleichen Leistungen von Karl Zimmermann und Wolfgang Kollmann auf der BO 105 waren Weltklasse. Das prozentuale Abschneiden der westdeutschen Mannschaft zeigt, daß diese nur 1,65 % hinter den Russen, 0,96 % hinter den Polen, aber 0,23 % vor den Ungarn, 1,97 % vor den Engländern und 3,37 % vor den Amerikanern lag.

Das Rahmenprogramm wurde überwiegend analog des Rahmenprogramms von Bückeburg, über das sich der sowjetische Veranstalter eingehend orientiert hatte, durchgeführt. Das amerikanische Linienflugzeugführer-Magazin »air line pilot« schreibt über die Veranstaltung:

»Die diplomatischen Beziehungen waren kühl, aber die russischen Gastgeber zeigten sich herzlich und fähig.«

In Witebsk waren zum ersten Mal Hubschraubermuster aus englischer und französischer Fertigung nicht am Start. Erstmalig war jedoch ein Hubschrauber aus West-Deutschland gemeldet (BO 105 von MBB), der auch sofort Weltmeister-Ehren ernten konnte. Die durchschnittliche PS-Leistung lag:

1971 bei 600 PS
1973 bei 700 PS und
1978 bei 700 PS.

Der sitzplatzkleinste Hubschrauber war der sowjetische Vierplätzer Mi-1, ausgerüstet mit einem Kolbentriebwerk von 575 PS. Der sitzplatzkleinste westliche Hubschrauber war der Hughes 500 D als Vier-/Fünf-Plätzer mit einer Allison-Turbine von 420 PS.

Alle Turbinen-Hubschrauber sowjetischer Bauart, die im Weltmeisterschafts-Einsatz waren, waren von der polnischen Luftfahrt-Industrie (PEZETEL) in Lizenz hergestellt worden. Weit über 2000 Hubschrauber des Musters Mi-2 wurden von Polen seit dem letzten Weltkrieg hergestellt.

Abschließend hat diese dritte Hubschrauber-Weltmeisterschaft folgendes gezeigt:
Es gibt vier wesentliche Voraussetzungen für den erfolgreichen Einsatz einer Hubschrauber-Nationalmannschaft:
- überlegenes, fliegerisches Können der Hubschrauber-Besatzungen,
- geeignete Hubschrauber,
- die Durchführung qualifizierter Trainingslager,
- die Sicherung der Tagesform während des Wettbewerbs (Volatilität).
Daher wird vorgeschlagen, in den Teilstreitkräften und der Industrie eine Vorauswahl zu treffen. Die ausgewählten Besatzungen nehmen dann an den etwa dreitägigen Trainingslagern teil.
Deren wesentliche Aufgaben sind:
- Heben des Leistungs-Niveaus,
- Senken der volatilen Streuung,
- Vermittlung von Wettbewerbs-Erfahrung in Anlehnung an die Wettbewerbs-Aufgaben.

4. Hubschrauberweltmeister-schaft Piotrkow Trybunalski

Vom 14. bis 23. August 1981 fanden die 4. Hubschrauber-Weltmeisterschaften in Piotrkow Trybunalski (Polen), etwa 100 km südwestlich von Warschau, statt.

Diese deutsche Hubschrauber-Nationalmannschaft war eine der erfolgreichsten deutschen sportlichen Delegationen an Weltmeisterschaften. Sie errang fünf von sechs möglichen Medaillen und erkämpfte damit mehr Medaillen, als alle anderen teilnehmenden Nationen zusammen!

Es ist schade, daß der DAeC als luftsportlicher Fachverband und das Bundesinnenministerium (För-

derung des Spitzensports) keine finanziellen Mittel für diese Weltmeisterschafts-Teilnahme zur Verfügung stellten. So trugen auch hier wiederholt Einheiten der Luftwaffe und der Heeresflieger durch ihre Unterstützung zum überragenden Erfolg der deutschen Hubschrauber-Nationalmannschaft bei.

In Polen waren Mannschaften aus den USA, England, West-Deutschland, Polen, Sowjetunion und Frankreich vertreten. Bei den Damen gingen nur die Sowjetunion und Polen an den Start.

Der Anflug der westdeutschen Mannschaft erfolgte im Verband der acht Hubschrauber über Nürnberg–Prag–Brünn–Preßburg–Krakau nach Piotrkow Trybunalski.

Während der Wettbewerbstage zeigte sich für die einzelnen Nationen folgendes Bild:

Die polnischen Piloten zeigten zum Teil eine erstaunlich geringe Flugdisziplin. Wie aus Fotos der Bevölkerung hervorging, hatten die Polen regelwidrig auf der Navigations-Strecke trainiert.

Um so größer war der Schock, als am Abend des Navigationstages ein deutscher Pilot der Tagessieger war. Die Schwankungsbreite (Votalität) innerhalb der einzelnen Wettbewerbsleistungen war zu groß, und trotz des Heimvorteils und anderer Vorteile wurde nur die Bronzemedaille in der Mannschaftswertung errungen.

Die Sowjetunion hatte gegenüber ihren Leistungen in Witebsk einen drastischen Leistungseinbruch, dessen Gründe nicht ganz erklärlich waren.

Die englische Delegation bestand aus einem militärischen und einem zivilen Teil, jedoch war eine Verschmelzung dieser beiden Teile nicht erkennbar.

Frankreich stellte erstmalig Wettbewerbs-Besatzungen bei einer Hubschrauber-Weltmeisterschaft, nachdem bisher nur offizielle Beobachter und/

Siegerehrung in der Einzelwertung.

oder Schiedsrichter gestellt wurden. Ohne Wettbewerbserfahrungen waren die französischen Besatzungen, trotz bester Unterstützung durch die Industrie, ohne Siegeschancen.

Nachdem bisher aus den USA nur private oder Teilnehmer aus der Industrie teilgenommen hatten, nahm hier erstmalig die US Army Aviation im Rahmen der amerikanischen Delegation teil. Die Amerikaner flogen mit dem größten Transporter der US Air Force, der C 5A, direkt von den USA nach Warschau. An Bord war die gesamte Delegation, mit der C 5A-Besatzung über 100 Personen, dazu alle Hubschrauber, Kfz und Ersatzteile, Zubehör und das persönliche Gepäck.

Die Teilnehmer der deutschen Delegation erzielten nicht nur mit Abstand das beste Ergebnis, sie wirkten auch neben allem Leistungsbewußtsein entspannt und verbindlich.

Bei der polnischen Berichterstattung war zu spüren, daß man die deutsche Mannschaft journalistisch diskriminierte. Sie war zwar bei TV-Übertragungen auf dem Bild, doch es erfolgte kein Wort darüber, daß die Teilnehmer von der Bundeswehr sind. Bei den Amerikanern dagegen wurde alles,

einschließlich Dienstalter, genauestens angegeben.

Auf Grund der zu kurzen Trainingszeit lagen die Wettbewerbsergebnisse unserer Mannschaft unter den Trainingsergebnissen.

Die Mannschaftswertung der 4. Hubschrauber-Weltmeisterschaften brachte das folgende Ergebnis:

1. USA   2253 Punkte
2. Deutschland   2251 Punkte
3. Polen   2233 Punkte

Der Unterschied in der Punktzahl zwischen USA und Deutschland betrug nur 0,09%.

Einzelwertung:

1. Platz   USA
2. Platz Pipke/   Deutschland
3. Platz Hanses/Oehler   Deutschland

Im Freestyle kam es zu folgendem Ergebnis:

1. Karl Zimmermann/BO 105   86 Punkte   BRD
2. Vladimier Smirnov/Mi-1   77 Punkte   SU
3. Wolfgang Kollmann/BO 105   75 Punkte   BRD

Inzwischen wurden Karl Zimmermann, Wolfgang Kollmann und Peter Sturz als internationale FAI-Hubschrauberschiedsrichter bestätigt.

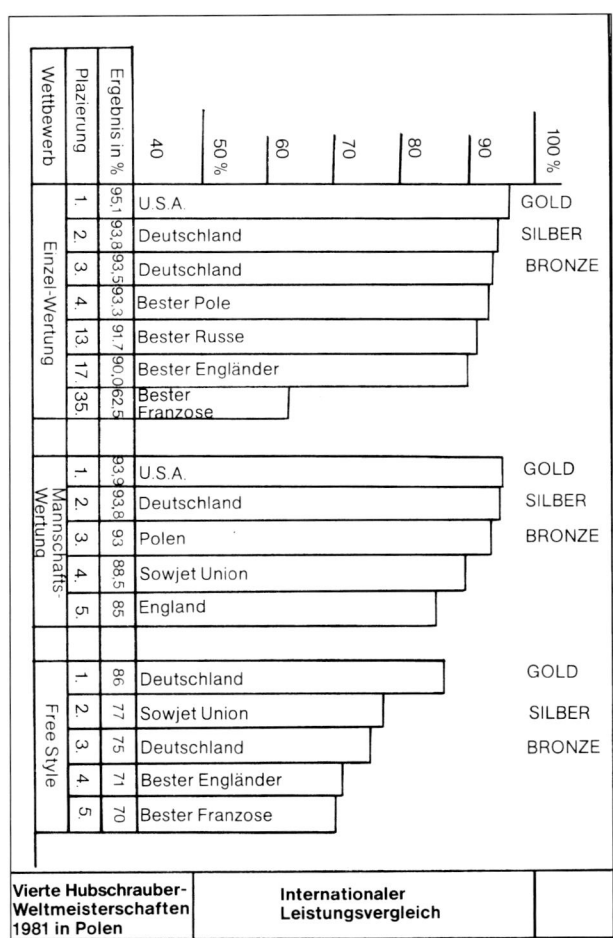

Vierte Hubschrauber-Weltmeisterschaften 1981 in Polen — Internationaler Leistungsvergleich

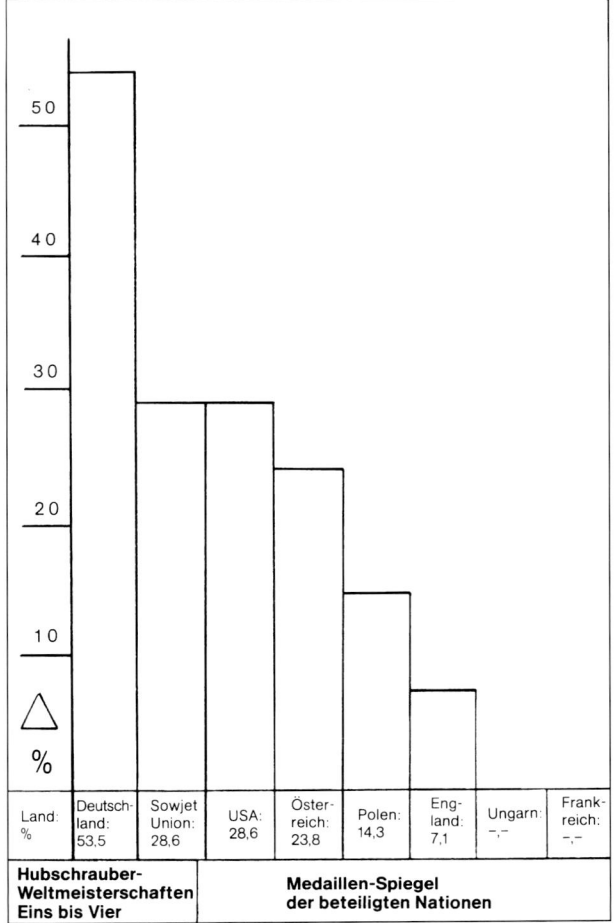

Hubschrauber-Weltmeisterschaften Eins bis Vier — Medaillen-Spiegel der beteiligten Nationen

Es zeigte sich bei dieser WM auch, daß der Mensch erheblich wichtiger ist als der Hubschrauber. Die folgende Tabelle zeigt die Plazierung der einzelnen Hubschrauber-Muster:

	Mi-2/UH-1D		OH-58/Al II		Mi-1/Gaz./BO 105			JetR./H 500/Enstr.		
1. Drittel	4		4	2	2	1	–	–	–	–
2. Drittel	5		2	1	–	1	1	1	–	1
3. Drittel	1		1	1	2	2	2	–	3	–

Diese Tabelle zeigt auch, daß das Hubschraubermuster wichtig, der Mensch aber entscheidend ist.

Ein gutes Beispiel bietet die »Alouette II«. Zwei deutsche Besatzungen plazierten dieses Muster im ersten Drittel, während die Franzosen im letzten Drittel landeten.

Für das Rahmenprogramm lud der polnische Aeroclub eine deutsche Modellflieger-Gruppe ein. Bei der Eröffnungsfeier im Stadion von Piotrkow Trybunalski nahm Bernd Wunderlich mit seinem Modell »Jet-Ranger« eine große polnische Flagge auf, unter der eine kleine deutsche Flagge hing. Die Aufnahme erfolgte im Schwebeflug ohne fremde Hilfe. Unter tosendem Beifall flog das Modell dann seine Begrüßungsrunde im Stadion. Bei der Abschlußfeier im überfüllten Stadion erhielt Bernd Wunderlich die doppelte Flugzeit, wobei er wieder die Zuschauer begeisterte.

Der Rückflug erfolgte über dieselbe Route, jedoch wurde die Starterlaubnis in Preßburg und später in Brünn ohne sachliche Gründe erheblich hinausgezögert, so daß nur der Nachtflug übrigblieb, für den dann aber auch die Erlaubnis verweigert wurde.

5. Hubschrauberweltmeisterschaft Castle Ashby

Die nächsten, also die 5. Hubschrauber-Weltmeisterschaften, sollten bereits im September 1985 auf Beschluß der FAI in Castle Ashby (England) stattfinden. Der Ort liegt zwischen Northampton und Bedford, etwa 80 km nördlich von Heathrow. Meldungen lagen aus Frankreich, Deutschland, England und Hongkong vor. Die FAI wählte zum Chef-Schiedsrichter der fünften Hubschrauber-WM den Franzosen Charles Marchetti. Als Jury-Mitglied der BRD fiel die Wahl auf Otto Rietdorf, inzwischen Ehrenpräsident der FAI/CIG. Unterdessen kam jedoch die Nachricht, daß die 5. Hubschrauber-Weltmeisterschaften auf den Zeitraum 22. bis 28. Juni 1986 verschoben wurden. Sie wurden vom Helicopter Club of Great Britain

für den Royal Aero Club durchgeführt. Für den neuen Termin Juni 1986 hatten die Länder Deutschland, England, Frankreich, Sowjetunion und USA ihre Teilnahme bereits bestätigt. Für den Freestyle wurde von deutscher Seite ein Supplement erarbeitet, und ebenfalls auf deutschen Vorschlag hin wurden die Wettbewerbsbedingungen verschärft.

So wurde inzwischen erreicht, daß der Wettbewerbsraum für den Freestyle auf 1000 mal 1000 Meter begrenzt wird. Der deutsche Antrag, die Höhenbegrenzung zu streichen, konnte nicht durchgesetzt werden. Diese wurde auf 500 Meter begrenzt.

In exquisiter Umgebung fand die 5. Hubschrauberweltmeisterschaft statt. Nicht auf einem Flugplatz traf man sich, sondern im »Vorgarten«, sprich Parkgelände eines alten englischen Schlosses, ca. 40 Meilen nördlich von London. Leider ist diese Weltmeisterschaft von den Medien kaum beachtet worden, denn zur gleichen Zeit fand die Fußballweltmeisterschaft in Mexiko statt. So wurde fast unbemerkt von der Öffentlichkeit die Hubschrauberweltmeisterschaft am 23. Juni 1986 vom Präsidenten der FAI, Ralph Alex, eröffnet.

Überraschend hatten die Franzosen ihre Teilnahme kurzfristig abgesagt, übrig blieben fünf Nationen. Vertreten waren Teams aus Deutschland, Polen, Großbritannien, der Sowjetunion und den USA. Als einziges Land entsandten die Russen eine Damenmannschaft.

Die fünf Besatzungen der deutschen Mannschaft aus den Bereichen Heer und Luftwaffe hatten vorher eine harte Qualifikation in sechs Trainingslagern zu bestehen. Für die Kür wurden drei BO 105-Piloten ohne Ausscheidung benannt. Die offizielle Ausschreibung sowie die insgesamt neun ergänzenden Bulletins des Veran-

»Aloutte II« der deutschen Heeresflieger beim Precision Event.

Die polnische Mannschaft mit ihrer Mi-2 bei der Rettungsübung des »timed arrivel«.

Der Freestyle Event, das Kürprogramm, wurde nicht in Castle Ashby, sondern auf dem nahe gelegenen Militärflugplatz Cranfield ausgetragen. Auf deutscher Seite starteten neben dem zweifachen Weltmeister »Charly« Zimmermann zwei weitere Piloten der Heeresflieger auf einer BO 105. Alle drei Maschinen fielen durch ihre bunte, von den Piloten selbst kreierte Lackierung auf. Großbritannien schickte seine Besatzungen mit Hubschraubern des Typs »Gazelle« und »Enstrom« in den Wettkampf. Die USA verzichteten gänzlich auf eine Teilnahme in dieser Disziplin, nachdem sie bereits 1981 beim Training zwei schwere Unfälle zu verzeichnen hatten.

Als Favorit im Freestyle Event galt der zweifache Weltmeister, Hauptmann Karl »Charly« Zimmermann, vom Heeresfliegerregiment 16 aus Celle. Seit 1961 bei der Bundeswehr, hatte er bis dahin über 5.500 Flugstunden auf den Hubschraubersystemen H 13, Al II, H 34, H 21, UH-1D und BO 105 absolviert, von denen alleine 3.500 Stunden auf die Vorführmaschine entfielen.

Bei dieser handelte es sich um einen normalen Verbindungs- und Beobachtungshubschrauber der Heeresflieger, der lediglich für die Vorführungen mit einer Sonderbemalung versehen war, wodurch die Beobachtung der ungewöhnlichen Flugfiguren erleichtert wurde.

»Charly« Zimmermann gewann 1977 das »Silberschwert«, eine Auszeichnung für die beste Flugvorführung eines Teilnehmers von Übersee anläßlich des »International Air Tattoos« in Greenham/Common/England. Dies gelang ihm dort 1983 erneut, und zusätzlich erhielt er die »Sir Douglas Bader Trophy« für die beste Vorführung der Gesamtveranstaltung. Beim »Internationalen Air Tatoo« 1985 in Fairford/England erhielt er erneut das »Silberschwert« für die beste Vorführung aus Übersee. »Weltmeister« im Freestyle und Gewinner der »Rosemary Rose Memorial Trophy« wurde er 1978 bei den 3. Hubschrauber-Weltmeisterschaften in der

Zweifacher Freestyle-Weltmeister Hptm. Karl »Charly« Zimmermann.

stalters sorgten für mehr Ungewißheit als Klärung, woran auch das erste Briefing nichts ändern konnte.

Am ersten Wettkampftag wurde der »timed arrivel« mit der dazugehörigen Rettungsübung geflogen. Die Besatzungen mußten dazu ihre Ankunftszeit vorher bekanntgeben und möglichst genau einhalten. Tagessieger wurde bei dieser Übung die deutsche Luftwaffenbesatzung Alfred Bär und Winfried Laubenthal auf einer UH-1D mit 199 von 200 möglichen Punkten. Beim »Precision Event« (Hovern) am zweiten Wettkampftag waren die Amerikaner klar im Vorteil. Ihr Co-Pilot hatte die unter dem Hubschrauber hängenden Gewichte ständig im Auge und konnte so den Piloten exakt dirigieren. Kein Wunder also, daß die Punkte dieses Wettkampfteils an das US-Team gingen. Schwierigkeiten gab es im übrigen mit den amerikanischen Teilnehmern en masse, sie erreichten gar eine Änderung der Ausschreibung für den Navigationsflug, der am dritten Tag durchgeführt wurde. Offenbar unfähig oder nicht willens, ihre eigenen Flugzeiten entsprechend den bisherigen Ausschreibungsregeln zu berechnen, schafften sie es, daß diese Zeiten von der Jury vorgegeben wurden. Die Einwände anderer Nationen, die ihre Flugvorbereitungen inklusive der Berechnungen bereits abgeschlossen hatten, wurden von der internationalen Jury, die sich insgesamt als recht schwach erwies, abgewiesen. Dennoch: Es gewannen die Heeresflieger Norbert Fiegehenn und Ludger Schulte-Bisping auf einer »Alouette II«.

»Charly« Zimmermann in seiner BO 105.

UdSSR. Der gleiche Erfolg gelang ihm erneut 1981 bei den 4. Hubschrauber-Weltmeisterschaften in Polen.

Bei strahlendem Wetter erlebten die wenigen Zuschauer ein noch nie in dieser Form gezeigtes Kunstflugprogramm. Mit spektakulären Figuren begeisterten die drei deutschen BO-Piloten Zuschauer, Schiedsrichter und teilnehmende Piloten gleichermaßen. 123 TV-Teams aus aller Welt zeichneten das sicher vorgetragene Kunstflugprogramm auf. Hermann Fuchs konnte durch eine bestechende Kür den Dauerweltmeister Karl Zimmermann vom ersten Platz verdrängen.

Der eigentliche Höhepunkt dieser Weltmeisterschaft war der Besuch von Prinz Andrew und Miß Sarah Ferguson. Der Prinz flog höchstpersönlich mit der königlichen purpurroten Westland WESSEX HCC4 ein. Hier gab es keine Probleme mit Regelauslegung oder Protokoll. Prinz Andrew erwies sich als fachkundiger Hubschrauberpilot und war bei dem letzten Wettkampfteil als Hilfsschiedsrichter anwesend.

Vor der letzten Aufgabe, dem »Slalom«, führten die Amerikaner John Iseminger und Jimmy Green mit knapp zwei Punkten Vorsprung vor dem deutschen Team Konrad Hanses und Ralph Göbel. Die Crews aus dem Gastgeberland waren inzwischen auf die hin-

Oben links: Weltmeister 1986 im Freestyle, Hermann Fuchs, auf einer BO 105.

Oben rechts: Weltmeisterschaft 1986, Siegerehrung: Einzelwertung durch den Präsidenten der FAI Ralph Alex.

Unten links: Hermann Fuchs, neuer Weltmeister im Freestyle, bei der Siegerehrung in Castle Ashby.

teren Plätze zurückgefallen und hatten auf einen Sieg keinerlei Chancen mehr. Der letzte Event mußte also die Entscheidung in der Einzel- und Mannschaftswertung bringen. Beim morgendlichen Briefing wurde vom Veranstalter klar angekündigt, daß das Führen

Prinz Andrew und Miß Sarah Ferguson treffen in Castle Ashby ein.

des Seiles (an dem der Wassereimer hängt) mit der Hand zur Disqualifikation führt. Die UH-1D-Besatzung Bär/Laubenthal flog den besten Slalom-Event der deutschen Mannschaft. Das führende US-Team führte beim Slalom den Wassereimer regelwidrig mit der Hand, was von zwei Wertungsrichtern an zwei unterschiedlichen Toren in die Wertungslisten eingetragen wurde. Ein Einspruch der deutschen Mannschaft wurde abgewiesen, und noch vor den Teilnehmern erfuhren die Medien das Endergebnis. Dieses wurde am folgenden Morgen allen Teilnehmern formlos bekanntgegeben. Das US-Team Iseminger/Green wurde zum Einzelsieger erklärt. Der offizielle Protest der deutschen Mannschaft wurde ohne Begründung abgelehnt. Das offizielle Endergebnis der 5. Hubschrauberweltmeisterschaft lautet somit:

Einzelwertung Pflicht:
1. Platz John Iseminger, Jimmy Green USA
2. Platz Hanses/Göbel   Deutschland
3. Platz Fiegehenn/Schulte-Bisping   Deutschland

Hubschrauberweltmeisterschaft 1986:
Die deutsche Mannschaft vor dem Schloß »Castle Ashby«.

Mannschaftswertung:
1. Platz USA   2275 Punkte
2. Platz Deutschland   2224 Punkte
3. Platz UdSSR   2010 Punkte

Kürprogramm:
1. Platz Hermann Fuchs   Deutschland 192,8 Pkte.
2. Platz Karl Zimmermann   Deutschland 188,8 Pkte.
3. Platz Reiner Wilke   Deutschland 185,6 Pkte.

6. Hubschrauberweltmeisterschaft Chantilly bei Paris

Zu der 6. Hubschrauberweltmeisterschaft, die vom 5. bis 10. September 1989 in Chantilly, 40 km nördlich von Paris, durchgeführt wurde, hatte der Hubschrauber-Referent der Motorflugkommission im DAeC, Konrad Geißler, dem Veranstalter, dem Aero Club von Frankreich, sieben deutsche Teams gemeldet. Zum ersten Mal war die Bundeswehr aus schwer nachvollziehbaren Gründen weder mit Besatzungen noch Gerät vertreten, und so mußten zivile Mannschaften an die Erfolge der Vorjahre anknüpfen. Die Hubschrauber-Besatzungen Deutschlands zählten bei den bisher ausgetragenen Titelkämpfen zu den erfolgreichsten. Der DHC organisierte die vorbereitenden Trainingslager, und durch die vorausgegangenen zwei deutschen Hubschraubermeisterschaften des Helicopter Club Deutschland e.V. standen zwar wettkampferfahrene, aber nicht routinierte Teams zur Verfügung. Die amtierenden Deutschen Meister Uwe

Weber und Franz-Josef Verspohl zogen jedoch ihre Teilnahme am Trainingslager aus beruflichen Gründen zurück.

Ein weiteres Problem war wieder einmal die Finanzierung. Die angeschriebenen Sponsoren aus Industrie und Wirtschaft zeigten, bis auf wenige Ausnahmen, wenig Interesse. Das Nenngeld für den Aero Club von Frankreich betrug pro Person 1000 US-Dollar. Hinzu kamen die Kosten für den Hubschrauber, Treibstoff, An- und Abflug nach Chantilly bei Paris sowie die Trainingskosten, was nach groben Schätzungen nochmals ca. 20.000,– DM ausmachte.

Die sieben zugelassenen US-Crews hatten sich während einer fünf Monate dauernden US-Ausscheidung aus insgesamt 41 zivilen und militärischen Besatzungen qualifiziert. Das Team der USA, das ausschließlich aus Militärpiloten bestand, trainierte bereits Wochen vor der Weltmeisterschaft, und die letzten vier Wochen vor den Titelkämpfen verbrachten die Amerikaner in einem geschlossenen Trainingscamp in Belgien. Sie starteten in Paris ausnahmslos auf Bell-Helikoptern des Typs Bell OH-58 »Kiowa«. Nach amerikanischer Aussage hat die Entsendung dieser US-Mannschaft die USA 3,1 Millionen US-Dollar gekostet. Mit dem deutschen Team ging diesmal kein Hubschrauber aus deutscher Produktion an den Start.

Die bekannten Wertungsdurchgänge wurden im Hippodrom von Chantilly durchgeführt. Neben dem Gastgeberland gingen Mannschaften aus Großbritannien, Belgien, USA, der Sowjetunion und Deutschland an den Start. Mit 17 Jahren war die Französin Juliette Bouchez die jüngste Pilotin bei dieser Hubschrauber-WM. Erst im März 1989 hatte

Mi-2 vor dem Schloß Chantilly.

sie ihre Pilotenlizenz erworben. Die US-Mannschaft belegte alle vorderen Plätze (1.–7. Platz in der Einzelwertung), gefolgt von den Crews aus der UdSSR (Plätze 8–11). Als bestes deutsches Team konnten sich Konrad Hanses und Ludger Schulte-Bisping mit einer französisch zugelassenen »Alouette II« auf Rang 12 plazieren und waren damit gleichzeitig bestes westeuropäisches Team. Die »Alouette« hatte übrigens die Werknummer 4, zugelassen im Juni 1957. Die weiteren deutschen Crews belegten die Plätze 23, 24, 25, 33, 36 und 38 von insgesamt 38 Mannschaften. Pech hatte Frank Niemann aus der deutschen Mannschaft, der beim ersten Event – dem Navigationsflug – disqualifiziert wurde. Von der Startfreigabe bis zum Abheben dürfen nur 15 Sekunden liegen, Niemann hatte dies jedoch in der Ausschreibung übersehen und bekam nach 16 Sekunden die schwarze Flagge gezeigt – Ende für diesen Event!

Die einzige teilnehmende Damenmannschaft, Tatjana Stekolnikova/Ludmilla Korneva (UdSSR), landete mit einer Mi-2 auf dem 10. Rang. In der Mannschaftswertung belegte Deutschland den letzten Platz. Die Mannschaft aus Südafrika, ab 2. Wettkampftag Irland genannt, nahm ohne Wertung teil.

Die Siegerehrung fand im Innenhof von Schloß Chantilly statt und nicht wie geplant im festlichen Rahmen des Pferdemuseums während eines Banketts. Ergebnisse zur 6. Hubschrauber-Weltmeisterschaft:

Einzelwertung:
1. Platz John Iseminger/Rudolph Hobbs USA
   796 Punkte
2. Platz John Loftice/Kenneth Wright USA
   793 Punkte
3. Platz James Church/Scott Harbarger USA
   786 Punkte

Mannschaftswertung:
1. Platz USA 2373 Punkte
2. Platz UdSSR 2202 Punkte
3. Platz Großbritannien 1746 Punkte

WM 1989, bestes deutsches Team: Hanses/Schulte-Bisping vor ihrer »Alouette II«.

243

7. Hubschrauberweltmeisterschaft Wroughton

An den vom 1. bis 6. September 1992 im südenglischen Wroughton durchgeführten Weltmeisterschaften haben acht deutsche Mannschaften, darunter ein reines Damenteam, teilgenommen. Der ausrichtende Helicopter Club of Great Britain hat dem deutschen Antrag auf Entsendung von acht Mannschaften stattgegeben. Nachdem zuerst nur sieben Mannschaften pro Nation zugelassen waren, hatte man nachträglich die zusätzliche Nominierung von bis zu drei reinen Damenteams pro Land genehmigt. Nach drei Trainingslagern in Penzing/Landsberg, Ahlhorn und Fritzlar stand die deutsche Mannschaft fest.

Auf dem ehemaligen Militärplatz Wroughton, etwa 100 km westlich von London gelegen, wurde in den bekannten klassischen Disziplinen wie »Timed Arrivel«, Navigationsflug und Präzisionsflug der Weltmeister ermittelt.

An den Start gingen sechs Nationen mit insgesamt 42 Einzelmannschaften. Dies waren Deutschland, Frankreich, Großbritannien, Rußland, Südafrika und USA. Die Teams aus USA und Südafrika charterten ihr Fluggerät, britisch registrierte Maschinen der Muster Robinson R22, Bell 206 »Jet Ranger« und MD 500C, vor Ort. Die russische Mannschaft wurde mit ihren Mil Mi-2-Hubschraubern von einem Aeroflot-Navigator sicher zum Wettkampfort geleitet. Das deutsche Team erreichte Wroughton mit drei Robinson R22, einem Bell 206 »Jet Ranger« und einer Enstrom F 28F im Formationsflug. Die deutsche Besatzung Frank Niemann und Jürgen Rüter mußten eine britisch registrierte Enstrom chartern, nachdem ihr eigener Hubschrauber wegen eines technischen Defektes in Deutschland bleiben mußte.

Am ersten Wettkampftag wurde der Navigationsflug durchgeführt, den die russische Crew Zlobin/Panarin als Tagessieger beendete. Das beste deutsche Team Wurmbach/ Schulte-Bisping belegte in diesem Durchgang mit 141 von 200 möglichen Punkten den neunten Platz. Von den acht deutschen Mannschaften mußten leider sechs Crews ohne Punkte den Tag beenden. Beim »Timed Arrival« am nächsten Tag belegten gleich drei russische Teams die ersten drei Plätze. Das bis dahin beste deutsche Team Wurmbach/ Schulte-Bisping wurde wegen Hovern vor der Ziellinie mit 0 Punkten be-

straft. Das Regelwerk der FAI läßt hier jedoch unterschiedliche Auslegungen zu, so daß die deutsche Mannschaft gegen diese Entscheidung Protest einlegte. Am letzten Wettkampftag wurden dem Team nachträglich 150 Punkte für diesen Event gutgeschrieben. Die deutsche Crew Klaschka/Schauff landete mit 171 Punkten auf dem 18. Platz der Tageswertung. Mit 154 Punkten und Rang 20 beendete die Crew Hoven/Braun als beste deutsche Mannschaft den folgenden Wettbewerbsdurchgang »Präzisionsflug«, in dem eine russische Crew mit 196 Punkten alle anderen Bewerber hinter sich ließ. Im »Slalom« hatte nun die Entscheidung zu fallen. Der gefüllte Wassereimer mußte ohne Wasserverlust an einem Seil durch zwölf Tore geführt und anschließend im Mittelpunkt eines Tisches abgesetzt werden. Hierbei hatte die deutsche Mannschaft kein Glück. Gleich zwei Crews überschritten die erlaubte Zeit und kippten zu allem Überfluß auch noch den Wassereimer beim Absetzen auf der Tischplatte um. Mit nur fünf Strafpunkten beendeten dagegen die US-Damencrew Cummings/Schallow und die Russen Korotaev/Bourov punktgleich diesen Durchgang. Beste deutsche Mannschaft mit 171 Punkten war die Besatzung Wurmbach/Schulte-Bisping.

Hubschrauber-Weltmeister 1992, mit 765 von 800 möglichen Punkten, wurden die Russen Alexander Zlobin und Vladimir Panarin auf einer Mi-2. Insgesamt belegte die russische Mannschaft die ersten sechs Plätze. Bestes Damenteam wurde Tatjana Stekolnikova und Ludmilla Korneva auf Rang fünf mit 710 Punkten. Als beste westeuropäische Mannschaft belegten die Franzosen Jean-Patrice Simon und Bernard Fixot mit einer »Alouette II«, mit deutlichem Punkteabstand zu den Russen, den siebten Platz. Die beste deutsche Crew war

Die deutsche Mannschaft in Wroughton.

Birger Wurmbach und Ludger Schulte-Bisping, die auf einer R22 mit 517 Punkten den 15. Rang belegten. Das einzige deutsche Damenteam, Dagmar Kinne und Renate Strecker, bildeten das Schlußlicht in der Wertung der siebten Hubschrauber-Weltmeisterschaft 1992.

Auf dieser Weltmeisterschaft wurde auch wieder ein separat gewerteter Freestyle-Wettbewerb ausgetragen. Der letzte Wettkampf in dieser Disziplin wurde im Rahmen der fünften Hubschrauber-Weltmeisterschaft 1986 durchgeführt, wo deutsche Piloten die ersten drei Plätze belegten. Diesmal kämpften sechs Piloten, jedoch ohne deutsche Teilnahme, um den Titel. Mit einer Enstrom 280 siegte der Brite Dennis Kenvon vor dem Franzosen Alain Bouchez auf einer Schweizer 300 und dem Südafrikaner Buzz Bezuidenhout auf R22.

Neben dem schon traditionellen deutschen Bierabend gab es eine Einladung der französischen Mannschaft zu einer Champagner-Party. Für einen weiteren Abend hatten die Amerikaner ein Barbecue angesagt, für das alle Zutaten aus den USA eingeflogen werden sollten. Schon Monate vorher wurden Vorbereitungen getroffen, Genehmigungen zur Einfuhr von US-Fleisch eingeholt und unzählige Formulare ausgefüllt; der Zoll sorgte jedoch dafür, daß es beim Hotelbuffet blieb.

Ergebnisse:
Einzelwertung:
1. Platz Alexander Zlobin/Vladimir Panarin   GUS
     765 Punkte
2. Platz Victor Korotaev/Nikolai Bourov   GUS
     762 Punkte
3. Platz Sergei Derbasov/Mikhail Kormyagin   GUS
     738 Punkte

Mannschaftswertung:
1. Platz   GUS
2. Platz   Großbritannien
3. Platz   USA

Freestyle:
1. Platz   Dennis Kenvon   Großbritannien
2. Platz   Alain Bouchez   Frankreich
3. Platz   Buzz Bezuidenhout   Südafrika

8. Hubschrauberweltmeisterschaft Tushino/Moskau

Am 27. August 1994 eröffnete der Präsident des russischen Aeroclubs, Peter Belevantsev, die achte Hubschrauber-Weltmeisterschaft in Tushino in der Nähe von Moskau. Nach einer eindrucksvollen Airshow begannen die Wettbewerbe.

Während der größte Teil der deutschen Delegation per Linienflug nach Moskau reiste, flogen am 24. August die drei deutschen Hubschrauber von Calden über Dresden, Görlitz, Krakau und dann auf vorgeschriebenen VFR-Transit-Routen über Lodz und Warschau nach Brest in Weißrußland. Hier trafen auch die WM-Teilnehmer aus Großbritannien, Frankreich, Schweiz und USA zu dem deutschen Team. Am nächsten Tag starteten die 22 WM-Hubschrauber in zwei Formationen. Neun Hubschrauber mit Kolbenantrieb folgten einer weißrussischen Mi-2, in einem der Turbinenhubschrauber der zweiten Formation saß ein weißrussischer Navigator. Nach einer Zwischenlandung in Minsk wurde in Witebsk übernachtet. Am 26. August teilten sich die beiden Formationen in Smolensk. Während die »Kleinen« über Vyazma nach Tushino flogen, nahmen die »Großen« den direkten Weg und landeten nach einer Flugstrecke von 2357 km ebenfalls in Tushino.

Sechs deutsche Teams gingen an den Start. Schon beim ersten Event, dem »Timed Arrival«, zeigte sich eine Überlegenheit der Russen, Weißrussen und Amerikaner. Während die Weißrussen Grishchenko/Dyatlov mit 199 von 200 Punkten Tagessieger wurden, belegten Zimmer/Oehler mit 191 Punkten, als bestes deutsches Team, Platz 19.

Am zweiten Tag wurden die beiden Wettbewerbe Precision Flight und Slalom absolviert. Beim Präzisionsflug, bei dem inzwischen die Türen des Hubschraubers geschlossen bleiben müssen, schnitten alle deutschen Teilnehmer schlecht ab. An die Spitze setzte sich das Damenteam Tatjana Stekolnikowa/Ludmilla Korneva, die 196 Punkte erreichten. Beim anschließenden Slalom erreichten gleich drei russische Mannschaften 196 Punkte. Tagesbester wurden Plakushchy/Rodinov, als bestes deutsches Team landeten Zimmer/Oehler mit 138 Punkten auf Platz 31.

Beim letzten Event, dem Navigationsflug, dominierten die Russen, deren Heimvorteil unverkennbar war. Die deutschen Teams fielen deutlich ab. Hoven/Wagner flogen 25 Meter am Turningpoint vorbei und verfehlten den Zielabwurf, Schäfer/Dreher fanden Entry und Exit der Suchzone nicht und Betzler/Pipke erhielten auf Grund eines technischen Ausfalls der Uhren erhebliche Zeitfehler.

Beim abschließenden Freestyle beteiligten sich nur drei Piloten.

Leiter der internationalen Schiedsrichtergruppe war Wolfgang Perplies aus Bad Wildungen. Ein TV-Team des Hessischen Rundfunks begleitete die Delegation.

Die Siegerehrung wurde beim abschließenden Bankett durchgeführt. Zum ersten Mal holte eine Damencrew, die schon bei der WM in Wroughton teilgenommen und dort den 5. Platz in der Gesamtwertung belegt hatte, den Titel. Weltmeister 1994 wurden Tatjana Stekolnikowa und Ludmilla Korneva auf einer Mi-2 mit 785 Punkten, gefolgt von ihren Landsleuten Sergei Derbasov und Mikhail Kormyagin mit 784 Punkten, ebenfalls auf Mi-2. In der Mannschaftswertung siegte Rußland vor den USA und Großbritannien. Juniorenweltmeister 1994 wurden Holger Hoven und Knut Wagner auf einer Bell 206, die in der Gesamtwertung Platz 29 belegten. Den Freestyle, an dem nur drei Besatzungen teilnahmen, gewann Quentin Smith aus Großbritannien auf R22 knapp vor Nadezhda Sivjuk aus Rußland auf einer Mi-2.

Das schlechte Abschneiden der deutschen Mannschaft, abgesehen vom Junioren-WM-Titel, liegt zum Teil an den begrenzten Trainingsmöglichkeiten (ein- bis dreitägige Trainingslager in Fritzlar, Calden, Schwarzheide und Landsberg), hervorgerufen durch finanzielle Grenzen bei den teuren Flugstunden und hohen Teilnahmekosten (ca. 1000 US-Dollar Nenngeld pro Person), sowie beruflich bedingtem Zeitmangel. Trotz Sponsorengeldern blieben die Eigenkosten pro deutschen Teilnehmer doch noch erheblich hoch.

Ganz anders dagegen die Situation bei den anderen Nationen. Das US-Militärteam wurde von Bell Helicopter Textron mit 1,5 Millionen US-Dollar gesponsert. Die Franzosen erhielten drei Millionen Francs (ca. eine Million DM), die britischen Teams von Army, Navy und Air Force hatten unbegrenzte Trainingsmöglichkeiten, und bei den Russen und Weißrussen floß das Flugbenzin für sportliches Fliegen scheinbar unbegrenzt. Die Südafrikaner schulten in Moskau sogar auf das Muster Mi-2 um. Damit die deutschen Piloten in Zukunft wieder vorne mitfliegen können, müssen noch weitere finanzkräftige Sponsoren gefunden werden.

Ergebnisse:

Einzelwertung:
1. Platz Tatjana Stekolnikowa/Ludmilla Korneva
   Rußland   785 Punkte
2. Platz Sergei Derbasov/Mikhail Kormyagin
   Rußland   784 Punkte
3. Platz George Egbert/Paul Hendricks
   USA   779 Punkte

Mannschaftswertung:
1. Platz   Rußland
2. Platz   USA
3. Platz   Großbritannien

Freestyle:
1. Platz Quentin Smith   Großbritannien
2. Platz Nadezhda Sivjuk   Rußland
3. Platz Jean-Jacques Lebon   Frankreich

9. Hubschrauberweltmeisterschaft 1996, Salem/USA

Die 9. Hubschrauber-Weltmeisterschaften fanden vom 14. bis 18. August 1996 in Salem, Oregon, USA statt. Mannschaften aus zwölf Nationen gingen an den Start. Dies waren neben den amerikanischen Gastgebern Großbritannien, Frankreich, Rußland, Monaco, Griechenland, Italien, Kanada, Südafrika, Türkei, Japan und Deutschland. Das deutsche Team bestand aus sieben Crews, leider ohne die amtierenden Deutschen Meister Bär und Laubenthal und sieben Schiedsrichtern. Die Hubschrauber sollten vor Ort gechartert werden. Mit der Anmietung einer Robinson R-44 gab es offensichtlich Probleme, so daß die Besatzung kurzfristig auf eine Hughes 300 wechselte. Die Russen hatten ihre Mi-2 Hubschrauber auf dem Seeweg an die amerikanische Westküste gebracht.

Nicht berücksichtigt hatte man bei den Organisatoren, daß gerade im August die Hitze Probleme bereiten kann. Riesige Waldgebiete standen in Flammen, die Stromversorgung war zusammengebrochen und mehrere tausend Helfer und etliche Hubschrauber waren für die Löscharbeiten abgezogen worden. Trotz organisatorischer Schwierigkeiten – unklare Zuständigkeiten, Transportprobleme usw. – konnte die Weltmeisterschaft pünktlich beginnen.

Ergebnisse:
Damen:
1. Platz Dorothy Payne/   USA
   Elaine Berryman
2. Platz   Rußland
3. Platz Dagmar Kinne/Marion   Deutschland
   Ripberger
Herren:
1. Platz Sergei Derbassov/Mikhail   Rußland
   Kormyagin
Mannschaftswertung:
1. Platz   Rußland

10. Hubschrauberweltmeisterschaft Nördlingen/ Deutschland

In der 1100 Jahre alten Stadt Nördlingen fand vom 19. bis 22. August 1999 die 10. Hubschrauberweltmeisterschaft statt. 57 Hubschrauber-Besatzungen aus elf Nationen nahmen mit insgesamt 37 Hubschraubern teil. Die Teilnehmer kamen aus Deutschland, Frankreich, Großbritannien, Iran, Japan, Kasachstan, Österreich, Rußland, Schweiz, Spanien und Weißrußland. Die USA waren nicht vertreten; wie Monate vorher schon angedeutet, war ihnen anscheinend der Kriegsschauplatz Kosovo zu nahe. Die Japaner brachten eine eigene Robinson R22 per Luftfracht nach Nördlingen.

Die Wettbewerbe begannen mit dem Navigationsflug, dessen Flugzeit mit rund einer Stunde berechnet wurde. Die Aufgabe entsprach den Bedingungen der vorigen Weltmeisterschaften, die Rückkehr über die Ziellinie hatte zu einer exakt vorgegebenen Zeit zu erfolgen. Wie sonst auch, fiel bei dieser ersten Prüfung bereits die Vorentscheidung. Die weiteren Aufgaben – Hover-Parcours, Zeitanflug mit Rettungsübung und Slalom – fanden an den folgenden Tagen statt. Da diese Wettbewerbe am Flugplatz direkt hinter den Absperrungen vor den Augen der Zuschauer durchgeführt werden, sind sie hautnah mitzuerleben und ein Publikumsmagnet.

Es zeigte sich, daß auch die Auswahl der Schiedsrichter mehr Beachtung finden muß und eindeutige Regeln jedem bekannt sein müssen.

Kritik muß sich auch der Veranstalter gefallen lassen, der u. a. nicht einmal ein NOTAM veröffentlichen ließ, in dem auf die WM hingewiesen wurde, zumal das Wettkampfgelände im ausgewiesenen Tieffluggebiet 7 lag. Auch wurden einige Wettkampfergebnisse zeitlich so veröffentlicht, daß sie die Team-Chefs nicht in der für eventuelle Einsprüche relevanten Zeit (zwei Stunden) erhielten. Obwohl die Russen weltmeisterlich flogen, stellt sich die Frage, warum die Russen ein drittes Besatzungsmitglied mit an Bord nehmen und auch ihre Radarhöhenmesser benutzen durften? Ein ausländischer Gastpilot meinte dazu: »Man kann sich des Eindrucks nicht erwehren, daß diese WM um die Russen herum gestaltet wurde.«

Zu den Hubschraubermustern, die bei dieser Veranstaltung zu sehen waren, gehörten u.a. EC 135, EC 120,

»Alouette II«, Mi-2 und die Bell UH-1D SAR Ingolstadt.

Der größte Sponsor dieser Weltmeisterschaft, die Firma Eurocopter, lud zum festlichen Abschluß am Sonntag Offizielle, Schiedsrichter und Teilnehmer zu einem Empfang ins Hotel Klösterle. Im Anschluß daran folgte das Bankett und die Siegerehrung.

Dominierend waren die Russen mit ihren Mi 2-Hubschraubern, die nicht nur den Weltmeister stellten, sondern auch die beste Damencrew und den Mannschaftsweltmeister. Die beste deutsche Besatzung, Heinz Schäfer mit Peter Schmidt, landete auf Platz 4. Dagmar Kinne und Nicole Schutenberg kamen als beste deutsche Damenbesatzung auf Platz 39.

Um über diese Hubschrauber-Weltmeisterschaft zu berichten, war auch der TV-Hubschrauber von Pro 7, eine Bell 407, in Nördlingen dabei.

Ergebnisse:

WM-Wertung und Gesamtsieger:

1.	Vladimir Zyablikov/Vladimir Gladchenko	Rußland
2.	Vasily Glovkin/Georgi Arbuzov	Rußland
3.	Viktor Korotayev/Nikolai Bourov	Rußland

Beste Damencrew:

1.	Tatjana Stekolnikova/Ludmilla Korneva	Rußland
2.	Galina Shpigovskaya/Ljoubov Goubar	Rußland
3.	Irina Garelysheva/Tamara Stelmakh	Rußland

Mannschaftswertung:
1. Rußland
2. Österreich
3. Deutschland

Juniorenwertung:

1.	Marcel Stegmüller/ Kurt Hohenester	Deutschland
2.	Caroline Gough Cooper/ Immogen Asker	Großbritannien
3.	Juan Burchard/Fred Bouchez	Frankreich

Die **11. Hubschrauber-Weltmeisterschaft** ist für 2001 in Spanien geplant und wird im Rahmen der »World Air Games« durchgeführt.

Marbella V.I.P. Flight Service

Marbella mit seinem milden Klima, an Spaniens Costa del Sol gelegen, hat 310 Sonnentage im Jahr und gehört zu den beliebtesten Orten des europäischen Adels und arabischer Milliardäre. Hier leben und feiern unter anderem Don Jaime de Mora y Aragon, der Bruder der belgischen Königin Fabiola, Gunilla von Bismarck, Urenkelin des Eisernen Kanzlers, der Öl- und Waffenmilliardär Adnan Kashoggi oder Baron Hans-Heinrich von Thyssen, der seine 2,5 Milliarden teure Gemäldesammlung nach Spanien brachte. Neben dem saudischen König Fahd residieren hier die Emire von Katar und Abu Dhabi. Prinz Salman, der Gouverneur der saudischen Hauptstadt Riad, ließ für sich und seine Verwandten gleich zehn Villen bauen. Den Grundstein dafür legte Prinz Alfonso von Hohenlohe, der Gründer des weltbekannten MARBELLA-Clubs. Vor fast 50 Jahren war er an die Sonnenküste gekommen, als Marbella noch ein Fischernest war, in dem Lastesel und andalusische Bergziegen anzutreffen waren. Bereits vor 40 Jahren hatte er die Idee, zwischen dem Flughafen Malaga und Marbella eine Hubschrauberverbindung einzurichten. Im Juni 1988 wurde diese Idee zunächst unter dem Namen »Marbella International V.I.P. Club Flight Service GmbH« Wirklichkeit.

Nicht nur die Residenten von Marbella, überwiegend Deutsche, verlangen diesen Hubschrauberservice, von dem man deutsche Gründlichkeit und Zuverlässigkeit erwartete, sondern auch alle diejenigen, die besonders während der Hauptreisezeit im dichten Verkehr der Küstenstraße auf dem Weg zum Flugplatz oder zu einem Geschäftstermin Zeit verlieren könnten. Während in den Sommermonaten für die Strecke zum Flugplatz mit dem Auto mehr als zwei,

manchmal auch über drei Stunden benötigt werden, beträgt die Flugzeit mit dem Hubschrauber nur 15 bis 20 Minuten. So wurde zunächst ein Bell 206 »Long Ranger« aus Deutschland nach Marbella geflogen, und der Hubschrauber-Shuttle-Service zwischen Marbella (Puerto Banus) und dem Flughafen Malaga war eröffnet. Dies war der erste Hubschrauber-Shuttle-Service in Spanien überhaupt, gegründet von Prinz Alfonso von Hohenlohe und Hans-Joachim Polte, Hubschrauberpilot und Präsident des Helicopter Club Deutschland e.V. Stationiert war der Hubschrauber vorerst auf dem privaten Heliport von Adnan Kashoggi im Nobelhafen Puerto Banus. Neben einer deutschen Crew war natürlich auch deutsche Technik für die Wartungsarbeiten gefragt.

Immobilienmakler konnten ihren Kunden die zu veräußernden Objekte aus der Luft zeigen. Rundflüge entlang der »Goldenen Meile«, um einmal in die »Schlafzimmer« der Prominenten sehen zu können, oder Ausflüge nach Ronda mit der ältesten Stierkampfarena in Spanien, nach Granada oder Tanger, über die Meerenge von Gibraltar, sowie Zubringerflüge zu den Top-Hotels an der Costa del Sol oder zu einem der vielen Golfplätze, aber auch zum Skilaufen in die Sierra Nevada rundeten das Einsatzprofil ab.

Nach einem gelungenen Start, die Nachfrage war enorm, kam der Ärger mit den spanischen Behörden. Daß Ausländer einen Service bieten, zu dem die spanischen Luftfahrtunternehmen nicht in der Lage waren, konnte nicht geduldet werden, zumal bis heute kein ausländisches Unternehmen einen kommerziellen Dienst im Luftfahrtbereich innerhalb Spaniens anbieten darf – trotz anderslautender EU-Bestimmungen. Wollten die internationalen Gäste in Marbella je-

Kashoggis Yacht »Nabila« mit
Hubschrauber an Deck.

doch sicher sein, daß technisch
einwandfreies Fluggerät zur Verfügung stand, sie ihr Flugziel auf di-
rektem Weg erreichen konnten,
die Abflugzeiten pünktlich einge-
halten wurden und daß das alles in
einem aus der Luftfahrt gewohnten
Erscheinungsbild zuverlässig ab-
lief, konnten sie nur auf diesen
deutschen Service zurückgreifen
oder ihre Luxuslimousinen vorfah-
ren lassen.

Man hatte sich zwangsläufig
zu arrangieren, spanische Hubschrauber wurden gechartert, die
nur von einem spanischen Kommandanten geflogen
werden durften; die deutschen Lizenzen sind nur für
deutsch zugelassene Luftfahrzeuge gültig. Da spanische Berufshubschrauberpiloten nicht das in der Fliegerei übliche Englisch sprechen müssen, waren gele-
gentlich weitere Probleme nicht zu umgehen. Auf
Wunsch der Fluggäste wurde es jedoch so eingerichtet, daß bei fast allen Flügen ein deutscher Hubschrauberpilot mit an Bord war.

Anfang 1990 entschlossen sich die Aktionäre des
bis dahin unter dem Namen »Marbella V.I.P. Flight
Service, S.A.« betriebenen Unternehmens – nicht zuletzt wegen andauernder Querelen mit dem Gastland
– zur Gründung eines eigenen spanischen Luftfahrt-
unternehmens mit der kurzen Bezeichnung »Marbellair, S.A.«. Die vorgesehenen Hubschrauber konnten
in Spanien jedoch nicht wie vorgesehen im Leasingverfahren erworben werden.

Inzwischen arbeitete man auch mit
internationalen Fluggesellschaften
und großen deutschen Reiseveranstaltern zusammen, und unter anderem hatte man dabei Gruppen von bis
zu 20 Personen zu transportieren. Somit war es des öfteren notwendig, ein
oder mehrere Hubschrauber von verschiedenen spanischen Hubschrauberunternehmen zusätzlich zu chartern. So kamen je nach Bedarf bis-
weilen weitere Maschinen vom Typ
»Alouette III« und Agusta A 109 zum
Einsatz.

1991 entschloß man sich, mit einem
Schweizer Hubschrauberunternehmen
zusammenzuarbeiten, welches über
eine spanische Tochterfirma (Heli-
swiss Iberica) mit Sitz in Barcelona Hubschrauber
nach Spanien einführte und betrieb. Eine Maschine
vom Typ AS 350 war in Marbella stationiert, und durch
die Aktivitäten der Marbellair vor Ort konnte ein zuverlässiger Shuttle-Service, u.a. zur Weltausstellung
EXPO 92 nach Sevilla, angeboten werden. Nachdem
die Schweizer die Führung des Unternehmens eigenverantwortlich den Spaniern überlassen hatten, zog
sich Marbellair im Herbst 92 aus der gemeinsamen
Arbeit zurück, um nicht das seit 1988 aufgebaute Ver-
trauen der Kunden zu verlieren.

Der Heliport war inzwischen vom Hafen auf das
Flachdach der BMW-Vertretung von Marbella verlegt
worden. Das Gebäude, »Rio Verde« genannt, liegt direkt an der Küstenstraße zwischen Marbella und der Zufahrt zum Hafen
Puerto Banus. So war der Hubschrauber je-

»Jet Ranger«
der Marbellair,
S.A., im Hafen
Puerto Banus.

Prinz Alfonso von Hohenlohe und Hans-Joachim Polte, Gründer des Marbella V.I.P. Flight Service, mit Flamenco-Tänzerinnen vor einem Bell 206 »Jet Ranger«.

lich Arbeitserlaubnis für deutsches Personal, um diesen Hubschrauber-Service wieder einzurichten, wurde von der spanischen Luftfahrtbehörde abgelehnt.

Nicht nur das spanische Fernsehen, sondern auch der Bayerische Rundfunk und RTL hatten den Hubschrauberservice in Marbella in Anspruch genommen. Beim »World Cup Golf 89« war Marbellair der offizielle Hubschrauberservice, und auch der deutsche Bundestrainer und Team-Chef der deutschen Tennis-Damen-National-Mannschaft, Klaus Hofsäss, dessen Trainingscamp hoch über der Küste nahe Marbella liegt, hat den Hubschrauberservice oft für seine prominenten Gäste gerufen. Es würde zu weit führen, die prominenten Fluggäste aus den Bereichen Adel und Jetset, Ölmilliardäre, Schauspieler, Politiker, Industrielle oder gar aus dem Bereich »Fahndungsliste« aufzuführen, abgesehen davon, daß die Firma Marbellair diesbezüglich sehr diskret und verschwiegen ist. Doch sollte erwähnt werden, daß bereits kurz nach der Maueröffnung in Berlin Angehörige des ehemaligen Staatssicherheitsdienstes sich in einem Nobelhotel der Costa del Sol einquartiert hatten und nach dem Hubschrauberservice fragten.

derzeit schnell zu erreichen, sicher abgestellt, es gab keine Probleme mit der Lärmbelastung innerhalb der Umgebung, und Parkmöglichkeit für die Fahrzeuge der Fluggäste stand ausreichend zur Verfügung. Ein Gelände für einen eigenen Heliport konnte die Stadt Marbella, trotz mehrerer Anfragen, nicht anbieten.

Eine Arbeitserlaubnis, nach den EU-Vorschriften für EU-Bürger normalerweise ohne Probleme zu erhalten, wurde für den Bereich kommerzielle Fliegerei von den spanischen Behörden nicht erteilt. Somit wurde der Flugdienst 1993 eingestellt.

Die spanischen Luftfahrtunternehmen konnten und wollten den Service der Marbellair S.A. nicht bieten bzw. in Eigenregie weiterführen, und so gibt es bis heute keinen Hubschrauber-Shuttle mehr in Marbella.

Eine erneute Anfrage vom Januar 1997 bezüg-

Agusta A-109.

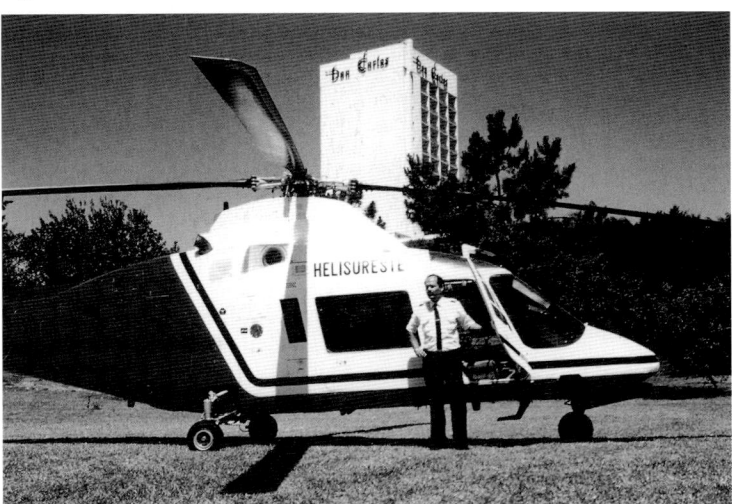

Die Hubschrauber der Marbellair, S.A., Bell 206 »Long Ranger« und AS 350, konnten von jedem Interessenten direkt oder über den Marbella Club angefordert werden. Dies galt auch für Notfälle. Als Arzt stand dafür die deutsche Lufthansa-Vertragsärztin zur Verfügung. Geflogen wurde normalerweise in einem Umkreis von ca. 300 km um Marbella. So waren z. B. Flüge nach Jerez (ca. 35 Min.) zu den Sherry-Bodegas, Sevilla (ca. 45 Min.), Granada (ca. 40 Min.) oder Tanger in Marokko (ca. 75 Min., bedingt durch die Zollabfertigung in Malaga) jederzeit möglich. Auch Kombinationen von Hubschrauber und Privatjet sowie nur die Vermittlung von Privatjets, auch ab Deutschland zu jedem anfliegbaren Ort in Europa und Nordafrika, konnten über die Marbellair durchgeführt werden. So wurden auch in Verbindung mit den Reiseveranstaltern vor Ort Ausflugs- und Tagesprogramme sowie Spezialpakete für Brandy-, Wein- und Sherry-Liebhaber, Golfer, Reiter, Tennisfans, Skiläufer und Bergwanderer angeboten. Es konnten weiterhin Intensiv-Programme mit Ausflugsmöglichkeiten, z. B.

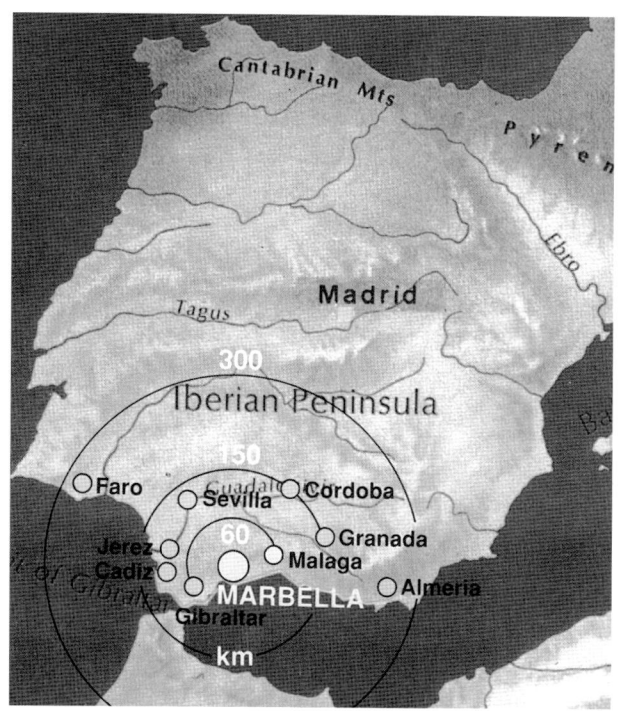

Im Umkreis von 300 km ab Marbella wird der Hubschrauber-Service angeboten.

Prinz Alfonso von Hohenlohe vor einem spanischen gecharterten Bell 206 »Long Ranger«.

zur Finca Los Alburejos der Familie Domecq, wo die Aufzucht und Ausbildung der Stiere und Pferde gezeigt wird, und Tagestouren nach Marokko gebucht werden. Dazu wurde das »Marbella executive Flight«- Büro in Deutschland eingerichtet. Wer noch mehr Abwechslung haben wollte, der konnte sein Glück im Casino von Marrakesch versuchen, natürlich An- und Abreise per Privatjet und Hubschrauber. Über den Marbella Private Executive Flying Club, Büro Deutschland, werden auch heute noch die »Spezialpakete« sowie exklusive Intensiv-Programme in Verbindung mit Linienflügen oder Privatjets, speziell für Südspanien und Marokko, ausgearbeitet.

Prinz Alfonso von Hohenlohe und Fürst Ferdinand von Bismarck auf dem Landeplatz des Marbella Hill Clubs.

Anhang

Firmenverzeichnis deutscher Hubschrauberhersteller

Vor 1945:

Focke-Wulf Flugzeugbau AG, Bremen	1932 bis 1937
Focke Achgelis & Co GmbH, Delmenhorst	1937 bis 1945
Walter Rieseler, Berlin	1934 bis 1938
Flettner Flugzeugbau, Berlin-Johannisthal	1935 bis 1945
Nagler-Rolz-Flugzeugbau, Wien	1935 bis 1945
Wiener-Neustädter-Flugzeugwerke, Wien-Neustadt	1940 bis 1945

Nach 1945:

Carl F. W. Borgward GmbH, Bremen	1956 bis 1961
Merckle Flugzeugwerke GmbH, Oedheim	1957 bis 1967
Wagner-Helicopter-Technik, Friedrichshafen	1962 bis 1971
Helicopter-Technik München GmbH & Co, Feldkirchen	1971 bis 1974
Dornier Werke GmbH, Friedrichshafen*	1961 bis heute
Weser Flugzeugbau GmbH, Bremen	1957 bis 1963
Vereinigte Flugtechnische Werke GmbH	1963 bis 1969
VFW-Fokker	1969 bis 1977
Bölkow Entwicklungen KG, Stuttgart/München	1956 bis 1965
Bölkow GmbH	1965 bis 1968
Messerschmitt-Bölkow GmbH	1968 bis 1969
Messerschmitt-Bölkow-Blohm GmbH, München-Ottobrunn	1969 bis 1992
Eurocopter Deutschland GmbH, München-Ottobrunn	1992 bis heute

---

* Seit April 1985 ist Mercedes mit 68% bei Dornier beteiligt, ebenfalls das Land Baden-Württemberg mit 4% Das Unternehmen wird jedoch weiterhin unter dem alten Namen Dornier weitergeführt.

Firmenverzeichnis internationaler Hubschrauberhersteller

Agusta
Costruzioni Aeronautiche Giovanni Agusta S.p.A.
21017 Cascina Costa di Samarante (Italien)
http://www.agusta.com
Nach Ende des Ersten Weltkrieges gründete Giovanni Caproni in Cascina Costa eine Flugzeugfirma. Neben seinem Betrieb auf dem Flughafen Malpensa bei Mailand gründet er 1923 zwei neue Werke in Tripolis und Bengasi.

Seit 1973 untersteht die Agusta-Gruppe der öffentlich-rechtlichen Institution EFIM. Es werden Lizenzbauten der Firmen Bell, Sikorsky und Boeing Vertol gebaut. Agusta gehört zum Finmeccania-Konzern.

Bell
Bell Helicopter Textron Inc. (USA)
Fort Worth, Texas, 76101
http://www.bellhelicopter.textron.com
1935 gründete Lawrence Dane Bell in Buffalo, N.Y., die Bell Aircraft Corporation, die er bis zu Beginn des Zweiten Weltkrieges als Präsident leitete.

1951/52 errichtete Bell ein neues Werk in Forth Worth, Texas, in das die gesamte Hubschrauberentwicklung und Fertigung verlegt wurde. Der neue Name lautete bis 1957 Bell Helicopter Division, danach Bell Helicopter Corporation und Bell Aerospace Corporation. Im Juli 1960 wurde das Unternehmen ein Teil des Textron Inc.-Industrie-Konzerns und gleichzeitig in drei Abteilungen reorganisiert, von denen die Bell Helicopter Company in Fort Worth verblieb.

Die Firmen Kawasaki, Westland und Agusta haben die Genehmigung für den Lizenzbau der Bell-Hubschrauber erhalten.

Anfang 1998 scheiterte bei Bell die Übernahme der kommerziellen Hubschraubersparte von Boeing. Seit Mai 1999 erfolgt auch die Auslieferung von Bell-Hubschraubern aus dem neuen Werk in Amarillo, Texas.

Boeing
Boeing Vertol Company (USA)
Philadelphia, Pennsylvania 19142-0858
http://www.boeing.com

Die Firma wurde von William Edward Boeing und G. Conrad Westervelt 1915 in Seattle gegründet. 1961 änderte die Boeing Airplane Company ihren Namen in The Boeing Company. Im Dezember 1973 wurden im Rahmen der Rationalisierung und Reorganisation vier separate Firmen gegründet.

Mit der Konstruktion von Drehflüglern befaßte man sich ab 1960. Im gleichen Jahr hat Boeing die Vertol Aircraft Corporation mit Sitz in Morton, Pennsylvania, übernommen und sie seitdem als Boeing Vertol Company geführt.

Anfang 1998 gab Boeing seinen Entschluß, sich von der kommerziellen Hubschraubersparte zu trennen, bekannt. Die niederländische Rotterdam Dockyard Company (RDM) hat im Februar 1999 die Produktlinie der NOTARS MD 520N, MD 600N, MD 530F, MD 530E und MD» Explorer« von Boeing übernommen. Das militärische Hubschrauberprogramm verbleibt weiterhin bei Boeing.

Brantly

Brantly International (USA)
Vernon, Texas 76384
http://www.brantly.com
Newby O. Brantly entwickelte 1953 das erste B-2-Modell. Die Zulassung und Serienfertigung begann 1959. Die Firma wechselte dann mehrfach den Besitzer. Unter Michael K. Hynes (Brantly-Hynes Helicopter Inc.) entstand in den 70er Jahren die modifizierte Version B-2B. 1996 erwarb die Firma die Produktionszulassung erneut. Der Firmensitz befindet sich heute in Vernon, Texas.

Bristol

Bristol Aeroplane Co., Ltd. (Großbritannien)
Die Firma wurde 1909 in Filton bei Bristol gegründet. Mit Raoul Hafner als Chefkonstrukteur wurde 1944 eine Hubschrauber-Abteilung aufgebaut, die auf Regierungsbeschluß 1961 an Westland verkauft wurde. Nachdem die Firma ein Zweig von BAC Filton und daraus folgend ein Teil von British Aerospace wurde, hörte der Name Bristol 1963 in der Luftfahrt auf zu existieren.

EH-Industries

zusammen mit Agusta und GKN Westland
Farnborough, Hampshire GU14 7QL (UK)
Bei EH-Industries handelt es sich um ein Gemeinschaftsunternehmen der italienischen Agusta und GKN-Westland aus England. Die gemeinsame Entwicklung ist das Modell EH-101.

Enstrom Helicopter Corp.

The Enstrom Helicopter Corporation (USA)
Menominee, Michigan 49858-0490
Um einen von Rudolph J. Enstrom entworfenen leich-ten Versuchshubschrauber zu entwickeln, wurde 1959 die R. J. Enstrom Corporation in Menominee (Michigan) gegründet. Nach dem Erfolg des Serienmodells Enstrom F-28 wurde die Firma 1968 von der Purex Corporation erworben und arbeitete eine Zeitlang als Teil der Pacific Airmotiv Group, die ihrerseits auf Grund finanzieller Schwierigkeiten im Januar 1971 an F. Lee Bailey verkauft wurde. Im Januar 1980 wurde die Enstrom Corporation von dem holländischen Konzern Bravo Investments BV übernommen.

Eurocopter S.A.

Aèroport International Marseille Provence, 13725 Marignane Cedex
htpp://www.eurocopter.com
Im Januar 1992 wurde die Eurocopter-Firmengruppe durch Fusion von Aerospatiale und MBB/Deutsche Aerospace offiziell ins Leben gerufen. An der Eurocopter Holding S.A. ist die Aerospatiale mit 60% und MBB/Deutsche Aerospace mit 40% beteiligt. An der Management-Firma Eurocopter S.A. ist die Eurocopter Holding S.A. mit 75% und die Aerospatiale direkt mit 25% beteiligt. Die Eurocopter S.A. ist hundertprozentiger Eigner zweier nationaler Tochterfirmen, der Eurocopter France S.A. und der Eurocopter Deutschland GmbH, die beide für Entwicklung, Fertigung und Product Support für die derzeitige und künftige Produktpalette der Eurocopter-Gruppe verantwortlich sind. Eurocopter S.A. ist auch Eigentümer von Eurocopter International, der internationalen Marketing- und Vertriebsfirma der Firmengruppe. Eurocopter hat derzeit die Industriestandorte Marignane und La Courneuve in Frankreich sowie Ottobrunn, Donauwörth und Kassel in Deutschland.

Fairey

Fairey Aviation Company (Großbritannien)
Charles Richard Fairey gründete 1915 die Fairey Aviation Company, die sich erst 1945 mit der Konstruktion von Hubschraubern beschäftigte. 1960 wurde sie von Westland übernommen.

Hiller

Hiller Aircraft Corporation (USA)
Marina, California 93933
http://wwwflyhiller.com
Stanley Hiller jr. gründete 1942 die Hiller Aircraft Company in Palo Alto, Kalifornien. Nach einer Gemeinschaftsentwicklung eines Koaxialhubschraubers mit der Kaiser Corporation entwickelte er unter dem Namen United Helicopters seine eigenen Entwürfe. Gegen Ende der 50er Jahre wandelte er den Namen wieder in Hiller Aircraft Corporation, bis die Firma 1964 von Fairchild Industries erworben wurde und den Namen Fairchild Hiller Corporation erhielt.

Hughes

Hughes Aircraft Company (USA)

Howard Robard Hughes gründete 1936 in Burbank, Kalifornien, die Hughes Aircraft Co. Anfang der 50er Jahre wurden die Hughes-Aircraft und die Hughes-Helicopter-Abteilungen in der Hughes Tool Company zusammengefaßt. Eine weitere Umorganisation führte zu Hughes Helicopters in Culver City, Kalifornien. Ende 1983 wurde Hughes Helicopters von McDonnell-Douglas erworben.

Kaman Aerospace

Kaman Aerospace Corporation (USA)

Bloomfield, Connecticut 06002

http://www.kaman.com

Charles H. Kaman gründete 1945 die Kaman Aircraft Corporation. Die Kaman Aerospace Corporation besitzt zwei Werke in Connecticut, wo Untersuchungen und Entwicklungen von Hubschrauberstrukturen und Rotortechnologien durchgeführt werden.

Kamov

14007 Lubertsy, Region Moskau

Das Hubschrauberkonstruktionsbüro wurde 1948 von Nikolai Kamov gegründet. Jahrzehntelang wurden fast ausschließlich Koaxial-Hubschrauber für die sowjetische Marine entwickelt.

Kawasaki Heavy Industries

Kawasaki Kokuki Kogyo (Japan)

http://www.khi.co.jp

Die Firma wurde 1878 gegründet und eröffnete 1922 eine Abteilung für die Konstruktion von Luftfahrzeugen. In den letzten Jahren verlegte man sich auf den Lizenzbau von Hubschraubern der Firmen Bell, Hughes und Sikorsky. 1977 unterzeichneten KHI und MBB einen Vertrag zur gemeinsamen Entwicklung und Produktion des Mehrzweckhubschraubers BK 117.

Kazan Helicopters

Kazan, Region Moskau (Rußland)

1935 war das Unternehmen bereits Zulieferungsbetrieb für die sowjetische Flugzeugproduktion. Während des Zweiten Weltkrieges wurden ca. 11.000 leichte Flugzeuge gebaut. 1951 begann die Serienproduktion von Hubschraubern Mi-1 und Mi-4. Heute ist das Unternehmen auf die Fertigung von Mi-17-Hubschraubern spezialisiert.

McDonnell

McDonnell-Douglas Corporation (USA)

James S. McDonnell gründete 1939 die McDonnell Aircraft Corporation. Durch den Erwerb der Aktienmehrheit bei der Platt Le Plage Aircraft Corporation befaßte sich McDonnell auch mit Hubschraubern, insbesondere mit den Projekten Verbundhubschrauber und eines »Fliegenden Kranes«. Den Unternehmensbereich Hubschrauber gab er jedoch Mitte 1959 wieder auf. 1968 kam es zur Fusion mit Donald W. Douglas. Durch den Kauf von Hughes Helicopters Ende 1983 mußte er sich erneut wieder mit Hubschraubern befassen.

MD Helicopters

MD Helicopters Holding, Inc.

Mesa, Arizona 85215-9797

ist eine Tochterfirma der niederländischen Rotterdam Dockyard Company (RDM). Sie hat im Februar 1999 die Produktlinie der NOTARS MD 520N, MD 600N, MD 530F, MD 530E und MD »Explorer« von Boeing übernommen. RDM Holding wird die Produktion der leichten Hubschrauber vorläufig in den Produktionsstätten von Boeing in Mesa, Arizona, fortsetzen.

Mil OKB (Rußland)

107113 Moskau

Michail Mil hatte sich bereits in den 30er Jahren mit Autogiros beschäftigt und am ZAGI Forschungsarbeiten zur Rotoraerodynamik durchgeführt. Im Dezember 1947, kaum neun Monate nach der Gründung des Mil OKB, startete seine erste Konstruktion, der GM-1, zum Erstflug. In ihrer Grundauslegung sind alle Mil-Modelle (bis auf Mi-12) gleich. Der Mi-24 war die erste spezielle Konstruktion für Kampfaufgaben. Er wurde von Marat Tishtenko entwickelt, der nach dem Tod von Mil 1970 die Leitung des OKB übernahm.

Piasecki

Piasecki Aircraft Company (USA)

Frank N. Piasecki gründete 1943 die P. V. Engeneering (Forum für Drehflügler-Entwicklungen), die 1947 unter dem Namen Piasecki Helicopter Corporation registriert wurde. 1955 gründete er die Piasecki Aircraft Company. Die ursprüngliche Piasecki Helicopter Corp. änderte im Mai 1956 ihren Namen in Vertol Aircraft Corp. und wurde 1960 eine Abteilung der Boeing Corporation.

PZL-Swidnik S.A.

Swidnik (Polen)

Aus mehreren Unternehmen entstand 1951 der Staatskonzern Panstwowe Zaklady Lotnicze (PZL). 1954 erfolgte der Lizenzbau für die Mil Mi-1 und 1965 der Bau der 2-Turbinen-Mi-2. 1988 begann die Produktion des W-3 »Soko« I. 1991 erfolgte die Privatisierung des Unternehmens. 1996 startete der SW-4 zu seinem Jungfernflug. Es besteht eine Kooperation mit Agusta bei der Herstellung der Fuselage für A-109.

Robinson Helicopter Co. (USA)

Torrance, Californien 90505
http://www.robinsonheli.com
Die Robinson Helicopter Company in Torrance bei Los Angeles wurde von dem Hubschrauberkonstrukteur Franklin D. Robinson gegründet und produziert seit 1979 den Leichthubschrauber R22. Mit dem viersitzigen Robinson R44 Astro wurde 1992 die Produktpalette erweitert.

Saro – Saunders-Roe Ltd. (Großbritannien)

1928 beteiligte sich Alliot Verdon Roe an der seit 1906 bestehenden Firma Saunders, die von da an den Namen Saunders-Roe Ltd., kurz Saro, führte. Im Januar 1951 übernahm Saunders-Roe die Cierva Company und wurde selbst 1960 ein Teil von Westland.

Schweizer Aircraft Corporation (USA)

Elmira, New York 14902
http://www.schweizer-aircraft.com
Die Brüder Bill, Paul und Ernie gründeten in Elmira, im Norden des Staates New York, das Familienunternehmen Schweizer Aircraft. 1939 wurde dort ihr erstes Serien-Segelflugzeug hergestellt. Seit 1982 führen Paul, Stuart und Leslie Schweizer das Unternehmen. Die Brüder Stuart und Paul sowie Cousin Les zeichnen jeweils für ein Aufgabengebiet verantwortlich. Einer von ihnen führt für jeweils ein Jahr den Titel Präsident. Die Produktpalette umfaßt neben Hubschraubern auch Segelflugzeuge, Motorsegler, Überwachungs- und Agrarflugzeuge sowie Hubschrauberteile für Bell und Sikorsky. Die Hughes 300 wurde seit 1984 in Lizenz gebaut. Rund 60% des Umsatzes entfällt heute auf das von McDonell-Douglas Helicopter 1986 erworbene 300 C-Programm. 1988 baute Schweizer Aircraft den ersten selbst konstruierten Hubschrauber, die Schweizer 330.

Sikorsky – Sikorsky Aircraft Corporation (USA) Stratford, Connecticut 06497-9129

htpp://www.sikorsky.com
Nach seiner Auswanderung aus Rußland nach der Oktoberrevolution gründete Igor Iwanowitsch Sikorsky 1923 die Sikorsky Aero Engineering Corporation in Stratford, Conn. Als techn. Direktor der Vought-Sikorsky Aircraft Corporation begann er erst 1939 wieder mit der Konstruktion von Hubschraubern. Im heutigen United Technology-Konzern ist die Produktion von Hubschraubern unter dem Namen »United Technology Sikorsky Aircraft« nur ein Teilbereich. Sikorsky-Hubschrauber werden u. a. bei Agusta und Westland in Lizenz gebaut. Sikorsky erwarb 1986, im Rahmen eines Rettungsplanes, 20% der Westland-Anteile mit einem Volumen von 256 Mio. Mark.

Aerospatiale

(Frankreich)
Aus der SNCAC und der SNCAN ist 1956 die Nord Aviation entstanden.

Durch Fusion der beiden Staatsunternehmen Sud-Est Aviation, vormals SNCASE, und Sud-Ouest Aviation, vormals SNCASO, ist am 1. März 1957 die Sud Aviation entstanden.

Aus dem Zusammenschluß von Sud-Aviation, Nord Aviation und SEREB wurde 1970 die Societe Nationale Industrielle Aerospatiale (SNIAS). Daraus ist später die Firma Aerospatiale entstanden.

GKN Westland

Westland Helicopters Ltd. (Großbritannien)
Yeovil, Somerset BA20 2YB
htpp://www.gkn-whl.co.uk
Westland Aircraft Works wurde 1915 gegründet, änderte 1935 seien Namen in Westland Aircraft Ltd. 1959 mußte Westland die Firma Saunders-Roe übernehmen, ein Jahr später noch die Hubschrauber-Unternehmensbereiche der Firmen Bristol und Fairey.

Im Oktober 1966 wurde aus Westland Aircraft Ltd. die Westland Helicopters Ltd. mit dem heutigen Hauptsitz in Yeovil sowie Unterabteilungen in Cowes und Weston-super-Mare. Mit Beginn des Jahres 1986 mußte Westland Konkurs anmelden. Sowohl Sikorsky als auch ein europäisches Konsortium waren an der Übernahme der Firma Westland interessiert. Am 12. Februar 1986 haben die Aktionäre das Beteiligungsangebot der Firma Sikorsky angenommen. Westland begann mit der Lizenzfertigung von Sikorsky-Hubschraubern und unterzeichnete 1967 ein bilaterales Gemeinschaftsprogramm mit Sud Aviation. Unter der gemeinsamen Leitung von Westland und Agusta wird das Gemeinschaftsunternehmen E. H. Industries Ltd. geführt.

Hubschrauberzentrum e.V.

Vorstandschaften seit der Gründung: 18. September 1970

1. Werner Panitzki, Generalleutnant a.D.		1970
2. Sergei I. Sikorsky		bis
3. Heinz Stümke, Oberst, Kommandeur der HFlgWaS		1971
1. Heinz Stümke, Oberst		1971
2. Sergei I. Sikorsky		bis
3. Otto Rietdorf, Geschäftsführer der Flugschule Clever & Rietdorf GmbH und Co. KG.		1973

1. Dr.-Ing. h.c. Ludwig Bölkow,
   Unternehmensleiter der MBB GmbH   1973
2. Eck Bender, Oberst   bis
3. Alexander Schreiber   1975

1. Dr.-Ing. Fritz Wenck, Geschäftsführer
   von VFW-Fokker   1975
2. Eck Bender, Oberst   bis
3. O. F. Rieger, Flugkapitän a.D.   1978

1. Sergei I. Sikorsky   1978
2. Eck Bender, Oberst   bis
3. Ehinger, Oberstleutnant   1980

1. Dipl.-Ing. Friedrich L. von Doblhoff   1980
2. Eck Bender, Oberst   bis
3. Dipl.-Ing. Rainer Scholz,
   Oberstleutnant   1982

1. Dipl.-Ing. Kurt Pfleiderer, Leiter des
   MBB-Unternehmensbereiches Drehflügler
   und Verkehr   1982
2. Eck Bender, Oberst   bis
3. Dipl.-Ing. Christoph Roessel,
   Oberstleutnant   1984

1. Dipl.-Ing. Kurt Pfleiderer   1984
2. Dipl.-Ing. Christoph Roessel,
   Oberstleutnant   bis
3. Dr. Alfons Echterhoff, Bürgermeister der
   Stadt Bückeburg   1986

1. Hans E. Drebing, Brigadegeneral a. D.   1986
2. Dipl.-Ing. Christoph Roessel,
   Oberstleutnant   bis
3. Dr. Alfons Echterhoff   1988

Präsident Dipl.-Ing. Volker von Tein, MBB   1988
1. Dipl.-Ing. Rainer Scholz, Oberst
2. Dipl.-Ing. Wolfgang Giesberg, Oberstlt.   bis
3. Dr. Alfons Echterhoff   1990

Präsident Dipl.-Ing. Karl Busch, VDO   1990
1. Dipl.-Ing. Rainer Scholz, Oberst
2. Dipl.-Ing. Wolfgang Giesberg, Oberstlt.   bis
3. Dr. Alfons Echterhoff   1992

Präsident Dipl.-Ing. Werner Reinl,
EUROCOPTER   1992
1. Dipl.-Ing. Rainer Scholz, Oberst   bis
2. Dipl.-Ing. Wolfgang Giesberg, Oberstleutnant
3. Dr. Alfons Echterhoff   1994

Präsident Dipl.-Ing. Werner Reinl,
EUROCOPTER   1994

Ab 13.09.1995 Dr. Siegfried Sobotta, EUROCOPTER
1. Oberst Rössel   bis
2. Dipl.-Ing. Wolfgang Giesberg, Oberstleutnant
3. nach dem Tod von Dr. A. Echterhoff
   kommissarisch verwaltet   1996

Präsident Dr. Siegfried Sobotta,
EUROCOPTER   1996
1. Eberhard Wildgruber, Oberst i.G.   bis
2. Wilhelm Ludwig
3 Jürgen Harmening   1998

Präsident Dr. Siegfried Sobotta,
EUROCOPTER   1998
1. Herr Wolski   bis
2. Wilhelm Ludwig
3. Jürgen Harmening   2000

2000 bis 2002 gleicher Vorstand wie letzte Periode.

Ab 1988 wurde durch Beschluß der Mitgliederversammlung und Satzungsänderung der Vorstand erweitert. Die vorher bestehende Doppelfunktion, Präsident und 1. Vorsitzender wurde aufgeteilt auf zwei Personen.

Ehrenmitglieder:

1. Prof. Dipl.-Ing. Dr. Ing. e.h. Henrich Focke †
2. Igor I. Sikorsky †
3. Flugkapitän Hanna Reitsch †
4. Wilson, GB
5. British Helicopter Board
6. Kurt Liebau †
7. Hans Weichsel, Vizepräsident Bell Helicopter
8. Werner Noltemeyer
9. Hanns Lutter
10. Gerhard Lange
11. Hubert Vergau

Anschriften

Hubschrauberzentrum e.V.
Postfach 1310
D-31665 Bückeburg
Sable Platz
D-31675 Bückeburg
Telefon (0 57 22) 55 33
Fax 0 57 22/7 15 39

Marbella Private Executive Flying Club
D-82383 Hohenpeißenberg
Telefax (0 88 05) 87 46
e-mail: PolteReisen@vollmer-moden.de

Die Adressen der Rettungs-hubschrauber-Stützpunkte auf einen Blick

Christoph 1 **Städt. Krankenhaus München-Harlaching**
Sanatoriumsplatz 2
81545 München
Telefon 0 89/62 10-1
Leitstelle: Tel. 0 89/1 92 22

Christoph 2 **Berufsgenossenschaftliche Unfallklinik**
Friedberger Landstraße 430
60389 Frankfurt/Main
Telefon 0 69/4 75-0

Christoph 3 **Städt. Krankenanstalten Köln-Merheim**
Ostmerheimer Straße 200
51109 Köln
Telefon 02 21/8 90 70

Christoph 4 **Medizinische Hochschule**
Konstanty-Gutschow-Straße 8
30623 Hannover
Telefon 05 11/5 32-1

Christoph 5 **Berufsgenossenschaftliche Unfallklinik**
Ludwig-Guttmann-Straße 13
67071 Ludwigshafen
Telefon 06 21/68 10-1

Christoph 6 **Zentralkrankenhaus links der Weser**
Senator-Wessling-Straße 1
28277 Bremen
Telefon 04 21/8 79-1

Christoph 7 **Rotes-Kreuz-Krankenhaus**
Hahnsteinstraße 29
34121 Kassel
Telefon 05 61/3 08 61

Christoph 8 **St. Marien-Hospital**
Altstadtstraße 23
44534 Lünen
Telefon 0 23 06/77-0

Christoph 9 **Berufsgenossenschaftliche Unfallklinik**
Großenbaumer Allee 250
47249 Duisburg-Buchholz
Telefon 02 03/76 88-1

Christoph 10 **Kreiskrankenhaus St. Elisabeth**
Koblenzer Straße 91
54516 Wittlich
Telefon 0 65 71/11 51

Christoph 11 **Städt. Klinik**
Röntgenstraße 20
78054 Villingen-Schwenningen
Telefon 0 77 20/39 11

Christoph 12 **Kreiskrankenhaus Eutin**
Janusstraße 22
23701 Eutin
Telefon 0 45 21/86-0

Christoph 13 **Städt. Krankenanstalten Bielefeld-Rosenhöhe**
An der Rosenhöhe 27
33647 Bielefeld
Telefon 05 21/44 74-1

Christoph 14 **Stadtkrankenhaus Traunstein**
Cuno-Niggi-Straße 3
83278 Traunstein
Telefon 08 61/17 05-0

Christoph 15 **Elisabeth-Krankenhaus**
St.-Elisabeth-Straße 23
94315 Straubing
Telefon 0 94 21/7 10-0

Christoph 16 **Kliniken der Stadt**
Saarbrücken-Winterberg
Theodor-Heuss-Straße
66119 Saarbrücken
Telefon 06 81/6 03-1

Christoph 17 **Stadtkrankenhaus Kempten**
Robert-Weixler-Straße 50
87439 Kempten
Telefon 08 31/2 05 50

Christoph 18 **Kreiskrankenhaus Ochsenfurt**
Am Greinberg 25
97199 Ochsenfurt
Telefon 0 93 31/6 91

Christoph 19 **Kreiskrankenhaus Uelzen**
Waldstraße 2
29526 Uelzen
Telefon 05 81/8 31

Christoph 20 Klinikum Bayreuth
Preuschwitzer Straße 101
95445 Bayreuth
Telefon 09 21/14 00-0

Christoph Europa 1 Flugplatz AC-Merzbrück 220
52146 Würselen
Telefon 0 24 05/7 36 89

Christoph 22 Bundeswehrkrankenhaus Ulm
Oberer Eselsberg 40
89081 Ulm
Telefon 07 31/1 71 -1

Christoph 23 Bundeswehrzentralkrankenhaus Koblenz
Rübenacher Straße 170
56072 Koblenz
Telefon 02 61/2 81-1

Christoph Europa 2 Kreisleitstelle
Frankenburgstraße 4
48429 Rheine
Telefon 0 59 71/5 31 00

Christoph 25 Ev. Jung-Stilling-Krankenhaus
Wichernstraße 40
57074 Siegen
Telefon 02 71/33 71-1

Christoph 26 Nordwest-Krankenhaus Sanderbusch
26452 Sande
Telefon 0 44 22/80-1

Christoph 27 Flughafen Nürnberg
90411 Nürnberg
Leitstelle: Tel. 09 11/1 92 22

Christoph 28 Städt. Kliniken Fulda
Pacelliallee 4
36043 Fulda
Telefon 06 61/84-1

Christoph 29 Bundeswehrkrankenhaus Hamburg
Lesserstraße 180
22049 Hamburg
Telefon 0 40/6 94 00 41
Leitstelle: 0 40/28 82 47 77

Christoph 30 Städt. Krankenhaus
Alter Weg 80
38302 Wolfenbüttel
Telefon 0 53 31/3 06-0

Christoph 31 Klinikum Steglitz der Freien Universität Berlin
Hindenburgdamm 30
12200 Berlin
Telefon 0 30/7 98-1

Christoph 32 Klinikum Ingolstadt
Krumenauerstraße 25
85049 Ingolstadt
Telefon 08 41/8 80-0

Christoph 33 /71 Rettungsamt Senftenberg
Krankenhausstr. 11/Ackerstr. 11b
01968 Senftenberg
Telefon 0 35 73/28 74 oder
Telefon 0 35 73/7 08 50

Christoph 34 Kreiskrankenhaus Güstrow
An der Schanze
18373 Güstrow
Telefon 0 38 43/26 11 77

Christoph 35 Städt. Klinikum Brandenburg
Hochstraße 29
14770 Brandenburg
Telefon 0 33 81/2 36 65

Christoph 36 Walter-Friederich-Krankenhaus
Olvenstedt
Birkenallee 34
39139 Magdeburg
Telefon 03 91/79 10

Christoph 37 Südharzkrankenhaus Nordhausen
Dr.-Robert-Koch-Straße 39
99734 Nordhausen
Telefon 0 36 31/410

Christoph 38 Medizinische Akademie Dresden
Fetscherstraße74
01307 Dresden
Telefon 03 51/45 80
Leitstelle: Tel. 03 51/5 98 02 06

Christoph 41 Kreiskrankenhaus Leonberg
Rutesheimer Straße 50
71229 Leonberg
Telefon 0 71 52/2 94 97

Christoph 42 Kreiskrankenhaus Rendsburg
Lilienstraße
24768 Rendsburg
Telefon 0 43 31/51 11

Christoph 43 St. Vicentius Krankenhaus
Steinhäuserstraße 18
76135 Karlsruhe
Telefon 07 21/81 77 77

Christoph 44 Universitätsklinik Göttingen
Robert-Koch-Straße
37075 Göttingen
Telefon 05 51/3 11 33

Christoph 45 Städt. Krankenhaus
Friedrichshafen
Röntgenstraße
88048 Friedrichshafen
Telefon 0 75 41/48 00

Christoph 46 Heinrich-Braun-Krankenhaus
Karl-Keil-Straße 35
08012 Zwickau
Telefon 03 75/52 55 35

Christoph 47 Uni-Klinikum Greifswald
17489 Greifswald
Telefon 0 38 34/81 54 00

Christoph 48 Landkreis
Mecklenburg-Strelitz
Hubschrauberlandeplatz
beim Bundesgrenzschutz
Woldegker Chaussee 50
17235 Neustrelitz
Telefon 0 39 81/44 53 30 und
0 39 81/44 53 31
Leitstelle: Tel. 0 39 81/44 75 15

Christoph 49 Humaine Klinikum
Pieskower Straße 33
15526 Bad Saarow
Telefon 03 36 31/7 31 03

Christoph 60 Klinikum Suhl
Albert-Schweitzer-Straße 19
98527 Suhl
Telefon 0 36 81/3 59

Christoph 70 Jena-Schöngleina
Flugplatz
07646 Schöngleina
Telefon/Fax 03 64 28/4 90 75

Christoph
Hansa
»Christoph Hansa«
Berufsgen. Unfallkranken-
haus Hamburg-Boberg
Bergedorfer Str. 10
21033 Hamburg

Telefon 0 40 /7 30 34 05
7 30 62-444
7 30 62-445
7 30 62-684
Fax 0 40 / 7 38 30 37

Christoph
Bayern
»Christoph Bayern«
GS Fliegerstaffel Süd
Am Flugplatz 1
85764 Oberschleißheim
Telefon 0 89/31 59 47-40
Fax 0 89/31 59 47-41

Christoph 77 »Christoph 77«
Joh.-Gutenberg-Klinikum/Geb. 406
Langenbeckstr. 1
55101 Mainz
Telefon 0 61 31/17 51 80
Fax 0 61 31/17 55 44

Umrechnungstabelle

Kraft

1 h.p	= 0,74567	kW = 1,0139 PS
1 PS	= 0,7355	kW = 0,986 h. p.
1 kW	= 1,3596	PS
1 kp	= 9,8066	N
1 N	= 0,1019	kp

Geschwindigkeit

1 kts	= 1,853	km/h = 1 NM/h
1 ft/min	= 0,00508	m/s

Entfernung

60 NM	= 1 Meridiangrad	NM = Nautische Meile
1 NM	= 1,853 km	kts = Knoten
1 engl. Meile	= 1,609 km	ft = Fuß
1 m	= 3,28 ft	h. p. = horse power
1 ft	= 0,3048 m	N = Newton

Literaturverzeichnis

K. von Gersdorff und K. Knobling: Hubschrauber und
Tragschrauber, 1. Auflage München 1982, 3. Auflage Bonn 1999
R. Besser, Technik und Geschichte der Hubschrauber, Bd. 1 u. 2,
München 1982
C. Apostolo, Weltenzyklopädie der Flugzeuge, Bd. 3:
Hubschrauber, München 1985
G. Kugler, ADAC, Rettungshubschrauberinformationen
ADAC, RTH Intern 2/84
Wehrtechnik 3/85
Helmut Mauch: Kleine Hubschrauberschule, Steinebach
hz-Informationen, Bückeburg
10 Jahre Polizeihubschrauberstaffel Bayern, Festschrift
Hubschraubermuseum Bückeburg, Archiv
Statusbericht, Verband der allgemeinen Luftfahrt e.V.;

Forschung für die Luftfahrt, Bundesministerium für Bildung,
Wissenschaft, Forschung und Technik;
Ergebnislisten, DAeC

Firmen-Publikationen:
Messerschmitt-Bölkow-Blohm, München
Dornier GmbH, München
MTU, München
Turboméca, Bordes, Frankreich
Hughes Helicopter Inc. USA, Deutschlandbüro Bonn
Aero-Engines, BMW-Rolls-Royse GmbH, Oberursel
ADAC-Luftrettung GmbH, München
Aerospace, Daimler-Benz Aerospace AG, München
Deutsche Rettungsflugwacht e.V., Filderstadt
Eurocopter Deutschland GmbH, München
HELOG AG, Küssnacht, Schweiz
Pratt & Whitney Canada Inc., Quebec
PZL Swidnik S.A.
Presseinformation, CAE Elektronik GmbH;
Infoblatt, Institut für Mikrotechnik Mainz GmbH;
Kazan Helicopters, Rußland, Internetrecherche

Abkürzungen

AAFSS	Advanced Aerial Fire Support System
AAH	Advanced Attack Helicopter
ABC	Advancing Blade Concept
ACAP	All Composite Airframe Program
ADAC	Allgemeiner Deutscher Automobil Club
AEG	Allgemeine Elektrizitäts Gesellschaft
AFK	Aramitfaser Kunststoff
AH	Attack Helicopter
AHIP	Army Helicopter Improvement Program
ALAT	Aviation Légére de l'Armée de Terre (Frankreich)
ALH	Advanced Light Helicopter
APU	Auxiliary Power-Unit (Hilfstriebwerk-Einheit)
ARGUS	Autonomes Radar Gefechtsfeld Überwachungssystem
ARIS	Anti Resonance Isolation System
ATL	Applied Technology Laboratory (Institut für angewandte Technologie der US Army)
BDLI	Bundesverband der Deutschen Luftfahrt-, Raumfahrt- und Ausrüstungs-Industrie e.V.
BGS	Bundesgrenzschutz
BIM	Blade Inspection Method
B.M.f.I.	Bundesministerium für Inneres
BIV	Bildverstärker-(Brille)
BMVg	Bundesministerium der Verteidigung, Bonn
BMW	Bayerische Motoren Werke
BMR	Bearingless Main Rotor
BO	Bölkow
BWB	Bundesamt für Wehrtechnik und Beschaffung
BRK	Bayerisches Rotes Kreuz
CAA	Civil Aviation Authority (Britische Luftfahrtbehörde)
CASA	Construcciones Aernauticas SA
CFK	Carbon Faser Kunststoff
CGI	Computer Generated Image
CH	Cargo Helicopter (Transporthubschrauber)
DARPA	Defense Advanced Research Projekt Agency (Wehrtechnik-Forschungsbehörde der USA)
DAeC	Deutscher Aero Club
DASA	Deutsche Aerospace
DFVLR	Deutsche Forschungs- und Versuchsanstalt für Luft- und Raumfahrt e.V.
DLB	Deutscher Luftfahrt Beratungsdienst

Do	Dornier
DRF	Deutsche Rettungsflugwacht
DSH	Deutsche Studiengemeinschaft Hubschrauber
DWT	Deutsche Gesellschaft für Wehrtechnik
ECD	Eurocopter Deutschland
EFIM	Ente Partecipazioni e Finanziamento Industria Manifatturiera
EFIS	Electronic Flight Instrument System
EMDG	Euromissile Dynamies Group
EMS	Emergency Medical Services
ENG	Eletronic News Gathering
EUROMEP	European Mission Equipment Package
FAA	Federal Aviation Administration (oberste Luftfahrtbehörde der USA)
FADEC	Full Authority Digital Electronic Control
FAI	Föderation Aeronautique Internationale (Protokollbehörde für Rekorde in der Luftfahrt)
Fa	Focke Achgelis
Fbl	Fly-by-Light
FEL	Faser-Elastromerlager
FI	Flettner
FLIR	Forward Looking Infrared-System
FVK	Faserverstärkte Kunststoffe
FVW	Faserverbund-Werkstoffe
Fw	Focke-Wulf
GFK	Glasfaserverstärker Kunststoff
GPS	Global Positioning System
H	Hubschrauber
HAA	Helicopter Association of America
HAC	..., Panzerabwehr-Hubschrauber
HAC 3 G	Helicoptére Anti Chars 3 me Génération
HACS	Helicopter Armoured Crashworthy Seat
HAI	Helicopter Association International
HAL	Hindustan Aeronautics Limited
HAP	Helicoptére d'Appui et de Protection
HELRAS	Helicopter Long-Range Active Sonar
HCD	Helicopter Club Deutschland e.V.
HFlgWaS	Heeresflieger-Waffenschule
HGH	Hochgeschwindigkeits-Hubschrauber
HHC	Höherharmonische Steuerung
HOT	Haut Subsonique Optiquement teleguidé tiré d'un Tube (Hohe Unterschallgeschwindigkeit, optisch ferngesteuert)
HTG	Hubschrauber-Transport-Geschwader
HTM	Helicopter Technik München
ICONA	Instituto Nacional para la Conservation de la Naturaleza
IDS	Integriertes Dynamisches System
IFA	Internationale Flug-Ambulanz
IFR	Instrument Flight Rules
IMS	Integrated digital Multiplex System
ITA	Institut du Aérien
JAA	Joint Aviation Authorities, Arbeitsgemeinschaft der europäischen Luftfahrtbehörden, gegr. 11.9.1990 auf Zypern von zehn europäischen Staaten. Mitglieder heute: 23 Staaten
JVX	Joint Services Advanced Vertical Lift Aircraft Program
KFK	Kohlefaserverstärkter Kunststoff
KHI	Kawasaki Heavy Industries
KIAS	Knots Indicates Air Speed
LBA	Luftfahrt-Bundesamt
LOH	Light Observation Helicopter
LPF	Lesotho Para Military Force
LTG	Luft-Transport-Geschwader
LTH	Leichter Transporthubschrauber
MBB	Messerschmitt-Bölkow-Blohrn
MBL	Musterprüfstelle der Bundeswehr für Luftfahrtgerät
MLR	Multipurpose Long Range
MPS	Mission Planning System

MTU — Motoren- und Turbinen Union
NAW — Notarzt-Wagen
NFH — Nato Frigate Helicopter
NOTAR — No Tail Rotor
NTT — Neue Transport-Technologien
NVG — Night Vision Goggles (Restlichtverstärker)
OH — Observation-Helicopter
OKM — Oberkommando der Kriegsmarine
OPHELIA — Optique Plate-Forme Helicoptére Allemande
OUV — Oskar-Ursinius-Vereinigung
PADC — Philippine Aerospace Development Corporation
PAH — Panzerabwehr-Hubschrauber
PARS-3 — Panzerabwehr-Raketen-System der dritten Generation
PHI — Petroleum Helicopter Inc.
PPS — Precision Pointing System
PVC — Polyvinylchlorid
PZL — Panstowe Zaklady Lotnicze
RAF — Royal Air Force (England)
RCC — Rettungs Coordinations Centrum
RLM — Reichsluftfahrt-Ministerium
RTH — Rettungs-Hubschrauber
SAR — Search and Rescue
SNCAN — Société Nationale de Constructions Aéronautiques du Nord
SNCASE — Société Nationale de Constructions Aéronautiques du Sud-Est
SNCASO — Société Nationale de Constructions Aéronautiques du Sud-Ouest
SNCAC — Société Nationale de Constructions Aéronautiques du Centre
SNIAS — Société Nationale Industrielle Aérospatiale
SRFW — Schweizerische Rettungswacht
SS — Surface-Surface (Boden-Boden) Lenkflugkörper
STEP — Small Turbine Engine Program
STOL — Short Take Off and Landing
TOW — Tube launched, Optically tracked, Wire gulded (Behälterabschuß, optische Drahtlenkung)
TTH — Taktischer Transport-Hubschrauber
UH — Utility Helicopter (Mehrzweckhubschrauber)
UHT — Unterstützungshubschrauber Tiger
UTTAS — Utility Tacticai Transport Airborne System
VBH — Verbindungs- und Beobachtungshubschrauber
VEMD — Vehicle and Engine Management Display
VFR — Visual Flight Rules
VFW — Vereinigte Flugtechnische Werke
VTOL — Vertical Take Off and Landing
VTUAV — Vertical take-off and landing Tactical Unmanned Aerial Vehicle
VVZ — vorläufige Verkehrszulassung
WNF — Wiener Neustädter Fugzeugwerke
WPS — Wellen-PS
WTD — Wehrtechnische Dienststelle
ZAGI — Zentralnyj Aerogidrodinamiitscheskji Institut (Zentralinstitut für Aero- und Hydrodynamik)

Fachbegriff

Radom, ein aus engl. Radar Domicile entstandenes Kunstwort. Antennenkonstruktionen sind anfällig gegen Witterung, vor allem, wenn sie drehende Teile enthalten und/oder äußeren Einflüssen extrem ausgestzt sind. Die Radarantenne wird dann oftmals durch ein Radom, eine eigens für die Antenne angefertigte Hülle, geschützt.

Rettungshubschrauber-Einsatzstatistik der ADAC-Luftrettung GmbH (1981-1997)

	1981	1982	1983	1984	1985	1986	1987	1988	1989	1990	1991	1992	1993	1994	1995	1996	1997	Gesamt
Chr. 1				1.286	1.404	1.684	1.596	1.830	2.081	2.110	2.082	2.168	1.938	2.180	1.735	1.567	1.694	25.355
Chr. 6																	489	489
Chr. 10																	973	973
Chr. 15															66	1.426	1.453	2.945
Chr. 16																564	1.257	1.821
Chr. 19			578	623	656	685	643	719	788	934	896	887	866	811	751	728	804	11.369
Chr. 20	49	614	646	744	822	886	889	890	949	1.076	1.150	1.195	1.169	1.141	1.177	1.269	1.461	16.127
Chr. 21 E1																		0
Chr. 24 E2																		0
Chr. 25		576	642	812	781	777	839	845	932	1.001	1.029	991	937	857	821	793	897	13.530
Chr. 26			565	650	776	887	1.000	1.109	984	1.091	1.262	1.253	1.337	1.202	1.273	1.156	1.217	15.762
Chr. 28				438	679	640	676	667	801	885	951	972	907	839	875	873	936	11.139
Chr. 30					608	701	874	1.037	1.091	1.144	1.030	1.033	972	1.051	905	990	1.162	12.598
Chr. 31							226	1.329	1.278	1.488	1.782	1.878	2.093	2.073	1.714	1.719	1.764	17.344
Chr. 32											438	912	930	1.082	1.187	1.142	1.148	6.839
Chr. 33											103	667	838	824	796	1.030	1.394	5.652
Chr. Hansa										233	296	552	435	672	726	730	743	4.387
Chr. 70																		0
Chr. 71														238	528	627	705	2.098
Chr. 77																	321	321
Chr. Bayern																3	265	268
Rennen																	6	6
Summe	49	1.190	2.431	4.553	5.726	6.260	6.743	8.426	8.904	9.962	11.019	12.508	12.422	12.970	12.617	14.617	18.689	149.023

Ergebnislisten
aller »Deutschen Hubschraubermeisterschaften«

1987

SENIOREN

Rang	Mannschaft	Gerät	D1	D2	D3	Gesamt
1	Bär/Laubenthal	Bell UH 1D	406	497	493	1396
2	Hanses/Kochensperger	Alouette II	400	497	496	1393
3	Weber/Verspohl	Hughes 500	490	452	·438	1380
4	Ketterl/Ernst	Bell UH 1D	442	437	494	1373
5	Hampel/Zipfel	Bell UH 1D	370	497	490	1357
6	Hiegehenn/Schulte-Bis.	Alouette II	386	463	497	1346
7	Haardt/Roos	Alouette II	460	379	495	1334
8	Lohse/Mosch	Beil UH 1D	320	460	499	1279
9	Yerex/Rühle	Sfkorsky OH-58	298	433	473	1204
10	Röschlau/Gesang	Bell 208	302	410	489	1201
11	Wischlinski/Glöckner	Bell 2D6	265	390	481	1136
12	Koske/Mooskopf	Hughes 300	243	372	404	1019
13	Warnke/Günnewig	SA.341 Gazelle	262	204	470	936
14	Löbig/Löbig	Robinson 22	394	0	491	885
15	Heinrich/Traylor	Robinson 22	224	174	439	837
16	Franz/Hollmann	Bell 47G	300	294	185	779
17	Kleimer/Böttcher	Bell 206	0	0	0	0

JUNIOREN

Rang	Mannschaft	Gerät	Di	D2	D3	Gesamt
1	Schäfer/Zehm	Hughes 300	326	497	472	1295
2	Laczkovich/Seitz	Bell 206	386	304	469	1159
3	Pfeiffer/Stromberg	Bell 206	270	347	448	1065
4	Dr. Kau/Diehl	Hughes 300	0	0	0	0

1988

SENIOREN

Rang	Besatzung	Hubschrauber	Wertungsläufe 1	2	3	Ges. Pkt.
1	Weber, Uwe Verspohl, Franz-Josef	Hughes 500	492	459	500	1451
2	Dr. Bauer, Christine Meinhardt, Wolfgang	Alouette II	479	471	497	1444
3	Haardt, Harro Roos, Gerhard	Aiouette II	484	477	475	1436
4	Tosh, John Gill, William	Gazelle	476	376	487	1339
5	Wischlinski, Bernd Glöckner, Horst	Bell 206	422	412	486	1320
6	Heinrich, Lutz Traylor, Jarno	Robinson R 22	478	359	477	1314
7	Butler, Cpt. Richardson, Peter	Lynx	480	329	482	1291
8	Gesang, Hubert Rhenes, Wilfried	Bell 206	498	306	484	1288
9	Franz, Rudolf Welk, Hermann	Bell 47G-3	180	292	467	939
10	Löbig, Bruno Löbig, Petra	Robinson R 22	482	94	317	893

JUNIOREN

Rang	Besatzung	Hubschrauber	Wertungsläufe 1	2	3	Ges. Pkt.
1	Schäfer, Kurt Zehm, Rüdiger	Hughes 300	498	480	469	1447
2	Schmid, Martin Hanses, Konrad	Bell 47G-3	496	432	496	1424
3	Kinne, Dagmar Laubenthal, Winfried	Robinson R 22	478	479	465	1422
4	de Laczkovich, Antonio Seitz, Wolfgang	Bell 206	466	434	483	1388
5	Niemann, Frank Spark, Hans-Günter	Enstrom 280 C	432	443	461	1336
6	Stromberg, Günter Neuhaus, Ulrike	Bell 206	394	317	444	1155

1990

SENIOREN

Rang	Pilot	Co-Pilot	Typ	31.5.	1.6	2.6	Summe
1	Alfred Bär	W. Laubenthal	Schweizer 300 D	500	490	499	1489
2	Uwe Weber	F, J, Verspohl	Hughes 500	487	487	477	1451
3	Bruno Löbig	G. Löbig	Robinson R 22	403	360	296	1059
4	D. Weber	G. Krönert	Hughes 300	294	359	184	837
5	B. Wurmbach	M. Mader	Robinson R 22	484	0	296	780
6	A. Winderlich	N. Hohmeyer	Bristol Sycamore	0	0	187	187

JUNIOREN

Rang	Pilot	Co-Pilot	Typ	31.5.	1.6	2.6	Summe
1	F. Held	Ch. Overbeck	Hughes 300	307	391	452	1150
2	K. Schäfer	W. Seitz	Hughes 300	274	441	267	982
3	L. Bergmann	H. Gesang	Bell 206 L	0	465	320	785

1991

SENIOREN

Rang Folge	Pilot	Co-Pilot	Typ	Präz.	Nav.	Slal.	Summe
1	Hanses	Skopnik	Alouette II	500	498	498	1496
2	Bär	Laubenthal	Hughes 300	499	499	489	1487
3	Wurmbach	Sch.-Bisping	Robinson R 22	440	494	496	1430
4	Heinrich	Oehler	Robinson R 22	472	482	474	1428
5	Niemann	Rüter	Enstrom 280 C	385	479	498	1362
6	Löbig	Löbig	Robinson R 22	471	425	424	1320
7	Plöckl	Braune	Hughes 300	430	470	412	1312
8	Franz	Hübner	Bell 47 J	405	438 l	294	1137
9	Weber	Verspohl	Hughes 500	440	Abgebrochen		

JUNIOREN

Rang Folge	Pilot	Co-Pilot	Typ	Präz.	Nav.	Slal.	Summe
1	Grasberger	Grasberger	Bell 47 G3	449	476	475	1400
2	Schäfer	Zehm	Hughes 300	454	470	474	1398
3	Hoven	Wiedeler	Bell 206	431	442	496	1396
4	Bergmann	Gesang	Bell 206	483	484	366	1333
5	Wilkenloh	Schauff	Rotor Way EXEC	439	500	360	1299
6	Gaag	Ast	Enstrom 280 FX	415	403	460	1278
7	Schäfer	Dreher	Hughes 500	411	404	441	1256
8	Klaschka	Kistner	Robinson R 22	472	267	471	1210
9	Kupczyk	Neumeister	Hughes 300	277	428	467	1172
10	Schneider	Meißner	Hughes 300	404	482	260	1146
11	Strecker	Bitschnau	Enstrom 280 FX	317	424	351	1092
12	de Kever	Rösch	Robinson R 22	329	335	424	1088
13	Held	Overbeck	Hughes 300	111	456	483	1050
14	Zimmer	Heyl	Hughes 500	213	209	406	828
15	de Laczkovich	Zancanella	Hughes 300	162	000	427	589

1993

SENIOREN

Platz	Besatzung	Hubschrauber-muster	Nav.	Timed Arrival	Slalom	Gesamt
1	Alfred Bär Willi Laubenthal	H 300	479	498	499	1476
2	Rainer Wilke Ralph Göbel	BO 105	475	488	487	1450
3	Birger Wurmbach Ludger Schulte-Bisping	R 22	460	484	495	1439
4	Frank Niemann Heinz-Jürgen Rüter	Enstrom 28	403	493	499	1395
5	Thorsten de Kever Joachim Haaf	R 22	380	491	495	1366
6	Dirk Herr Bernd Ast	Bell 206	451	451	449	1351
7	Bruno Löbig Gerard Löbig	R 22	465	472	408	1345
8	Robert Bergauer Klaus Schreiber	R 22	418	352	489	1259
9	Rudolf Franz Hans Peter Hollmann	Bell 47	393	321	368	1082
10	Johann Zieglgruber Kuno Moroder	R 22	374	181	354	909

JUNIOREN

Platz	Besatzung	Hubschrauber-muster	Nav.	Timed Arrival	Slalom	Gesamt
1	Holger Hoven Knut Wagner	Bell 206	450	480	492	1422
2	Antonio de Laczkovich Michael Schauff	Hu 300	449	489	478	1416
3	Petra Grasberger Rüdiger Zehm	Bell 47	432	493	377	1402
4	Wolfgang Friedt Axel Wingerath	R 22	445	409	491	1345
5	Heiko Lodes Hartmut Lodes	R 22	447	494	373	1314
6	Patric Braun Günther Braun	Bell 206	438	433	408	1279
7	Dieter Hauert Hartmut Peters	H 300	335	452	387	1174
8	Rüdiger Klaschka Kai Naujokat	R 22	340	357	474	1171
9	Kurt Schäfer Kurt Hohenester	H 300	467	220	483	1170
10	Renate Strecker Mike Bitschnau	Enstrom 28	330	428	393	1151

Platz	Besatzung	Hubschrauber-muster	Nav.	Timed Arrival	Slalom	Gesamt
11	Melanie Braun Marion Ripberger	Bell 206	296	395	426	1117
12	Harald Stocker Martin Müller	R 22	437	180	466	1083
13	Reiner Pfau Angelika Tiedtke	H 300	198	347	359	904
14	Volker Betzler Bruno Specht	Bell 206	355	163	359	877
15	Bernhard Rogoll Harald Kreutner	H 300	0	352	365	717
16	Bernd Bellenthin Bernd Linnek	H 300	0	257	412	669
17	Thomas Rix Florian Kastl	Bell 206	0	234	237	471
18	Sven Apfeld Sylvie Stiepany	H 300	–	50	–	50

1995

SENIOREN

Platz	Besatzung	Hubschrauber-muster	Nav.	Timed Arrival	Slalom	Gesamt
1	Alfred Bär Winfried Laubenthal		490	494	499	1483
2	Volker Betzler Günter Pipke		480	493	497	1470
3	Holger Hoven Michael Schauff		496	485	481	1462
4	Konrad Hanses Ralph Göbel		487	499	467	1453
5	Günter Zimmer Lothar Oehler		457	491	492	1440
6	Dieter Krems Klaus Althoff		489	473	459	1421
7	Thorsten de Kever Joachim Haaf		479	484	448	1411
8	Frank Niemann Heinz-Jürgen Rüter		418	453	497	1368
9	Bruno Löbig Gerard Löbig		363	484	489	1336
10	Peter Becker Bernd Ast		445	470	413	1328
11	Heinz Schäfer Mario Dreher		352	437	488	1277
12	Heiko Lodes Klaus Ständer		470	360	419	1249

JUNIOREN

Platz	Besatzung	Hubschrauber-muster	Nav.	Timed Arrival	Slalom	Gesamt
1	Petra Olthoff Peter Schmidt		469	456	492	1417
2	Renate Strecker Jörn Oberndörfer		468	483	452	1403
3	Walter Hölter Detlef Schulz		476	489	427	1392
4	Kurt Schäfer Klaus Maurer		482	423	460	1365
5	Manfred Schröder Günther Holy		489	349	337	1175
6	Dieter Kleimann Peter Deja		468	443	0	911
7	Manfred Diesdow Boris Wywiorski		0	443	462	905
8	Alfred Feseck Claus Böckmann		71	449	138	658

1998

SENIOREN

Ev1	Ev2	Ev4	total	Rank	Team	Pilot		Copilot
198	200	196	594	1	44	Tatjana Stekiinikova	R	Ljudmila Korneva
199	192	191	582	2	42	Serguey Derbassov	R	Mikhail Kormjagin
178	184	194	556	3	45	Galina Shpigovskaya	R	Ljubov Goubar
200	146	199	545	4	43	Alexandr Poletaev	R	Alecandr Frolov
182	147	181	511	5	29	Herbert Traussnigg	A	Klaus Rainer
136	182	188	506	6	48	Gerhard Lehner	A	Josef Kern
170	124	187	481	7	11	Günter Zimmer	G	Lothar Oehler
187	180	114	480	8	12	Holger Hoven	G	Michael Schauff
182	166	120	469	9	7	Heinz Schäfer	G	Peter Schmidt
156	194	97	447	10	39	Konrad Hanses	G	Oliver Kaminski
182	155	81	417	11	41	David Potter	G	Helmut Korb
149	115	147	410	12	47	Dagmar Kinne	G	Marion Hoven
167	165	76	408	13	2	Heiko Lodes	G	Klaus Ständer
187	119	93	400	14	50	Thierry Basset	F	Xavier Delioye
147	76	155	378	15	1	Thorsten de Kever	G	Dr. Joachim Haaf
103	189	55	347	16	52	Tim Gilbert	GB	Martin Rutty
79	148	99	326	17	25	Paul Kling	G	Horst Glöckner
189	107	26	323	18	40	Markus Herkersdorf	G	Jürgen Würth
196	52	57	305	19	31	Volker Betzler	G	Günter Pipke
105	153	21	279	20	54	Paul Latham	GB	Jan Hall Kavanagh
158	45	72	276	21	9	Peter Becker	G	Bernd Ast
132	46	74	252	22	8	Peter Högtg	G	Elmar Mirbek
29	62	109	200	23	10	Renate Strecker	G	Thomas Lischke
114	68	13	196	24	22	Dirk Herr	G	Michael Klimt
0	116	0	116	25	30	Dr. Peter Mennel	A	Martina Mennel
0	0	0	0	26	13	Lothar Bergmann	G	Hubert Gesang

JUNIOREN

Ev1 pkt	Ev2 pkt	Ev4 pkt	total	Rank	Team	Pilot		Copilot
179	130	43	352	1	51	Francois-Xavier Trajin	F	Phillipe Goosens
167	57	93	317	2	4	Rüdiger W. Klaschka	G	Jens Kopelke
128	138	15	280	3	35	Marcel Stegmüller	G	Kurt Hohenester
153	114	0	267	4	28	Dr. Peter Gross	A	Michael Hopferwieser
150	52	0	202	5	6	Ulrich Schmitt	G	Dirk Gebhardt
82	109	0	192	6	46	Frank Glock	G	Michaela Neukel
64	124	0	188	7	23	Hans-J. Bader	G	Petra Bader
96	74	0	170	8	26	Dr. Fritz Renner	G	Jens Renner (17 J.)
168	0	0	168	9	24	Stefan Kürschner	G	Daniel Maaßen
42	92	0	134	10	21	Martin Kleinhenz	G	Celia Kleinhenz
103	0	23	126	11	18	Nasser Djafari	G	Peter Schreiber
110	0	0	110	12	3	Petra Olthoff	G	Volker Grasberger
41	67	0	108	13	34	Jens Jacobs	G	Heiko Brandt
28	79	0	107	14	20	Anton Rudolf	G	Tim Reiber
0	79	0	79	15	19	Hubert Leitsch	G	Werner Otte
18	36	0	54	16	38	Dr. Wolfgang Seelbach	G	Guido Korthauer
0	51	0	51	17	16	Helge-Gerold Presber	G	Lutz Schildknecht
0	19	0	19	18	37	Jürgen Weiß	G	Oliver Pukke
7	0	0	7	19	15	Josef Pusar	G	Dirk Wilhelm
0	0	0	0	20	27	Klaus Borck	G	Hermann Günnewig
0	0	0	0	21	33	Doris Salat	G	Evi Baumgartner
0	0	0	0	22	17	Dr. Ursula Schmitt	G	Armin Goes

Protokolle nach dem Originalausdruck der Offenen Deutschen Hubschraubermeisterschaft 1998.